Isaac Asimov
Die exakten Geheimnisse unserer Welt

Isaac Asimov

Die exakten Geheimnisse unserer Welt

Bausteine des Lebens

Droemer Knaur

Titel der Originalausgabe:
»Asimov's New Guide to Science«
© 1984 by Basic Books, Inc., Publishers, New York

Übersetzung aus dem Amerikanischen von
Karl Heinz Siber

CIP-Kurztitelaufnahme der Deutschen Bibliothek

Asimov, Isaac:
Die exakten Geheimnisse unserer Welt / Isaac Asimov.
[Übers. aus d. Amerikan. von Karl Heinz Siber]. – München: Droemer Knaur
Einheitssacht.: New Guide to Science ‹dt.›
Bausteine des Lebens. – 1. Aufl. – 1986.
ISBN 3-426-26255-X

1. Auflage

© Droemersche Verlagsanstalt Th. Knaur Nachf., München 1986
Einbandgestaltung: H & M Höpfner-Thoma
Umschlagfoto: Institut für wissenschaftliche Fotografie, Lauterstein
Satz: IBV Satz- und Datentechnik GmbH, Berlin
Druck und Aufbindung: Wiener Verlag, Himberg
Printed in Austria
ISBN 3-426-26255-X

Inhalt

Vorwort

Der vorliegende zweite Band von »Die exakten Geheimnisse unserer Welt« befaßt sich vorwiegend mit den Wissenschaften der belebten Natur. Er ist das Pendant zum ersten Band, der die unbelebte Natur mit Kosmos, Erde und Materie zum Thema hatte.

Anders als im ersten Buch, das den Weg vom schier grenzenlosen Makrokosmos des Alls bis hin zu der unvorstellbar kleinen Welt der subatomaren Teilchen beschreitet, beginnt Isaac Asimov in diesem Band beim Mikrokosmos organischer Molekülstrukturen als den Grundbausteinen des Lebens und führt den Leser Schritt um Schritt hinein in die komplexe Welt der Zellen, der Körperfunktionen und Mikroorganismen bis hin zu den Erkenntnissen der modernen Verhaltens- und Gehirnforschung.

Beide Bände verstehen sich als eigenständige Werke – und ergänzen sich auf ideale Weise. Geben sie doch der an einer umfassenden Darstellung der modernen Naturwissenschaften interessierten Leserschaft die Gelegenheit, in nur zwei Bänden einen Gutteil des gegenwärtigen Wissensstands in allgemein verständlicher Darbietung vorzufinden.

Verlag und Redaktion

Kapitel 1

Das Molekül

Organische Stoffe

Der Ausdruck *Molekül* (der auf die lateinische Bedeutung »kleine Masse« zurückgeht) stand ursprünglich für den kleinsten, nicht mehr weiter teilbaren Bestandteil einer Substanz; in einem bestimmten Sinn ist dies sogar richtig, denn das Molekül läßt sich nicht weiter teilen, ohne seine Identität einzubüßen. Gewiß kann man ein Zucker- oder ein Wassermolekül in Atome oder Gruppen von Atomen zerlegen, aber man hat dann eben nicht mehr Zucker bzw. Wasser vor sich. Selbst ein Wasserstoffmolekül (H_2) büßt, wenn es in seine beiden atomaren Bestandteile aufgespalten wird, seine charakteristischen chemischen Eigenschaften ein.

Das Molekül war für die Chemiker des 20. Jahrhunderts ein ebenso aufregendes Forschungs- und Erkenntnisobjekt wie das Atom für ihre Kollegen von der Physik. Es ist den Chemikern gelungen, exakte Strukturmodelle selbst höchst komplexer Moleküle zu erarbeiten, die Aufgaben bestimmter Moleküle im Rahmen organischer Systeme zu ergründen, komplizierte neue Moleküle in der Retorte zu erzeugen und das Verhalten von Molekülen einer bestimmten Struktur mit verblüffender Genauigkeit vorherzusagen.

Um die Mitte des 20. Jahrhunderts konzentrierte sich das Forschungsinteresse auf die komplexen Moleküle, die eine Schlüsselrolle in organischen Systemen spielen: die Eiweiße und die Nukleinsäuren; sie wurden mit Hilfe der fortgeschrittensten chemischen und physikalischen Verfahren, die zu Gebote standen, untersucht. Die beiden wissenschaftlichen Disziplinen *Biochemie* (das Studium der in lebenden Systemen ablaufenden chemischen Reaktionen) und *Biophysik* (das Studium der mit den Lebensvorgängen zusammenhängenden physikalischen Kräfte und Phänomene) verschmolzen zu einer neuen Wissenschaft, der *Molekularbiologie*. In der Zeitspanne nur einer Wissenschaftlergeneration haben die Molekularbiologen es fertiggebracht, die zuvor klar gezogene Grenze zwischen belebter und unbelebter Materie weitgehend aufzulösen.

Vor eineinhalb Jahrhunderten kannte man noch nicht einmal den Aufbau der einfachsten Moleküle. Das Wissen der Chemiker des frühen 19. Jahrhunderts erschöpfte sich weitgehend in der Erkenntnis, daß sich die in der Natur vorkommenden Substanzen in zwei große Gruppen einteilen ließen. Schon seit den Tagen der Alchimisten war bekannt, daß man die verschiedenen Stoffe hinsichtlich ihrer Reaktion auf Wärme in zwei scharf abgegrenzte Kategorien einteilen konnte. Die Stoffe der ersten Gruppe – Salz beispielsweise oder Blei oder Wasser – ließen sich durch Wärmeeinwirkung nicht wesentlich verändern. Salz wurde, wenn man es hoch genug erhitzte, rotglühend, Blei schmolz, Wasser verdampfte; wenn aber diese Stoffe wieder auf ihre ursprüngliche Temperatur abkühlten, kehrten sie auch wieder in ihren ursprünglichen Zustand zurück, ohne durch ihre vorübergehende Zustandsänderung Schaden genommen zu haben. Die Stoffe der zweiten Gruppe dagegen – Zucker beispielsweise oder Olivenöl – werden durch Wärmeeinwirkung bleibend verändert. Zucker verkohlt, wenn man ihn erhitzt, und bleibt danach schwarz, auch wenn er wieder abkühlt. Olivenöl, das einmal verdampft ist, kondensiert bei Abkühlung nicht wieder. Mit der Zeit stellten die Chemiker fest, daß die hitzebeständigen Stoffe im allgemeinen aus der unbelebten Welt stammten, die (ver)brennbaren Stoffe dagegen in der Regel aus dem Bereich der lebenden Materie (bzw. aus den Überresten abgestorbenen Lebens). Berzelius, der die chemischen Symbole einführte und die erste brauchbare Liste der Atomgewichte zusammenstellte, führte 1807 für die beiden Stoffklassen die Bezeichnungen *organisch* (weil direkt oder indirekt von lebenden Organismen herstammend) und *anorganisch* ein.

In der Frühzeit der Chemie konzentrierte sich das Forschungsinteresse hauptsächlich auf die anorganischen Substanzen. Das Studium des Verhaltens anorganischer Gase führte zur Entwicklung der Atomtheorie. Nachdem diese Theorie gefestigt war, schuf sie alsbald Klarheit hinsichtlich der Natur der anorganischen Moleküle. Wie die chemische Analyse zeigte, bestehen anorganische Moleküle im allgemeinen aus einer geringen Zahl verschiedener Atome, die in einem genau definierten Mengenverhältnis zueinander stehen. Das Wassermolekül enthält zwei Wasserstoffatome und ein Sauerstoffatom; das Salzmolekül besteht aus einem Natrium- und einem Chloratom; das Molekül der Schwefelsäure enthält zwei Wasserstoffatome, ein Schwefelatom und vier Sauerstoffatome, und so weiter.

Als die Chemiker darangingen, auch organische Stoffe zu analysieren, ergab sich ein wesentlich anderes Bild. So konnten zwei Substanzen genau dieselbe chemische Zusammensetzung aufweisen und doch ganz verschiedene chemische Eigenschaften an den Tag legen. (Beispielsweise besteht Ethylalkohol aus einem Sauerstoffatom, zwei Kohlenstoff- und sechs Wasserstoffatomen – ebenso wie der Dimethylether; letzterer aber ist bei Zimmertemperatur gasförmig, ersterer flüssig.) Die Moleküle der organischen Stoffe enthielten viel mehr Atome als die einfachen anorganischen Moleküle, und die Art und Weise, wie diese Atome sich miteinander verbanden, schien willkürlich und durch keine erkennbare Regel bestimmt. Organische Verbindungen ließen sich einfach nicht mit den schlichten, geradlinigen chemischen Gesetzen erklären, die man auf anorganische Stoffe so unkompliziert anwenden konnte. Berzelius kam zu der Überzeugung, daß die organische Chemie ein Reich für sich war, das nach seinen ganz eigenen, subtilen Gesetzen funktionierte. Organische Verbindungen konnten, so behaup-

tete er, nur von lebenden Organismen erzeugt werden. Diese Auffassung stempelte ihn zum Anhänger des sogenannten *Vitalismus*.

Allein, im Jahr 1828 gelang es dem deutschen Chemiker Friedrich Wöhler, einem Schüler von Berzelius, eine organische Substanz im Labor zu erzeugen! Er erwärmte eine Verbindung namens Ammoniumcyanat, die allgemein für anorganisch erachtet wurde. Wöhler war perplex, als er feststellte, daß sich diese Verbindung, wenn sie hoch genug erhitzt wurde, in eine weiße Substanz verwandelte, die in jeder Beziehung identisch war mit dem Harnstoff, einem Bestandteil des Urins. Laut dem von Berzelius aufgestellten Dogma konnte Harnstoff nur aus lebendem Gewebe gewonnen werden – und nun hatte Wöhler ihn aus anorganischem Material erzeugt, indem er nichts weiter getan hatte, als Wärme zuzuführen.

Wöhler wiederholte das Experiment viele Male, ehe er den Mut fand, seine Entdeckung zu veröffentlichen; als er es schließlich tat, weigerten sich Berzelius und andere zunächst, ihm zu glauben. Aber bald fanden sie seine Resultate durch andere Chemiker bestätigt, und in der Folge gelang die synthetische Herstellung noch zahlreicher anderer organischer Verbindungen aus anorganischen Ausgangsmaterialien. Der erste, der eine organische Verbindung aus ihren elementaren Bestandteilen synthetisierte, war der deutsche Chemiker A. W. Hermann Kolbe; er erzeugte 1845 aus Kohlenstoff, Wasserstoff und Sauerstoff *Essigsäure* (die Substanz, die dem Essig seinen charakteristischen Geschmack verleiht). Durch diese Tat wurde der Berzeliusschen Spielart des Vitalismus endgültig der Garaus gemacht. Es wurde nun offenkundig, daß anorganische und organische Moleküle denselben chemischen Gesetzmäßigkeiten unterlagen. Die Unterscheidung zwischen organischen und anorganischen Stoffen wurde schließlich auf die Basis einer ebenso klaren wie einfachen Definition gestellt: Alle Stoffe, die Kohlenstoff enthalten (mit Ausnahme vielleicht einiger weniger einfacher Verbindungen wie Kohlendioxid) werden organisch genannt. Alle anderen gelten als anorganisch.

Molekülstruktur und Summenformeln

Um die Komplexität der neuen Chemie übersichtlicher darstellen zu können, sahen die Chemiker sich nach einfachen Kürzeln für die chemischen Elemente und Verbindungen um; glücklicherweise hatte Berzelius bereits ein ebenso praktisches wie rationelles System von Symbolen vorgeschlagen. Darin wurden die Elemente mit Hilfe von Abkürzungen dargestellt, die von lateinischen oder griechischen Wortstämmen abgeleitet waren. So steht beispielsweise C für Kohlenstoff (Carboneum), O für Sauerstoff (Oxygenium), H für Wasserstoff (Hydrogenium), N für Stickstoff (Nitrogenium), S für Schwefel (Sulfur), P für Phosphor usw. Bei Elementen mit gleichen Anfangsbuchstaben nahm man zur Unterscheidung einen zweiten Buchstaben hinzu; so ergaben sich beispielsweise die Symbole Ca für Calcium, Cl für Chlor, Cd für Cadmium, Co für Kobalt, Cr für Chrom usw. Wie bereits angedeutet, weichen die Herkunftsnamen und damit auch die chemischen Symbole in einigen Fällen von den deutschen Bezeichnungen ab; das gilt außer für einige der bereits genannten Elemente auch für Eisen (Fe, von Ferrum), Silber (Ag, von Argentum), Zinn (Sn, von Stannum), Antimon (Sb, von Stibium), Gold (Au, von Aurum), Quecksilber (Hg, von Hydrargyrum), Blei (Pb, von Plumbum) und Wismut (Bi, von Bismutum).

Dieses System erleichtert die symbolische Darstellung einer Molekülstruktur. Die Bezeichnung für das Wassermolekül lautet beispielsweise H_2O (was besagt, daß es aus einem Sauerstoff- und zwei Wasserstoffatomen besteht); für Kochsalz können wir NaCl schreiben, für Schwefelsäure H_2SO_4 usw. Man nennt dies die *Summenformel* einer chemischen Verbindung; sie verrät uns, aus wie vielen Atomen welcher Elemente das betreffende Molekül sich zusammensetzt, sagt uns aber nichts über dessen Struktur, d. h. über die Art und Weise, wie die Atome miteinander verbunden sind.

1831 begann Baron Justus von Liebig, ein Mitarbeiter von Wöhler, die Zusammensetzung einer Reihe organischer Verbindungen zu erforschen, indem er die Methoden der chemischen Analyse auf den Bereich der organischen Chemie übertrug. Im Rahmen sorgfältig ausgetüftelter Versuchsanordnungen verbrannte er jeweils eine geringe, genau abgemessene Menge einer organischen Substanz und fing die sich dabei bildenden Gase (hauptsächlich CO_2 und dampfförmiges H_2O) mit Hilfe geeigneter Chemikalien auf. Dann

wog er diese Chemikalien ab, um festzustellen, um wieviel sie durch die Bindung der bei der Verbrennung entstandenen Gase an Gewicht zugenommen hatten. Aus dieser Gewichtsdifferenz konnte er errechnen, wieviel Kohlenstoff, Wasserstoff und Sauerstoff seine Ausgangssubstanz enthalten hatte. Es war dann ein leichtes, unter Berücksichtigung der Atomgewichte auszurechnen, mit wie vielen Atomen jedes dieser Elemente in dem betreffenden Molekül vertreten war. Für den Ethylalkohol beispielsweise gelangte Liebig auf diese Weise zu der Summenformel C_2H_6O.

Den in organischen Verbindungen eventuell enthaltenen Stickstoff vermochte Liebig mit seinem Verfahren nicht zu erfassen; 1833 entdeckte der französische Chemiker Jean B. A. Dumas jedoch eine Verbrennungstechnik, die es erlaubte, gasförmigen Stickstoff, der bei Verbrennungsvorgängen entwich, aufzufangen. Dumas bediente sich dieser Methode, um die Gase der Erdatmosphäre zu analysieren, deren Zusammensetzung er 1841 mit bis dahin nicht gekannter Genauigkeit bekanntgab.

Die Verfahren der organischen Analyse wurden ständig weiter verfeinert, bis schließlich, in Gestalt der *mikroanalytischen* Techniken des österreichischen Chemikers Fritz Pregl, regelrechte Wunder an Präzision vollbracht wurden. Mit den Verfahren, die Pregl von 1909 an entwickelte, ließen sich selbst geringste, mit bloßem Auge kaum mehr sichtbare Mengen organischer Stoffe genauestens analysieren. In Anerkennung dieser Leistung erhielt Pregl 1923 den Chemie-Nobelpreis.

Leider lieferten die auf diese Weise gewinnbaren Summenformeln organischer Verbindungen nur wenig Aufschluß über deren chemische Struktur. Anders als anorganische Verbindungen, die gewöhnlich aus zwei oder drei, höchstens aber aus einem Dutzend Atomen bestehen, sind organische Moleküle häufig große, vielgliedrige Gebilde. Für das Morphium fand Liebig die Summenformel $C_{17}H_{19}O_3N$, für das Strychnin $C_{21}H_{22}O_2N_2$.

Mit solchen Molekülen umzugehen oder aus den zugehörigen Summenformeln schlau zu werden, fiel den Chemikern ziemlich schwer. Wöhler und Liebig machten den Versuch, einen Teil der Atome zu kleineren, ständig wiederkehrenden Konstellationen zu gruppieren, sogenannten *Radikalen;* ihrer Theorie zufolge setzten sich die verschiedenen Verbindungen aus solchen Radikalen in jeweils spezifischer Zahl und Anordnung zusammen. Diese Auffassung führte zu einigen höchst ausgeklügelten Modellen, die jedoch allesamt einen unzureichenden Erklärungswert besaßen. Als besonders schwierig erwies es sich, zu erklären, weshalb zwei Verbindungen mit gleicher Summenformel wie der Ethylalkohol und der Dimethylether, unterschiedliche chemische Eigenschaften aufwiesen.

Es waren wiederum Liebig und Wöhler, die, in den 20er Jahren des 19. Jahrhunderts, als erste auf dieses Phänomen stießen. Während Liebig sich mit einer Gruppe von Verbindungen beschäftigte, die Fulminate genannt wurden, studierte Wöhler die Gruppe der Isocyanate – und siehe da, es fanden sich auf beiden Seiten identische Summenformeln. Die Elemente waren sozusagen in gleichen anteiligen Mengen vertreten. Berzelius, der »Papst« unter den zeitgenössischen Chemikern, mißtraute den Befunden von Liebig und Wöhler zunächst, bis er 1830 selbst entsprechende Resultate erhielt. Er führte für diese Verbindungen mit identischer Summenformel, aber unterschiedlichen Eigenschaften, die Bezeichnung *Isomere* ein (abgeleitet von griechischen Wörtern mit der Bedeutung »gleiche Bestandteile«). Die Struktur organischer Moleküle blieb unterdessen weiterhin ein ungelöstes Rätsel.

Licht am Ende des Tunnels begannen die im Gestrüpp der organischen Chemie umhertastenden Chemiker erst in den 50er Jahren des 19. Jahrhunderts zu sehen, als ihnen klar wurde, daß jedes Atom sich nur mit einer bestimmten Anzahl anderer Atome verbinden kann. Das Wasserstoffatom beispielsweise vermag sich offenbar nur mit einem einzigen anderen Atom zu verbinden; es kann mit Chlor zusammen HCl (Chlorwasserstoff) bilden, niemals aber HCl_2. Auch Chlor und Natrium können immer nur mit einem einzigen atomaren Partner eine Verbindung eingehen – miteinander bilden sie NaCl. Ein Sauerstoffatom kann sich dagegen mit zwei anderen Atomen verbinden, mit zwei Wasserstoffatomen beispielsweise H_2O bilden. Ein Stickstoffatom kann sogar drei Atome binden, wie etwa das NH_3 (Ammoniak). Kohlenstoff schließlich ist imstande, nicht weniger als vier Atome zu binden, wie das Beispiel des Tetrachlorkohlenstoffs CCl_4 zeigt.

Es hatte den Anschein, als verfügten die Atome eines jeden Elements über eine jeweils spezifische Zahl von »Armen«, mit denen sie nach anderen Atomen greifen konnten. Der englische Chemiker Edward Frankland war 1852 der erste, der diesen Gedanken klar zum Ausdruck brachte; er bezeichnete die »Arme« der Atome als *Valenzen* (abgeleitet von dem lateinischen Wort für Wert); im Deutschen bürgerte sich daneben der gleichbedeutende Begriff der *Wertigkeit* ein.

Der deutsche Chemiker Friedrich August Kekulé von Stradonitz zog hieraus eine wichtige Folgerung: Wenn man dem Kohlenstoff die Wertigkeit 4 zusprach und die Möglichkeit einräumte, daß Kohlenstoffatome ihre Valenzen zumindest teilweise dazu benutzen konnten, sich in Kettenform aneinanderzuhängen, dann war dies im Labyrinth der organischen Chemie ein erster Ariadnefaden.

Zu einer anschaulicheren Art und Weise der Darstellung von Wertigkeiten und Verbindungen verhalf den Chemikern ein Vorschlag ihres schottischen Kollegen Archibald Scott Couper; er empfahl, die zwischen den Atomen eines Moleküls herrschenden Bindungen durch Striche zu symbolisieren. Auf diese Weise ließen sich auch komplexe Moleküle recht übersichtlich und plastisch darstellen.

1861 veröffentlichte Kekulé ein Lehrbuch, das viele Beispiele für diese Art der Darstellung enthielt, die sich in der Folge als praktisch und zweckdienlich erwies. Die *Strukturformel* wurde zum Standardwerkzeug des organischen Chemikers.

Wie Strukturformeln aussehen, möchte ich zunächst an den drei einfachen Beispielen des Methans (CH_4), des Ammoniaks (NH_3) und des Wassers (H_2O) zeigen:

$$
\begin{array}{ccc}
\overset{\displaystyle H}{\underset{\displaystyle H}{H - C - H}} & \overset{\displaystyle H}{H - N - H} & H - O - H
\end{array}
$$

Ein organisches Molekül wie das des Butans (C_4H_{10}) läßt sich wie folgt darstellen:

$$
\overset{\displaystyle H \;\; H \;\; H \;\; H}{\underset{\displaystyle H \;\; H \;\; H \;\; H}{H - C - C - C - C - H}}
$$

Die Kohlenstoffatome sind in diesem Modell kettenförmig aneinandergereiht und binden mit jeder frei gebliebenen Valenz ein Wasserstoffatom. In die Kette können auch Sauerstoff- oder Stickstoffatome eingeschaltet werden, wie etwa, um zwei einfache Beispiele heranzuziehen, beim Methylalkohol (CH_4O) und beim Methylamin (CH_5N):

$$
\begin{array}{ccc}
& H & \\
& | & \\
H - & C & - O - H \\
& | & \\
& H &
\end{array}
\qquad
\begin{array}{ccc}
H & & H \\
| & & | \\
H - C & - & N - H \\
| & & \\
H & &
\end{array}
$$

Ein Atom, das über mehr als eine Valenz verfügt, wie etwa das vierwertige Kohlenstoffatom, muß sich nicht unbedingt mit vier anderen Atomen verbinden; es kann vielmehr auch eine Doppel- oder Dreifachverbindung mit einem seiner Nachbarn eingehen, wie die Beispiele des Ethylens (C_2H_4) und das Acetylens (C_2H_2) zeigen:

$$
\begin{array}{cc}
H & H \\
| & | \\
H - C & = C - H
\end{array}
\qquad\qquad
H - C \equiv C - H
$$

Es bereitete jetzt keine Schwierigkeiten mehr, zu verstehen, daß zwei Moleküle der Summenformel nach identisch sein und doch unterschiedliche Eigenschaften aufweisen konnten. Der Unterschied zwischen solchen Isomeren mußte in der Anordnung der Atome liegen. Dies läßt sich an den Strukturformeln des Ethylalkohols und des Dimethylethers veranschaulichen, die man folgendermaßen schreiben kann:

$$
\begin{array}{ccc}
H & H & \\
| & | & \\
H - C & - C & - O - H \\
| & | & \\
H & H &
\end{array}
\qquad
\begin{array}{ccc}
H & & H \\
| & & | \\
H - C & - O - & C - H \\
| & & | \\
H & & H
\end{array}
$$

Je größer die Zahl der Atome, aus denen ein Molekül besteht, desto größer die Zahl der möglichen Anordnungen und desto größer somit die Zahl der Isomere. Das Molekül des Heptans beispielsweise, das aus sieben Kohlenstoff- und sechzehn Wasserstoffatomen besteht, läßt sich auf neunerlei Arten zusammensetzen; es gibt, anders gesagt, theoretisch neun durch jeweils unterschiedliche Eigenschaften gekennzeichnete Heptane. Diese neun Isomere sind einander ziemlich ähnlich; man kann von einer Familienähnlichkeit sprechen. Alle neun sind im Labor synthetisiert worden; die Tatsache, daß es den Chemikern nicht gelungen ist, ein zehntes Heptan-Isomer zu produzieren, ist ein triftiges Indiz für die Gültigkeit des Kekuléschen Systems.

Von einer Verbindung, die sich aus 40 Kohlenstoff- und 82 Wasserstoffatomen zusammensetzt, kann es theoretisch rund 62,5 Billionen Isomere geben. Organische Moleküle dieser Größenordnung sind keineswegs selten.

Der Kohlenstoff ist das einzige Element, dessen Atome unbegrenzt lange Ketten bilden können. Andere Elemente bringen es höchstens auf Kettenmoleküle mit einem halben Dutzend Gliedern. Dies ist der Grund dafür, daß anorganische Moleküle zumeist einfach gebaut sind und daß Isomere bei ihnen fast nie auftreten. Dank der größeren Komplexität der organischen Moleküle und der daraus erwachsenden zahllosen Isomeriemöglichkeiten ist die Zahl der organischen Verbindungen unbegrenzt. Man kennt heute schon mehrere Millionen, und täglich werden neue synthetisiert.

Die Strukturformel ist zum allgegenwärtigen und unverzichtbaren Hilfsmittel für die Beschreibung organischer Moleküle geworden. In manchen Fällen ist es allerdings praktischer, auf eine Schreibweise zurückzugreifen, die so etwas wie ein Mittelding zwischen Strukturformel und Summenformel ist; dabei werden die einzelnen Atomgruppen oder Radikale, aus denen ein Molekül besteht, beispielsweise die Methylgruppe (CH_3) oder die Methylengruppe (CH_2), summarisch aufgezählt. Das Butanmolekül läßt sich dann schreiben als $CH_3CH_2CH_2CH_3$.

Chemische Feinstrukturen

Eine der Entdeckungen, die die Chemiker in der zweiten Hälfte des 19. Jahrhunderts machten, betraf eine Isomerie, die sich als besonders bedeutungsvoll für die Chemie des Lebens erweisen sollte. Am Anfang stand die Beobachtung, daß bestimmte organische Verbindungen einen eigentümlich asymmetrischen Effekt auf durch sie hindurchgehende Lichtstrahlen ausüben.

Optische Aktivität

Wenn man einen gewöhnlichen Lichtstrahl fixieren und sezieren könnte, würde man feststellen, daß die zahllosen Wellen, aus denen er sich zusammensetzt, in allen erdenklichen Ebenen verlaufen – manche stehen senkrecht, andere liegen waagrecht, wieder andere verlaufen in Schräglage usw. Man spricht in diesem Fall von *unpolarisiertem* Licht. Wenn ein Lichtstrahl aber durch einen Gipskristall hindurchgeht, wird er in einer Weise gebrochen, die bewirkt, daß er am anderen Ende in *polarisierter* Form herauskommt. Es scheint, als seien die Atome innerhalb des Kristalls so angeordnet, daß nur Wellen, die in einer bestimmten Ebene verlaufen, durch sie hindurchgehen können (ähnlich wie etwa ein Briefkastenschlitz Briefe nur dann durchläßt, wenn sie in der richtigen, nämlich zum Schlitz parallelen Lage eingeführt werden). Es gibt Vorrichtungen, die die spezielle Eigenschaft und Funktion haben, nur Lichtwellen durchzulassen, die in einer ganz bestimmten Ebene verlaufen; zu nennen wäre hier etwa das *Nicolsche Prisma,* benannt nach dem schottischen Physiker William Nicol, der es 1829 erfand *(Abb.).* (An seiner Stelle werden heute in den meisten Fällen Polarisationsfilter aus Chininsulfat und Jod eingesetzt, die achsenparallel aufgereiht und in Nitrozellulose eingebettet sind; erstmals hergestellt wurden sie 1932 von Edwind Land.)

Reflektiertes Licht ist oft teilweise polarisiert, wie als erster 1808 der französische Physiker Etienne Louis Malus entdeckte. (Er prägte den Ausdruck Polarisation, wobei er sich auf eine Bemerkung Newtons über die Polarität der Lichtteilchen bezog – hier irrte der große Newton ausnahmsweise einmal, aber der Begriff der Polarisation hat sich dennoch durchgesetzt.) Man kann daher die Blendwirkung gleißenden Lichts, das von Glasfassaden, Autofenstern oder auch von Asphaltstraßen reflektiert wird, durch das Aufsetzen einer Brille mit Polaroid-Gläsern um einiges mindern.

1815 stellte der französische Physiker Jean Baptiste Biot fest, daß sich bei polarisiertem Licht, das durch Quarzkristalle hindurchgeht, die Polarisationsebene verdreht; das heißt, die Lichtstrahlen verlaufen beim Austritt aus dem Kristall in einer anderen Schwingungsebene als vor ihrem Eintritt in denselben. Eine Substanz, die eine solche Drehung der Polarisationsebene bewirkt, wird als *op-*

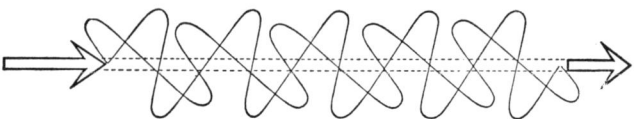
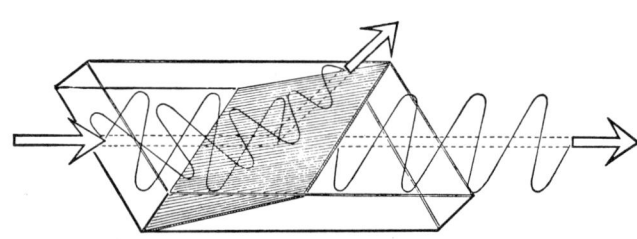

Polarisiertes Licht. Lichtwellen schwingen normalerweise in allen Ebenen (oben). Das Nicol-Prisma (unten) läßt nur Lichtwellen durch, die in einer bestimmten Ebene schwingen; die anderen lenkt es durch Reflektion zur Seite. Das durchgehende Licht ist polarisiert.

tisch aktiv bezeichnet. Manche Quarzkristalle bewirken eine Drehung der Schwingungsebene im Uhrzeigersinn (eine sogenannte Dextrorotation), manche eine Drehung gegen den Uhrzeigersinn (Levorotation). Wie Biot herausfand, zeitigen bestimmte organische Verbindungen, Kampfer beispielsweise oder Weinsäure, denselben Effekt. Biot nahm an, daß die Verdrehung durch eine Art Asymmetrie in der Struktur der Moleküle dieser Stoffe bewirkt wird. Aber das war (und blieb für einige Jahrzehnte) eine rein spekulative Hypothese.

1844 griff Louis Pasteur (damals erst 22 Jahre alt) dieses interessante Problem auf. Er nahm sich zwei Substanzen vor: die Weinsäure und die Traubensäure. Beide glichen einander der chemischen Zusammensetzung nach – während aber die Weinsäure die Schwingungsebene polarisierten Lichts drehte, tat die Traubensäure dies nicht. Pasteur faßte die Vermutung, die Kristalle der Salze der Weinsäure würden sich als asymmetrisch, diejenigen der Salze der Traubensäure hingegen als symmetrisch erweisen. Bei der mikroskopischen Untersuchung beider Kristallarten stellte er jedoch zu seiner Überraschung fest, daß beide asymmetrisch waren. Allerdings entdeckte er bei den aus der Traubensäure hergestellten Kristallen zwei Spielarten von Asymmetrie: Die eine Hälfte der Kristalle glich in ihrer Struktur denen der Weinsäure, während die andere Hälfte spiegelbildlich dazu aufgebaut war. Die Kristalle der

Traubensäure waren sozusagen zur Hälfte Links-händer und zur Hälfte Rechtshänder.

In mühsamer Kleinarbeit trennte Pasteur die links-händigen Traubensäurekristalle von den rechts-händigen, brachte dann beide Sorten getrennt in Lösung und schickte durch beide Lösungen pola-risiertes Licht. Und siehe da, die Lösung mit den Kristallen, deren Asymmetrie denen der Wein-säure glich, drehten die Polarisationsebene in die-selbe Richtung wie die Weinsäure (und auch um denselben Betrag). Sie waren mit den Kristallen der Weinsäure identisch! Die andere Lösung drehte die Polarisationsebene in die entgegenge-setzte Richtung (wiederum um denselben Betrag). Daß die ursprüngliche Traubensäure das Licht nicht gedreht hatte, lag nur daran, daß die beiden entgegengesetzten Drehrichtungen einander auf-gehoben hatten.

Als nächstes wandelte Pasteur die beiden ausein-andersortierten Traubensäuresalze wieder in Säure um, indem er den betreffenden Lösungen Wasserstoffionen zusetzte. (Ein *Salz* ist, nebenbei bemerkt, eine Verbindung, die entsteht, wenn die Wasserstoffionen der Säuremoleküle durch andere positiv geladene Ionen, beispielsweise durch Na-trium- oder Kaliumionen, ersetzt werden.) Wie er feststellte, waren nun beide Traubensäurearten optisch aktiv. Die eine drehte polarisiertes Licht in dieselbe Richtung wie die Weinsäure (sie *war* tat-sächlich Weinsäure), die andere drehte es in die entgegengesetzte Richtung.

In der Folge wurden weitere Verbindungen ent-deckt, bei denen solche spiegelbildlichen oder *enantiomorphen* (gebildet aus griechischen Wörtern mit der Bedeutung »umgekehrte Gestalt«) For-men existierten. 1863 entdeckte der deutsche Che-miker Johannes Wislicenus, daß die Milchsäure (die in saurer Milch enthalten ist) aus solchen Mo-lekülpärchen besteht. Er zeigte, daß die beiden Formen, abgesehen einzig von ihrer Wirkung auf polarisiertes Licht, identische Eigenschaften auf-weisen. Wie sich herausgestellt hat, gilt dies in al-len Fällen von Enantiomorphie.

So weit, so gut, aber worin bestand nun eigentlich die Asymmetrie? Wo lag der kleine Unterschied, der bewirkte, daß die beiden Molekülarten sich zueinander verhielten wie Bild und Spiegelbild? Pasteur wußte es nicht zu sagen. Und Biot, der die Existenz einer molekularen Asymmetrie postu-liert hatte, lebte, obwohl er 88 Jahre alt wurde,

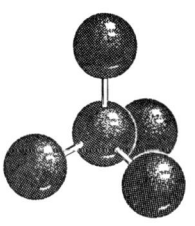

Das Tetraedermodell des Kohlenstoffatoms.

nicht lange genug, um zu erleben, wie sein intuiti-ver Gedanke sich bewahrheitete.

Erst 1874, zwölf Jahre nach dem Tod Biots, wurde die Lösung des Rätsels vorgelegt. Zwei junge Chemiker, der 22jährige Holländer Jacobus Hen-dricus Van't Hoff und der 27jährige Franzose Jo-seph Achille Le Bel, präsentierten in diesem Jahr unabhängig voneinander eine neue Theorie der Valenzen des Kohlenstoffs, die eine Erklärung für die Entstehung spiegelbildlich strukturierter Mo-leküle lieferte. (In späteren Jahren studierte Van't Hoff das Verhalten von Lösungen und zeigte, daß die ihr Verhalten beherrschenden Gesetzmäßig-keiten denen ähnelten, die das Verhalten von Ga-sen regelten. Für diese Leistung wurde er 1901 mit dem in jenem Jahr erstmals verliehenen Nobel-preis für Chemie ausgezeichnet.)

Kekulé hatte die vier Bindungsarme des Kohlen-stoffatoms in ein und dieselbe Ebene verlegt, nicht weil er dies für ihre wirkliche Anordnung hielt, sondern einfach weil dies die nächstliegende und bequemste Art war, sie auf einem Blatt Papier dar-zustellen. Van't Hoff und Le Bel brachten ein drei-dimensionales Modell in Vorschlag, bei dem im-mer nur zwei der vier Bindungsarme in einer Ebene lagen, die von der durch die beiden anderen konstituierten Ebene geschnitten wurde. Man kann eine anschauliche Vorstellung von diesem Modell gewinnen, wenn man sich die Sache so denkt, daß das Kohlenstoffatom auf dreien seiner Bindungsarme steht (auf welchen, ist egal); in die-sem Fall würde der vierte Arm senkrecht nach oben weisen. Oder man kann sich vorstellen, daß das Kohlenstoffatom sich im Zentrum eines Te-traeders befindet (eines geometrischen Körpers, dessen vier Seitenflächen gleichseitige und dek-kungsgleiche Dreiecke sind); in diesem Fall weisen die vier Bindungsarme auf die vier Ecken oder Spitzen des Tetraeders. Man spricht daher auch von dem *Tetraedermodell* des Kohlenstoffatoms *(Abb.)*.

Befestigen wir nun an diesen vier Bindungsarmen zwei Wasserstoffatome, ein Chloratom und ein Bromatom. Gleich an welchem Arm wir welches Atom anbringen, wir erhalten immer dasselbe Gebilde. Wer es nicht glaubt, kann es selbst ausprobieren. Man nehme ein Radieschen und stecke vier Zahnstocher im richtigen Winkelabstand zueinander hinein – sie sollen die vier Bindungsarme symbolisieren. Auf die freien Spitzen der Zahnstocher setzt man dann zwei schwarze Oliven (für die Wasserstoffatome), eine grüne Olive (für das Chloratom) und eine Kirsche (für das Bromatom). Nehmen wir einmal an, wir stellen dieses Gebilde so auf drei seiner Arme – oder besser gesagt Beine –, daß die schwarze Olive senkrecht nach oben weist und die drei Standbeine dem Uhrzeigersinn nach folgende Reihenfolge aufweisen: schwarze Olive, grüne Olive, Kirsche. Man kann nun beispielsweise die grüne Olive und die Kirsche miteinander vertauschen, so daß die neue Reihenfolge lautet: schwarze Olive, Kirsche, grüne Olive. Man braucht jetzt aber nur das Gebilde so umzukippen, daß die schwarze Olive, die als eines der Standbeine gedient hat, nach oben ragt, und die seither oben gewesene schwarze Olive zum Standbein wird. Die Reihenfolge der Standbeine lautet nunmehr wiederum: schwarze Olive, grüne Olive, Kirsche.

Anders gesagt, wenn mindestens zwei der vier an den vier Bindungsarmen des Kohlenstoffatoms hängenden Atome (oder Atomgruppen) gleich sind, ist nur eine einzige strukturelle Konstellation möglich. (Wenn drei oder gar vier gleiche Bindungspartner vorhanden sind, sieht man auf den ersten Blick, daß nur eine Konstellation möglich ist.)

Anders sieht die Sache aus, wenn an jedem der vier Bindungsarme ein anderes Atom bzw. eine andere Atomgruppe hängt. In diesem Fall sind zwei verschiedene Strukturkonstellationen möglich, von denen die eine das Spiegelbild der anderen ist. Stellen wir uns vor, wir ersetzten in unserem Zahnstochermodell eine der beiden schwarzen Oliven, sagen wir die nach oben weisende, durch eine Silberzwiebel. Dann lassen wir wieder, wie vorhin, die grüne Olive und die Kirsche die Plätze tauschen, so daß unsere Standbeine, im Uhrzeigersinn gezählt, die Reihenfolge schwarze Olive, Kirsche, grüne Olive erhalten. Dieses Modell läßt sich nun durch keinerlei Kipp- oder Drehbewegung in das Ausgangsmodell überführen, das wir vor dem Platztausch zwischen grüner Olive und Kirsche hatten. Bei vier unterschiedlichen Bindungspartnern lassen sich stets zwei distinkte, einander spiegelbildlich ähnliche Konstellationen bilden. Wer es nicht glaubt, möge es, wie gesagt, selbst ausprobieren.

Van't Hoff und Le Bel lüfteten also das Geheimnis der Asymmetrie optisch aktiver Substanzen. Die Substanzen mit jeweils zwei enantiomorphen Formen, die polarisiertes Licht in entgegengesetzte Richtungen drehten, mußten Kohlenstoffatome enthalten, deren vier Valenzen mit vier verschiedenen Atomen oder Atomgruppen besetzt waren. Die eine der beiden unter dieser Voraussetzung möglichen Varianten drehte polarisiertes Licht nach rechts, die andere nach links.

Die Indizien, die für die Richtigkeit des von Le Bel und Van't Hoff vorgelegten Tetraedermodells des Kohlenstoffs sprachen, häuften sich zusehends, und von 1885 an erfreute sich ihre Theorie – nicht zuletzt auch dank des hochangesehenen Wislicenus, der sie enthusiastisch befürwortete – allgemeiner Anerkennung.

In der Folge konstruierten die Chemiker auch für die Atome anderer Elemente dreidimensionale Valenzmodelle. Der deutsche Chemiker Viktor Meyer wandte den Gedanken mit Erfolg auf das Stickstoffatom an, sein englischer Kollege William Jackson Pope auf die Elemente Schwefel, Selen und Zinn. Der deutsch-schweizerische Chemiker Alfred Werner erweiterte die Liste um etliche andere Elemente und begann in den 90er Jahren des 19. Jahrhunderts mit der Ausarbeitung einer *Koordinationstheorie;* sie stellte den Versuch dar, die Struktur komplexer anorganischer Substanzen durch exakte Bestimmung der Anordnung von Atomen und Atomgruppen um ein Zentralatom herum zu erklären. Für diese Arbeit erhielt Werner 1913 den Chemie-Nobelpreis.

Die beiden Traubensäuren, die Pasteur isoliert hatte, erhielten nun die Bezeichnungen *d-Weinsäure* (nach dem Anfangsbuchstaben des lateinischen Ausdrucks für »rechtsdrehend«) und *l-Weinsäure* (nach »linksdrehend«); für die beiden Varianten wurden spiegelbildliche Strukturformeln geschrieben – aber welche war welche? Welche war die rechtsdrehende und welche die linksdrehende Form? Es gab kein Mittel, dies festzustellen.

Um den Chemikern eine Bezugsgröße oder einen

Vergleichsstandard für die Einordnung enantiomorpher Substanzen als rechtsdrehend bzw. linksdrehend an die Hand zu geben, statuierte der deutsche Chemiker Emil Fischer an einer einfachen Verbindung namens Glycerinaldehyd ein Exempel; diese Substanz, die dem Familienkreis des Zuckers angehört, gehörte zu den am gründlichsten studierten unter den optisch aktiven Verbindungen. Fischer erklärte willkürlich eine der beiden Varianten zur linksdrehenden und nannte sie *L-Glycerinaldehyd;* die andere Variante definierte er als rechtsdrehend und nannte sie *D-Glycerinaldehyd.* Seine Strukturformeln für die beiden Varianten sahen wie folgt aus:

$$
\begin{array}{cc}
\text{CHO} & \text{CHO} \\
| & | \\
\text{H} - \text{C} - \text{OH} & \text{HO} - \text{C} - \text{H} \\
| & | \\
\text{CH}_2\text{OH} & \text{CH}_2\text{OH}
\end{array}
$$

D-Glycerinaldehyd   L-Glycerinaldehyd

Eine chemische Verbindung, von der sich zeigen ließ (wozu es allerdings höchst empfindlicher Methoden bedurfte), daß sie eine dem L-Glycerinaldehyd analoge Struktur aufwies, galt als der »L-Reihe« zugehörig und wurde mit dem Zusatz »L« gekennzeichnet, ohne Rücksicht darauf, ob sie polarisiertes Licht nach links oder nach rechts drehte. Die linksdrehende Form der Weinsäure erwies sich als zur D-Reihe und nicht etwa zur L-Reihe gehörig. Heute kennzeichnet man eine Verbindung, die strukturell der D-Reihe angehört, aber polarisiertes Licht nach links dreht, durch die vor den Namen gesetzten Symbole D (–); analog dazu gibt es die weiteren Vorzeichen D (+), L (–) und L (+).

Diese Beschäftigung mit den Feinheiten des Phänomens der optischen Aktivität, geboren aus weltferner wissenschaftlicher Neugierde, gewann in der Folgezeit eine eminent praktische Bedeutung. Wie sich herausstellte, enthalten fast alle Verbindungen, die in lebenden Organismen eine Rolle spielen, asymmetrische Kohlenstoffatome. Und in jedem dieser Fälle nutzt der Organismus nur eine der beiden spiegelbildlichen Varianten. Ferner ist es so, daß ähnliche Substanzen im allgemeinen derselben Reihe angehören. Alle einfachen Zucker beispielsweise, die sich in lebenden Geweben finden, gehören der D-Reihe an, hingegen praktisch alle Aminosäuren (die Bausteine der Eiweiße) der L-Reihe.

1955 schließlich gelang es dem holländischen Chemiker Johannes Martin Bijvoet, eindeutig zu bestimmen, welche Strukturvariante polarisiertes Licht nach links und welche es nach rechts dreht. Es stellte sich heraus, daß Fischer bei der Festsetzung der D- und der L-Variante des Glycerinaldehyds zufällig richtig geraten hatte.

Der Benzolring

Noch etliche Jahre lang, nachdem sich das von Kekulé kreierte System der Strukturformeln bereits auf der ganzen Linie durchgesetzt hatte, bereitete den Chemikern eine Substanz mit einem ziemlich einfachen Molekül erhebliches Kopfzerbrechen: Das Benzol, 1825 von Faraday entdeckt, wollte sich partout nicht auf eine Strukturformel bringen lassen. Wie die chemische Analyse zeigte, bestand das Molekül aus sechs Kohlenstoff- und sechs Wasserstoffatomen. Was war mit den überschüssigen Bindungsarmen des vierwertigen Kohlenstoffs? (Sechs durch einfache Bindungen miteinander verkettete Kohlenstoffatome können eigentlich vierzehn Wasserstoffatome binden, wie das Beispiel der wohlvertrauten Substanz Hexan mit der Summenformel C_6H_{14} zeigt.) Offensichtlich mußten zwischen den im Benzolmolekül eingebauten Kohlenstoffatomen Doppel- oder gar Dreifachbindungen bestehen. Unter dieser Voraussetzung ließen sich eine Reihe denkbarer Modelle dieses Moleküls konstruieren, beispielsweise:

$$
\text{CH} \equiv \text{C} - \text{CH} = \text{CH} - \text{CH} = \text{CH}_2.
$$

Das Dumme war nur, daß die bekannten Verbindungen, die eine Struktur solchen Typs aufwiesen, in ihren Eigenschaften wenig Ähnlichkeit mit dem Benzol zeigten. Dazu kam, daß alle Anzeichen für eine ausgesprochene symmetrische Struktur des Benzolmoleküls sprachen; sechs Kohlenstoff- und sechs Wasserstoffatome einigermaßen symmetrisch in einem Kettenmolekül zu vereinigen, erwies sich aber als unmöglich. Kekulé selbst war es, der 1865 die Lösung des Rätsels präsentierte. Wie er einige Jahre später erzählte, kam ihm der Gedanke während einer Busfahrt; er war eingedöst und erblickte, halb im Traum, Ketten aus Kohlenstoffatomen, die anfingen, wie lebendige Wesen umherzutanzen; eine von ihnen rollte sich plötzlich zusammen wie eine Schlange. Kekulé fuhr aus seinem Tagtraum auf und hätte laut »Eureka!« rufen können – er hatte die Lösung des Problems gefunden: Das Benzolmolekül mußte ringförmig sein!

In dem Strukturmodell, das Kekulé vorlegte, waren die zwölf Atome des Benzolmoleküls wie folgt angeordnet:

```
              H
              |
      H       C       H
       \   // \\   /
        C        C
        |        ||
        C        C
       /   \\  // \
      H      C       H
             |
             H
```

Damit war die Forderung nach Symmetrie endlich erfüllt. Das Ringmodell des Benzolmoleküls erklärte, neben anderen Dingen, weshalb, wenn man eines der sechs Wasserstoffatome des Benzolmoleküls durch ein Atom eines anderen Elements ersetzte, stets ein und dieselbe Substanz entstand. Da sich die im Ring enthaltenen Kohlenstoffatome in struktureller Hinsicht nicht voneinander unterscheiden, spielt es keine Rolle, welches Wasserstoffatom man austauscht – in allen sechs möglichen Fällen wird dasselbe Produkt entstehen. Des weiteren zeigte die Ringstruktur, daß es genau drei verschiedene Möglichkeiten gibt, zwei Wasserstoffatome zu ersetzen: Man kann entweder zwei unmittelbar benachbarte oder zwei durch *eine* CH-Gruppe getrennte oder aber zwei durch *zwei* CH-Gruppen getrennte (d. h. einander im Ring gegenüberliegende) Wasserstoffatome austauschen. Es fügte sich sehr schön, daß sich im Labor tatsächlich genau drei und nur drei Benzol-Isomere erzeugen ließen.

Ein problematischer Aspekt des Benzolrings gab den Chemikern allerdings zu denken. Verbindungen, die Doppelbindungen enthalten, sind im allgemeinen reaktionsfreudiger, d. h. weniger stabil als solche, die ausschließlich einfache Bindungen aufweisen. Es scheint, als seien Doppelbindungen für das Kohlenstoffatom nur eine Art Notlösung, die nur zu gerne zugunsten einer zusätzlichen einfachen Bindung aufgegeben werden. Substanzen mit Doppelbindungen nehmen bereitwillig ein zusätzliches Atom, beispielsweise ein Wasserstoffatom, auf und lassen sich auch relativ leicht

zerlegen. Der Benzolring jedoch ist außerordentlich stabil – stabiler als Kohlenstoffketten mit ausschließlich einfachen Bindungen. (Er ist so stabil und ein so häufig auftretender Bestandteil organischer Materie, daß man die Stoffe, deren Moleküle Benzolringe enthalten, zu einer eigenen Klasse von Verbindungen zusammengefaßt hat, den sogenannten *aromatischen* Stoffen oder *Aromaten;* alle anderen, nicht zu dieser Klasse gehörigen organischen Verbindungen heißen *aliphatisch*.) Das Benzolmolekül weigert sich, zusätzliche Wasserstoffatome aufzunehmen, und es ist schwer zu spalten.

Die organischen Chemiker des 19. Jahrhunderts fanden keine Erklärung für diese erstaunliche Stabilität der Doppelbindungen im Benzolmolekül; daß sie darüber nicht glücklich waren, ist klar. Sie mochten versucht gewesen sein, die Sache als ein nebensächliches Detailproblem abzutun, aber das war sie keineswegs, denn irgendwie war sie doch ein Stachel im Fleisch des von Kekulé eingeführten Systems der Strukturformeln. Wenn dieses System keine Erklärung für die unheimliche Stabilität des Benzolmoleküls zu liefern vermochte, war seine Gültigkeit im ganzen in Frage gestellt.

Vor der Wende zum 20. Jahrhundert war es der deutsche Chemiker Johannes Thiele, der der Lösung dieses Rätsels am nächsten kam. Er äußerte 1899 die Vermutung, daß bei Doppelbindungen, die durch eine Einfachbindung voneinander getrennt sind, eine gegenseitige Neutralisierung der Reaktionsbereitschaft stattfindet. Was J. Thiele meinte, läßt sich am besten am Beispiel des Butadiens veranschaulichen, dessen Molekül in seiner einfachsten Form zwei Doppelbindungen enthält, zwischen die eine Einfachbindung eingeschaltet ist. (Man spricht bei einer solchen Konstellation von *konjugierten Doppelbindungen*.) Wenn dieser Verbindung zwei zusätzliche Atome zugeführt werden, lagern sie sich stets an den beiden äußeren der doppelt gebundenen Kohlenstoffatome an, wie nachstehend gezeigt; von diesen und nicht von den inneren, konjugierten Kohlenstoffatomen geht sozusagen die Initiative zur Auflösung der Doppelbindung aus. Diese Überlegung schien eine Erklärung für die Reaktionsunlust des Benzols zu bieten, in dessen Molekül es dank der ringförmigen Struktur eben nur konjugierte und keine »äußeren« Kohlenstoffatome gibt, so daß die neutralisierende Wirkung der konjugierten Stellung sich gleichmäßig auf alle sechs Kohlenstoffatome erstreckt.

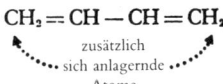

Rund vierzig Jahre später wurde, ausgehend von einer neuen Theorie, welche die atomaren Bindungen als Austausch bzw. gemeinsame Nutzung von Schalenelektronen definierte, eine bessere Erklärung gefunden. Was Kekulé als chemische Bindung bezeichnet und mit einem Strich zwischen zwei Atomen symbolisiert hatte, wurde nunmehr als ein beiden Atomen gemeinsames Elektronenpaar aufgefaßt. Immer wenn ein Atom eine Verbindung mit einem anderen Atom eingeht, läßt es dieses an einem seiner Elektronen teilhaben, und der Partner revanchiert sich, indem er seinerseits eines seiner Elektronen zur gemeinsamen Nutzung beisteuert. Da das Kohlenstoffatom in seiner äußersten Schale vier Elektronen aufweist, kann es vier Partnerschaften eingehen; das Wasserstoffatom kann sein eines Elektron in eine Partnerschaft mit einem anderen Atom einbringen usw. Nun stellt sich die Frage: Wie sieht eine gemeinsame Elektronennutzung konkret aus? Wenn wir als beteiligte Partner zwei Kohlenstoffatome haben, können wir unterstellen, daß beide gleich viel Anteil an dem gemeinsamen Elektronenpaar haben, da beide Kerne ihre Elektronen mit gleich großer Kraft festhalten. In einer Verbindung wie H_2O dagegen reißt das Sauerstoffatom, das Elektronen mit größerer Kraft festhält als ein Wasserstoffatom, einen größeren »Teil« des mit jedem Wasserstoffatom gemeinsam genutzten Elektronenpaars an sich. Aufgrund der überschüssigen Elektronenladung, die es dadurch gewinnt, weist es ein leicht negatives elektrisches Potential auf. Das Wasserstoffatom besitzt aus dem gleichen Grund eine leicht positive elektrische Ladung. Jedes Molekül, das ein Sauerstoff-Wasserstoff-Pärchen enthält – Wasser beispielsweise oder Ethylalkohol –, weist an einem Ende einen geringen negativen und am anderen einen geringen positiven Ladungsüberschuß auf. Es besitzt sozusagen zwei Ladungspole und wird dementsprechend als *polares* Molekül bezeichnet.

Auf diesen Aspekt der Molekularstruktur wies als erster Peter Debye im Jahr 1912 hin (derselbe, der später die Nutzung des Magnetismus zur Erzie-

lung extrem niedriger Temperaturen vorschlug). Er bediente sich eines elektrischen Feldes, um den Abstand zwischen den elektrischen Ladungspolen eines Moleküls zu bestimmen. Polare Moleküle ordnen sich, wenn sie einem solchen Feld ausgesetzt werden, so an, daß ihr negativ geladenes Ende zum Pluspol des Feldes und ihr positiv geladenes Ende sich zu einem Minuspol hin ausrichtet; der Grad der Leichtigkeit, mit dem sich dies vollzieht, ist ein Maß für das sogenannte *Dipolmoment* des jeweiligen Moleküls. In den 30er Jahren wurde die Messung von Dipolmomenten zur Routineangelegenheit; 1936 wurde Debye für seine Leistungen auf diesem und auf anderen Gebieten mit dem Chemie-Nobelpreis ausgezeichnet.

Die neue, erweiterte Auffassung vermochte eine Reihe von Phänomenen zu erklären, die im Rahmen der bisherigen Theorien nicht hatten verständlich gemacht werden können – beispielsweise eine Reihe von Anomalien in bezug auf den Siedepunkt gewisser Substanzen. Im allgemeinen gilt, daß der Siedepunkt einer Verbindung mit zunehmendem Molekulargewicht ansteigt. Diese Regel ist freilich von zahlreichen Ausnahmen durchlöchert. Wasser, mit einem Molekülgewicht von lediglich 18, siedet bei 100 °C, wogegen Propan trotz eines mehr als doppelt so hohen Molekülgewichts (44) einen wesentlich niedrigeren Siedepunkt aufweist (−42 °C). Wie kommt das? Die Antwort lautet, daß H_2O ein polares Molekül mit einem hohen Dipolmoment ist, während das Propanmolekül keine Ladungspole aufweist, also nicht-polar ist. Polare Moleküle tendieren dazu, sich mit ihrem Minuspol an den Pluspol des Nachbarmoleküls anzulagern und umgekehrt. Dies ergibt ein Maximum an elektrostatischer Anziehung zwischen benachbarten Molekülen und macht es schwieriger, die Moleküle auseinanderzureißen; dieser Umstand wiederum schlägt sich in einem relativ hohen Siedepunkt der betreffenden Substanz nieder. Der Ethylalkohol beispielsweise weist mit 78 °C einen wesentlich höheren Siedepunkt auf als der zu ihm isomere Dimethylether mit −24 °C, obgleich beide Verbindungen natürlich das gleiche Molekülgewicht haben (46). Der Ethylalkohol hat ein hohes Dipolmoment, der Dimethylether dagegen nur ein geringes. Das Dipolmoment des Wassers ist übrigens noch höher als das des Ethylalkohols.

Im Lichte der von de Broglie und Schrödinger formulierten Wellentheorie des Elektrons ergab sich eine abermalige Revision des Verständnisses der chemischen Bindung. Der amerikanische Chemiker Linus Pauling präsentierte 1939 in einem Buch mit dem Titel *The Nature of the Chemical Bond* eine quantenmechanische Theorie der molekularen Bindungen. Im Rahmen dieser Theorie fand, neben anderem, endlich auch das rätselhafte Phänomen der Stabilität des Benzolmoleküls eine befriedigende Erklärung.

Die Elektronen, die eine Bindung zwischen zwei Atomen vermitteln, stellen in Paulings Konzeption eine »Resonanz« zwischen diesen Atomen her. Wie Pauling zeigte, ist es unter gewissen Umständen unumgänglich, sich das Elektron als ein Partikel vorzustellen, das zu jedem Zeitpunkt irgendeine aus einer Reihe möglicher Positionen einnimmt (mit variierenden Wahrscheinlichkeiten). Veranschaulichen kann man sich das Bewegungsmuster eines solchen mit Welleneigenschaften ausgestatteten Elektrons als eine Art Wolke, deren Dichte dem Durchschnittswert der einzelnen Aufenthaltswahrscheinlichkeiten des Elektrons entspricht. Je gleichmäßiger sich das Elektron auf die verschiedenen Positionen verteilt, desto stabiler ist die durch es vermittelte Bindung.

Am größten ist die Wahrscheinlichkeit einer solchen stabilisierenden Resonanz dann, wenn ein Molekül konjugierte Bindungen aufweist, die in einer Ebene liegen, und wenn das Vorhandensein einer symmetrischen Struktur dem Elektron (diesmal wieder als Teilchen gesehen) eine Reihe alternativer Positionen erlaubt. Der Benzolring ist ebenflächig und symmetrisch, und die Konjugation der den Ring konstituierenden Bedingungen besteht, wie Pauling zeigte, nicht aus einer alternierenden Abfolge von Doppel- und Einfachbindung; die Elektronen sind vielmehr gleichmäßig verteilt – gleichsam ausgewalzt –, mit der Folge, daß alle Bindungen gleichartig sowie stärker und weniger reaktionsfreudig sind als gewöhnliche Einfachbindungen.

Die Resonanztheorie der chemischen Bindung läßt sich, so befriedigend sie chemisches Verhalten auch erklärt, nur schwer in die Symbolsprache der herkömmlichen Strukturmodelle übersetzen. Aus diesem Grund wird die von Kekulé eingeführte Darstellungsweise nach wie vor allgemein benutzt; dabei wird es wohl auch in absehbarer Zukunft bleiben, wenngleich mit der impliziten oder expliziten Einschränkung, daß diese Modelle den wahren Sachverhalt nur annäherungsweise beschreiben.

Organische Synthese

Nachdem Kolbe die Synthese der Essigsäure gelungen war, ging in den 50er Jahren des 19. Jahrhunderts ein anderer Chemiker daran, systematisch und methodisch organische Stoffe in der Retorte zu erzeugen. Es war der Franzose Marcelin P. E. Berthelot. Er stellte zunächst eine Reihe einfacher organischer Verbindungen aus noch einfacheren anorganischen Verbindungen (wie Kohlenmonoxid) her. Sodann baute er aus ihnen durch Hinzufügung weiterer Atome oder Atomgruppen immer komplexere Substanzen auf, bis er schließlich beim Ethylalkohol und anderen ähnlich komplexen Verbindungen ankam. Sein Ethylalkohol war synthetisch, aber vom »echten« absolut nicht zu unterscheiden – es war echter Ethylalkohol.

Der Ethylalkohol ist eine jedermann vertraute und vielen recht sympathische organische Verbindung. Der Gedanke, daß die Chemiker imstande waren, ihn aus Kohle, Luft und Wasser zu erzeugen (wobei die Kohle den Kohlenstoff, die Luft den Sauerstoff und das Wasser den Wasserstoff lieferte), ohne auf irgendwelches Obst oder Getreide als Ausgangsmaterial angewiesen zu sein, hat sicherlich zu verführerischen Visionen Anlaß gegeben und den Chemikern den Ruf eingetragen, so etwas wie moderne Hexenmeister zu sein. Auf jeden Fall war damit die organische Synthese auf die Tagesordnung gesetzt.

Berthelot vollbrachte aber noch etwas anderes, für die chemische Fachwelt noch Wichtigeres: Er erzeugte Substanzen, die es in der Natur nicht gab. Er nahm Glycerin, eine Verbindung, die 1778 von Scheele entdeckt worden war und die aus pflanzlichen oder tierischen Fetten gewonnen werden konnte, und kombinierte sie mit Säuren, die nach allem, was man wußte, in Fetten normalerweise nicht vorkamen (wohl aber anderswo in der Natur). Auf diese Weise erhielt er Substanzen, die gewissen natürlichen Fetten ähnelten, aber nicht mit ihnen identisch waren.

Damit hatte Berthelot den Grundstein für einen neuen Zweig der organischen Chemie gelegt: für die Synthese von Molekülen, die die Natur nicht in ihrem Repertoire hat. Damit war der Weg gewiesen zur Herstellung von *Kunststoffen,* und zwar nicht nur solchen, die als – möglicherweise minderwertige – Ersatzstoffe für seltene oder schwer zu gewinnende Naturstoffe dienen konnten, sondern auch solchen, die dem, was die Natur zu bieten hatte, in irgendeiner Weise überlegen waren.

Dieser letztere Aspekt der Erzeugung von Kunststoffen – die Natur auf die eine oder andere Weise zu übertreffen, anstatt sie nur zu imitieren – hat seit den Pioniertaten Berthelots kolossal an Bedeutung gewonnen. Die ersten wertvollen Früchte der von Berthelot eingeleiteten Entwicklung wurden im Bereich der Farbstoffe geerntet.

Synthetische Farbstoffe

Das Mutterland der organischen Chemie war Deutschland. Auf Wöhler und Liebig folgten zahlreiche weitere, höchst fähige Deutsche, die Pionierarbeit auf dem Gebiet der organischen Chemie leisteten. In England gab es bis zur Mitte des 19. Jahrhunderts keine organischen Chemiker, die sich mit den deutschen auch nur entfernt hätten messen können. Man hielt in England so wenig von der Chemie, daß dieses Fach an den Schulen nur als freiwilliger Zusatzkurs angeboten wurde, und zwar in der Mittagspause; offensichtlich rechneten die Schulleitungen nicht damit (oder wünschten gar nicht), daß sich viele Schüler für dieses Fach interessieren würden. Es ist daher erstaunlich, daß die erste organische Synthese, deren Produkt weltweit Aufsehen erregte, ausgerechnet in England durchgeführt wurde.

Die Sache begab sich wie folgt: Als 1845 das Royal College of Science in London endlich beschloß, einen guten Chemieunterricht anzubieten, wurde als Lehrer ein junger Deutscher eingestellt. August Wilhelm von Hofmann war zu diesem Zeitpunkt erst 27 Jahre alt; die Wahl fiel auf ihn, weil Prinz Albert, der deutschstämmige Gemahl von Königin Victoria, ihn empfohlen hatte.

Hofmann interessierte sich für eine Reihe von Stoffen, unter anderem für den Steinkohlenteer, mit dem er sich bereits im Rahmen seines ersten Forschungsprojekts (unter Anleitung von Liebig) beschäftigt hatte. Teer ist eine schwarze, klebrige Substanz, die sich abscheidet, wenn Kohle unter Abwesenheit von Luft auf hohe Temperaturen erhitzt wird. Er ist kein ausgesprochen attraktiver Stoff, aber ein wertvoller Lieferant organischer Substanzen. In den 40er Jahren des letzten Jahrhunderts diente Teer beispielsweise als Grundstoff für die Gewinnung großer Mengen einigermaßen reinen Benzols sowie einer stickstoffhaltigen Verbindung namens Anilin, die mit dem Benzol verwandt ist und erstmals von Hofmann aus Steinkohlenteer extrahiert worden war.

Etwa zehn Jahre nach seiner Ankunft in England wurde Hofmann auf einen siebzehnjährigen Jungen aufmerksam, der seine Chemiekurse besuchte. Hofmann hatte ein Auge für Begabungen und wußte Enthusiasmus zu schätzen. Er machte den jungen Mann, der William Henry Perkin hieß, zu seinem Assistenten und ließ ihn mit Teerverbindungen arbeiten. Perkins Begeisterung war grenzenlos. Er begnügte sich nicht damit, in der Schule zu forschen, sondern richtete sich auch zu Hause ein Labor ein.

Hofmann, der sich auch für medizinische Nutzanwendungen der Chemie interessierte, dachte eines Tages (man schrieb das Jahr 1856) laut über die Möglichkeit nach, das Chinin, ein bei der Behandlung der Malaria eingesetztes natürliches Arzneimittel, zu synthetisieren. Nun spielte dies alles zu einer Zeit, in der Strukturformeln noch so gut wie unbekannt waren. Man kannte vom Chinin nur die Summenformel, und niemand ahnte, wie komplex das Chininmolekül in Wirklichkeit strukturiert ist. (Die korrekte Ableitung der Struktur gelang erst 1908.)

In seliger Unkenntnis der wirklichen Schwierigkeiten machte sich der achtzehnjährige Perkin an die Aufgabe, das Chinin zu synthetisieren. Als Ausgangssubstanz wählte er Allyltoluidin, einen Bestandteil des Steinkohlenteers. Das Molekül dieser Substanz bestand aus denselben Elementen wie das Chinin und enthielt von jedem etwa halb so viele Atome wie das Chininmolekül. Wenn er also zwei Moleküle des Allyltoluidins kombinierte und ein paar fehlende Sauerstoffatome hinzugab (beispielsweise durch Beimischung von etwas Kaliumdichromat, von dem bekannt war, daß es an Substanzen, mit denen es vermischt wurde, Sauerstoffatome abgab), würde er, so sein Kalkül, vielleicht ein Chininmolekül bekommen. Diese Rechnung ging natürlich nicht auf. Perkin produzierte nichts weiter als eine schmierige rotbraune Soße. Er versuchte es anstelle von Allyltoluidin mit Anilin und erhielt eine schwärzliche Brühe. Es kam ihm jedoch so vor, als würde von der Flüssigkeit ein violetter Schimmer ausgehen. Er goß etwas Alkohol in die Mixtur, und prompt nahm das Gebräu eine strahlende purpurne Farbe an. Sogleich dachte Perkin an die Möglichkeit, daß er vielleicht aus Versehen einen zum Färben geeigneten Stoff entdeckt hatte.

Farbstoffe waren von jeher hochgeschätzte und teure Substanzen. Es gab nur eine Handvoll wirklich guter Farbstoffe, die Textilien wirklich dauerhaft färbten, sich nicht auswuschen und leuchtend blieben. Es gab das dunkelblaue *Indigo*, das aus der Indigowurzel gewonnen wurde, den damit eng verwandten *Waid*, der in frührömischer Zeit ein berühmtes Exportgut der Briten war; dann gab es den aus den Ausscheidungen einer bestimmten Schneckenart gewonnenen *Purpur*, der zur königlichen Farbe par excellence wurde, und das rötliche *Alizarin* (dessen Name auf den arabischen Ausdruck für »Saft« zurückgeht), das aus einer Pflanze namens Krapp extrahiert wurde. Zu diesen aus Antike und Mittelalter überkommenen Farbstoffen kamen später noch einige wenige tropische Färbehölzer sowie einige anorganische Pigmentfarben (wie sie heute hauptsächlich in Streichfarben Verwendung finden) hinzu.

Daß die Aussicht, vielleicht einen Purpurfarbstoff gefunden zu haben, Perkin in Erregung versetzte, ist also kein Wunder. Auf Anregung eines Freundes schickte er eine Probe an eine Firma in Schottland, die mit Farbstoffen experimentierte; postwendend kam die Antwort, und sie besagte, daß die purpurne Flüssigkeit gute Färbeeigenschaften aufwies. Ob sie preisgünstig geliefert werden könne? Perkin beantragte ein Patent auf seinen Farbstoff – und löste damit eine Kontroverse darüber aus, ob einem Achtzehnjährigen ein Patent gewährt werden konnte. Er hängte seine College-Tätigkeit an den Nagel und wurde Fabrikant.

Das war leichter gesagt als getan. Perkin mußte bei Null anfangen, mußte die Einzelbestandteile seines Farbstoffes mit selbstentworfenen Apparaturen aus Kohlenteer gewinnen. Nach sechsmonatiger Vorbereitung konnte er jedoch die Produktion seines *Anilinpurpurs,* wie er das Produkt nannte, anlaufen lassen. Es war eine Verbindung, die in der Natur nicht vorkam und die in den farblichen Variationsmöglichkeiten, die sie bot, allen bekannten Naturfarbstoffen überlegen war.

Die französischen Färber, die sich schneller auf den neuen Farbstoff umstellten als die konservativeren Engländer, bezeichneten seine Farbe als *mauve* (nach dem französischen Namen der Malve), und der Farbstoff selbst wurde unter dem Namen *Mauvein* bekannt. Die neue Farbe wurde sehr schnell zum letzten Schrei (so sehr, daß die betreffende Epoche zuweilen das Mauve-Jahrzehnt genannt worden ist), und Perkin wurde ein reicher Mann. Mit 23 Jahren war er weltweit als Autorität für synthetische Farbstoffe anerkannt.

Das war der Anfang einer lawinenartigen Entwicklung. Viele organische Chemiker verlegten sich, angespornt vom erstaunlichen Erfolg Perkins, auf den Versuch, synthetische Farben herzustellen, und in zahlreichen Fällen gelang dies auch. Hofmann selbst betätigte sich auf diesem neuen Gebiet und synthetisierte 1858 einen purpurroten Farbstoff, den die französischen Färber (die damals in Modedingen den Ton angaben) später auf den Namen *Magenta* tauften – nach der italienischen Stadt, bei der die Franzosen 1859 eine Schlacht gegen die Österreicher gewonnen hatten.

Hofmann kehrte 1865 nach Deutschland zurück, natürlich unter Mitnahme seines Wissens über synthetische Farbstoffe. Er entdeckte eine Gruppe violetter Farbstoffe, die nach ihm benannt wurden. Mitte des 20. Jahrhunderts befanden sich nicht weniger als 3500 synthetische Farbstoffe im Handel.

Auch Naturfarbstoffe wurden im Labor synthetisiert. Sowohl Perkin als auch der deutsche Karl Graebe stellten 1869 das Alizarin künstlich her. (Graebe reichte seine Patentanmeldung einen Tag früher ein als Perkin.) 1880 erfand der deutsche Chemiker Adolf von Baeyer ein Verfahren zur synthetischen Herstellung des Indigos. (Für seine Arbeiten über Farbstoffe wurde Baeyer 1905 mit dem Chemie-Nobelpreis ausgezeichnet.)

Perkin zog sich 1874, im Alter von 35 Jahren, aus dem Geschäft zurück, um sich wieder seiner ersten Liebe zuzuwenden: der wissenschaftlichen Forschung. 1875 gelang ihm die synthetische Herstellung des *Kumarins*, einer auch in der Natur vorkommenden Substanz, die die sympathische Eigenschaft hat, nach frisch gemähtem Heu zu duften – damit war der Grundstein zur Erzeugung synthetischer Parfüme gelegt.

Als einzelner war Perkin nicht in der Lage, der rasanten Entwicklung, die die organische Chemie in Deutschland nahm, Paroli zu bieten. Um die Wende zum 20. Jahrhundert war die Herstellung von Kunststoffen aller Art fast zu einem Monopol der Deutschen geworden. Es war ein deutscher Chemiker, Otto Wallach, der den von Perkin eröffneten Weg zur Synthese von Duftstoffen weiterging. 1910 wurde Wallach für seine Forschungsleistungen mit dem Chemie-Nobelpreis ausgezeichnet. Der in der Schweiz lehrende kroatische Chemiker Leopold Ruzicka synthetisierte einen weiteren wichtigen Parfüm-Grundstoff: *Moschus.* Er erhielt 1938 anteilig den Chemie-Nobelpreis. Der Erste Weltkrieg schnitt Großbritannien und die Vereinigten Staaten von den Lieferungen der deutschen Chemiekonzerne ab und zwang sie, eine eigene chemische Industrie zu entwickeln.

Alkaloide und Betäubungsmittel

Die Entwicklung im Bereich der synthetischen organischen Chemie hätte sich bestenfalls im Stolperschritt vollziehen können, wenn die Chemiker auf glückliche Zufallsfunde wie den, der Perkin zum reichen Mann machte, angewiesen geblieben wären. Zum Glück aber machten es die Strukturformeln Kekulés, drei Jahre nach Perkins Entdeckung vorgelegt, möglich, so etwas wie Baupläne der organischen Moleküle zu erstellen. Der Versuch, Substanzen wie das Chinin zuzubereiten, glich nun nicht mehr einem blinden Herumstochern. Es gab jetzt Methoden, mit denen man die Strukturelemente eines bestimmten Moleküls schrittweise identifizieren konnte – nach Kriterien, die es erlaubten, im voraus bestimmte Variationsmöglichkeiten auszuschließen und andere zu begünstigen.

Die Chemiker lernten, wie man eine Atomgruppe in eine andere überführt, wie man einen Ring aus Atomen aufbricht und wie man aus einer offenen Kette einen geschlossenen Ring bildet; sie lernten,

Atomgruppen zu spalten und einer Kette nacheinander einzelne Kohlenstoffatome hinzuzufügen. Das jeweils spezifische Verfahren, mit dem eine bestimmte molekül-architektonische Aufgabe gelöst werden kann, wurde oft nach dem Chemiker benannt, der es entdeckt oder als erster eingehend beschrieben hatte. Perkin beispielsweise fand eine Methode, mit der man eine zwei Kohlenstoffatome enthaltende Gruppe in ein Molekül integrieren konnte; man mußte dabei die betreffende Substanz unter Beimischung von Essigsäureanhydrid und Natriumacetat erhitzen. Dieses Verfahren wird noch heute als *Perkin-Reaktion* bezeichnet. Wie Perkins Lehrer, Hofmann, entdeckte, kann man einen atomaren Ring, der ein Stickstoffatom als Glied enthält, dadurch aufbrechen und das Stickstoffatom herauslösen, indem man den betreffenden Stoff zusammen mit einer Substanz namens Methyljodid in Gegenwart einer Silberverbindung erhitzt; dies ist der *Hofmannsche Abbau.* 1877 fand der französische Chemiker Charles Friedel zusammen mit seinem amerikanischen Kollegen James M. Crafts ein Verfahren, mit dem man durch Wärmezufuhr und unter Zusetzung von Aluminiumchlorid eine kurze Kohlenstoffkette an einen Benzolring anhängen kann. Man nennt dies die *Friedel-Crafts-Reaktion.*

Im Jahr 1900 entdeckte der französische Chemiker Victor Grignard, daß metallisches Magnesium, richtig angewandt, eine Vielzahl unterschiedlicher Kombinationen zwischen Kohlenstoffketten herbeizuführen vermag; er gab seinen Fund im Rahmen seiner Doktorarbeit bekannt. Für die Entdeckung und Erforschung dieser *Grignard-Reaktion* erhielt er 1912 anteilig den Chemie-Nobelpreis. Sein Mit-Preisträger, der Chemiker Paul Sabatier, ebenfalls Franzose, hatte zusammen mit Jean B. Senderens ein Verfahren entdeckt, Doppelbindungen innerhalb von Kohlenstoffketten zugunsten zusätzlich eingebauter Wasserstoffatome aufzulösen (das Verfahren beruht auf der Zugabe von feinverteiltem Nickel); dies ist die *Sabatier-Senderens-Reduktion.*

1928 fanden die deutschen Chemiker Otto Diels und Kurt Alder eine Methode, mit der man die beiden äußeren Kohlenstoffatome einer Kohlenstoffkette so an zwei durch eine Doppelbindung verbundene Kohlenstoffatome einer anderen Kette anhängen kann, daß ein Ring entsteht. Für die Entdeckung dieser *Diels-Alder-Reaktion* erhielten sie 1950 gemeinsam den Chemie-Nobelpreis. Durch sorgfältige Registrierung der Veränderungen, die sich mit Substanzen von bekannter Struktur vollzogen, wenn sie bestimmten Chemikalien und Bedingungen ausgesetzt wurden, konnten die organischen Chemiker sich einen wachsenden Vorrat an Regeln für die Umwandlung von Verbindungen in andere Verbindungen erarbeiten. Es war kein Kinderspiel. Jede Verbindung und jede Reaktion hatte ihre eigenen Eigentümlichkeiten und warf ihre eigenen Probleme auf. Als aber einmal die Hauptlinien gezogen waren, dienten sie den findigen organischen Chemikern als deutliche Wegmarken, so daß sie sich in der Vielfalt der organischen Stoffe, die ihnen lange Zeit wie ein chaotisches Wirrwarr vorgekommen war, zunehmend besser zurechtfanden.

Aus der Erkenntnis des Verhaltens bestimmter Atomgruppen ließen sich darüber hinaus Regeln für die Enträtselung der Struktur noch unerforschter Verbindungen ableiten. Um ein Beispiel zu geben: Wenn einfache Alkohole mit metallischem Natrium reagieren, wird Wasserstoff frei; es handelt sich dabei jedoch stets nur um diejenigen Wasserstoffatome, die an ein Sauerstoffatom gebunden waren; die an Kohlenstoffatome gebundenen Wasserstoffatome werden nicht freigesetzt. Nun gibt es gewisse organische Verbindungen, die unter entsprechenden Bedingungen Wasserstoffatome aufnehmen, und andere, die dies in keinem Fall tun. Wie sich herausgestellt hat, weisen diejenigen Verbindungen, die Wasserstoff aufnehmen, im allgemeinen Doppel- oder Dreifachbindungen auf, und diese sind es, die im Zuge des Einbaus der Wasserstoffatome aufgelöst werden.

Aus der Erkenntnis dieser beiden Gesetzmäßigkeiten erwuchs ein ganz neuer Typus der chemischen Analyse organischer Verbindungen; anstatt nur die Zahl und Art der in einem Molekül enthaltenen Atome zu ermitteln, konnte man nunmehr bestimmte Atomgruppen identifizieren. Wenn bei Zugabe von Natrium Wasserstoff frei wurde, so deutete dies auf das Vorhandensein mindestens eines an Sauerstoff gebundenen Wasserstoffatoms im Molekül hin; wenn die Verbindung Wasserstoff aufnahm, so ließ sich daraus auf das Vorhandensein von Doppel- oder Dreifachbindungen schließen. Wenn das Molekül zu groß und komplex war, um sich als Ganzes analysieren zu lassen, konnte man es mittels wohldefinierter Methoden

in einfachere Bestandteile zerlegen, deren Struktur sich leichter entschlüsseln ließ; aus den fertig analysierten Einzelteilen konnte man anschließend das Originalmolekül rekonstruieren.

Die organischen Chemiker gingen in der Regel so vor, daß sie zunächst die Struktur einer bestimmten, in der Natur vorkommenden und für irgendwelche menschlichen Zwecke nützlichen Verbindung entschlüsselten (Analyse) und anschließend versuchten, dieselbe Verbindung oder eine mit ähnlichen Eigenschaften ausgestattete Substanz künstlich zu erzeugen (Synthese), wobei ihnen die Strukturformel als Werkzeug und Leitfaden diente. Es konnte sein, daß man auf diese Weise für einen Stoff, der in der Natur selten vorkam oder nur mit aufwendigen Methoden gewonnen werden konnte, ein preiswertes Herstellungsverfahren fand; oder daß, wie im Fall der Teerfarbstoffe, die Retorte etwas lieferte, das einen bestimmten Zweck besser erfüllte als die einschlägigen natürlichen Substanzen.

Ein verblüffendes Beispiel für eine bewußte »Verbesserung der Natur« knüpfte sich an das *Kokain,* eine Substanz, die sich in den Blättern des in Bolivien und Peru heimischen, heute aber hauptsächlich auf Java angebauten Kokastrauchs findet. Wie die bereits weiter oben erwähnten Verbindungen Strychnin, Morphin und Chinin ist das Kokain ein *Alkaloid,* ein stickstoffhaltiges pflanzliches Produkt, das bereits in geringer Dosis tiefgreifende physiologische Wirkungen im menschlichen Organismus entfaltet. Alkaloide können, je nach Höhe der Dosis, heilen oder töten. Das berühmteste Opfer einer tödlichen Alkaloiddosis, das die Geschichte kennt, war Sokrates; er starb an *Coniin,* einem im Schierling enthaltenen Alkaloid. Der Molekülaufbau mancher Alkaloide ist außerordentlich kompliziert, aber das reizte nur den forscherischen Ehrgeiz der Chemiker. Der Engländer Robert Robinson nahm sich die Alkaloide systematisch vor. 1925 präsentierte er die Strukturformel des Morphins (komplett bis auf ein einziges, nicht zweifelsfrei ermitteltes Atom), 1946 des Strychnins. In Anerkennung seiner Leistungen erhielt er 1947 den Chemie-Nobelpreis.

Robinson war es nur um die Aufklärung der Struktur der Alkaloide gegangen; mit ihrer Synthese hatte er sich nicht befaßt. Dies tat dafür der amerikanische Chemiker Robert B. Woodward. Zusammen mit seinem Landsmann und Kollegen

William von Eggers Doering synthetisierte er 1944 das Chinin. Wir erinnern uns: Mit dem hoffnungsvollen Versuch Perkins, diese Verbindung im Labor zu erzeugen, hatte alles angefangen. Für diejenigen, die es genau wissen wollen, hier die Strukturformel des Chinins:

Kein Wunder, daß Perkin sich daran die Zähne ausbiß.

Daß Woodward und Doering das Problem lösten, lag nicht allein an ihrem glänzenden Können. Sie verdankten ihren Erfolg auch der Tatsache, daß ihnen die neuen, von Männern wie Pauling entwickelten Theorien der Molekularstruktur und des Bindungsverhaltens von Atomen zu Gebote standen. Woodward synthetisierte in der Folge eine ganze Anzahl komplizierter Moleküle, die für die vorausgegangene Chemikergeneration noch hoffnungslose Fälle gewesen waren. 1954 beispielsweise gelang ihm die Synthese des Strychnins.

Schon lange bevor die Struktur der Alkaloide entschlüsselt war, hatten einige von ihnen, allen voran das Kokain, das brennende Interesse der Medizin auf sich gezogen. Südamerikanische Indianer pflegten, wie man festgestellt hatte, Kokablätter zu kauen – das vertrieb die Müdigkeit und erzeugte euphorische Glücksgefühle. Der schottische Arzt Robert Christison war der erste, der die Pflanze nach Europa brachte. (Dies war nicht das einzige Mal, daß die moderne Medizin von der Vorarbeit der Medizinmänner und »Kräuterhexen« aus primitiven Stammesgesellschaften profitierte. In dieselbe Kategorie gehören auch die bereits erwähnten Alkaloide Chinin und Strychnin, ferner Naturstoffe wie Opium, Digitalis, Curare, Atropin, Strophanthin und Reserpin. Und natürlich gehen auch solche Genüsse wie das Tabakrauchen, das Kauen von Betelnüssen, das Trinken von Alkohol und die Einnahme von Drogen wie Marijuana und Peyote auf bereits in primitiven Gesellschaften geübte Praktiken zurück.) Das Kokain eignete sich nicht nur zur Erzeugung von Glücksgefühlen. Wie die Ärzte feststellten, bewirkte es auch, daß der Organismus (lokal und zeitlich begrenzt) unempfindlich gegen Schmerzen wurde. 1884 fand der amerikanische Arzt Carl Koller heraus, daß Kokain, wenn es auf die äußeren Augenschleimhäute aufgebracht wurde, dort lokal schmerzbetäubend wirkte, so daß Augenoperationen ohne Schmerzen für den Patienten ausgeführt werden konnten. Auch im zahnärztlichen Bereich ließ Kokain sich als Mittel der Schmerzbetäubung einsetzen.

Diese Wirkung faszinierte die Ärzte, war doch einer der großen medizinischen Triumphe des 19. Jahrhunderts der Sieg über die Schmerzempfindung gewesen. Humphry Davy hatte 1799 das Gas Distickstoffmonoxid (N_2O) erzeugt und seine Wirkungen studiert. Wie er feststellte, wirkte dieses Gas auf den menschlichen Organismus irgendwie hemmungslösend – Personen, die es einatmeten, fingen an zu lachen, zu weinen oder sich in irgendeiner anderen Form gehen zu lassen. Aus diesem Grund bürgerte sich für das Gas der volkstümliche Name *Lachgas* ein.

Zu Beginn der 1840er Jahre entdeckte der amerikanische Forscher Gardner Q. Cotton, daß Lachgas die Schmerzempfindlichkeit ausschaltet; 1844 begann der amerikanische Dentist Horace Wells damit, seine Patienten vor schmerzhaften Eingriffen mit Lachgas zu betäuben. Es gab inzwischen aber bereits etwas Besseres.

Der amerikanische Chirurg Crawford W. Long experimentierte seit 1842 mit der Verabreichung von Ether, um Patienten, denen er einen Zahn ziehen wollte, in Narkose zu versetzen. 1846 führte der Zahnarzt William T. G. Morton am Allgemeinen Krankenhaus von Massachusetts eine kieferchirurgische Operation an einem mit Ether betäubten Patienten durch. Im allgemeinen wird Morton als Erfinder der Ethernarkose bezeichnet, weil Long erst nach Mortons publikumswirksamer Vorführung in den medizinischen Zeitschriften über seine eigene einschlägige Arbeit berichtete und weil andererseits die ersten öffentlichen Vorführungen, die Wells mit Lachgas durchgeführt hatte, nur mit mittelmäßigem Erfolg verlaufen waren.

Der amerikanische Schriftsteller und Arzt Oliver Wendell Holmes machte den Vorschlag, schmerzbetäubende Substanzen *Anästhetika* zu nennen (abgeleitet aus dem Griechischen mit der Bedeutung

»keine Empfindung«). Manche Zeitgenossen äußerten die Ansicht, das Arbeiten mit Anästhetika sei ein gotteslästerlicher Versuch, den Menschen gottgewollte Schmerzen zu ersparen. Wenn es einer Tat mit Signalwirkung bedurfte, um den Einsatz von Schmerzmitteln salonfähig zu machen, so war es der schottische Arzt James Young Simpson, der sie vollbrachte, indem er die englische Königin Victoria bei der Geburt eines ihrer Kinder in Narkose versetzte.

Dank der Anästhesie tat das chirurgische Handwerk endlich den Schritt von einer der Folterkammer würdigen Metzelei zu einer mindestens humanen und, bei Einhaltung antiseptischer Bedingungen, oft auch lebensrettenden ärztlichen Kunst. Jeder Fortschritt im Bereich der Anästhesie wurde denn auch mit großem Interesse registriert und in die ärztliche Praxis übernommen. Das speziell Interessante am Kokain war, daß es lokalanästhetisch wirkte, d. h. die Schmerzempfindung in einer bestimmten Körperpartie betäubte, ohne daß der Patient bewußtlos oder gänzlich empfindungslos wurde, wie es etwa bei der Verabreichung von Ether der Fall war.

Der Einsatz von Kokain als Schmerzbetäubungsmittel ist allerdings nicht problemlos. Zunächst einmal kann es ungute Nebenwirkungen entfalten, ja einschlägig empfindliche Patienten sogar töten. Zum zweiten kann es zur Suchtabhängigkeit führen und muß daher sparsam und vorsichtig eingesetzt werden. (Kokain ist eine jener gefährlichen Drogen, die nicht nur die Schmerzempfindung unterdrücken, sondern auch andere unangenehme Gefühle, und die daher dem Benutzer ein Gefühl der Euphorie bescheren. Der Organismus des Benutzers kann sich an die Droge gewöhnen, so daß der Betreffende eine immer größere Dosis benötigt, um die beabsichtigte Wirkung zu erzielen, und von den als angenehm empfundenen Wirkungen der Droge so abhängig wird, daß er sie nicht mehr abzusetzen vermag, ohne daß schmerzhafte Entzugserscheinungen auftreten. Eine derartige Suchtabhängigkeit von Kokain und anderen ähnlichen Drogen – die allesamt für den Organismus letzten Endes schädlich sind – ist zu einem bedeutenden gesellschaftlichen Problem geworden. Bis zu 20 Tonnen Kokain pro Jahr werden illegal hergestellt und verkauft, mit unerhörten Gewinnen für einige wenige und sehr traurigen Folgen für viele andere.) Zum dritten ist das

Kokainmolekül zerbrechlich; wenn man Kokain erhitzt, um es zu sterilisieren, führt dies zu Veränderungen in der Molekülstruktur, die die anästhetische Wirkung beeinträchtigen können.

Das Kokainmolekül ist ziemlich kompliziert aufgebaut:

Der Doppelring auf der linken Seite ist der zerbrechliche – und zugleich der am schwierigsten zu synthetisierende – Teil des Kokainmoleküls. (Es dauerte bis 1923, ehe Richard Willstätter die synthetische Erzeugung des Kokains gelang.) Die Chemiker verfielen daher auf den Gedanken, es einmal mit der Synthese ähnlich gebauter, aber über einen geöffneten, anstelle eines geschlossenen Doppelrings verfügender Moleküle zu versuchen, die, so hoffte man, sowohl leichter zu synthetisieren als auch stabiler sein würden. Vielleicht würde eine solche Substanz die anästhetischen Eigenschaften des Kokains aufweisen, ohne dessen unerwünschte Eigenschaften zu teilen.

Etwa zwanzig Jahre lang widmeten sich deutsche Chemiker diesem Problem; in dieser Zeitspanne erzeugten sie Dutzende von Verbindungen, von denen einige sich als recht brauchbar erwiesen. Die beste Variante fand man im Jahr 1909; ihr Molekül wies die folgende Struktur auf:

Wenn man diese Formel mit der des Kokains vergleicht, wird man sowohl die Ähnlichkeit feststellen als auch den bedeutsamen Unterschied, daß der Doppelring nicht mehr vorhanden ist. Dieses einfachere Molekül – stabil, leicht zu synthetisieren, mit guten anästhetischen Eigenschaften und wenig schädlichen Nebenwirkungen – existiert in der Natur nicht. Es ist ein »synthetischer Ersatzstoff«, der das »echte« Vorbild in bezug auf die erwünschte Kombination von Eigenschaften weit übertrifft. Sein wissenschaftlicher Name ist *Prokain,* besser bekannt ist es aber unter seinem Handelsnamen Novocain.

Der vielleicht wirksamste und bekannteste unter den schmerzbetäubenden Wirkstoffen ist das Morphin. Sein Name leitet sich von dem griechischen Wort für Traum her. Das Morphin ist einer der Bestandteile des aus dem Milchsaft des Schlafmohns gewonnenen Opiums, das sowohl in primitiven als auch in zivilisierten Gesellschaften seit langem zur Bekämpfung von Schmerzen und zum zeitweiligen Ausstieg aus der Alltagsrealität – mit anderen Worten: als Rauschmittel – benutzt wird. Derjenige, dessen Schmerzen es lindert, empfindet das Morphin als ein Geschenk Gottes. Aber auch dieser Wirkstoff birgt die tödliche Gefahr der Suchtabhängigkeit. Einer der Versuche, einen Ersatzstoff zu finden, führte zu einem Ergebnis, das wohl nicht im Sinne des Erfinders war: 1898 wurde ein synthetischer Abkömmling des Morphins, genannt Diacetylmorphin, eingeführt, in der Hoffnung, es werde sich als ein harmloseres Betäubungsmittel erweisen. Statt dessen entpuppte sich das *Heroin* – so der gebräuchliche Name des neuen Wirkstoffes – als die gefährlichste aller Drogen.

Weniger gefährliche Beruhigungsmittel sind das *Chloralhydrat* und vor allem die sogenannten *Barbiturate,* die vorwiegend als Schlafmittel eingesetzt werden. Das erste Barbiturat wurde 1902 hergestellt; auch heute noch enthalten die meisten Schlaftabletten Barbiturate. Bei sachgemäßer und kontrollierter Anwendung ziemlich harmlos, können diese Wirkstoffe dennoch zu suchtartiger Abhängigkeit, bei Einnahme einer Überdosis auch zum Tod führen. Der Tod tritt in diesem Fall in aller Stille ein, als Endstadium eines sich allmählich vertiefenden Schlafes. Nicht zuletzt wohl deshalb ist die Selbstvergiftung durch Schlaftabletten eine ziemlich populäre Methode des Selbstmordes.

Das verbreitetste und traditionsreichste aller Betäubungsmittel ist natürlich der Alkohol. Verfahren für die Vergärung von Obstsäften und Getreidemaische waren bereits in vorgeschichtlicher Zeit bekannt. Die Praxis, durch Destillation eine stärker alkoholhaltige Flüssigkeit zu gewinnen – Schnaps zu brennen –, kam im Mittelalter auf. Die wichtige Rolle, die leichte Weine in Regionen spielen, in denen man sich mit dem Genuß von Trinkwasser unter Garantie Typhus- und Cholerabakterien einhandelt, sowie die Tatsache, daß mäßiger Alkoholgenuß gesellschaftlich akzeptiert, ja geradezu rituelle Praxis ist, machen es schwierig, den Alkohol als das Suchtmittel zu brandmarken, das er tatsächlich ist. Er kann nämlich ebenso zur Suchtabhängigkeit führen wie etwa das Morphin und richtet insgesamt gesehen, da er in so großen Mengen konsumiert wird, weit mehr Schaden an. Ein gesetzliches Verbot des Alkoholverkaufs scheint nach allen Erfahrungen aber kein geeignetes Mittel der Abhilfe zu sein: Die in den USA zwischen 1920 und 1933 geltende Prohibition war ein Schlag ins Wasser. Immerhin wird der Alkoholismus heute zunehmend als Krankheit angesehen und behandelt, anstatt lediglich Reaktionen des Ekels und der Verachtung zu produzieren. Die akuten Symptome des Alkoholismus, vor allem das sogenannte *delirium tremens,* sind vermutlich nicht so sehr auf den Alkoholgenuß selbst zurückzuführen als auf das chronische Vitamindefizit derjenigen, die wenig essen und viel trinken.

Die Protoporphyrine

Die Menschen können heutzutage über alle nur erdenklichen synthetischen Stoffe verfügen, Stoffe, deren potentieller Nutzen ebenso groß ist wie der Schaden, den sie bei Mißbrauch anrichten können: Sprengstoffe, Giftgase, Insektizide, Unkrautvernichtungsmittel, Desinfizierungsmittel, Reinigungsmittel, Medikamente – beinahe endlos ist die Zahl der Varianten. Die organische Synthese liefert aber nicht nur Gebrauchsgüter zur Befriedigung von Konsumentenbedürfnissen, sondern läßt sich auch in den Dienst der reinen chemischen Grundlagenforschung stellen.

Es kommt oft vor, daß man einer komplexen Verbindung, sei es einer in lebenden Organismen vorkommenden oder einer in der Retorte erzeugten, nach Auswertung aller Analyseergebnisse nur eine provisorische Strukturformel zuweisen kann. Um in einem solchen Fall Gewißheit zu erhalten, kann man den Umweg beschreiten, die betreffende Verbindung zu synthetisieren, und zwar in Einzelschritten, die so gewählt sind, daß sie zu der vermuteten Molekülstruktur führen müßten. Wenn die Eigenschaften der dabei entstehenden Verbindungen mit denen der Substanz, die es ursprünglich zu analysieren galt, identisch sind, kann der Chemiker mit einiger Sicherheit davon ausgehen, daß er die Strukturformel richtig erraten hat.

Ein eindrucksvolles Fallbeispiel hierfür bietet das *Hämoglobin,* der Hauptbaustoff der roten Blutkörperchen, die dem Blut seine charakteristische Farbe verleihen. 1831 zerlegte der französische Chemiker L. R. LeCanu Hämoglobin in zwei Teile, von denen der kleinere, genannt *Häm,* vier Prozent der Gesamtmasse des Hämoglobins verkörperte. Die Analyse ergab für das Häm die Summenformel $C_{34}H_{32}O_4N_4Fe$. Man wußte, daß Verbindungen wie das Häm auch in anderen lebenswichtigen Substanzen sowohl tierischer als auch pflanzlicher Organismen vorkamen, daher interessierten sich die Biochemiker brennend für die Struktur dieses Moleküls. Allerdings verging von der erstmaligen Isolierung des Häms durch LeCanu an fast ein Jahrhundert, in dem die Chemiker nicht mehr zuwege brachten, als das Molekül in immer kleinere Teilmoleküle zu zerlegen.

Das Eisenatom (Fe) ließ sich leicht herauslösen; nachdem dies geschehen war, zerfiel der Rest des Häm-Moleküls in vier ungefähr gleich große Fragmente. Diese entpuppten sich als Pyrrol-Moleküle; das Pyrroll-Molekül besteht aus fünf ringförmig angeordneten, jeweils ein Wasserstoffatom tragenden Atomen (1 Stickstoff- und 4 Kohlenstoffatome). Seine Strukturformel hat folgendes Aussehen:

In Wirklichkeit wiesen die aus dem Häm gewonnenen Pyrrole als Anhängsel an die Ringstruktur anstelle des einen oder anderen Wasserstoffatoms eine kleine, ein oder zwei Kohlenstoffe enthaltende Atomgruppe aus.

In den 20er Jahren des 20. Jahrhunderts nahm der deutsche Chemiker Hans Fischer sich des Problems an. Da jedes der Pyrrol-Moleküle in etwa den vierten Teil des Häm-Moleküls repräsentierte, entschloß er sich zu dem Versuch, die vier Pyrrole zu kombinieren und zu schauen, was dabei herauskam. Was er schließlich zuwege

brachte, war eine aus vier Ringen zusammengesetzte Verbindung, die er *Porphin* nannte (nach dem griechischen Wort für Purpur, wegen ihrer purpurnen Färbung). Das Porphin-Molekül sah wie folgt aus:

Die ursprünglichen, aus dem Hämoglobin gewonnenen Pyrrole wiesen freilich kleine, an den Ring angehängte *Seitenketten* auf. Diese blieben an Ort und Stelle, wenn die Pyrrole dazu gebracht wurden, sich zu einem Porphin-Molekül zusammenzuschließen. Durch die Erweiterung des Porphin-Moleküls um verschiedene Arten von Seitenketten entsteht eine Familie von Verbindungen, die als *Porphyrine* bezeichnet wird. Diejenigen unter ihnen, die genau die beim Häm-Molekül gefundenen Seitenketten aufwiesen, wurden als *Protoporphyrine* bezeichnet. Beim Vergleich der Eigenschaften des Häms mit denen der Porphyrine, die er synthetisiert hatte, stellte Fischer eindeutig fest, daß das Häm (um sein Eisenatom erleichtert) ein Protoporphyrin war. Aber welches? Nicht weniger als fünfzehn verschiedene Protoporphyrine (jedes mit anders angeordneten Seitenketten) ließen sich aus den verschiedenen Pyrrol-Abkömmlingen des Häms bilden; eines davon mußte, so meinte Fischer, das Häm selbst sein, aber welches es war, vermochte er nicht zu sagen.

Eine recht aufwendige Methode, um vielleicht die Lösung dieses Problems zu finden, bestand darin, alle fünfzehn Varianten zu synthetisieren und dann die Eigenschaften jeder einzelnen zu bestimmen. Fischer betraute seine Studenten mit der Aufgabe, alle fünfzehn Varianten mit Hilfe eines ausgeklügelten schrittweisen Verfahrens, das nur die Bildung einer bestimmten Struktur zuließ, synthetisch zu erzeugen. Immer wenn eines dieser Protoporphyrine gebildet war, verglich Fischer seine Eigenschaften mit denen des natürlichen Häm-Protoporphyrins.

1928 schließlich gelang ihm der Nachweis, daß das

neunte Protoporphyrin in seiner Versuchsreihe das gesuchte war. Das natürliche Häm-Protoporphyrin wird aus diesem Grunde bis zum heutigen Tag als Protoporphyrin IX bezeichnet. Es war vergleichsweise einfach, durch Zugabe von Eisen die Protoporphyrin-IX-Bausteine zu einem Häm-Molekül zusammenzusetzen. Nun waren sich die Chemiker endlich sicher, die Struktur dieser wichtigen Verbindung richtig bestimmt zu haben. Hier die Strukturformel des Häm-Moleküls, wie von Fischer angegeben:

$$CH_2$$
$$CH \quad CH_3$$
$$C \quad CH \quad C$$
$$C \quad C \quad C \quad C$$
$$CH_3 \quad C-N \quad N-C \quad CH$$
$$CH \quad Fe \quad CH \quad CH_2$$
$$CH_3 \quad C-N \quad N=C \quad CH_3$$
$$C \quad C \quad C \quad C$$
$$C \quad CH \quad C$$
$$CH_2 \quad CH_2$$
$$CH_2 \quad CH_2$$
$$C=O \quad C=O$$
$$OH \quad OH$$

Für diese Leistung wurde Fischer 1930 mit dem Chemie-Nobelpreis belohnt.

Neue Verfahren

Die Triumphe, die die synthetische organische Chemie im 19. und in der ersten Hälfte des 20. Jahrhunderts feierte, wurden mit Hilfe derselben Methoden erzielt, derer sich schon die Alchimisten bedient hatten – der Mischung und Erhitzung von Substanzen. Die Zufuhr von Wärme war das zuverlässigste Mittel, Molekülen Energie zuzuführen und sie zu chemischen Reaktionen irgendwelcher Art zu veranlassen; allerdings erwiesen sich diese Reaktionen, unter die Lupe genommen, gewöhnlich als ein ungeordnetes Chaos von Umwandlungen; sie liefen über eine Reihe instabiler, nur kurzfristig existenter Zwischenprodukte,

über deren Beschaffenheit man nur Vermutungen anstellen konnte, ab.

Was den Chemikern fehlte, waren raffiniertere, direktere Verfahren zur Bereitstellung energiereicher Moleküle – Verfahren, die bewirken konnten, daß Moleküle sich, in einer Art Gruppenverband, mit etwa gleich großer Geschwindigkeit in ungefähr die gleiche Richtung bewegten. Die chemischen Interaktionen würden so ihren ungeordneten Charakter verlieren, denn alles, was *ein* Molekül täte, täten auch die anderen. Ein Mittel, dies zu erreichen, wäre, Ionen in einem elektrischen Feld zu beschleunigen, ähnlich wie Elementarteilchen in einem Zyklotron beschleunigt werden.

1964 beschleunigte der deutsch-amerikanische Chemiker Richard Leopold Wolfgang Ionen und Moleküle auf hohe Energieniveaus und erzeugte auf diese Weise – mit einem chemischen Beschleuniger, wie man sagen könnte – Ionengeschwindigkeiten, für die man, wollte man sie durch Erwärmung zuwege bringen, Temperaturen zwischen 10 000 und 100 000 °C benötigen würde. Dazu kam, daß die Ionen sich alle in dieselbe Richtung bewegten.

Wenn man den so beschleunigten Ionen Elektronen beigibt, die sie sich einfangen können, verwandeln sie sich in neutrale Moleküle, ohne dabei ihre hohe Geschwindigkeit einzubüßen. Auf diese Weise entsteht ein Strahl aus neutralen Molekülen. Der amerikanische Chemiker Leonard Wharton produzierte 1969 solche Strahlen.

Was die kurzen Zwischenstadien einer chemischen Reaktion anging, so konnten bei ihrer Erforschung Computer behilflich sein. Es ging hier darum, die quantenmechanischen Gleichungen auszuarbeiten, die den Zustand der Elektronen innerhalb verschiedener Atomkombinationen beschreiben, und vorauszuberechnen, welche Ereignisse und Ereignisketten durch Kollisionen ausgelöst wurden. 1968 simulierte der italo-amerikanische Chemiker Enrico Clementi mit einem Computer die Kollision von Ammoniak- und Salzsäuremolekülen und ermittelte, welche Teilschritte zur Entstehung von Ammoniumchlorid (Salmiak) führten. Den Berechnungen des Computers war unter anderem zu entnehmen, daß das gebildete Ammoniumchlorid bei 700 °C unter hohem Druck noch als stabiles Gas existierte. Dieser bis dahin unbekannte Sachverhalt wurde einige Monate später experimentell bestätigt.

Im Verlauf des letzten Jahrzehnts haben die Chemiker sowohl im theoretischen als auch im experimentellen Bereich ein völlig neues Instrumentarium entwickelt. Bisher nicht zugängliche Details aus dem Innenleben chemischer Reaktionen werden damit erforschbar, und neue, bisher nicht oder nur in ganz geringen Mengen herstellbare Produkte werden auf uns zukommen. Womöglich wird bald eine neue Generation neuer, ungeahnter Wunderdinge über uns hereinbrechen.

Polymere und Kunststoffe

Wenn wir Moleküle wie die des Häms oder des Chinins betrachten, bewegen wir uns auf ein Niveau der Komplexität zu, das es selbst dem Fachmann schwer macht, den Durchblick zu behalten. Die synthetische Herstellung solcher Verbindungen erfordert so viele Schritte und so mannigfaltige Prozeduren, daß wir sie wohl kaum je in großen Mengen werden herstellen können, es sei denn mit Hilfe eines lebenden Organismus (womit ich nicht den Chemiker meine). Dies sollte uns jedoch keine Minderwertigkeitskomplexe einjagen. Auch das Leben selbst stößt auf diesem Komplexitätsniveau an die Grenzen seiner Leistungsfähigkeit. Nur wenige in der Natur vorkommenden Moleküle sind komplexer als das des Häms oder des Chinins.

Gewiß gibt es in der Natur Substanzen, deren Bausteine aus Hunderttausenden oder gar Millionen von Atomen zusammengesetzt sind. Es handelt sich bei diesen Bausteinen aber nicht eigentlich um Moleküle, sondern um Gebilde, die aus zahlreichen gleichartigen, wie Perlen an einer Schnur zu einem Strang aufgereihten Grundeinheiten bestehen. Lebendes Gewebe geht gewöhnlich so vor, daß es zunächst eine organische Verbindung mit einem kleinen, ziemlich einfachen Molekül synthetisiert und aus diesem Molekül dann Ketten bildet. Dies können die Chemiker, wie wir sehen werden, der Natur nachahmen.

Kondensation und Traubenzucker

In lebendem Gewebe geht dieser Zusammenschluß kleiner Moleküle (die sogenannte *Kondensation* bzw., wenn Molekülketten gebildet werden, Polykondensation) gewöhnlich mit der Freisetzung zweier Wasserstoffatome und eines Sauerstoffatoms pro Nahtstelle einher (die drei verbinden sich dann zu einem Wassermolekül). Der Vorgang ist in jedem Fall umkehrbar (sowohl im Organismus als auch im Reagenzglas): Durch Zugabe von Wasser können die Bindungen zwischen den Gliedern der Kette gelockert und schließlich gelöst werden. Diese Umkehrung des Kondensationsvorgangs wird als *Hydrolyse* bezeichnet (abgeleitet von griechischen Worten mit der Bedeutung »lösen durch Wasser«). Im Reagenzglas kann die Hydrolyse langer Molekülketten mit einer ganzen Reihe von Methoden beschleunigt werden; am häufigsten geschieht dies dadurch, daß man dem Gemisch eine bestimmte Menge Säure zusetzt.

Der erste, der den chemischen Aufbau eines Kettenmoleküls erforschte, war der russische Chemiker Gottlieb Sigismund Kirchhoff; er entdeckte 1812, daß beim Kochen eines Gemischs aus Stärke und Säure ein Zucker entstand, der genau dieselben Eigenschaften zeigte wie Traubenzucker. Der französische Chemiker Henri Braconnot erhielt 1819 ebenfalls Traubenzucker, als er verschiedene pflanzliche Produkte wie Sägemehl, Leinen und Baumrinde kochte; gemeinsam war allen diesen Kochzutaten, daß sie eine Verbindung namens *Zellulose* enthielten. Es lag nahe, darauf zu tippen, daß sowohl Stärke als auch Zellulose den Traubenzucker als Baustein enthielten; genaueren Aufschluß über die molekulare Struktur der Stärke und der Zellulose zu erhalten war allerdings erst möglich, als die Struktur des Traubenzuckermoleküls entschlüsselt war. In der Zeit vor der Einführung der Strukturformeln kannte man vom Traubenzucker nur seine Summenformel: $C_6H_{12}O_6$. Dieses Mengenverhältnis legte die Vermutung nahe, daß es sich um eine Kette aus 6 Kohlenstoffatomen mit je einem angelagerten Wassermolekül (H_2O) handelte. Aus diesem Grund wurden der Traubenzucker und andere, ihm strukturell ähnliche Verbindungen *Kohlenhydrate* (sinngemäß: »wassergesättigte Kohlenstoffe«) genannt.

Die Struktur des Traubenzuckers wurde 1886 von dem deutschen Chemiker Heinrich Kiliani entschlüsselt. Er zeigte, daß das Molekül aus einer sechsgliedrigen Kohlenstoffkette besteht, an die, getrennt voneinander, Wasserstoffatome und Sauerstoff-Wasserstoff-Gruppen (kurz: OH-Gruppen) angehängt sind. Intakte H_2O-Gruppen sind im Traubenzuckermolekül nicht vorhanden.

Der deutsche Chemiker Emil Fischer studierte in der Folge rund ein Jahrzehnt lang den Traubenzucker en détail und arbeitete die genaue Anordnung der OH-Gruppen im Verhältnis zu den Kohlenstoffatomen heraus. Es gibt sechzehn verschiedene Möglichkeiten, wie diese Gruppe angeordnet sein können, und daher sechzehn Traubenzucker-Isomere, von denen jedes seine eigenen spezifischen Eigenschaften aufweist. Im Labor sind alle sechzehn erzeugt und untersucht worden; in der Natur kommen nur wenige von ihnen vor. Im Gefolge seiner Untersuchungen über die optische Aktivität dieser Zucker-Isomere schlug Fischer die Einteilung solcher Verbindungen in eine L-Reihe und eine D-Reihe vor. In Anerkennung seiner Arbeit, die die Chemie der Kohlehydrate auf ein solides strukturelles Fundament gestellt hatte, erhielt Fischer 1902 den Chemie-Nobelpreis.

Hier die Strukturformel des Traubenzuckers und zweier anderer häufig vorkommender Zucker: der Fruktose (Fruchtzucker) und der Galaktose:

Traubenzucker   Fruchtzucker   Galaktose

Von allen denkbaren, die Asymmetrien des Moleküls adäquat darstellenden Strukturmodellen sind dies die einfachsten; tatsächlich sind diese Moleküle aber nicht linear strukturiert, sondern bilden Ringe; jeder dieser Ringe besteht aus 5 (manchmal auch 4) Kohlenstoffatomen und 1 Sauerstoffatom.

Nun, da die Chemiker den molekularen Aufbau der einfachen Zucker kannten, war es für sie relativ einfach, die Zusammensetzung komplexerer Zuckermoleküle zu rekonstruieren. Ein Glukose- und ein Fruktosemolekül lassen sich beispielsweise durch Kondensation zu einem Molekül der Saccharose kombinieren – des Zuckers, mit dem wir unseren Kaffee süßen. Die Kombination von Glukose und Galaktose ergibt Laktose oder Milchzucker, eine Zuckerart, die von Natur aus nur in der Milch vorkommt.

Es gibt keinen Grund, weshalb solche Kombinationen durch Kondensation nicht endlos weitergehen könnten – bei Stärke und Zellulose ist eben dies der Fall. Beide bestehen aus langen Ketten von Glukoseeinheiten, die in einer bestimmten Weise angeordnet sind.

Auf die Details dieser Anordnung kommt es an, denn obgleich beide Substanzen sich aus denselben Einheiten zusammensetzen, weisen sie ganz verschiedene chemische Eigenschaften auf. Stärke bildet, in der einen oder anderen Form, einen wichtigen Bestandteil der menschlichen Nahrung; Zellulose hingegen ist für menschliche Mägen ganz und gar unverdaulich. Der spezifische Unterschied in der Bauweise zwischen Stärke und Zellulose läßt sich mit der folgenden Analogie veranschaulichen: Stellen wir uns vor, daß ein Glukosemolekül entweder auf dem Kopf oder auf den Füßen steht; im ersten Fall können wir es mit einem u, im anderen mit einem n symbolisieren. Wir können das Stärkemolekül als eine Kette von Glukosemolekülen darstellen, die in der folgenden Weise aneinandergereiht sind: »…uuuuuuuuuu…«, während wir bei der Zellulose folgende Anordnung vorfinden: »…unununununun…«. Die Verdauungssäfte des menschlichen Organismus besitzen die Fähigkeit, die »uu«-Bindungen des Stärkemoleküls durch Hydrolyse aufzulösen, d. h. die Stärke in Glukosemoleküle zu zerlegen, die dann resorbiert werden können und als Energielieferanten dienen. Den »un«- bzw. »nu«-Bindungen der Zellulose stehen dieselben Verdauungssäfte dagegen hilflos gegenüber; was wir an Zellulose zu uns nehmen, scheidet unser Verdauungssystem chemisch unverändert wieder aus.

Keine höhere Tierart ist imstande, Zellulose zu verdauen, wohl aber können dies bestimmte Mikroorganismen. Manche dieser Mikroorganismen haben den Verdauungstrakt anderer, größerer Tiere zu ihrem Lebensraum gemacht. Den Heerscharen dieser winzigen Helfer ist es zu verdanken, daß beispielsweise Kühe von Gras oder daß Termiten von Holz leben können, letzteres oft zu unserem Ärger. Die Mikroorganismen zerlegen Zellulose in ihre Glukose-Bausteine; von dem ihren Eigenbedarf weit übertreffenden Überschuß, den sie hierbei produzieren, ernährt sich ihr »Wirtstier«. Dessen Beitrag zur gemeinsamen Ernährung besteht darin, daß es das Rohmaterial liefert und die Unterkunft bereitstellt. Eine solche Form der Kooperation zwischen zwei Organismen zum Zweck des gegenseitigen Vorteils wird *Symbiose* genannt (abgeleitet aus griechischen Worten mit der Bedeutung »zusammenleben«).

Kristalline und amorphe Polymere

Kolumbus sah in Südamerika Eingeborene mit Kugeln spielen, die aus gehärtetem Pflanzensaft hergestellt waren. Kolumbus und die anderen Entdecker, die im Verlauf der nächsten zwei Jahrhunderte Südamerika besuchten, waren von diesen springenden Kugeln fasziniert. Proben des Materials, aus dem sie bestanden (es wurde in Brasilien aus dem von einer bestimmten Baumart abgesonderten dickflüssigen Saft gewonnen), fanden den Weg nach Europa, wo sie als Kuriosität herumgereicht wurden. Joseph Priestley (der bald darauf den Sauerstoff entdeckte) fand heraus, daß man Bleistiftstriche von Papier entfernen – ausradieren – konnte, indem man sie mit einem Stück dieses elastischen Materials abrieb. Diese Entdeckung verhalf dem Material zu seinem sehr prosaischen englischen Namen *rubber* (nach dem englischen Wort für reiben). Bei uns bürgerten sich die Bezeichnungen *Kautschuk* und *Gummi* ein.

Mit der Zeit fand man eine Reihe weiterer nützlicher Anwendungsmöglichkeiten für den Kautschuk. Ein Schotte namens Charles Macintosh meldete 1823 ein Patent auf einen Mantelstoff an, bei dem zwischen zwei Schichten aus Textilfasern eine dünne Gummischicht lag; da diese wasserundurchlässig war, eignete sich dieser Stoff ausgezeichnet zur Herstellung wetterfester Kleidung. Macintosh wurde so zum Erfinder des Regenmantels (der in England denn auch vielfach noch *mack* genannt wird).

Kautschuk hatte die unangenehme Eigenschaft, bei warmen Temperaturen weich und klebrig, in der Kälte dagegen lederartig und hart zu werden. Eine ganze Anzahl von Tüftlern versuchte, Mittel und Wege zu finden, wie man dem Kautschuk diese unerwünschten Eigenschaften austreiben konnte. Einer davon war der Amerikaner Charles Goodyear. Er verstand nichts von Chemie und arbeitete nach dem Prinzip von Versuch und Irrtum, machte seine Unwissenheit aber durch Hartnäckigkeit wett. Eines Tages im Jahr 1839 verschüttete er versehentlich ein Gemisch aus Kautschuk und Schwefel. Ein Teil davon geriet auf eine heiße Herdplatte. Er kratzte es ab, so schnell er konnte, und bemerkte zu seiner Verblüffung, daß die Kautschuk-Schwefel-Mischung sich, obwohl noch warm, trocken anfühlte. Er erhitzte sie und kühlte sie ab und stellte fest, daß der Zufall ihm ein Gummimaterial beschert hatte, das in der Wärme nicht weich und klebrig und in der Kälte nicht lederartig wurde, sondern bei allen Temperaturen gleich elastisch blieb.

Das Verfahren, mit dem dem Kautschuk Schwefel beigemischt wird, bezeichnet man heute als *Vulkanisierung* (nach dem römischen Feuergott Vulcan). Die Entdeckung Goodyears markierte die Geburtsstunde der Gummiindustrie. Es stimmt einen traurig, berichten zu müssen, daß Goodyear selbst seiner so immens wertvollen Entdeckung niemals froh wurde. Er verbrachte den Rest seines Lebens mit dem Kampf um Patentrechte und starb als hochverschuldeter Mann.

Die Molekularstruktur des Kautschuks ist bereits seit 1879 bekannt; damals erhitzte der französische Chemiker Gustave Bouchardat Kautschuk in Abwesenheit von Luft und erhielt eine Flüssigkeit namens *Isopren*. Deren Molekül setzt sich aus 5 Kohlenstoff- und 8 Wasserstoffatomen zusammen, die wie folgt angeordnet sind:

$$CH_2 = \overset{\overset{\textstyle CH_3}{\textstyle |}}{C} - CH = CH_2$$

Ein Pflanzensaft anderer Art, *Latex* genannt, der von bestimmten südostasiatischen Bäumen abgesondert wird, ergibt eine Substanz namens *Guttapercha*. Ihr mangelt es an der Elastizität des Kautschuks, doch liefert sie, wenn sie erhitzt wird, ebenfalls flüssiges Isopren.

Sowohl Kautschuk als auch Guttapercha bestehen aus Tausenden von Isopren-Bausteinen. Wie im Fall der »chemischen Zwillinge« Stärke und Zellulose, liegt der Unterschied auch hier in der Art und Weise der Zusammensetzung. Beim Kautschuk sind die Isopren-Bausteine nach dem Muster »...uuuuuuuu...« miteinander verknüpft. Die Molekülkette ist spiralartig gewunden, so daß sie sich auseinanderziehen läßt, was dem Kautschuk seine Elastizität verleiht. Beim Guttapercha fügen sich die Bausteine nach dem Muster »...unununununun...« zusammen und bilden Ketten, die von Haus aus annähernd linear und daher weit weniger dehnbar sind *(Abb.)*.

Ein einfaches Zuckermolekül wie das der Glukose wird als Monosaccharid bezeichnet (abgeleitet aus griechischen Wörtern mit der Bedeutung »ein Zucker«); die Saccharose (Haushaltszucker) und die Laktose (Milchzucker) gehören zu den Disacchariden (»zwei Zucker«); Stärke und Zellulose sind Polysaccharide (»viele Zucker«). Da die Kombination zweier Isopren-Moleküle eine wohlbekannte Verbindung aus der Gruppe der *Terpene* ergibt (der Name leitet sich von Terpentin ab), bezeichnet man Kautschuk und Guttapercha als *Polyterpene*.

Die allgemeine Bezeichnung für Verbindungen dieser Art wurde schon 1830 von Berzelius geprägt (der groß war im Erfinden von Namen und Symbolen). Er nannte den Grundbaustein ein *Monomer* (»ein Teil«) und das große, aus vielen gleichartigen Bausteinen zusammengesetzte Molekül ein *Polymer* (»viele Teile«). Polymere, die aus einer sehr großen Zahl von Bausteinen bestehen (hundert oder mehr), werden heute als *Hochpolymere* bezeichnet. Stärke, Zellulose, Kautschuk und Guttapercha sind allesamt Hochpolymere.

Polymere Verbindungen sind nicht homogen in dem Sinne, daß sie aus lauter gleich langen, identischen Molekülketten bestünden; sie stellen vielmehr in der Regel komplexe Mischungen aus Molekülen verschiedener Größe dar. Das durchschnittliche Molekülgewicht läßt sich auf mehrerlei Art und Weise bestimmen. Ein Verfahren beruht auf der Messung der *Viskosität* (der Leicht- oder Zähflüssigkeit einer Substanz bei einem bestimmten Druck). Je größer und langgezogener die Moleküle einer Verbindung sind, desto größer ist ihre innere Reibung, und desto zähflüssiger wird demgemäß die Substanz als Ganzes. Der

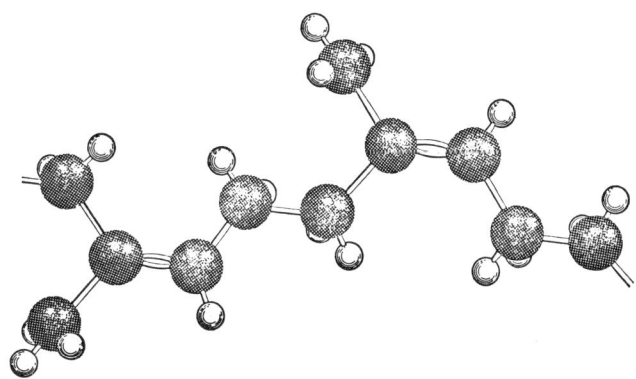

Das Guttapercha-Molekül, aus dem wir hier einen Ausschnitt sehen, besteht aus Tausenden von Isopren-Bausteinen. Die ersten fünf Kohlenstoffatome von links (schwarze Kugeln) und die zugehörigen acht Wasserstoffatome bilden einen Isopren-Baustein.

deutsche Chemiker Hermann Staudinger erarbeitete dieses Verfahren 1930 im Rahmen seiner allgemeinen Forschungsarbeit über Polymere; für seinen Beitrag zum Verständnis dieser Riesenmoleküle erhielt er 1953 den Chemie-Nobelpreis.

1913 entdeckten zwei japanische Chemiker, daß bestimmte natürliche Fasern wie die der Zellulose Röntgenstrahlen beugen, ebenso wie ein Kristall dies vermag. Die Fasern weisen aber keine Kristallcharakteristik im gewöhnlichen Sinn auf, sondern sind, wie man sagt, *mikrokristallin:* Die langen Bausteinketten, aus denen ihre Moleküle bestehen, neigen dazu, gelegentlich auf kürzere oder längere Strecken parallel zu laufen, d. h. Bündel zu bilden. Im Bereich dieser Bündel entstehen, bedingt durch gleiche Entfernungen, regelmäßige Atomkonstellationen, wie bei Kristallen; aus diesem Grund werden Röntgenstrahlen, die auf diese Faserbereiche treffen, dort gebeugt.

Diese Materialeigenschaft hat dazu geführt, daß man die Polymere in zwei Grundtypen einteilt: *kristalline* und *amorphe*.

Bei einem kristallinen Polymer wie etwa der Zellulose entstehen dadurch, daß zwischen parallel liegenden molekularen Ketten chemische Bindungen zustande kommen, Fasern, die erheblich stabiler und mechanisch strapazierbarer sind als die einzelnen Ketten. Die Stärke ist ebenfalls ein kristallines Polymer, aber in einem weit geringeren Grad als die Zellulose; entsprechend ist sie nur in weit geringerem Grad in der Lage, Fasern zu bilden.

Der Kautschuk gehört zu den amorphen Polymeren. Da hier keine Bündelung der einzelnen molekularen Ketten stattfindet, können auch keine chemischen Querverbindungen zustande kommen. Wenn Kautschuk erwärmt wird, können die einzelnen Ketten unabhängig voneinander schwingen und freizügig gegeneinander gleiten. Kautschuk und andere gummiartige Polymere werden daher bei Erwärmung weich und klebrig und schmelzen schließlich. (Wenn man Kautschuk dehnt, werden die Ketten gestreckt, was der Substanz einen gewissen mikrokristallinen Charakter verleiht. Gedehnter Kautschuk entwickelt daher eine beträchtliche Reißfestigkeit.) Die Moleküle der Zellulose oder der Stärke, die durch gelegentliche Querverbindungen miteinander verschnürt sind, können nicht unabhängig voneinander schwingen und sich fortbewegen; Wärme bewirkt bei ihnen denn auch keine Erweichung. Sie bleiben starr, bis die Temperatur hoch genug ist, um Schwingungen hervorzurufen, die so kräftig sind, daß das Molekül zerbricht; die äußerlichen Symptome dieses Vorgangs sind Verkohlung und Rauchentwicklung.

Bei Temperaturen unterhalb des Übergangs zum zähflüssigen, klebrigen Zustand sind amorphe Polymere oft weich und federnd elastisch. Bei niedrigen Temperaturen werden sie jedoch in der Regel hart und lederartig, manchmal sogar glasig. Naturkautschuk ist nur in einem ziemlich schmalen Temperaturbereich trocken und elastisch. Die Zugabe von fünf bis acht Prozent Schwefel sorgt für flexible Schwefelbindungen zwischen den einzelnen molekularen Ketten, wodurch deren Fähigkeit zu unabhängiger Bewegung und damit die Neigung des Kautschuks zu temperaturbedingten Zustandsveränderungen reduziert wird. Darüber hinaus erhöhen die Schwefelbrücken die Fähigkeit der Ketten, im Bereich niedriger Temperaturen Abstand zueinander und damit Bewegungsspielraum zu bewahren; daher wird vulkanisierter Gummi in kaltem Zustand nicht hart. Wenn man dem Kautschuk größere Mengen Schwefel zusetzt, sagen wir dreißig oder fünfzig Prozent, werden die Ketten so straff aneinander gebunden, daß ein Gummi entsteht, der bei jeder Temperatur hart ist. Man spricht in diesem Fall von *Hartgummi*.

(Auf eine genügend niedrige Temperatur gebracht, nimmt selbst vulkanisierter Gummi eine glasartige Beschaffenheit an. Wenn man einen gewöhnlichen Gummiball für ein paar Sekunden in flüssige Luft taucht und ihn dann an die Wand wirft, zerbricht er in Scherben und Splitter – ein Effekt, den Chemielehrer gerne ihren Schülern vorführen.)

Bei gleicher Temperatur zeigen unterschiedliche amorphe Polymere oft unterschiedliche physikalische Eigenschaften. Naturkautschuk ist bei Zimmertemperatur elastisch, verschiedene Harze dagegen sind bei gleicher Temperatur fest und glasartig; der Chiclegummi dagegen (der aus dem mittelamerikanischen Sapotillbaum gewonnen wird und der wichtigste Bestandteil des Kaugummis ist) ist bei Zimmertemperatur weich und klebrig.

Zellulose und Sprengstoffe

Wenn wir einmal von unserer Nahrung absehen, die zu wesentlichen Teilen aus Makropolymeren besteht, ist wahrscheinlich die Zellulose dasjenige Polymer, das die Menschheit seit längster Zeit nutzt. Holz, das als Brennstoff und Baumaterial lange Zeit unentbehrlich war, besteht im wesentlichen aus Zellulose. Auch Papier ist ein Zelluloseprodukt. In Gestalt des Leinens und der Baumwolle gehört die Zellulose zu den wichtigsten von den Menschen genutzten Textilfasern. Die Chemiker des 19. Jahrhunderts bedienten sich der Zellulose als Ausgangsmaterial für die Erzeugung anderer Polymere.

Eine Möglichkeit, das Zellulosemolekül zu modifizieren, besteht darin, daß man den Sauerstoff-Wasserstoff-Gruppen *(Hydroxylgruppen)* in den Glukose-Bausteinen eine Nitratgruppe (bestehend aus 1 Stickstoffatom und 3 Sauerstoffatomen) hinzufügt. Man erreicht dies, indem man Zellulose mit einer Mischung aus Salpetersäure und Schwefelsäure behandelt; dann entsteht ein Sprengstoff, der zu dem Zeitpunkt, als er erstmals hergestellt wurde, in punkto Sprengkraft alles bis dahin Bekannte in den Schatten stellte. Entdeckt wurde dieser Sprengstoff 1846 von dem deutschstämmigen Schweizer Chemiker Christian Friedrich Schönbein (der 1839 das Ozon entdeckt hatte). Der Überlieferung nach verschüttete Schönbein versehentlich in der Küche (wo er, eine Abwesenheit seiner Frau nutzend, die ihm das Experimentieren an diesem Ort ausdrücklich untersagt hatte) eine Säuremischung und schnappte sich die Baumwollschürze seiner Frau, um die Bescherung aufzuwischen. Als er die Schürze zum Trocknen über das Feuer hängte, machte es wumm! – und von der Schürze war nichts mehr übrig.

Schönbein erkannte die Tragweite seiner Entdeckung sofort, wie schon der Name zeigt, auf den er das Material taufte: *Schießbaumwolle*. (Ein anderer Name dafür ist Nitrozellulose.) Schönbein verkaufte die Rezeptur an mehrere Regierungen. Gewöhnliches, damals ausschließlich benutztes Schießpulver entwickelte so viel Rauch, daß die Kanoniere eingeschwärzt wurden; außerdem verstopfte der Ruß die Geschütze, so daß sie zwischen den Salven regelmäßig gesäubert werden mußten. Die starke Rauchentwicklung hatte zur Folge, daß schon kurz nach Beginn einer Schlacht das Schlachtfeld in so dichte Rauchwolken gehüllt war, daß das Zielen zur Glückssache wurde. Die Generalstäbe griffen daher begierig zu, als sie die Chance sahen, einen Sprengstoff zu bekommen, der kaum Rauch entwickelte und darüber hinaus auch größere Zerstörungskraft besaß als das Schießpulver. Alsbald schossen Fabriken zur Erzeugung von Schießbaumwolle aus dem Boden. Allein, beinahe ebenso schnell, wie sie aus dem Boden schossen, flogen sie in die Luft – die Schießbaumwolle hatte die unangenehme Neigung, sehr leicht zu explodieren; sie wartete oft nicht bis zum Ernstfall. Alsbald flaute das Schießbaumwollfieber so rasch, wie es sich ausgebreitet hatte, wieder ab.

Später wurden allerdings Verfahren gefunden, die es gestatteten, die geringfügigen Verunreinigungen, die die Schießbaumwolle zum vorzeitigen Explodieren brachten, zu entfernen. Von da an ließ sich das Material einigermaßen gefahrlos handhaben. Der englische Chemiker Dewar (der uns bereits als Pionier der Gasverflüssigung begegnet ist) und sein Mitarbeiter Frederick A. Abel führten 1889 die Technik ein, Schießbaumwolle mit Nitroglycerin zu mischen und das Gemisch dann mit Vaseline zu verkneten, so daß sich daraus Schnüre drehen ließen. Damit hatte man endlich einen brauchbaren rauchlosen Sprengstoff. Der spanisch-amerikanische Krieg von 1898 war die letzte bedeutsamere militärische Auseinandersetzung, die noch mit herkömmlichem Schießpulver ausgefochten wurde.

(Daß das Maschinenzeitalter seinen Beitrag zur »Verbesserung« der Kriegstechnik leistete, läßt sich an zahlreichen Beispielen zeigen. 1860 stellte der amerikanische Erfinder Richard Gatling das erste »Maschinengewehr« vor, mit dem sich Schüsse in schneller Folge abfeuern ließen; eine verbesserte Weiterentwicklung dieser Waffe brachte in den 1880er Jahren Hiram S. Maxim, ein anderer amerikanischer Erfinder, auf den Markt. Das Gatling- und das Maxim-Gewehr verschafften den Vollblut-Imperialisten des späten 19. Jahrhunderts einen bis dahin ungekannten militärischen Vorsprung vor den »minderwertigen Rassen« Afrikas und Asiens. »Mag's kommen wie's will, eines ist ganz gewiß: / Wir haben das *Maxim*, die anderen nicht!« hieß es in einem beliebten Spruch.)

Diese Art von Fortschritt setzte sich im 20. Jahrhundert fort. Der wichtigste Sprengstoff des Ersten Weltkrieges war das *Trinitrotoluol*, besser bekannt unter der Abkürzung *TNT*. Im Zweiten Weltkrieg kam ein noch wirkungsvollerer Explosivstoff namens *Cyclonit* in Gebrauch. Beide enthalten anstelle der Nitratgruppe ONO_2 die Nitrogruppe NO_2. Nach 1945 wurden die chemischen Explosivstoffe freilich rasch aus ihrer Rolle als Trumpf-Asse der Kriegstechnik verdrängt – von den Atomwaffen.

Das Nitroglycerin wurde im gleichen Jahr entdeckt wie die Schießbaumwolle. Ein italienischer Chemiker namens Ascanio Sobrero versetzte Glycerol mit einer Mischung aus Salpeter- und Schwefelsäure; daß er einen Fund gemacht hatte, dämmerte ihm, als das Zeug unter seinen Augen explodierte. Sobrero, der nicht die kaufmännischen Ambitionen eines Schönbein hatte, hielt das Nitroglycerin für eine zu gefährliche Substanz, um sie seinen Zeitgenossen zugänglich zu machen; er bemühte sich daher, seine Entdeckung geheimzuhalten. Allein, keine zehn Jahre später war eine schwedische Unternehmerfamilie bereits dabei, diesen Stoff als »Sprengöl« für den Einsatz im Berg- und Tiefbau zu fabrizieren und zu vermarkten. Nach einer Reihe von Unfällen, darunter einem, bei dem ein Mitglied der Familie ums Leben kam, fand der Bruder des Opfers, Alfred Bernhard Nobel, ein Verfahren, das eine gefahrlosere Handhabung des neuen Sprengstoffs erlaubte: Er mischte das Nitroglycerin mit Kieselgur (auch Diatomeenerde genannt, weil es zum großen Teil aus Kieselschalen abgestorbener Diatomeen, einzelliger Organismen, besteht). Kieselgur hat eine so ausgeprägte Absorptionsfähigkeit, daß eine Mischung aus drei Teilen des flüssigen Nitroglycerins und einem Teil Kieselgur ein trockenes Pulver ergibt. Diese Masse läßt sich zu Stangen pressen, die man zu Boden werfen, mit dem Hammer bearbeiten und sogar anbrennen kann, ohne daß sie explodieren. Mit Hilfe eines Zündhütchens zur Explosion gebracht (elektrisch und aus sicherer Entfernung), entfaltet das Zeug jedoch die ganze Explosivkraft feinen Nitroglycerins. Nobel nannte seine Erfindung *Dynamit*.

Die Zündhütchen sind mit brisanten Explosivstoffen gefüllt, die sich durch Wärme oder mechanischen Stoß zur Detonation bringen lassen. Der dabei freigesetzte Energiestoß bringt das weniger brisante Dynamit zur Explosion. Dies könnte nun so klingen, als sei der Risikofaktor Nitroglycerin lediglich durch einen anderen Gefahrenherd ersetzt worden; der wichtige Unterschied ist jedoch, daß die Zündstoffe nur in sehr geringen Mengen benötigt und natürlich erst am Einsatzort mit dem Dynamit zusammengebracht werden. Die am häufigsten verwendeten Zündstoffe sind das Knallquecksilber ($HgC_2N_2O_2$) und das Bleiazid (PbN_6).

Ohne das Dynamit wäre es nicht möglich gewesen, den amerikanischen Westen innerhalb einer so unerhört kurzen Zeitspanne mit einer Infrastruktur von Eisenbahnlinien, Straßen, Bergwerken und Staudämmen zu überziehen. Das Dynamit und die weiteren Explosivstoffe, die Alfred Nobel erfand, machten den einsamen und unpopulären Mann, der sich, entgegen seinem humanistischen Selbstverständnis, als »Krämer des Todes« abgestempelt sah, zum Millionär. Als er 1896 starb, hinterließ er einen Stiftungsfonds, aus dem Jahr für Jahr die inzwischen so berühmt gewordenen *Nobelpreise* in den fünf Bereichen Physik, Chemie, Medizin, Literatur und Frieden* dotiert werden.

Neben der sehr stattlichen Dotierung (zu Anfang waren es etwa 40 000 Dollar, heute sind es erheblich mehr) besitzt der Nobelpreis auch einen hohen Prestigewert. Die ersten Preise wurden am 10. Dezember 1901 vergeben, am fünften Jahrestag von Nobels Tod; heute gilt der Nobelpreis als

die höchste Ehrung, die einem Wissenschaftler oder Schriftsteller zuteil werden kann.

Angesichts der Wesenszüge unserer Gesellschaft konnte es nicht ausbleiben, daß die Erforschung und Entwicklung von Explosivstoffen auch weiterhin einen beträchtlichen Teil der Arbeitskraft und Kreativität bedeutender Wissenschaftler in Anspruch nahm. Da nahezu alle Sprengstoffe Stickstoff enthalten, kommt der Chemie dieses Elements und seiner Verbindungen eine Schlüsselbedeutung zu. (Eine Schlüsselbedeutung hat der Stickstoff allerdings auch für das organische Leben.)

Der deutsche Chemiker Wilhelm Ostwald, der sich für Explosivstoffe eher aus theoretischen als aus praktischen Gründen interessierte, untersuchte die Geschwindigkeiten, mit denen chemische Reaktionen ablaufen. Er wandte die für physikalische Vorgänge geltenden mathematischen Grundsätze auf die Chemie an und wurde so einer der Begründer der *physikalischen Chemie*. Gegen Ende des Jahrhunderts erarbeitete er neue Methoden zur Umwandlung von Ammoniak (NH_3) in Stickstoffoxide, aus denen sich dann Explosivstoffe erzeugen ließen. Für seine theoretische Arbeit, insbesondere über katalytische Prozesse, wurde Ostwald 1909 mit dem Chemie-Nobelpreis ausgezeichnet.

Die einzige Quelle, die Stickstoff in einer für die Herstellung von Explosivstoffen und Munition brauchbaren Form und in ausreichender Menge lieferte, waren bis ins zweite Jahrzehnt des 20. Jahrhunderts hinein die aus zersetztem Vogelkot, sogenanntem *Guano,* bestehenden Ablagerungen in den Wüstengebieten Nordchiles. Im Ersten Weltkrieg schnitt die britische Marine der deutschen Industrie den Zugang zu diesen Vorkommen ab. Der deutsche Chemiker Fritz Haber hatte jedoch ein Verfahren entwickelt, das es erstmals ermöglichte, den molekularen Stickstoff der Luft unter hohem Druck mit Wasserstoff zu Ammoniak, dem für das Ostwald-Verfahren benötigten Grundstoff, zu verbinden. Zusammen mit dem Ingenieur Karl Bosch entwickelte Haber das Verfahren zur industriellen Anwendungsreife; unter Leitung von Bosch entstanden noch während des Krieges die für die industrielle Erzeugung synthetischen Ammoniaks erforderlichen Produktionsstätten. Haber erhielt 1918, Bosch 1931 anteilig den Chemie-Nobelpreis. Ende der 60er Jahre

---

* Seit 1969 auch in Wirtschaftswissenschaften *(Anm. der Red.)*

wurden allein in den USA pro Jahr 11 Millionen Tonnen Ammoniak mittels des *Haber-Bosch-Verfahrens* erzeugt.

Plastik und Zelluloid

Aber kehren wir zur Zellulose und ihren Kombinationsmöglichkeiten zurück. Es war ganz eindeutig das Hinzutreten der Nitratgruppe, die für die hohe Explosivität sorgte. Die Schießbaumwolle entstand durch die Vertretung aller vorhandenen Hydroxylgruppen durch Nitratgruppen. Was würde herauskommen, wenn man nur einen Teil dieser Gruppen ersetzte? Mußte sich dann nicht ein weniger explosives Material ergeben? Tatsächlich erwies sich eine solche nur teilweise nitrierte Zellulose als überhaupt nicht explosiv. Sie war freilich sehr leicht entflammbar; später wurde dieses Material auf den Namen *Pyroxylin* getauft (abgeleitet aus griechischen Wörtern mit der Bedeutung »Feuerholz«).

Pyroxylin läßt sich in einer Mischung aus Alkohol und Ether auflösen, wie unabhängig voneinander der französische Forscher Louis Nicolas Ménard und ein amerikanischer Medizinstudent namens J. Parkers Maynard entdeckten (man beachte die bemerkenswerte Namensähnlichkeit). Diese Lösung wird *Kollodium* genannt (daher führt das Pyroxylin auch die Bezeichnung Kollodiumwolle). Läßt man den Alkohol und den Ether verdunsten, so bleibt das Pyroxylin als zähes, durchsichtiges Häutchen zurück. Ihre erste praktische Anwendung fand diese Substanz in der Medizin zur Versiegelung kleinerer Wunden und Abschürfungen. Dies war jedoch erst der Anfang der Karriere des Pyroxylins. Bei größerer Schichtdicke ist das Pyroxylin spröde und bricht leicht. Der englische Chemiker Alexander Parkes machte aber die Entdeckung, daß wenn man es in Alkohol und Ether löst und eine Substanz wie Kampfer dazumischt, nach Verdunsten der Lösungsmittel eine feste Substanz zurückbleibt, die weich und formbar wird, wenn man sie erwärmt. Sie läßt sich dann beliebig verformen und behält die ihr einmal gegebene Form nach Abkühlung und Aushärtung bei. Aus einem Abkömmling der Nitrozellulose war somit der erste *Plastik-Kunststoff* entstanden – im Jahr 1865. Der Kampfer, der einer ansonsten spröden Substanz die Eigenschaft der plastischen Formbarkeit verlieh, war der erste *Weichmacher*.

Was das neue Plastikmaterial, zunächst nicht mehr als eine chemische Kuriosität, ins Bewußtsein einer breiten Öffentlichkeit hob, war sein triumphaler Einzug in die Billardsäle. Billardkugeln wurden herkömmlicherweise aus Elfenbein gemacht, einem Material, an das man nur über die Leiche eines Elefanten herankommt – eine Tatsache, die natürlich Probleme aufwarf. Zu Beginn der 1860er Jahre wurde eine Prämie von 10 000 Dollar für denjenigen ausgesetzt, der einen Ersatzstoff für Elfenbein beibrachte, der geeignet war, die vielfältigen Anforderungen zu erfüllen, die an eine Billardkugel gestellt wurden: Härte, Elastizität, Unempfindlichkeit gegen Wärme und Feuchtigkeit, Glätte usw. Der amerikanische Tüftler John W. Hyatt war einer der vielen, die auf die Prämie aus waren. Er brachte nichts zuwege, bis er eines Tages las, daß es Parkes gelungen war, Pyroxylin in ein formbares Material umzuwandeln, das sich zu einem harten, formbeständigen Stoff verfestigte. Hyatt machte sich daran, verbesserte Verfahren für die Herstellung des Materials zu entwickeln; er verwendete weniger von den teueren Lösungsmitteln Alkohol und Ether und arbeitete dafür verstärkt mit Wärme und Druck. 1869 war er soweit: Er fabrizierte preiswerte Billardkugeln aus einem Material, das er *Zelluloid* nannte. Die Prämie gewann er obendrein.

Das Zelluloid war, wie sich erwies, auch außerhalb des Billardsaals von Bedeutung. Es war ein sehr vielseitiges Material. Es ließ sich bereits bei der Temperatur kochenden Wassers plastisch verformen; es ließ sich bei niedrigeren Temperaturen schneiden, sägen und durchbohren; in massiven Stücken war es hart und sehr stabil, es ließ sich aber auch zu dünnen, biegsamen Streifen auswalzen, aus denen man Hemdkrägen, Rasseln für Kleinkinder, Windrädchen usw. machen konnte. In noch dünnerer und biegsamerer Form ließ es sich als Trägerschicht für in Gelatine gelöste Silberverbindungen benutzen und gab daher den ersten brauchbaren fotografischen Film ab.

Der eine große Nachteil, den das Zelluloid besaß, war, daß es dank seiner Nitratgruppen leicht entflammbar war und, einmal entzündet, mit rasender Geschwindigkeit verbrannte, namentlich wenn es sich um Filmmaterial aus Zelluloid handelte. Eine ganze Anzahl tragischer Brandkatastrophen wurde durch entflammtes Zelluloid ausgelöst.

Die Ersetzung der Nitratgruppen durch Acetatgruppen (CH₃COO-) führte zu einem anderen Zellulose-Abkömmling namens *Zelluloseacetat*. Zweckmäßig plastifiziert, weist dieses Material Eigenschaften auf, die denen des Zelluloids nicht oder nur wenig nachstehen, und hat dazu den angenehmen Vorzug, nicht so leicht entflammbar zu sein. Zelluloseacetat kam unmittelbar vor Beginn des Ersten Weltkriegs in Gebrauch; nach diesem Krieg trat es bei der Herstellung fotografischer Filme und vieler anderer Produkte sehr rasch an die Stelle des Zelluloids.

Hochpolymere

Im Laufe des auf die Entwicklung des Zelluloids folgenden halben Jahrhunderts lösten sich die Chemiker aus ihrer Abhängigkeit von der Zellulose als Grundstoff für die Plastikherstellung. Der deutsche Chemiker Baeyer (der später das Indigo synthetisierte) bemerkte schon 1872, daß, wenn man Phenole und Aldehyde zusammen erhitzte, eine zähflüssige, harzartige Masse entstand. Da er sich nur für die kleinen Moleküle interessierte, die er als Produkte der Reaktion isolieren und identifizieren konnte, nahm er von der Pampe, die sich am Grunde seines Glaskolbens angesammelt hatte, keine weitere Notiz (wie überhaupt die organischen Chemiker des 19. Jahrhunderts sich wenig um die ihre Glasgefäße ruinierenden Rückstände kümmerten). 37 Jahre später stellte der aus Belgien stammende amerikanische Chemiker Leo H. Baekeland beim Herumexperimentieren mit Formaldehyd fest, daß unter bestimmten Bedingungen eine harzige Masse entstand, die bei kontinuierlichem Erwärmen unter Druck zunächst zu einer weichen, teigigen und anschließend zu einer harten unlöslichen Substanz wurde. Dieses »Harz« ließ sich, solange es weich war, formen und anschließend härten, so daß es die gewählte Form dauerhaft beibehielt. Wenn man hart gewordene Teile aus diesem Material zu Pulver mahlte, das Pulver in eine Form gab und es unter Druck erhitzte, schmolz es und wurde wieder fest. Das bedeutete, daß man aus diesem Material sehr komplexe Formen leicht und schnell gießen und pressen konnte. Das Produkt war darüber hinaus reaktionsträge und resistent gegenüber den meisten Umwelteinflüssen.

Baekeland nannte sein Produkt *Bakelit* (nach seinem eigenen Namen). Bakelit gehört zu der Klasse der *Duroplaste,* die sich, wenn sie einmal ausgehärtet sind, nicht mehr durch Wärmezufuhr erweichen lassen. (Man kann sie natürlich durch starkes Erhitzen zerstören.) Substanzen, die man, wie die Abkömmlinge der Zellulose, immer wieder einschmelzen oder erweichen kann, ohne daß sie sich dabei chemisch verändern, werden als *Thermoplaste* bezeichnet. Für das Bakelit gibt es zahlreiche Anwendungsmöglichkeiten: als Isolator, als Klebstoff, als Material für Schutzschichten usw. Wiewohl der dienstälteste Duroplast-Kunststoff, ist es bis heute der meistgebrauchte geblieben.

Mit dem Bakelit wurde zum ersten Mal ein brauchbares Hochpolymer in der Retorte aus kleinen Molekülen erzeugt. Zum ersten Mal auch fiel diese Aufgabe von Anfang bis Ende dem Chemiker zu. Natürlich handelte es sich nicht um eine Synthese ähnlich der des Häms oder des Chinins, bei der der Chemiker Atome beinahe Stück für Stück an die richtige Stelle setzen muß. Die Erzeugung von Hochpolymeren erfordert lediglich, daß die kleinen Bausteine, aus denen sie zusammengesetzt sind, unter geeigneten Bedingungen zusammengemischt werden. Es setzt dann eine Reaktion ein, bei der die Bausteine automatisch eine Kette bilden, ohne daß der Chemiker an bestimmten Punkten des Vorgangs steuernd eingreifen müßte. Er kann freilich die Beschaffenheit der Kette indirekt beeinflussen, indem er die Ausgangsmaterialien oder deren Mischungsverhältnis variiert oder indem er kleine Mengen einer Säure, einer Lauge oder einer anderen, als Katalysator fungierenden Substanz hinzugibt, die einen bestimmten Ablauf der Reaktion bewirkt.

Der Erfolg des Bakelits stachelte die Chemiker natürlich zur Suche nach anderen Materialien an, aus denen sich möglicherweise synthetische Hochpolymere mit nützlichen plastischen Eigenschaften gewinnen ließen. Im Lauf der Zeit wurden sie in der Tat nicht wenige Male fündig.

Britische Chemiker beispielsweise entdeckten in den 30er Jahren dieses Jahrhunderts, daß das Gas Ethylen (CH₂ = CH₂) unter Einwirkung von Wärme und Druck sehr lange Ketten bildet. Eine der beiden Valenzen der Doppelbindung zwischen den Kohlenstoffatomen öffnet sich und schließt den Kontakt zu einem Nachbarmolekül. Die massenhafte Wiederholung dieses Vorgangs führt zur Bildung eines langen Kettenmoleküls, des *Polyethylens*.

Das Molekül des Paraffins ist ebenfalls eine lange Kette, die aus den gleichen Bausteinen wie das Polyethylenmolekül besteht; letzteres ist aber noch wesentlich länger. Das Polyethylen besitzt daher wachsähnliche Eigenschaften, aber sozusagen in potenziertem Grad. Es besitzt die mattweiße Farbe des Paraffinwachses ebenso wie dessen Glitschigkeit, ist ebenso wasserabweisend und leicht wie Wachs (es ist so ziemlich der einzige Plastik-Kunststoff, der leichter ist als Wasser) und ist ebenfalls ein ausgeprägter Nichtleiter. Darüber hinaus ist es aber, zumindest potentiell, wesentlich zäher und zugleich sehr viel biegsamer als Paraffin.

Zur Herstellung von Polyethylen benötigte man anfangs gefährlich hohe Drücke; dazu kam, daß das Produkt einen ziemlich niedrigen Schmelzpunkt aufwies – nicht viel höher als der Siedepunkt des Wassers. Und auch schon bei Temperaturen unterhalb des Schmelzpunkts wurde es so weich, daß es jede Form verlor. Diese Eigenschaften rührten offenbar daher, daß die Kette der Kohlenstoffatome Seitenäste aufwies, die verhinderten, daß die Moleküle sich zu dichten, kristallartigen Strukturen zusammenlagerten. 1953 fand der deutsche Chemiker Karl Ziegler ein Verfahren, das die Erzeugung unverzweigter Polyethylenketten, und zwar ohne Anwendung von Druck, ermöglichte. Das Ergebnis war ein neues, zäheres und stabileres Polyethylen, das Temperaturen im Bereich des Siedepunkts von Wasser standhielt, ohne seine Form zu verlieren. Ziegler bewerkstelligte dies durch den Einsatz eines Katalysators neuen Typs, eines (organischen) Harzes, bei dem freie Kohlenstoffvalenzen mit Ionen von Metallen wie Aluminium oder Titan besetzt waren (solche Verbindungen werden als *metallorganisch* bezeichnet).

Der italienische Chemiker Giulio Natta begann, als er von dem gelungenen Versuch Zieglers hörte, metallorganische Katalysatoren für die Erzeugung von Polymeren einzusetzen, sogleich damit, diese Technik auf das Propylen anzuwenden (das sich vom Ethylen durch eine zusätzliche einfache Methylgruppe – CH_3 – unterscheidet). Bald stellte sich heraus, daß bei dem Polymer, das auf diese Weise entstand, alle Methylgruppen in die gleiche Richtung wiesen, anstatt, wie bei allen bis dahin erzeugten Polymeren, regellos über alle möglichen Positionen verteilt zu sein. Solche *isotaktischen* Polymere (die Bezeichnung geht auf einen Vorschlag von Nattas Frau zurück) besitzen, wie sich zeigte, gewisse nützliche Eigenschaften und lassen sich heute praktisch auf Bestellung erzeugen. Das heißt, daß die Chemiker Polymere gezielt auf bestimmte erwünschte Eigenschaften hin synthetisieren können. Für ihre Arbeit, die dazu beitrug, daß dies mit bis dahin ungekannter Präzision und Zuverlässigkeit bewerkstelligt werden konnte, erhielten Ziegler und Natta 1963 den Chemie-Nobelpreis.

Als Nebenprodukt des Manhattan-Projekts fiel ein weiteres nützliches Hochpolymer ab, ein eigentümliches Gegenstück zum Polyethylen. Um aus Natururan das Isotop ^{235}U aussondern zu können, mußten die Kernphysiker das Uran mit Fluor zu dem leichtflüchtigen Uranhexafluorid verbinden. Fluor ist das aktivste aller Elemente und verbindet sich mit fast jedem anderen Stoff. Auf der Suche nach Schmierstoffen und Schutzüberzügen für ihre Gefäße, denen das aggressive Fluor nichts anhaben konnte, griffen die Physiker auf die Fluorkohlenstoffe zurück, organische Verbindungen, bei denen der Wasserstoff bereits durch Fluor ersetzt ist.

Die Fluorkohlenstoffe waren bis dahin nicht viel mehr als Labor-Kuriositäten gewesen. Die erste und einfachste dieser Verbindungen, das Kohlenstofftetrafluorid (CF_4), war erst 1926 in reiner Form dargestellt worden. Jetzt wurde die Chemie dieser interessanten Substanzen intensiv erforscht. Unter den Fluorkohlenstoffen, mit denen man sich näher beschäftigte, war das Tetrafluorethylen ($CF_2 = CF_2$), das erstmals 1933 synthetisiert worden war und sich, wie man sieht, vom Ethylen nur dadurch unterscheidet, daß dessen 4 Wasserstoffatome durch Fluoratome ersetzt sind. Natürlich mußte früher oder später jemand auf die Idee kommen, daß das Tetrafluorethylen ebenso wie das Ethylen selbst polymerisiert werden konnte. Und tatsächlich warteten einige Zeit nach Kriegsende Chemiker des US-Konzerns Du Pont mit einem Kettenpolymer auf, das ganz analog zum Polyethylen gebaut war: $CF_2CF_2CF_2...$ Die Substanz kam unter dem Namen *Teflon* auf den

Markt. (Der Wortstamm *Tefl* ist eine Abkürzung für Tetrafluor-.)

Das Teflon ist eine Art Super-Polyethylen. Seine Kohlenstoff-Fluor-Bindungen sind stabiler als die Kohlenstoff-Wasserstoff-Bindungen des Polyethylens, was eine noch größere Unempfindlichkeit gegenüber chemischen Einflüssen zur Folge hat. Teflon ist unlöslich in jedwedem Medium, weist jede Flüssigkeit ab, ist ein extrem guter elektrischer Isolator und darüber hinaus erheblich hitzebeständiger als Polyethylen. Dem Laien ist das Teflon vor allem als Bratpfannenbelag vertraut, der ein Braten ohne Fett erlaubt, denn dieses Fluorkohlenstoff-Polymer ist so abweisend, daß normalerweise nichts anbrennen kann.

Eine interessante Verbindung, die aber nicht eigentlich zu den Fluorkohlenstoffen gehört, ist das in diesem Buch bereits erwähnte *Freon* (CF_2Cl_2). Es kam 1932 als Kühlmittel auf den Markt. Zwar ist es teurer als Ammoniak oder Schwefeldioxid, die in großen Kühlanlagen verwendet werden, aber dafür hat es den Vorzug, geruchlos, ungiftig und unbrennbar zu sein, so daß das Gefahrenpotential bei Unfällen und Betriebsspannen wesentlich reduziert wird. Midgely, der Entdecker des Freons, demonstrierte dessen Harmlosigkeit, indem er einen tiefen Atemzug davon nahm und es über einer Kerzenflamme wieder ausatmete. Die Kerze erlosch, während Midgely unversehrt blieb. Wenn Klimaanlagen nach dem Zweiten Weltkrieg zu einem ebenso charakteristischen wie alltäglichen Bestandteil des amerikanischen Lebens geworden sind, dann ist dies vor allem dem Freon zu verdanken.

Glas und Silikon

Kunststoffe mit Plastikeigenschaften gibt es nicht nur im Reich der organischen Chemie. Einer der ältesten aller plastischen Kunststoffe ist das Glas. Die Großmoleküle, aus denen es besteht, sind im wesentlichen nichts anderes als Ketten aus Silizium- und Sauerstoffatomen nach dem Muster: -Si-O-Si-O-Si-O-Si-... Da das Siliziumatom, wie das Kohlenstoffatom, vier Valenzen besitzt, bleiben jedem Siliziumatom in der Kette zwei freie Bindungsarme, an die sich andere Atome oder Atomgruppen anlagern können. Die Silizium-Silizium-Bindung ist übrigens instabiler als die Kohlenstoff-Kohlenstoff-Bindung, so daß die sogenannten *Silane,* die aus reinen Siliziumketten (gesättigt mit Wasserstoffatomen) bestehen, instabil sind und keine Makromoleküle bilden können. Die Silizium-Sauerstoff-Bindung ist hingegen sehr stabil; Ketten, die nach dem Muster -Si-O-Si- aufgebaut sind, weisen sogar größere Stabilität auf als Kohlenstoffketten. Im Grunde können wir, da die Erdkruste zur Hälfte aus Sauerstoff und zu einem Viertel aus Silizium besteht, sagen, daß der Boden, auf dem wir stehen, seine Tragfähigkeit der Stabilität der Silizium-Sauerstoff-Bindung verdankt. Wenn auch die ästhetischen und praktischen Vorzüge des Glases (das nichts anderes ist als eine Art durchsichtig gemachter Sand) zahllos sind, so weist es doch den großen Nachteil auf, zerbrechlich zu sein. Und wenn es zerbricht, entstehen harte, spitze oder scharfkantige Stücke, die gefährliche und unter Umständen tödliche Wirkungen entfalten können. Ein Auto mit einer Windschutzscheibe aus gewöhnlichem Glas kann sich bei einem Zusammenstoß als Schrapnellbombe entpuppen.

Man kann diese Gefahr jedoch bannen, indem man beispielsweise zwischen zwei aufeinandergelegte Glasscheiben eine dünne, elastische Schicht aus einem durchsichtigen Polymer einbringt, die zu einer zähen Haut aushärtet und zugleich als Klebstoff fungiert. Das Resultat ist *Verbundglas,* auch Sicherheitsglas genannt: Wenn es zerbricht, und sei es auch in Tausende winziger Splitterchen, hält die Polymer-Zwischenhaut jedes Bruchstück fest, so daß keines als gefährliches Geschoß umherfliegen kann. Als man 1905 erstmals Verbundglas nach diesem Prinzip herstellte, wurde für die Zwischenschicht *Kollodium* benutzt; heute verwendet man statt dessen zumeist Polymere, die aus Kleinmolekülen aufgebaut sind, beispielsweise *Polyvinylchlorid (PVC).* (Das Vinylchlorid-Molekül entspricht einem Ethylenmolekül, bei dem eines der Wasserstoffatome durch ein Chloratom ersetzt ist.)

Es gibt auch durchsichtige Kunststoffe, die Glas unter bestimmten Bedingungen ganz ersetzen können. Um die Mitte der 30er Jahre polymerisierten amerikanische Chemiker ein kleines Molekül namens *Methylmethacrylat* und formten aus der Masse, die sie dabei erhielten (es handelte sich um einen Polyacryl-Kunststoff) glasklare, durchsichtige Scheiben. Diese kamen unter Markennamen wie Plexiglas und Luzit auf den Markt. Solche »organischen Gläser« sind leichter als herkömmliches Glas, sind leichter formbar, weniger spröde und splittern nicht, wenn sie zerbrechen. Im Zweiten Weltkrieg kam geformtes organisches Glas überall dort zum Einsatz, wo es besonders auf Leichtigkeit und geringe Splitterneigung ankam, beispielsweise bei der Fertigung von Flugzeugfenstern und durchsichtigen Hauben für Pilotenkanzeln. Gewiß haben die Polyacryl-Kunststoffe auch Nachteile. Sie lösen sich in organischen Lösungsmitteln auf, werden bei hohen Temperaturen schneller weich als Glas und sind nicht gerade kratzfest. Eine Windschutzscheibe aus Plexiglas beispielweise bekäme unter der Einwirkung von Staubkörnchen u. ä. sehr rasch so viele kleine Kratzer, daß sie dem Fahrer nur noch eine neblige Sicht gewähren würde. Das herkömmliche Glas als also keineswegs in jedem Fall ersetzbar. Es offenbart ganz im Gegenteil ungeahnte neue Anwendungsmöglichkeiten: Neuerdings werden aus feinsten Glasfasern textile Stoffe gewoben, die es an Flexibilität mit Textilien aus organischen Fasern aufnehmen können und darüber hinaus den unschätzbaren Vorteil haben, absolut feuerfest zu sein.

Außer Glas-Ersatzstoffen gibt es auch Materialien, die man vielleicht als Glasverschnitte bezeichnen könnte. Wie bereits erwähnt, verfügt jedes Siliziumatom innerhalb der Silizium-Sauerstoff-Kette über 2 freie Bindungsarme. Beim Glas sind diese Valenzen mit Sauerstoffatomen besetzt, aber das muß ja nicht so sein. Was wäre, wenn man an die Stelle dieser Sauerstoffatome kohlenstoffhaltige Atomgruppen setzen würde? Man hätte dann eine anorganische Kette mit organischen Verzweigungen – sozusagen einen Verschnitt zwischen organischer und anorganischer Materie. Der englische Chemiker Frederick S. Kipping stellte schon 1908 solche Verbindungen dar; sie laufen unter der Bezeichnung *Silikone*.

Im Zweiten Weltkrieg erlangten Silikonharze, bestehend aus langen Kettenmolekülen, eine gewisse Bedeutung. Diese Substanzen sind wesentlich hitzebeständiger als rein organische Polymere. Indem man die Länge der Ketten und die Zusammensetzung der Seitenzweige variiert, kann man gezielt Varianten mit bestimmten erwünschten Eigenschaften erzeugen, die dem herkömmlichen Glas fehlen; zugleich bewahren diese Substanzen einige der Vorzüge des Glases. Manche Silikone sind beispielsweise bei Zimmertemperatur flüssig und verändern ihre Viskosität über einen großen Temperaturbereich hinweg so gut wie gar nicht, d. h. sie werden bei Abkühlung nicht zähflüssig und bei Erwärmung nicht dünnflüssig. Damit erfüllen sie eine wesentliche Anforderung, die an hydraulische Flüssigkeiten gestellt werden muß, also an jene Flüssigkeiten, die beispielsweise bei Flugzeugen das Ausfahren des Fahrwerks vermitteln. Andere Silikone bilden eine weiche, kittartige Masse, die ausgesprochen wasserabweisend ist und den tiefen Temperaturen der Stratosphäre widersteht, ohne hart zu werden oder Risse zu bekommen. Wieder andere Silikone dienen als säurebeständige Schmierstoffe und so weiter.

Synthetische Fasern

Innerhalb der Entwicklung der organischen Chemie stellt die Entwicklung synthetischer Fasern ein besonders interessantes Kapitel dar. Die ersten Kunstfasern wurden (wie auch die ersten massiven Kunststoffe) aus dem Rohstoff Zellulose hergestellt. Als Ausgangsmaterial wählten die Chemiker naheliegenderweise Kollodiumwolle (Zellulosenitrat), da diese in ausreichenden Mengen erhältlich war. 1884 löste der französische Chemiker Hilaire Bernigaud de Chardonnet Zellulosenitrat in einem Gemisch aus Alkohol und Ether auf und preßte die entstandene zähflüssige Lösung durch kleine Löcher. Beim Durchgang durch die Löcher verdunstete das Lösungsmittelgemisch, und übrig blieb ein dünner Faden aus Kollodium. (Spinnen und Seidenwürmer erzeugen ihre Fäden im wesentlichen nach dieser Methode: Sie spritzen durch winzige Körperöffnungen eine Flüssigkeit nach außen, die beim Kontakt mit der Luft zu einem festen, stabilen Faden aushärtet.) Die Zellulosenitrat-Fasern waren zu leicht brennbar, um für praktische Verwendungszwecke zu taugen, aber durch eine entsprechende chemische Behandlung war es möglich, die Nitratgruppen zu entfernen;

was übrig blieb, war ein schimmernder, an Seide erinnernder Zellulosefaden.

Das von de Chardonnet angewandte Verfahren war angesichts der Notwendigkeit, die Nitratgruppen nachträglich zu entfernen, kostenaufwendig – ganz zu schweigen von der gefährlichen Zwischenphase, während derer diese brisanten Bestandteile noch da waren, und davon, daß auch das als Lösungsmittel verwendete Alkohol-Ether-Gemisch gefährlich leicht entflammbar war. 1892 wurde ein Verfahren entdeckt, das es erlaubte, die Zellulose direkt in Lösung zu geben. Der englische Chemiker Charles F. Cross löste Zellulose in Schwefelkohlenstoff (CS_2) und preßte Fäden aus der resultierenden dickflüssigen Masse (die er *Viskose* nannte). Das Dumme war, daß Schwefelkohlenstoff brennbar und giftig ist und übel riecht. 1903 gelang es, durch Zusatz von Essigsäure zum Lösungsmittel eine verwandte Substanz zu erzeugen, das *Zelluloseacetat,* das die Viskose zu ersetzen vermochte.

Diese Kunstfasern wurden zunächst als Kunstseide bezeichnet und erhielten später den Handelsnamen *Reyon* (im englischen Sprachbereich Rayon, weil ihre glatte Oberfläche Lichtstrahlen, engl. rays, reflektiert). Die beiden wichtigsten Varianten des Reyons werden gewöhnlich als Viskose-Reyon bzw. Acetat-Reyon bezeichnet.

Viskose läßt sich übrigens auch, wie der französische Chemiker Jacques E. Brandenberger 1908 herausfand, durch einen Schlitz pressen und ergibt dann eine biegsame, wasserdichte, durchsichtige Folie, das *Zellophan.* Ähnliche Folien lassen sich auch aus einigen synthetischen Polymeren ziehen. Aus Vinylharzen beispielsweise erzeugt man auf diese Weise das unter dem Handelsnamen *Saran* bekannte Material für Abdeckplanen usw.

Die erste vollkommen synthetische Faser wurde in den 30er Jahren geboren.

Ich möchte gerne einige Bemerkungen über die Seide vorausschicken. Seidenfäden sind ein tierisches Erzeugnis. Sie werden von einer bestimmten Raupenart »gesponnen«, die in ihren Ernährungsgewohnheiten und Pflegebedürfnissen sehr anspruchsvoll ist. Die Fäden müssen in mühsamer Arbeit vom Kokon der Raupen abgewickelt werden. Aus diesen Gründen ist die Seide teuer und erlaubt keine Massenproduktion. Die erste Seide wurde vor mehr als 2000 Jahren in China erzeugt, und die Chinesen hüteten das Geheimnis ihrer Herstellung wie einen kostbaren Schatz, um ihr Produktionsmonopol und damit ihre lukrativen Exportmöglichkeiten zu bewahren. Geheimnisse dieser Art lassen sich indes nicht auf Dauer schützen, und so kam es, daß trotz aller Sicherheitsvorkehrungen die Kenntnis von der Seidenherstellung nach Korea, Japan und Indien gelangte. Das Römische Reich bezog Seide über die lange, quer über das asiatische Festland führende Seidenstraße. Da auf jeder Etappe des langen Weges irgendwelche Wegzölle oder Zwischenhandelsgewinne fällig wurden, kostete die chinesische Seide in Rom einen Preis, der sie zu einem nur für die Reichsten der Reichen erschwinglichen Luxusartikel machte. 550 n. Chr. wurden Seidenspinnereier nach Konstantinopel geschmuggelt; von diesem Ereignis nahm die europäische Seidenproduktion ihren Ausgang. Die Seide ist dennoch bis heute mehr oder weniger ein Luxusartikel geblieben. Einen gleichwertigen Ersatz für sie gab es lange Zeit nicht. Reyonfäden glänzen zwar wie Seide, können es mit ihr aber in punkto Feinheit und Reißfestigkeit nicht aufnehmen.

Nach dem Ersten Weltkrieg, als Seidenstrümpfe zu einem quasi obligatorischen Bestandteil der weiblichen Garderobe wurden, steigerte sich die Nachfrage nach Seide bzw. nach einer gleichwertigen Ersatzfaser in gleichsam ultimativer Weise. Dies galt besonders für die USA, das Land mit dem größten Seidenabsatz, zumal die politischen und wirtschaftlichen Beziehungen mit dem Hauptlieferanten Japan sich beständig verschlechterten. Es war zu jener Zeit der Traum vieler Chemiker, eine der Seide qualitativ gleichkommende Kunstfaser zustande zu bringen.

Die Seide ist, chemisch gesprochen, ein Protein *(siehe Kapitel 2).* Ihr Molekül setzt sich aus Monomeren zusammen, die Aminosäuren heißen und ihrerseits Amino-(NH_2)- und Carboxyl-(COOH)-Gruppen enthalten. Ein Kohlenstoffatom stellt die Verbindung zwischen den beiden Gruppen her. Wenn wir die Aminogruppe mit *a* und die Carboxylgruppe mit *c* bezeichnen und das verbindende Kohlenstoffatom durch einen Bindestrich darstellen, können wir die Struktur einer Aminosäure mit der Formel $a - c$ beschreiben. Diese Aminosäuren sind in der Lage zu polymerisieren, und zwar in der Weise, daß sich die Aminogruppe der vorausgehenden mit der Carboxylgruppe der nachfolgenden Aminosäure verbindet.

Das Seidenmolekül hat demnach folgenden Aufbau: ...– a – c – a – c – a – c – a – c –...

Zu Beginn der 30er Jahre beschäftigte sich ein amerikanischer Chemiker namens Wallace H. Carothers in den Labors des Du Pont-Konzerns mit Molekülen, die Aminogruppen und Carboxylgruppen enthielten. Er tat dies in der Hoffnung, eine brauchbare Methode zu finden, mit der man diese Moleküle so kondensieren konnte, daß sie sich zu großen Ringmolekülen zusammenschlossen. (Solche Ringmoleküle sind von Bedeutung für die Parfümherstellung.) Sie taten ihm nicht den Gefallen, sondern verbanden sich statt dessen zu langen Kettenmolekülen.

Carothers hatte an die Möglichkeit, daß sich solche langen Ketten bilden könnten, bereits gedacht und befaßte sich mehr damit. Es gelang ihm schließlich, aus Adipinsäure und Hexamethylendiamin Fasern zu erzeugen. Das Molekül der Adipinsäure enthält 2 durch 4 Kohlenstoffatome voneinander getrennte Carboxylgruppen, läßt sich also mit der Formel c ---- c beschreiben. Das Hexamethylendiamin besteht aus 2 durch 6 Kohlenstoffatome voneinander getrennten Aminogruppen: a ------ a. Als Carothers die beiden Substanzen zusammenmischte, kondensierten sie zu einem Polymer mit folgender Struktur: ... – a --- --- a – c ---- c – a ------ a – c ---- c – a ------ a – ... Die Nahtstellen zwischen den kondensierten Molekülen weisen, wie man sieht, die für die Seide charakteristische Konfiguration c – a auf.

Anfänglich taugten die Fasern, die Carothers auf diese Weise erzeugte, nicht viel – sie rissen zu leicht. Carothers führte das auf das Vorhandensein von Wasser zurück, das beim Kondensationsvorgang entstand. Das Wasser leitete eine hydrolytische Reaktion ein, die der Polymerisation entgegenwirkte. Carothers fand Abhilfe für dieses Problem: Er ließ die Polymerisation in einem Unterdruckgefäß ablaufen, so daß das entstehende Wasser verdunstete und sich auf einer gekühlten Glasfläche niederschlug, die in unmittelbarer Nähe des reagierenden Gemischs angebracht war und das Kondenswasser über eine Rinne ableitete. Nunmehr konnte der Polymerisationsvorgang ungehindert ablaufen. Er führte zur Entstehung langer, unverzweigter Kettenmoleküle; damit war die lange vergeblich gesuchte Traumfaser in greifbare Nähe gerückt. Man schrieb das Jahr 1935.

Das aus Adipinsäure und Hexamethylendiamin entstandene Polymerisat wurde eingeschmolzen und durch feine Löcher gepreßt. Die herausquellenden Fäden wurden dann gestreckt und zu parallelen Bündeln mit kristallinen Binnenstrukturen zusammengelegt. Das Ergebnis war ein glänzender, seidenartiger Faden, aus dem sich ein Gewebe herstellen ließ, das ebenso fein und schön war wie Seide und dabei sogar noch reißfester. Diese erste von Grund auf synthetische Faser erhielt den Namen *Nylon*. Carothers erlebte den Siegeszug seiner Entdeckung nicht mehr. Er starb 1937.

Du Pont gab die Existenz der neuen synthetischen Faser 1938 bekannt und begann 1939 mit ihrer Produktion und Vermarktung. Solange der Zweite Weltkrieg andauerte, nahmen die US-Streitkräfte praktisch die gesamte Nylon-Produktion für die Herstellung von Fallschirmen und zahlreichen anderen Dingen ab. Nach Kriegsende wurde das Nylon sehr rasch anstelle der Seide zu *dem* Material für Damenstrümpfe und ist es bis heute geblieben.

Das Nylon wies den Weg zur Erzeugung vieler anderer Kunstfasern. Das Molekül des Acrylonitrils ($CH_2 = CHCN$), auch Vinylcyanid genannt, läßt sich zu langen Kettenmolekülen polymerisieren, die sich von denen des Polyethylens nur dadurch unterscheiden, daß an jedem zweiten Kohlenstoffatom eine Cyanidgruppe (in diesem Fall völlig ungiftig) hängt. Die resultierende synthetische Faser kam 1950 unter dem Markennamen *Orlon* in den Handel. Wenn man zusätzlich Vinylchlorid ($CH_2 = CHCl$) hinzumischt, so daß das entstehende Kettenmolekül neben Cyanidgruppen auch Chloratome enthält, entsteht Dynel. Die Addition von Acetatgruppen, zu bewerkstelligen mit Hilfe von Vinylacetat ($CH_2 = CHOOCCH_3$), ergibt Acrylan.

Britische Chemiker synthetisierten 1941 eine Polyesterfaser; deren Kettenmolekül entsteht dadurch, daß die Carboxylgruppe eines Monomers mit der Hydroxylgruppe eines anderen kondensiert; in regelmäßigen Abständen sind Sauerstoffatome in die Kette eingeschaltet. Der gebräuchlichste Markenname für diese Faser ist Dacron.

Diese Kunstfasern sind in der Regel stärker wasserabweisend als die meisten Naturfasern. Außerdem werden sie nicht von Motten und Kleiderläusen heimgesucht. Manche dieser Fasern sind so elastisch, daß sich aus ihnen knitterfreie Stoffe weben lassen.

Synthetischer Gummi

Es ist nicht uninteressant, sich zu vergegenwärtigen, daß die Menschen sich erst seit etwa hundert Jahren auf gummibereiften Rädern fortbewegen. Jahrtausendelang rollten sie auf Rädern mit Reifen aus Holz oder Metall. Als dank Goodyears Entdeckung vulkanisierter Gummi zur Verfügung stand, kamen eine Reihe von Personen auf die Idee, Räder mit Gummi anstelle von Metall zu umkleiden. Ein britischer Ingenieur, Robert W. Thomson, setzte auf diese Idee eine noch bessere: Er ließ sich eine Vorrichtung patentieren, die aus einem auf der Lauffläche eines Rades befestigten aufblasbaren Gummischlauch bestand. Um 1890 gehörten luftgefüllte Gummireifen bereits zur Standardausrüstung von Fahrrädern. 1895 wurden die ersten Automobile damit bestückt.

Verblüffenderweise erwies sich Gummi, obwohl doch eigentlich ein weiches und relativ empfindliches Material, als im Vergleich zu Holz oder Metall weitaus verschleißärmer. Seine lange Haltbarkeit und seine durch die Luftfüllung noch wesentlich verbesserte Fähigkeit, Stöße elastisch abzufedern, hatten zur Folge, daß der Gummireifen einen bis dahin unbekannten Fahrkomfort garantierte.

Mit dem Siegeszug des Automobils wuchs die Nachfrage nach Reifen und damit nach Gummi immens. Im Zeitraum eines halben Jahrhunderts erhöhte sich die Welt-Gummierzeugung um das 42fache. Welche Gummimenge heutzutage zu Reifen verarbeitet wird, läßt sich in etwa daraus erahnen, daß allein auf den Straßen der Vereinigten Staaten Jahr für Jahr nicht weniger als 200 000 Tonnen fein verteilter Gummiabrieb anfallen!

Mit der zunehmenden Mechanisierung der Kriegstechnik wurde Gummi auch für die Rüstungsproduktion ein immer wichtigerer Grundstoff. Diese Tatsache barg ein gewisses Risiko, da man Gummi in ausreichender Menge nur von der Malaiischen Halbinsel beziehen konnte, die aber von den »zivilisierten« Nationen, die den Gummi für ihre Kriege benötigten, weit entfernt war. (Die Malaiische Halbinsel ist nicht die natürliche Heimat des Kautschukbaums. Dieser wurde mit großem Erfolg aus Brasilien, dessen Gummierzeugung stetig zurückging, dorthin verpflanzt.) Zu Beginn des Zweiten Weltkriegs, als die Japaner Malaya besetzten, wurden die Vereinigten Staaten vom malayischen Gummi abgeschnitten. Bezeichnenderweise waren die allerersten Gebrauchsgüter, die in den USA rationiert wurden – übrigens noch vor dem Überfall auf Pearl Harbor –, die Gummireifen.

Schon im Ersten Weltkrieg, als die Mechanisierung der Kriegführung gerade erst eingesetzt hatte, hatten Engpässe in der Versorgung mit Gummireifen, hervorgerufen durch die Blockadeaktionen der alliierten Seestreitkräfte, die Kampfkraft der deutschen Armeen beeinträchtigt.

Unter diesem Gesichtspunkt war es klar, daß die Chemiker über Möglichkeiten nachdachten, synthetischen Gummi zu erzeugen. Das gegebene Ausgangsmaterial für die Erzeugung eines solchen Kunststoffs war das Isopren, der Hauptbaustein des natürlichen Kautschuks. Schon im Jahr 1880 hatten deutsche Chemiker bemerkt, daß Isopren, wenn man es längere Zeit stehen ließ, eine klebrige, zähe Konsistenz annahm und sich, mit Säure behandelt, in eine gummiartige Substanz umwandelte. Wilhelm II. ließ sich, als demonstratives Beispiel für die Leistungsfähigkeit der deutschen Chemie, für sein kaiserliches Automobil Reifen aus diesem Material fertigen.

Die Verwendung von Isopren als Ausgangsmaterial hatte allerdings zwei Nachteile: zum einen den Umstand, daß es für Isopren kaum eine nennenswerte andere Quelle gab als wiederum Kautschuk; zum zweiten die Tatsache, daß Isopren im Normalfall auf völlig ungeregelte Weise polymerisiert. Erinnern wir uns, daß beim Kettenmolekül des Kautschuks alle Isopren-Bausteine in die gleiche Richtung weisen: --- uuuuuuuuuu ---, während sie beim Guttapercha-Molekül regelmäßig alternieren: --- unununununununun ---. Wenn Isopren im Labor unter gewöhnlichen Bedingungen polymerisiert, verbinden sich die u- und die n-Bausteine in regelloser Folge miteinander, und es entsteht eine Substanz, die weder Kautschuk noch Guttapercha ist. Da es ihr an der Biegsamkeit und Zähigkeit des Gummis mangelt, eignet sie sich nicht für Autoreifen (außer vielleicht für solche, die anläßlich von Staatszeremonien auf kaiserliche Automobile montiert werden).

Viel später schufen Katalysatoren, wie die 1953 von Ziegler für die Herstellung von Polyethylen eingeführten, die Möglichkeit, aus Isopren ein Polymerisat zu erzeugen, das mit Naturkautschuk nahezu identisch war. Zu diesem Zeitpunkt waren aber längst zahlreiche andere brauchbare synthetische Gummiarten entwickelt, die sich freilich chemisch erheblich vom Naturkautschuk unterschieden.

In den Anfängen konzentrierten sich die Bemühungen der Chemiker natürlich darauf, aus einer der Isopren chemisch ähnlichen, in ausreichenden Mengen vorhandenen Verbindungen ein gummiähnliches Polymer zu gewinnen. Die Deutschen setzten beispielsweise im Ersten Weltkrieg, unter dem Druck der mangelnden Kautschukversorgung, auf das Dimethylbutadien:

$$CH_2 = C - C = CH_2$$
$$\quad\ \ |\quad |$$
$$\quad\ \ CH_3\ CH_3$$

Dieses Molekül unterscheidet sich von dem des Isoprens nur dadurch, daß es nicht nur an einem, sondern an beiden mittleren Kohlenstoffatomen seiner Kette eine Methylgruppe (CH_3) aufweist. Das aus Dimethylbutadien erzeugte Polymerisat, genannt *Methylgummi,* ließ sich preiswert und in großen Mengen herstellen. Deutschland produzierte im Ersten Weltkrieg rund 2500 Tonnen davon. Das Material war zwar nicht sehr strapazierfähig, aber es war der erste brauchbare synthetische Gummi.

Um 1930 versuchten deutsche und sowjetische Chemiker ihr Glück mit einem neuen Ausgangsmaterial, dem Butadien, das überhaupt keine Methylgruppe aufweist:

$$CH_2 = CH - CH = CH_2$$

Unter Verwendung von metallischem Natrium als Katalysator erzeugten sie ein Polymer, das den Namen *Buna* (aus <u>Buta</u>dien und <u>Na</u>trium) erhielt.

Buna war das erste synthetische Material, das einen wirklich passablen Gummiersatz abgab. Seine Eigenschaften wurden verbessert durch die Hinzufügung anderer, in regelmäßigen Abständen zwischen die Butadien-Bausteine der Kette eingeschalteter Monomere. Als die beste unter diesen Zusatzkomponenten erwies sich das *Styrol,* eine Verbindung, die dem Ethylen ähnlich ist, nur daß an einem der Kohlenstoffatome ihres Moleküls ein Benzolring hängt. Das so gewonnene Produkt wurde Buna S genannt. Es besaß sehr ähnliche Ei-

genschaften wie Gummi aus Naturkautschuk; wenn die deutschen Streitkräfte im Zweiten Weltkrieg von entscheidenden Engpässen beim Reifennachschub verschont blieben, so hatten sie es dem Buna S zu verdanken. Die Sowjetunion deckte ihren Gummibedarf auf die gleiche Weise. Die erforderlichen Rohmaterialien lassen sich aus Kohle oder Erdöl gewinnen.

Der erste synthetische Gummi US-amerikanischer Provenienz wurde erst einige Jahre später entwickelt, vielleicht weil die USA vor 1941 nicht mit der Gefahr eines Kautschukmangels konfrontiert waren. Nach Pearl Harbor jedoch stieg die amerikanische Chemieindustrie in großem Stil in die Produktion synthetischen Gummis ein. Neben Buna erzeugten die Amerikaner noch einen anderen Gummiersatz namens *Neopren,* dessen Baustein das *Chloropren* war:

$$CH_2 = C - CH = CH_2$$
$$\qquad\ |$$
$$\qquad\ Cl$$

Dieses Molekül ähnelt, wie man sieht, dem des Isoprens, nur daß dessen Methylgruppe durch ein Chloratom ersetzt ist.

Die in regelmäßigen Abständen der Polymerkette angefügten Chloratome verleihen dem Neopren gewisse Qualitäten, die natürlicher Gummi nicht besitzt. So ist Neopren beispielsweise widerstandsfähiger gegen organische Lösungsmittel wie Benzin und gibt daher ein geeignetes Material beispielsweise für Benzinschläuche ab. Das Neopren zeigt, daß im Bereich der synthetischen Gummi-Ersatzstoffe, ebenso wie in vielen anderen Bereichen, das Retortenprodukt kein bloßer Ersatz für das Naturprodukt zu sein braucht, sondern diesem in mancher Beziehung überlegen sein kann.

Mittlerweile sind amorphe Polymere erzeugt worden, die mit dem Naturkautschuk chemisch überhaupt nicht mehr verwandt sind, aber nichtsdestoweniger gummiartige Eigenschaften aufweisen; sie bieten eine ganze Palette von Eigenschaften und Eigenschaftskombinationen. Da sie mit Gummi im eigentlichen Sinn nichts zu tun haben, nennt man sie *Elastomere* (als Kurzform für »elastische Polymere«).

Das erste Elastomer (es war nicht gummiähnlich) wurde 1918 synthetisiert. Es war ein sogenannter *Polysulfid-Gummi;* in seinem Kettenmolekül wechselten sich Paare von Kohlenstoffatomen mit Gruppen von jeweils vier Schwefelatomen ab. Das Material erhielt den Namen Thiokol (abgeleitet vom griechischen Wort für Schwefel). Der Geruch, den es bei seiner Zubereitung entwickelte, sorgte dafür, daß es lange unter Verschluß gehalten wurde, ehe man sich schließlich entschloß, es kommerziell zu produzieren.

Auch aus Acryl-Bausteinen, Fluorkohlenstoffen und Silikonen wurden Elastomere entwickelt. Die Tätigkeit des organischen Chemikers ist in diesem Bereich, wie in den meisten Bereichen, denen er sich zuwendet, mit der eines Künstlers vergleichbar. Er kombiniert gegebene Substanzen zu neuen Verbindungen und Formen, die das Stoffangebot der Natur erweitern und verbessern.

Kapitel 2

Die Proteine

Die Aminosäuren

Schon in der Frühzeit ihrer forschenden Beschäftigung mit lebender Materie fiel den Chemikern eine Gruppe von Stoffen auf, die sich durch ein eigentümliches Verhalten auszeichnete: Bei Erwärmung gingen diese Substanzen vom flüssigen in den festen Zustand über, anstatt umgekehrt. Unter den Stoffen, die diese Eigentümlichkeit zeigten, waren das *Eiweiß*, das *Kasein* (ein Bestandteil der Milch) und das *Globulin* (ein Bestandteil des Blutes). Der französische Chemiker Pierre J. Macquer faßte 1777 all jene Stoffe, die bei Erwärmung gerinnen, zu einer eigenen Stoffklasse zusammen; er nannte sie *Albumine,* nach der von dem römischen Enzyklopädisten Plinius geprägten Bezeichnung *albumen* für das Weiße des Eis. In Anlehnung daran wurden die zu dieser Kategorie zählenden Substanzen im deutschen als »Eiweiße« bezeichnet.

Als die organischen Chemiker des 19. Jahrhunderts darangingen, die Eiweiße zu analysieren, stellten sie fest, daß diese Verbindungen erheblich komplizierter aufgebaut waren als andere organische Moleküle. 1839 legte der holländische Chemiker Gerardus Johannes Mulder eine chemische Grundformel vor, von der er glaubte, daß sie allen eiweißartigen Stoffen zugrunde liege: $C_{40}H_{62}O_{12}N_{10}$. Er war der Überzeugung, die verschiedenen Eiweißstoffe kämen dadurch zustande, daß zu dem mit dieser Formel beschriebenen Grundmolekül einige kleine zusätzliche Bausteine hinzukamen, die entweder Schwefel- oder Phosphoratome enthielten. Mulder nannte das durch seine Formel beschriebene Basismolekül *Protein,* nach einem griechischen Wort mit der Bedeutung »das Uranfängliche«. (Auch diese Namensgebung ging, wie so viele andere im Bereich der Chemie, auf einen Vorschlag des unermüdlichen Wortschöpfers Berzelius zurück.) Diese Bezeichnung sollte vermutlich nur zum Ausdruck bringen, daß Mulders Formel von grundlegender Wichtigkeit für die Entschlüsselung der Struktur der eiweißartigen Stoffe war. Es stellte sich aber in der Folge heraus, daß der Name auch im Hinblick auf die betreffenden Substanzen als sehr passend gewählt war.

Die Proteine, wie sie fortan genannt wurden, erwiesen sich als Schlüsselsubstanzen des organischen Lebens.

Kein Jahrzehnt nachdem Mulder seine Arbeit veröffentlicht hatte, wies Justus von Liebig nach, daß die Proteine (im deutschen Sprachraum blieb auch weiterhin die Bezeichnung »Eiweiße« in Gebrauch) für das Funktionieren des Lebens wichtiger sind als die Kohlehydrate oder die Fette, liefern sie doch neben Kohlenstoff, Wasserstoff und Sauerstoff auch Stickstoff, Schwefel und Phosphor – Elemente, die bei den Fetten und Kohlehydraten fehlen.

Die Versuche von Mulder und anderen, vollständige Summenformeln für die Proteine zu erarbeiten, konnten zu der Zeit, als sie unternommen wurden, nur scheitern. Die Eiweißmoleküle sind viel zu komplex aufgebaut, als daß sie sich mit den damals zu Gebote stehenden Methoden hätten analysieren lassen. Allerdings war von einer anderen Richtung her bereits eine Bresche in das Dickicht geschlagen. Sie eröffnete einen Weg, der am Ende zur Entschlüsselung nicht nur der Zusammensetzung, sondern auch des Aufbaus der Proteine führen sollte. Die Chemiker hatten erste Erkenntnisse über die Bausteine, aus denen die Eiweiße bestehen, zu sammeln begonnen.

Nachdem es Henri Braconnot gelungen war, die Zellulose durch Erhitzen in einer Säurelösung in ihre Glukose-Einheiten aufzuspalten *(siehe Kapitel 1)*, beschloß er 1820, die *Gelatine,* eine eiweißartige Substanz, derselben Behandlung zu unterwerfen. Es entstand eine süßschmeckende, kristalline Substanz. Entgegen der ersten Vermutung Braconnots handelte es sich nicht um einen Zucker, sondern um eine stickstoffhaltige Verbindung, denn es ließ sich aus ihr Ammoniak (NH_3) gewinnen. Da es üblich war, für stickstoffhaltige Substanzen Bezeichnungen mit der Endung *-in* zu prägen, erhielt die von Braconnot isolierte Verbindung später den Namen *Glycin* (abgeleitet von dem griechischen Wort für süß).

Wenig später erhielt Braconnot, als er Muskelgewebe in Säure erhitzte, eine weiße, kristalline Substanz, die er *Leucin* nannte (nach dem griechischen Wort für weiß).

Als später die Strukturformeln des Glycins und des Leucins entschlüsselt wurden, stellte sich heraus, daß beide einander in einer wesentlichen Beziehung ähnelten:

Glycine   Leucine

Beide Moleküle tragen, wie man sieht, an ihren Enden eine Aminogruppe (NH_2) sowie eine Carboxylgruppe (COOH). Da die Carboxylgruppe jedem Molekül, in dem sie enthalten ist, Säureeigenschaften verleiht, bezeichnete man die Substanzen, die dieses Strukturmerkmal aufwiesen, *Aminosäuren.* Diejenigen unter ihnen, bei denen die Aminogruppe und die Carboxylgruppe durch ein einzelnes Kohlenstoffatom getrennt bzw. verbunden sind, werden α-Aminosäuren genannt.

In der Folgezeit gelang es den Chemikern, weitere α-Aminosäuren aus Proteinen zu isolieren. Liebig beispielsweise gewann eine solche Aminosäure aus dem Eiweiß der Milch (dem Kasein) und nannte sie *Tyrosin* (nach dem griechischen Wort für Käse; das Kasein selbst verdankt seinen Namen dem lateinischen Wort für Käse):

Tyrosine

Die Unterschiede zwischen den verschiedenen α-Aminosäuren rühren allein aus der Beschaffenheit der jeweiligen Atomgruppe her, die an dem einen zwischen der Aminogruppe und der Carboxylgruppe stehenden Kohlenstoffatom hängt. Beim Glycin, der einfachsten aller Aminosäuren, findet man dort lediglich 2 Wasserstoffatome. Alle anderen α-Aminosäuren weisen eine an diesem Kohlenstoffatom entspringende, ihrerseits Kohlenstoffatome enthaltende Seitenkette auf.

Ich möchte noch die Formel einer weiteren Aminosäure vorstellen, deren Kenntnis im Zusammenhang mit Fragen, die an späterer Stelle in diesem Kapitel erörtert werden, von Nutzen sein wird. Es handelt sich um das *Cystin,* das der deutsche Chemiker K. A. H. Mörner 1899 entdeckte. Es ist ein »doppelköpfiges« Molekül, das 2 Schwefelatome enthält:

Cystine

Isoliert worden war das Cystin schon 1810 von dem englischen Chemiker William H. Wollaston; er hatte ihm den von dem griechischen Wort für »Blase« abgeleiteten Namen Cystin verliehen, weil er es aus einem Blasenstein gewonnen hatte. Mörners Leistung bestand darin, zu zeigen, daß diese seit einem Jahrhundert bekannte Substanz nicht nur in Blasensteinen vorkommt, sondern auch als Bestandteil von Proteinen.

Das Cystin läßt sich leicht reduzieren (das ist die Umkehrung des Oxidationsvorgangs); das heißt, daß es bereitwillig 2 Wasserstoffatome aufnimmt, die sich an die Stelle der Schwefel-Schwefel-Bindung setzen. Das Molekül spaltet sich dabei in zwei gleiche Teile, die jeweils eine SH-Gruppe (auch *Thiolgruppe* genannt) aufweisen. Diese Verbindung heißt *Cystein* und läßt sich ohne weiteres wieder zu Cystin oxidieren.

Die Leichtigkeit, mit der die Thiolgruppe sich spaltet, ist von grundlegender Bedeutung für die Funktionsfähigkeit einer Reihe von Eiweißmolekülen. Ein empfindliches Zustandsgleichgewicht und die Fähigkeit, auf den geringsten Anstoß hin von einer chemischen Zustandsform in eine andere überzugehen, sind charakteristische Attribute der für das Leben wichtigsten chemischen Verbindungen; die Thiolgruppe gehört zu den Atomkombinationen, die den betreffenden Stoffen diese Fähigkeit verleihen.

Bis heute sind insgesamt 19 wichtige (d. h. in den meisten Proteinen vorkommende) Aminosäuren identifiziert worden. Die bislang letzte von ihnen entdeckte und beschrieb 1935 der amerikanische Chemiker William C. Rose; es ist kaum damit zu rechnen, daß weitere essentielle Aminosäuren gefunden werden.

Die Kolloide

Um die Wende zum 20. Jahrhundert waren die Biochemiker sich ziemlich sicher, daß die Eiweiße aus Makromolekülen bestanden, die sich aus Aminosäuren zusammensetzten – ähnlich wie die Zellulose aus Glukose- und der Kautschuk aus Isopren-Bausteinen. Es besteht freilich ein bedeutsamer Unterschied: Während Zellulose und Kautschuk aus einer Menge gleichartiger Bausteine aufgebaut sind, setzt sich jedes Protein aus einer Anzahl unterschiedlicher Aminosäuren zusammen. Damit war klar, daß die Entschlüsselung der Struktur von Eiweißmolekülen besondere Schwierigkeiten bereiten würde.

Das erste Problem bestand darin, herauszufinden, wie die Aminosäuren im Eiweiß-Kettenmolekül angeordnet und miteinander verbunden sind. Emil Fischer tat einen ersten Schritt zur Klärung der Frage, indem er die Aminosäuren zu Ketten organisierte, und zwar derart, daß jeweils die Carboxylgruppe einer Aminosäure sich mit der Aminogruppe der nachfolgenden verband. 1901 gelang ihm erstmals eine Kondensationsreaktion nach folgendem Muster, bei der sich zwei Glycinmoleküle unter Freisetzung eines Wassermoleküls miteinander verbanden:

Das war die denkbar einfachste Kondensation. 1907 gelang Fischer die Synthese einer aus 18 Aminosäuren (15mal Glycin und 3mal Leucin) bestehenden Kette. Das Molekül zeigte keine der charakteristischen Eigenschaften der Proteine, doch führte Fischer dies lediglich darauf zurück, daß die Kette nicht lang genug war. Er nannte seine synthetischen Ketten *Peptide* (nach einem griechischen Wort für »verdauen«, denn er glaubte, daß die Eiweiße bei der Verdauung in solche Gruppen zerfallen). Den Zusammenschluß zwischen Carboxyl- und Aminogruppe bezeichnete Fischer als *Peptidbindung*.

1932 stellte der deutsche Biochemiker Max Bergmann (ein Schüler Fischers) ein von ihm entwikkeltes Verfahren zum Aufbau von Peptiden aus verschiedenen Aminosäuren vor. Der polnisch-amerikanische Biochemiker Joseph S. Fruton griff die Bergmannsche Methode auf und bereitete mit ihrer Hilfe Peptide zu, die sich sodann unter Einwirkung zugegebener Verdauungssäfte in kleinere Bestandteile aufspalteten. Da es gute Gründe für die Annahme gab, daß Verdauungssäfte nur *eine* bestimmte Art von Molekularbindung hydrolytisch (d. h. durch Einbringung eines Wassermoleküls) aufzuspalten in der Lage waren, mußte die Bindung zwischen den Aminosäuren innerhalb der synthetischen Peptide von gleicher Art sein wie die Bindung zwischen den einzelnen Aminosäuren eines »echten« Proteins. Damit waren alle etwa noch vorhandenen Zweifel an der Richtigkeit der von Fischer aufgestellten Peptidentheorie des Proteinaufbaus beseitigt.

Freilich war es noch immer nicht gelungen, Peptide mit eiweißähnlichen Eigenschaften zu synthetisieren – offensichtlich waren die Moleküle, die man zustande brachte, noch zu klein. Fischer hatte, wie bereits erwähnt, ein aus 18 Aminosäure-Bausteinen bestehendes Peptid hergestellt; noch etwas besser machte es 1916 der Schweizer Emil Abderhalden, der ein Peptid aus 19 Aminosäuren herstellte; dieser Rekord wurde dreißig Jahre lang nicht übertroffen. Daß ein Peptid dieser Größenordnung allenfalls ein kleiner Bruchteil eines Eiweißmoleküls sein konnte, war den Chemikern klar, waren doch die bei Proteinen auftretenden Molekulargewichte enorm.

Betrachten wir beispielsweise das Hämoglobin, einen Eiweißstoff des Blutes. Es enthält Eisen, und zwar in einer Proportion, die nur einem Anteil von 0,34% am Gewicht des Hämoglobin-Moleküls entspricht. Gewisse chemische Anhaltspunkte legten die Annahme nahe, daß das Hämoglobin-Molekül 4 Eisenatome enthält, so daß man von einem Gesamt-Molekülgewicht von etwa 67000 ausgehen mußte; 4 Eisenatome, mit einem Atomgewicht von 4 mal 55,85 würden 0,34% des Gewichts eines solchen Moleküls ausmachen. Das bedeutete, daß das Hämoglobin aus rund 550 Aminosäuren bestehen mußte (da Aminosäuren durchschnittlich ein Molekülgewicht von etwa 120 aufweisen). Wie mickrig nehmen sich im Vergleich dazu die 19 Aminosäuren von Abderhalden aus – und das Hämoglobin ist ein Eiweiß mit einer eher durchschnittlichen Molekülgröße.

Die beste Methode zur Ermittlung der Molekulargewichte von Proteinen war lange Zeit das *Zentrifugieren*. Eine Zentrifuge ist ein in schnelle Rotation versetzbares zylindrisches Gefäß, das zur Trennung der leichteren von den schwereren Bestandteilen einer Lösung verwendet wird *(Abb.)*. Wenn eine Lösung einer Zentrifugalkraft ausgesetzt wird, die stärker ist als die Anziehungskraft der Erde, werden die schwereren in ihr suspendierten Teile schneller nach außen wandern, als sie sonst, unter dem Einfluß der Schwerkraft, nach unten sinken würden. Rote Blutkörperchen beispielsweise sondern sich in einer solchen Zentrifuge binnen kürzester Zeit ab. Frische Milch scheidet sich in zwei Teile, die fettere Sahne und die schwerere Magermilch. Beide Trennungsvorgänge vollziehen sich auch unter dem Einfluß normaler Gravitationskräfte sehr langsam; die Zentrifuge beschleunigt den Vorgang erheblich.

Eiweißmoleküle sind zwar für Molekülverhältnisse sehr groß, aber doch nicht schwer genug, um unter dem Einfluß der irdischen Schwerkraft aus ihrer Lösung auszufallen; aber auch in einer herkömmlichen Zentrifuge scheiden sie sich nur sehr langsam ab. 1923 entwickelte der schwedische Chemiker Theodor Svedberg eine *Ultrazentrifuge,* die imstande war, Moleküle nach ihrem Gewicht zu sortieren. Dieses Hochgeschwindigkeitsgerät bringt es auf mehr als 10000 Umdrehungen pro

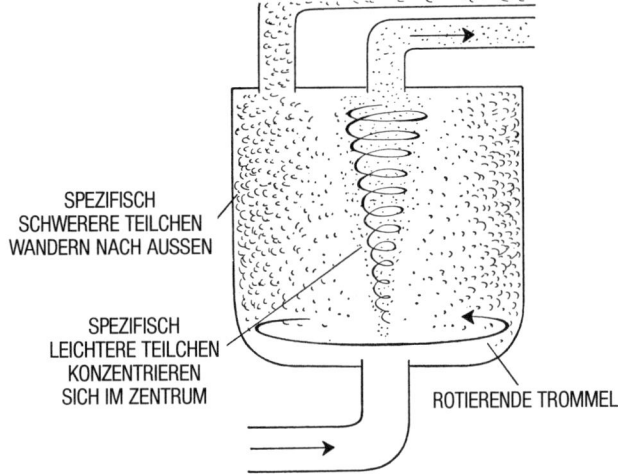

SPEZIFISCH SCHWERERE TEILCHEN WANDERN NACH AUSSEN

SPEZIFISCH LEICHTERE TEILCHEN KONZENTRIEREN SICH IM ZENTRUM

ROTIERENDE TROMMEL

Das Funktionsprinzip der Zentrifuge.

Sekunde und erzeugt Zentrifugalkräfte, die bis zu 900000mal so stark sind wie die Gravitationskraft an der Erdoberfläche. Für seine Beiträge zum Studium der Suspensionen wurde Svedberg 1926 mit dem Nobelpreis für Chemie ausgezeichnet.

Die Ultrazentrifuge versetzte die Chemiker in die Lage, das Molekülgewicht einer Reihe von Proteinen durch Messung ihrer Abscheidungsgeschwindigkeit zu bestimmen (die zu Ehren des Vaters dieser Methode in *svedbergs* gemessen wurde). Wie sich herausstellte, gibt es kleine Eiweißkörper, deren Molekülgewicht nur bei einigen tausend Einheiten liegt und die nicht mehr als vielleicht fünfzig Aminosäuren enthalten (was immer noch viel mehr ist als neunzehn). Bei anderen Proteinen geht das Molekülgewicht in die Hunderttausende oder gar in die Millionen, was bedeutet, daß sie aus Tausenden oder Zehntausenden von Aminosäuren bestehen müssen. Die Tatsache, daß sie aus so riesigen Molekülen bestehen, hatte zur Folge, daß die Proteine erst von der Mitte des 19. Jahrhunderts an systematisch erforscht werden konnten.

Der schottische Chemiker Thomas Graham wirkte als Pionier auf diesem Gebiet; den Anstoß dazu gab sein Interesse am Phänomen der *Diffusion,* d. h. der Art und Weise, wie die Moleküle zweier Substanzen, die man miteinander in Kontakt bringt, sich vermischen. Er begann mit Untersuchungen zum Diffusionsverhalten von Gasen, die durch kleine Löcher oder dünne Röhrchen miteinander in Verbindung stehen. 1831 hatte er den Nachweis dafür erbracht, daß die Diffusionsgeschwindigkeit eines Gases in umgekehrt proportionalem Verhältnis zur Quadratwurzel seines Molekülgewichts steht. Diese Beziehung wird als das Grahamsche Gesetz der Diffusionsgeschwindigkeiten bezeichnet. (Als im Rahmen des Manhattan-Projekts ^{235}U von ^{238}U abgetrennt wurde, gehorchte dieser Vorgang dem Grahamschen Gesetz.)

In den darauffolgenden Jahrzehnten widmete Graham sich der Erforschung des Diffusionsverhaltens gelöster Stoffe. Er fand heraus, daß Lösungen solcher Substanzen wie Salz, Zucker oder Kupfersulfat einen Filter aus Pergamentpapier (das nach seiner Vermutung submikroskopisch kleine Löcher enthielt) intakt durchdringen konnten. Andere Lösungen, wie z. B. mit Gummi arabicum, Leim oder Gelatine, waren dazu nicht in der Lage. Offensichtlich konnten die Riesenmoleküle dieser Substanzen nicht die Löcher des Pergamentfilters durchdringen.

Graham nannte diejenigen Stoffe, die Pergament zu durchdringen vermochten, *Kristalloide* (da sie sich leicht in kristalliner Form gewinnen ließen). Die anderen nannte er *Kolloide* (nach dem griechischen Wort für Leim, da der Leim zu dieser Stoffgruppe gehört). Die mit dem Studium von Riesenmolekülen (oder großen Atom-Agglomeraten, die nicht unbedingt Moleküle bestimmter Eigenschaften bilden müssen) befaßte Forschungsrichtung erhielt den Namen *Kolloidchemie.* Da die Proteine und andere wichtige Bausteine der lebenden Materie aus Riesenmolekülen bestehen, ist die Kolloidchemie ein besonders wichtiger Zweig der *Biochemie* (der Erforschung der in lebendem Gewebe stattfindenden chemischen Reaktionen).

Aus der außerordentlichen Größe der Eiweißmoleküle können die Kolloidchemiker in mehrerlei Hinsicht Nutzen ziehen. Stellen wir uns einen mittels eines Pergamentblatts in zwei Kammern geteilten Behälter vor, der auf der einen Seite des Pergaments mit reinem Wasser und auf der anderen mit einer kolloidalen Eiweißlösung gefüllt ist. Die Eiweißmoleküle können das Pergament nicht durchdringen; damit nicht genug, versperren sie auch noch so manchem Wassermolekül den Weg, das andernfalls in die wassergefüllte Kammer hinübergewandert wäre. Aus diesem Grund strömt mehr Wasser in die Kolloidkammer als aus ihr hinaus. Es entsteht auf der Seite der Proteinlösung ein höherer Druck, der als *osmotischer Druck* bezeichnet wird.

Der deutsche Botaniker Wilhelm Pfeffer zeigte 1877, wie man diesen osmotischen Druck messen und daraus das Molekülgewicht der in Lösung befindlichen Substanz bestimmen kann. Es war die erste einigermaßen akkurate Ergebnisse liefernde Methode zur näherungsweisen Bestimmung der Größe von Riesenmolekülen.

Eine andere Möglichkeit bestand darin, eine Proteinlösung in einen Beutel aus einer *semipermeablen* (halbdurchlässigen) Membran zu füllen (deren Poren groß genug sind, um kleine, nicht aber große Moleküle durchzulassen). Wenn man einen solchen Beutel in strömendes Wasser stellte, wurden kleine Moleküle und Ionen durch die Löcher der Membran hinausgespült, wogegen die größeren Eiweißmoleküle in dem Behälter gefangen blieben.

Dieser Prozeß, *Dialyse* genannt, stellt die einfachste Methode zur Herstellung reiner Proteinlösungen dar.

Moleküle von kolloidaler Größe sind groß genug, um Licht zu streuen; kleine Moleküle sind hierzu nicht in der Lage. Ferner gilt, daß Licht von geringer Wellenlänge stärker gestreut wird als längerwelliges Licht. Der erste, dem dieser Effekt auffiel, war 1869 der irische Physiker John Tyndall; man spricht daher auch vom *Tyndall-Effekt.* Die blaue Farbe des Himmels erklären die Physiker heute mit der Streuung des kurzwelligen Sonnenlichts durch die in der Atmosphäre schwebenden Staubteilchen. Abends, wenn das Licht der untergehenden Sonne durch ein längeres Stück Atmosphäre hindurchgeht, ehe es beim Betrachter eintrifft, wird, zumal die unteren Luftschichten noch viel von tagsüber aufgewirbeltem Staub enthalten, genug kurzwelliges Licht gestreut, um die roten und orangeroten Anteile des Sonnenlichts stärker zu betonen – daher das schöne Rot der Sonnenuntergänge.

Ein durch eine kolloidale Lösung gelenkter Lichtstrahl wird gestreut, so daß er sich, von der Seite gesehen, als diffuser Lichtkegel darstellt. Lösungen kristalloider Stoffe zeigen keinen solchen Lichtkegel, sondern sind »optisch klar«. Der deutsch-österreichische Chemiker Richard Adolf Zsigmondy machte sich 1902 diese Beobachtung zunutze und konstruierte ein *Ultramikroskop,* mit dem er kolloidale Lösungen rechtwinklig zum Lichteinfall beobachtete; dabei wurden die einzelnen Teilchen (die für das Auflösungsvermögen eines herkömmlichen Mikroskops zu klein waren) als helle Lichtpünktchen sichtbar. Für diese Leistung erhielt Zsigmondy 1925 den Chemie-Nobelpreis.

Die Protein-Chemiker hatten natürlich den Ehrgeiz, lange Polypeptidketten zu synthetisieren, in der Hoffnung, zu künstlich hergestellten Proteinen zu gelangen. Mit der von Fischer und Bergmann entwickelten Methode ließ sich jedoch nur jeweils eine Aminosäure anfügen, und das war offensichtlich ein hoffnungslos unpraktikables Verfahren. Was not tat, war eine Methode, die bewirken würde, daß verschiedene Aminosäuren sich in einer Art Kettenreaktion zusammenschließen würden, wie es analog bei dem von Baekeland für die Herstellung hochpolymerisierter Kunststoffe angewandten Verfahren der Fall war. 1947 berichteten sowohl der israelische Chemiker E. Katchalski als auch sein amerikanischer Kollege Robert Woodward (derselbe, der als erster das Chinin synthetisiert hatte) über gelungene Versuche, Polypeptide mit Hilfe von Polymerisationsreaktionen herzustellen. Als Ausgangsmaterial hatten sie eine leicht modifizierte Aminosäure verwendet. (Die Modifikation wurde im Verlauf der Reaktion eleganterweise rückgängig gemacht.) Von diesem Grundbaustein ausgehend, gelang es ihnen, synthetische Polypeptide aus hundert und mehr, ja aus bis zu tausend Aminosäuren aufzubauen.

Diese Ketten setzten sich gewöhnlich aus lauter gleichen Aminosäuren wie Glycin oder Tyrosin zusammen; man sprach daher von *Polyglycin, Polytyrosin* usw. Etwas später ging man auch dazu über, als Ausgangsmaterial eine Mischung aus zwei modifizierten Aminosäuren zu verwenden und daraus ein Polypeptid aufzubauen, in dessen Kette zwei verschiedene Aminosäuren vertreten waren. Wenn diese synthetischen Produkte überhaupt eine Ähnlichkeit mit Proteinen aufwiesen, dann allenfalls mit den einfachsten, wie zum Beispiel dem *Fibroin,* dem Eiweißbaustein der Naturseide.

Die Polypeptid-Ketten

Manche Eiweiße haben eine faserige und kristalline Struktur wie Zellulose oder Nylon; dies gilt beispielsweise für das Fibroin, das Keratin (den Eiweißbaustein unserer Haare und unserer Haut) und das Kollagen (den Hauptbaustein von Sehnen und Bindegewebe). Der deutsche Physiker R. O. Herzog wies die kristalline Struktur dieser Substanzen dadurch nach, indem er zeigte, daß sie Röntgenstrahlen beugen. Rudolf Brill, ein anderer deutscher Physiker, analysierte das Beugungsmuster und bestimmte die Abstände zwischen den Atomen innerhalb der Polypeptid-Kette. Der britische Biochemiker William T. Astbury und einige andere Forscher erlangten in den 30er Jahren mit Hilfe der Röntgendiffraktometrie (Beugung von Röntgenstrahlen) weitere Aufschlüsse über die Struktur der Polypeptid-Kette. Sie waren in der Lage, mit hinreichender Präzision die Abstände zwischen benachbarten Atomen sowie die Winkel zu berechnen, in denen die interatomaren Bindungen aneinanderstoßen. Sie stellten fest, daß sich die Kette des Fibroins im Zustand maximaler Dehnung befindet, d. h. daß die Atome dieser Kette eine beinahe gerade Linie bilden, da der Winkel der zwischen ihnen bestehenden Bindungen maximal geöffnet war.

Diese höchstmögliche Gedehntheit oder Geradlinigkeit einer Polypeptid-Kette stellt die einfachste aller möglichen Anordnungen dar und wird als β-Konfiguration bezeichnet. Wenn ein Haar gedehnt wird, geht sein Keratinmolekül in diese Konfiguration über. (Wenn man ein Haar befeuchtet, kann man es bis zum dreifachen seiner ursprünglichen Länge dehnen.) In seinem gewohnten, ungedehnten Zustand weist das Keratin eine komplexere Anordnung auf, die als α-Konfiguration bezeichnet wird.

Die Amerikaner Linus Pauling und Robert B. Corey äußerten 1951 die Vermutung, daß Polypeptid-Ketten in der α-Konfiguration eine spiralig ge-

wundene Form annehmen – daß sie eine sogenannte *Helix* bilden. Pauling und Corey bauten
mehrere Modelle, um festzustellen, welche Struktur sich herausbildete, wenn alle interatomaren
Bindungen sich zwanglos in ihre natürliche Richtung neigen konnten; sie gelangten zu dem
Schluß, daß jede Windung der Helix eine Länge
von 3,6 Aminosäuren oder 5,4 Ångström aufweisen mußte.

Was verleiht einer Helix die Fähigkeit, ihre Struktur beizubehalten? Pauling meinte, die Erklärung
sei in der sogenannten *Wasserstoffbrückenbindung* zu
suchen. Wenn ein Wasserstoffatom sich mit einem
Sauerstoff- oder einem Stickstoffatom verbindet,
zieht dieses, wie wir bereits gesehen haben, den
Löwenanteil der Bindungselektronen an sich, so
daß dem Wasserstoffatom eine geringfügige positive und dem Sauerstoff- bzw. Stickstoffatom eine
geringfügige negative Ladung anhaftet. Es hat
nun den Anschein, als trete innerhalb der Helix regelmäßig eine Konstellation auf, bei der ein Wasserstoffatom in nächster Nähe eines genau über
oder unter ihm (nämlich in der benachbarten Windung der Helix) stehenden Sauerstoff- oder Stick-
stoffatoms zu liegen kommt. In diesem Fall entsteht zwischen dem leicht positiv geladenen Wasserstoffatom und seinem leicht negativ geladenen
Gegenüber eine Art »Anziehungsbrücke«. Ihrer
Intensität nach ist die Anziehung zwanzigmal geringer als die bei einer herkömmlichen chemischen Bindung wirksame, doch ist sie gerade stark
genug, um die Helixgestalt zu stabilisieren. Ein
geringfügiger mechanischer Zug an der Faser
genügt jedoch, um die Windungen der Helix in
die Länge zu ziehen und damit die Faser zu dehnen.

Wir haben uns bislang nur mit dem »Rückgrat«
des Eiweißmoleküls beschäftigt, mit der Kette,
deren Gliederfolge folgendermaßen aussieht:
…CCNCCNCCNCCN… Daneben spielen
aber auch die verschiedenen abzweigenden Seitenketten eine wichtige Rolle für die Struktur eines
Proteins.

Alle Aminosäuren außer dem Glycin weisen mindestens ein asymmetrisches Kohlenstoffatom auf
– dasjenige zwischen der Carboxylgruppe und der
Aminogruppe. Von allen könnte es also zwei optisch aktive Isomere geben; die beiden lassen sich
durch die folgenden allgemeinen Formeln darstellen:

Seitenkette
D-Aminosäure

Seitenkette
L-Aminosäure

Es erscheint freilich aufgrund sowohl chemischer
als auch röntgendiffraktometrischer Analysen
ziemlich sicher, daß Polypeptid-Ketten ausschließlich aus L-Aminosäuren bestehen. In diesem Fall zweigen die Seitenketten abwechselnd
einmal von der linken und einmal von der rechten
Seite des »Rückgrats« ab. Eine aus beiden Isomeren aufgebaute Kette wäre instabil, weil immer
dann, wenn eine L- und eine D-Aminosäure unmittelbar aufeinanderfolgen würden, zwei nach
derselben Seite abzweigende Seitenketten einander ins Gehege kämen, was die Stabilität der
Bindungen beeinträchtigen würde.

Die Seitenketten spielen eine wichtige Rolle für
den Zusammenhalt benachbarter Peptid-Ketten.
Wo immer ein negativ geladener Seitenausleger
einer Kette einem positiv geladenen Seitenausleger einer Nachbarkette nahekommt, baut sich
zwischen ihnen eine elektrostatische Anziehung
auf. Die Seitenketten liefern auch die erwähnten
Wasserstoffbrückenverbindungen. Und die »dop-
pelköpfige« Aminosäure Cystin kann eine ihrer
beiden Amino-Carboxyl-Kombinationen in eine
Kette einbringen und ihre andere in eine benachbarte. Die beiden Ketten sind dann durch die beiden Schwefelatome der Cystin-Seitenkette miteinander verbunden (durch eine sogenannte *Disul-
fid-Brücke*). Solche Bindungen zwischen benachbarten Polypeptid-Ketten haben einen Bünde-
lungseffekt und sind die Ursachen für die Zähigkeit von Proteinfasern. Sie erklären die bemerkenswerte Reißfestigkeit und Elastizität des so
zerbrechlich wirkenden Spinnennetzes und die
ebenso bemerkenswerte Tatsache, daß das Keratin
Strukturen von der Härte von Fingernägeln, Ti-
gerkrallen, Schildkrötenpanzern und Rhinozeros-
Hörnern hervorzubringen in der Lage ist.

Proteine in Lösung

Die Struktur von Proteinfasern scheint damit
weitgehend geklärt. Wie aber verhält es sich mit in

Lösung befindlichen Proteinen? Was für eine Struktur haben sie?

Sie weisen tatsächlich eine definitive, jedoch äußerst empfindliche Struktur auf. Wenn man eine Eiweißlösung erhitzt oder schüttelt oder ihr etwas Säure oder Lauge beimischt, wird das Eiweiß *denaturiert*, d. h. es verliert die Fähigkeit, seine natürlichen Funktionen zu erfüllen und verändert viele seiner Eigenschaften. Diese Denaturierung ist in der Regel irreversibel: Ein hartgekochtes Ei beispielsweise läßt sich nicht wieder in seinen ursprünglichen Zustand zurückversetzen.

Es scheint sicher, daß bei der Denaturierung eines Proteins eine ganz bestimmte Konfiguration innerhalb des Polypeptid-»Rückgrats« verlorengeht – aber welche? Röntgenstrahlen-Beugungsmuster geben uns darüber keine Auskunft, wenn es sich um gelöste Eiweißstoffe handelt; aber es gibt andere Methoden.

Der indische Physiker Chandrasekhara V. Raman entdeckte 1928, daß Licht, das von in Lösung befindlichen Molekülen gestreut wird, eine gewisse Veränderung seiner Wellenlänge erfährt. Aus Art und Ausmaß dieser Veränderung lassen sich Rückschlüsse auf den Aufbau des Moleküls ziehen. Für die Entdeckung dieses sogenannten *Raman-Effekts* wurde Raman 1930 mit dem Physik-Nobelpreis ausgezeichnet. (Man spricht gewöhnlich vom *Raman-Spektrum* dieses oder jenes Moleküls, wenn man die von ihm auf jeweils charakteristische Weise veränderten Licht-Wellenlängen meint.)

Ein anderes sensibles Meßverfahren wurde 20 Jahre später entwickelt. Es macht sich den Umstand zunutze, daß Atomkerne magnetische Eigenschaften besitzen. Wenn Moleküle einem starken Magnetfeld ausgesetzt werden, absorbieren sie Radiowellen eines bestimmten Frequenzbereichs. Art und Umfang dieser Absorption, die auch als *magnetische Resonanz* bezeichnet und häufig mit *NMR* abgekürzt wird (dieser Abkürzung liegt die englische Bezeichnung *nuclear magnetic resonance* zugrunde), liefern Informationen über die Struktur des betreffenden Moleküls, insbesondere über die in ihm vorhandenen interatomaren Bindungen. Mit Hilfe der NMR-Technik läßt sich beispielsweise die Lage der kleinen Wasserstoffatome innerhalb des Moleküls bestimmen, was mit der Röntgendiffraktometrie nicht möglich ist. Die NMR-Techniken wurden 1946 von zwei unabhängig voneinander arbeitenden Forschergruppen entwickelt; eine arbeitete unter der Leitung von E. M. Purcell (der später als erster die von den neutralen Wasserstoffatomen im Kosmos abgestrahlten Radiowellen entdeckte), die andere unter der Regie des schweizerisch-amerikanischen Physikers Felix Bloch. Purcell und Bloch erhielten für diese Leistung 1952 gemeinsam den Physik-Nobelpreis.

Doch zurück zur Frage der Denaturierung gelöster Eiweiße. Die amerikanischen Chemiker Paul Mead Doty und Elkan Rogers Blout analysierten in Lösung befindliche synthetische Polypeptide mit Hilfe von Lichtstreuungs-Verfahren und stellten fest, daß die Moleküle eine Helixstruktur aufwiesen. Durch Veränderungen des Säurepegels der Lösung konnten Doty und Blout den Zerfall der Helix-Gebilde in unregelmäßig gewundene Spiralstücke herbeiführen; die Rückkehr zum ursprünglichen Säurepegel führte zur Wiederherstellung der Wendeln. Wie die beiden Forscher des weiteren zeigen konnten, setzt der Zerfall der Wendeln die optische Aktivität der Lösung herab. Es gelang sogar, zu zeigen, welche Windungsrichtung eine Proteinhelix aufweist; sie entspricht derjenigen eines rechtsdrehenden Schraubengewindes.

Alle diese Befunde wiesen darauf hin, daß die Denaturierung eines Proteins etwas mit der Zerstörung seiner Helixstruktur zu tun hat.

Aufspaltung eines Proteinmoleküls

Bis jetzt habe ich mich sozusagen mit der Grobstruktur des Proteinmoleküls befaßt – mit den allgemeinen Merkmalen seiner Kette. Wie aber steht es mit seiner Feinstruktur? Wie viele Aminosäuren eines jeden Typs sind beispielsweise in einem bestimmten Eiweißmolekül enthalten?

Wir könnten ein Eiweißmolekül durch Erhitzen in einer sauren Lösung in seine Aminosäuren aufspalten und anschließend bestimmen, in welcher Menge jede Aminosäure in der Mischung vorhanden ist. Unglücklicherweise weisen manche Aminosäuren untereinander eine so große chemische Ähnlichkeit auf, daß es fast unmöglich ist, sie mit herkömmlichen chemischen Methoden sauber voneinander zu trennen. Das Verfahren der Chromatographie erlaubt jedoch eine solche saubere

Trennung. Die britischen Biochemiker Archer J. P. Martin und Richard L. M. Synge leisteten 1941 Pionierdienste in der Anwendung der Chromatographie auf dieses Problem. Sie verwendeten erstmals Stärke als Packungsmaterial für die Säule. 1948 wurde die Technik der Stärke-Chromatographie der Aminosäuren von den amerikanischen Biochemikern Stanford Boore und William H. Stein perfektioniert; die beiden erhielten dafür 1972 den Chemie-Nobelpreis.

Das Aminosäurengemisch wird zunächst in die Stärkesäule hineingegossen; nachdem alle Amino-

bleme einsetzen. Wenn man durch eine Lösung Licht von stetig zunehmender Wellenlänge schickt, verändert sich schrittweise der Absorptionsgrad, erreicht bei manchen Wellenlängen ein Maximum, bei anderen ein Minimum. Es entsteht ein sogenanntes *Absorptionsspektrum*. Jede Kombination von Atomen produziert ein durch jeweils charakteristische »Gipfel« und »Täler« gekennzeichnetes Absorptionsprofil. Besonders deutlich tritt dies im infraroten Spektralbereich hervor, wie als erster kurz nach der Wende zum 20. Jahrhundert der amerikanische Physiker William W.

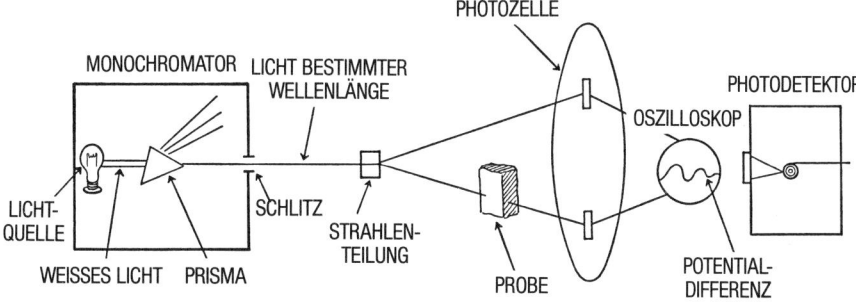

Ein Spektralphotometer. Der Lichtstrahl wird in zwei Teilstrahlen zerlegt, derart, daß einer der Strahlen durch das zu analysierende Objekt hindurchgeht, während der andere ohne Hindernis die Photozelle erreicht. Da der abgeschwächte Strahl, der durch das Objekt hindurch-

gegangen ist, in seiner Photozelle weniger Elektronen freisetzt als der ungefilterte Strahl, entsteht im Oszilloskop eine Potentialdifferenz, aus deren Betrag sich ablesen läßt, wieviel Licht das Objekt absorbiert hat.

säuren sich (physikalisch, nicht chemisch) mit Teilchen der Stärke verbunden haben, wird frisches Lösungsmittel nachgegossen, das die Säuren langsam nach unten spült. Jede Aminosäure bewegt sich dabei mit einer charakteristischen Geschwindigkeit die Säule hinab. Am unteren Ende der Säule werden die dort separat und nacheinander eintreffenden Aminosäuren – sie tropfen in gelöster Form heraus – jeweils getrennt aufgefangen. Der Inhalt eines jeden Auffangbehälters wird anschließend mit einer Chemikalie behandelt, die die darin gelöste Aminosäure färbt. Die Intensität der Färbung ist ein Maß für die Konzentration der betreffenden Aminosäure und damit für deren mengenmäßigen Anteil an der ursprünglichen Gesamtmischung. Gemessen wird die Farbintensität mit einem sogenannten *Spektralphotometer,* das mißt, wieviel Licht der jeweils einschlägigen Wellenlänge von der Substanz absorbiert wird *(Abb.).* (Das Spektralphotometer läßt sich übrigens auch noch zur Lösung anderer chemischer Analyspro-

Coblentz zeigte. Seine Instrumente waren nicht sensibel genug, um das Verfahren praktisch einsetzbar zu machen, aber seit Ende des Zweiten Weltkriegs findet das Infrarot-Spektralphotometer, das automatisch das zwischen 2 und 40 Mikrometern liegende Frequenzspektrum durchläuft und das resultierende Absorptionsprofil aufzeichnet, bei der Analyse der Struktur komplexer Verbindungen zunehmend Verwendung. Optische Methoden der chemischen Analyse, die mit Indikatoren wie Radiowellen-Absorption, Lichtabsorption, Lichtstreuung u. ä. arbeiten, sind nicht nur äußerst sensibel, sondern auch schonend – das Untersuchungsobjekt übersteht die Analysprozedur unversehrt. Diese Methoden sind daher auf dem besten Weg, die klassischen analytischen Verfahren à la Liebig, Dumas und Pregl, die im voraufgegangenen Kapitel erläutert wurden, zu verdrängen.)

Die Stärke-Chromatographie erlaubt eine hinreichend genaue Analyse der Aminosäuren; zu dem

Zeitpunkt, als das Verfahren anwendungsreif war, hatten allerdings Martin und Synge eine einfachere chromatographische Methode entwickelt, die denselben Zweck erfüllte. Es war die sogenannte *Papierchromatographie (Abb.)*. Als das die Trennung der Aminosäuren bewirkende Substrat dient hierbei ein Blatt aus hoch saugfähigem, aus besonders reiner Zellulose hergestelltem Papier.

Um auch diese noch voneinander zu trennen, wird das Filterpapier, nachdem es getrocknet ist, um 90° gedreht und in ein zweites Lösungsmittel getaucht, das auf die gleiche Weise wie das erste die noch ungeschiedenen Komponenten trennt. Das Blatt wird dann wieder getrocknet und schließlich mit Chemikalien behandelt, die den unterschiedlichen Aminosäuren eine jeweils charakteristische

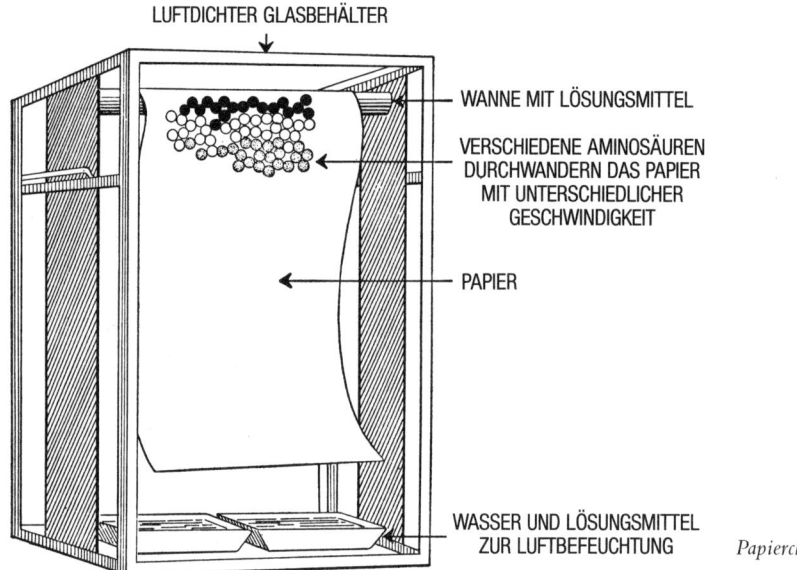

LUFTDICHTER GLASBEHÄLTER

WANNE MIT LÖSUNGSMITTEL

VERSCHIEDENE AMINOSÄUREN DURCHWANDERN DAS PAPIER MIT UNTERSCHIEDLICHER GESCHWINDIGKEIT

PAPIER

WASSER UND LÖSUNGSMITTEL ZUR LUFTBEFEUCHTUNG

Papierchromatographie.

Von der zu analysierenden Aminosäure-Mischung werden ein oder zwei Tropfen nahe dem Blattrand auf das Papier aufgebracht, das sodann, mit dieser Blattkante nach unten, in ein Lösungsmittel, beispielsweise Butylalkohol, getaucht wird. Das Lösungsmittel kriecht infolge des Kapillareffekts langsam das Papier nach oben. (Man kann sich diesen Effekt leicht selbst veranschaulichen, indem man ein Löschblatt ins Wasser taucht.) Das Lösungsmittel nimmt auf seinem Weg nach oben die Moleküle des aufgebrachten Tropfens der Probe mit. Wie in der Stärkesäule, bewegt sich auch hier jede Aminosäure mit charakteristischer Geschwindigkeit. Nach einiger Zeit sind die in dem Gemisch enthaltenen Aminosäuren zu separaten, gleichsam vom Lösungsmittel am Wegrand deponierten Kontingenten ausdifferenziert, die auf dem Blatt als Flecken in Erscheinung treten. Einige dieser Flecken enthalten vielleicht zwei oder drei Aminosäuren.

Färbung verleihen. Es ist ein spektakulärer Anblick: All die ursprünglich in einer einzigen Lösung vereinten Aminosäuren sind jetzt in einem Mosaik farbiger Flecken über die Länge und Breite des Filterpapiers verteilt. Erfahrene Biochemiker können schon anhand der Position eines Flecks erraten, welche Aminosäure er verkörpert, so daß sie die Zusammensetzung des Eiweißmoleküls, um dessen Analyse es geht, fast mit einem Blick vom Blatt lesen können. Sie sind sogar in der Lage, festzustellen (indem sie einen Fleck in Lösung bringen), in welcher Menge eine bestimmte Aminosäure in dem betreffenden Protein enthalten ist. Für die Entwicklung dieses Verfahrens erhielten Martin und Synge 1952 den Chemie-Nobelpreis.

(Zusammen mit A. T. James wandte Martin 1952 das gleiche Verfahrensprinzip bei der Trennung von Gasen an. Gas- oder Dampfgemische lassen sich mit Hilfe eines reaktionsträgen strömenden

Trägergases wie Stickstoff oder Helium durch ein flüssiges Lösungsmittel oder über die Oberfläche eines stark absorptionsfähigen festen Stoffes leiten. Als Gemisch in die Filtervorrichtung hineingepumpt, treten die Gase am anderen Ende säuberlich getrennt wieder aus. Dieses Verfahren, die *Gaschromatographie,* ermöglicht nicht nur eine sehr schnelle Trennung von Gasgemischen, sondern eignet sich auch zum Nachweis winziger Beimischungen und Verunreinigungen.)

Chromatographische Analysen ermöglichten genaue Schätzungen der Häufigkeit, mit der verschiedene Aminosäuren in einem bestimmten Eiweißmolekül vertreten sind. Das Molekül des Serum-Albumins beispielsweise, eines Blutproteins, enthält, nach den Ergebnissen chromatographischer Analysen zu schließen: 15× Glycin, 45× Valin, 58× Leucin, 9× Isoleucin, 31× Prolin, 33× Phenylanalin, 18× Tyrosin, 1× Tryptophan, 22× Serin, 27× Threonin, 32× Cystin, 4× Cystein, 6× Methionin, 25× Arginin, 16× Histidin, 58× Lysin, 46× Asparagin und 80× Glutaninsäure – summa summarum 526 Aminosäuren 18 verschiedener Arten, zusammengesetzt zu einem Eiweißkörper mit einem Molekülgewicht von rund 69 000. (Außer diesen 18 gibt es noch eine weitere häufig vorkommende Aminosäure, das Alanin.

Zur vereinfachten Benennung der Aminosäuren schlug der deutsch-amerikanische Biochemiker Erwin Brand ein Inventar von Symbolen vor, das sich mittlerweile allgemeiner Verwendung erfreut. Um Verwechslungen mit den Zeichen für die chemischen Elemente vorzubeugen, bezeichnete er jede Aminosäure durch die drei ersten Buchstaben ihres Namens. Es gibt einige wenige Sondervereinbarungen: Das Cystin wird mit dem Buchstaben CyS symbolisiert, um anzudeuten, daß seine beiden spiegelbildlichen Hälften gewöhnlich zwei unterschiedlichen Ketten angehören; das Cystein wird, um es vom Cystin zu unterscheiden, durch das Symbol CySH dargestellt, und für das Isoleucin steht als Symbol nicht Iso, da dies eine in der Chemie sehr häufig vorkommende Vorsilbe ist, sondern Ileu.

Wenn man die Formel des Serum-Albumins in dieser Kurzsprache aufschreibt, ergibt sich der Ausdruck: $Gly_{15} Val_{45} Leu_{58} Ileu_9 Pro_{31} Phe_{33} Tyr_{18} Try_1 Ser_{22} Thr_{27} CyS_{32} CySH_4 Met_6 Arg_{25} His_{16} Lys_{58} Asp_{46} Glu_{80}$ – sicherlich eine wesentliche Ver-

kürzung, wenn auch gewiß nichts, das zum Auswendiglernen animiert.

Die Analyse der Peptidkette

Mit der Entschlüsselung der Summenformel eines Eiweißmoleküls war erst die halbe Schlacht gewonnen, ja, noch viel weniger als das. Es wartete noch die weitaus schwierigere Aufgabe, die Struktur eines solchen Moleküls aufzuklären. Es gab gute Gründe für die Vermutung, daß die Eigenschaften eines jeden Proteins davon abhängen, in welcher Anordnung die Aminosäuren in der Molekülkette zusammengefügt sind. Wenn dem so ist, sieht sich der Biochemiker mit einem vertrackten Problem konfrontiert: Die Anzahl der theoretisch möglichen Anordnungen, zu denen 19 Aminosäuren in einer Kette kombiniert werden können, liegt (selbst wenn man voraussetzt, daß jede nur einmal vorkommt) bei nahezu 120 Billiarden (das sind 120 Millionen Milliarden). Wer das nicht glauben will, möge die Zahlen 1 bis 19 miteinander multiplizieren – auf diese Weise wird die Anzahl der möglichen Kombinationen errechnet. Wer diesem algebraischen Rechenexempel nicht traut, kann sich 19 numerierte Kärtchen zurechtlegen und ausprobieren, wie viele verschiedene Anordnungen sich aus ihnen bilden lassen. Ich verspreche jedem, der dies versucht, daß er sehr schnell die Hoffnungslosigkeit des Unterfangens einsehen wird.

Bei einem Eiweiß von der Größe des Serum-Albumins, das aus mehr als 500 (wenn auch »nur« 18 verschiedenen) Aminosäuren zusammengesetzt ist, liegt die Zahl der theoretisch möglichen Kombinationen bei etwa 10^{600} – das ist eine 1 mit 600 Nullen. Es ist eine unvorstellbar große Zahl, größer als die Zahl der Elementarteilchen im gesamten bekannten Universum, ja, größer noch als die Zahl der Teilchen, die man unterbringen könnte, wenn man das Universum mit Materie füllen würde.

Der Versuch, herauszufinden, welche von allen diesen theoretisch möglichen Anordnungen ein Serum-Albumin-Molekül tatsächlich aufweist, mag demnach völlig aussichtslos erscheinen; und doch ist dieses Problem in Angriff genommen und gelöst worden.

Der britische Biochemiker Frederick Sanger ging

1945 daran, die Anordnung der Aminosäuren in einer Peptidkette herauszufinden. Er begann damit, daß er diejenige Aminosäure zu identifizieren versuchte, die sich an dem einen Ende der Kette befand.

Die Aminogruppe dieser endständigen Aminosäure ist ganz offenbar frei, d. h. an ihr hängt keine weitere Aminosäure. Sanger bediente sich einer Substanz, die die Eigenschaft hat, sich mit einer freien Aminogruppe (nicht aber mit einer an eine Carboxylgruppe gebundenen Aminogruppe) zu verbinden und mit ihr zusammen eine sogenannte *DNP(Dinitrophenyl)-Gruppe* zu bilden. Sanger konnte somit der gesuchten End-Aminosäure gleichsam ein Etikett in Gestalt der DNP-Gruppe aufkleben, und da die Bindung, die diese Kombination zusammenhält, stärker ist als die zwischen den Aminosäuren in der Kette bestehenden Bindungen, konnte er die Kette in ihre einzelnen Aminosäuren zerlegen und versuchen, diejenige mit dem »DNP-Etikett« zu isolieren. Da die DNP-Gruppe eine intensive Gelbfärbung zeigt, tritt die betreffende Aminosäure auf einem Papierchromatogramm als gelber Fleck in Erscheinung.

Sanger vermochte auf diese Weise die Aminosäure am Amino-Ende seiner Peptidkette zu isolieren und zu identifizieren. Auf ähnliche Weise identifizierte er die Aminosäure am anderen Ende der Kette – jene mit einer freien Carboxylgruppe. Es gelang ihm ferner, einige weitere Aminosäuren Stück für Stück »abzutragen« und die Endsequenz der Peptidkette zu identifizieren.

Jetzt nahm Sanger die Peptidkette ihrer ganzen Länge nach in Angriff. Als Objekt seiner Analyse wählte er das *Insulin,* ein Protein, das den Vorzug besitzt, einerseits sehr wichtig für das Funktionieren des Organismus und andererseits für Proteinverhältnisse verhältnismäßig klein zu sein. Es hat, in seiner einfachsten Form, ein Molekülgewicht von lediglich 6000. Die DNP-Methode zeigte, daß das Insulinmolekül aus zwei Peptidketten bestehen mußte, da es zwei verschiedene endständige Aminosäuren enthielt. Zusammengehalten wurden die beiden Teilketten von Cystin-Molekülen. Mittels einer chemischen Behandlung, die die Bindung zwischen den beiden Schwefelatomen des Cystins auflöste, zertrennte Sanger das Insulinmolekül in seine beiden Peptidketten, die dabei beide unversehrt blieben. Bei der einen Kette bildete Glycin, bei der anderen Phenylalanin

die randständige Aminosäure am Amin-Ende der Kette. Der Kürze halber wollen wir daher die erste als *G-Kette* und die zweite als *P-Kette* bezeichnen. Beide Ketten konnten nunmehr separat analysiert werden.

Sanger und sein Mitarbeiter Hans Tuppy zerlegten die Ketten erst einmal in einzelne Aminosäuren und identifizierten die 22 Aminosäurearten, aus denen sich die G-Kette, und die 30, aus denen sich die P-Kette zusammensetzt. Um dann etwas über deren sequentielle Anordnung herauszufinden, zerteilten sie die Ketten nicht in die einzelnen Aminosäuren, sondern in Teilstücke, die aus jeweils zwei oder drei Aminosäuren bestanden. Dies ließ sich durch eine nur partielle Hydrolyse bewerkstelligen, bei der lediglich die schwächeren Bindungen innerhalb der Kette gelöst wurden, oder auch dadurch, daß man Insulin mit bestimmten Verdauungsstoffen traktierte, die nur Bindungen einer bestimmten Art zerstörten, andere dagegen intakt ließen.

Mit diesen Mitteln zerlegten Sanger und Tuppy die beiden Ketten in zahlreiche kleine Bruchstücke. Die P-Kette beispielsweise lieferte 48 verschiedene Teilstücke, von denen 22 aus je 2 Aminosäuren (sogenannten *Dipeptiden*), 14 aus deren 3 und 12 aus mehr als 3 bestanden.

Nachdem die verschiedenen Fragmente erst einmal voneinander isoliert worden waren, ließen sie sich nacheinander mittels Papierchromatographie in ihre einzelnen Aminosäuren zerlegen. Anschließend konnten die Forscher darangehen, die Sequenz der Aminosäuren in diesen Bruchstücken zu bestimmen. Nehmen wir einmal an, eines dieser Fragmente sei ein aus Valin und Isoleucin bestehendes Dipeptid. Dann wäre zu fragen: Lautet die Reihenfolge Val-Ileu oder aber Ileu-Val? Steht, anders gesagt, das Valin oder das Isoleucin am Amin-Ende dieses Dipeptids? (Man hat sich darauf geeinigt, das Amin-Ende einer Peptidkette als linkes und ihr Carboxyl-Ende als rechtes Endglied zu betrachten.) Hier half eine DNP-Markierung weiter: Wenn eine eingebrachte DNP-Gruppe sich an das Valin anlagerte, so war dies ein sicheres Indiz dafür, daß innerhalb dieses Dipeptids das Valin das freie Amin-Ende aufwies und die richtige Reihenfolge Val-Ileu lautete. Wenn die DNP-Gruppe sich dagegen an das Isoleucin anhängte, war von der Reihenfolge Ileu-Val auszugehen. Bei einem aus drei Aminosäuren bestehenden

Fragment ließ sich die richtige Reihenfolge wie folgt entschlüsseln: Angenommen, die drei Bausteine wären als Leucin, Valin und Glutamin identifiziert. Mit dem DNP-Test ließe sich dann zunächst einmal ermitteln, welche der drei Säuren das linke Endglied (oder, wenn man so will, das Anfangsglied) der Dreierkette bildet. Angenommen, es ergäbe sich, daß dies das Leucin ist, dann könnte die Reihenfolge nur entweder Leu-Val-Glu oder Leu-Glu-Val lauten. Man würde dann diese beiden Tripeptide synthetisieren, von beiden ein Papierchromatogramm anfertigen und sodann nachsehen, welches von beiden auf dem Papier dasselbe Muster ergibt wie das zu analysierende Fragment. Diejenigen Peptide, die aus mehr als drei Aminosäuren bestehen, werden für die Analyse in kleinere Fragmente zerlegt.

Nachdem auf solche Weise der Aufbau aller Fragmente des ursprünglichen Insulinmoleküls bestimmt ist, besteht der nächste Schritt darin, herauszufinden, in welcher Reihenfolge diese Einzelteile in der Kette aneinanderhängen. Diese Aufgabe ähnelt der Zusammensetzung eines Puzzles. Dabei gibt es einige Anhaltspunkte, von denen man ausgehen kann. Im konkreten Fall wußten die Forscher beispielsweise, daß die G-Kette das Alanin nur einmal enthielt. In dem Gemisch aus Peptiden, das aus der Spaltung von G-Ketten resultierte, tauchte das Alanin jedoch in zwei Kombinationen auf: Alanin-Serin und Cystin-Alanin. Daraus ließ sich schließen, daß in der unversehrten G-Kette die Gruppe CyS-Ala-Ser vorkommen mußte.

Ausgehend von solchen Anhaltspunkten und Schlußfolgerungen, setzten Sanger und Tuppy in langwieriger Kleinarbeit die Stücke des Puzzles zusammen. Es kostete sie einige Jahre, alle Fragmente zweifelsfrei zu identifizieren und sie in der zweifelsfrei richtigen Reihenfolge zusammenzusetzen. Doch 1952 war es soweit: Sie kannten die genaue Anordnung aller Aminosäuren, sowohl der G-Kette als auch der P-Kette. Nun blieb nur noch übrig herauszufinden, wie die beiden Ketten miteinander vertäut waren. 1953 schließlich konnten sie triumphierend die Struktur des Insulinmoleküls bekanntgeben. Zum ersten Mal war der Aufbau eines wichtigen Eiweißmoleküls bis im Detail rekonstruiert worden. Für diese Leistung erhielt Sanger 1958 den Chemie-Nobelpreis.

Sogleich gingen andere Biochemiker daran, nach den von Sanger entwickelten Methoden die Struktur anderer Eiweißmoleküle aufzuklären. Die Ribonuklease, ein Eiweiß, dessen Molekül aus einer einzelnen Peptidkette mit 124 Aminosäuren besteht, wurde 1959 »geknackt«, der Eiweißbaustoff des Tabakmosaikvirus', bestehend aus 158 Aminosäuren, ein Jahr später. 1964 wurde das Trypsin, ein Protein mit 223 Aminosäuren, entschlüsselt. 1967 präsentierte der schwedisch-australische Biochemiker Pehr Edman ein selbsttätig arbeitendes Gerät, *Sequenator* genannt, das in einer automatischen Prozedur die Aminosäuren eines Proteins Schritt für Schritt abträgt und identifiziert. Die Anordnung von 60 Aminosäuren der Myoglobinkette konnte auf diese Weise innerhalb von vier Tagen entschlüsselt werden.

Inzwischen sind auch schon sehr lange Peptidketten bis ins Detail rekonstruiert worden, und heute steht im Grunde fest, daß die Struktur jedes Eiweißmoleküls, wie groß und komplex es auch sein möge, entschlüsselbar ist. Es muß sich nur jemand die Mühe machen.

Wie diese Analysen gezeigt haben, enthalten die meisten Proteine in ihrer Kette alle (oder doch fast alle) Aminosäuren in annähernd ausgeglichenen Proportionen. Lediglich bei einigen der einfacher gebauten Fasereiweiße, wie man sie als Bestandteil der Seide oder des Sehnengewebes findet, kommen zwei oder drei Aminosäuren besonders gehäuft vor.

Bei denjenigen Proteinen, in deren Molekül alle 19 Aminosäuren vertreten sind, weist die Reihenfolge, in der sie angeordnet sind, keine augenfällige Ordnung oder Systematik auf; es gibt keine sich periodisch wiederholenden Gruppen o. ä. Die Aminosäuren sind vielmehr so angeordnet, daß jeweils an den Stellen, wo die Kette sich infolge von Wasserstoffbrücken verwindet, diverse Nebenketten eine Oberfläche bilden, die genau jene Konstellation von Atomgruppen oder genau jenes elektrische Ladungsmuster entstehen lassen, das es dem Protein ermöglicht, seine Aufgabe zu erfüllen.

Synthetische Proteine

Als erst einmal die Anordnung der Aminosäuren in einer Polypeptidkette bekannt war, eröffnete sich die Möglichkeit, Aminosäuren in eben dieser

Reihenfolge zusammenzusetzen. Natürlich fing man auch hier klein an. Das erste Eiweiß, das im Labor synthetisiert wurde, war das *Oxytocin*, ein Hormon, das im menschlichen Organismus wichtige Funktionen erfüllt. Das Molekül des Oxytocins ist für Proteinverhältnisse außerordentlich klein: Es besteht aus nur acht Aminosäuren. 1953 gelang es dem amerikanischen Biochemiker Vincent du Vigneaud, eine Peptidkette zu synthetisieren, deren Aufbau genau dem entsprach, den man beim Oxytocin-Molekül vermutete. Und in der Tat zeigte dieses synthetische Peptid alle Eigenschaften des natürlichen Oxytocins. Du Vigneaud erhielt 1955 den Nobelpreis für Chemie.

In den folgenden Jahren wurden auch komplexere Eiweißmoleküle synthetisiert; es war freilich eine mühselige Filigranarbeit, die Aminosäuren Stück für Stück in der richtigen Reihenfolge aneinanderzusetzen. Es handelte sich sozusagen um eine handwerkliche Einzelfertigung; die Schwierigkeiten waren noch genauso groß wie ein halbes Jahrhundert zuvor, als Emil Fischer seine ersten Peptide synthetisiert hatte. Jedesmal, wenn eine bestimmte Aminosäure an eine Kette angestückelt war, mußte das entstandene Zwischenprodukt mit aufwendigen Prozeduren von den restlichen Substanzen (Überbleibseln und unerwünschten Reaktionsprodukten) getrennt werden; dann mußte eine weitere Aminosäure angefügt werden. Bei jedem Schritt ging ein nicht unerheblicher Teil des Materials durch Nebenreaktionen verloren, so daß selbst bei der Synthese kleiner und einfacher Ketten am Ende nur geringfügige Mengen herauskamen.

1959 beschritt ein Forscherteam unter Leitung des amerikanischen Biochemikers Robert B. Merrifield einen neuen Weg. Zunächst wurde die am Anfang der zu synthetisierenden Kette stehende Aminosäure chemisch an winzige Polysulfidkügelchen gebunden. Diese Kügelchen waren in der verwendeten Flüssigkeit unlöslich und ließen sich durch einen einfachen Filtervorgang von allen anderen Bestandteilen der Lösung trennen. Nun wurde eine neue Lösung zugegeben, die die nächste Aminosäure enthielt; diese verband sich mit der ersten. Dann wurde wieder gefiltert, wieder eine neue Aminosäure addiert usw. Diese Verfahrensschritte waren so simpel und gingen so schnell vonstatten, daß sie ohne nennenswerte Einbuße an Präzision automatisiert werden konnten. 1965 ge-

lang auf diese Weise die Synthese des Insulins; 1969 kam die noch kompliziertere Ribonuklease mit ihren 124 Aminosäuren an die Reihe. 1970 dann synthetisierte der chinesisch-amerikanische Biochemiker Cho Hao Li das aus 188 Aminosäuren bestehende Kettenmolekül des menschlichen Wachstumshormons. Im Prinzip ist heute die Synthese eines jeden Proteins möglich; es ist nur eine Frage des Fleißes und der Ausdauer.

Die Form des Eiweißmoleküls

Nun da man wußte, daß Proteinmoleküle aus gleichsam wie an einer Schnur aufgereihten Aminosäuren bestehen, blieb noch die Frage nach der genauen Gestalt dieser Aminosäurenkette – nach Zahl, Größe und Gestalt ihrer Windungen und Faltungen – zu klären. Wie sah das Proteinmolekül aus?

Zwei Chemiker nahmen sich dieses Problems an: der aus Österreich stammende, in England arbeitende Max Ferdinand Perutz und sein britischer Kollege John C. Kendrew. Perutz wählte das Hämoglobin zu seinem Untersuchungsobjekt, das den Sauerstoff transportierende Bluteiweiß, dessen Molekül rund 12 000 Atome umfaßt. Kendrew entschied sich für das Myoglobin, ein Muskeleiweiß, das seiner Funktion nach mit dem Hämoglobin verwandt, dessen Molekül aber um ein Vierfaches kleiner ist. Beide Forscher arbeiteten mit Hilfe der Röntgenstrukturanalyse (bei der aus der Art und Weise, wie ein Molekül Röntgenstrahlen beugt, auf seine Struktur geschlossen wird).

Perutz benutzte den Kunstgriff, in die zu analysierenden Proteinmoleküle jeweils ein massereiches Atom, beispielsweise ein Gold- oder ein Quecksilberatom, einzubauen, da diese Atome Röntgenstrahlen besonders effektvoll beugen. Auf diese Weise erhielt er Anhaltspunkte, die es ihm erlaubten, den Aufbau des Moleküls genauer zu studieren, als es ohne Einbau dieser Atome möglich gewesen wäre. 1959 war das Myoglobin, ein Jahr später dann auch das Hämoglobin entschlüsselt. Es wurde nun möglich, dreidimensionale Modelle zu erstellen, in denen jedes einzelne Atom exakt seinen – nach allem, was man wußte – richtigen Platz einnahm. Beide Moleküle wiesen eindeutig die Grundform der Helix auf. Perutz und Kendrew wurden für ihre Leistungen 1962 mit dem Chemie-Nobelpreis ausgezeichnet.

Vieles spricht dafür, daß der dreidimensionale Aufbau der Eiweißmoleküle, wie ihn die Perutz-Kendrew-Methode offenbarte, durch die Beschaffenheit der Aminosäurenkette selbst determiniert ist. Diese Kette weist sozusagen natürliche Faltungspunkte auf; wenn es an einem dieser Punkte zu einer Faltung oder Windung kommt, entstehen zwangsläufig gewisse Brückenbindungen, die dafür sorgen, daß das betreffende Formelement stabil bleibt. Man kann diese Faltungen und Brückenbindungen lokalisieren und ausmessen, indem man alle interatomaren Entfernungen sowie die Winkel berechnet, in denen die Bindungen zueinander stehen. Es ist freilich eine höchst mühselige Arbeit. Man bedient sich hier, wie anderswo, vorteilhaft der Hilfe von Computern, die nicht nur die Rechnungen durchführen, sondern die resultierenden Raummodelle gleich grafisch auf dem Bildschirm abbilden.

Die Anzahl der Proteinmoleküle, deren Struktur und Form so vollständig erforscht sind, daß sie in genauen dreidimensionalen Modellen dargestellt werden können, nimmt ständig zu. Das dreidimensionale Modell des Insulins, jenes Proteins, bei dem der Vorstoß zu diesem neuen Ufer der Molekularbiologie begann, wurde 1969 von der englischen Biochemikerin Dorothy C. Hodgkin ausgearbeitet.

Enzyme

Die Komplexität und die fast unbegrenzte Strukturvielfalt der Eiweißmoleküle erweisen sich als in vielerlei Hinsicht segensreich: Proteine erfüllen in lebenden Organismen eine Vielzahl unterschiedlicher Aufgaben.

Einige ihrer wichtigsten Funktionen ist es, diejenigen Bauelemente zu bilden, die dem Körper Halt geben. So wie bei Pflanzen die Zellulose, sorgen bei den höheren Tieren Faser-Eiweiße durch Aufbau eines Gerüsts für mechanische Stabilität. Das fängt an bei den Kokonfäden aus Proteinfasern, die Insektenlarven spinnen. Die Schuppen von Fischen und Reptilien bestehen hauptsächlich aus dem Eiweiß Keratin. Haare, Federn, Hörner, Hufe, Klauen und Fingernägel – alles nur weiterentwickelte Schuppen – enthalten ebenfalls Keratin. Unsere Haut verdankt ihre Zähigkeit und Festigkeit ihrem hohen Keratingehalt. Die inneren Stütz- und Bindegewebe – Knorpel, Bänder, Sehnen, auch die organischen Anteile des Knochengewebes – bestehen zum großen Teil aus Eiweißmolekülen wie etwa Kollagen und Elastin. Muskelgewebe setzt sich aus einem komplexen Fasereiweiß namens Actomyosin zusammen.

In allen diesen Fällen sind die Proteinfasern mehr als bloß ein Zellulose-Ersatz. Sie sind der Zellulose vielmehr insofern überlegen, als sie zugleich fester und flexibler, d. h. strapazierfähiger sind. Für das Stützgewebe einer Pflanze, der keine anspruchsvolleren Bewegungen in die Wiege gelegt sind als das Schwanken im Wind, genügt die Zellulose vollauf. Proteinfasern müssen jedoch dafür gerüstet sein, die Beuge-, Streck- und Drehbewegungen flexibler Körperteile zu vermitteln und auszuhalten.

Dennoch gehören die Faser-Eiweiße sowohl der Form als auch der Funktion nach zu den einfachsten Proteinen. Die meisten anderen Eiweiße haben anspruchsvollere Aufgaben zu erfüllen.

Um den Lebensprozeß in allen seinen Verästelungen in Gang zu halten, müssen im Organismus zahlreiche chemische Reaktionen stattfinden. Diese Reaktionen müssen mit hoher Geschwindigkeit vor sich gehen und, bei aller verwirrenden Vielfalt, nahtlos ineinandergreifen. Denn das störungsfreie Funktionieren des Lebensprozesses beruht nicht auf dieser oder jener bestimmten Reaktion, sondern auf der Gesamtheit aller dieser Vorgänge. Hinzu kommt noch, daß diese Reaktionen alle unter den denkbar einfachsten Randbedingungen vor sich gehen müssen – ohne hohe Temperaturen, hohe Drücke, aggressive Chemikalien usw. Es muß über diese Reaktionen eine strenge, zugleich aber flexible Kontrolle geben, die es ermöglicht, sie beständig den wechselnden Bedingungen des Umfelds und den wechselnden Bedürfnissen des Organismus anzupassen. Würde auch nur eine dieser vielen tausend Reaktionen ausfallen oder zu langsam oder zu schnell ablaufen, so käme dadurch der ganze Organismus in Unordnung.

Die »verantwortlichen« Steuerelemente dieses Funktionszusammenhangs sind Eiweißmoleküle.

Katalyse

Gegen Ende des 18. Jahrhunderts begannen die Chemiker in der Nachfolge Lavoisiers, chemische Reaktionen auch unter quantitativen Gesichtspunkten zu studieren. Dabei interessierten sie sich inbesondere für die Geschwindigkeit, bei der bestimmte Reaktionen abliefen. Es stellte sich bald heraus, daß sich die *Reaktionsgeschwindigkeit* durch vergleichsweise geringfügige Veränderungen in den Randbedingungen drastisch beschleunigen oder verlangsamen läßt. So entdeckte beispielsweise Kirchhoff, daß man Stärke dadurch in Zucker verwandeln konnte, daß man sie einem sauren Milieu aussetzte; die Säure beschleunigte diese Umwandlung erheblich, ohne aber selbst an der Reaktion teilzunehmen. Andere Chemiker machten alsbald ähnliche Beobachtungen. So stellte der Deutsche Johann Wolfgang Döbereiner fest, daß fein verteiltes Platin, sogenanntes *Platinschwarz*, die Verbindung von Wasserstoff und Sauerstoff zu Wasser förderte – eine Reaktion, die ohne dieses Hilfsmittel nur bei hohen Temperaturen herbeigeführt werden konnte. Döbereiner konstruierte eine selbstzündende Lampe, bei der ein Strahl aus reinem Wasserstoff, der auf eine mit Platinschwarz beschichtete Fläche gelenkt wurde, Feuer fing.

Weil die Reaktionen, die man mit solchen Agenzien beschleunigen konnte, in der Regel solche waren, bei denen eine komplexere Verbindung in einfachere Substanzen zerlegt wurde, taufte Berzelius das Phänomen auf den Namen *Katalyse* (abgeleitet von griechischen Wörtern, die man mit »auseinanderbrechen« übersetzen kann). In der Folge wurde das Platinschwarz als Katalysator für die Verbindung von Wasser- und Sauerstoff zu Wasser, Säure als Katalysator für den hydrolytischen Abbau von Stärke zu Glukose eingeordnet.

Die Katalyse hat sich als höchst wichtig für die chemische Industrie erwiesen. Um es an einem Beispiel zu erläutern: Das beste Verfahren zur Gewinnung von Schwefelsäure (der nach Luft, Wasser und vielleicht Salz wichtigsten anorganischen Chemikalie) stellt die Verbrennung von Schwefel dar, zunächst zu Schwefeldioxid (SO_2), dann zu Schwefeltrioxid (SO_3). Die Umwandlung vom Dioxid zum Trioxid würde ohne die Mithilfe eines Katalysators wie des Platinschwarz' allenfalls im Schneckentempo vor sich gehen. Feinverteiltes Nickel (das, weil billiger, weithin an die Stelle des Platinschwarz' getreten ist) und Verbindungen wie Kupferchromit, Vanadiumpentoxid, Eisen-(III)oxid und Mangandioxid sind ebenfalls wichtige Katalysatoren. Ob ein chemisches Verfahren ein wirtschaftlicher Erfolg wird, hängt in nicht geringem Grad davon ab, daß man den jeweils richtigen Katalysator findet. Die Entdeckung eines neuartigen Katalysatortyps durch Ziegler revolutionierte, wie wir uns erinnern, die Herstellung von Polymeren.

Wie ist es möglich, daß eine Substanz, die manchmal nur in sehr geringer Konzentration präsent ist, umfangreiche chemische Reaktionen in Gang bringt, ohne selbst durch diese Vorgänge verändert zu werden?

Nun, es gibt einen Katalysatortyp, der in der Tat an der Reaktion teilnimmt, aber in zyklischer Weise, d. h. so, daß er immer wieder seinen Anfangszustand erreicht. Als Beispiel sei das Vanadiumpentoxid (V_2O_5) genannt, das in der Lage ist, die Umwandlung von Schwefeldioxid im Schwefeltrioxid katalytisch zu beschleunigen. Das Vanadiumpentoxid-Molekül gibt eines seiner Sauerstoffatome an ein SO_2-Molekül ab, das dadurch zu einem SO_3-Molekül wird; entsprechend wird aus dem Vanadiumpentoxid- ein Vanadyloxid-Molekül (V_2O_4). Vanadyloxid verbindet sich jedoch bereitwillig mit dem Sauerstoff der Luft zu V_2O_5. Man kann somit sagen, daß das Vanadiumpentoxid als eine Art Zwischenhändler fungiert: Es schießt dem Schwefeldioxid ein Sauerstoffatom vor, beschafft sich selbst dann eines aus der Luft, gibt dieses an das Schwefeldioxid weiter etc. Der Vorgang läuft so schnell ab, daß eine kleine Menge Vanadiumpentoxid ausreicht, um die Umwandlung großer Mengen von Schwefeldioxid in Schwefeltrioxid herbeizuführen; am Ende erscheint das Vanadiumpentoxid völlig unverändert.

Der deutsche Chemiker Georg Lunge stellte 1902 die These auf, daß Vorgänge dieser Art allen katalytischen Prozessen zugrunde liegen. Irving Langmuir ging 1916 einen Schritt weiter und legte die folgende Erklärung für die katalytische Wirkung von Stoffen wie Platin, die eigentlich so reaktionsträge sind, daß sie sich an chemischen Reaktionen normalerweise nicht beteiligen, vor: Freie Valenzen an der Oberfläche metallischen Platins schnappen sich, so Langmuirs Erklärung, ungebundene Wasserstoff- und Sauerstoffmoleküle. Solchermaßen unfreiwillig auf der Platinoberfläche in hautnahe Nachbarschaft zueinander gebracht, verbinden sich Sauerstoff und Wasserstoff viel eher zu Wassermolekülen, als sie dies in ihrer normalen Existenz als Gasmoleküle tun. Jedes Wassermolekül, das sich auf diese Weise bildet, wird aber sogleich von frischen Wasserstoff- oder Sauerstoffmolekülen von seinem Platz an der Platinoberfläche verdrängt. Dieser Prozeß der Bindung von Wasserstoff und Sauerstoff, ihrer Verbindung zu Wasser, der Verdrängung dieses Wassers durch frischen Wasserstoff und Sauerstoff mit anschließender Bildung neuer Wassermoleküle kann, jedenfalls soweit es vom Platin abhängt, endlos weiterlaufen.

Dieser Prozeß wird als *Oberflächenkatalyse* bezeichnet. In je feiner verteiltem Zustand ein Metall sich befindet, desto größer wird, bei gegebener Masse, seine Oberfläche sein und desto besser vermag es seine katalytischen Wirkungen zu entfalten. Wenn natürlich irgendeine dritte Substanz auftaucht, die die Oberflächenvalenzen des Platins fest in Beschlag nimmt, so »erstickt« sie damit den Katalysator.

Alle Oberflächenkatalysatoren sind mehr oder weniger selektiv oder *spezifisch*. Manche absorbieren bereitwillig Wasserstoffmoleküle und sind damit für die katalytische »Betreuung« von Reaktionen mit Wasserstoffumsatz prädestiniert; andere absorbieren besonders gut und leicht Wassermoleküle und eignen sich daher als Katalysatoren für Kondensations- oder hydrolytische Reaktionen. Andere haben wiederum andere Spezialeigenschaften.

Zahlreiche Stoffe besitzen die Fähigkeit, an ihrer Oberfläche eine Schicht fremder Moleküle anzuziehen – man nennt diesen Vorgang *Adsorption*. Er läßt sich auch für andere als bloß katalytische Zwecke nutzen. In Schwammform präpariertes Siliziumdioxid, sogenanntes *Kieselgel*, hat die Fähigkeit, große Mengen Wasser zu absorbieren. Geräten, deren Funktionsfähigkeit unter Feuchtigkeit beeinträchtigt würde, packt man etwas Kieselgel als Trockenmittel bei – es zieht alle vorhandene Feuchtigkeit an sich.

In ähnlicher Weise adsorbiert feinverteilte Holzkohle, sogenannte *Aktivkohle*, bereitwillig organische Moleküle – und zwar um so besser, je größer die Moleküle sind. Aktivkohle kann zur Entfärbung von Lösungen verwendet werden: Es absorbiert (farbige) Verunreinigungen, die gewöhnlich aus großen Molekülen bestehen; zurück bleibt eine in der Regel farblose Substanz mit geringerem Molekülgewicht.

Aktivkohle findet auch in Gasmasken Verwendung, eine Nutzung, die ein englischer Arzt namens John Stenhouse schon früh vorwegnahm, als er 1853 einen Luftfilter auf Holzkohlebasis bastelte. Der Sauerstoff und der Stickstoff der Luft durchdringen eine solche Filtermasse ungehindert, während die relativ großen Moleküle giftiger Gase absorbiert werden.

Gärung

Auch die organische Welt hat ihre Katalysatoren. Einige davon sind den Menschen sogar seit Tausenden von Jahren bekannt, wenn auch nicht unter diesem Namen. Wir gehen mit ihnen um, seit wir angefangen haben, Brot zu backen und Wein zu keltern.

Wenn man einen Brotteig sich selbst überläßt und ihn, isoliert von äußeren Einflüssen, aufbewahrt, wird er nicht »gehen«. Fügt man ein Klümpchen *Hefe* hinzu, so bilden sich alsbald im Teig Blasen, und er dehnt und hebt sich (das Wort Hefe kommt von »heben«) und wird dabei leichter.

Hefe beschleunigt auch die Umwandlung von Fruchtsäften und Kornmaische in Alkohol. Auch hierbei entstehen Blasen, und da dies entfernt an den Vorgang des Kochens erinnerte, bürgerte sich dafür der Ausdruck *Gärung* (von »gar«) ein. Auch der dem Lateinischen entlehnte Terminus Fermentierung, der als Oberbegriff für Gärungs- und bestimmte andere biologische Umsetzungsprozesse verwendet wird, ist aus einem Wort für »kochen« abgeleitet. Man bezeichnet die Hefe auch als *Ferment*.

Über die chemische Beschaffenheit der Hefe wußte man bis ins 17. Jahrhundert hinein praktisch nichts. Der holländische Forscher Anton van Leeuwenhoek war 1680 der erste, der Hefezellen sah. Er bediente sich dabei eines Instruments, das die biologische Forschung revolutionieren sollte:

des *Mikroskops*. Es beruhte auf der Brechung und Bündelung von Lichtstrahlen durch gläserne Linsen. Mikroskope, die mit Kombinationen aus mehreren Linsen arbeiteten, wurden schon 1590 von einem niederländischen Brillenmacher namens Zacharias Janssen konstruiert. Die frühen Mikroskope waren besser als nichts, aber ihre Linsen waren so unvollkommen geschliffen, daß statt scharfer Abbilder der zu vergrößernden Objekte nur verschwommene Flecken in Erscheinung traten, mit denen nichts anzufangen war. Van Leeuwenhoek schliff sich selbst winzige, aber gute Linsen, die eine annähernd scharfe Vergrößerung bis zum 200fachen gestatteten. Er verwendete nur eine Linse pro Mikroskop.

Die Praxis, in einem Mikroskop mehrere gute Linsen zu kombinieren (und damit, zumindest der Möglichkeit nach, wesentlich stärkere Vergrößerungen zu erhalten), verbreitete sich allmählich, und die Welt der sehr kleinen Dinge öffnete sich ein wenig der menschlichen Inspektion. Eineinhalb Jahrhunderte nach Leeuwenhoek untersuchte der französische Physiker Charles Cagniard de la Tour Hefekrümel unter dem Mikroskop aufmerksam genug, um sie in flagranti beim Vermehrungsvorgang zu ertappen. Die kleinen Krümel waren lebendige Wesen. Dann, nach 1850, trat die Hefe plötzlich in den Mittelpunkt eines gestiegenen Forschungsinteresses.

Die französischen Weinproduzenten hatten ein Problem: Alternder Wein wurde immer sauer und dadurch ungenießbar; es entstanden Jahr für Jahr Verluste in Millionenhöhe. Man trug das Problem dem Dekan der Naturwissenschaftlichen Fakultät der Universität von Lille, einem noch jungen Mann namens Louis Pasteur, vor. Dieser hatte sich bereits einen Namen gemacht, als er als erster optische Isomere im Labor voneinander getrennt hatte.

Pasteur untersuchte die im Wein enthaltenen Hefezellen unter dem Mikroskop. Er erkannte sogleich, daß er es mit verschiedenen Arten von Zellen zu tun hatte. Alle Weine enthielten Zellen jener Hefe, die den Gärungsprozeß besorgte; diejenigen Weine, die sauer wurden, enthielten aber darüber hinaus noch eine andere Hefeart. Pasteur gewann den Eindruck, daß das Versauern des Weines immer erst einsetzte, wenn der Gärungsprozeß abgeschlossen war. Da die Gärungshefe zu diesem Zeitpunkt ihre Arbeit getan hatte und nicht mehr

benötigt wurde, lag der Gedanke nahe, nach vollendeter Vergärung die gesamte Hefe aus dem Wein zu entfernen, so daß die sogenannte »falsche« Hefe keinen Schaden mehr würde anrichten können.

Pasteur machte daher den entsetzten Vertretern der Weinindustrie den Vorschlag, Wein nach Abschluß der Gärung vorsichtig zu erhitzen, um die gesamte in ihm enthaltene Hefe abzutöten. Dann, so sagte er voraus, werde der Wein altern, ohne zu versauern. Zweifelnd und widerstrebend probierten die Winzer die Sache aus und stellten zu ihrem Entzücken fest, daß die so behandelten Weine in der Tat nicht mehr sauer und durch das Erhitzen auch in keiner Weise in ihrem Geschmack beeinträchtigt wurden.

Das Abtöten potentiell schädlicher Keime durch vorsichtiges Erhitzen *(Pasteurisierung)* wurde später auch bei Milch und anderen Getränken eingeführt.

Es gibt neben der Hefe auch noch andere Organismen, die biologische Zersetzungsprozesse beschleunigen. Ein der Gärung analoger Prozeß findet im menschlichen und tierischen Verdauungssystem statt. Der erste, der das Phänomen der Verdauung wissenschaftlich untersuchte, war der Franzose René A. Ferchault de Réaumur. Zu seinem Versuchskaninchen wählte er einen Habicht. Er ließ ihn winzige, mit Fleisch gefüllte Metallröhrchen verschlucken. Die Röhrchen bewahrten das Fleisch vor mechanischer Zerkleinerung, wiesen aber vergitterte Öffnungen auf, so daß das Fleisch den im Magen ablaufenden chemischen Prozessen ausgesetzt war. Réaumur stellte, als sein Habicht die Röhrchen nach einiger Zeit wieder auswürgte, fest, daß das Fleisch teilweise aufgelöst war und eine gelbliche Flüssigkeit sich in den Röhrchen angesammelt hatte.

Ein Vierteljahrhundert später, 1777, experimentierte der schottische Physiker Edward Stevens mit Flüssigkeiten, die er aus tierischen und menschlichen Mägen herausgeholt hatte (Magensäfte), und zeigte, daß der ansonsten im Magen ablaufende Zersetzungsprozeß auch außerhalb des Körpers in Gang gesetzt werden konnte. Zum ersten Mal war damit dieser Prozeß aus dem direkten Zusammenhang der Lebensvorgänge gelöst.

Offenbar enthielten die Magensäfte etwas, das die Zersetzung von Fleisch und anderen Nahrungsmitteln beschleunigte. Der deutsche Naturforscher Theodor Schwann vermischte 1834 Magensaft mit Quecksilberchlorid und erhielt ein weißes Pulver. Nachdem er daraus den Quecksilberanteil entfernt hatte, gab er das übrige in Lösung und analysierte es; wie er feststellte, hatte er einen hochkonzentrierten Verdauungssaft vor sich. Er nannte das Pulver, das er gewonnen hatte, *Pepsin* (abgeleitet von dem griechischen Wort für »verdauen«).

Zwei französische Chemiker, Anselme Payen und Jean F. Persoz, hatten unterdessen in einer Malzextrakt-Probe eine Substanz entdeckt, die die Umwandlung von Stärke in Zucker stärker beschleunigte als jede Säure. Sie nannten diesen Stoff *Diastase* (abgeleitet von dem griechischen Wort für »trennen«), weil sie ihn durch Trennung von ihrem Malzextrakt gewonnen hatten.

Lange Zeit unterschieden die Chemiker klar zwischen lebenden Fermenten wie Hefezellen einerseits und nichtlebenden oder »unorganisierten« Fermenten wie Pepsin andererereits. Der deutsche Physiologe Wilhelm Kühne schlug 1878 vor, die letzteren als *Enzyme* zu bezeichnen (abgeleitet von griechischen Wörtern mit der Bedeutung »in der Hefe enthalten«), weil ihre spezifische Aktivität derjenigen der in der Hefe enthaltenen Katalysatoren ähnlich war. Kühne ahnte nicht, wie wichtig, ja beherrschend der Begriff »Enzyme« noch werden sollte.

1897 vermahlte der deutsche Chemiker Eduard Buchner Hefezellen mit feinem Sand, in der Absicht, die Zellstruktur zu zerstören; es gelang ihm, einen Saft zu extrahieren, der – wie sich herausstellte – dieselben Gärungswirkungen zu entfalten vermochte wie die ursprünglichen Hefezellen.

Damit war der Unterscheidung zwischen Fermenten, die innerhalb von Zellen und Zellverbänden existierten, und solchen, die ihre Arbeit außerhalb und unabhängig von solchen organisierten Gebilden taten, mit einem Schlag hinfällig geworden. Damit zerstob ein weiteres der Fundamente, auf denen die Vitalisten ihre halbmystische Lehre von dem Wesensunterschied zwischen dem Lebenden und dem Nichtlebenden aufgebaut hatten. Alle Fermente wurden nunmehr unter dem Begriff »Enzyme« subsumiert.

Buchner erhielt für seine Entdeckung 1907 den Chemie-Nobelpreis.

Proteine als Katalysatoren

Was ein Enzym war, ließ sich nun leichter definieren: ein organischer Katalysator. Die Chemiker versuchten alsbald, Enzyme zu isolieren und herauszufinden, was für eine Art von Stoffen sie waren. Schwierig war, daß Zellen und Körpersäfte nur sehr geringe Enzymmengen enthielten und daß die Extrakte zwangsläufig Mixturen aus zahlreichen Bestandteilen waren, unter denen sich die Enzyme nicht ohne weiteres identifizieren ließen.

Viele Biochemiker vermuteten, daß es sich bei den Enzymen um Proteine handelte, denn ebenso wie Proteine konnten auch sie durch mäßiges Erhitzen denaturiert und ihrer spezifischen Eigenschaften beraubt werden. In den 20er Jahren dieses Jahrhunderts berichtete der deutsche Biochemiker Richard Willstätter über gewisse konzentrierte Enzymlösungen, aus denen er alle Eiweißbestandteile entfernt zu haben glaubte und die gleichwohl ausgeprägte katalytische Wirkungen entfalteten. Er schloß daraus, daß Enzyme keine Eiweiße waren, sondern relativ einfache Substanzen, die allerdings möglicherweise ein Protein als Trägermolekül benutzten. Die meisten Biochemiker schlossen sich dieser These Willstätters an, der als Nobelpreisträger großes Ansehen genoß.

Der amerikanische Biochemiker James B. Sumner jedoch trug, kaum daß Willstätter sie präsentiert hatte, triftige Argumente gegen diese Theorie vor. Er hatte aus den Samen einer südamerikanischen Tropenpflanze Kristalle isoliert, die, in Lösung gebracht, die Eigenschaften eines Enzyms namens *Urease* zeigten, das die Zersetzung von Harnstoff in Kohlendioxid und Ammoniak katalytisch fördert. Gleichwohl wiesen die Kristalle eindeutig die charakteristischen Eigenschaften eines Proteins auf, und es gelang Sumner nicht, die Proteinsubstanz vom Träger der Enzymaktivität zu trennen. Jede Behandlung, die das Eiweiß denaturierte, zerstörte auch das Enzym. Dies deutete darauf hin, daß das, was Sumner vor sich hatte, ein Enzym und als solches zugleich ein Protein war.

Neben der Theorie des großen Willstätter verblaßte der Fund Sumners anfänglich. Im Jahr 1930 jedoch brachen am Rockefeller Institute John H. Northrop und seine Mitarbeiter eine Lanze für Sumner: Sie kristallisierten eine Reihe von Enzymen, darunter auch das Pepsin, und stellten fest, daß es sich ohne Ausnahme um Proteine handelte. Northrop zeigte darüber hinaus, daß diese Kristalle reine Proteine waren und ihre katalytische Aktivität auch dann noch bewahrten, wenn sie in Lösung gegeben und diese Lösung so weit verdünnt wurde, daß mit den herkömmlichen chemischen Nachweisverfahren, wie sie auch Willstätter benutzte, in der Lösung gar kein Protein mehr aufgespürt werden konnte.

Damit stand fest, daß Enzyme Eiweiße mit katalytischen Eigenschaften waren. Bis heute sind rund 2000 verschiedene Enzyme identifiziert und über 200 kristallisiert worden: Alle ohne Ausnahme haben sich als Proteine erwiesen.

Sumner und Northrop erhielten 1946 gemeinsam den Chemie-Nobelpreis.

Die Tätigkeit der Enzyme

Als Katalysatoren sind die Enzyme besonders im Hinblick auf zwei Qualitäten bemerkenswert – Effizienz und Spezifität. Es gibt beispielsweise ein Enzym namens Katalase, das den Zerfall von Wasserstoffperoxid zu Wasser und Sauerstoff katalysiert. Nun eignen sich als Katalysatoren für die Zersetzung von in Lösung befindlichem Wasserstoffperoxid auch Eisenfeilspäne und Mangandioxid. Die Katalase aber beschleunigt diesen Zersetzungsprozeß weit stärker als eine gleichgroße Menge irgendeines anorganischen Katalysators. Jedes Katalasemolekül kann den Zerfall von 44 000 Wasserstoffperoxid-Molekülen pro Sekunde (bei 0 °C) bewirken. Das bedeutet, daß dieses Enzym nur in geringfügiger Konzentration vorhanden sein muß, um seine Funktion zu erfüllen.

Aus dem gleichen Grund bedarf es, wenn man organischem Leben ein Ende setzen möchte, nur geringer Mengen gewisser Substanzen (Gifte), die geeignet sind, die Aktivität dieses oder jenes Schlüsselenzyms lahmzulegen. Bestimmte Schwermetalle reagieren, wenn sie beispielsweise in der Form von Quecksilberchlorid oder Bariumnitrat verabreicht werden, mit Thiolgruppen, die eine wesentliche Rolle für das Funktionieren vieler Enzyme spielen. Die Tätigkeit dieser Enzyme wird dann unterbunden, der Organismus vergiftet. Verbindungen wie Kaliumcyanid oder Blausäure spalten ihre Cyanidgruppe (−CN) ab, die sich mit dem Eisenatom bestimmter wichtiger

Enzyme verbindet, was zu einem raschen und schmerzlosen Tod führt – so ist jedenfalls zu hoffen, denn Blausäuregas ist das Gas, das in einigen Staaten der USA zur Vollstreckung der Todesstrafe in der Gaskammer verwendet wird.

Das Kohlenmonoxid nimmt unter den gängigen Giftgasen eine Ausnahmestellung ein: Es wirkt nicht in erster Linie auf Enzyme, sondern verbindet sich mit dem Hämoglobinmolekül (ausnahmsweise kein Enzym, wenn auch ein Protein), das normalerweise den Sauerstoff von den Lungen zu den Zellen transportiert, dazu aber nicht mehr in der Lage ist, wenn es von Kohlenmonoxid blockiert wird. Tiere, die sich des Hämoglobins nicht bedienen, können Kohlenmonoxid ohne negative Folgen einatmen.

Enzyme sind, dafür ist die Katalase ein gutes Beispiel, extrem spezifische Wirkstoffe: Die Katalase befördert den Zerfall von Wasserstoffperoxid und keine chemische Reaktion sonst; anorganische Katalysatoren dagegen, wie Eisenfeilspäne und Mangandioxid, sind, außer bei dieser, auch noch bei zahlreichen anderen Reaktionen wirksam.

Woher kommt diese bemerkenswerte Spezialisiertheit der Enzyme? Die Theorien Lunges und Langmuirs über die Zwischenträgerfunktion von Katalysatoren legten eine Antwort auf diese Frage nahe: Unterstellen wir einmal, daß ein Enzym eine zeitweilige Verbindung mit dem Substrat – der Substanz, deren Reaktion es beschleunigen soll – eingeht. In diesem Fall würde die Gestalt oder Konfiguration des betreffenden Enzyms eine sehr wichtige Rolle spielen. Alle Enzyme haben sehr komplexe Strukturen, weisen sie doch durchweg eine Reihe unterschiedlicher, vom Peptid-Rückgrat abzweigender Seitenketten auf. Manche dieser Seitenketten haben eine negative, manche eine positive, manche gar keine elektrische Ladung. Manche sind groß, manche klein. Man kann sich vorstellen, daß jedes Enzym ein Oberflächenprofil aufweist, das sich genau demjenigen eines bestimmten Substrats anschmiegt, daß es also zu diesem Substrat paßt wie ein Schlüssel in ein Schloß. Während es sich mit diesem Stoff bereitwillig verbindet, läßt es sich mit anderen Substraten nur widerwillig oder überhaupt nicht ein. Daher die hohe Spezialisiertheit der Enzyme: Jedes von ihnen hat eine Oberflächengestalt, die sozusagen für einen bestimmten chemischen Partner maßgeschneidert ist. So gesehen, ist es auch nicht weiter erstaunlich, daß die Eiweiße sich aus so vielen verschiedenen Bausteinen zusammensetzen und in so großer Formenvielfalt vorkommen.

Erstmals wahrscheinlich gemacht wurde diese Theorie der Enzymfunktion durch die Arbeit des englischen Physiologen William M. Bayliss, der sich einem Verdauungsenzym namens Trypsin widmete. Der deutsche Chemiker Leonor Michaelis und seine Mitarbeiterin Maud Lenora Menten beriefen sich auf diese Theorie, als sie 1913 ihre *Michaelis-Menten-Gleichung* formulierten; diese Gleichung lieferte ein Beschreibungsmodell der Arbeitsweise der Enzyme und beraubte diese Katalysatoren weitgehend ihrer Rätselhaftigkeit.

Eine weitere Bestätigung erfuhr das Schlüssel- und-Schloß-Modell der Enzymfunktion durch die Entdeckung, daß eine enzymkatalytische Reaktion in Gegenwart einer Substanz, die dem eigentlichen Substrat strukturell ähnlich ist, verzögert oder sogar unterbunden wird. Das bekannteste Beispiel hierfür liefert ein Enzym namens Bernsteinsäure-Dehydrogenase, das die Reduktion der Bernsteinsäure um zwei Wasserstoffatome katalytisch fördert. In Gegenwart einer Substanz namens Malonsäure, die der Bernsteinsäure sehr ähnlich ist, bleibt diese katalytische Reaktion aus. Hier die Strukturformeln der Bernsteinsäure und der Malonsäure:

Bernsteinsäure   Malonsäure

Diese beiden Moleküle unterscheiden sich nur dadurch voneinander, daß die Bernsteinsäure auf der linken Seite zwei CH_2-Gruppen aufweist, die Malonsäure nur eine. Wahrscheinlich vermag sich die Malonsäure wegen dieser Strukturähnlichkeit anstelle der Bernsteinsäure an das eigentlich auf diese fixierte Enzym anzulagern. Hat sie den ihr von Rechts wegen nicht zugedachten Platz erst einmal erobert, so bleibt sie daran haften, und das Enzym kommt nicht zum Zug. Die Malonsäure ist gewissermaßen Gift für dieses Enzym, insofern, als sie es ihm unmöglich macht, seine angestammte Auf-

gabe zu erfüllen. Man bezeichnet einen solchen Vorgang als *kompetitive Hemmung*.

Die überzeugendsten Belege für die Richtigkeit der Theorie der Enzym-Substrat-Koppelung sind durch spektrographische Analysen erbracht worden. Wenn ein Enzym sich mit seinem Partnersubstrat verbindet, so müßte sich dies in einer Veränderung des Absorptionsspektrums niederschlagen: Die neu entstandene Kombination müßte ein anderes Licht-Absorptionsverhalten an den Tag legen als das Enzym bzw. das Substrat allein. Die britischen Biochemiker David Keilin und Thaddeus Mann registrierten 1936 in einer Lösung des Enzyms Peroxidase nach Zugabe des zugehörigen Substrats, Wasserstoffperoxid, eine Farbänderung. Der amerikanische Biophysiker Britton Chance führte eine Spektralanalyse durch und stellte fest, daß der Vorgang in zwei aufeinanderfolgende Veränderungen des Absorptionsmusters zerfiel. Chance schrieb den ersten Teilvorgang der mit einer bestimmten Geschwindigkeit vor sich gehenden Bildung des Enzym-Substrat-Komplexes, den zweiten dem Abflauen der chemischen Aktivität nach Vollendung der Reaktion zu. Der japanische Biochemiker Kunio Yagi berichtete 1964 über die gelungene Isolierung eines Enzym-Substrat-Komplexes, der aus einer relativ lockeren Verbindung zwischen dem Enzym D-Aminosäure-Oxidase und seinem Substrat Alanin bestand.

Eine naheliegende Frage lautet: Wird für die katalytische Reaktion das gesamte Enzym-Molekül benötigt, oder würde auch schon einer seiner Bausteine genügen? Dies ist eine sowohl unter praktischen als auch unter theoretischen Gesichtspunkten nicht unwichtige Frage. Die Enzyme werden heute vielfältig genutzt: Man bedient sich ihrer bei der Herstellung von Zitronensäure, von Medikamenten und zahlreichen Chemikalien. Wenn es nicht unbedingt erforderlich ist, das Enzym-Molekül als Ganzes herzunehmen, wenn vielmehr auch eines seiner Teilelemente die betreffende Aufgabe erfüllen könnte, und wenn man darüber hinaus diesen aktiven Baustein synthetisch herstellen könnte, so wäre man bei der Versorgung mit diesen nützlichen Agenzien unabhängig von der Mithilfe lebender Organismen wie Hefezellen, Schimmelpilzen oder Bakterien.

Einige vielversprechende Schritte auf dem Weg zu diesem Ziel sind bereits getan. Wie beispielsweise

Northrop feststellte, verliert das Enzym Pepsin einen Teil seiner Wirksamkeit, wenn die Nebenketten der in seinem Molekül vorhandenen Aminosäure Tyrosin um ein paar Acetylgruppen (CH₃CO) erweitert werden; wenn solche Acetylgruppen hingegen den Lysin-Seitenketten des Pepsins angefügt werden, tritt kein Leistungsverlust auf. Offenbar leistet das Tyrosin einen Beitrag zur spezifischen Enzymaktivität des Pepsins, das Lysin nicht. Dies war der erste klare Hinweis darauf, daß ein Enzym auch Bauteile enthalten kann, die für sein Funktionieren nicht unbedingt erforderlich sind.

In jüngster Zeit ist es gelungen, die *aktive Region* eines Verdauungsenzyms genauer einzugrenzen. Es handelt sich um das Enzym *Chymotrypsin*. Die Bauchspeicheldrüse sondert es zunächst in einer inaktiven Form ab, in der es Chymotrypsinogen heißt. Die Umwandlung dieses inaktiven in das aktive Molekül vollzieht sich durch die Durchtrennung einer einzigen Peptidbrücke (bewerkstelligt durch das Verdauungsenzym Trypsin); es hat also den Anschein, als ob die Offenlegung einer einzigen zusätzlichen Aminosäure dem Chymotrypsin die Fähigkeit verleiht, seine spezifische Enzymaktivität zu entfalten. Nun weiß man außerdem, daß das Chymotrypsin seine Enzymaktivität einstellt, sobald man ihm ein bestimmtes Molekül zuführt, das unter der Abkürzung *DFP* bekannt ist. (Sie steht für Diisopropylfluorophosphat). Man kann vermuten, daß das DFP sich an die für die Enzym-Identität des Chymotrypsins entscheidende Aminosäure bindet. Dank ihres DFP-»Etiketts« ist diese Aminosäure als Serin identifiziert worden. Man hat dann festgestellt, daß das DFP sich auch bei anderen Verdauungsenzymen das Serin als »Anlegestelle« aussucht. In allen Fällen nimmt das Serin dabei dieselbe Position innerhalb einer bestimmten, aus vier Aminosäuren bestehenden Sequenz ein: Glycin – Asparaginsäure – Serin – Glycin.

Wie sich gezeigt hat, entfaltet ein nur aus dieser Aminosäuren-Sequenz bestehendes Peptid keine katalytische Aktivität. Auch der Rest des Enzym-Moleküls muß demnach eine Rolle spielen. Vielleicht kann man die viergliedrige Aminosäuren-Sequenz – das aktive Zentrum – mit der Schneide eines Messers vergleichen, die ohne Handgriff nutzlos ist.

Das Aktivitätszentrum eines Enzyms, seine Schneide, um bei dem Bild zu bleiben, muß nicht unbedingt als ein einzelner, zusammenhängender Baustein im Kettenmolekül stehen. Das zeigt sich am Beispiel des Enzyms Ribonuklease. Nachdem man die genaue Anordnung seiner 124 Aminosäuren herausgefunden hatte, konnte man sich an die Aufgabe heranwagen, ausgewählte Aminosäuren in der Kette planmäßig zu variieren, um zu beobachten, wie sich dies auf die Aktivität des Enzyms auswirkte. Wie sich herausstellte, spielen drei Aminosäuren eine besonders wichtige Rolle, stehen aber an weit entfernten Positionen der Kette: Es handelt sich um ein Histidin (auf Position 12), ein Lysin (auf Position 41) und ein weiteres Histidin (auf Position 119).

Weit voneinander entfernt sind diese drei Bausteine freilich nur, solange man sich die Kette als ein langgezogenes, lineares Gebilde vorstellt. Beim »lebenden« Molekül ist die Kette aber zu einer ganz bestimmten dreidimensionalen Struktur verdreht, einer Struktur, die von vier die Windungen überspannenden Cystinmolekülen stabil gehalten wird. Unter diesen Bedingungen rücken die drei genannten Aminosäuren auch räumlich zu einer engen Funktionseinheit zusammen.

Noch konkreter beantwortet wurde die Frage nach einem aktiven Zentrum im Fall des *Lysozyms,* eines im Organismus häufig anzutreffenden Enzyms (das unter anderem in Tränen und Nasenschleim vorkommt). Es fördert die Auflösung von Bakterienzellen, indem es den Zerfall gewisser Schlüsselbindungen in einigen der die Wände der Bakterienzellen bildenden Substanzen katalysiert – es sprengt sozusagen Risse in die Zellwände, durch die der Zellinhalt nach außen dringt.

Das Lysozym war das erste Enzym überhaupt, dessen Struktur vollständig entschlüsselt und von dem ein präzises dreidimensionales Modell angefertigt werden konnte. Als dies bewerkstelligt war (1965), zeigte sich, daß jenes Molekül der bakteriellen Zellwand, das das auserkorene Objekt der enzymatischen Aktivität des Lysozyms ist, genau in eine Aussparung paßt, die das Lysozym-Molekül aufweist. Eine wesentliche Voraussetzung für diese Konstellation bildet eine Brückenbindung zwischen einem Sauerstoffatom in der Seitenkette der Glutaminsäure auf Position 35 und einem Sauerstoffatom in der Seitenkette der Asparaginsäure auf Position 52. Infolge der Gewundenheit der

Kette kommen diese beiden Aminosäuren vis-à-vis zueinander zu liegen, und zwar so, daß zwischen ihnen gerade so viel Abstand bleibt, daß das zu attackierende Molekül in den Zwischenraum paßt. Die zur Kappung der Bindungsbrücke erforderliche chemische Reaktion kann sich unter diesen Umständen ohne Schwierigkeiten vollziehen – und darin besteht die Prädestiniertheit des Lysozyms für die spezifische Funktion, die es zu erfüllen hat.

Gelegentlich kommt es auch vor, daß nicht eine Gruppe von Aminosäuren, sondern eine Atomkombination ganz anderer Art das aktive Zentrum eines Enzyms bildet. Auf einige Fälle dieser Art werde ich an späterer Stelle dieses Buches eingehen.

An der »Schneide« eines Enzyms darf man also nicht herumdoktern – aber vielleicht kann man den »Griff« verändern (sprich: vereinfachen), ohne die Funktionsfähigkeit des Messers zu beeinträchtigen? Der Griff hat natürlich seinen Sinn und Zweck. Es scheint, daß das Enzym in seinem ungebundenen Zustand flexibel ist und ohne große Anstrengung mehrere unterschiedliche Formen annehmen kann. Sobald aber seine aktiven Teile sich an das Substrat binden, schmiegt es sich an dessen Oberflächenprofil an, so daß ein dichter Kontakt entsteht, der optimale Bedingungen für die katalytische Reaktion schafft. Die Fähigkeit, sich der Form des Substrats anzuschmiegen, verdankt das Enzym-Molekül der besagten Gelenkigkeit seiner nichtaktiven Teile. Es ist aber offensichtlich so, daß diese Gelenkigkeit bei einem Substrat, das eine auch nur geringfügig andere Gestalt aufweist, nicht mehr so zur Wirkung kommt, daß das Enzym die optimalen Voraussetzungen für seine spezifische Aktivität vorfindet. In solchen Fällen wird das Enzym zwar gebunden, aber in seiner Funktion blockiert.

Wenn also auch die nichtaktiven Bestandteile eines Enzyms wesentlich für seine Funktionsfähigkeit sind, ist es dann überhaupt möglich, das Enzym-Molekül zu vereinfachen, ohne es seiner spezifischen Wirksamkeit zu berauben? Nun, die Tatsache, daß von bestimmten Proteinen, wie beispielsweise dem Insulin, funktionell gleichwertige Formen existieren, läßt uns hoffen, daß eine Vereinfachung im Prinzip möglich sein müßte. Das Insulin ist freilich kein Enzym, sondern ein Hormon, aber es erfüllt ebenfalls eine sehr spezifische Funktion. An einer bestimmten Stelle der G-Kette des Insulin-Moleküls befindet sich eine dreigliedrige Aminosäuren-Sequenz, die je nach Tierart variiert: Bei Rindern lautet sie Alanin-Serin-Valin, bei Schweinen Threonin-Serin-Isoleucin, bei Schafen Alanin-Glycin-Valin, bei Pferden Threonin-Glycin-Isoleucin usw. Jede dieser Insulin-Varianten läßt sich ohne Beeinträchtigung der Funktionsfähigkeit durch jede andere ersetzen.

Mehr noch: Proteinmoleküle lassen sich in manchen Fällen drastisch verkleinern, ohne eine wesentliche Einbuße in ihrer Funktionsfähigkeit zu erleiden (wie man den Griff eines Messers oder den Schaft einer Axt kürzen kann, ohne daß das Werkzeug dadurch unbrauchbar wird). Ein besonders schlagendes Beispiel hierfür bietet das Hormon *ACTH* (Adrenocorticotropes Hormon). Sein Molekül ist eine aus 39 Aminosäuren zusammengesetzte Peptidkette, deren Struktur vollständig entschlüsselt ist. Das Molekül läßt sich vom Carboxyl-Ende her um bis zu 15 Aminosäuren kürzen, ohne daß die Aktivität des Hormons darunter leidet. Wenn man andererseits vom Amino-Ende her eine oder zwei Aminosäuren abtrennt, ist das Hormon sofort außer Gefecht.

Ähnlich ist es bei dem Ferment Papain, das aus der Frucht und den Pflanzensäften des Papayabaums gewonnen wird. Es erfüllt eine ähnliche enzymatische Funktion wie das Pepsin. Auch dieses Enzym kann man, ohne seine Wirksamkeit merklich zu beeinträchtigen, von seinem Amin-Ende her um einen Teil seiner 180 Aminosäuren kürzen.

Es ist zumindest nicht ganz ausgeschlossen, daß es eines Tages gelingt, Enzyme soweit zu vereinfachen, daß eine Massenproduktion synthetischer Enzyme in den Bereich des Möglichen tritt. Wenn es gelänge, relativ einfache organische Verbindungen mit Enzymfunktionen nachzubauen, so wäre dies eine sicherlich sehr nützliche chemische Spielart technischer Miniaturisierung.

Man kann einen Organismus von der Komplexität des menschlichen Körpers mit einer höchst vielseitigen chemischen Fabrik vergleichen: Unser Körper atmet Sauerstoff ein und trinkt Wasser. Als Nährstoffe nimmt er Kohlenhydrate, Fette, Eiweiße, Mineralien und andere Rohstoffe zu sich. Die verschiedenen unverdaulichen Bestandteile der Nahrung scheidet er zusammen mit Bakterien und den von ihnen produzierten Faulstoffen aus. Außerdem gibt er Kohlendioxid (über die Lunge), Wasser (sowohl über die Lunge als auch über die Schweißdrüsen) und Urin, worin eine Reihe gelöster Verbindungen enthalten sind, ab. Diese chemischen Umsetzungen bestimmen den *Stoffwechsel* unseres Körpers.

Der Vergleich zwischen den Rohstoffen, die unser Körper aufnimmt, und den Abfallprodukten, die er ausscheidet, lehrt uns einiges über die Vorgänge, die sich in unserem Organismus abspielen. Wir können daraus beispielsweise entnehmen, daß der Harnstoff (NH_2CONH_2) ein Produkt unseres Eiweiß-Stoffwechsels sein muß, denn den weitaus größten Teil des Stickstoffs, der in unseren Körper gelangt, liefern uns die Proteine, die wir verzehren. Aber zwischen der Einverleibung dieser Proteine und der Ausscheidung des Harnstoffs liegt ein langer, verschlungener, komplizierter Weg. Jedes in unserem Körper aktive Enzym katalysiert nur eine bestimmte chemische Reaktion, bei der vielleicht nur zwei oder drei Atome umgesetzt werden und die nur ein winziges Glied in der Stoffwechselkette darstellt. Jede größere Etappe des Stoffwechselvorgangs schließt eine Vielzahl von Einzelschritten unter Beteiligung jeweils anderer Enzyme ein. Selbst ein doch offenbar so einfach gebauter Organismus wie der eines winzigen Bakteriums ist in seinem Stoffwechsel auf viele Tausende von Enzymen und Reaktionen angewiesen.

All dies mag unnötig kompliziert anmuten, aber es ist die Essenz dessen, was wir Leben nennen. Die Gesamtheit der organismischen Vorgänge wird auf höchst subtile Weise gesteuert und im Gleichgewicht gehalten durch Intensivierung oder Drosselung der körpereigenen Produktion dieses oder jenes Enzyms. Die Enzyme steuern das chemische Geschehen im Organismus, wie die verwirrenden Bewegungen der Finger auf den Gitarrensaiten den Klang hervorrufen; ohne dieses sensible Zusammenspiel der Enzyme könnte unser Organismus seine vielfältigen Funktionen nicht erfüllen.

Die Myriaden von Reaktionen zu erforschen, die den Stoffwechsel des Körpers organisieren, ist gleichbedeutend mit der Erforschung des Lebens. Der Versuch, hier ins Detail zu gehen, ein sinngebendes Bild des Ineinandergreifens der zahllosen simultan verlaufenden Reaktionen zu gewinnen, mag als ungeheuer mühseliges, ja aussichtsloses Unterfangen anmuten. Mühselig ist es, aussichtslos jedoch nicht.

Die Umwandlung von Zucker in Ethylalkohol

Das Studium des Stoffwechsels begann recht bescheiden mit dem Versuch der Chemiker, herauszufinden, wie Hefezellen Zucker in Ethylalkohol umwandeln. Zwei britische Chemiker, Arthur Harden und William J. Young, äußerten 1905 die Vermutung, daß im Verlauf dieses Prozesses Zuckermoleküle mit Phosphatgruppen gebildet würden. Harden und Young waren die ersten, die sich über die wichtige Rolle klar wurden, die das Element Phosphor im Rahmen des Stoffwechsels spielt. Sie fanden sogar in lebendem Gewebe einen Zucker-Phosphat-Ester, der aus Fruktose und zwei attachierten Phosphatgruppen (PO_3H_2) bestand. Diese Substanz, Fruktosediphosphat genannt (manchmal auch noch Harden-Young-Ester), war das erste zweifelsfrei identifizierte Stoffwechsel-Zwischenprodukt, d. h. die erste Verbindung, bei der man nachweisen konnte, daß sie sich im Verlauf des Prozesses, der sich zwischen der Aufnahme der Nährstoffe und der Ausscheidung der Exkremente vollzieht, vorübergehend bildet. Harden und Young hatten damit den Grundstein zur Erforschung des Intermediärstoffwechsels gelegt, der solche Zwischenprodukte und Reaktionen, an denen sie beteiligt sind, umfaßt. Für diese und weitere Arbeiten über die an der Umwandlung von Zucker in Alkohol durch Hefe *(siehe Kapitel 5)* beteiligten Enzyme erhielt Harden 1929 anteilig den Chemie-Nobelpreis. Was mit dem Studium eines Vorgangs begonnen hatte, der nur Hefezellen zu betreffen schien, erlangte eine weit umfassendere Bedeutung, als der deutsche Chemiker Otto Fritz Meyerhof 1918 zeigte, daß tierische Zellen, beispielsweise Muskelgewebszellen, Zucker auf sehr ähnliche Weise zerlegen, wie Hefezellen es tun. Der hauptsächliche Unterschied besteht darin, daß der Zucker in tierischen Zellen nicht so weit abgebaut wird wie in Hefezellen. Während in letzteren das sechs Kohlenstoffatome aufweisende Glukosemolekül zu Ethylalkohol (CH_3CH_2OH) mit nur noch zwei Kohlenstoffatomen zerlegt wird, ist das Endprodukt in den Muskelzellen die drei C-Atome aufweisende Milchsäure ($CH_3CHOHCOOH$).

Meyerhof verschaffte mit seiner Arbeit erstmals einem allgemeinen Grundsatz Geltung, der mittlerweile selbstverständlich geworden ist: Bis auf geringfügige Unterschiede laufen die Stoffwechselvorgänge bei allen Lebewesen, von den einfachsten bis zu den komplexesten, nach demselben Muster ab. Für seine Untersuchungen über den Milchsäurestoffwechsel des Muskelgewebes erhielt Meyerhof 1922 gemeinsam mit dem englischen Physiologen Archibald V. Hill den Nobelpreis für Physiologie und Medizin. Hill hatte das Problem des muskulären Stoffwechsels vom Gesichtspunkt der Wärmeerzeugung bei der Muskeltätigkeit her aufgerollt und war zu sehr ähnlichen Schlußfolgerungen gelangt wie Meyerhof von seinem chemischen Ansatz her.

Die einzelnen Phasen und Zwischenschritte, die bei der Umwandlung von Zucker in Milchsäure durchlaufen werden, erforschten zwischen 1937 und 1941 Carl Ferdinand Cori und seine Frau Gerty Theresa in den Labors der Washington University in St. Louis. Sie arbeiteten mit Gewebeproben und mit in reiner Form isolierten Enzymen und führten mit Hilfe dieser Stoffe allerlei Veränderungen an verschiedenen Zucker-Phosphat-Estern herbei. Dann versuchten sie, alle diese chemischen Vorgänge wie Stücke eines Puzzles zu einem sinnvollen Bild zusammenzusetzen. Die von ihnen vorgelegte Konzeption der Abfolge der bei diesem Stoffwechselvorgang zusammenwirkenden Einzelprozesse ist, von geringfügigen Modifikationen abgesehen, bis zum heutigen Tag gültig geblieben; die Coris erhielten dafür 1947, zusammen mit einem anderen Forscher, den Nobelpreis für Physiologie und Medizin.

Auf dem Weg vom Zucker zur Milchsäure wird eine gewisse Menge Energie erzeugt und von den Zellen auch genutzt. Die Hefezelle lebt, wenn sie Zucker fermentiert, davon, und dasselbe tut, wenn nötig, die Muskelzelle. Es ist wichtig, sich zu vergegenwärtigen, daß diese Energie ohne Rückgriff auf den Sauerstoff der Luft gewonnen wird. Das bedeutet, daß ein Muskel auch dann noch Arbeit zu leisten imstande ist, wenn er mehr Energie verausgaben muß, als ihm durch die Prozesse zugeführt werden, die von dem durch das Blut relativ langsam nachgelieferten Sauerstoff abhängen. Wenn sich jedoch eine bestimmte Menge Milchsäure im Muskel angesammelt hat, ermüdet er und muß schließlich Gelegenheit bekommen, sich zu erholen, d. h. sich auszuruhen, bis die Milchsäure mit Hilfe von Sauerstoff abgebaut ist.

Stoffwechselenergie

Als nächstes stellt sich die Frage: In welcher Form steht die Energie aus dem Zucker-Milchsäure-Abbau der Zellen zur Verfügung, und wie können sie diese Energie nutzen? Der deutschstämmige amerikanische Chemiker Fritz Albert Lipmann begann 1941 mit Untersuchungen, die schließlich zur Beantwortung dieser Frage führten. Er zeigte, daß gewisse Phosphatverbindungen, die sich im Zuge des Kohlenhydrat-Stoffwechsels bilden, ungewöhnlich viel Energie in der Bindung speichern, durch die die Phosphatgruppe mit dem Rest des Moleküls verknüpft ist. Diese energiereiche Phosphatbindung wird auf bestimmte, in allen Zellen vorhandene Energieträger übertragen. Der bekannteste dieser Energieträger ist das *Adenosintriphosphat (ATP)*. Das ATP-Molekül und einige andere, ähnliche Verbindungen stellen sozusagen das Klein- und Wechselgeld der körpereigenen Energie dar. Sie speichern Energie in handlichen, standardisierten, jederzeit verschieb- und austauschbaren Einheiten. Wenn die Phosphatbindung weghydrolysiert wird, stehen diese Energiebeträge für die Umwandlung in chemische Energie (zum Aufbau von Eiweißen aus Aminosäuren) oder in elektrische Energie (zur Übertragung eines Nervenimpulses) oder in kinetische Energie (für die Zusammenziehung eines Muskels) usw. zur Verfügung. Obwohl die Menge des im Körper vorhandenen ATP zu jedem Zeitpunkt gering ist, gibt es immer genug davon (solange der betref-

73

fende Organismus lebt), denn ebenso schnell, wie die ATP-Moleküle verbraucht werden, bilden sich neue. Diese wichtige Entdeckung brachte Lipmann 1953 den Nobelpreis für Physiologie und Medizin ein.

Der Säugetier-Organismus ist nicht in der Lage, Milchsäure in Ethylalkohol umzuwandeln, wie Hefezellen es können; er beschreitet einen anderen Weg, indem er die Stufe des Ethylalkohols überspringt und die Milchsäure gleich in Kohlendioxid (CO_2) und Wasser zerlegt. Dazu benötigt er Sauerstoff; dafür wird bei dem Vorgang sehr viel mehr Energie erzeugt als bei der sauerstoffunabhängigen Umwandlung von Glukose in Milchsäure.

Daß bei Stoffwechselvorgängen dieser Art auch Sauerstoff umgesetzt wird, eröffnet den Forschern die Möglichkeit, auf relativ einfache Weise herauszufinden, welche Zwischenprodukte im Verlauf dieses Prozesses entstehen. Nehmen wir einmal an, es gebe bestimmte Gründe, zu vermuten, daß auf einer bestimmten Zwischenstufe innerhalb einer Folge von Reaktionen eine bestimmte Substanz, sagen wir Bernsteinsäure, als intermediäres Substrat agiert. Diese Vermutung können wir überprüfen, indem wir die Bernsteinsäure mit lebendem Gewebe (oder auch mit einem einzelnen Enzym) mischen und sodann den Sauerstoffverbrauch des Gemischs messen. Wenn es in kurzer Zeit viel Sauerstoff aufnimmt, können wir ziemlich sicher sein, daß die Bernsteinsäure tatsächlich als Katalysator in diesem Prozeß fungiert.

Der deutsche Biochemiker Otto Heinrich Warburg entwickelte das klassische Meßinstrument zur Bestimmung des Sauerstoffverbrauchs bei Stoffwechselreaktionen, das *Warburg-Manometer*. Es besteht aus einem geschlossenen Glasbehälter (in dem das Substrat mit dem Gewebe bzw. dem Enzym vermischt wird), der mit einem der beiden Schenkel einer dünnen U-förmigen Röhre verbunden ist *(Abb.)*. Die U-Röhre, deren anderer Schenkel offen ist, ist etwa bis zur Hälfte mit einer gefärbten Flüssigkeit gefüllt. Wenn die Enzym-Substrat-Mischung der Luft in dem Gefäß Sauerstoff entzieht, entsteht ein leichter Unterdruck, der bewirkt, daß die farbige Flüssigkeit in dem mit dem Gefäß verbundenen Schenkel der U-Röhre ansteigt. Aus der Geschwindigkeit dieses Anstiegs läßt sich die Sauerstoffaufnahme des Gemischs errechnen.

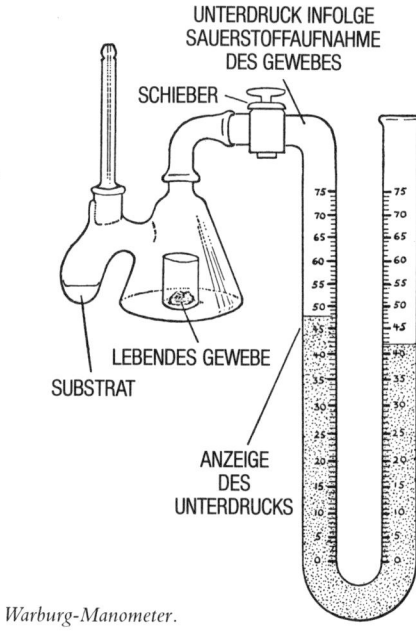

Das Warburg-Manometer.

Warburgs Experimente zur Sauerstoffaufnahme lebender Gewebe brachten ihm den Nobelpreis für Physiologie und Medizin des Jahres 1931 ein. Zusammen mit einem anderen deutschen Biochemiker, Heinrich Wieland, versuchte Warburg die Reaktionen zu identifizieren, die beim Abbau von Milchsäure Energie freisetzen. Im Verlauf dieser Reaktionskette treten sogenannte *Dehydrogenasen* in Funktion, Enzyme, die die auftretenden Zwischenprodukte zur Abgabe von jeweils zwei Wasserstoffatomen veranlassen. Der so freigesetzte Wasserstoff verbindet sich dann mit Sauerstoff, eine Reaktion, die ebenfalls von Enzymen (sie heißen Cytochrome) katalytisch betreut wird. Gegen Ende der 20er Jahre gerieten Warburg und Wieland in Streit darüber, welche dieser Reaktionen die entscheidende sei. Nach Auffassung Warburgs war es die Aufnahme von Sauerstoff, nach Überzeugung Wielands der Entzug von Wasserstoff. Schließlich zeigte David Keilin, daß beide Vorgänge grundlegend wichtig sind.

Der deutsche Biochemiker Hans Adolf Krebs erforschte und rekonstruierte die vollständige Sequenz der Reaktionen und Zwischenprodukte auf dem Weg von der Milchsäure zu den Endprodukten Kohlendioxid und Wasser. Man nennt diese Sequenz den Krebs-Zyklus oder auch *Zitronensäurezyklus,* da die Zitronensäure in dieser Sequenz als Zwischenprodukt eine Schlüsselrolle spielt.

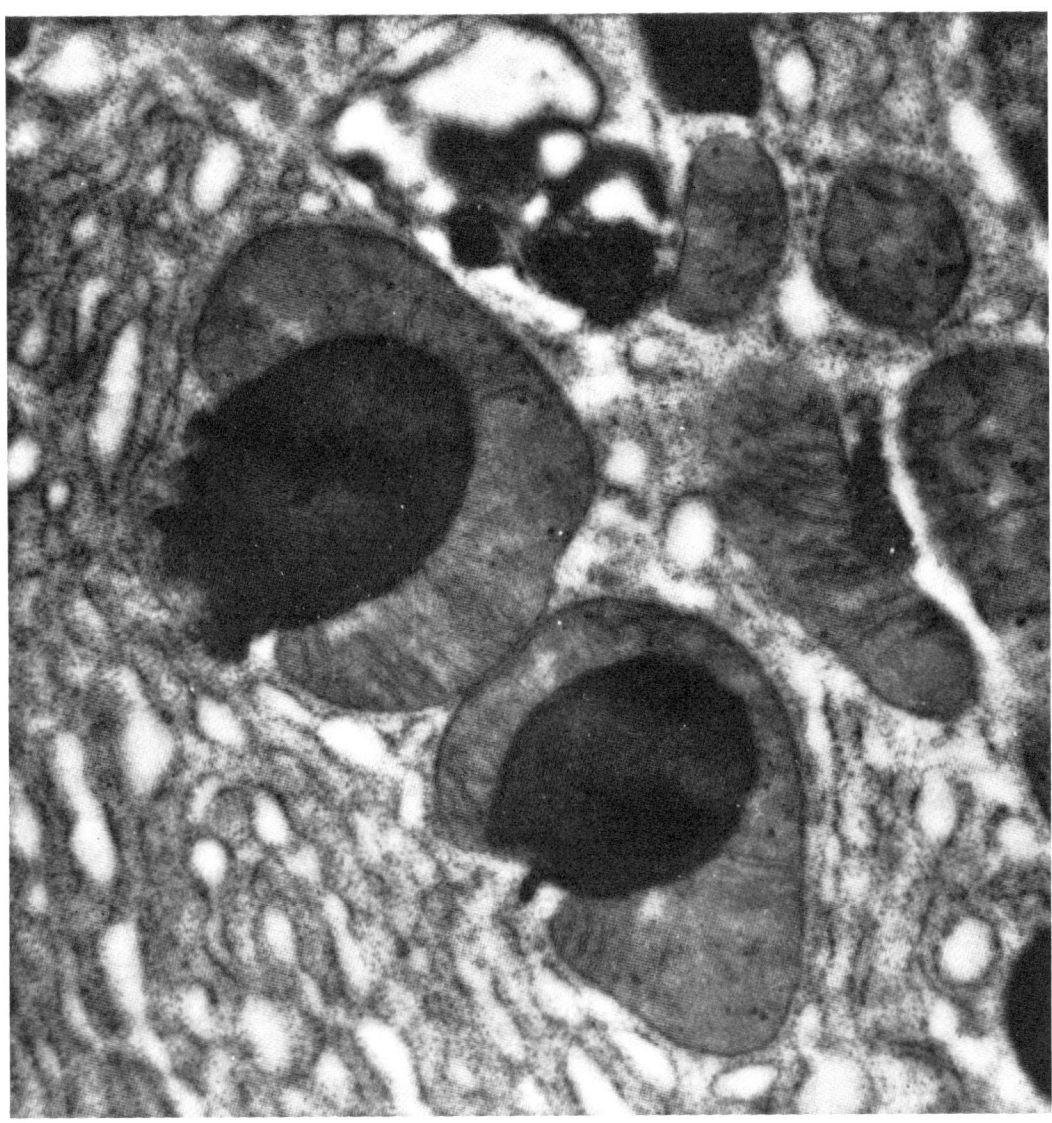

Mitochondrien, manchmal auch als »Kraftwerke der Zelle« bezeichnet, weil sie energiespendende chemische Reaktionen initiieren. Die Mitochondrien sind die grauen Fächer, die die schwarzen Körperchen umgeben; bei letzteren handelt es sich um Lipid-Tröpfchen, die als Brennstoff für die Energieerzeugung dienen. Mit Genehmigung des Rockefeller-Institutes in New York (G. E. Palade).

Für diese 1940 abgeschlossene Arbeit erhielt Krebs 1953 anteilig den Nobelpreis für Physiologie und Medizin. (Der zweite Preisträger war Lipmann.) Der Löwenanteil der im Organismus produzierten Energie geht auf das Konto des Zitronensäurezyklus. Das gilt für all jene Organismen, die auf die Zufuhr molekularen Sauerstoffs angewiesen, d. h. Sauerstoffatmer sind – also für alle Organismen außer einigen wenigen Bakterienarten, die einen sogenannten *anaeroben* Stoffwechsel haben, d. h. ihre Energie aus sauerstoffunabhängigen chemischen Reaktionen beziehen. An verschiedenen Stationen des Zitronensäurezyklus kommt es vor, daß eine Verbindung zwei Wasserstoffatome verliert, die sich schließlich mit Sauerstoff zu Wasser verbinden. Hinter diesem »schließlich« verbergen sich eine ganze Reihe von Detailvorgängen. Die zwei Wasserstoffatome werden von einem Cytochrom-Molekül einer Art an eines einer anderen Art weitergegeben, dann eines einer dritten Art usw. Das letzte Enzym dieser Reihe, die sogenannte *Cytochromoxidase*, bringt dann den

75

Wasserstoff mit molekularem Sauerstoff zusammen. Auf jeder Etappe dieser Cytochrom-Stafette werden ATP-Moleküle gebildet; hier wird also das chemische »Kleingeld« geprägt, mit dem der Organismus seinen Energiebedarf bestreitet. Jede Etappe des Zitronensäurezyklus erzeugt insgesamt 18 ATP-Moleküle. Der Prozeß als ganzer wird, weil er die Aufnahme von Sauerstoff und die Anhäufung von Phosphatgruppen (als Bausteine für die ATP-Moleküle) einschließt, als *oxidative Phosphorylierung* bezeichnet; es ist einer der Schlüsselvorgänge des Lebens. Wird er unterbrochen (etwa dadurch, daß man Kaliumcyanid schluckt), so tritt binnen weniger Minuten der Tod ein.

Alle Substanzen, die an der oxidativen Phosphorylierung beteiligt sind (einschließlich der Enzyme), sind in winzigen Körnchen enthalten, die einen Bestandteil des Zellplasmas bilden. Entdeckt wurden diese Körnchen 1898 von dem deutschen Biologen C. Benda, der zu diesem Zeitpunkt ihre Bedeutung natürlich nicht zu erkennen vermochte. Er nannte sie *Mitochondrien* (»körnige Fädchen« – dafür hielt er sie irrtümlich; die Bezeichnung setzte sich trotzdem durch).

Das durchschnittliche Mitochondrion hat die Form eines länglichen Brotlaibs und mißt der Länge nach etwa 0,25 Mikrometer, der Breite nach etwa 0,1 Mikrometer. Die Zahl der Mitochondrien, die eine durchschnittliche Zelle enthält, liegt irgendwo zwischen einigen Hundert und Tausend. Sehr große Zellen können mehrere Hunderttausend Mitochondrien enthalten; anaerobe Bakterien enthalten keine. Elektronenmikroskopische Forschungen, die nach dem Zweiten Weltkrieg angestellt wurden, ergaben, daß das Mitochondrion trotz seiner Winzigkeit eine komplexe Binnenstruktur aufweist. Es besitzt eine doppelte Membranhaut: Die äußere Schicht ist glatt, die innere dagegen stark gerunzelt, so daß sie eine große Oberfläche präsentiert. An ihrer Innenseite ist diese Membran mit Tausenden von winzigen Gebilden besetzt, den sogenannten *Mikrovilli*. Sie scheinen der eigentliche Ort der oxidativen Phosphorylierung zu sein.

Der Fett-Stoffwechsel

Von den Fetten wußte man seit längerem, daß ihre Moleküle aus Kohlenstoffketten bestehen, daß sie

sich zu Fettsäuren hydrolisieren lassen (deren Kettenmoleküle zumeist aus 16 oder 18 Kohlenstoffatomen bestehen) und daß beim Abbau der Moleküle schrittweise jeweils zwei Kohlenstoffatome abgespalten werden. Fritz Lipmann entdeckte 1947 eine ziemlich komplexe Verbindung, die im Prozeß der Acetylierung (d. h. der Übertragung eines aus zwei Kohlenstoffatomen bestehenden Bruchstücks von einer Verbindung auf eine andere) eine Rolle spielt. Er nannte diese Verbindung *Coenzym A,* wobei A für Acetylisierung stand. Drei Jahre später entdeckte der deutsche Biochemiker Feodor Lynen, daß das Coenzym A einen ganz wichtigen Beitrag zum Fettabbau leistet; es verbindet sich nämlich mit Fettsäuren. Sobald dies geschieht, setzt eine in vier Etappen gegliederte Reaktionsreihe ein, die damit endet, daß sich an dem Ende des Kettenmoleküls, an dem sich das Coenzym A festgesetzt hat, zwei Kohlenstoffatome von der Kette lösen. Ein weiteres Coenzym-A-Molekül bemächtigt sich sodann des verbliebenen Rests des Fettsäuremoleküls, spaltet wiederum zwei Kohlenstoffatome ab usw. Diese Reaktionsreihe wird als *Fettsäure-Oxidationszyklus* bezeichnet. In Anerkennung seiner Arbeit auf diesem und anderen Gebieten erhielt Lynen 1964 anteilig den Nobelpreis für Physiologie und Medizin.

Es liegt auf der Hand, daß der Eiweißabbau im allgemeinen ein komplexerer Vorgang sein muß als der Abbau von Kohlenhydraten oder von Fetten, denn immerhin bekommen es die Enzyme dabei mit rund 20 verschiedenen Aminosäuren zu tun. In manchen Fällen erweist sich die Sache allerdings als ziemlich einfach: Durch eine geringfügige Veränderung ihrer Struktur kann sich eine Aminosäure in eine Verbindung verwandeln, die in der Lage ist, in den Zitronensäurezyklus einzutreten (wie dies auch die abgespaltenen zweigliedrigen Fragmente der Fettsäuren können). In der Mehrzahl der Fälle jedoch ist der Proteinabbau ein verschlungener, über zahlreiche Zwischenstationen führender Prozeß.

Wir können an dieser Stelle zur Umwandlung von Proteinen in Harnstoff zurückkehren – zu der Frage, auf die ich schon im Abschnitt über die Enzyme hingewiesen habe. Diese Umwandlung ist zufälligerweise ein relativ einfacher Vorgang.

Eine Atomgruppe, die im wesentlichen identisch ist mit dem Harnstoffmolekül, bildet einen Be-

standteil einer Nebenkette der Aminosäure Arginin. Diese Gruppe läßt sich durch ein Enzym namens *Arginase* abspalten und läßt eine Art Rumpf-
Aminosäure zurück, das sogenannte *Ornithin*.
1932 entdeckten Krebs und einer seiner Mitarbeiter, K. Henseleit, die um diese Zeit gerade die Bildung von Harnstoff (aus dem Gewebe von Rat-
tenlebern) untersuchten, folgendes: Als sie dem
Lebergewebe Arginin zusetzten, entstand ein re-
gelrechter Schwall von Harnstoff – viel mehr, als
aus dem zugegebenen Arginin allein hätte entstehen können. Krebs und Henseleit gelangten zu
dem Schluß, daß die Argininmoleküle in diesem
Fall als Katalysatoren fungierten, die einen fortlaufenden Prozeß der Harnstofferzeugung anregen. Im einzelnen geht das so vor sich: Ein Argi-
ninmolekül wird durch das Enzym Arginase seines Harnstoff-Seitenzweigs entledigt und wird
damit zum Ornithin-Rumpf; dieser holt sich Aminogruppen von anderen anwesenden Aminosäuren, und dazu Kohlendioxid (das im Organismus
stets vorhanden ist) und regeneriert sich wieder zu
Arginin. Nun wird das Arginin von neuem gespalten, baut sich wieder auf, wird wieder gespalten usw., und jedesmal entsteht dabei ein Harnstoffmolekül. Dieser Prozeß wird als *Harnstoffzyklus, Ornithinzyklus* oder auch als *Krebs-Hense-
leit-Zyklus* bezeichnet.

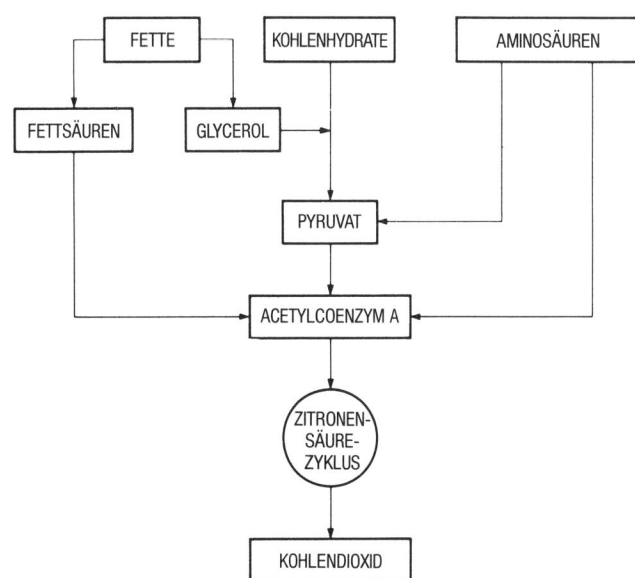

*Allgemeines Schema des Kohlenhydrat-Fett- und Eiweißstoffwech-
sels.*

Auf diese Weise wird den Proteinen der Stickstoff
entzogen; die verbleibenden Kohlenstoffgerüste
der Aminosäuren können anschließend auf verschiedenen Wegen zu Kohlendioxid und Wasser
zerlegt werden, wobei Energie gewonnen wird
(Abb.).

Tracer

Alle diese Erkenntnisse über die Natur des Stoffwechsels gewannen die Biologen sozusagen auf
detektivischem Weg, indem sie aus der Untersuchung von Stoffwechselprodukten und aus Labor-
experimenten unter Berücksichtigung allgemeiner chemischer Gesetzmäßigkeiten ihre Schlüsse
zogen. Auf diese Weise gelangten sie zu wertvollen Aufschlüssen über den allgemeinen Ablauf
von Stoffwechselkreisläufen. Was aber in den einzelnen lebenden Organismen wirklich vor sich
ging, ließ sich auf solche Weise nicht erschließen.
Um dies erforschen zu können, suchten die Biochemiker nach Mitteln und Wegen, die es erlauben
würden, ein so detailliertes Modell des Stoffwech-
selgeschehens zu konstruieren, daß man gleichsam den Schicksalsweg der einzelnen Moleküle
vom Anfang bis zum Ende des Stoffwechselpro-

zesses würde nachvollziehen können. Verfahren,
die so etwas möglich machten, waren bereits zu
Anfang des 20. Jahrhunderts entwickelt worden,
doch brauchten die Chemiker verhältnismäßig
lange, bis sie sich diese Methoden zunutze zu machen verstanden.
Der erste, der auf diesem Gebiet wichtige Vorarbeit leistete, war ein deutscher Biochemiker namens Franz Knoop. Er kam 1904 auf den Gedanken, markierte Fettmoleküle in Hundefutter zu
mischen und zu studieren, was mit diesen Molekülen im Körper des Hundes passierte. Er markierte die Moleküle, indem er ihnen an einem
Ende ihrer Kohlenstoffkette einen Benzolring ver-
paßte; für den Benzolring entschied er sich, weil
Säugetiere keine Enzyme besitzen, die in der Lage
sind, diesen Ring aufzuschließen. Somit war zu er-

warten, daß er den Verdauungsvorgang unversehrt überstehen und in den Exkrementen wieder auftauchen würde – es fragte sich nur, in welcher Form, d. h. in Verbindung mit welchen chemischen Partnern. Knoop hoffte, aus der Beantwortung dieser Frage Rückschlüsse auf die Art und Weise ziehen zu können, wie das Fettmolekül im Zuge des Verdauungsvorgangs zerlegt worden war – und er täuschte sich nicht. Alle Benzolringe kamen wieder zum Vorschein, und zwar stets in Verbindung mit einer aus zwei Kohlenstoffatomen bestehenden Nebenkette. Knoop schloß daraus, daß das Verdauungssystem die Kohlenstoffatome des Fettmoleküls jeweils paarweise abspaltete. (Wie wir gesehen haben, bestätigte sich diese theoretische Schlußfolgerung 40 Jahre später im Zuge der Forschungen über das Coenzym A.) Die Kohlenstoffketten gewöhnlicher Fette bestehen stets aus eine gerade Zahl von Kohlenstoffatomen. Angenommen, man nähme ausnahmsweise einmal ein Fett, dessen Kette eine ungerade Anzahl von Kohlenstoffatomen aufweist? In diesem Fall müßte, wenn die Atome jeweils paarweise abgespalten werden, am Ende ein einzelnes Kohlenstoffatom als Anhängsel des Benzolrings übrigbleiben. Knoop verabreichte seinen Hunden solche Fettmoleküle und registrierte in der Tat das erwartete Ergebnis.

Knoop hatte damit erstmals in der Geschichte der Biochemie mit einer »markierten« Verbindung gearbeitet. Als Markierung oder, wie sich einbürgerte, *Tracer* (nach dem englischen Wort für »Fährte«) diente ihm der Benzolring. 1913 stießen der ungarische Chemiker Georg von Hevesy und sein deutscher Mitarbeiter und Kollege Friedrich A. Paneth auf eine andere Möglichkeit, Moleküle zu markieren: durch radioaktive Isotope. Sie experimentierten zunächst mit radioaktivem Blei, und ihre erste biochemische Versuchsanordnung sollte Aufschluß darüber geben, wieviel Blei – in Form einer Bleisalzlösung – eine Pflanze aufnahm. Es würde sich, so stand zu erwarten, um eine Menge handeln, die zu klein war, um mit einer der zur Verfügung stehenden chemischen Methoden meßbar zu sein; verwendete man jedoch radioaktives Blei, so mußte sich die Menge durch Messung der radioaktiven Strahlung leicht bestimmen lassen. Hevesy und Paneth »fütterten« ihre Versuchspflanzen mit der radioaktiv markierten Bleisalzlösung; in regelmäßigen Zeitabständen ver-

branntnen sie eine Pflanze und maßen die Radioaktivität der Asche. Auf diese Weise konnten sie eine Konzentration/Zeit-Kurve der Bleiabsorption von Pflanzenzellen erstellen.

Benzolring und radioaktives Blei waren freilich sehr »unphysiologische« Markierungsstoffe. Ihre Gegenwart konnte leicht dazu führen, daß die normalen chemischen Vorgänge in der lebenden Zelle gestört wurden. Gewiß war es vorteilhafter, als Tracer Atome derjenigen Elemente zu verwenden, die ohnehin am Stoffwechsel des Organismus beteiligt waren: Sauerstoff, Stickstoff, Kohlenstoff, Wasserstoff, Phosphor.

Kaum hatten die Joliot-Curies 1934 die Möglichkeit künstlicher Radioaktivität demonstriert, als Hevesy diesen Hinweis aufgriff und mit Phosphaten zu arbeiten begann, die radioaktive Phosphor-Isotope enthielten. Mit ihrer Hilfe ermittelte er die Phosphataufnahme verschiedener Pflanzen. Leider eignen sich die radioaktiven Isotope einiger der Schlüsselelemente des organischen Lebens – vor allem des Stickstoffs und des Sauerstoffs – nicht als Tracer, da sie, mit Halbwertzeiten von höchstens einigen Minuten, viel zu kurzlebig sind. Die meisten wichtigen Elemente verfügen jedoch über stabile, d. h. nichtradioaktive Isotope, die sich für Markierungszwecke eignen. Diese Isotope sind ^{13}C, ^{15}N, ^{18}O und ^{2}H. Normalerweise kommen sie nur in sehr geringen Mengen vor (unterhalb der 1%-Grenze); wenn man daher dem Organismus eine wasserstoffhaltige Verbindung mit einem gezielt erhöhten ^{2}H-Anteil verabreicht, kann man den Weg der betreffenden Moleküle durch den Körper verfolgen. Ob eine Verbindung schweren Wasserstoff enthält oder nicht, läßt sich mit Hilfe des Massenspektrometers feststellen, der die entsprechenden Moleküle aufgrund ihres höheren Gewichts identifizieren kann. Damit ist grundsätzlich die Möglichkeit gegeben, herauszufinden, was sich mit dem markierten Wasserstoff auf jeder Stufe des Stoffwechselprozesses vollzieht.

Das erste Element, das als physiologischer Tracer eingesetzt wurde, war Wasserstoff. Die Möglichkeit, ihn zu diesem Zweck zu verwenden, eröffnete sich, nachdem Harold Urey 1931 das Deuterium (^{2}H) isoliert hatte. Eine der ersten Erkenntnisse, die der Deuterium-Tracer vermittelte, war, daß Wasserstoffatome im Organismus längst nicht so eng und dauerhaft an ihre chemischen

Verbindungen gebunden sind, wie man geglaubt hatte. Wie sich zeigte, tauschen sie vielmehr beständig untereinander ihre Plätze an der Seite von Sauerstoffatomen aus, wandern von einem Zuckermolekül zu einem Wassermolekül usw. Da gewöhnliche Wasserstoffatome sich nicht voneinander unterscheiden lassen, war dieses Fluktuieren bis dahin unbemerkt geblieben. Was die neue Erkenntnis allerdings implizierte, war, daß ein in den Organismus eingebrachtes Deuterium-Atom in jedem Fall durch den Körper wandern würde, unabhängig davon, ob die Verbindung, als deren Teil es ursprünglich hineingekommen war, an irgendwelchen chemischen Umsetzungen teilnahm oder nicht. Die Forscher standen somit vor der undankbaren Aufgabe, jedesmal feststellen zu müssen, ob ein in einer Verbindung auftauchendes Deuterium-Atom im Gefolge einer enzymgesteuerten Reaktion dorthin gelangt oder einfach zufällig dorthin verschlagen worden war. Glücklicherweise gehen Wasserstoffatome, die direkt an Kohlenstoffatome gebunden sind, im Körper nicht auf spontane Wanderschaft, so daß ein Deuterium-Atom, das in einer solchen Position aufgefunden wird, eindeutige Rückschlüsse auf Stoffwechselvorgänge zuläßt.

Weitere Aufschlüsse über das Wanderverhalten von Atomen ergaben sich, als 1937 der deutschstämmige amerikanische Biochemiker Rudolf Schoenheimer und seine Mitarbeiter das Stickstoff-Isotop ^{15}N als Tracer einsetzten. Sie fütterten Ratten mit entsprechend markierten Aminosäuren, töteten die Ratten nach einer bestimmten Zeit und analysierten die Gewebe, um festzustellen, in welchen Verbindungen sich die ^{15}N-Isotope wiederfanden. Auch hier gab es, wie sich zeigte, eine erhebliche Fluktuation. Kaum hatte man eine markierte Aminosäure in den Organismus geschleust, fanden sich ^{15}N-Isotope auch in fast allen anderen Aminosäuren. 1942 veröffentlichte Schoenheimer ein Buch mit dem Titel *The Dynamic State of Body Constituents* (in etwa: »Die Dynamik der Körperbausteine«). Dieser Titel charakterisierte die neue Sichtweise, die durch die Tracer-Isotope in der Biochemie Platz gegriffen hat. Im Organismus finden beständig und massenhaft spontane »Wachablösungen« statt, unabhängig von und neben den eigentlichen chemischen Umsetzungsprozessen.

Stück für Stück konnten mit Hilfe von Tracern die einzelnen Schritte der Stoffwechselvorgänge im Organismus aufgeklärt werden. Im großen und ganzen bestätigten die neu gewonnenen Erkenntnisse das allgemeine Bild, das man von Vorgängen wie dem Zuckerstoffwechsel, dem Zitronensäurezyklus und dem Harnstoffzyklus bereits früher gewonnen hatte. Was dazu kam, waren neu entdeckte Zwischenprodukte, Erkenntnisse über alternative Reaktionsketten u. ä. m.

Nach Ende des Zweiten Weltkriegs brachte es die Entwicklung der Kernreaktoren mit sich, daß plötzlich über hundert verschiedene radioaktive Isotope zur Verfügung standen; dementsprechend nahm die Tracer-Forschung einen rasanten Aufschwung. Man hatte nunmehr die Möglichkeit, herkömmliche Verbindungen in einem Reaktor mit Neutronen zu beschießen und auf diese Weise jede Menge radioaktiver Isotope herzustellen. Nahezu in jedem biochemischen Laboratorium in den Vereinigten Staaten (oder eigentlich in der ganzen Welt, denn die Amerikaner stellten sehr bald den Forschern anderer Länder Isotope für wissenschaftliche Zwecke zur Verfügung) wurden Forschungsprojekte gestartet, die irgend etwas mit radioaktiven Tracern zu tun hatten.

In die Garde der stabilen Tracer reihten sich ein: ^{3}H (Tritium), ^{32}P, ^{35}S und ^{42}K, allesamt radioaktiv, ferner radioaktive Isotope von Natrium, Jod, Eisen und Kupfer, und schließlich – wichtiger als alle anderen – das radioaktive ^{14}C-Isotop. Die amerikanischen Chemiker Martin D. Kamen und Samuel Ruben, die 1940 als erste ^{14}C darstellten, entdeckten zu ihrer Überraschung, daß er eine Halbwertzeit von mehr als 5000 Jahren hat – unerwartet lang für ein Radioisotop eines so leichten Elements.

Cholesterin

Das ^{14}C-Isotop half den Chemikern bei der Lösung von Problemen, mit denen sie sich jahrelang vergeblich herumgeschlagen und denen gegenüber sie schon geglaubt hatten, resignieren zu müssen. Eines der Rätsel, deren Lösung man mit Hilfe von ^{14}C einen wichtigen Schritt näher kam, hatte mit einer Substanz zu tun, die unter dem Namen *Cholesterin* bekannt ist. Die Strukturformel dieser Substanz, in deren Entschlüsselung Chemiker wie Wieland (der 1927 für seine Arbeiten über dem Cholesterin verwandte Verbindungen den Chemie-Nobelpreis erhalten hatte) viele Jahre mühsamer Forschungsarbeit investiert hatten, sah so aus:

Welche Funktion(en) das Cholesterin im Organismus erfüllt, ist eine noch nicht vollständig geklärte Frage; sicher aber ist, daß dieser Substanz eine zentrale Bedeutung zukommt. Cholesterin findet sich in großen Mengen in den die Nervenbahnen einhüllenden Fettgeweben, in den Nebennierendrüsen und in Verbindung mit bestimmten Eiweißen. Ein überhöhter Cholesterinspiegel kann zu Gallensteinen und Arterienverkalkung führen. Bedeutsamer noch ist, daß das Cholesterin der Prototyp einer großen Stoffamilie ist, der sogenannten *Steroide*, deren charakteristischer Baustein jene aus vier Ringen bestehende Konstellation ist, die man in der obigen Strukturformel auf der linken Seite erkennt. Die Steroide sind durchweg feste, fettartige Stoffe; zu ihnen gehören die Geschlechtshormone und die Adrenokortikalhormone. Alle diese Substanzen werden im Organismus zweifellos aus dem Cholesterin gebildet. Wie aber synthetisiert der Körper das Cholesterin selbst?

Bis die Tracer ihnen zu Hilfe kamen, war dies den Biochemikern ein völliges Rätsel. Die ersten, die dem Problem mit einem Tracer zu Leibe rückten, waren Rudolf Schoenheimer und sein Mitarbeiter David Rittenberg. Sie verabreichten Ratten schweres Wasser und stellten fest, daß die Deuteriumatome in den Cholesterinmolekülen auftauchten. Das bedeutete an und für sich noch nicht sehr viel, denn das Deuterium konnte im Zuge der gewöhnlichen Wasserstoff-Fluktuation dorthin gelangt sein. 1942 jedoch (nach dem tragischen Selbstmord Schoenheimers) stießen Rittenberg und ein weiterer Mitarbeiter, der deutsch-amerikanische Biochemiker Konrad Emil Bloch, auf einen eindeutigeren Anhaltspunkt. Sie gaben ihren Ratten Acetat-Ionen (CH_3COO-); als Deuterium-Tracer diente eines der drei Wasserstoffatome der

CH_3-Gruppe. Wieder tauchte das Deuterium in Cholesterinmolekülen auf, und diesmal konnte es nicht fluktuationsbedingt dorthin gelangt sein: Es mußte im Verein mit der CH_3-Gruppe in das Cholesterinmolekül eingebaut worden sein.

Atomgruppen mit zwei Kohlenstoffatomen wie das Acetat-Ion (als eines unter vielen) scheinen ein im Stoffwechselprozeß sehr häufig vorkommendes Zwischenprodukt zu sein. Demnach können solche Gruppen als Materialreservoir für den Aufbau von Cholesterin dienen. Aber wie wird das Molekül aus ihnen aufgebaut? Als nach 1950 ^{14}C als Tracer zur Verfügung stand, wiederholte Bloch das zuletzt beschriebene Experiment; diesmal markierte er die beiden Kohlenstoffatome des Acetat-Ions, und zwar auf unterschiedliche Weise. Das normale Kohlenstoffatom der CH_3-Gruppe ersetzte er durch den stabilen Tracer ^{13}C, den der COO-Gruppe durch radioaktiven ^{14}C. Nachdem er die so markierten Gruppen einer Ratte verabreicht hatte, analysierte er deren Cholesterin, um zu sehen, an welchen Stellen des Moleküls die beiden markanten Kohlenstoffatome auftauchen würden. Die hierzu erforderliche Analyse durchzuführen, war eine chemische Filigranarbeit, mit der Bloch und eine Reihe weiterer Forscher jahrelang befaßt waren. Eines nach dem andern, ermittelten sie die Herkunft der Kohlenstoffatome des Cholesterins. Das Bild, das sich mit der Zeit herausschälte, deutete darauf hin, daß die Acetatgruppen zuerst eine Substanz namens *Squalen* aufbauten, eine 30 Kohlenstoffatome enthaltende Verbindung, die im Organismus ziemlich rar ist und der bis dahin niemand nennenswerte Aufmerksamkeit geschenkt hatte. Nun schien es auf einmal, als sei diese Substanz eine Zwischenstation auf dem Weg zum Cholesterin; die Folge war, daß sie in den Mittelpunkt eines intensiven Forschungsinteresses rückte. Bloch erhielt für seine Arbeit 1964 zusammen mit Lynen den Nobelpreis für Physiologie und Medizin.

Der Porphyrinring des Häms

Auf ganz ähnliche Weise wie an die Erforschung der Cholesterin-Synthese gingen die Biochemiker auch an die Frage heran, wie der Porphyrinring des Häms aufgebaut wird, der ein wesentliches Strukturelement des Hämoglobins und auch vieler Enzyme ist. David Shemin von der Columbia University fütterte Enten mit der Aminosäure Glycin, die er zuvor auf verschiedene Weise markiert hatte. Das Glycin (NH_2CH_2COOH) weist zwei Kohlenstoffatome auf. Als Shemin das Kohlenstoffatom der CH_2-Gruppe markierte (mit ^{14}C), fand sich dieses Atom prompt in dem aus dem Entenblut extrahierten Porphyrin. Als er das Kohlenstoffatom der COOH-Gruppe markierte, erschien der radioaktive Tracer nicht im Porphyrinmolekül. Das bedeutete, daß die CH_2-Gruppe in die Porphyrin-Synthese einging, die COOH-Gruppe dagegen nicht.

Shemin und Rittenberg fanden heraus, daß der Einbau von Teilen des Glycin-Moleküls in einen Porphyrinring ebensogut im Reagenzglas bewerkstelligt werden kann. Diese Entdeckung vereinfachte die Sache, ermöglichte Experimente mit reproduzierbaren Resultaten und machte es zudem überflüssig, Versuchstiere zu opfern oder zu quälen.

In der Folge ersetzte Shemin den normalen Stickstoff des Glycins mit ^{15}N und den normalen Kohlenstoff seiner CH_2-Gruppe mit ^{14}C und mischte das Glycin mit Entenblut. Später analysierte er das entstandene Porphyrin sorgfältig und stellte fest, daß alle vier im Porphyrin-Molekül enthaltenen Stickstoffatome von dem markierten Glycin stammten. Dasselbe galt, wie sich herausstellte, für eines der Kohlenstoffatome in jedem der vier kleinen Pyrrolringe (vgl. die Strukturformel in *Kapitel 1*) sowie für die vier Kohlenstoffatome, die als Brücken zwischen den Pyrrolringen fungieren. Es blieben somit im Porphyrinring selbst zwölf und in den verschiedenen Seitenketten vierzehn nicht vom Glycin stammende Kohlenstoffatome übrig. Diese kamen, wie sich zeigte, von den Acetat-Ionen, und zwar sowohl von der CH_3- als auch von der COO-Gruppe.

Aus der Verteilung der Tracer-Atome ließ sich auf die Art und Weise schließen, wie das Acetat und das Glycin im Porphyrin aufgehen: Zuerst bilden sie einen einzelnen Pyrrolring; dann schließen sich zwei solche Ringe zusammen, und schließlich kombinieren sich zwei dieser Gespanne zu der aus vier Ringen bestehenden Porphyrinstruktur.

Im Rahmen eines von diesen Forschungen unabhängigen wissenschaftlichen Projekts gelang es 1952 dem englischen Chemiker R. G. Westall, eine Verbindung namens *Porphobilinogen* in reiner Form zu isolieren. Diese Substanz findet sich im Urin von Personen mit gestörtem Porphyrinstoffwechsel, und so lag die Vermutung nahe, daß sie etwas mit den Porphyrinen zu tun hatte. In der Tat stellte sich heraus, daß sie ihrer Struktur nach weitgehend identisch mit dem Pyrrolring sind, den Shemin und seine Mitarbeiter als eines der frühen Zwischenglieder bei der Porphyrinsynthese identifiziert hatten. Das Porphobilinogen bildete offensichtlich eine entscheidende Zwischenstufe.

Als nächstes konnte gezeigt werden, daß die δ-Aminolevulinsäure, deren Molekül in seiner Struktur den beiden Hälften eines in der Mitte durchgeschnittenen Porphobilinogen-Moleküls nahekommt, all jene Atome bereitzustellen in der Lage ist, die die Blutzellen zum Aufbau des Porphyrinrings benötigen. Die plausibelste Annahme ist nach heutigem Kenntnisstand die, daß die Zellen zunächst aus Glycin und Acetat-Ionen δ-Aminolevulinsäure bilden (unter Eliminierung der COOH-Gruppe des Glycins, die in Form von Kohlendioxid ausgeschieden wird, daß sodann aus zwei δ-Aminolevulinsäure-Molekülen ein Porphobilinogen-Molekül (entsprechend einem Pyrrolring) gebildet wird, und daß aus diesen Ringen durch Kombination zunächst ein zweifacher Pyrrolring und schließlich der Vierfach-Pyrrolring des Porphyrins entsteht.

Photosynthese

Ihren vielleicht größten Triumph feierte die tracergestützte Forschung, als mit ihrer Hilfe jene komplizierte chemische Reaktionsreihe aufgeklärt werden konnte, die die Bildung grüner Pflanzen, von denen alles Leben auf diesem unserem Planeten abhängt, steuert.

Die gesamte Tierwelt könnte nicht existieren, wenn alle Tiere nur davon leben würden, daß sie andere Tiere fressen. Ebensowenig wie eine Gemeinschaft von Menschen allein dadurch Reichtum erwerben kann, daß jeder den anderen bestiehlt. Egal, ob ein Löwe ein Zebra frißt oder ein

Mensch ein Schnitzel verzehrt, beide verbrauchen wertvolle Substanz, die unter beträchtlichem Aufwand und auf einem mehr oder weniger verlustreichen Weg aus pflanzlichen Stoffen erzeugt worden ist. Wie der Zweite Hauptsatz der Thermodynamik uns lehrt, geht auf jeder Stufe der *Nahrungskette* etwas verloren. Kein Tier verarbeitet vollständig alle in seiner Nahrung enthaltenen Kohlenhydrate, Fette und Eiweiße, ebenso wie kein Tier die in seiner Nahrung gespeicherte Energie vollständig ausnützt. Von der ausgenützten Energie geht ein großer, ja sogar der größte Teil in Form von Wärme verloren. Die chemische Energie, die der Löwe durch den Verzehr des Zebras gewinnt, repräsentiert nur einen Teil der Energie, den das Zebra zuvor seiner Umwelt entzogen hat, und diese Relation gilt für jede Stufe der Nahrungskette. Wenn alle Tiere nur noch Fleischfresser wären, würde die gesamte Tierwelt binnen weniger Generationen aussterben – genauer gesagt: Sie hätte in diesem Fall überhaupt nicht entstehen können.

Zum Glück sind die meisten Tiere Pflanzenfresser. Sie ernähren sich von Gras, Laubblättern, Samen, Nüssen und Früchten, von Algen oder von den mikroskopisch kleinen grünen Pflanzenzellen in den oberen Wasserschichten der Meere. Den Luxus fleischlicher Nahrung kann die Natur nur einer Minderheit unter den Tieren gewähren.

Natürlich gilt der Zweite Hauptsatz der Thermodynamik auch für die Pflanzenwelt, und in der Tat wären die Probleme bei den Pflanzen dieselben, wenn diese nicht die Fähigkeit besäßen, eine stetig sprudelnde Energiequelle anzuzapfen. Pflanzen bauen aus einfachen Stoffen wie Kohlendioxid und Wasser komplexere Substanzen auf: Kohlenhydrate, Fette und Eiweiße. Um diese Synthese durchführen zu können, benötigen die Pflanzen Energie, und die bekommen sie von der Sonne. Grünpflanzen wandeln die Energie des Sonnenlichts in chemische Energie um (nämlich in die besagten komplexen Verbindungen); diese Energie ist die Existenzgrundlage aller anderen Lebensformen (abgesehen von gewissen Bakterien). Der erste, der diesen Sachverhalt klar zum Ausdruck brachte, war, im Jahr 1845, der deutsche Physiker Julius Robert Mayer, der als einer der ersten das Gesetz von der Erhaltung der Energie erkannt hatte und sich daher der Notwendigkeit ausgeglichener Energiebilanzen in den Naturprozessen be-

wußt war. Der Vorgang, mittels dessen die Grünpflanzen sich die Energie des Sonnenlichts einverleiben, ist die *Photosynthese* (abgeleitet aus dem Griechischen mit der Bedeutung »aus Licht zusammensetzen«).

Die Chemie der Photosynthese

Den ersten Versuch einer wissenschaftlichen Erforschung des Pflanzenwachstums unternahm zu Beginn des 17. Jahrhunderts der flämische Chemiker Jan Baptista van Helmont. Er setzte einen Weidenschößling in einen mit einer vorher abgewogenen Menge Erde gefüllten Topf und stellte zu jedermanns Überraschung fest, daß, obwohl das Bäumchen wuchs, die Erde nichts von ihrem Anfangsgewicht verlor. Bis dahin hatte man als sicher angenommen, daß die Pflanzen ihre Aufbaustoffe aus dem Boden holen. (Tatsächlich nehmen Pflanzen bestimmte Mineralstoffe und Ionen aus der Bodenlösung auf, jedoch in gewichtsmäßig sehr geringen Mengen.) Wenn nicht aus dem Boden, woher holten sie sie dann? Van Helmont kam zu dem Schluß, die Pflanzen extrahierten ihr Baumaterial aus dem Wasser (mit dem er sein Bäumchen weidlich begossen hatte). Das war nicht ganz falsch, aber auch nicht ganz richtig.

Ein Jahrhundert später konnte der englische Physiologe Stephen Hales zeigen, daß die Pflanzen ihre Baustoffe zum größten Teil aus der Luft erzeugen. Ein weiteres halbes Jahrhundert später identifizierte der holländische Arzt Jan Ingen-Housz das Kohlendioxid als den Bestandteil der Luft, der den Pflanzen zur Nahrung dient. Er demonstrierte darüber hinaus, daß Pflanzen im Dunkeln kein Kohlendioxid verbrauchen; sie benötigen dazu Licht (daher der Name Photosynthese). Unterdessen hatte Priestley, der Entdecker des Sauerstoffs, herausgefunden, daß Grünpflanzen Sauerstoff »ausatmen«. Und schließlich wies 1804 der Schweizer Chemiker Nicholas Théodore de Saussure nach, daß auch Wasser als Baustein in das Pflanzengewebe eingeht, wie schon van Helmont vermutet hatte.

Die nächste bedeutsame Erkenntnis brachten die 50er Jahre des 19. Jahrhunderts: Der französische Bergbauingenieur Jean Baptiste Boussingault zog Pflanzen in einer keinerlei organische Materie enthaltenden Erde. Er konnte auf diese Weise zeigen, daß Pflanzen sich ihren Kohlenstoff ausschließlich aus dem Kohlendioxid der Luft besorgen können. In einer von allen stickstoffhaltigen Bestandteilen entblößten Erde dagegen zeigten Pflanzen kein Wachstum; das ließ darauf schließen, daß sie den Stickstoff aus dem Boden beziehen und den Stickstoff der Luft nicht zu nützen vermögen. (Eine Ausnahme machen in dieser Beziehung, wie sich später zeigte, bestimmte Bakterien.) Nach Boussingault wurde zunehmend klar, daß die Dienste des Bodens als Nahrungslieferant für die Pflanze sich auf die Bereitstellung bestimmter anorganischer Salze – Nitrate und Phosphate in der Hauptsache – beschränken. Es sind diese Stoffe, die dem Boden durch organische Dünger wie Mist zugeführt werden. Die Chemiker begannen, sich für die chemischen Düngemittel *(Kunstdünger)* stark zu machen, die ihren Zweck hervorragend erfüllten und darüber hinaus zur Verminderung lästiger Gerüche und zur Entschärfung der Infektionsgefahren beitrugen, die mit dem Misthaufen unvermeidlich verbunden waren.

Der Prozeß der Photosynthese war somit in seinen Grundzügen geklärt. Dem Tages- oder Sonnenlicht ausgesetzt, nehmen Pflanzen aus der Luft Kohlendioxid auf; aus diesem und aus dem über den Boden aufgenommenen Wasser bilden sie ihre Gewebssubstanzen. Den bei diesem Prozeß als Abfallprodukt anfallenden Sauerstoff geben sie an die Luft ab. Grünpflanzen sind somit nicht nur nachwachsende Nahrungsmittel, sondern erneuern auch beständig den Sauerstoffvorrat der Erde. Täten sie dies nicht, so würde der Sauerstoffgehalt der Luft binnen weniger Jahrhunderte so weit absinken, daß alles tierische Leben auf der Erde ersticken müßte.

Die Gesamtmenge der organischen Stoffe, die die Grünpflanzen unserer Erde erzeugen, ist ebenso enorm wie die Sauerstoffmenge, die sie dabei produzieren. Nach Schätzungen des russisch-amerikanischen Biochemikers Eugene I. Rabinowitch, eines der führenden Photosynthese-Forscher, verarbeiten die Grünpflanzen der Erde jährlich 135 Milliarden Tonnen Kohlenstoff (gewonnen aus Kohlendioxid) und 22,5 Milliarden Tonnen Wasserstoff (gewonnen aus Wasser) zu komplexeren Verbindungen und setzen dabei 360 Milliarden Tonnen Sauerstoff frei. An dieser gigantischen Leistung haben die auf dem Land wachsenden Pflanzen einen Anteil von lediglich 10%; die restlichen 90% haben wir den einzelligen Pflanzen und den Algen der Ozeane gutzuschreiben.

Chlorophyll

Noch kennen wir erst die Grundzüge des photosynthetischen Prozesses. Wie verläuft er im Detail? Im Jahr 1817 gelang es den Franzosen Pierre Joseph Pelletier und Joseph B. Caventou (die später das Chinin, das Strychnin, das Koffein und mehrere andere pflanzliche Wirkstoffe entdeckten), das wichtigste aller Pflanzenprodukte zu isolieren – die Substanz, die für die charakteristische Farbe der Grünpflanzen verantwortlich ist. Sie nannten die Substanz *Chlorophyll* (abgeleitet von griechischen Wörtern mit der Bedeutung »Blattgrün«). Ein halbes Jahrhundert später, 1865, wies der deutsche Botaniker Julius von Sachs nach, daß das Chlorophyll nicht gleichmäßig in der Pflanzenzelle verteilt ist (wenn auch für das bloße Auge Blätter gleichmäßig grün erscheinen), sondern sich in kleinen subzellularen Gebilden konzentriert, die später den Namen *Chloroplasten* erhielten.

Es wurde deutlich, daß die Photosynthese im Innern der Chloroplasten stattfindet, und daß das Chlorophyll bei diesem Prozeß eine entscheidende Rolle spielt. Das Chlorophyll allein konnte es jedoch nicht sein – der Versuch, mit sorgfältig isoliertem Chlorophyll die photosynthetische Reaktion im Reagenzglas nachzuvollziehen, scheiterte.

Die Chloroplasten sind im allgemeinen erheblich größer als die Mitochondrien. Manche einzelligen Pflanzen besitzen nur einen großen Chloroplasten pro Zelle. Die meisten Pflanzenzellen enthalten jedoch bis zu 40 kleinere Chloroplasten, jeder zwei- bis dreimal so lang und dick wie ein durchschnittliches Mitochondrion.

Die Chloroplasten scheinen eine noch komplexere Struktur zu besitzen als die Mitochondrien. In ihrem Innern weisen sie zahlreiche, sich von Wand zu Wand erstreckende Membranen auf. Sie werden *Lamellen* genannt. Bei den meisten Chloroplastenarten verdicken und verdunkeln sich diese Lamellen an bestimmten Stellen zu Körnchen (lat. *grana*); in diesen Körnchen befinden sich die Chlorophyll-Moleküle.

Wenn man die *grana* unter dem Elektronenmikroskop studiert, gewinnt man den Eindruck, als setzten sie sich aus winzigen, gerade noch sichtbaren Bausteinen zusammen, die an ordentlich verlegte Fliesen erinnern. Jedes dieser Objekte stellt eine 250 bis 300 Chlorophyll-Moleküle umfassende Photosynthese-Einheit dar.

Im Gegensatz zu den Mitochondrien lassen sich Chloroplasten nur schwer unversehrt isolieren. Erst 1954 gelang es dem polnisch-amerikanischen Biochemiker Daniel Israel Arnon, aus Spinatblattzellen erstmals völlig unverletzte Chloroplasten zu gewinnen und mit ihrer Hilfe die vollständige photosynthetische Reaktion nachzuvollziehen. Chloroplasten enthalten nicht nur Chlorophyll, sondern auch ein reiches Sortiment an Enzymen und verwandten Substanzen. Sie enthalten darüber hinaus auch Cytochrome, die die Umwandlung der vom Chlorophyll eingefangenen Energie des Sonnenlichts in Adenosintriphosphat (ATP) durch oxidative Phosphorylierung bewirken.

Wie steht es nun aber mit der Struktur des Chlorophylls, des exklusivsten Bestandteils der Chloroplasten? Jahrzehntelang waren die Chemiker dieser Schlüsselsubstanz mit allen ihnen zu Gebote stehenden Methoden und Werkzeugen zu Leibe gerückt, waren aber nur schleppend vorangekommen. 1906 hatte Richard Willstätter (der später die Chromatographie wiederentdeckte und die irrtümliche Auffassung vertrat, daß die Enzyme keine Proteine seien) ein wichtiges Bauelement des Chlorophyll-Moleküls identifiziert: das Metall Magnesium. (Willstätter erhielt für diese Entdeckung und für seine Arbeiten über Pflanzenpigmente 1915 den Chemie-Nobelpreis.) Zusammen mit Hans Fischer arbeitete Willstätter weiterhin an der Entschlüsselung der Struktur des Chlorophylls – eine Aufgabe, bis zu deren Lösung noch die Zeitspanne einer ganzen Chemikergeneration vergehen sollte. Im Lauf der 20er und 30er Jahre wurde man sich darüber klar, daß das Chlorophyll-Molekül eine Porphyrinring-Struktur aufweist, die in ihren Grundzügen der des Häms gleicht (dessen Struktur Fischer entschlüsselt hatte). Dort, wo sich beim Häm-Molekül im Zentrum des Porphyrinrings ein Eisenatom findet, findet sich beim Chlorophyll ein Magnesiumatom.

Jegliche zu diesem Punkt noch bestehende Zweifel wurden schließlich von R. B. Woodward ausgeräumt. Dieser Meister der chemischen Synthese –

er hatte 1945 das Chinin, 1947 das Strychnin und 1951 das Cholesterin synthetisiert – krönte seine voraufgegangenen wissenschaftlichen Erfolge im Jahr 1960 mit dem synthetischen Nachbau eines Moleküls, das der von Willstätter und Fischer ausgearbeiteten Formel entsprach und das wirklich und wahrhaftig auch alle Eigenschaften des natürlichen, aus grünen Blättern isolierten Chlorophylls aufwies. Woodward erhielt dafür 1965 den Chemie-Nobelpreis.

Was für eine Reaktion ist es nun genau, die das Chlorophyll in den Pflanzen katalysiert? Bis in die 30er Jahre hinein wußte man nur, daß auf der einen Seite Kohlendioxid und Wasser in den Prozeß eingehen und auf der anderen Seite Sauerstoff herauskommt. Erschwert wurde die nähere Erforschung des Vorgangs dadurch, daß isoliertes Chlorophyll nicht dazu gebracht werden kann, die Photosynthese zu vollziehen. Nur intakte Pflanzenzellen oder bestenfalls intakte Chloroplasten taten den Chemikern diesen Gefallen; das bedeutete, daß sie ihre Untersuchungen stets an sehr komplexen Systemen durchführen mußten.

In einer ersten Arbeitshypothese nahmen die Biochemiker an, daß die Pflanzenzelle aus Kohlendioxid und Wasser zunächst Glukose ($C_6H_{12}O_6$) aufbaut und daraus anschließend, unter Einbau von Stickstoff, Schwefel, Phosphor und anderen aus dem Boden geholten anorganischen Elementen, die verschiedenen Bausteine des Pflanzengewebes synthetisiert.

Theoretisch schien der Aufbau der Glukose auf folgende Weise möglich: Kombination des Wassers mit dem Kohlenstoffatom des Kohlendioxids (unter Freisetzung von dessen beiden Sauerstoffatomen) zu Formaldehyd (CH_2O), sodann Polymerisierung dieser Substanz zu Glukose, dergestalt, daß aus jeweils sechs Formaldehyd-Molekülen ein Glukose-Molekül entsteht.

Der Aufbau von Glukose aus Formaldehyd ist ein Prozeß, der im Labor tatsächlich, wenn auch nur mit erheblicher Mühe, nachvollzogen werden kann. Man konnte annehmen, daß die Pflanzen über Enzyme verfügen, die diese Synthese erleichtern und beschleunigen. Man mußte freilich bedenken, daß das Formaldehyd eine stark giftige Verbindung ist, doch lösten die Chemiker dieses theoretische Problem, indem sie annahmen, daß das Formaldehyd so rasch in Glukose umgesetzt wird, daß eine Pflanze zu keiner Zeit mehr davon enthält als eine geringfügige Menge. Bei dieser erstmals 1870 von Baeyer (dem Schöpfer des synthetischen Indigos) vorgelegten Konzeption blieb es zwei Generationen lang – einfach deshalb, weil niemandem etwas Besseres einfiel.

Einen neuen Anlauf zur Lösung des Problems unternahmen 1938 die US-Amerikaner Ruben und Kamen, die sich vornahmen, die Chemie des Blattgrüns mit Hilfe von Tracern zu erforschen. Sie arbeiteten mit ^{18}O, dem seltenen, aber stabilen Sauerstoffisotop, und gelangten zu einem eindeutigen Befund: Wenn das einer Pflanze verabreichte Wasser mit ^{18}O markiert ist, so taucht der Tracer in dem von der Pflanze ausgeschiedenen Sauerstoff wieder auf; wenn dagegen nur das von der Pflanze »eingeatmete« Kohlendioxid mit dem Tracer versehen wird, findet dieser sich im »ausgeatmeten« Sauerstoff nicht wieder. Damit war ziemlich klar, daß der von den Pflanzen abgegebene Sauerstoff nicht vom Kohlendioxid stammt, wie es die Formaldehyd-Theorie unterstellte, sondern vom Wasser.

Ruben und seine Mitarbeiter versuchten, den Weg der Kohlenstoffatome in der Pflanze durch alle Umsetzungen hindurch zu verfolgen, indem sie das Kohlendioxid mit dem radioaktiven Isotop ^{11}C (dem einzigen zu jener Zeit bekannten radioaktiven Kohlenstoffnuklid) markierten. Dieser Versuch schlug fehl. Das lag hauptsächlich daran, daß einerseits ^{11}C eine Halbwertzeit von nur 20,5 Minuten hat und daß andererseits den Forschern zu jener Zeit kein Verfahren zu Gebote stand, das es gestattet hätte, die einzelnen chemischen Bestandteile der Pflanzenzelle schnell und eindeutig genug zu isolieren und zu identifizieren.

Dann jedoch, zu Beginn der 40er Jahre, verfügte man über das erforderliche Instrumentarium. Ruben und Kamen entdeckten das langlebige Radioisotop ^{14}C, das die Möglichkeit eröffnete, die Spur markierter Kohlenstoffatome durch eine Sequenz von Reaktionen hindurch zu verfolgen. Darüber hinaus stand nunmehr mit der jüngst entwickelten Papierchromatographie eine Technik zur Verfügung, die es erlaubte, komplexe (d. h. aus vielen Komponenten bestehende) Gemische schnell und zuverlässig zu analysieren. (Die Markierung mit radioaktiven Isotopen ermöglichte übrigens sogar eine sehr praktische Weiterentwicklung der Papierchromatographie: Die radioaktiven Bereiche auf dem Papier, die eine markierte Substanz ver-

körpern, erzeugen auf einer daruntergelegten fotografischen Platte dunkle Flecken, so daß das Chromatogramm sozusagen selbsttätig ein Röntgenbild von sich anfertigt – man nennt diese Technik *Autoradiographie*.)

Nach Ende des Zweiten Weltkriegs nahm eine andere, von dem Biochemiker Melvin Calvin geleitete amerikanische Forschergruppe den Faden auf. Die Wissenschaftler brachten mikroskopisch kleine einzellige Pflanzen (sogenannte Chlorella) jeweils für kurze Zeitspannen mit Kohlendioxid zusammen, das ^{14}C enthielt – für kurze Zeitspannen deshalb, weil sie erreichen wollten, daß der photosynthetische Prozeß nur seine allerersten Stadien durchlief. Die Pflanzenzellen wurden anschließend zerstampft und in Lösung gebracht und mittels Papierchromatogramm bzw. Autoradiographie analysiert.

Das Ergebnis war erstaunlich: Selbst in den Fällen, in denen die Zellen dem markierten Kohlendioxid nur eineinhalb Minuten ausgesetzt gewesen waren, tauchten die radioaktiven Kohlenstoffatome danach in bis zu fünfzehn verschiedenen Zellsubstanzen auf. Durch zunehmende Verringerung der Kontaktzeit reduzierten die Wissenschaftler die Anzahl der Substanzen, in denen sich das ^{14}C wiederfand; auf diese Weise machten sie schließlich diejenige Verbindung ausfindig, die sich als erste (oder zumindest als eine der ersten) das von der Pflanze eingeatmete Kohlendioxid einverleibt; es war dies eine Substanz namens Glycerylphosphat. (Niemals tauchte bei den Versuchen eine Spur von Formaldehyd auf; die altehrwürdige Formaldehyd-Theorie verschwand sang- und klanglos in der Versenkung.)

Das Glycerylphosphat enthält drei Kohlenstoffatome. Da sich in der Zelle kein Vorläufer dieses Stoffes mit einem oder zwei Kohlenstoffatomen finden ließ, war man sich zunächst nicht darüber im klaren, auf welche Weise er zustande kam. Man fand zwei weitere phosphathaltige Verbindungen, die innerhalb sehr kurzer Zeit markierten Kohlenstoff aufnahmen: das Ribulose-Diphosphat (fünf Kohlenstoffatome enthaltend) und das Sedoheptulose-Phosphat (sieben Kohlenstoffatome umfassend), beide Angehörige der Zuckerfamilie. Die Forscher identifizierten eine Reihe von Enzymen, die die unter Beteiligung dieser Zucker ablaufenden Reaktionen katalytisch steuern, studierten diese Reaktionen und rekonstruierten den

Weg, den das Kohlendioxid in der Zelle nimmt. Als dasjenige Reaktionsschema, das der Gesamtheit ihrer Daten am besten gerecht wurde, ergab sich das folgende:

Als erstes wird dem fünf Kohlenstoffatome enthaltenden Ribulose-Diphosphat Kohlendioxid zugesetzt, wodurch es sich in eine Verbindung mit sechs Kohlenstoffatomen verwandelt. Diese spaltet sich sogleich in zwei Teile, wodurch Glycerylphosphat (drei Kohlenstoffatome) entsteht. Daran schließt sich eine Sequenz von Reaktionen unter Mitwirkung des Sedoheptulose-Phosphats und anderer Verbindungen an, die bewirken, daß jeweils zwei Glycerylphosphat-Moleküle sich zu einem Glukosephosphat-Molekül (mit sechs Kohlenstoffatomen) zusammenschließen. Unterdessen hat sich in einem zyklischen Teilprozeß dieses Konzerts von Reaktionen wieder Ribulose-Diphosphat gebildet, das erneut ein Kohlendioxid-Molekül aufnimmt.

Unter energetischen Gesichtspunkten betrachtet, ist diese Synthese die Umkehrung des Zitronensäure-Zyklus'. Während bei diesem die Abbauprodukte des Kohlenhydrat-Stoffwechsels zu Kohlendioxid zersetzt werden, werden beim Ribulose-Diphosphat-Zyklus Kohlenhydrate aus Kohlendioxid aufgebaut. Der Zitronensäure-Zyklus produziert Energie für den Organismus; der Ribulose-Diphosphat-Zyklus verbraucht dagegen Energie.

Unter dieser Perspektive fügen sich die Resultate der früheren Forschungsarbeiten Rubens und Kamens gut in das Bild ein: Die Energie des Sonnenlichts wird, unter Ausnutzung der katalytischen Wirksamkeit des Chlorophylls, zur Aufspaltung von Wassermolekülen in Wasserstoff und Sauerstoff verwendet; ein solcher Vorgang wird als *Photolyse* bezeichnet (abgeleitet aus griechischen Wörtern mit der Bedeutung »Trennung durch Licht«). Dieser Vorgang repräsentiert eine Umwandlung der Strahlungsenergie des Sonnenlichts in chemische Energie, denn Wasserstoff und Sauerstoff enthalten nach der Trennung mehr Energie als das Wassermolekül, das sie zuvor bildeten.

Normalerweise erfordert es einen hohen Energieaufwand, Wassermoleküle in Wasserstoff und Sauerstoff aufzuspalten; man muß dazu beispielsweise Wasser auf etwa 2000 °C erhitzen oder einen starken elektrischen Strom hindurchschicken. Das Chlorophyll erledigt die Aufgabe jedoch mühelos

bei normalen Temperaturen. Es braucht dazu weiter nichts als die relativ geringe Energie des sichtbaren Lichts. Pflanzen nutzen die Lichtenergie, die sie aufnehmen, mit einem Wirkungsgrad von mindestens 30%; manche Forscher glauben, daß unter idealen Bedingungen ein Wirkungsgrad von nahezu 100% möglich ist. Wenn wir Menschen unsere Energiequellen so effektiv nutzen könnten wie die Pflanzen das Sonnenlicht, bräuchten wir uns über die zukünftige Versorgung der Menschheit mit Nahrungsmitteln und Energie weit weniger Sorgen zu machen.

Die Hälfte der bei der Spaltung der Wassermoleküle anfallenden Wasserstoffatome geht in den Ribulose-Diphosphat-Zyklus ein, während die Hälfte der Sauerstoffatome an die Luft abgegeben wird. Der Rest des Wasserstoffs und Sauerstoffs verbindet sich wieder zu Wasser. Dabei wird genau jene Energie, die bei der Aufspaltung der Wassermoleküle verbraucht und als chemische Energie in den Spaltprodukten gebunden wurde, wieder abgegeben und auf energiereiche Phosphatverbindungen wie ATP übertragen. Die in diesen Verbindungen gespeicherte Energie wird dann dazu genutzt, den Ribulose-Diphosphat-Zyklus in Gang zu halten. Calvin erhielt für seine Leistungen bei der Erforschung der Chemie der Photosynthese 1961 den Chemie-Nobelpreis.

Wir sollten darüber nicht vergessen, daß es auch Lebensformen gibt, die Energie aus ihrer Umwelt gewinnen können, ohne über Chlorophyll zu verfügen. Um 1880 wurden erstmals sogenannte Chemosynthese-Bakterien entdeckt, Organismen, die in Abwesenheit von Licht Kohlendioxid aufnehmen und verarbeiten können und dabei keinen Sauerstoff produzieren. Manche von ihnen oxidieren Schwefelverbindungen, andere Eisenverbindungen, um Energie zu gewinnen; wieder andere gehen noch ausgefallenere Wege.

Schließlich gibt es auch noch Bakterien, die über chlorophyllähnliche Substanzen (»Bakteriochlorophyll«) verfügen, was ihnen die Fähigkeit verleiht, mit Hilfe des Sonnenlichts Kohlendioxid in organische Verbindungen umzuwandeln; manche Arten sind in der Lage, infrarotes Licht (im Bereich des nahen Infrarots) zu nutzen, wozu gewöhnliches Chlorophyll nicht imstande ist. Nur das »echte« Chlorophyll besitzt die Fähigkeit, Wassermoleküle zu spalten und einen entsprechend hochkarätigen Energievorrat anzuhäufen und zu verwalten; das Bakteriochlorophyll muß sich mit weit geringeren Energieumsätzen zufriedengeben.

Alle Varianten der Energiegewinnung, die neben der Photosynthese, der Nutzung des Sonnenlichts mittels des Chlorophylls in der Natur noch existieren, führen im Grunde ein Nischendasein ohne Evolutionsperspektive, d. h. sie verdanken ihre Existenz irgendwelchen seltenen und spezifischen Umweltbedingungen, die so lebensfeindlich sind, daß kein höher organisiertes Lebewesen als ein Bakterium sich an sie anzupassen und aus ihnen Nutzen zu ziehen vermag. Für die überwältigende Mehrzahl aller Organismen sind das Chlorophyll und die Photosynthese mittelbar oder unmittelbar der Born des Lebens.

Kapitel 3

Die Zelle

Chromosomen

Es ist ein kurioses Paradoxon, daß wir Menschen bis vor kurzem sehr wenig über unseren eigenen Körper gewußt haben. Erst drei Jahrhunderte ist es her, daß wir uns der Tatsache bewußt geworden sind, daß das Blut in unserem Leib zirkuliert. Über die Funktion vieler unserer *Organe* haben wir erst im Lauf der letzten fünf oder sechs Jahrzehnte Klarheit gewonnen.

Natürlich kannten schon die Menschen der vorgeschichtlichen Zeit durch das Zerlegen getöteter Tiere und durch das Einbalsamieren ihrer verstorbenen Mitmenschen die großen Organe: Gehirn, Leber, Herz, Lunge, Magen, Gedärm, Nieren. Ein Zeichen für die Bedeutung, die diesen Organen beigemessen wurde, war die Tatsache, daß die inneren Organe eines rituell geopferten Tieres, insbesondere die Leber, bei bestimmten magischen Zeremonien, bei denen die Zukunft vorausgesagt oder die Gunst oder Ungunst der Götter ermittelt wurde, eine Rolle spielte. Ägyptische Papyrusbilder, auf denen eindeutig chirurgische Techniken dargestellt sind und die eine gewisse Vertrautheit mit dem Innenleben des menschlichen Körpers verraten, lassen Rückschlüsse bis ins 3. Jahrtausend v. Chr. zu.

Die alten Griechen gingen so weit, daß sie Tierkadaver und gelegentlich auch einmal einen menschlichen Leichnam in der erklärten Absicht sezierten, etwas über deren *Anatomie* (gebildet aus griechischen Wörtern mit der Bedeutung »aufschneiden«) zu erfahren. Dabei wurden erstaunliche Feststellungen gemacht: Alkmaion von Kroton beschrieb um 500 v. Chr. als erster den Sehnerv und die Eustachische Röhre. Zwei Jahrhunderte später begründeten im ägyptischen Alexandria

(damals das Weltzentrum der Wissenschaft) die Griechen Herophilos und Erasistratos (sein Schüler) eine berühmte anatomische Schule. Sie untersuchten das Gehirn und unterteilten es in *Cerebrum* (Großhirn) und *Cerebellum* (Kleinhirn); sie untersuchten auch Nervenstränge und Blutgefäße.

Den Höhepunkt ihrer Entwicklung erreichte die Anatomie des Altertums mit dem griechischen Arzt Galen, der in der 2. Hälfte des 2. Jahrhunderts n. Chr. in Rom praktizierte. Er arbeitete eine Theorie der Körperfunktionen aus, die während der folgenden fünfzehn Jahrhunderte das Evangelium der Ärzte blieb. Dabei steckten seine Thesen über den menschlichen Leib voller kurioser Irrtümer – verständlicherweise, bezogen doch die Anatomen des Altertums ihre Kenntnisse zum größten Teil aus der Sezierung von Tieren. Den menschlichen Körper zu zerlegen, dagegen bestanden aus diesen oder jenen Gründen Bedenken und Skrupel.

Die frühen Christen erhoben gegen die heidnischen Griechen den Vorwurf, verwerfliche Vivisektionen an Menschen vorgenommen zu haben. Wir dürfen dies jedoch als polemische Stimmungsmache abhaken: Während es durch nichts erwiesen ist, daß die Griechen jemals menschliche Vivisektionen vorgenommen haben, steht es fest, daß sie nicht einmal genügend menschliche Leichname seziert haben, um Nennenswertes über die Anatomie des menschlichen Körpers in Erfahrung zu bringen. Das kirchliche Verbot der Leichenöffnung schob jedenfalls das Mittelalter hindurch jeglicher anatomischen Forschung einen Riegel vor. Erst als sich diese Periode der Geschichte ihrem Ende zuneigte, wurden anatomische Studien wieder möglich. 1316 verfaßte der italienische Anatom Mondino de Luzzi das erste ausschließlich anatomischen Fragen gewidmete Buch; er gilt daher als der Wiederbegründer der Anatomie.

Als die Renaissance das Interesse an naturalistisch gestalteten Kunstwerken wieder aufleben ließ, kam dies auch der anatomischen Forschung zugute. Im 15. Jahrhundert führte Leonardo da Vinci einige Sektionen durch, die neue Erkenntnisse über anatomische Sachverhalte erbrachten, Erkenntnisse, die in sein geniales künstlerisches Werk einflossen. Er zeigte die S-förmige Krümmung der Wirbelsäule und die von den Gesichts- und Stirnknochen umschlossenen Hohlräume. Er leitete aus den Resultaten seiner Studien physiologische Theorien ab, die über jene des Galen erhaben waren. Allein, Leonardo besaß, obwohl unzweifelhaft ein Genie auf wissenschaftlichem wie auf künstlerischem Gebiet, kaum Einfluß auf das wissenschaftliche Denken seiner Zeit. Er verzichtete, sei es aus irrationaler Abneigung, sei es aus rationaler Vorsicht, darauf, seine naturwissenschaftlichen Befunde zu veröffentlichen, hielt sie regelrecht geheim, indem er sie in verschlüsselter Schrift in seinen Notizbüchern niederlegte. Es blieb späteren Generationen vorbehalten, nach der schließlichen Veröffentlichung dieser Notizbücher seine wissenschaftlichen Leistungen zu würdigen.

Der französische Arzt Jean Fernel war der erste, der das Sezieren zu einem wichtigen Bestandteil der ärztlichen Aufgabe erklärte. Er veröffentlichte 1542 ein anatomisches Lehrbuch. Schon ein Jahr später wurde diese Veröffentlichung allerdings durch ein weit umfangreicheres Werk in den Schatten gestellt: das berühmte Buch *De Humani Corporis Fabrica* (»Vom Aufbau des menschlichen Körpers«) von Andreas Vesal, einem Belgier, der den größten Teil seines Arbeitslebens in Italien zubrachte. Ausgehend von der Überzeugung, der angemessenste Gegenstand des menschlichen Erkenntnisstrebens sei der Mensch selbst, nahm Vesal den menschlichen Körper auseinander und gelangte zu Einsichten, die ihm die Korrektur zahlreicher Irrtümer Galens ermöglichten. Die anatomischen Zeichnungen in seinem Buch (angeblich von Jan Stevenzoon van Kalkar, einem Schüler Tizians) sind so schön und präzise, daß sie noch heute nachgedruckt werden und als zeitlose Klassiker gelten können. Man kann Vesal den Vater der modernen Anatomie nennen. Sein Buch war auf seine Art ebenso revolutionär wie Kopernikus' Werk *De Revolutionibus Orbinum Coelestium,* das im gleichen Jahr erschien.

Wie Galilei die von Kopernikus eingeleitete Revolution, krönte William Harvey mit seinen epochemachenden Entdeckungen die von Vesal in Gang gesetzte. Harvey, ein englischer Arzt und Naturforscher, gehörte der gleichen Generation an wie Galilei und William Gilbert, der Erforscher des Magnetismus. Harveys besonderes Interesse galt jenem offensichtlich lebenswichtigen Körpersaft, dem Blut. Welche Aufgaben verrichtete es im Körper?

Man wußte bereits, daß es zwei Arten von Blutgefäßen gab: *Venen* und *Arterien.* (Praxagoras von Kos, ein griechischer Arzt des 3. vorchristlichen Jahrhunderts, hatte die Bezeichnung Arterie – abgeleitet von dem griechischen Ausdruck für »ich enthalte Luft« – geprägt, da diese Gefäße sich, wenn man einen Leichnam sezierte, stets als leer erwiesen. Galen hatte später gezeigt, daß sie im lebenden Körper blutgefüllt sind.) Man wußte ferner, daß das schlagende Herz das Blut irgendwie in Bewegung setzte, denn wenn man eine Arterie aufschnitt, drang das Blut stoßweise, und zwar synchron mit dem Herzschlag, heraus.

Galen hatte die Vermutung geäußert, daß das Blut in den Blutgefäßen oszilliert, d. h. den Körper abwechselnd erst in eine und dann in die andere Richtung durchfließt. Im Rahmen dieser Theorie sah er sich gezwungen, zu erklären, weshalb die Hin-und-her-Bewegung des Blutes nicht von der Wand zwischen den beiden Herzhälften blockiert wird; er behalf sich einfach mit der Behauptung, die Wand weise eine Vielzahl unsichtbar kleiner Löcher auf, durch die das Blut hindurchströmen könne.

Harvey nahm das menschliche Herz genauer unter die Lupe. Er stellte fest, daß die beiden Herzhälften in jeweils zwei Kammern unterteilt sind, die durch eine Ventilklappe voneinander getrennt sind, so daß zwar Blut von der oberen Kammer, dem sogenannten *Vorhof,* in die untere oder eigentliche Kammer fließen kann, aber nicht umgekehrt. Mit anderen Worten: Blut, das in einen der beiden Vorhöfe eintritt, kann in die dazugehörige Kammer und von dort aus in die von ihr abgehenden Blutgefäße gepumpt werden, doch in die umgekehrte Richtung ist kein Blutfluß möglich.

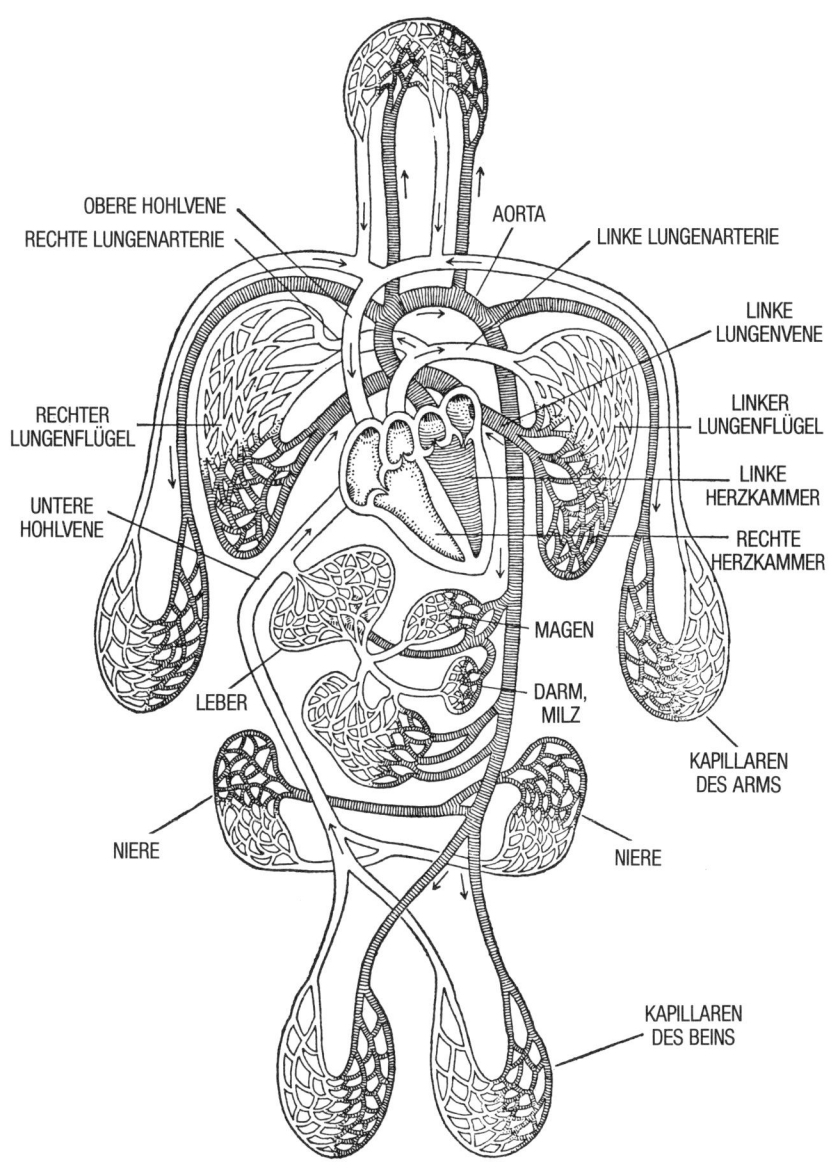

OBERE HOHLVENE

RECHTE LUNGENARTERIE

AORTA

LINKE LUNGENARTERIE

LINKE LUNGENVENE

RECHTER LUNGENFLÜGEL

LINKER LUNGENFLÜGEL

UNTERE HOHLVENE

LINKE HERZKAMMER

RECHTE HERZKAMMER

MAGEN

LEBER

DARM, MILZ

KAPILLAREN DES ARMS

NIERE

NIERE

KAPILLAREN DES BEINS

Der menschliche Blutkreislauf.

Harvey führte einige einfache, aber sehr überlegte Experimente durch, um die Fließrichtung des Blutes in den verschiedenen Blutgefäßen zu ermitteln. So band er beispielsweise bei lebenden Tieren eine Arterie oder eine Vene ab, um festzustellen, auf welcher Seite der Sperre sich das Blut staute. Er fand, daß der Blutstau, wenn er eine Arterie abband, stets auf der in Richtung des Herzens weisenden Seite der Sperre auftrat. Also mußte das in den Arterien fließende Blut vom Herzen herkommen. Wenn er dagegen eine Vene abband, staute sich das Blut stets auf der herzabgewandten Seite; das Venenblut mußte also zum Herzen hin strömen. Ein weiteres Indiz dafür, daß die Blutgefäße ein Einbahnsystem darstellten, sah Harvey in der Tatsache, daß sich in den größeren Venen Klappen finden, die einen Blutfluß vom Herzen weg verhindern. Diese Ventilklappen hatte Harveys Lehrer, der italienische Anatom Hieronymus Fabrizzi, entdeckt (der auch unter seinem latinisierten Namen Fabricius bekannt ist). Fabricius hatte freilich, noch zu sehr im Banne der Galenischen Tradition stehend, die eigentlich unausweisliche Schlußfolgerung nicht zu ziehen gewagt, so daß sein englischer Schüler den Ruhm alleine erntete.

In der Folge untersuchte Harvey den Blutfluß mit quantitativen Meßmethoden näher. (Es war dies das erste Mal, daß mathematische Methoden zur Erforschung eines biologischen Problems angewandt wurden.) Seine Messungen ergaben für das menschliche Herz eine Pumpleistung, die ausreichen würde, um das gesamte im Körper vorhandene Blut innerhalb von zwanzig Minuten »umzuwälzen«. Es erschien ihm nicht sinnvoll, anzunehmen, daß der Organismus in so kurzer Zeit eine so große Menge neuen Blutes produzieren oder alten Blutes verbrauchen konnte. Es gab somit nur eine logische Schlußfolgerung: daß das Blut durch den Körper zirkulierte. Da es in den Arterien vom Herzen weg und in den Venen dem Herzen zufloß, stand für Harvey fest, daß das Blut vom Herzen in die Arterien gepumpt wird, aus diesen in die Venen übergeht, in den Venen zum Herzen zurückfließt, wieder in die Arterien gepumpt wird usw., daß es, mit anderen Worten, beständig in derselben Richtung durch das Herz- und Blutgefäßsystem zirkuliert. Frühere Anatomen, darunter Leonardo da Vinci, hatten dahingehende Vermutungen bereits geäußert, doch war Harvey der erste, der diese Theorie

dezidiert aussprach und detailliert überprüfte. Er machte seine Überlegungen und Experimente der Öffentlichkeit in einem kleinen, schlecht gedruckten Büchlein mit dem Titel *De Motu Cordis* (»Über die Bewegung des Herzens«) zugänglich, das 1628 erschien und seither als eines der klassischen Werke der Naturwissenschaft gilt.

Die eine große Frage, die Harvey offenließ, war: Wie geht das Blut von den Arterien in die Venen über? Harvey mutmaßte, daß es irgendwelche Verbindungskanäle geben müsse, zu klein, um sichtbar zu sein. Dies erinnerte ein wenig an die Theorie Galens von den unsichtbar kleinen Löchern in der Herzscheidewand; während diese jedoch niemals gefunden wurden und auch nicht existieren, tauchten die von Harvey postulierten Verbindungskanäle in dem Augenblick auf, als das Mikroskop zur Verfügung stand. 1661, nur vier Jahre nach Harveys Tod, untersuchte ein italienischer Arzt namens Marcello Malpighi mittels eines primitiven Mikroskops das Lungengewebe eines Frosches, und siehe da, er fand winzige Blutgefäße, die die Arterien mit den Venen verbanden. Malpighi nannte sie *Kapillaren,* nach dem lateinischen Wort für Haar. (Schematische Darstellung des Herz-Kreislauf-Systems siehe *Abb.*)

Das Mikroskop ermöglichte auch die Sichtbarmachung anderer Mikrostrukturen: Der holländische Naturforscher Jan Swammerdam entdeckte die *roten Blutkörperchen,* der holländische Anatom Regnier de Graaf in tierischen Eierstöcken die nach ihm benannten winzigen *Follikel.* Kleinlebewesen wie etwa Insekten konnten nun eingehend studiert werden.

Die neuen Arbeitsmöglichkeiten, die das Mikroskop bot, bewogen die Forscher dazu, Detailvergleiche zwischen den Gewebsstrukturen verschiedener Arten von Lebewesen anzustellen. Der englische Botaniker Nehemiah Grew war der erste bedeutende vergleichende Anatom. Er veröffentlichte 1675 seine vergleichenden Untersuchungen der Struktur von Stämmen verschiedener Baumarten und 1681 eine Vergleichsstudie über die Mägen verschiedener Tierarten.

Die Theorie der Zelle

Jenseits aller dieser Funde machte das Mikroskop die Biologen mit einer grundlegenderen Organi-

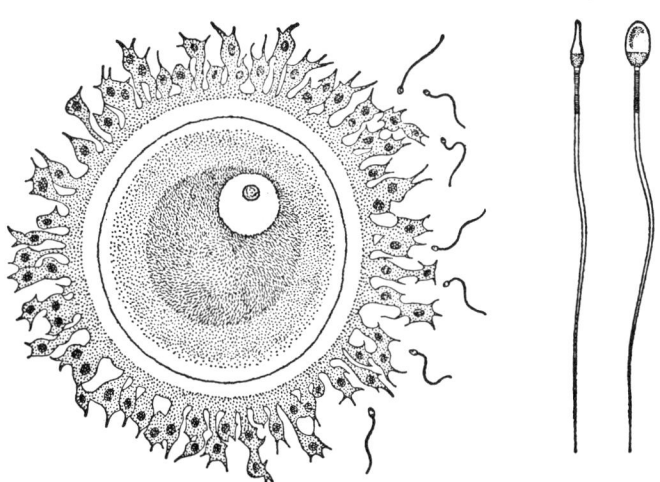

Eizelle und Samenzellen des Menschen.

sationseinheit lebender Systeme bekannt, mit einer Strukturebene, auf der alle funktionalen Teile des Organismus auf einen einheitlichen Baustein reduziert schienen. Der englische Forscher Robert Hooke, der mit einem selbstgebauten Mehrlinsen-Mikroskop arbeitete, machte 1665 die Entdeckung, daß Kork (die Rinde der Korkeiche) sich aus äußerst winzigen »Kämmerchen«, ähnlich wie ein superfeiner Schwamm, zusammensetzt. Er nannte diese Gebilde *Zellen,* in Anlehnung an die Schlafkammern von Mönchen und Nonnen in Klöstern. Andere mit dem Mikroskop arbeitende Forscher fanden in lebendem Gewebe ähnliche, jedoch mit Flüssigkeit gefüllte Zellen.

Während der folgenden eineinhalb Jahrhunderte dämmerte es den Biologen allmählich, daß jegliches lebende Gewebe aus Zellen aufgebaut ist und daß jede Zelle in gewisser Weise eine selbständige Lebenseinheit darstellt. Bei manchen Lebensformen besteht ein Individuum aus nur einer Zelle; bei größeren Lebensformen besteht jedes Individuum aus einer großen Zahl zusammenwirkender Zellen. Einer der ersten, die diese Auffassung vertraten, war der französische Physiologe René J. H. Dutrochet. Seine 1824 veröffentlichte Schrift blieb jedoch unbeachtet; die Zellentheorie rückte erst in den Blickpunkt, nachdem die deutschen Biologen Matthias Jakob Schleiden und Theodor Schwann sie unabhängig voneinander 1838 bzw. 1839 formuliert hatten.

Die kolloidale Flüssigkeit, mit der bestimmte Zellen gefüllt sind, wurde 1839 von dem tschechischen Physiologen Jan E. Purkinje mit dem Namen *Protoplasma* (»erste Form«) versehen; der deutsche Botaniker Hugo von Mohl dehnte diese Benennung auf den flüssigen Inhalt aller Zellen aus. Der deutsche Anatom Max Johann Schultze erhob das Protoplasma zur »physischen Grundlage des Lebens« und wies nach, daß das Protoplasma aller Zellen, ob sie zu Pflanzen oder Tieren, zu primitiven oder hoch organisierten Lebewesen gehören, im wesentlichen ein und dieselbe Substanz ist.

Die Zellentheorie ist für die Biologie in etwa dasselbe wie die Atomtheorie für Chemie und Physik. Endgültig klar wurde man sich über die Bedeutung der Zelle für alle Lebensvorgänge, als der deutsche Pathologe Rudolf Virchow um 1860 den Satz prägte, daß alle Zellen aus Zellen entstehen. Er konnte nachweisen, daß die sich in erkranktem Gewebe befindenden Zellen durch Teilung ursprünglich gesunder Zellen entstanden waren.

Zu diesem Zeitpunkt hatte man bereits erkannt, daß jedes Lebewesen aus einer einzelnen Zelle entsteht. Einer der ersten Mikroskopierer, Johann Ham, ein Assistent Leeuwenhoeks, hatte in tierischem Sperma winzige Lebewesen entdeckt, die später den Namen *spermatozoa* erhielten (griechisch für »Samentiere«). 1827 fand und identifizierte der deutsche Physiologe Karl Ernst von Baer in den Fortpflanzungsorganen weiblicher Säugetiere Eizellen oder *ovae (Abb.).* Die Biologen erkannten, daß aus der Vereinigung einer Eizelle mit einem Spermatozoon ein befruchtetes Ei hervorgeht, das sich dann, über ständige Zellteilungen, zum Embryo und Fetus weiterentwickelt.

93

Große Lebewesen besitzen nicht etwa größere Zellen als kleine Lebewesen; sie besitzen mehr davon. Die Zellen selbst bleiben in der Regel bei ihrer »Standardgröße«, d. h. mikroskopisch klein. Die typische pflanzliche oder tierische Zelle hat einen Durchmesser von 5 bis 40 Mikrometern (ein Mikrometer entspricht einem Tausendstel-Millimeter) und liegt damit unterhalb der Grenze, bei der das menschliche Auge ein Objekt gerade noch zu erkennen vermag (diese Grenze liegt bei etwa 100 Mikrometern).

Ungeachtet ihrer Winzigkeit ist die Zelle keineswegs nur ein von einem Häutchen umschlossenes, nicht weiter strukturiertes Protoplasmatröpfchen. Sie weist vielmehr eine komplizierte Feinstruktur auf, die erst im Lauf des 19. Jahrhunderts Schritt für Schritt sichtbar gemacht werden konnte. In diesen zellularen Mikrokosmos mußten die Biologen vordringen, um die Antworten auf viele Grundfragen des Lebens zu finden.

Nachdem man beispielsweise erkannt hatte, daß Organismen durch die Teilung und Vervielfachung ihrer Zellen wachsen, stellte sich die Frage: Wie teilt sich eine Zelle? Das Geheimnis der Antwort birgt ein kleines, aus vergleichsweise dichtem Material bestehendes Klümpchen innerhalb der Zelle, das etwa ein Zehntel des Zellvolumens einnimmt. Robert Brown (der Entdecker der Brownschen Bewegung) berichtete als erster über dieses Gebilde und nannte es den *Zellkern* oder *Nukleus*.

Als man einen Einzeller in zwei Teile zerschnitt, von denen einer den intakten Zellkern enthielt, stellte sich heraus, daß dieser Teil wachsen und sich teilen konnte, der andere dagegen, der keinen Kern enthielt, nicht. (Später fand man auch heraus, daß die roten Blutkörperchen der Säugetiere, die kernlose Zellen sind, weder zu wachsen noch sich zu teilen vermögen und nur eine kurze Lebensdauer haben. Aus diesem Grunde ist man von der früher gebräuchlichen Bezeichnung »Blutzellen« abgekommen.)

Einem weiteren Studium des Zellkerns und des Mechanismus' seiner Teilung stand der Umstand entgegen, daß die Zelle mehr oder weniger durchsichtig ist, so daß ihre Binnenstruktur optisch nicht zu erkennen ist. Die Situation besserte sich, als man herausfand, daß gewisse Farbstoffe Teile der Zelle einfärben, andere hingegen ungefärbt lassen. Ein Farbstoff namens *Hämatoxylin* (man

gewann ihn aus Blauholz) färbte den Zellkern schwarz, so daß er sich deutlich vom Protoplasma abhob. Nachdem Perkin und andere Chemiker mit der Entwicklung synthetischer Farbstoffe begonnen hatten, erschloß sich den Biologen nach und nach eine ganze Palette von Farbstoffen, aus denen sie den für den jeweiligen Anwendungszweck geeigneten aussuchen konnten.

1879 stellte der deutsche Biologe Walther Flemming fest, daß er mit bestimmten roten Farbstoffen ein Material einzufärben vermochte, das in Form kleiner Körnchen den Zellkern erfüllte. Er nannte diese Substanz *Chromatin* (nach dem griechischen Wort für »Farbe«). Im Zuge der Untersuchungen, denen er dieses Material unterzog, konnte Flemming einige der Veränderungen beobachten, die sich beim Vorgang der Zellteilung vollzogen. Natürlich nicht in flagranti, denn bei der Einfärbung wurde die Zelle abgetötet; aber jeder gefärbte Gewebeschnitt enthielt so viele Zellen, daß immer auch einige darunter waren, die sich in verschiedenen Phasen der Zellteilung befanden. Diese Momentaufnahmen brauchte er nur in der richtigen Reihenfolge anzuordnen, und er hatte so etwas wie ein Phasenschema des Vorgangs der Zellteilung vor sich.

Im Jahr 1882 veröffentlichte Flemming ein bedeutendes Buch, in dem er den Vorgang detailliert beschrieb. Am Beginn des Teilungsprozesses organisiert sich das Chromatin im Zellkern zu Fäden. Die dünne Membran, die den Kern umgibt, scheint sich aufzulösen; gleichzeitig zerfällt ein winziges, sehr nahe am Zellkern befindliches Objekt in zwei Teile. Flemming nannte dieses Objekt *Aster* (nach dem griechischen Wort für »Stern«), weil Fäden, die wie Zacken aus ihm heraussprossen, ihm ein sternartiges Aussehen verliehen. Die beiden Teile des Aster wandern nach ihrer Trennung in entgegengesetzte Richtung davon. Ihre Fäden, die sie nachschleppen, scheinen die Chromatinfäden zu umgarnen, die sich unterdessen in der Zellmitte aufgereiht haben, und jedes Aster zieht die Hälfte der Chromatinfäden auf seine Seite der Zelle. Das hat zur Folge, daß die Zelle in der Mitte sozusagen einknickt und sich in zwei Zellen aufspaltet. In beiden Teilen entwickelt sich ein Zellkern, und das von der Kernmembran eingeschlossene Chromatin zerfällt wieder zu Körnchen *(Abb.)*.

Flemming nannte den Prozeß der Zellteilung *Mi-

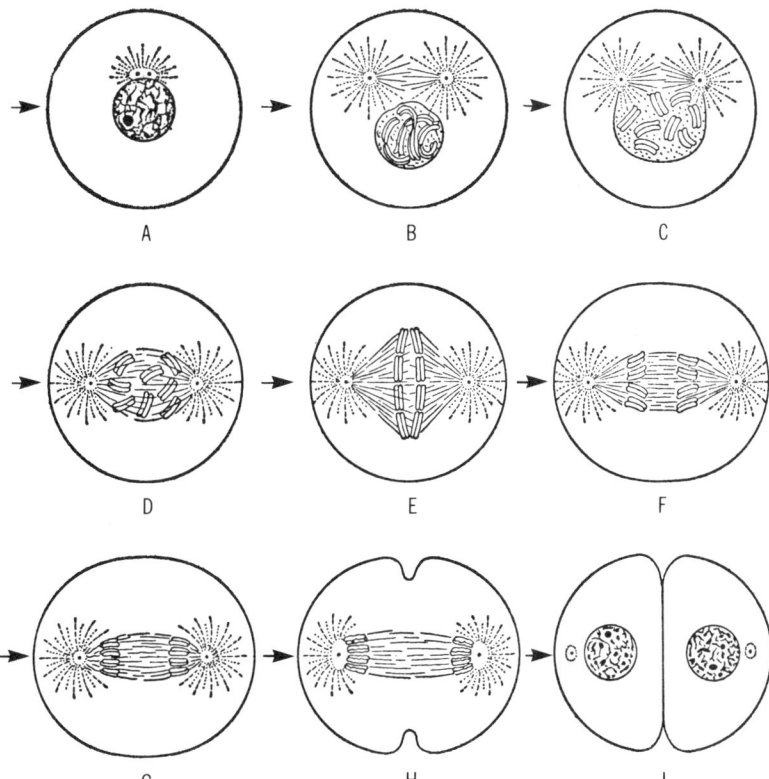

*Zellteilung
durch Mitose.*

tose (nach dem griechischen Wort für »Faden«), wegen der wichtigen Rolle, die die Chromatinfäden dabei zu spielen schienen. 1888 schlug der deutsche Anatom Wilhelm von Waldeyer für die Chromatinfäden die Bezeichnung *Chromosomen* vor (griechisch für »farbiger Körper«); bei diesem Namen ist es geblieben. Der Ordnung halber sollte nicht unerwähnt bleiben, daß die Chromosomen ungeachtet ihres Namens in ihrem natürlichen Zustand farblos sind; in diesem Zustand sind sie gegenüber ihrer ebenfalls farblosen Umgebung nur sehr schwer auszumachen. (Nichtsdestoweniger erblickte der deutsche Amateurbotaniker Wilhelm Hofmeister schon 1848 beim Studium von Blumenzellen diese Fäden, wenn auch nur schemenhaft.)

Wie das Studium eingefärbter Zellen in verschiedenen Stadien der Zellteilung ergab, enthält jede Zelle eine für jede Tier- bzw. Pflanzenart charakteristische und unveränderliche Zahl von Chromosomen. Bevor eine Zelle sich zweiteilt, verdoppelt sich die Zahl der Chromosomen, so daß danach jede der beiden Tochterzellen über die glei-

che Anzahl von Chromosomen verfügt wie die Mutterzelle.

Der belgische Embryologe Eduard van Beneden entdeckte 1885, daß die Chromosomen sich *nicht* verdoppeln, wenn Ei- und Samenzellen gebildet werden. Infolgedessen finden sich in jeder Ei- und jeder Samenzelle nur *halb* so viele Chromosomen wie in allen anderen Zellen des betreffenden Organismus. (Die Zellteilung, aus der Samen- und Eizellen hervorgehen, wird daher *Meiose* genannt, nach dem griechischen Ausdruck für »verringern«.) Wenn eine Ei- und eine Samenzelle sich verbinden, verfügt das Produkt, die befruchtete Eizelle, über einen vollständigen Chromosomensatz, zu dem das Muttertier (bzw. die Mutterpflanze) über die Eizelle und das Vatertier (bzw. die Vaterpflanze) über die Samenzelle je die Hälfte beigetragen haben. Dieser komplette Chromosomensatz wird sodann durch normale Mitose allen Zellen weitergegeben, die aus dem befruchteten Ei hervorgehen und schließlich den fertigen Organismus bilden.

Farbstoffe haben zwar die Chromosomen sichtbar

95

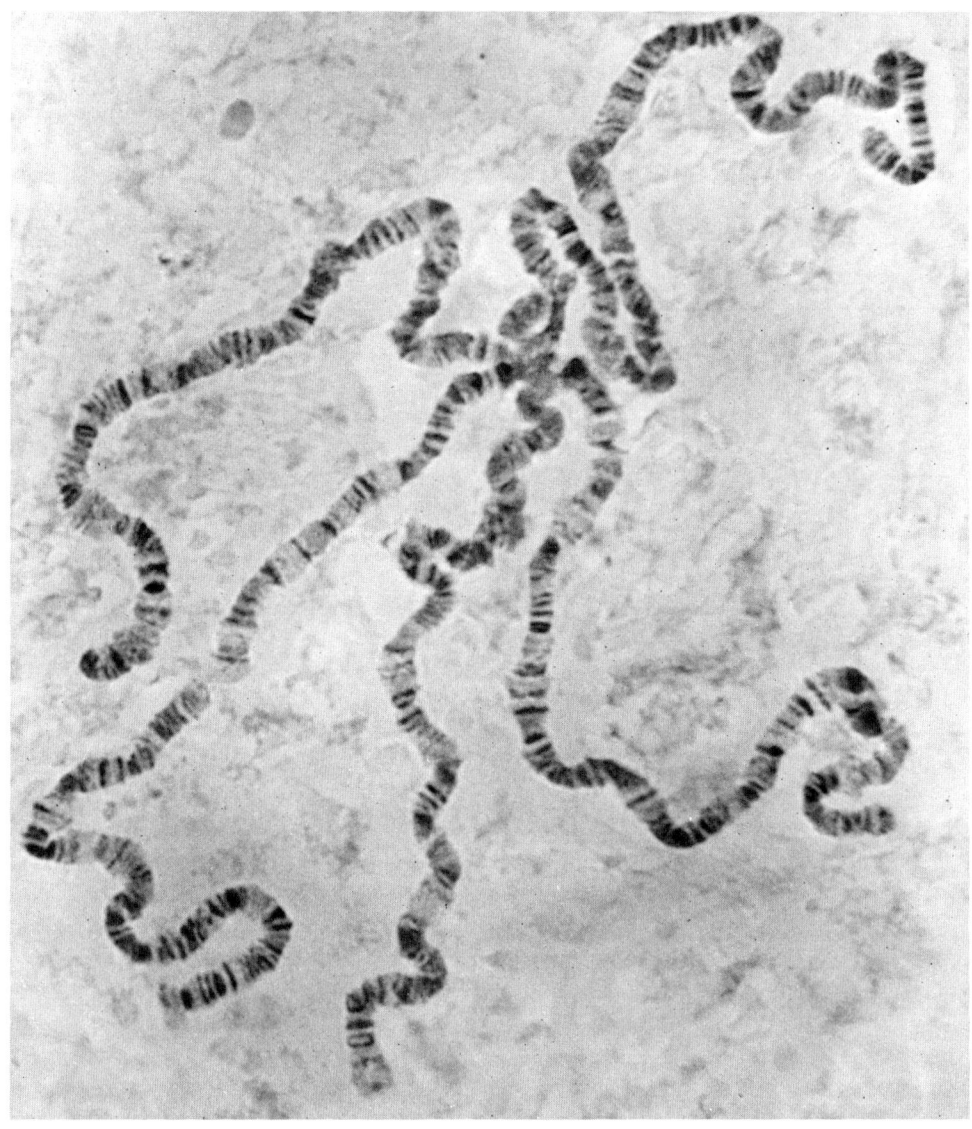

Normale Chromosomen von Drosophila (Taufliege). Aus: Franklyn Branley (Hrsg.), Scientist's Choice (New York o.J.). Mit Genehmigung des Verlages.

gemacht, doch helfen sie nicht weiter, wenn es darum geht, ein einzelnes Chromosom unter die Lupe zu nehmen – denn in der Regel sind alle Chromosomen miteinander verknäuelt. Man glaubte lange, jede menschliche Zelle enthalte 24 Chromosomenpaare. Erst 1956 ergab eine gewissenhaftere Nachzählung, daß es in Wirklichkeit 23 Paare sind.

Zum Glück ist dieses Problem inzwischen gelöst. Es wurde ein Verfahren entwickelt, dessen Trick darin besteht, die Zellen auf eine bestimmte Weise mit einer schwachen Salzlösung zu behandeln, woraufhin sie sich aufblähen und die Chromosomen auseinanderfließen. Man kann sie dann fotografieren und die fertige Fotografie so zerschneiden, daß jeder Schnipsel ein einzelnes Chromosom zeigt. Wenn man nun die Chromosomen zunächst paarweise und die Paare dann nach abnehmender Länge ordnet, erhält man einen Chromosomensatz oder ein *Karyogramm,* eine Aufnahme des Chromosomenbestandes der Zelle mit durchnumerierten Chromosomenpaaren.

Das Karyogramm kann in gewissen Fällen ein subtiles diagnostisches Hilfsmittel sein; die Verdoppelung und Aufteilung der Chromosomen bei der Mitose verläuft nämlich nicht in jedem Fall vollkommen akkurat. Zuweilen kommt es vor, daß ein Chromosom beschädigt wird oder sogar zerbricht. Manchmal geht bei der Aufteilung etwas schief, so daß eine der Tochterzellen ein Chromosom zuviel, die andere dafür eines zuwenig erhält. Solche »Betriebsunfälle« beeinträchtigen in jedem Fall die Funktionsfähigkeit der Zelle, oft so schwer, daß die Zelle von Haus aus funktionsunfähig ist. (Daß der Prozeß der Zellteilung im großen und ganzen so perfekt funktioniert, liegt also nicht etwa daran, daß keiner Zelle je ein Fehler unterliefe, sondern daran, daß der produzierte »Ausschuß« in aller Regel stillschweigend eliminiert wird.)

Es gibt freilich auch zelluläre Defekte, die sich nicht auf diese bequeme Weise fast von selbst erledigen, sondern fatale Folgen zeitigen. Diese gilt immer dann, wenn sich ein solcher Fehler bei der Meiose einschleicht, denn dann entsteht eine Ei- oder Samenzelle mit einer Irregularität im Chromosomenbestand. Wenn eine solche fehlerhafte Zelle in einen Befruchtungsvorgang verwickelt wird, ist das Ergebnis eine ebenso fehlerhafte befruchtete Eizelle. In den allermeisten Fällen sind solche Zellen überhaupt nicht entwicklungsfähig, d. h. es bildet sich aus ihnen kein Embryo. In einigen wenigen Fällen geschieht dies aber doch, und das bedeutet dann, daß jede Zelle im Körper des betreffenden Lebewesens den bereits in der Eizelle vorhanden gewesen Fehler aufweist; die Folge ist ein mehr oder weniger schwerwiegender angeborener Defekt.

Der am häufigsten auftretende Defekt dieser Art ist das sogenannte *Downsche Syndrom* (erstmals beschrieben 1866 von dem englischen Arzt John Down), das durchschnittlich bei jedem tausendsten Neugeborenen vorkommt. Es geht stets mit Schwachsinnigkeit einher; ein anderes seiner charakteristischen Symptome ist eine Schrägstellung der Augenlider, die der Augenpartie ein mongoloides Aussehen verleiht, so daß dieser Defekt häufig auch als *Mongolismus* bezeichnet wird. Da diese Schädigung aber völlig unabhängig von der Zugehörigkeit zu dieser oder jener Menschenrasse auftritt, scheint mir die Bezeichnung Mongolismus unglücklich gewählt.

Die Ursache des Down-Syndroms wurde erst 1959 entdeckt. Drei französische Genetiker – Jerome J. Lejeune, Marthe Gautier und Raymond Turpin – besorgten sich Körperzellen von drei Down-Kranken und zählten die darin enthaltenen Chromosomen; alle Zellen enthielten 47 Chromosomen, d. h. eines zuviel. »Schuld« daran war, wie sich in der Folge herausstellte, das Chromosom 21, das nicht doppelt, sondern dreifach vorhanden war. 1967 wurde das sozusagen spiegelbildliche Gegenstück zum Down-Syndrom entdeckt: Bei einem geistig zurückgebliebenen dreijährigen Mädchen fanden sich nur 45 Chromosomen pro Körperzelle, da das Chromosom 21 nur einfach vorhanden war. Es war dies das erste Mal überhaupt, daß bei einem lebenden Menschen ein Chromosomendefizit entdeckt wurde.

Defekte, die auf Irregularitäten anderer Chromosomen beruhen, scheinen weniger häufig zu sein, kommen jedoch vor. Bei Personen, die an einem bestimmten Typus von Leukämie leiden, zeigt sich in den Zellen ein winziges überzähliges Chromosomenstück. Es wird als *Philadelphia-Chromosom* bezeichnet, weil es in einem Krankenhaus dieser Stadt erstmals gefunden und identifiziert wurde. Bei Patienten mit bestimmten, nicht sehr häufig vorkommenden Krankheiten finden sich signifikant häufiger, als nach der allgemeinen Wahrscheinlichkeit zu erwarten ist, überzählige Chromosomen-Bruchstücke in den Zellen.

Ungeschlechtliche Fortpflanzung

Das Heranwachsen eines neuen Individuums aus einer befruchteten Eizelle, deren Chromosomenbestand je zur Hälfte von einem Vater und einer Mutter beigesteuert worden sind, wird als geschlechtliche Fortpflanzung bezeichnet. Alle höher organisierten Tiere pflanzen sich nach diesem Modus fort.

Es gibt aber auch eine *ungeschlechtliche* Fortpflanzung, bei der das neue Individuum seine Chromosomen ausschließlich von einem Elternteil bezieht. Wenn sich ein Einzeller in zwei selbständige Zellen teilt, die beide die gleichen Chromosomenzahl aufweisen wie die Mutterzelle, so ist dies bereits ein Beispiel für ungeschlechtliche Vermehrung.

Vor allem die Pflanzenwelt ist eine Domäne der

ungeschlechtlichen Fortpflanzung. Wenn man von einer Pflanze einen Zweig abschneidet und ihn in die Erde pflanzt, kann er Wurzeln austreiben und zu einer Pflanze heranwachsen, die in jeder Beziehung derjenigen gleicht, von der er zuvor ein Teil war. Man kann einen abgeschnittenen Baumzweig auch in einen Ast eines anderen Baums (manchmal sogar einer anderen Baumart) einpflanzen (»Kopulation« oder »Pfropfung«), und er wird wachsen und gedeihen. Im ersten Fall spricht man von einem »Ableger«, im zweiten von einem »Reis« oder »Edelreis« (da die Methode des Pfropfens häufig bei der Veredelung von Nutzpflanzen angewandt wird). Der wissenschaftliche Oberbegriff für alle aus ungeschlechtlicher Vermehrung hervorgegangenen Organismen ist *Klon* (abgeleitet von dem griechischen Wort für »Zweig«).

Ungeschlechtliche Fortpflanzung kommt auch bei manchen vielzelligen Tieren vor. Je primitiver eine Tierart ist – d. h. je weniger diversifiziert und spezialisiert ihre Zellen sind –, desto größer ist die Wahrscheinlichkeit, daß sie zu ungeschlechtlicher Vermehrung fähig ist.

Schwämme, Süßwasserpolypen, Plattwürmer oder Seesterne gehören zu den Tierarten, bei denen abgetrennte Körperteile sich wieder zu vollständigen Individuen entwickeln, wenn man sie in ihrer gewohnten Umgebung beläßt. Die auf solche Weise entstandenen Individuen sind zweifellos Klone.

Auch komplexere Lebewesen, manche Insektenarten etwa, sind in der Lage, sich durch Klone zu vermehren; bei der Blattlaus ist dies sogar der normale Fortpflanzungsmodus. Bei diesen Tierarten besitzen unbefruchtete Eizellen, die nur einen halben Chromosomensatz enthalten, die Fähigkeit, diesen auch ohne Vereinigung mit einer Samenzelle zu verdoppeln; in diesem Fall entsteht ein Chromosomensatz, der mit dem des Muttertiers identisch ist; aus einem solchen Ei entwickelt sich dann ein selbständiges Individuum.

Bei komplexeren Tieren ist eine Vermehrung durch Klone nicht möglich oder jedenfalls von der Natur nicht vorgesehen; hier kommt ausschließlich die geschlechtliche Fortpflanzung zum Zuge. Doch der Mensch ist in der Lage, hier einzugreifen und die Natur zu manipulieren.

Immerhin besitzt ja ein befruchtetes Ei die Fähigkeit, ein vollständiges Individuum seiner Art hervorzubringen; im Laufe der Entwicklung dieses neuen Organismus teilt sich dieses Ei wieder und wieder, und jede auf diese Weise neu entstehende Zelle enthält einen vollständigen, mit dem der Ursprungszelle sozusagen deckungsgleichen Chromosomensatz. Weshalb sollte nicht also auch jede neue Zelle imstande sein, ein neues Individuum hervorzubringen, wenn man ihr genau jene Bedingungen bietet, unter denen das befruchtete Ei sich entwickelt hat?

Man muß sich die Entwicklung eines neuen Individuum so vorstellen, daß im Zuge der fortlaufenden Zellteilung die neuen Zellen sich differenzieren, d. h. zu Leberzellen, Hautzellen, Nervenzellen, Muskelzellen, Nierenzellen usw. usf. werden. Jeder Zelltyp hat eigene Aufgaben zu erfüllen, die sich von denen anderer Zellen sehr unterscheiden können; man muß unterstellen, daß sich mit den Chromosomen subtile Veränderungen vollziehen, die diese Aufgabendifferenzierung möglich machen. Es dürften gerade diese subtilen Veränderungen sein, die die differenzierten Zellen der Fähigkeit berauben, von sich aus ein neues Individuum aufzubauen.

Sind diese Veränderungen aber dauerhaft und unumkehrbar? Was würde geschehen, wenn man die Chromosomen solcher differenzierten Zellen in ihr ursprüngliches Entwicklungsmilieu zurückversetzte? Nehmen wir beispielsweise einmal an, wir könnten uns eine unbefruchtete Eizelle von einer bestimmten Tierart beschaffen und würden aus ihr behutsam den Kern herausnehmen. Wir würden dann aus einer Hautzelle eines entwickelten Individuums derselben Art den Kern entnehmen und ihn in die vakante Eizelle einpflanzen. Könnte es dann nicht sein, daß unter dem Einfluß der Eizelle, die ja auf die Entwicklung eines kompletten Individuums »programmiert« ist, die Chromosomen des aus der Hautzelle stammenden Kerns von so etwas wie einem Jungbrunnen-Effekt erfaßt würden und sich wieder auf ihre ursprüngliche Identität und Funktion besännen? Könnte nicht ein auf diese Weise »befruchtetes« Ei ganz wie ein geschlechtlich befruchtetes zu einem neuen Individuum heranwachsen – mit einem Chromosomensatz, der genau dem desjenigen Individuums entspricht, dem die Hautzelle entnommen wurde? Würde nicht das auf diese Weise »gezeugte« Individuum ein »Ableger« des Spenders der Hautzelle sein?

Der Austausch eines Zellkerns nach diesem Rezept ist selbstredend eine außerordentlich heikle Operation; gleichwohl gelang es 1952 den amerikanischen Biologen Robert W. Briggs und Thomas J. King, sie durchzuführen. Damit wurden sie zu den Begründern der Technik der *Zellkern-Transplantation*.

1967 gelang dem britischen Biologen John B. Gurdon die Transplantation eines aus einer Darmzelle eines südafrikanischen Krallenfrosches entnommenen Kerns in eine unbefruchtete Eizelle derselben Froschart, und siehe da, aus dieser Eizelle entwickelte sich ein vollkommen normales Individuum – ein »Ableger« des Zellkernspenders.

Die analoge Prozedur bei Reptilien oder Vögeln durchzuführen, deren Eizellen in harten Schalen eingeschlossen sind, wäre äußerst schwierig, da man, um ihnen einen extern entnommenen Kern einzupflanzen, auf jeden Fall die Schale beschädigen müßte. Dies so zu bewerkstelligen, daß die Eizellen die Prozedur lebend überstehen, ist ein Problem.

Wie verhält es sich aber mit den Eizellen von Säugetieren? Diese sind nicht durch eine Schale geschützt, befinden sich dafür aber in der Geborgenheit des mütterlichen Leibs; hinzu kommt, daß sie besonders klein und empfindlich sind. Um mit ihnen manipulieren zu können, wird es einer weiteren Verfeinerung der mikrochirurgischen Techniken bedürfen.

Immerhin ist bereits einmal eine Kerntransplantation mit Erfolg durchgeführt worden – bei einer Maus. Im Prinzip müßte das Klonen bei allen Säugetieren möglich sein, die Spezies Mensch eingeschlossen.

Die Gene

Die Mendelsche Vererbungslehre

Ein mährischer Mönch namens Gregor Johann Mendel, der zu sehr von seinen klösterlichen Pflichten in Anspruch genommen wurde, um sich mit den aufregenden Entdeckungen der Biologen über die Zellteilung auseinanderzusetzen, führte in den 60er Jahren des 19. Jahrhunderts in seinem Garten eine Reihe stiller und unspektakulärer Experimente durch, deren Ergebnisse einmal entscheidend zum Verständnis der Chromosomen beitragen sollten. Das besondere Interesse des Amateurbotanikers Mendel galt den Resultaten gewisser Kreuzungen zwischen verschiedenen Erbsensorten. Das Bestechende an seinen Versuchen war die Idee, sich bei jedem Kreuzungsexperiment auf ein klar definiertes Merkmal zu beschränken.

Er kreuzte Erbsenerbgut aus verschiedenfarbigen (grünen oder gelben) Erbsenkörnern oder aus solchen mit glatten und runzligen Körnern oder hochwachsende mit niedrigwachsenden Pflanzen und registrierte dann über mehrere Generationen hinweg, welche Nachkömmlinge sich daraus entwickelten. Die Ergebnisse hielt er sorgfältig in Tabellen fest. Seine Erkenntnisse lassen sich im wesentlichen wie folgt zusammenfassen:

1. Jedes Merkmal einer Pflanze wird von »Faktoren« bestimmt, die nur in jeweils einer von zwei Variationsformen auftreten können. Eine Variante des für die Farbe der Erbsenkörner verantwortlichen Faktors führt beispielsweise zur Farbe Grün, die andere zur Farbe Gelb. (Es ist wohl praktischer, die heute gebräuchlichen Begriffe zu verwenden. Was Mendel »Faktoren« nannte, bezeichnet man heute als *Gene*, nach dem griechischen Wort für »gebären«; die verschiedenen Variationsformen eines Gens, die die Ausprägung eines bestimmten Merkmals steuern, heißen *Allele*.) Das die Erbsenkörnerfarbe steuernde Gen besitzt also zwei Allele, eine für grüne und eine für gelbe Erbsenkörner.

2. Jede Pflanze hat für jedes Merkmal ein Genpaar bestehend aus einem von der Vater- und einem von der Mutterpflanze beigesteuerten Gen. Je ein Paar überträgt die Pflanze auf eine Keimzelle (unter diesem Oberbegriff werden Eizellen und Samenzellen zusammengefaßt), so daß, wenn die Keimzellen zweier Pflanzen sich durch Bestäubung vereinigen, die Abkömmlinge wieder für jedes Merkmal zwei Gene aufweisen. Die beiden Gene eines jeden Paars können entweder identisch sein oder Allele.

3. Wenn ein Genpaar aus zwei nicht-identischen Variationsformen, also aus zwei Allelen zusammengesetzt ist, kann das eine Allel sich gegenüber dem anderen durchsetzen. Wenn beispielsweise eine gelbkörnige mit einer grünkörnigen Pflanze gekreuzt wird, kann es sein, daß die erste Generation des Nachwuchses ausschließlich aus gelbkörnigen Pflanzen besteht. In diesem Fall ist das für die gelbe Erbsenfarbe verantwortliche Allel *dominant,* das für die grüne verantwortliche *rezessiv.*

4. Das bedeutet aber nicht, daß das rezessive Allel überhaupt nichts mehr bewirkt. Es bleibt weiterhin vorhanden, auch wenn es keine sichtbaren Spuren hinterläßt. Wenn zwei Pflanzen mit jeweils gemischten Genen (d. h. in unserem Beispiel mit jeweils einem gelben und einem grünen Allel) gekreuzt werden, können unter den Nachkommen welche sein, denen zwei grüne Allele vererbt wurden; sie wachsen sich dann zu Pflanzen mit grünen Erbsen aus und werden, mit gleichartigen Exemplaren gekreuzt, auch ausschließlich grünkörnige Nachkommen hervorbringen. Theoretisch gibt es, so zeigte Mendel, vier Möglichkeiten, wie sich bei der Kreuzung zweier *hybrider* (d. h. jeweils mit einem gelben und einem grünen Allel bestückter) Mutterpflanze die Allele kombinieren können. Das gelbe Allel der ersten Mutterpflanze kann sich entweder mit dem gelben oder mit dem grünen der zweiten kombinieren, oder aber das grüne der ersten sich mit entweder dem gelben oder dem grünen der zweiten. Nur die letzte dieser vier Kombinationen (grün + grün) führt zu einer Tochterpflanze mit grünen Erbsen. Wenn alle vier Kombinationen von Hause aus gleich wahrscheinlich sind, müßte ein Viertel der Tochterpflanzen grüne Erbsen tragen – dies war, wie Mendel feststellte, tatsächlich der Fall.

5. Wie Mendel ferner herausfand, werden Merkmale unterschiedlicher Art – beispielsweise Körnerfarbe und Blütenfarbe – unabhängig voneinander vererbt, das heißt, daß rote Blüten ebensogut mit gelben wie mit grünen Körnern einhergehen können. Dasselbe gilt für alle anderen Blütenfarben.

Mendel führte diese Experimente in den frühen 60er Jahren des 19. Jahrhunderts durch, schrieb die Resultate sorgsam nieder und übersandte eine Abschrift dieser Aufzeichnungen dem namhaften Schweizer Botaniker Karl Wilhelm von Nägeli. Die Reaktion war negativ. Nägeli hegte offensichtlich eine Vorliebe für allumfassende Theorien (seine eigenen theoretischen Arbeiten schlugen stark ins Mystische und waren in einer von einem verschrobenen Pathos triefenden Sprache geschrieben); die Mendelsche »Erbsenzählerei« erschien ihm wohl als eine allzu banale Methode der wissenschaftlichen Wahrheitssuche. Außerdem war Mendel ein unbekannter Amateur.

Offenbar ließ Mendel sich durch Nägelis abwertende Antwort entmutigen – jedenfalls wandte er sich wieder ganz seinen klösterlichen Pflichten zu, wurde sehr beleibt (zu dick, um die Gartenarbeit fortzusetzen) und gab seine Forschungen auf. Er schickte seine Aufzeichnungen allerdings an eine österreichische Provinzzeitschrift, die sie 1866 veröffentlichte – freilich ohne jede Resonanz. Erst eine Generation später sollte die Arbeit Mendels die ihr gebührende Würdigung erfahren.

Allmählich bewegten sich auch andere Forscher auf die Einsichten zu, zu denen Mendel (ohne daß sie es ahnten) bereits gelangt war. Eines der Phänomene, über die sie den Weg zu genetischen Fragestellungen fanden, war das gelegentliche Auftreten von *Mutationen,* d. h. von Mißgeburten oder »Monstern«, sowohl im Tierreich als auch beim Menschen. Solche Monster galten seit jeher als Vorboten von Unheil. (Der Ausdruck »Monstrum« bedeutete im Lateinischen ursprünglich »Warnung«.) Ein Landwirt aus Massachusetts namens Seth Wright besaß, als er 1791 in seiner Schafherde eine Mißgeburt entdeckte, die Souveränität, die Sache von der praktischen Seite zu nehmen: Es handelte sich um ein Lamm, das mit abnormal kurzen Beinen auf die Welt gekommen war. Der pfiffige Yankee überlegte sich, daß kurzbeinige Schafe insofern eine gute Sache wären, als sie wohl kaum die Steinmäuerchen, mit denen er sein Land eingefriedet hatte, überspringen und sich davonmachen konnten. Er ging sogleich daran, aus der »Mißgeburt« planmäßig eine kurzbeinige Schafrasse zu züchten.

Diese praktische Demonstration regte andere dazu an, sich nach ähnlich nutzbringenden Mutationen umzusehen. Gegen Ende des 19. Jahrhunderts machte ein amerikanischer Gärtner namens Luther Burbank ein einträgliches Geschäft daraus, Hunderte von neuen Pflanzensorten zu züchten, die den herkömmlichen in der einen oder anderen Weise überlegen waren; er griff dabei nicht allein auf Mutationen zurück, sondern arbeitete auch systematisch mit den Methoden des Kreuzens und Veredelns.

Die Botaniker suchten unterdessen nach einer Erklärung für das Auftreten von Mutationen. Daß gleich drei Forscher unabhängig voneinander und im gleichen Jahr zu exakt denselben Schlüssen gelangten (die freilich Mendel schon einige Jahrzehnte zuvor formuliert hatte), gehört zu den erstaunlichsten Zufällen in der Geschichte der Naturwissenschaft. Die drei waren der Niederländer Huge De Vries, der Deutsche Karl Erich Correns und der Österreicher Erich von Tschermak. Keiner der drei wußte etwas von den beiden anderen oder von Mendel. Die Forschungen aller drei waren im Jahr 1900 bis zur Veröffentlichungsreife gediehen. Alle drei stießen bei der abschließenden Durchsicht aller früheren Veröffentlichungen über dieses Thema zu ihrer nicht gelinden Überraschung auf den Aufsatz von Mendel. Alle drei veröffentlichten ihre Arbeit noch im Jahre 1900, und alle drei wiesen darin auf Mendel hin, sprachen ihm die Urheberschaft an der Entdeckung zu und führten ihre eigenen Resultate lediglich als Bestätigung seiner Befunde an.

Genetische Vererbungslehre

Einige Biologen zogen unweigerlich eine Parallele zwischen den Mendelschen Genen und den unter dem Mikroskop beobachtbaren Chromosomen. Der erste, der im Jahr 1904 auf die Ähnlichkeit hinwies, war der amerikanische Zellbiologe Walter S. Sutton. Er machte auf das paarweise Auftreten sowohl der Chromosomen als auch der Gene aufmerksam, sowie auf die Tatsache, daß bei beiden jeweils ein Mitglied eines jeden Paars vom Vater und eins von der Mutter stammt. Diese Analogie hatte nur den einen kleinen Schönheitsfehler, daß bei allen Lebewesen die Anzahl der in den Zellen vorhandenen Chromosomen viel kleiner ist als die Zahl der vererbbaren Merkmale. Beim Menschen beispielsweise sind es nur 23 Chromosomenpaare, denen gewiß Tausende von erblichen Eigenschaften gegenüberstehen. Daraus konnten die Biologen nur den Schluß ziehen, daß Chromosomen keine Gene sind; jedes Chromosom mußte

vielmehr ein ganzes Arsenal von Genen repräsentieren.

Es dauerte nicht lange, und die Biologen entdeckten ein ausgezeichnetes »Instrument« zum Studium spezifischer Gene. Es handelte sich nicht um ein Instrument im herkömmlichen Sinn, sondern um ein Versuchstier mit ungewöhnlich günstigen Eigenschaften: Der amerikanische Zoologe Thomas H. Morgan (der der Theorie Mendels anfänglich skeptisch gegenüberstand) machte 1906 den Vorschlag, die Taufliege (*Drosophila melanogaster*) als genetisches Versuchskaninchen zu benutzen. (Der Name *Genetik* wurde 1902 von dem britischen Biologen William Bateson geprägt.)

Im Hinblick auf das Studium von Vererbungsmechanismen besaß Drosophila gegenüber den Mendelschen Erbsensträuchern (wie auch gegenüber allen anderen denkbaren Versuchstieren) erhebliche Vorzüge: Sie vermehrte sich schnell und ausgiebig, ließ sich leicht und mit wenig Ernährungsaufwand züchten, besaß zahlreiche gut beobachtbare erbliche Merkmale und eine vergleichsweise einfach Chromosomenstruktur – nur vier Chromosomenpaare pro Zelle.

An ihr entdeckten Morgan und seine Mitarbeiter einen für die Vererbung des weiblichen bzw. männlichen Geschlechts wichtigen Mechanismus: Sie fanden heraus, daß das Weibchen vier vollkommen gleichartige Chromosomenpaare aufweist, so daß die Eizellen, in die ja jeweils ein Mitglied jedes Chromosomenpaars »delegiert« wird, in punkto Chromosomenausstattung allesamt identisch sind. Beim Taufliegen-Männchen bestehen dagegen die vier Chromosomenpaare jeweils aus einem normalen, dem sogenannten *X-Chromosom,* und einem verkümmerten, dem sogenannten *Y-Chromosom.* Wenn sich nun Samenzellen bilden, enthält die Hälfte von ihnen X-Chromosomen, die andere Hälfte Y-Chromosomen. Wenn eine Samenzelle mit X-Chromosomen eine Eizelle befruchtet, entstehen vier X-Paare, und aus dem Ei entwickelt sich ein Weibchen. Eine Samenzelle mit Y-Chromosomen erzeugt hingegen eine männliche befruchtete Eizelle. Da beide Möglichkeiten gleich wahrscheinlich sind, bilden sich bei allen dem normalen genetischen Fortpflanzungsmechanismus unterliegenden Tier- und Pflanzenarten ungefähr gleich große Populationen männlicher und weiblicher Exemplare *(Abb. S. 102).* (Bei manchen Arten, namentlich bei verschiedenen Vögeln, besitzt das Weibchen das Y-Chromosom.)

Dieser Unterschied im Chromosomenbesatz erklärt, weshalb manche Defekte oder Mutationen sich nur bei männlichen Exemplaren zeigen. Wenn im Rahmen eines reinen X-Chromosomen-Paares ein beschädigtes Gen auftritt, bleibt dies in den meisten Fällen folgenlos, da das Partnerchromosom dieses Gen höchstwahrscheinlich in unversehrter Form enthält und den Defekt somit

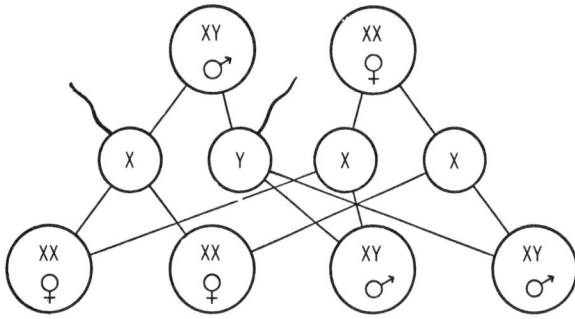

Kombinationsmöglichkeit von X- und Y-Chromosomen.

kompensieren kann. Wenn jedoch ein Defekt in einem X-Chromosom bei einem Männchen auftritt, vermag das dazugehörige Y-Chromosom in der Regel keinen Ausgleich zu schaffen, da es nur sehr wenige Gene enthält. Der Defekt kommt daher zum Tragen.

Das bekannteste Beispiel für eine solche quasigeschlechtsspezifische Krankheit ist die *Hämophilie* (Bluterkrankheit), deren charakteristisches Symptom eine mangelnde oder gänzlich fehlende Gerinnungsfähigkeit des Blutes ist. Personen, die an diesem Defekt leiden, laufen ständig Gefahr, an kleinsten äußeren Verletzungen zu verbluten oder an inneren Blutungen zugrunde zu gehen. Eine Frau, die innerhalb eines ihrer X-Chromosomen ein Gen besitzt, das Hämophilie produzieren würde, wird mit großer Wahrscheinlichkeit an der entsprechenden Stelle des anderen X-Chromosoms ein normales Gen haben. Die Krankheit wird bei ihr daher nicht auftreten. Sie ist jedoch eine *Überträgerin* der krankhaften Anlage. Die Hälfte der Eizellen, die sich bei ihr bilden, ist mit dem normalen, die andere Hälfte mit dem defekten X-Chromosom ausgestattet. Wenn eines der Eier mit dem defekten X-Chromosom von einer von

einem normalen Mann stammenden Samenzelle mit einem X-Chromosom befruchtet wird, wird sich daraus ein Mädchen entwickeln, das wiederum eine Hämophilie-Überträgerin sein wird; wird dieselbe Eizelle von einem von einem normalen Mann stammenden Samen mit einem Y-Chromosom befruchtet, so kann das defekte Gen in der Eizelle nicht kompensiert werden, und es entwickelt sich ein an Hämophilie leidender Knabe. Nach den Gesetzen des Zufalls ist die Wahrscheinlichkeit dafür, daß der Sohn einer Hämophilie-Überträgerin die Krankheit erwirbt bzw. daß eine Tochter selbst wieder zur Überträgerin wird, eins zu eins.

Die prominenteste Hämophilie-Überträgerin in der Geschichte war Königin Victoria von England. Nur einer ihrer vier Söhne – Leopold, der älteste – war Bluter. Edward VII., der Stammvater der nachfolgenden britischen Throninhaber, blieb verschont, so daß es in der britischen Königsfamilie heute keine Hämophilie mehr gibt. Zwei der Töchter Victorias waren jedoch Überträgerinnen. Die Tochter der einen, ebenfalls Überträgerin, heiratete den russischen Zaren Nikolaus II. Die Folge war, daß der einzige aus dieser Ehe hervorgegangene Sohn an Hämophilie litt; dieser Umstand trug mit dazu bei, den Lauf der russischen Geschichte und damit der Weltgeschichte zu verändern; denn kraft seiner angeblichen Fähigkeit, die Krankheit des Thronfolgers zu lindern, gewann der Mönch Grigorij Rasputin politischen Einfluß, was den Autoritätsverfall des zaristischen Regimes beschleunigte und die allgemeine Unzufriedenheit schürte, die sich schließlich in der Revolution vom Februar 1917 entlud. Die andere Tochter Victorias hatte eine Tochter, die ebenfalls Überträgerin war und in das spanische Königshaus einheiratete, die Hämophilie sozusagen im Gepäck. Nach ihrem Auftreten in der spanischen und der russischen Herrscherfamilie wurde die Hämophilie zeitweise die »königliche Krankheit« genannt; tatsächlich hat sie nichts Königliches an sich, nur daß eine Überträgerin eben zufällig einmal eine Königin war.

Eine in geringerem Maß geschlechtsspezifische Anomalie ist die *Farbenblindheit;* sie kommt auch bei Frauen vor, ist aber bei Männern wesentlich häufiger. Es ist nicht auszuschließen, daß das Fehlen eines X-Chromosoms das männliche Geschlecht ganz allgemein benachteiligt, und daß die

Tatsache, daß Frauen überall dort, wo die Kindbettsterblichkeit überwunden ist, durchschnittlich drei bis sieben Jahre älter werden als Männer, hierin eine zumindest teilweise Erklärung finden könnte. Jenes 23ste vollständige Chromosomenpaar macht die Frauen zu im biologischen Sinn robusteren Exemplaren unserer Art. (In jüngerer Zeit ist die These aufgestellt worden, die geringere Lebenserwartung der Männer sei eine Folge des Rauchens, und da die Häufigkeit des Rauchens bei Frauen zu- und bei Männern abnehme, würden sich auch die Lebenserwartungen angleichen.)

Die X- und Y-Chromosomen (oder Geschlechtschromosomen) werden stets an das Ende des Karyogramms gesetzt, obwohl das X-Chromosom eines der längsten ist. Fehlbildungen kommen offenbar bei den Geschlechtschromosomen häufiger vor als bei den anderen. Das liegt vermutlich weniger an einer besonderen Anfälligkeit dieser Chromosomen für Fehlentwicklungen, sondern eher daran, daß Anomalien bei den Geschlechtschromosomen weniger häufig zur Lebensunfähigkeit führen, so daß die Chance, daß ein Kind trotz eines solchen Defekts ausgetragen und geboren wird, größer ist als bei Defekten an anderen Chromosomen.

Eine Geschlechtschromosomen-Anomalie besonderer Art ist in jüngerer Zeit mit großer Aufmerksamkeit studiert worden; es handelt sich um das Auftreten eines zusätzlichen Y-Chromosoms bei Männern, also einer XYY-Konstellation. XYY-Männer sind, wie sich herausgestellt hat, schwierige Fälle. Sie sind im allgemeinen hochgewachsen, kräftig und intelligent, zeichnen sich aber durch eine Neigung zu Jähzorn und Gewalttätigkeit aus. Richard Speck, der 1966 in Chicago acht Krankenschwestern ermordete, war vermutlich ein XYY-Mann. In Australien sprach ein Gericht im Oktober 1968 einen überführten Mörder mit der Begründung frei, er sei als XYY-Mann für seine Tat nicht verantwortlich zu machen. Bei einer Untersuchung in einem schottischen Gefängnis stellte sich heraus, daß nahezu 4% der männlichen Häftlinge dem XYY-Typ angehörten; man schätzt, daß die XYY-Konstellation unter 3000 (männlichen) Geburten einmal auftritt. Es scheint mir überlegenswert, ob man nicht eine Chromosomenuntersuchung für jedermann, ganz gewiß aber für jedes neugeborene Kind zur Pflicht machen sollte. Wie bei anderen Verfahren, die in der Theorie simpel, in der Praxis aber kompliziert und arbeitsaufwendig sind, unternimmt man derzeit Versuche, computergestützte Methoden zu entwickeln.

Crossing-over

Wie die Versuche mit Taufliegen zeigten, werden erbliche Merkmale nicht immer und nicht unbedingt unabhängig voneinander vererbt, wie Mendel es geglaubt hatte. Daß bei seinen Erbsen die sieben Merkmale, auf die er sich konzentrierte, von sieben verschiedenen Chromosomen gesteuert wurden, war Zufall. Morgan stellte fest, daß in den Fällen, in denen zwei Gene, die zwei verschiedene Merkmale steuern, demselben Chromosom angehören, diese Merkmale in der Regel zusammen – sozusagen im Paket – vererbt werden.

Das muß jedoch nicht in jedem Fall so sein. Ebenso wie man ein Paket auspacken und die darin enthaltenen Gegenstände in anderer Kombination neu verpacken kann, kommt es hin und wieder vor, daß zwischen zwei Chromosomen ein Teilaustausch stattfindet, d. h. daß ein Fragment eines Chromosoms und ein Fragment eines anderen die Plätze tauschen. Zu einem solchen Vorgang, der Crossing-over heißt, kann es bei einer Zellteilung kommen (Abb.). Die Folge ist, daß Merkmale, die zuvor im Paket vererbt wurden, nunmehr unabhängig voneinander und in Verbindung mit anderen Merkmalen vererbt werden.

Es gibt beispielsweise eine Taufliegenart mit roten Augen und gezackten Flügeln. Wenn man diese mit einer weißäugigen, kleinflügeligen Taufliegenart kreuzt, werden die Nachkömmlinge im allgemeinen entweder rotäugig mit gezackten Flügeln oder weißäugig mit kleinen Flügeln sein. Gelegentlich kann aber auch ein weißäugiges Exemplar mit gezackten Flügeln oder ein rotäugiges mit

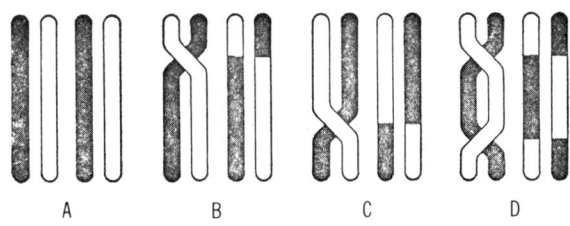

Crossing-over bei Chromosomen.

Mutationen bei einer Taufliegenart, äußerlich zu erkennen an den gezackten Flügeln. Die Mutationen wurden durch Bestrahlung des männlichen Elternteils erzeugt. Mit Genehmigung des Brookhaven National Laboratory in New York.

kleinen Flügeln dabei sein. Diese neue Merkmalskombination bleibt auch bei den nachfolgenden Generationen erhalten, es sei denn, es käme zu einem erneuten Crossing-over.

Stellen wir uns einmal ein Chromosom vor, das an seinem einen Ende mit einem Gen für rote Augen und an seinem anderen mit einem für gezackte Flügel bestückt ist. Stellen wir uns ferner in der Mitte des Chromosoms zwei Gene vor, die zwei andere Merkmale steuern und unmittelbar benachbart liegen. Wenn ein Chromosom an irgendeiner Stelle auseinanderbricht, ist die Wahrscheinlichkeit, daß die Bruchlinie zwischen den beiden zentral gelegenen und direkt benachbarten Genen verläuft, naturgemäß relativ gering, während die beiden an den äußersten entgegengesetzten Enden des Chromosoms liegenden Gene bei einem Bruch des Chromosoms, ganz gleich an welcher Stelle, auf jeden Fall voneinander getrennt wer-

den. Wenn man nun bei einer genügend großen Zahl von Crossing-over-Fällen die Häufigkeit auszählt, mit der bestimmte Gene voneinander getrennt werden, kann man daraus Rückschlüsse auf ihre Position innerhalb des Chromosoms ziehen. Mit dieser Methode erarbeiteten Morgan und seine Mitarbeiter, namentlich Alfred H. Sturtevant, für die Chromosomen von Drosophila regelrechte *Genkarten* aus, die die Anordnung der Gene im Chromosom zeigen.

(Biologische Systeme neigen indes dazu, sich nicht so streng an die Regeln zu halten, wie die Wissenschaftler es manchmal glauben oder wünschen. In den 40er Jahren gelangte die amerikanische Biologin Barbara McClintock im Zuge sorgfältiger, das Vererbungsverhalten über jeweils mehrere Generationen hinweg verfolgender Untersuchungen an Maispflanzen zu dem Schluß, daß manche Gene im Verlauf der Zellteilung recht leicht und häufig innerhalb des Chromosoms ihren Platz wechseln. Diese These paßt so wenig zu den Resultaten Morgans und der in seinem Fahrwasser forschenden Biologen, daß man keine Notiz von ihr nahm – doch Frau McClintock hatte recht. Als später auch andere Forscher Belege für eine unerwartet starke Mobilität der Gene beibrachten, verlieh man Frau McClintock den Nobelpreis für Physiologie und Medizin – das war 1983, und die Dame war mittlerweile über 80 Jahre alt geworden.)

Die Ausarbeitung von Genkarten hat, zusammen mit der Analyse sogenannter *Riesenchromosomen* (die um ein Vielfaches größer sind als normale Chromosomen und sich in den Speicheldrüsen der Taufliege finden), ergeben, daß ein Chromosomenpaar dieses Insekts mindestens 10000 Gene enthält. Das einzelne Gen muß daher im Mittel ein Molekülgewicht von etwa 60000000 haben. Die etwas größeren menschlichen Chromosomen dürften somit zwischen 20000 und 90000 Gene pro Chromosomenpaar umfassen, das wären insgesamt maximal 2 Millionen Gene.

Für seine Arbeit über die Genetik der Taufliegen erhielt Morgan 1933 den Nobelpreis für Medizin und Physiologie.

Die Zunahme unserer Kenntnisse über die Gene läßt neue Möglichkeiten am Horizont auftauchen: daß vielleicht eines Tages die genetischen Anlagen des einzelnen analysiert und planmäßig manipuliert werden können, entweder um schwerwiegende Anomalien irgendwelcher Art zu verhüten oder sie, wenn sie bereits eingetreten sind, zu korrigieren. Voraussetzung für die Entwicklung einer solchen *Gentechnik* wäre die Aufstellung von Genkarten der menschlichen Chromosomen – gewiß eine sehr viel mühseligere Arbeit als im Fall der kleinen Drosophila. Ein verblüffender »Trick«, der dem amerikanischen Biologen Howard Green 1967 gelang, ist geeignet, die Aufgabe etwas zu vereinfachen: Green züchtete Hybridzellen, die Chromosomen sowohl von Menschen als auch von Mäusen enthielten. Nach mehreren Zellteilungen blieben relativ wenige menschliche Chromosomen übrig, so daß es leichter war, festzustellen, welche Faktoren durch sie gesteuert wurden. Ein weiterer Schritt in Richtung auf eine Erweiterung des genetischen Wissens und der gentechnischen Möglichkeiten wurde 1969 getan, als dem amerikanischen Biochemiker Jonathan Beckwith

und seinen Mitarbeitern erstmals die Isolation eines einzelnen Gens gelang. Es stammte von einem Darmbakterium und steuerte einen Teilprozeß des Zuckerstoffwechsels.

Die genetische Erblast

Hin und wieder vollzieht sich mit einem Gen eine plötzliche Veränderung; die Häufigkeit, mit der dies geschieht, läßt sich errechnen. Solche Veränderungen, *Mutationen* genannt, zeigen sich an gewissen neuen und unerwarteten Eigenschaften des davon betroffenen Individuums, im Falle jenes Lamms aus der Herde des Farmers Wright beispielsweise an den kurzen Beinen. In der Natur kommen Mutationen verhältnismäßig selten vor. Der Genetiker Hermann J. Muller, der im Forschungsteam von Morgan mitgearbeitet hatte, entdeckte 1926 eine Methode, mit der sich die Mutationsrate bei Taufliegen künstlich erhöhen ließ, so daß die Vererbung von Mutationen besser untersucht werden konnte. Es waren Röntgenstrahlen, die diesen Kunstgriff möglich machten – sie schädigten die Gene und riefen dadurch zusätzliche Mutationen hervor. Diese Entdeckung, die eine eingehende Erforschung der Mutationen und ihrer Vererbung ermöglichte, brachte Muller den Nobelpreis für Medizin und Physiologie des Jahres 1946 ein.

Die Forschungen Mullers haben eine Reihe recht beunruhigender Fragen hinsichtlich der Zukunft der menschlichen Art aufgeworfen. So unstrittig es einerseits ist, daß Mutationen für die Evolution ein wichtiger vorwärtstreibender Faktor sind, indem sie gelegentlich eine Verbesserung hervorbringen, die die betroffenen Individuen überlebenstüchtiger macht, so gilt andererseits doch, daß diese Mutationen der nützlichen Art die ausgesprochene Ausnahme darstellen. Die meisten Mutationen – mindestens 99% von allen – sind schädlich, manche gar tödlich. Auch diejenigen, die einen nur geringen nachteiligen Effekt haben, sterben in der Natur über kurz oder lang aus, weil ihre Träger nicht so gut zurechtkommen wie die »gesunden« Individuen und entsprechend weniger Nachkommen hinterlassen. Die Zeit, die bis zum Aussterben der mutationsbedingten Variante vergeht, kann indes für die Betroffenen eine Zeit voller Krankheiten und Leiden sein, möglicher-

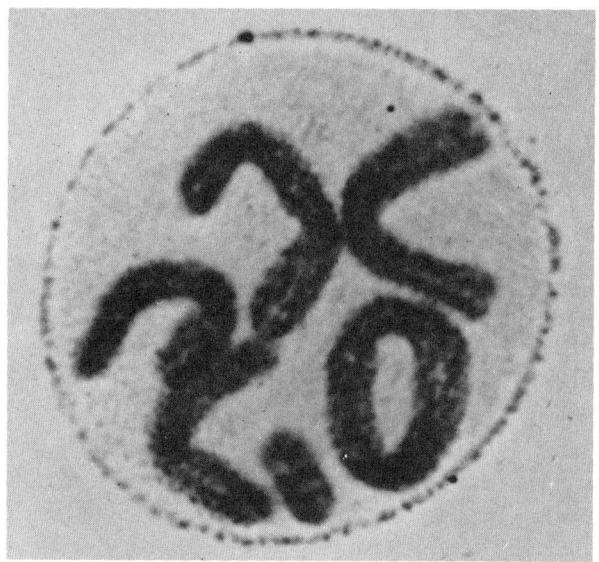

Chromosomen, die durch Strahlungseinwirkung beschädigt wurden. Eines hat sich zu einem Ring geschlossen, die anderen sind abgeknickt oder auseinandergebrochen. Mit Genehmigung des Brookhaven National Laboratory in New York.

Im Zuge der Untersuchung von Strahlungswirkungen wurden frisch gesetzte Rosenpflanzen jeweils 48 Stunden lang einer Gammastrahlung von 5000 Röntgen ausgesetzt. Als die Pflanzen zwölf Monate später aufblühten, zeigte sich eine Reihe von Mutationen: Bei der mittleren Blume sind die dunklen (rosaroten) Partien instabile Mutationen; das rechte Exemplar stellt eine stabile rosarote Mutationsform dar. Links ein Exemplar aus einer unbestrahlten Kontrollgruppe. Mit Genehmigung des Brookhaven National Laboratory in New York.

Durch zufällige (spontane) Mutation entstand diese zweifarbige Spielart der normalerweise rosaroten Masterpiece-Chrysantheme; sie wurde auf den Namen Bronze-Masterpiece-Chrysantheme getauft. Durch Bestrahlung der Stammform läßt sich die Häufigkeit des Auftretens dieser Mutationsform gegenüber ihrer spontanen Entstehung in der Natur wesentlich steigern. Wenn die Bronze-Masterpiece-Variante bestrahlt wird, können aus ihr wieder Exemplare der ursprünglichen rosaroten Masterpiece-Form hervorgehen. Mit Genehmigung des Brookhaven National Laboratory in New York.

weise über Generationen hinweg. Dazu kommt, daß sich beständig neue Mutationen hinzugesellen, so daß jede Art eine konstante Erblast defekter Gene mit sich schleppt. Man schätzt, daß es über 1600 menschliche Krankheiten gibt, die auf genetische Defekte zurückzuführen sind.

Eine wie große Zahl von Gen-Varianten – darunter auch sehr viele von hoher Schädlichkeit – bei einem normalen Populationsquerschnitt anzutreffen sind, zeigte in den 30er und 40er Jahren der russisch-amerikanische Genetiker Theodosius Dobzhansky. Diese Mannigfaltigkeit treibt einerseits die Evolution voran, andererseits jedoch bietet die große Anzahl geschädigter Gene – die sogenannte genetische Erblast – berechtigten Anlaß zur Sorge.

Zwei zeit- und zivilisationsbedingte Entwicklungen vergrößern, wie es scheint, diese Erblast. Zum einen tendieren die Fortschritte der medizinischen Behandlung und Pflege dazu, die Nachteile von Personen, die Träger nachteiliger Mutationen sind, zu kompensieren, zumindest insoweit, als es die Fähigkeit dieser Personen zur Erzeugung von Nachwuchs betrifft. Für Menschen, die schlecht sehen, gibt es Brillen, für Leute, die an Diabetes (einer erblichen Krankheit) leiden, Insulinbehandlungen usw. So können diese Personengruppen unbeeinträchtigt durch irgendeine evolutionäre Auslese ihre defekten Gene an nachkommende Generationen weitergeben. Daß man Personen mit Gendefekten deswegen jung sterben ließe oder sie sterilisieren oder gar einsperren würde, ist natürlich eine ganz undenkbare Alternative, abgesehen vielleicht von Fällen, in denen eine so starke Behinderung vorliegt, daß es unverantwortlich wäre, dem Betreffenden eine Fortpflanzung zu ermöglichen. Unzweifelhaft vermag die menschliche Gattung ein gewisses Maß an genetischer Belastung zu tragen.

Weniger verständlich ist die Toleranz, die wir dem zweiten zeitbedingten Risikofaktor entgegenbringen – der Erhöhung der Belastung durch ein unnötiges Maß an radioaktiver Strahlung. Wie die genetische Forschung unbestreitbar zeigt, bedeutet – statistisch und auf die Gesamtheit der Bevölkerung bezogen – eine Zunahme der allgemeinen Strahlenbelastung immer auch eine in etwa gleich große Zunahme in der Zahl der Mutationen. Seit nunmehr neunzig Jahren ist die Menschheit Strahlungen aller Art und Intensität ausgesetzt, von denen sich die voraufgegangenen Generationen nichts hatten träumen lassen. Die Sonnenstrahlung, die natürliche Radioaktivität der Erdkruste und die kosmische Strahlung sind immer dagewesen. Darüber hinaus wird nun aber in der ärztlichen und zahnärztlichen Praxis freigebig mit Röntgenstrahlen operiert, werden mit steigender Tendenz radioaktive Materialien erzeugt und angesammelt, künstliche radioaktive Isotope von furchterregender Strahlungsintensität hergestellt, werden sogar nukleare Bomben zur Detonation gebracht. All dies erhöht die allgemeine Hintergrundstrahlung.

Natürlich verlangt niemand einen Abbruch der kernphysikalischen Forschung oder einen gänzlichen Verzicht auf die Arbeit mit Röntgenstrahlen in Medizin und Zahnbehandlung. Was man jedoch verlangen kann und muß, ist, daß die Gefahr erkannt und die Strahlenbelastung konsequent auf das unvermeidliche Mindestmaß reduziert wird. Röntgenstrahlen sollten beispielsweise mit äußerster Vorsicht eingesetzt, die Geschlechtsorgane des Patienten dabei routinegemäß von jeder Strahlung abgeschirmt werden. Eine andere Vorkehr, die getroffen werden sollte, bestünde darin, daß jede Person über die Strahlenbelastungen, denen sie sich wissentlich aussetzt, Buch führt, so daß sie darauf achten kann, einen bestimmten vertretbaren Grenzwert der Belastung nicht zu überschreiten.

Blutgruppen

Die Genetiker hatten natürlich keinerlei Gewähr dafür, daß die am Beispiel von Pflanzen und Insekten ermittelten Gesetzmäßigkeiten auch für den Menschen Gültigkeit besaßen. Wir sind schließlich weder Erbsen noch Taufliegen. Die Erforschung gewisser biologischer Merkmale der Menschen zeigte jedoch, daß die Grundgesetze der Genetik auch für die menschliche Gattung Gültigkeit haben. Das bekannteste Beispiel hierfür ist die Vererbung von Blutgruppen.

Die Übertragung von Blut hat eine lange Tradition; in vorwissenschaftlicher Zeit versuchten Ärzte gelegentlich sogar, durch Blutverlust geschwächte Personen durch Infusionen von Tierblut zu helfen. Den Patienten bekam das schlecht, und auch der Versuch, menschliches Blut zu übertragen, endete für den zu Rettenden oft tödlich, so daß Bluttransfusionen zeitweise gesetzlich verboten wurden. Im letzten Jahrzehnt des 19. Jahrhunderts fand der österreichische Pathologe Karl Landsteiner heraus, daß es verschiedene Arten menschlichen Blutes gibt, von denen einige untereinander unverträglich sind. Wenn man Blut von einer Person mit Blutplasma (das ist die nach Entfernung der Blutkörperchen und der Gerinnungsstoffe verbleibende Blutflüssigkeit) von einer anderen Person mischte, ballten sich die im Blut der ersten Person enthaltenen roten Blutkörperchen zu Klumpen zusammen. Es war klar, daß ein solcher Vorgang, wenn er sich bei einer Transfusion ereignete, für den Patienten höchst gefährlich oder gar tödlich werden konnte, wenn die Klumpen lebenswichtige Blutgefäße verstopften. Andererseits ließen sich, so fand Landsteiner, manche Blutproben ohne irgendwelche nachteiligen Folgen miteinander vermischen.

1902 konnte Landsteiner als Resultat seiner Forschungen verkünden, daß es vier Typen menschlichen Blutes – er nannte sie *Blutgruppen* – gab: A, B, AB oder 0 (»null«). Wenn zwei Personen die gleiche Blutgruppe hatten, konnte ihr Blut bedenkenlos übertragen werden. Landsteiner fand des weiteren, daß Blut der Gruppe 0 sich bedenkenlos auf Träger aller drei anderen Blutgruppen übertragen ließ und daß man umgekehrt Patienten mit der Blutgruppe AB jede andere Blutgruppe verabreichen konnte. Zur Verklumpung der roten Blutkörperchen kam es hingegen immer dann, wenn man Personen mit der Blutgruppe A oder B AB-Blut übertrug, wenn A und B zusammenkamen oder wenn einem Patienten mit Blutgruppe 0 irgendein anderes Blut als das seiner eigenen Blutgruppe übertragen wurde. (Verantwortungsvolle Ärzte übertragen heutzutage, um jedwede denkbare Serumreaktion auszuschließen, ausschließlich Blut der eigenen Blutgruppe.) 1930 erhielt Landsteiner den Nobelpreis für Medizin und Physiologie.

Wie die Genetiker herausgefunden haben, werden diese Blutgruppen (und alle weiteren seither entdeckten, einschließlich der Rhesusfaktor-Varianten) streng nach den Mendelschen Gesetzen vererbt. So wie es aussieht, sind dafür drei Gen-Allele maßgeblich, je eines für die Blutgruppen A, B und 0. Wenn beide Eltern Blutgruppe 0 haben, so ist dies auch die Blutgruppe aller aus dieser Verbindung entspringenden Kinder. Wenn sich die Blutgruppe 0 und A vermählen, weisen in der Regel alle Kinder die Blutgruppe A auf, denn das A-Allel ist gegenüber dem 0-Allel dominant. Ebenso ist das B-Allel gegenüber dem 0-Allel dominant. Keine Dominanz zeigen das B- und das A-Allel hingegen im Verhältnis zueinander – einem Individuum, das beide Allele mitbekommt, ist die Blutgruppe AB sicher.

Diese Regeln funktionieren so zuverlässig, daß die Blutgruppe zur Bestimmung der Vaterschaft herangezogen werden kann (und tatsächlich herangezogen wird). Wenn eine Frau mit Blutgruppe 0 ein Kind mit Blutgruppe B hat, muß der Vater des Kindes die Blutgruppe B oder AB haben, denn das B-Allel muß ja irgendwo hergekommen sein. Lautet die Blutgruppe des Gatten der Frau A oder 0, so ist klar, daß sie ihm untreu gewesen sein muß (oder daß das Neugeborene in der Klinik verwechselt wurde). Wenn eine Frau mit Blutgruppe 0, die ein Kind mit Blutgruppe B hat, einen Mann mit Blutgruppe A oder 0 als Vater des Kindes angibt, irrt sie sich entweder, oder sie sagt bewußt die Unwahrheit. Die Blutgruppe kann somit in manchen Fällen einen negativen Beweis liefern, niemals aber einen positiven: Wenn der als Vater des Kindes »verdächtige« Mann die Blutgruppe B oder AB aufweist, so heißt das, daß er der Vater sein *kann* – mehr aber auch nicht.

Eugenik

Daß die Mendelschen Gesetze auf die menschlichen Vererbungsmechanismen anwendbar sind, dafür hat das Studium geschlechtsspezifischer Merkmale eindeutige Belege geliefert. Wie bereits erwähnt, finden sich Defekte wie Farbenblindheit und Hämophilie fast ausschließlich bei Knaben, und die Art und Weise, in der sie vererbt werden, entspricht genau den bei den Taufliegen festgestellten Gesetzmäßigkeiten.

Nun könnte man natürlich auf den Gedanken kommen, diese und andere erbliche Defekte dadurch auszurotten, daß man denjenigen, die an ihnen leiden, das Zeugen von Kindern verbietet. Allgemein gesagt, könnte man durch Steuerung der Partnerwahl versuchen, »bessere« Menschen zu züchten, wie man durch planmäßige Zuchtwahl etwa bessere Nutzviehsorten herangezüchtet hat. Der Gedanke ist keineswegs neu. Er bewegte schon vor 2500 Jahren die alten Spartaner, die auch versuchten, ihn in die Tat umzusetzen. In der Neuzeit war es der englische Naturforscher Francis Galton (ein Vetter von Charles Darwin), der die Idee wiederbelebte. Er prägte für die Lehre, die er dazu entwickelte, 1883 den Begriff *Eugenik* (abgeleitet von griechischen Wörtern mit der Bedeutung »gute Geburt«).

Die Forschungsergebnisse Mendels blieben Galton unbekannt. Er wußte nichts davon, daß Merkmale in einer Generation fehlen und in der darauffolgenden wieder auftauchen können. Er wußte nicht, daß Merkmale gruppenweise vererbt werden können und daß es unter Umständen sehr schwierig ist, ein unerwünschtes Merkmal auszumerzen, ohne daß zugleich erwünschte Merkmale mit verlorengehen. Und schließlich wußte er auch nichts davon, daß unerwünschte Merkmale in jeder Generation durch Mutationen neu auftreten können.

Der Wunsch, eine bessere Menschheit heranzuzüchten, ist gleichwohl nicht totzukriegen. Die Eugenik findet immer wieder Befürworter, auch in den Reihen der Wissenschaftler. Das Verdächtige an derartigen Bestrebungen ist, daß diejenigen, die die Bedeutung angeborener Merkmale und die genetischen Unterschiede zwischen bestimmten Menschengruppen betonen, fast unweigerlich jene Gruppen, denen sie selbst angehören, als die überlegenen einstufen.

Der englische Psychologe Cyril L. Burt beispielsweise veröffentlichte jahrzehntelang Resultate von Untersuchungen zur Intelligenz verschiedener Bevölkerungsgruppen, aus denen angeblich zweifelsfrei hervorging, daß Männer intelligenter sind als Frauen, Christen intelligenter als Juden, Engländer intelligenter als Iren, Oberschichts-Engländer intelligenter als Unterschichts-Engländer usw. Burt selbst gehörte in jedem Fall der »intelligenteren« Gruppe an. Seine Untersuchungsergebnisse wurden natürlich von vielen begrüßt, die ebenfalls der jeweiligen überlegenen Gruppe angehörten und die nur zu gern glauben wollten, daß die schlechter Weggekommenen nicht etwa Opfer von Unterdrückung und Vorurteil waren, sondern Leidtragende ihrer eigenen Defekte.

Nach dem Tode Burts im Jahr 1971 wurden jedoch Zweifel an seinem Datenmaterial laut. Zu glatt fügte es sich zu den in ihrer Tendenz immer gleichen Resultaten. Die Skepsis wuchs, und 1978 konnte der amerikanische Psychologe D. D. Dorfman ziemlich überzeugend nachweisen, daß Burt seine Daten manipuliert und teilweise einfach erfunden hatte – so viel war ihm daran gelegen, eine These zu beweisen, an die er unbedingt glaubte, die sich aber auf redliche Weise nicht beweisen ließ.

Auch einer der Erfinder des Transistors, Shockley, machte keinen Hehl aus seiner Überzeugung, daß aufgrund genetischer Faktoren Neger eine erheblich geringere Intelligenz hätten als Weiße; Versuche, das Los der Farbigen zu verbessern, indem man ihnen bessere Bildungschancen eröffnet, wären dieser Auffassung nach von vornherein zum Scheitern verurteilt. Der deutsch-britische Psychologe Hans-Jürgen Eysenck bekennt sich ebenfalls zu dieser Überzeugung.

1980 machte Shockley sich zur Zielscheibe etlicher boshafter Witze, als er unvorsichtigerweise enthüllte, daß er ein Kontingent seiner (zu diesem Zeitpunkt 70 Jahre alten) Samenzellen hatte einfrieren und in einer Samenbank deponieren lassen – irgendwann einmal sollen daraus, in Zusammenarbeit mit hochintelligenten Frauen, die sich mit diesem Samen künstlich befruchten lassen (wobei es fraglich ist, ob wirklich intelligente Frauen sich darauf einlassen würden), superintelligente Kinder erzeugt werden.

Meine Überzeugung ist, daß die mit der Vererbung von Eigenschaften beim Menschen zusammenhängenden Fragen so außerordentlich kompliziert sind, daß in absehbarer Zukunft nicht mit ihrer vollständigen oder auch nur annähernd befriedigenden Klärung zu rechnen sein wird. Menschen vermehren sich weder so schnell noch so ausgiebig wie Taufliegen, sie lassen sich auch nicht zu Versuchszwecken mit irgendwelchen von Wissenschaftlern ausgewählten Partnern paaren oder kreuzen; außerdem haben sie viel mehr Chromosomen und Gene und weisen viel mehr erbliche Merkmale auf als eine Taufliege; zudem sind gerade diejenigen menschlichen Attribute, die uns am meisten interessieren – Kreativität, Intelligenz, Genialität, Charakterstärke – insofern außerordentlich komplexe Merkmale, als sie aus dem Zusammenspiel zahlreicher Gene und zahlreicher gesellschaftlicher und sonstiger Umwelteinflüsse resultieren. Aus allen diesen Gründen sind die Genetiker gut beraten, wenn sie sich über Vererbungsfragen beim Menschen wesentlich vorsichtiger äußern als über die Genetik von Drosophila. Praktische Eugenik bleibt somit ein Wunschtraum, der denen, die ihn träumen, zwischen den Fingern zerrinnen muß, weil die Wissensgrundlage für seine Verwirklichung nicht vorhanden ist – ein Traum, der aber auch gefährlich ist wegen der Leichtigkeit, mit der Rassisten und Dünkelhafte ihn vor ihren Karren spannen können.

Chemische Genetik

Auf welche Weise bringt ein Gen das physische Merkmal, für das es »zuständig« ist, zuwege? Über welchen Mechanismus steuert es die Entwicklung beispielsweise gelber Erbsenkörner oder gezackter Flügel bei einer Taufliege oder blauer Augen bei einem Menschenkind?

Die Biologen sind sich heute sicher, daß die Gene ihre Zwecke mit Hilfe von Enzymen erreichen. Zu den am besten erforschten Prozessen gehören jene, die über die Augen-, Haar- und Hautfarbe entscheiden. Welche Farbtöne hier gebildet werden, hängt von der Konzentration eines Pigments namens *Melanin* (von dem griechischen Wort für »schwarz«) in der Regenbogenhaut des Auges bzw. in den Haaren bzw. in der Haut ab. Das Melanin wird – über eine Reihe von Zwischenschritten, von denen die meisten geklärt sind – aus dem Tyrosin, einer Aminosäure, aufgebaut. An diesem Prozeß sind etliche Enzyme beteiligt; wieviel Melanin gebildet wird, hängt von der zahlenmäßigen Stärke dieser Enzyme ab. Eines dieser Enzyme, verantwortlich für die ersten beiden Teilschritte, ist die *Tyrosinase*. Man vermutet, daß die Tyrosinase-Produktion der Zellen von einem bestimmten Gen gesteuert wird. Da die Menge der produzierten Tyrosinase letzten Endes über die Haut-, Haar- und Augenfarbe des Individuums entscheidet und da das betreffende Gen von Generation zu Generation weitergegeben wird, ist es ganz natürlich, daß Kinder in bezug auf diese Farben ihren Eltern nachschlagen. Wenn ein Kind mit einem mutationsbedingt defekten Gen geboren wird, das nicht in der Lage ist, die Produktion von Tyrosinase in Gang zu setzen, so wird sich auch kein Melanin bilden; das Resultat ist ein *Albino*. Das Fehlen eines einzigen Enzyms (bedingt durch die Schädigung eines bestimmten Gens) reicht also

aus, um einen für die Persönlichkeitsentwicklung des betroffenen Individuums nicht unerheblichen Effekt hervorzurufen.

Unterstellen wir somit als gegeben, daß die physischen Merkmale eines Organismus durch seine Enzym-Ausstattung bestimmt und diese wiederum durch Gene gesteuert wird, so lautet die nächste Frage: Wie funktionieren die Gene? Unglücklicherweise ist selbst der Organismus einer Taufliege ein viel zu kompliziertes Gebilde, als daß man die Funktionsweise seiner Gene en detail untersuchen könnte. 1941 stießen jedoch die amerikanischen Biologen George W. Beadle und Edward L. Tatum auf einen wesentlich einfacheren Organismus, der sich für die Erforschung gerade dieser Aspekte als hervorragend geeignet erwies: Es handelte sich um einen Schimmelpilz mit dem wissenschaftlichen Namen *Neurospora crassa*.

Neurospora ist in seinen Ernährungsgewohnheiten recht bescheiden. Er benötigt zu seinem Gedeihen nur Zucker und einige anorganische Verbindungen, denen er Stickstoff, Schwefel und verschiedene Mineralien entnehmen kann. Die einzige organische Substanz außer Zucker, die er braucht, ist ein Vitamin namens Biotin.

In einem bestimmten Stadium seines Lebenszyklus' produziert der Pilz acht Sporen, die in ihrer Gen-Ausstattung identisch sind. Jede Spore enthält sieben Chromosomen; wie bei den Keimzellen höher organisierter Lebewesen treten auch hier die Chromosomen nicht paarweise, sondern einzeln auf. Wenn eines der Chromosomen eine Veränderung erfährt, lassen sich die Auswirkungen daher gut studieren, da es kein unversehrtes Partnerchromosom gibt, das den Defekt wettmachen könnte. Beadle und Tatum waren somit in der Lage, bei Neurospora Mutationen zu erzeugen, indem sie sie Röntgenstrahlen aussetzten; sodann untersuchten sie, welche spezifischen Auswirkungen auf das Verhalten der Sporen diese Mutationen zeitigten.

Wenn die Sporen, nachdem der Pilz einer bestimmten Strahlungsdosis ausgesetzt worden war, auf ihrem gewöhnlichen Nährboden weiterhin gediehen, so war dies ein eindeutiges Zeichen dafür, daß keine Mutation eingetreten war, mindestens nicht soweit es die wachstumsbezogenen Nahrungsanforderungen betraf. Wenn die Sporen hingegen kein Wachstum zeigten, galt es, die Ursache dafür zu ermitteln. Zunächst einmal mußten die Forscher feststellen, ob die Sporen überhaupt noch lebten; zu diesem Zweck führten sie ihnen eine Nährlösung zu, die sämtliche Vitamine, Aminosäuren und anderen Nährstoffe enthielt, die die Sporen möglicherweise benötigten. Wenn sie daraufhin zu wachsen begannen, ließ dies den Schluß zu, daß die Röntgenbestrahlung eine Mutation hervorgerufen hatte, durch die die Ernährungsanforderungen des Pilzes verändert worden waren – offenbar brauchten sie jetzt zumindest einen zusätzlichen Nährstoff, den sie zuvor nicht benötigt hatten. Um herauszufinden, welcher dieser war, setzten die Forscher die Sporen nacheinander auf wechselnde Diäten, wobei sie jedesmal einige Bestandteile der Nährlösung wegließen, einmal alle Aminosäuren, einmal alle Vitamine, dann nur einen Teil der Aminosäuren oder nur einen Teil der Vitamine usw. Auf diese Weise tasteten sie sich vorwärts, bis sie schließlich den einen Nährstoff identifiziert hatten, den die Sporen infolge der eingetretenen Mutation nun zusätzlich benötigten.

In manchen Fällen zeigte sich, daß die mutierten Sporen die Aminosäure Arginin benötigten. Die Sporen des nicht mutierten Pilzes, der Stammform sozusagen, waren in der Lage, ihr Arginin aus Zucker und Ammoniumverbindungen selbst herzustellen. Die Mutation hatte offenbar dazu geführt, daß sie die Arginin-Synthese nicht mehr durchführen konnten; wenn man ihnen diese Aminosäure nicht lieferte, konnten sie kein Protein bilden und daher auch nicht wachsen. Die plausibelste Erklärungshypothese für diesen Befund lautete, daß die Röntgenstrahlen ein für die Bildung eines Enzyms, das die Arginin-Synthese steuerte, zuständiges Gen geschädigt hatten. Nach dem Ausfall dieses Gens konnten die Neurosporae dieses Enzym nicht mehr bilden, und wo kein Enzym, da kein Arginin.

Gestützt auf Befunde und Indizien dieser Art, studierten Beadle und seine Mitarbeiter die Rolle der Gene im chemischen Stoffwechsel der Neurosporae. Sie konnten zeigen, daß an der Herstellung des Arginins mehr als ein Gen beteiligt ist. Der Einfachheit halber wollen wir uns damit begnügen zu sagen, daß zwei Gene – nennen wir sie Gen A und Gen B – beteiligt sind, von denen jedes die Bildung eines bestimmten Enzyms steuert; zum Aufbau des Arginins sind diese beiden Enzyme erforderlich. In diesem Fall genügt eine Schädigung entweder des Gens A oder des Gens B, um die Neurosporae der Fähigkeit zur Arginin-Synthese zu berauben. Nehmen wir an, wir bestrahlen zwei Neurosporae-Kolonien und erzeugen in jeder einen argininlosen Stamm. Wenn wir Glück haben, ist bei dem einen mutierten Typ nur das Gen A, bei dem anderen nur das Gen B geschädigt. Ob dies der Fall ist, können wir dadurch feststellen, daß wir die beiden Mutanten, sobald sie ihre Geschlechtsreife erreichen, miteinander kreuzen. Wenn die von uns erhoffte Konstellation tatsächlich vorliegt, müßten sich unter den aus der Kreuzung hervorgehenden Sporen auch welche befinden, bei denen sowohl das A- als auch das B-Gen unversehrt sind. Wir können, anders gesagt, aus zwei Mutanten, die beide nicht in der Lage sind, Arginin zu synthetisieren, Nachkömmlinge erzeugen, die diese Fähigkeit besitzen. Genau dies gelang Beadle und seinen Mitarbeitern im Verlauf ihrer Experimente.

Dieser Forschungsansatz erlaubte noch weitergehende Einsichten in den Stoffwechsel der Neurosporae. Beispielsweise stellte sich heraus, daß es drei verschiedene Mutanten gab, die auf einem gewöhnlichen Nährboden nicht imstande waren, selbst Arginin aufzubauen. Der eine Typ gedieh nur, wenn man ihm Arginin zusätzlich verabreichte; der zweite wuchs, wenn er entweder Arginin oder eine sehr ähnliche Verbindung namens Citrullin erhielt. Der dritte sprach nicht nur auf Arginin und Citrullin an, sondern auch noch auf eine weitere ähnliche Verbindung namens Ornithin.

Welcher Schluß war hieraus zu ziehen? Nun, es scheint plausibel, anzunehmen, daß diese drei Substanzen Stationen eines sequentiellen Prozesses sind, dessen Endprodukt des Arginin ist. Auf jeder Stufe dieses Prozesses tritt ein spezifisches Enzym in Tätigkeit. Zunächst wird, mit Hilfe eines Enzyms, aus einer einfacheren Verbindung das Ornithin gebildet; dann, mit Hilfe eines anderen Enzyms, aus dem Ornithin das Citrullin, und schließlich wandelt ein drittes Enzym das Citrullin in Arginin um. Eine Mutationsform, der das für die Synthese des Ornithins zuständige Enzym fehlt, das aber über die anderen Enzyme verfügt, kommt zurecht, wenn man ihr Ornithin zuführt, denn daraus können ihre Sporen Citrullin und anschließend Arginin herstellen. Natürlich gedeiht diese Mutationsform auch, wenn man Ornithin (aus dem sie Arginin herstellen kann) oder Arginin selbst zuführt. Nach derselben Logik können wir unterstellen, daß dem zweiten Mutationstyp das für die Umwandlung von Ornithin in Citrullin zuständige Enzym fehlt; ihm muß also entweder Citrullin (das er in Arginin verwandeln kann) oder wiederum Arginin selbst verabreicht werden. Jenem Stamm schließlich, der nur mit Arginin etwas anfangen kann, muß demnach das für die Umwandlung von Citrullin in Arginin verantwortliche Enzym fehlen.

Indem sie die unterschiedlichen Mutationstypen, die sie zu isolieren vermochten, in dieser Weise auf den Prüfstand stellten, begründeten Beadle und seine Mitarbeiter die Disziplin der *chemischen Genetik*. Im Lauf der Zeit erforschten sie die bei der Synthese zahlreicher wichtiger Verbindungen in lebenden Systemen wirksamen Mechanismen. Beadle war der Schöpfer der sogenannten *Ein-Gen-ein-Enzym-Theorie,* der Theorie, daß jedes Gen die Produktion eines einzelnen Enzyms steuert. Diese (zwischenzeitlich modifizierte) Annahme erfreut sich mittlerweile in den Reihen der Genetiker allgemeiner Zustimmung. Beadle und Tatum wurden für ihre Pionierarbeit auf diesem Gebiet 1958 anteilig mit dem Nobelpreis für Medizin und Physiologie ausgezeichnet.

Hämoglobin-Anomalien

Die Entdeckungen Beadles veranlaßten die Biochemiker, verstärkt nach Anzeichen für genbedingte Anomalien im Proteinstoffwechsel Ausschau zu halten, besonders natürlich bei menschlichen Mutanten. Als Fallbeispiel bot sich unerwartet eine Krankheit an, die unter dem Namen *Sichelzellen-Anämie* bekannt ist und zu den mehr als 1600 genetischen Erkrankungen gehört, die beim Menschen auftreten können.

Der erste Bericht über diese Krankheit datiert aus dem Jahr 1910 und stammt von einem Chicagoer Arzt namens James B. Herrick. Herrick hatte bei der mikroskopischen Untersuchung des Blutes eines halbwüchsigen farbigen Patienten entdeckt, daß die normalerweise runden roten Blutkörperchen seltsam verkrüppelt waren; viele von ihnen hatten eine Form, die an eine Sichel erinnerte. Andere Ärzte machten in der Folge dieselbe Beobachtung, fast immer nur bei farbigen Patienten.

Schließlich setzte sich die Einsicht durch, daß die Sichelzellenanämie eine erbliche Erkrankung ist. Ihre Vererbung unterliegt den Mendelschen Gesetzen: Es gibt offenbar ein Sichelzellen-Gen, das, wenn es in doppelter Dosis, d. h. von beiden Eltern, ererbt wird, diese verkrüppelten roten Blutkörperchen produziert. Letztere sind als Sauerstofftransporteure nur eingeschränkt tauglich und sind zudem außerordentlich kurzlebig, was zu einem ständigen Mangel an roten Blutkörperchen im Blut der von dieser Krankheit Betroffenen führt. Personen, die das Pech haben, eine solche Doppeldosis mitzubekommen, sterben in der Regel schon im Kindesalter an dieser Erkrankung. Wenn jemand nur von einem Elternteil ein Sichelzellen-Gen mitbekommt, tritt die Krankheit nicht auf. Bei diesen Personen zeigen sich sichelförmige rote Blutkörperchen nur in Situationen, in denen der Organismus einem ungewöhnlich starken Sauerstoffmangel ausgesetzt wird, beispielsweise in großen Höhen. Diese Leute haben ein »Sichelzellen-Merkmal«, aber keine akute Sichelzellenanämie.

Im Rahmen einschlägiger Untersuchungen hat man bei rund 9% der farbigen Bevölkerung der Vereinigten Staaten ein Sichelzellen-Merkmal und bei 0,25% eine akute Sichelzellenanämie festgestellt. In manchen Gebieten Zentralafrikas tritt das Merkmal bei bis zu 25% der Bevölkerung auf. Offenbar ist das Sichelzellen-Gen eine Mutation, die in Afrika entstanden ist und sich seither unter den Bewohnern Afrikas bzw. den von afrikanischen Vorfahren abstammenden Bevölkerungsgruppen anderer Kontinente ausgebreitet hat. Natürlich drängt sich die Frage auf: Wenn die Krankheit oft tödlich verläuft, weshalb ist dann das sie verursachende defekte Gen nicht längst ausgestorben? Untersuchungen, die in den 50er Jahren in Afrika angestellt wurden, ergaben eine plausible Antwort: Es hat den Anschein, als ob Personen mit Sichelzellen-Merkmal wesentlich seltener an Malaria erkranken – die Sichelzellen scheinen eine gewisse Immunität gegen Malaria-Parasiten zu gewähren. Man schätzt, daß Kinder in Malariagebieten, die das Sichelzellen-Merkmal aufweisen, eine um 25% größere Chance haben, das Erwachsenenalter zu erreichen, als der Durchschnitt. Ein einzelnes Sichelzellen-Gen zu besitzen ist insofern also von Vorteil. (Das gilt natürlich nicht für die zur akuten Anämie führende Doppeldosis.) Die beiden gegenläufigen Tendenzen – höhere Malaria-Resistenz der Träger des einfachen Sichelzellen-Gens einerseits, frühe Sterblichkeit der Träger der Doppeldosis andererseits – bewirken, daß sich im Rahmen der natürlichen Selektion der bevölkerungsmäßige Anteil der Träger dieses Gens auf einem konstanten Gleichgewichtsniveau einpendelt.

In Gebieten, in denen die Malaria keine Rolle spielt, ist das Sichelzellen-Gen in der Tat auf dem besten Weg, auszusterben. Bei der schwarzen Bevölkerung der USA dürfte der Anteil der Träger des Sichelzellen-Gens ursprünglich bei 25% gelegen haben. Selbst wenn man in Rechnung stellt, daß infolge der Vermischung der Schwarzen mit hellhäutigen Bevölkerungsgruppen schon rein rechnerisch ein Rückgang zu erwarten war, so liegt doch der tatsächliche heutige Anteil der Sichelzellen-Veranlagten mit nur noch 9% so deutlich unterhalb des allein aufgrund der Rassenmischung zu erwartenden Wertes, daß man eindeutig davon ausgehen kann, daß das Sichelzellen-Gen sich in den USA auf dem Rückzug befindet. Dieser Trend wird aller Wahrscheinlichkeit nach anhalten; in Afrika dürfte er sich in dem Maße durchsetzen, wie es gelingt, die Malaria unter Kontrolle zu bekommen. Die biochemische Bedeutung des Sichelzellen-Gens wurde schlagartig klar, als 1949 Linus Pauling und seinen Mitarbeitern der Nachweis gelang, daß ein inniger Zusammenhang besteht zwischen diesem Gen und dem Farbstoff der roten Blutkörperchen, dem Hämoglobin: Bei Personen mit einer Doppeldosis des Sichelzellen-Gens ist der Organismus nicht in der Lage, normales Hämoglobin herzustellen. Pauling bewies dies mit Hilfe eines als *Elektrophorese* bezeichneten Verfahrens, bei dem die Unterschiede in der elektrischen Ladung verschiedener Eiweißmoleküle dazu genutzt werden, Proteine mittels eines elektrischen Stroms voneinander zu sondern. (Die Technik der Elektrophorese wurde von dem schwedischen Chemiker Arne W. K. Tiselius entwickelt, der für diesen wichtigen Beitrag 1948 mit dem Chemie-Nobelpreis belohnt wurde.) Pauling fand mit Hilfe elektrophoretischer Analysen bei Patienten mit Sichelzellenanämie eine abnorme Spielart des Hämoglobins, die sich vom normalen Hämoglobin trennen ließ; er nannte sie *Hämoglobin S*. Um das normale Hämoglobin von einer weiteren Variante, die sich

beim menschlichen Fetus findet, zu unterscheiden, wurde für ersteres die Bezeichnung Hämoglobin A, für letzteres Hämoglobin F eingeführt. Seit 1949 haben die Biochemiker neben der in den Sichelzellen enthaltenen noch andere anomale Hämoglobin-Varianten entdeckt und sie unter den fortlaufenden Bezeichnungen Hämoglobin C bis Hämoglobin M katalogisiert. Das für den Aufbau des Hämoglobins verantwortliche Gen kann offensichtlich zu einer ganzen Reihe unterschiedlicher defekter Allele mutieren, von denen jedes einen Hämoglobintyp produziert, der die dieser Substanz obliegenden Aufgaben unter normalen Bedingungen nicht adäquat erfüllt, unter gewissen ungewöhnlichen Bedingungen jedoch vielleicht irgendwelche Vorzüge bietet. So wie das Hämoglobin S, in einfacher Dosis vorhanden, die Resistenz gegen Malaria erhöht, versetzt das Hämoglobin C (in Einzeldosis) den Körper in die Lage, mit minimalen Mengen an zugeführtem Eisen auszukommen.

Da die verschiedenen anomalen Hämoglobine unterschiedliche elektrische Ladungen aufweisen, müssen sie in bezug auf die Anordnung der Aminosäuren innerhalb der Peptidkette irgendwelche Unterschiede aufweisen, denn von der Reihenfolge der Aminosäuren hängt das elektrische Ladungsmuster des Moleküls ab. Die Unterschiede können nur von ganz geringfügiger Art sein, fungieren doch die abnormen Hämoglobine allesamt ähnlich, wenn auch nicht so effizient wie das normale Hämoglobin. Die Aussichten, in einem aus rund 600 Aminosäuren bestehenden Riesenmolekül diese kleinen Unterschiede aufzufinden, erschienen ziemlich gering; nichtsdestoweniger stellten sich der deutsch-amerikanische Biochemiker Vernon Martin Ingram und seine Mitarbeiter die Aufgabe, die spezifischen chemischen Strukturmerkmale der abnormen Hämoglobine herauszufinden.

Sie zerlegten zuerst die Hämoglobine A, S und C in Peptide unterschiedlicher Größe, indem sie sie einem Verdauungsenzym aussetzten, das in der Lage war, Proteine aufzuspalten. Sodann sonderten sie, getrennt für jedes der drei Hämoglobine, die entstandenen Fragmente mittels Papier-Elektrophorese voneinander. (Bei diesem Verfahren werden die Moleküle durch elektrischen Strom veranlaßt, anstatt durch eine Lösung, entlang der Oberfläche eines mit Feuchtigkeit getränkten Filterpapiers zu wandern. Man kann sich das als eine Art elektrifizierter Papierchromatographie vorstellen.) Als die Forscher dies für alle drei Hämoglobine durchgeführt hatten und die Ergebnisse verglichen, stellten sie fest, daß der einzige Unterschied darin bestand, daß ein Peptid an einer jeweils anderen Stelle des Filterpapiers zu finden war.

Sie analysierten daraufhin dieses Peptid und gelangten zu dem Ergebnis, daß es aus neun Aminosäuren bestand, von denen acht sowohl der Art als auch der Position nach bei allen drei Hämoglobintypen identisch waren; nur an einer Stelle gab es eine Abweichung. Hier die Strukturformeln der drei Peptide zum Vergleich:

Hämoglobin A: His-Val-Leu-Leu-Thr-Pro-Glu-
Glu-Lys
Hämoglobin S: His-Val-Leu-Leu-Thr-Pro-Val-
Glu-Lys
Hämoglobin C: His-Val-Leu-Leu-Thr-Pro-Lys-
Glu-Lys

Der einzige erkennbare Unterschied zwischen den drei Hämoglobintypen lag darin, daß sie in der siebenten Position eines ihrer Peptidfragmente eine jeweils andere Aminosäure aufwiesen: Beim Hämoglobin A stand in dieser Position ein Glutamin, beim Hämoglobin S ein Valin und beim Hämoglobin C ein Lysin. Da das Glutamin eine negative, das Lysin eine positive und das Valin keine elektrische Ladung erzeugt, überrascht es nicht, daß die drei Hämoglobine sich bei der Elektrophorese unterschiedlich verhalten – jedes hat eine andere elektrische Gesamtladung.

Weshalb sollte freilich eine so geringfügige Differenz in der Molekularstruktur eine so vergleichsweise einschneidende Veränderung in der Funktionsfähigkeit der roten Blutkörperchen bewirken? Nun, das normale rote Blutkörperchen besteht zu einem Drittel aus Hämoglobin A. Dessen Moleküle sind in der Zelle so dicht zusammengedrängt, daß sie kaum Bewegungsspielraum haben. Das bedeutet, daß sie stets kurz davor sind, zu gelieren, d. h. aus ihrer Lösung auszufallen. Ob und wann ein Eiweißkörper in Lösung bleibt oder aus seiner Lösung ausfällt, hängt teilweise von seiner elektrischen Ladung ab. Wenn alle Eiweißkörper einer Zelle die gleiche Saldo-Ladung haben, stoßen sie einander ab, wodurch ein Aus-der-Lö-

sung-Gehen verhindert wird. Je stärker die Ladung (und damit die Abstoßung), desto eher bleiben die Proteine in Lösung. Beim Hämoglobin S sind die zwischen den Molekülen wirkenden Abstoßungskräfte vermutlich ein wenig geringer als beim Hämoglobin A; dementsprechend ist das Hämoglobin S weniger gut löslich und neigt eher zum Ausfallen. Wenn einem Sichelzellen-Gen ein normales Gen als Partner gegenübersteht, bildet dieses womöglich genug Hämoglobin A, um auch das Hämoglobin S in Lösung zu halten, wenn auch nur mit knapper Not. Wenn aber beide Gene die Sichelzellen-Mutation aufweisen, wird nur noch Hämoglobin S produziert. Dieses Molekül bleibt nicht in Lösung. Es fällt in Form von Kristallen aus, die das Blutkörperchen deformieren und schwächen.

Diese Theorie würde eine Erklärung dafür bieten, daß der Austausch nur einer Aminosäure in einem aus nahezu 600 Aminosäuren bestehenden Molekül genügt, um eine ernsthafte Erkrankung mit der weitgehenden Gewißheit eines frühen Todes herbeizuführen.

Stoffwechsel-Anomalien

Der Albinismus und die Sichelzellenanämie sind nicht die einzigen beim Menschen auftretenden Defekte, als deren Ursache man das Fehlen eines einzelnen Enzyms oder die Mutation eines einzelnen Gens erkannt hat. Bei der *Phenylketonurie,* einer erblichen Stoffwechselstörung, die sich häufig in geistiger Zurückgebliebenheit äußert, ist als Ursache das Fehlen eines Enzyms festgestellt worden, das sonst die Umwandlung von Phenylalanin in Tyrosin (beides sind Aminosäuren) besorgt. Die *Galaktosemie,* eine Störung, die grauen Star, Hirn- und Leberschäden hervorrufen kann, beruht auf dem Fehlen eines für die Umwandlung eines Galaktosephosphats in ein Glukosephosphat erforderlichen Enzyms. Bei einer anderen angeborenen Störung, die zu abnormen Ansammlungen von Glykogen (einer Stärkeart) in der Leber und anderen Geweben führt und in der Regel zum frühen Tod des Betroffenen führt, spielt das Fehlen eines der Enzyme eine Rolle, die die Aufspaltung des Glykogens und seine Umwandlung in Glukose steuern. All dies sind Beispiele für Defekte, die auf angeborenen, d. h. ererbten Funktionsmängeln oder Defiziten im Einflußbereich eines mehr oder weniger lebenswichtigen Enzyms beruhen. Erstmals in die medizinische Theoriebildung eingeführt wurde diese Auffassung 1908 von dem englischen Arzt Archibald E. Garrod; seine Aussagen blieben freilich eine Generation lang unbeachtet, bis Mitte der 30er Jahre der britische Genetiker John B. Sanderson Haldane das Augenmerk der Forscher wieder auf diese Konzeption lenkte.

Allgemein gesagt, werden solche Störungen in der Regel von einem rezessiven Allel des für die Produktion des betreffenden Enzyms zuständigen Gens verursacht und gesteuert. Wenn nur ein Partner eines Genpaars den Defekt aufweist, kann das intakte Gen das Defizit soweit wettmachen, daß die betreffende Person gewöhnlich in der Lage ist, ein normales Leben zu führen (wie beispielsweise ein Träger des Sichelzellen-Merkmals). Fatal wird es normalerweise nur dann, wenn zufällig beide Eltern denselben Gendefekt aufweisen und wenn weiterhin das Pech hinzukommt, daß bei der Zeugung sowohl die Samen- als auch die Eizelle das defekte Gen einbringen. Es ist eine Art russisches Roulette, dessen Leidtragender das aus einer solchen Zeugung hervorgehende Kind ist. Wahrscheinlich tragen wir alle eine Erblast an abnormen, defekten oder sogar gefährlichen Genen in uns; solange diesen ein intaktes Partnergen gegenübersteht, merken wir davon wenig oder gar nichts. Diese Überlegung macht vielleicht verständlicher, weshalb die Humangenetiker so besorgt sind über die zunehmende radioaktive Strahlenbelastung und über alle anderen Faktoren, die geeignet sind, die Mutationsrate zu erhöhen und die Erblast zu vergrößern.

Nukleinsäuren

Das eigentlich Bemerkenswerte am Phänomen der Vererbung sind nicht diese spektakulären, vergleichsweise seltenen Fehlleistungen, sondern die Tatsache, daß der Mechanismus der Vererbung im großen und ganzen mit hoher Präzision funktioniert. Über Tausende und Abertausende von Jahren hinweg haben die Gene sich von Generation zu Generation in immer gleicher Form reproduziert und immer exakt die gleichen Enzyme hervorgebracht, ohne daß es in mehr als einem winzigen Bruchteil der Fälle zu einer Abweichung von der Norm kam. Der Einbau einer einzigen falschen Aminosäure in ein großes Eiweißmolekül ist so ungefähr schon der größte Fehler, der den Genen jemals unterläuft. Wie schaffen sie es, mit solcher »Wiedergabetreue« immer und immer wieder Abbilder ihrer selbst anzufertigen?

Die Antwort auf diese Frage muß in der Chemie jener langen Genketten zu finden sein, die wir Chromosomen nennen. Die Chromosomen bestehen zu einem beträchtlichen Teil – etwa zur Hälfte ihrer Masse – aus Proteinen. Das ist nicht weiter überraschend. Im Lichte der Wissensfortschritte, die das 20. Jahrhundert gebracht hatte, erwarteten die Biochemiker nichts anderes, als daß an jedweden komplexeren körperlichen Funktionen Proteine mitwirkten – sie schienen *die* komplexen Moleküle des Organismus schlechthin zu sein, komplex genug, um der Vielseitigkeit und Sensibilität lebender Systeme zu entsprechen.

Allein, ein erheblicher Teil der Chromosomen-Proteine gehörte zur Gruppe der *Histone,* deren Moleküle für Proteinverhältnisse ziemlich klein sind und – schlimmer noch – aus einem überraschend schlichten Sortiment von Aminosäuren bestehen. Diese Moleküle schienen nicht annähernd komplex genug, um als Regisseure der subtilen genetischen Prozesse in Frage zu kommen. Gewiß, es gab auch andere, aus viel größeren und viel komplexeren Molekülen bestehende Eiweißkomponenten, aber sie machten doch nur einen kleinen Teil des Ganzen aus.

Die Biochemiker blieben jedenfalls auf die Proteine fixiert. Wer, wenn nicht sie, sollte die Mechanismen der Vererbung steuern? Gewiß, ungefähr zur Hälfte bestanden die Chromosomen aus einem Material, das überhaupt keinen Eiweißcharakter hatte, aber es schien einfach undenkbar, daß irgendwelche Stoffe, die keine Proteine waren, in diesem Zusammenhang von Belang sein konnten. Gerade aber diesem nicht-eiweißartigen Bestandteil der Chromosomen müssen wir unser Augenmerk zuwenden.

Allgemeine Strukturmerkmale

Ein Schweizer Biochemiker namens Friedrich Miescher stellte 1869 bei dem Versuch, das Eiweiß von Zellen mit Hilfe von Pepsin zu zerlegen, fest, daß das Pepsin den Zellkern nicht aufbrach. Der Kern schrumpfte ein bißchen, blieb aber ansonsten intakt.

Durch chemische Analyse gelangte Friedrich Miescher anschließend zu dem Befund, daß der Zellkern weitgehend aus einer phosphorhaltigen Substanz bestand, deren Eigenschaften denen von Proteinen in keiner Weise ähnelten. Er nannte die Substanz Nuklein. Als man zwanzig Jahre später feststellte, daß es sich um eine stark saure Substanz handelte, änderte man sie auf den Namen Nukleinsäure um.

Friedrich Miescher verlegte sich auf das Studium dieser neuen Substanz und entdeckte schließlich, daß Spermazellen (die fast ganz aus Zellkern-Substanz bestehen) besonders reich an Nukleinsäure sind.

Unterdessen gelang es dem deutschen Chemiker Felix Hoppe-Seyler (in dessen Labor Miescher seine erste Entdeckung gemacht und dem er seinen Bericht darüber vor der Veröffentlichung zur Prüfung vorgelegt hatte), Nukleinsäure aus Hefezellen zu isolieren. Sie schien freilich andere Eigenschaften zu haben als die von Miescher entdeckte; zur Unterscheidung verlieh man letzterer den Namen Thymus-Nukleinsäure (weil sie sich besonders mühelos aus der Thymusdrüse von Tieren gewinnen ließ), während man die von Hoppe-Seyler entdeckte Variante – naheliegenderweise – Hefe-Nukleinsäure nannte. Da man die Thymus-Nukleinsäure anfänglich nur aus tierischen Zellen, die Hefe-Nukleinsäure nur aus Pflanzenzellen zu gewinnen vermochte, glaubte man eine Zeitlang, hier ein generelles chemisches Unterscheidungsmerkmal zwischen Tier und Pflanze gefunden zu haben.

Der deutsche Biochemiker Albrecht Kossel, ein weiterer Schüler Hoppe-Seylers, erforschte als erster systematisch die Struktur des Nukleinsäure-Moleküls. Mittels sorgfältig durchgeführter Hydrolysen isolierte er aus der Substanz eine Reihe stickstoffhaltiger Verbindungen, die er auf die Namen Adenin, Guanin, Cytosin und Thymin taufte. Die Strukturformeln dieser Verbindungen ergaben sich später als:

Adenin   Guanin   Cytosin

Thymin

Die Doppelringstruktur, die die beiden ersten Verbindungen kennzeichnet, wird als Purin-Ring, der Einzelring der beiden anderen als Pyrimidin-Ring bezeichnet. Demgemäß zählt man Adinin und Guanin zu den Purinen, Cytosin und Thymin zu den Pyrimidinen.

Für seine Forschungen, die den Ausgangspunkt zu einer fruchtbaren Folge von Entdeckungen bildeten, erhielt Kossel 1910 den Nobelpreis für Medizin und Physiologie.

Einen weiteren Erkenntnisschritt tat 1911 der russischstämmige amerikanische Biochemiker P. A. T. Levene, ein Schüler Kossels. Kossel hatte schon 1891 festgestellt, daß Nukleinsäuren Kohlenhydrate enthalten; Levene zeigte jetzt, daß es sich dabei um Zuckermoleküle mit fünf Kohlenstoffatomen handelt. (Das war zu jenem Zeitpunkt ein ungewöhnlicher Fund: Die bekanntesten Zucker, wie etwa die Glukose, enthalten sechs Kohlenstoffatome.) Aufbauend auf diese Entdeckung, zeigte Levene, daß die beiden Nukleinsäure-Typen sich chemisch im wesentlichen dadurch voneinander unterscheiden, daß die Hefe-Nukleinsäure *Ribose* enthält, während der in der Thymus-Nukleinsäure enthaltene Zucker ein Sauerstoffatom weniger aufweist als die Ribose (bei ansonsten identischer Struktur); er erhielt daher den Namen *Desoxyribose*. Die Strukturformeln für beide Zucker sehen wie folgt aus.

Ribose   Desoxyribose

Die beiden Nukleinsäure-Typen wurden demgemäß auf die Namen *Ribonukleinsäure (RNS)* bzw. *Desoxyribonukleinsäure (DNS)* getauft.

Von der Verschiedenheit ihrer Zuckerbausteine abgesehen, unterscheiden die beiden Nukleinsäuren sich auch noch in einem ihrer Pyrimidine. Die RNS weist anstelle des Thymins *Uracil* auf. Dieses ist dem Thymin allerdings sehr ähnlich, wie seine Formel zeigt:

$$
\begin{array}{c}
OH \\
| \\
C \\
N \diagup \diagdown CH \\
| \| \\
C \diagdown \diagup CH \\
HO \diagup N
\end{array}
$$

Uracil

1934 war Levene so weit, um zeigen zu können, daß die Nukleinsäuren sich in Fragmente zerlegen lassen, die jeweils ein Purin oder ein Pyrimidin, einen Zucker, (entweder Ribose oder Desoxyribose) und eine Phosphatgruppe enthielten. Für diese Bauelemente hat sich die Bezeichnung *Nukleotide* eingebürgert. Levene äußerte die Vermutung, das Nukleinsäure-Molekül sei in der gleichen Weise aus Nukleotiden aufgebaut wie ein Eiweißmolekül aus Aminosäuren. Aufgrund quantitativer Untersuchungen kam er zu dem Schluß, daß das Molekül aus lediglich vier Nikleotid-Bausteinen bestehen müsse, von denen einer Adenin, einer Guanin, einer Cytosin und der vierte entweder Thymin (bei der DNS) oder Uracil (bei der RNS) enthalte.

Diese Vermutung schien vernünftig. Später stellte sich jedoch heraus, daß das, was Levene isoliert hatte, nicht Nukleinsäure-Moleküle waren, sondern Bruchstücke davon; um die Mitte der 50er Jahre gelangten die Biochemiker dann zu der Einsicht, daß die Nukleinsäuren Molekülgewichte von bis zu 6 Millionen aufweisen. Sie sind damit, was die Molekülgröße betrifft, den Eiweißen gewiß ebenbürtig und sehr wahrscheinlich sogar überlegen.

Wie Nukleotide aufgebaut und miteinander verbunden sind, erforschte der britische Biochemiker Alexander R. Todd; er baute eine Anzahl unterschiedlicher Nukleotide aus einfacheren Fragmenten auf und fügte sie unter Bedingungen, die nur eine bestimmte Art der Bindung zuließen, zusammen. Für seine Arbeit erhielt er 1957 den Chemie-Nobelpreis.

Die Resultate aller dieser Forschungen deuteten auf eine allgemeine strukturelle Analogie zwischen den Nukleinsäuren und den Proteinen hin. Das Eiweißmolekül besteht aus einem Polypeptid-Rückgrat, aus dem die Nebenketten der einzelnen Aminosäuren herausragen. Bei den Nukleinsäuren entsteht die Kettenstruktur dadurch, daß der Zuckerbestandteil eines Nukleotids sich mittels einer als Brückenglied dienenden Phosphatgruppe mit dem Zuckerbestandteil des nächsten Nukleotids zusammenschließt. So ergibt sich das Zucker-Phosphat-Rückgrat des Nukleinsäure-Moleküls, aus dem seitlich Purine und Pyrimidine heraussprießen, und zwar je eines pro Nukleotid. Soviel war nun klar; daß es zwei Bestandteile des Zellkern-Proteins gab, die jeweils aus großen Makromolekülen bestanden. Die Frage nach der Funktion des Nukleinsäure-Bestandteils stellte sich jetzt mit neuer Dringlichkeit.

DNS

Mit Hilfe bestimmter Färbetechniken begannen die Forscher, den »Standort« der Nukleinsäuren innerhalb der Zellen einzukreisen. Der deutsche Chemiker Robert Feulgen, der mit einem roten Farbstoff arbeitete, der DNS, nicht aber RNS färbte, fand die DNS im Zellkern und insbesondere in den Chromosomen konzentriert. Er entdeckte sie nicht nur in tierischen, sondern auch in pflanzlichen Zellen. In der Folge konnte er zeigen, daß auch die RNS sowohl in Pflanzen- als auch in Tierzellen vorkommt. Die Nukleinsäuren sind demnach also universelle, in allen lebenden Zellen vorhandene Substanzen.

Der schwedische Biochemiker Torbjörn Caspersson kam einen Schritt weiter, indem er eine der Nukleinsäuren aus der Zelle entfernte (mit Hilfe eines Enzyms, das sie in lösliche Fragmente zerlegte, die sich aus der Zelle herausspülen ließen) und die andere unter die Lupe nahm. Caspersson fotografierte die in der geschilderten Weise behandelten Zellen in ultraviolettem Licht; da Nukleinsäuren ultraviolettes Licht intensiver absorbieren als alle anderen Zellsubstanzen, ließ sich mit dieser Technik die Lage der DNS bzw. RNS – je nachdem, welche er in der Zelle belassen hatte – eindeutig bestimmen. Bei diesem Nachweisverfahren zeigte sich die DNS nur in den Chromosomen, während die RNS hauptsächlich in gewissen im Kernplasma enthaltenen Partikeln in Erscheinung trat. Zu einem geringeren Teil war RNS auch im *Nukleolus* enthalten, einem Gebilde innerhalb des Zellkerns. (Der amerikanische Biochemiker Alfred E. Miersky zeigte 1948, daß kleine RNS-Mengen auch in den Chromosomen enthalten sind; andererseits wies Ruth Sager nach, daß DNS auch in Zytoplasma, namentlich in den Chloroplasten von Pflanzen, vorkommt. 1966 wurde auch in den Mitochondrien DNS aufgespürt.)

Die von Caspersson angefertigten Bilder zeigten, daß die DNS sich in einzelnen Streifen durch die Chromosomen zog. War es möglich, daß die DNS-Moleküle nichts anderes waren als die Gene, von deren chemischer Natur man bis dahin ja nur eine ganz vage Vorstellung hatte?

Diesem Gedanken spürten die Biochemiker in den 40er Jahren mit steigendem Interesse nach. Besonders aufschlußreich war für sie, daß die Anzahl der DNS-Moleküle in den Zellen eines Organismus stets konstant war, abgesehen von den Samen- und Eizellen, bei denen nur die Hälfte vorhanden war – wie nicht anders zu erwarten, da diese Zellen ja auch nur über einen halben Chromosomensatz verfügen. Die Menge der in einer Zelle vorhandenen RNS und der Proteingehalt der Chromosomen konnten variieren, doch die DNS-Menge war unveränderlich. Dieser Umstand deutete auf einen engen Zusammenhang zwischen der DNS und den Genen hin.

Immer mehr hatte es den Anschein, als begänne der (Nukleinsäuren-)Schwanz mit dem (Protein-)Hund zu wedeln; und nach einigen weiteren bemerkenswerten Entdeckungen wurde schließlich klar: Der Schwanz *war* der Hund.

Seit langem schon hatten Bakteriologen sich mit zwei bestimmten im Labor gezüchteten Pneumokokken-Stämmen beschäftigt; die Exemplare des einen Stammes besaßen eine glatte, aus einem komplexen Kohlenhydrat bestehende Hülle; denen des anderen Stamms fehlte diese Hülle, ihre Oberfläche wirkte daher rauh. Offenbar fehlte dem rauhen Stamm irgendein zur Produktion der Kohlenhydrathaut notwendiges Enzym. Der englische Bakteriologe Fred Griffith hatte allerdings eine merkwürdige Entdeckung gemacht: Wenn abgetötete Exemplare der glatten Bakterienart mit lebenden Exemplaren der rauhen Art gemischt

und die Mischung einer Maus injiziert wurde, fanden sich in den Geweben der so infizierten Maus nach einiger Zeit lebende Pneumokokken der glatten Varietät. Wie war dies zu erklären? Daß die toten Pneumokokken wieder zum Leben erwacht waren, konnte man ausschließen. Irgend etwas mußte in den rauhen Pneumokokken vorgegangen sein, das sie in die Lage versetzte, sich eine glatte Haut anzueignen. Offenbar hatten sie sich diese Fähigkeit auf irgendeine Weise von den getöteten Bakterien angeeignet.

1944 gelang es drei amerikanischen Biochemikern – Oswald T. Avery, Colin M. Macleod und Maclyn McCarty –, die DNS als Trägersubstanz dieses Übertragungsvorgangs zu identifizieren. Wenn man aus dem Gewebe der glatthäutigen Pneumokokken DNS entnahm, sie in Reinkultur isolierte und sie dann den rauhhäutigen Exemplaren verabreichte, so genügte dies allein, um den rauhhäutigen in einen glatthäutigen Stamm zu verwandeln.

In der Folge isolierten die Biochemiker weitere Überträgersubstanzen, nicht nur bei anderen Bakterienarten, sondern auch im Zusammenhang mit anderen Merkmalen; in allen Fällen stellte sich heraus, daß die Überträgersubstanz eine DNS-Variante war. Dies ließ nur den einen plausiblen Schluß zu, daß die DNS in der Lage war, die Funktion eines Gens zu erfüllen. In der Tat zeitigten mehrere unterschiedliche Forschungsansätze die Erkenntnis, daß das mit der DNS verbundene Protein vom genetischen Standpunkt aus fast überflüssig ist: Die DNS vermag aus eigener Kraft genetische Wirkungen hervorzurufen, sei es im Chromosomenverband oder sei es – bei chromosomenunabhängiger Vererbung – in zytoplasmischen Gebilden wie Chloroplasten und Mitochondrien.

Die Doppelhelix

Wenn die DNS der Schlüssel zum Geheimnis der Vererbung war, so mußte sie eine komplexe Struktur aufweisen, da sie doch offenbar in der Lage war, ein ausgeklügeltes Programm von Anweisungen für die Synthese spezifischer Enzyme zu speichern und zu übertragen – den sogenannten *genetischen Code*. Wenn sie sich aus den vier Nukleotid-Typen zusammensetzt, so können diese nicht regelmäßig angeordnet sein, etwa in der Abfolge 1, 2, 3, 4, – 1, 2, 3, 4 – 1, 2, 3, 4 –... Ein so aufgebautes Molekül wäre viel zu simpel, um ein Bauprogramm für Enzyme speichern zu können. Der amerikanische Biochemiker Erwin Chargaff und seine Mitarbeiter stießen 1948 auf eindeutige Anhaltspunkte dafür, daß die Nukleinsäuren eine noch komplexere Struktur aufwiesen, als man bis dahin geglaubt hatte. Wie ihre Analysen zeigten, sind die verschiedenen Purine und Pyrimidine nicht in gleichen Mengen, sondern in von einer Nukleinsäure zur anderen wechselnden Anteilen vertreten.

Alles deutete darauf hin, daß die vier Purine und Pyrimidine in völlig unregelmäßiger Folge entlang dem DNS-Rückgrat aufgereiht waren – so unregelmäßig wie die Aminosäuren-Seitenketten entlang dem Peptid-Rückgrat des Eiweißmoleküls. Bestimmte Regelmäßigkeiten schien es aber doch zu geben: Bei jedem DNS-Molekül war die Gesamtzahl der Purine stets gleich der Gesamtzahl der Pyrimidine. Ferner war die Anzahl der Adenin-Fortsätze stets gleich der Anzahl der Thymin-Fortsätze und die Zahl der Guanin-Fortsätze immer gleich der Zahl der Cytosin-Fortsätze.

Wenn wir als Symbol für das Adenin A, für das Guanin G, für das Thymin T und für das Cytosin C setzen, so können wir für die Summe der in einem DNS-Molekül enthaltenen Purine den Ausdruck A + G und für die Summe der Pyrimidine T + C schreiben. Die Erkenntnisse über die quantitativen Verhältnisse innerhalb der DNS-Moleküle lassen sich dann wie folgt zusammenfassen:

$$A = T$$
$$G = C$$
$$A + G = T + C$$

Auch Regelmäßigkeiten allgemeiner Art stellten sich heraus. Schon 1938 hatte Astbury darauf hingewiesen, daß Nukleinsäuren die Eigenschaft haben, Röntgenstrahlen zu beugen – stets ein Zeichen für das Vorhandensein struktureller Regelmäßigkeiten innerhalb eines Moleküls. Wie der aus Neuseeland gebürtige britische Biochemiker Maurice H. F. Wilkins berechnete, wiederholen sich diese Regelmäßigkeiten in Abständen, die erheblich größer sind als die Entfernung von einem Nukleotid zum nächsten. Eine logische Schlußfolgerung hieraus ist die, daß das Nukleinsäure-Mo-

lekül die Form einer Wendel oder einer Helix besitzt, wobei die Windungen der Helix die von den Röntgenstrahlen registrierten, sich periodisch wiederholenden Strukturelemente verkörpern. Diese Vorstellung schien um so einleuchtender, als Linus Pauling um die gleiche Zeit den Nachweis für die Helix-Struktur der Eiweißmoleküle führte.

Die Schlußfolgerungen Wilkins' beruhen zum großen Teil auf den röntgendiffraktometrischen Arbeiten seiner Mitarbeiterin Rosalind Elsie Franklin, deren maßgebliche Rolle bei diesen Forschungen wegen der antifeministischen Einstellung des britischen Wissenschafts-Establishments hartnäckig unterbewertet wurde.

Der englische Physiker Francis H. C. Crick und der amerikanische Biochemiker James D. Watson stellten 1953 alle vorhandenen Erkenntnisse und Informationen zusammen – wobei sie auch ein wichtiges, von Frau Franklin angefertigtes Foto verwendeten, offenbar ohne deren Genehmigung –, und warteten mit einem revolutionären Modell des Nukleinsäure-Moleküls auf. Diese figurierte darin nicht einfach als eine Helix, sondern – und das war der springende Punkt – als eine »Doppelhelix«, als ein Gespann aus zwei Zucker-Phosphat-Rückgraten, die, parallel zueinander laufend, eine Spirale bilden (Abb.). Von jeder dieser beiden Zucker-Phosphat-Ketten aus ragen Purine und Pyrimidine nach innen und verbinden sich miteinander gleichsam zu den Sprossen dieser molekularen Wendeltreppe.

Wie könnten die Purine und Pyrimidine entlang dieser parallelen gewundenen Ketten angeordnet sein? Wenn eine nahtlose »Paßform« entstehen soll, müßte einem doppelringigen Purin auf der einen Seite stets ein einringiges Pyrimidin auf der anderen gegenüberstehen, so daß eine »Sprosse« aus drei Ringen entstünde. Zwei Pyrimidine brächten nicht die Spannweite auf, um den Raum zwischen den Ketten überbrücken zu können; für zwei Purine wäre der Zwischenraum zu eng. Ferner müßte ein von der einen Kette ausgehendes Adenin stets auf ein Thymin-Gegenüber, ein Guanin stets auf ein Cytosin-Gegenüber treffen. In dieser Weise ließe sich zwanglos erklären, weshalb in allen Fällen die Beziehungen A = T, G = C und A + T = G + C gelten.

Das Watson-Crick-Modell des Nukleinsäure-Moleküls hat sich als außerordentlich fruchtbar erwiesen; Wilkins, Crick und Watson teilten sich dafür 1962 den Nobelpreis für Medizin und Physiologie. (Da Frau Franklin 1958 verstorben war, stellte sich die Frage nach dem Gewicht ihres Beitrages nicht mehr.)

Das Watson-Crick-Modell bietet, unter anderem, eine Erklärung für die Fähigkeit der Chromosomen, beim Vorgang der Zellteilung Duplikate von sich selbst anzufertigen. Wenn wir uns ein Chromosom als ein Band aus DNS-Molekülen vergegenwärtigen, können wir uns leicht vorstellen, daß die Moleküle sich zunächst einmal teilen,

dies unter allen denkbaren Konstellationen die stabilste ist.

Auf diese Weise wächst sich also jedes DNS-Halbmolekül wieder zu einem vollständigen Doppelhelix-DNS-Molekül aus; das heißt, daß aus dem ursprünglichen Molekül nunmehr zwei Moleküle geworden sind, die miteinander und mit dem Muttermolekül identisch sind. Wenn alle in einem Chromosom aufgereihten DNS-Moleküle diesen Vorgang durchlaufen, so bedeutet dies ganz analog dazu, daß aus dem Mutterchromosom zwei sowohl mit diesem als auch untereinander absolut

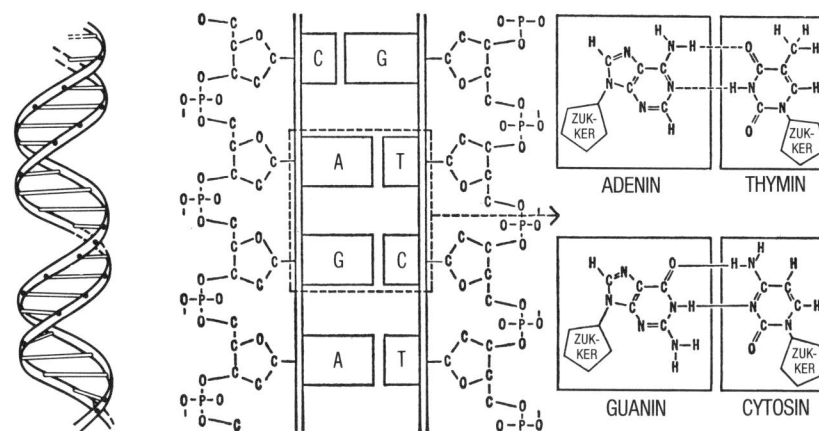

Schematisches Modell des Nukleinsäure-Moleküls. Die Zeichnung zur Linken zeigt die Doppelhelix; die mittlere Graphik zeigt einen Ausschnitt daraus (unter Weglassung der Wasserstoffatome); rechts ein vergrößerter Ausschnitt, der zwei Nukleotid-Kombinationen zeigt. (Der Ausschnitt entspricht dem gestrichelten Rahmen in der mittleren Graphik.)

indem die beiden Wendeln, die die Doppelhelix bilden, sich trennen – ähnlich wie die beiden Hälften eines Reißverschlusses. Daß dieser Reißverschluß sich leicht öffnen läßt, liegt daran, daß die einander jeweils gegenüberstehenden Purine und Pyrimidine nur durch Wasserstoffbrückenbindungen zusammengehalten werden, die schwach genug sind, um sich unschwer kappen zu lassen. Nach der Trennung sind zwei Halbmoleküle vorhanden, die in der Lage sind, aus eigener Kraft die fehlende Hälfte wieder zu synthetisieren. Wo ein solches Halbmolekül einen Thymin-Fortsatz aufweist, lagert es stets ein Adenin an; wo es einen Cytosin-Fortsatz aufweist, lagert es stets ein Guanin an usw. Alle Rohmaterialien für die Synthese dieser Einheiten sind, ebenso wie die erforderlichen Enzyme, in der Zelle vorhanden. Das Halbmolekül fungiert praktisch als Modell oder Schablone für den Aufbau des fehlenden Gegenstücks. Dessen Bauelemente setzen sich schließlich immer an die richtigen Stellen und bleiben dort auch, weil

identische Chromosomen hervorgehen. Hin und wieder kann sich freilich ein Fehler einschleichen: Ein einschlagendes Elementarteilchen oder eine energiereiche Strahlung oder der Kontakt mit einer chemisch aggressiven Substanz kann dazu führen, daß eines der neuen Chromosomen an irgendeiner Stelle einen Makel aufweist. Das Resultat ist eine Mutation.

Die Belege, die für diesen Duplikationsmechanismus sprechen, sind mittlerweile erdrückend. Tracergestützte Untersuchungen, bei denen Chromosomen mit schwerem Stickstoff markiert und die Geschicke der markierten Substanz im Verlauf von Zellteilungen verfolgt wurden, haben die prinzipielle Richtigkeit dieser Konzeption bestätigt. Einige wichtige am Duplikationsprozeß beteiligte Enzyme sind identifiziert worden.

1955 isolierte der spanisch-amerikanische Biochemiker Severo Ochoa ein (aus einem Bakterium namens *Aztobacter vinelandii* gewonnenes) Enzym, das, wie sich herausstellte, imstande war, den

Aufbau von RNS aus Nukleotiden katalytisch zu steuern. 1956 gelang es Arthur Kornberg, einem ehemaligen Studenten Ochoas, ein weiteres Enzym zu isolieren (diesmal aus dem Bakterium *Escherichia coli*), das den Aufbau von DNS aus Nukleotiden zu steuern vermochte. Ochoa synthetisierte in der Folge aus Nukleotiden RNS-artige Moleküle; Kornberg erzeugte auf analoge Weise DNS-artige Moleküle. (Die beiden Forscher teilten sich 1959 den Nobelpreis für Medizin und Physiologie.) Wie Kornberg ferner zeigen konnte, war »sein« Enzym, wenn man ihm als Muster ein wenig natürliche DNS zur Verfügung stellte, in der Lage, den Aufbau eines Moleküls katalytisch zu steuern, das allem Anschein nach mit natürlicher DNS identisch war. 1965 erzeugte Sol Spiegelman von der University of Illinois, der mit der RNS eines lebenden Virus arbeitete (der einfachsten Lebensform, die wir kennen), Duplikate der viruseigenen RNS-Moleküle. Da diese Duplikate die wesentlichen Eigenschaften und Verhaltensweisen des betreffenden Virus' zeigten, kann man sagen, daß dies die bis dato größte Annäherung an die Erzeugung künstlichen Lebens war. 1967 gelang Kornberg und anderen dasselbe Kunststück mit der DNS eines lebenden Virus als Muster.

Um die einfachsten Lebensformen hervorrufen zu können, bedarf es nur einer geringen Menge DNS – im Falle eines Virus nur eines einzigen Moleküls. Dies ist aber noch keineswegs das biologische Existenzminimum. Spiegelman veranlaßte 1967 die Nukleinsäure eines Virus dazu, sich zu reproduzieren, und entnahm nach zunehmend kürzeren Zeitintervallen Proben, die er wiederum zur Selbstreproduktion anregte. Auf diese Weise »züchtete« er Moleküle, die den Duplikationsprozeß ungewöhnlich schnell durchliefen, weil sie unterdurchschnittlich klein waren. Am Ende hatte Spiegelman den Virus auf ein Sechstel seiner Normalgröße reduziert und seine Reproduktionsperiode um das Fünfzehnfache verkürzt.

Während es in Zellen stets die DNS ist, die sich reproduziert, enthalten viele der einfacheren Viren ausschließlich RNS. In diesen Fällen sind die RNS-Moleküle doppelsträngig und können sich duplizieren. Die in Zellen vorhandene RNS ist hingegen einsträngig und besitzt die Fähigkeit zur Selbstreproduktion nicht.

Das bedeutet nicht, daß Einsträngigkeit und die Fähigkeit zur Selbstreplikation in jedem Fall zwei einander ausschließende Merkmale sind. Der amerikanische Biophysiker Robert L. Sinsheimer fand einen Virusstamm, der eine einsträngige DNS enthielt. Irgendwie mußte sich dieses DNS-Molekül selbst reproduzieren – aber wie sollte es dies angesichts nur eines Strangs bewerkstelligen? Die Antwort war nicht schwer zu finden: Der einzelne Strang produzierte zunächst sein spiegelbildliches Gegenstück – sein Negativ sozusagen – und dieses erzeugte dann wiederum ein Negativ von sich, d. h. ein mit dem ersten identisches Molekül.

Es ist klar, daß die einsträngige Struktur keine so effektive Lösung darstellt wie die doppelsträngige Anordnung. (Das ist wahrscheinlich der Grund dafür, daß erstere sich nur bei gewissen, sehr einfach gebauten Viren findet, wogegen letztere den in der gesamten übrigen lebenden Natur anzutreffenden Standard darstellt.) Ein Einzelstrang braucht beispielsweise für die Selbstreplikation zwei Schritte, während die doppelsträngige DNS den Vorgang in einem Schritt vollzieht. Außerdem fällt, wie man heute zu wissen glaubt, nur einem der beiden Stränge des DNS-Moleküls die Rolle der richtigen aktiven Komponente zu – der Schneide des Messers sozusagen. Den Komplementärstrang kann man sich als die die Klinge schützende Scheide vorstellen. Der Doppelstrang entspräche in diesem Bild der (außer in den Phasen der Aktivität) geschützt in der Scheide ruhenden Klinge, der Einzelstrang einer stets entblößten und daher beständig irgendwelchen abstumpfenden Ereignissen oder Einwirkungen ausgesetzten Schneide.

Gen-Aktivität

Durch die Selbstreplikation bei der Zellteilung sorgt ein DNS-Molekül lediglich dafür, daß es in jeder Zelle präsent bleibt. Wie aber bewerkstelligt es die DNS, die Synthese eines bestimmten Enzyms, d. h. eines bestimmten Eiweißmoleküls zu dirigieren? Hierbei muß sie ja doch dafür sorgen, daß Aminosäuren sich in einer bestimmten Anordnung zu einem aus Hunderten oder gar Tausenden von Bausteinen bestehenden Molekül aneinanderreihen. Für jede Position innerhalb dieses Moleküls muß die DNS aus etwa zwanzig ver-

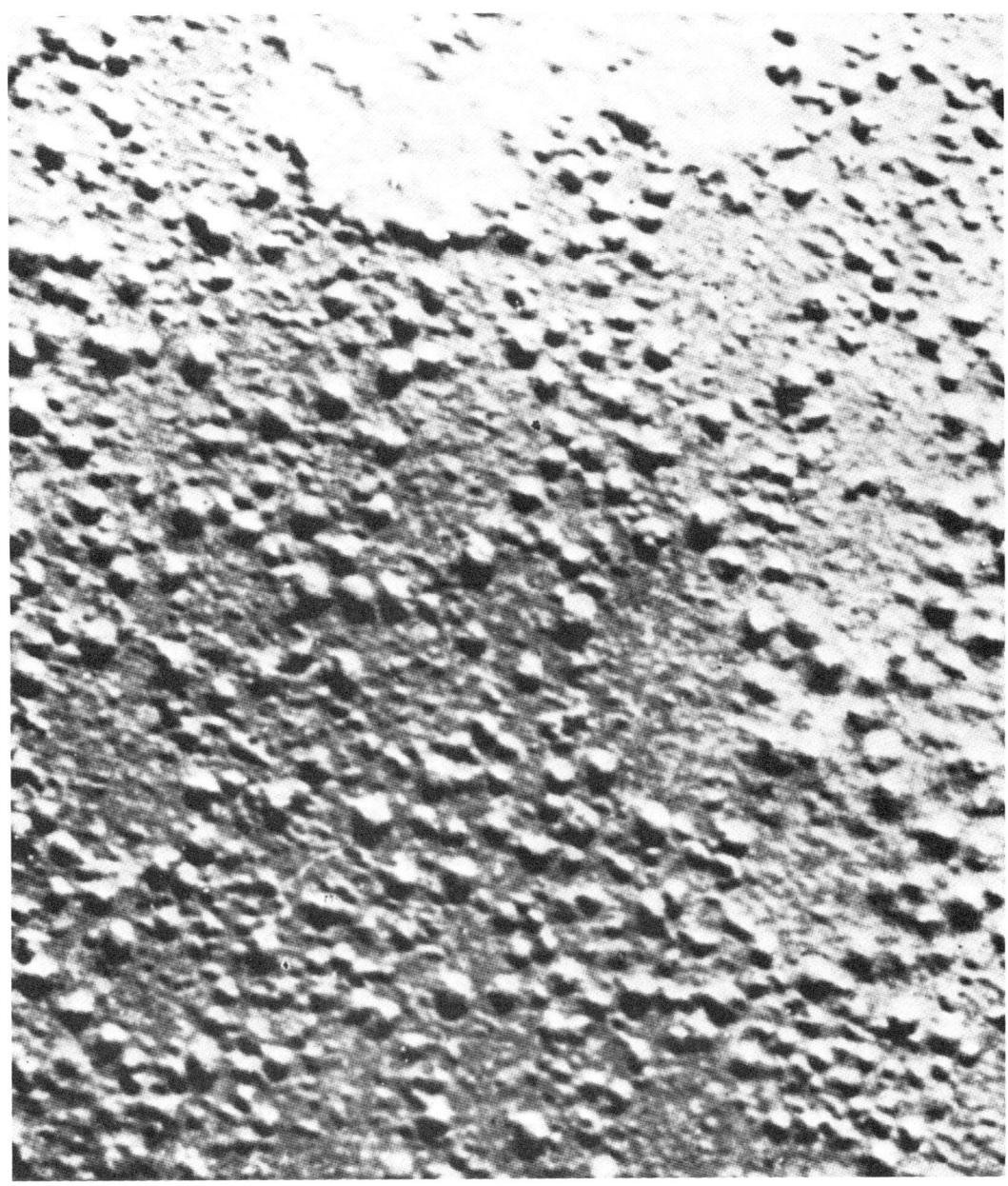

DNS-Protein unter dem Elektronenmikroskop. Die kugeligen Gebilde, isoliert aus den Keimzellen eines Meerestieres und 77 500fach vergrößert, bestehen, so glaubt man, aus DNS in Verbindung mit Protein. Mit Genehmigung der UPI.

schiedenen Aminosäuren die eine richtige auswählen. Wenn das DNS-Molekül selbst aus zwanzig verschiedenen Bausteinen zusammengesetzt wäre, dann wäre zumindest ein Teil dieser Aufgabe relativ leicht zu lösen. Tatsächlich besteht sie aber nur aus vier verschiedenen Bausteinen – den bekannten vier Nukleotiden. Der Astronom George Gamow, der sich über diese Frage Gedanken machte, äußerte 1954 die Vermutung, die Nukleotiden könnten, jeweils zu Gruppen kombiniert, als Zeichen eines »genetischen Codes« dienen (ebenso wie im Morse-Code Punkte und Striche zur Bildung von Zeichen – Buchstaben, Zahlen usw. – dienen).

Wenn man aus den vier verschiedenen Nukleotiden (A, G, C, T) Zweiergruppen bildet, ergeben sich $4 \times 4 = 16$ mögliche Kombinationen (AA, AG, AC, AT, GA, GG, GC, GT, DA, CG, CC, CT, TA, TG, TC und TT) – noch nicht genug. Bildet man Dreiergruppen, so ergeben sich $4 \times 4 \times 4 = 64$ verschiedene Kombinationen – mehr als genug. (Wer will, kann sich einen Spaß daraus machen, die 64 Kombinationen aufzulisten und nach einer fünfundsechzigsten zu suchen.)

Vieles deutete darauf hin, daß jedes *Nukleotiden-Triplett* oder *Codon,* wie es in der Fachsprache heißt, für eine bestimmte Aminosäure stand. Angesichts der großen Zahl möglicher Codone war es aber auch vorstellbar, daß zwei oder gar drei unterschiedliche Codone für ein und dieselbe Aminosäure standen. In diesem Fall würde es sich beim genetischen Code um einen, wie die Kryptologen es nennen, degenerierten Code handeln.

Dies warf im wesentlichen zwei Fragen auf: Welches Codon entspricht (oder welche Codone entsprechen) welcher Aminosäure? Und: Wie gelangt die Codon-Information (die sicher im Zellkern verwahrt ist, wo sich die DNS befindet) an die Stellen, an denen die Enzyme erzeugt werden, also ins Zellplasma?

Um zuerst auf die zweite Frage einzugehen: Der Verdacht, als Überträger zu dienen, fiel alsbald auf die RNS. Die französischen Biochemiker Francois Jacob und Jacques L. Monod äußerten als erste diese Vermutung. Wenn eine RNS eine solche Funktion erfüllte, mußte sie der DNS sehr ähnlich sein, und die Unterschiede, die bestanden, durften den genetischen Code nicht berühren. Die RNS enthält anstelle von Desoxyribose bekanntlich Ribose, d. h. ein Sauerstoffatom mehr pro Nukleo-

tid, sowie Uracil anstelle von Thymin, d. h. eine Methylgruppe (CH_3) weniger pro Nukleotid. Die RNS kommt hauptsächlich im Zytoplasma vor, in geringen Mengen aber auch in den Chromosomen selbst.

Es war nicht schwer, sich auszumalen, was vor sich ging, und es danach auch zu demonstrieren. Immer wieder einmal, wenn die beiden gewundenen Stränge des DNS-Moleküls sich voneinander lösen, fertigt einer von ihnen (und zwar immer derselbe: der, den wir vorhin als die Schneide des Messers bezeichnet haben) ein Duplikat seiner selbst an, aber nicht in Form eines DNS-Moleküls, sondern in Gestalt eines RNS-Moleküls. Das Adenin des DNS-Strangs schließt sich in diesem Fall nicht mit Thymin-, sondern mit Uracil-Nukleotiden zusammen. Das so entstandene RNS-Molekül, in dessen Nukleotidmuster der genetische Code eingeprägt ist, kann sodann den Kern verlassen und in das Zytoplasma übergehen.

Man bezeichnet diese RNS, da sie die DNS-Botschaft mit sich trägt, als *Boten-RNS* oder *m-RNS* (von engl. messenger). Der rumänisch-amerikanische Biochemiker George Emil Palade konnte 1956 nach mühevollen elektronenmikroskopischen Untersuchungen zeigen, daß die Schauplätze der Enzymproduktion im Zytoplasma winzige Körnchen mit einem Durchmesser von rund zwei Millionstel Zentimeter sind; sie enthalten einen reichen RNS-Vorrat und werden daher als *Ribosomen* bezeichnet. In einer Bakterienzelle sind um die 15 000 Ribosomen enthalten, in einer Säugetierzelle etwa die zehnfache Menge. Die Ribosomen sind die kleinsten unter den subzellularen Gebilden oder *Organellen.* Bald wurde deutlich, daß die Boten-RNS – mit dem genetischen Code »im Gepäck« – zu den Ribosomen vordringt und sich um eines oder mehrere von ihnen anlagert. Die Ribosomen, so wurde deutlich, waren die Stätten der Eiweißsynthese.

Den nächsten Schritt vollzog der amerikanische Biochemiker Mahlon B. Hoagland, der sich zuvor schon um die Erforschung der Boten-RNS verdient gemacht hatte. Er zeigte, daß es im Zytoplasma eine Art kleiner RNS-Moleküle gibt, die man als *lösliche RNS* oder *s-RNS* (von engl. soluble) bezeichnen kann, weil sie dank ihrer geringen Größe im flüssigen Zellplasma leicht in Lösung gehen können.

An einem Ende des Moleküls der löslichen RNS

befand sich ein bestimmtes Nukleotiden-Triplett, die genau zu einer komplementären Dreiergruppe an irgendeiner Stelle der Boten-RNS-Kette paßte; wenn die erste Dreiergruppe beispielsweise die Struktur AGC aufwies, so paßte sie haargenau (und ausschließlich) auf ein UCG-Triplett in der *m*-RNS. Am anderen Ende ihres Moleküls besaß die *s*-RNS einen Baustein, der sich nur mit einer bestimmten Aminosäure (unter Ausschluß aller anderen) verband. Für jedes Molekül der *s*-RNS galt, daß einer bestimmten Dreiergruppe an einem Ende stets eine eindeutig bestimmte Aminosäure am anderen entsprach. Für die Dreiergruppen des Moleküls der *m*-RNS bedeutete dies, daß sich an jede von ihnen nur das jeweils passende Molekül der *s*-RNS mit einer eindeutig bestimmten Aminosäure am anderen Ende anlagern konnte. Wenn sich nun entlang der ganzen Kette der Tripletts, aus denen das *m*-RNS-Molekül bestand, eine *s*-RNS nach der anderen anlagerte, gewährleistete diese eindeutige Beziehung zwischen Dreiergruppen und bestimmten Aminosäuren, daß sich parallel zum Kettenmolekül der *m*-RNS Aminosäuren in einer durch die Struktur der *m*-RNS vorgegebenen Abfolge aufreihten. Der Zusammenschluß dieser Aminosäuren zu dem dieser Abfolge entsprechenden Enzym-Molekül war dann nur noch Formsache.

Da die genetische Information, die in der Struktur der *m*-RNS gespeichert ist (als Matrix des DNS-Moleküls eines bestimmten Gens), in dieser Weise auf das zu bildende Enzym-Molekül übertragen oder transferiert wird, ist für die *s*-RNS die Bezeichnung *Transfer-RNS* vorgeschlagen worden, die sich mittlerweile allgemein durchgesetzt hat.

1964 wurde das Molekül der Alanin-Transfer-RNS (das ist die Transfer-RNS, die sich ausschließlich mit der Aminosäure Alanin zusammenschließt) von einer von dem amerikanischen Biochemiker Robert W. Holley geleiteten Forschergruppe vollständig analysiert. Die Analyse wurde nach der Sanger-Methode durchgeführt; d. h. das Molekül wurde zunächst mit Hilfe geeigneter Enzyme in kleine Fragmente gespalten, deren Struktur dann durch weitere Analyse und probeweise Synthese ermittelt werden konnte. Die Alanin-Transfer-RNS, die erste in der Natur vorkommende Nukleinsäure, deren vollständige Analyse gelang, setzt sich, wie sich herausstellte, aus 77 zu einer Kette zusammengefügten Nukleo-

tiden zusammen. Es kommen in ihr nicht nur die vier in allen RNS anzutreffenden Nukleotide (A, G, C und U) vor, sondern auch einige andere, ihnen sehr ähnliche Varianten (man kennt insgesamt sieben solcher Nebenformen).

Man hatte zunächst angenommen, die einsträngige Transfer-RNS sei wie eine Haarnadel in der Mitte stark abgebogen, und die beiden Schenkel würden wie die beiden Stränge einer Doppelhelix einander umschlingen. Die Befunde, die sich hinsichtlich der Struktur der Alanin-Transfer-RNS ergaben, fügten sich dieser Annahme jedoch nicht. Diese RNS schien aus drei bogenförmigen Partien zu bestehen, derart, daß das Ganze wie ein gewölbtes dreiblättriges Kleeblatt aussah. In den darauffolgenden Jahren wurden weitere Transfer-RNS-Moleküle analysiert; alle schienen dieselbe Kleeblattstruktur zu besitzen. Holley erhielt für seine Arbeit 1968 anteilig den Nobelpreis für Medizin und Physiologie.

Nun war also geklärt, auf welche Weise ein Gen kraft seiner Struktur die Synthese eines bestimmten Enzyms steuert. Natürlich blieb darüber hinaus noch vieles zu erforschen, denn Gene sind keine Roboter, die beständig und in immer gleicher Geschwindigkeit die Produktion von Enzymen organisieren. Ein Gen kann einmal zügig und wirkungsvoll operieren, ein andermal zögernd und langsam, und manchmal tut es auch überhaupt nichts. In manchen Zellen findet eine regelrechte Massenproduktion von Protein statt: In Zeiten höchster Kapazitätsnutzung werden hier in der Sekunde und pro Chromosom an die 15 Millionen Aminosäuren zusammengesetzt. Andere Zellen produzieren im Vergleich dazu schleppend, manche fast gar nicht – dabei weisen alle Zellen eines Organismus dieselbe Genstruktur auf. Dazu kommt noch, daß jeder Zelltyp im Körper hochspezialisiert ist, d. h. spezifische Funktionen erfüllt und spezifische chemische Verhaltensweisen zeigt. Auch diese in ihrer Tätigkeit so verschiedenen Zellen besitzen durchweg ein und dieselbe Gen-Ausstattung.

Es liegt demnach auf der Hand, daß die Zellen über Mittel und Wege zur Drosselung bzw. Intensivierung der Aktivität der DNS-Moleküle der Chromosomen verfügen müssen. Durch gezieltes Drosseln bzw. Forcieren kann erreicht werden, daß Zellen mit identischer Gen-Ausstattung ganz unterschiedliche Proteine herzustellen vermag.

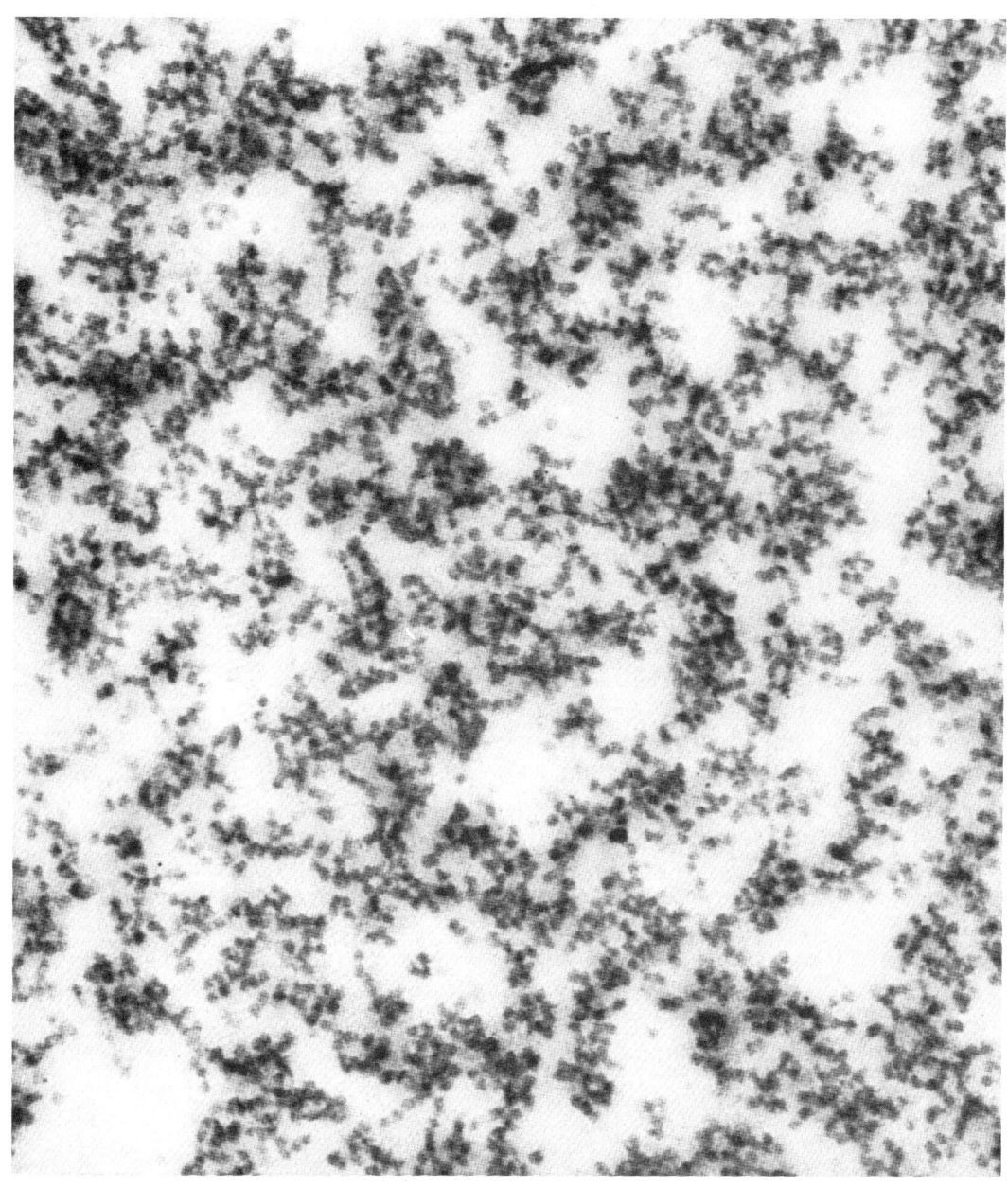

Ribonukleoprotein-Partikel (Ribosomen) aus den Leberzellen eines Meerschweinchens. Hauptsächlich in diesen Gebilden geht die zelluläre Proteinsynthese vor sich. Mit Genehmigung von J. F. Kirsch (aus seiner Doktorarbeit an der Rockefeller University, New York 1961).

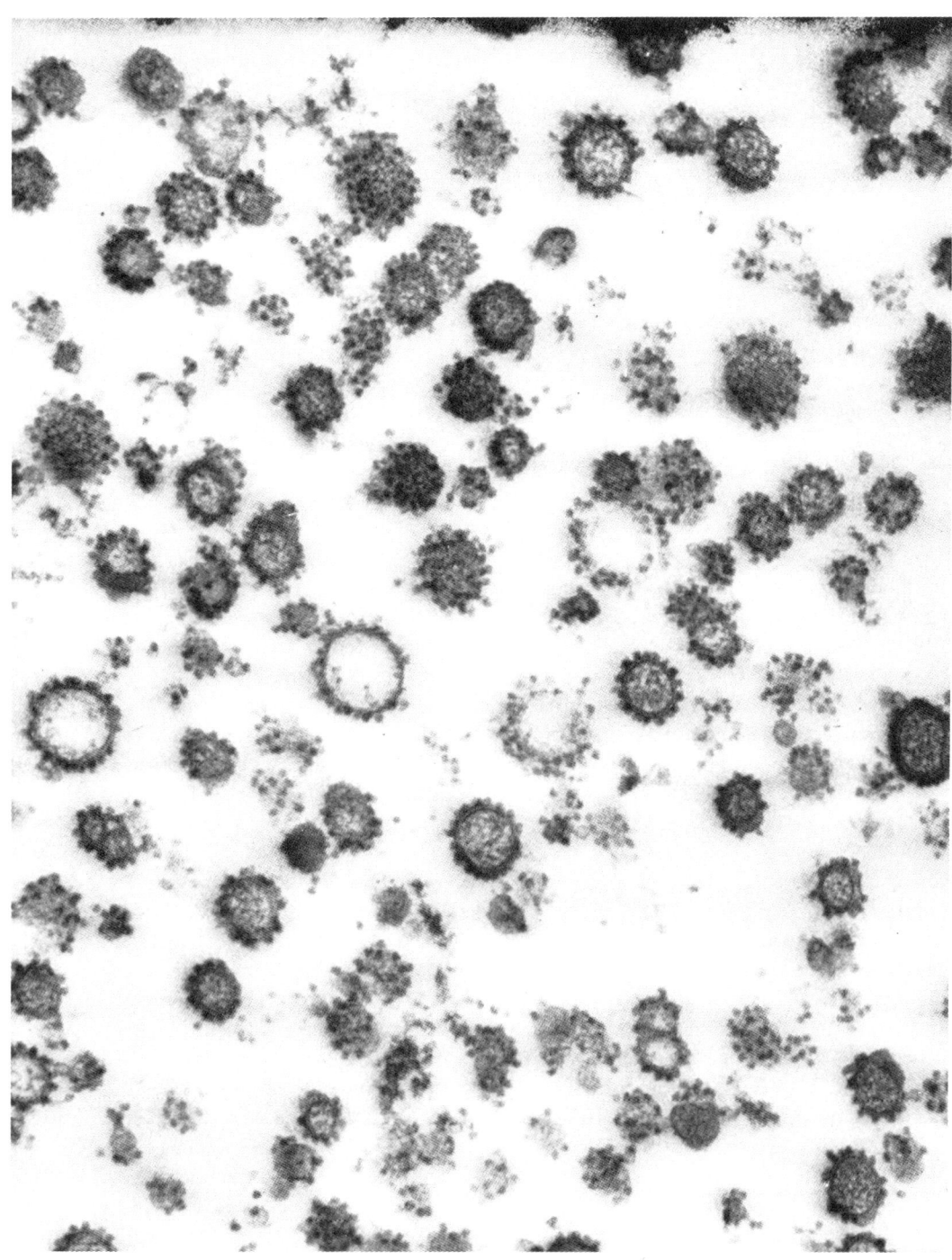

Ribosomen, winzige, im Zellplasma schwimmende Gebilde. Diese hier wurden durch Zentrifugierung aus Bauchspeicheldrüsenzellen gewonnen und bei etwa 100000facher Vergrößerung unter dem Elektronenmikroskop fotografiert. Manche von ihnen hängen mit Membranbläschen, sogenannten Mikrosomen, zusammen. Mit Genehmigung des Rockefeller-Institutes in New York (G. E. Palade).

Jacob und Monod stellten 1961 die These auf, daß es für jedes Gen einen *Repressor* gibt, der von einem *Regulator-Gen* mittels genetischem Code gesteuert wird. Dieser Repressor kann die Gentätigkeit blockieren oder in Gang setzen, wobei das Umschalten von einem Modus in den anderen durch geringfügige Zustandsänderungen innerhalb der Zelle, die die Geometrie des Repressors verändern, bewirkt wird. 1967 gelang es erstmals, einen solchen Repressor zu isolieren; es war, wie sich herausstellte, ein kleines Eiweißmolekül. Jacob und Monod erhielten dafür, zusammen mit ihrem Mitarbeiter André M. Lwoff, den Nobelpreis für Medizin und Physiologie des Jahres 1965.

Nach 1973 hat sich im Zuge arbeitsintensiver Forschungen die Einsicht erhärtet, daß die lange Doppelhelix der DNS als Ganzes nochmals eine gewundene Form aufweist, daß sie eine »Superhelix« bildet, die sich um einen Kern kettenartig zusammengefügter Histone herumwindet, so daß eine Abfolge von Bausteinen entsteht, die als *Nukleosomen* bezeichnet werden. Innerhalb eines solchen Nukleosoms können, je nach den Variationen der Feinstruktur, manche Gene blockiert, andere aktiviert werden; möglicherweise hängt es mit von den Histonen ab, welches aktive Gen von Zeit zu Zeit blockiert bzw. wieder aktiviert wird. (Wie gewohnt, erweisen sich biologische Systeme, je weiter man in sie eindringt, als unerwartet komplex.)

Der genetische Informationsfluß verläuft nicht immer nur in eine Richtung, vom Gen zum Enzym. Es findet ebenso auch eine Rückkopplung statt. So gibt es beispielsweise ein Gen, das den Aufbau eines Enzyms anregt, das wiederum eine Reaktion steuert, bei der die Aminosäure Threonin in eine andere Aminosäure, nämlich Isoleucin, umgewandelt wird. Das Isoleucin trägt durch seine Gegenwart irgendwie dazu bei, den Repressor zu aktivieren, und dieser blockiert sodann genau jenes Gen, dem das Enzym seine Existenz verdankt. Anders gesagt: Wenn sich die Isoleucin-Konzentration erhöht, wird die Produktion dieser Aminosäure gedrosselt; geht die Konzentration zurück, wird die Blockierung des Gens aufgehoben, mit der Folge, daß wieder mehr Isoleucin gebildet wird. Die chemischen Abläufe in der Zelle – das Zusammenspiel zwischen Genen, Repressoren, Enzymen und Endprodukten – sind ungeheuer komplex und auf höchst subtile Weise miteinander verzahnt. Eine völlige Aufklärung dieser Vorgänge ist für die absehbare Zukunft nicht zu erwarten.

Doch vergessen wir nicht die andere, eingangs dieses Abschnitts aufgeworfene Frage: Welches Codon paart sich mit welcher Aminosäure? Erste Umrisse einer Antwort zeichneten sich 1961 ab, als Resultat der Arbeit der amerikanischen Biochemiker Marshall W. Nirenberg und J. Heinrich Matthaei. Die beiden arbeiteten mit einer synthetischen Nukleinsäure, die, gemäß dem von Ochoa kreierten Verfahren, ausschließlich aus Uracil-Nukleotiden aufgebaut war. Diese Polyuridylsäure besaß mithin die Struktur einer langen Kette aus lauter U-Bausteinen – …UUUUUU… – und daher auch nur ein einziges Codon: UUU. Nirenberg und Matthaei setzten diese Polyuridylsäure einem Gemisch zu, das verschiedene Aminosäuren, Enzyme, Ribosomen und alle anderen für die Proteinsynthese notwendigen Bausteine enthielt. Heraus kam ein Eiweiß, das einzig und allein aus der Aminosäure Phenylalanin bestand. Das bedeutete, daß der Code UUU gleichbedeutend war mit Phenylalanin. Der erste Schritt zur Erstellung eines Codon-Wörterbuchs war getan.

Als nächstes bereiteten die Forscher ein Nukleotidengemisch zu, das überwiegend aus Uridin-Nukleotiden bestand, aber auch einige wenige Adenin-Nukleotiden enthielt; es war zu erwarten, daß sich neben UUU-Codonen hin und wieder auch ein UUA-, ein AUU- oder ein UAU-Codon bilden würde. Ochoa und Nirenberg zeigten, daß bei einem solchen Arrangement hauptsächlich Phenylalanin erzeugt wird, daneben aber auch kleine Mengen der Aminosäuren Leucin, Isoleucin und Tyrosin.

Mit Methoden wie dieser wurde das Wörterbuch allmählich erweitert. Wie sich herausstellte, ist der genetische Code tatsächlich ein degenerierter Code; die Kombinationen GAU und GAC beispielsweise stehen beide für Aspartin, und für das Glycin gibt es sogar fünf Codenamen: GUU, GAU, GUC, GUA und GUG. Offenbar kennt der genetische Code auch eine Art Zeichensetzung: Das Codon AUG steht nicht nur für die Aminosäure Methionin, sondern zeigt allem Anschein nach auch generell den Anfang einer Kette an. UAA und UAG signalisieren das Ende einer Kette; sie fungieren sozusagen als Punkte.

1967 war das Wörterbuch vollendet (*Tab.*). Nirenberg und sein indisch-amerikanischer Mitarbeiter Har Gobind Khorana erhielten, zusammen mit Holley, 1968 den Nobelpreis für Medizin und Physiologie.

Die Entschlüsselung des genetischen Codes war nicht das glückliche Ende des Weges in dem Sinn, daß nun alle Fragen beantwortet, alle Rätsel gelöst gewesen wären. (Einen solchen Endpunkt gibt es in der Naturwissenschaft vielleicht gar nicht – zum Glück, denn ein Universum ohne Rätsel wäre doch wohl unerträglich langweilig.)

Erste *Stelle*		*Zweite* *Stelle*			*Dritte* *Stelle*
	U	*C*	*A*	*C*	
U	Phe	Ser	Tyr	Cys	U
	Phe	Ser	Tyr	Cys	C
	Leu	Ser	(normaler »Punkt«)	»Punkt«	A
	Leu	Ser	(seltener »Punkt«)	Tryp	G
C	Leu	Pro	His	Arg	U
	Leu	Pro	His	Arg	C
	Leu	Pro	Gln	Arg	A
	Leu	Pro	Gln	Arg	G
A	Ileu	Thr	Asn	Ser	U
	Ileu	Thr	Asn	Ser	C
	Ileu?	Thr	Lys	Arg	A
	Met	Thr	Lys	Arg	G
	(»Satzanfang«)				
G	Val	Ala	Asp	Gly	U
	Val	Ala	Asp	Gly	C
	Val	Ala	Glu	Gly	A
	Val	Ala	Glu	Gly	G
	(»Satzanfang«)				

Der genetische Code. In der linken Spalte stehen die Anfangsbuchstaben der vier RNS-Bausteine (Uracil, Cytosin, Adenin, Guanin), die den ersten »Buchstaben« des dreistelligen Codons verkörpern; an der zweiten Stelle steht jeweils einer der die Kopfzeile bildenden Anfangsbuchstaben, während der dritte, aber weniger wichtige »Buchstabe« des Codons der Spalte ganz rechts entnommen werden kann. Ein Beispiel: Für die Aminosäure Tyrosin (Tyr) gibt es zwei Codons: UAU und UAC. Für die Aminosäure werden folgende Abkürzungen verwendet: Phe–Phenylalanin; Leu–Leucin; Ileu–Isoleucin; Met–Methionin; Val–Valin; Ser–Serin; Pro–Prolin; Thr–Threonin; Ala–Alanin; Tyr–Tyrosin; His–Histidin; Gln–Glutamin; Asn–Asparagin; Lys–Lysin; Asp–Asparaginsäure; Glu–Glutaminsäure; Cys–Cystein; Tryp–Tryptophan; Arg–Arginin; Gly–Glycin.

Der genetische Code wurde weitgehend anhand von Experimenten mit Bakterien ausgearbeitet, deren Chromosomen sozusagen vollgepackt sind mit aktiven Genen, die mittels genetischem Code den Aufbau von Proteinen steuern. Bakterien sind Prokaryoten (abgeleitet von griechischen Wörtern mit der Bedeutung »vor dem Kern«), d. h. sie verfügen nicht über einen Zellkern. Die Chromosomen verteilen sich bei ihnen über die gesamte (winzig kleine) Zelle.

Was die Eukaryoten betrifft, deren Zellen über einen Kern verfügen – alle Lebewesen außer Bakterien und Grün- und Blaualgen gehören zu dieser Gruppe –, so liegt die Sache bei ihnen anders. Ihre Nukleinsäure-Stränge sind nicht der ganzen Länge nach dicht mit aktiven Genen besetzt. In ihren Nukleotidketten wechseln Passagen, die zur Codierung von *m*-RNS dienen (also mittelbar zur Steuerung der Proteinsynthese), sogenannte *Exone*, mit Kettenabschnitten ab, deren Struktur man, wenn man im Begriffsrahmen des genetischen Codes bleibt, als Kauderwelsch bezeichnen könnte (sie werden als *Introne* bezeichnet). Ein einzelnes Gen, das die Produktion eines einzelnen Enzyms kontrolliert, kann aus einer Reihe von Exonen bestehen, die durch zwischengeschaltete Introne voneinander getrennt sind; infolge der Windungsgestalt der Nukleotidenkette kommen die Exonen gleichwohl so nebeneinander zu liegen, daß sie die *m*-RNS codieren können. Der weiter oben in diesem Kapitel referierte Schätzwert von 2 Millionen Genen in der menschlichen Körperzelle ist daher, wenn man ihn nur auf die aktiven Gene bezieht, erheblich zu hoch gegriffen.

Man fragt sich natürlich, welchen Sinn es hat, daß die Eukaryoten so viel scheinbar nutzlosen Ballast mit sich schleppen. Vielleicht repräsentieren die Intronen ein überwundenes Stadium der Gen-Entwicklung. Den Prokaryoten ist es vielleicht gelungen, die Introne im Interesse kürzerer und damit leichter und schneller duplizierbarer Nukleotidenketten, d. h. letztlich im Interesse schnelleren Wachstums und höherer Vermehrungsraten, auszumerzen, während bei den Eukaryoten die Intronen (noch) präsent sind – vielleicht weil sie irgendeinen, nicht auf den ersten Blick erkennbaren Vorteil bieten.

Unterdessen haben die Genetiker Verfahren entwickelt, mittels derer sie unmittelbar steuernd in die Gen-Aktivität eingreifen können. 1971 arbeiteten die amerikanischen Mikrobiologen Daniel Nathans und Hamilton O. Smith mit Restriktionsenzymen, die in der Lage sind, die DNS-

Kette an ganz bestimmten (und nur diesen) Stellen auf ganz bestimmte Weise zu kappen. Ein Enzym anderer Art, die DNS-Ligase, besitzt die Fähigkeit, zwei DNS-Stränge zu koppeln. Der amerikanische Biochemiker Paul Berg spaltete DNS-Stränge mit Hilfe von Restriktionsenzymen und schweißte sie anschließend in anderer Form wieder zusammen, so daß eine rekombinierte DNS entstand, die mit der ursprünglichen nicht identisch war und vielleicht sogar keiner in der Natur je geschaffenen DNS glich.

Als Ergebnis dieser und anderer Arbeiten eröffnete sich die Möglichkeit, Gene zu verändern oder neue Gene zu konstruieren, diese dann in Bakterienzellen (oder in die Kerne von Eukaryoten-Zellen) einzuschleusen und auf diese Weise Zellen mit neuen biochemischen Eigenschaften zu erzeugen. Als Wegbereiter dieser Technik wurden Nathans und Smith 1978 mit dem Nobelpreis für Physiologie und Medizin ausgezeichnet, während Berg 1980 anteilig den Chemie-Nobelpreis erhielt.

Die Arbeit an und mit rekombinierten DNS-Varianten birgt einige auf der Hand liegende Gefahren: Angenommen, es würde, bewußt oder unabsichtlich, eine Bakterienzelle oder ein Virus gezüchtet, die die Fähigkeit hätten, einen Giftstoff zu produzieren, gegen den die Menschen keine natürlichen Abwehrkräfte besitzen. Wenn ein solcher neuer Mikroorganismus seinen Weg aus dem Labor hinaus fände, könnte er der Menschheit eine Epidemie von unvorstellbar katastrophalen Ausmaßen bescheren. Mit solchen Befürchtungen im Hinterkopf riefen Berg und andere 1974 ihre Forscherkollegen dazu auf, bei Arbeiten mit rekombinierten DNS-Varianten stets höchstmögliche Sorgfalt und Vorsicht walten zu lassen.

In der Folge zeigte sich jedoch, daß die Risiken nicht so akut waren, wie man befürchtet hatte. Die unter extremsten Sicherheitsvorkehrungen erzeugten und in Mikroorganismen eingepflanzten Gene produzierten Mutationsformen, die so schwächlich waren, daß sie selbst unter günstigsten Bedingungen nur schwer am Leben erhalten werden konnten.

Auf der anderen Seite läßt die Arbeit mit rekombinierten DNS-Varianten für die Zukunft viel Segensreiches erhoffen. Abgesehen von der Aussicht auf eine Erweiterung unseres Wissens über die Detailvorgänge im Inneren der Zelle und namentlich über die Mechanismen der Vererbung, sind auch unmittelbar praktische Nutzanwendungen möglich. Indem man ein Gen in geeigneter Weise verändert oder ein fremdes Gen einbringt, kann man eine Bakterienzelle möglicherweise in eine winzige Fabrik verwandeln, die Moleküle einer bestimmten Sorte produziert, Moleküle, die für das Bakterium selbst nutzlos, für den Menschen aber um so nützlicher sein können.

Anfang der 80er Jahre ist es beispielsweise gelungen, Bakterienzellen so zu modifizieren, daß sie menschliches Insulin erzeugen (dem man den nicht gerade einnehmenden Namen Humulin verpaßt hat). Die Diabetiker werden also in baldiger Zukunft nicht mehr unter der notorischen Knappheit des aus den Bauchspeicheldrüsen geschlachteter Tiere gewonnenen Insulins zu leiden haben und daher auch nicht mehr auf die ihren Zweck zwar erfüllenden, aber doch nicht gerade idealen Insulinvarianten tierischer Provenienz angewiesen sein.

Andere Proteine, die mit Hilfe entsprechend modifizierter Mikroorganismen erzeugt werden können, sind das Interferon und das menschliche Wachstumshormon. Aber das ist erst der Anfang einer Technik mit schier unbegrenzten Möglichkeiten. Es ist kein Wunder, daß bereits die Frage nach der Möglichkeit einer Patentierung neuer Lebensformen aufgeworfen wird.

Der Ursprung des Lebens

Mit den Molekülen der Nukleinsäuren sind wir den Quellen des Lebens so nahe, wie wir ihnen nur kommen können. Wir haben es hier sicherlich mit *der* Grundsubstanz des Lebens zu tun. Ohne DNS könnten lebende Organismen sich nicht vermehren – das heißt, das Leben, wie wir es kennen, hätte sich gar nicht erst entwickeln können. Alle Bestandteile lebender Materie – die Enzyme und all die andern Substanzen, deren Produktion von den Enzymen gesteuert wird – basieren letzten Endes auf der DNS. Wie aber entstand die DNS und mit ihr das Leben?

Dieser Frage nachzugehen, haben die Wissenschaftler sich immer gescheut, weil der Ursprung des Lebens noch mehr als der Ursprung der Erde und des Universums ein von religiösen Glaubensüberzeugungen und Dogmen besetztes Gebiet ist. Selbst heute noch geht man an diese Frage mit Vorsicht (oder besser gesagt Rücksicht) heran. Auf die Tagesordnung gesetzt wurde das Thema mit einem von dem russischen Biochemiker Aleksandr I. Oparin verfaßten Buch, das 1924 in der Sowjetunion und später auch in anderen Ländern und Sprachen erschien. Es trug den Titel *Der Ursprung des Lebens*. Die Frage wurde hier zum ersten Mal von einem rein materialistischen Standpunkt aus angegangen. Da in der Sowjetunion religiöse Rücksichten, wie sie in den westlichen Ländern geübt werden, keine Rolle spielen, überrascht es nicht, daß dieser Anstoß gerade von dort ausging.

Erste Theorien

In den meisten primitiven Kulturen entstanden Mythen, die die Erschaffung der ersten Menschenwesen (und manchmal auch der anderen Lebensformen) durch irgendwelche Götter oder Dämonen schilderten. Die Entstehung allen Lebens wurde jedoch nur in seltenen Fällen als ein ausschließlich den Göttern vorbehaltenes Werk betrachtet. Zumindest was die niedrigeren Lebensformen betraf, hielt man es für möglich, daß sie, ohne daß es eines göttlichen Einwirkens bedurfte, aus nichtlebender Substanz entstehen konnten. Insekten und Würmer beispielsweise mochten, so glaubte man, aus faulendem Fleisch, Frösche aus Schlamm, Mäuse aus verrottetem Weizen hervorgehen. Diese Vorstellung beruhte durchaus auf Beobachtungstatsachen, tauchen doch, um nur das bekannteste Beispiel anzuführen, in faulendem Fleisch tatsächlich ganz unvermittelt Maden auf. Es schien ganz klar so zu sein, daß sie dem Fleisch entstammten.

Aristoteles glaubte an die Möglichkeit einer solchen spontanen Zeugung von Leben. Ebenso vertraten diese Ansicht die großen Theologen des Mittelalters wie etwa Thomas von Aquin, desgleichen William Harvey und Isaac Newton. Alle diese Gelehrten zogen in der Tat nur die nächstliegenden Schlüsse aus dem, was sie mit eigenen Augen sahen. Der erste, der diese altehrwürdige

Überzeugung einer experimentellen Prüfung unterzog, war der italienische Arzt Francesco Redi. Er entschloß sich 1668, nachzuprüfen, ob Maden wirklich aus faulendem Fleisch hervorgingen. Er füllte in mehrere Krüge Fleischstücke, verschloß dann einige der Krüge mit feinem Gazestoff, während er die anderen offenließ. Nur in den unbedeckten Krügen, zu deren Inhalt Fliegen ungehinderten Zugang gehabt hatten, entwickelten sich Fleischmaden. Redi zog daraus den Schluß, daß die Maden sich aus mikroskopisch kleinen, von den Fliegen im Fleisch abgelegten Eiern entwickeln mußten. Ohne diese Fliegen und ihre Eier könnten sich, so meinte er, niemals Maden bilden, wie lange man das Fleisch auch verfaulen und verrotten ließ.

Andere Forscher traten in die Fußstapfen Redis und fanden seine Resultate bestätigt; der Glaube daran, daß sichtbare Organismen aus toter Materie entstehen, mußte aufgegeben werden. Als jedoch, nicht lange nach Redis Lebzeiten, die Mikroben entdeckt wurden, äußerten viele Wissenschaftler die Überzeugung, daß zumindest diese Lebensformen aus toter Materie entstehen müßten, denn auch in Fleisch, das in gazebedeckten Gefäßen aufgehoben wurde, wimmelte es nach kürzester Zeit von solchen Mikroorganismen. Noch zwei Jahrhunderte lang nach den Experimenten Redis blieb der Glaube an die Möglichkeit einer spontanen Zeugung oder *Urzeugung* von Mikroorganismen höchst lebendig.

Einem anderen Italiener, dem Naturforscher Lazzaro Spallanzani, blieb es vorbehalten, die ersten wissenschaftlich begründeten Zweifel an dieser Auffassung zu säen. Im Jahr 1765 stellte er zwei mit einer Brühe gefüllte Gefäße ins Freie. Das eine ließ er offen. Das andere, dessen Inhalt er zunächst gekocht hatte, um jedwede darin vorhandenen Organismen abzutöten, versiegelte er, damit keine möglicherweise in der Luft umherschwebenden Organismen hineingelangen konnten. In der Brühe im ersten Gefäß tummelten sich bald die Mikroorganismen, während die abgekochte und versiegelte Brühe steril blieb. Für Spallanzani war dies Beweis genug dafür, daß auch Mikroorganismen nicht aus unbelebter Materie entstehen können. Es gelang ihm ferner sogar, ein einzelnes Bakterium zu isolieren und zu beobachten, wie es sich in zwei Bakterien teilte.

Die Verfechter der Urzeugung ließen sich aber dadurch nicht aus dem Konzept bringen. Sie behaupteten nun, durch das Kochen sei ein in der Versuchsbrühe enthaltenes »Lebensprinzip« zerstört worden, und deswegen habe sich in den versiegelten Gefäßen kein mikroskopisches Leben entwickeln können. Es blieb Louis Pasteur vorbehalten, die Frage zu klären, ein für allemal, wie es schien. Er fertigte 1862 einen mit einem langen Schwanenhals in Form eines liegenden S versehenen Glaskolben (*Abb.*) an. Solange die Öffnung dieses Schnabels unverschlossen war, konnte Luft in das Gefäß eindringen, nicht aber Staubteilchen und Mikroorganismen, denn diese blieben im unteren Knie des Syphons liegen.

Pasteur füllte Brühe in das Gefäß, setzte den S-förmigen Schnabel auf, kochte die Brühe, bis sie dampfte (um jedwede in der Brühe, im Gefäß oder im Hals vorhandene Mikroorganismen abzutöten) und wartete ab, was geschah. Die Brühe blieb steril. Die Luft enthielt also kein »lebendes Prinzip«, das sie der Brühe übertragen konnte. Dieser Versuch Pasteurs schien der Theorie der Urzeugung den endgültigen Garaus zu machen.

Dieser Befund war den Naturforschern in einer Beziehung ein Dorn im Auge: Wenn es keine spontane Zeugung gab, wie war dann das Leben auf der Erde entstanden? Etwa doch durch göttliche Schöpfung?

Gegen Ende des 19. Jahrhunderts bezogen einige Gelehrte den gewissermaßen ins entgegengesetzte Extrem pendelnden Standpunkt, das Leben für ewig zu erklären. Die größte Verbreitung fand eine von Svante Arrhenius (dem Chemiker, der als erster das Konzept der Ionisierung vorgelegt hatte) vertretene Theorie. In seinem 1907 veröffentlichten Buch *Worlds in the Making* zeichnete er das Bild eines Universums, in dem von allem Anfang an Leben existierte, das sich durch den Kosmos ausbreitete und nacheinander immer neue Planeten besiedelte. Die Überträger des Lebens waren dieser Theorie zufolge Sporen, die infolge zufälliger Beschleunigung aus der Atmosphäre eines Planeten herausgeschleudert und kraft des von der Sonne ausgeübten Strahlungsdrucks durch den Raum getrieben wurden.

Man sollte über die Annahme eines vom Sonnenlicht ausgeübten Drucks als antreibende Kraft nicht die Nase rümpfen. Die Existenz eines Strahlungsdrucks wurde von keinem Geringeren als Maxwell aus theoretischen Überlegungen heraus

postuliert und 1899 von dem russischen Physiker Pjotr N. Lebedew experimentell nachgewiesen. Weiter besagte die Theorie von Arrhenius, daß die Sporen, vom Strahlungsdruck des Sonnenlichts getrieben, quer durch den interstellaren Raum

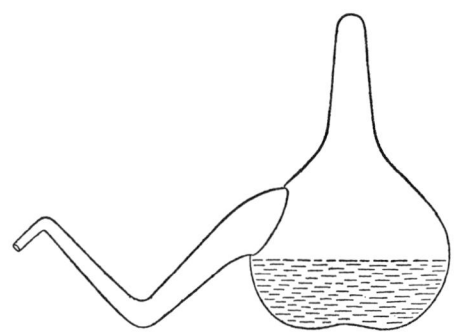

Das Gefäß, mit dem Pasteur sein Experiment zur »spontanen Zeugung« durchführte.

wandern, bis sie entweder absterben oder auf einem Planeten niedergehen und gedeihen können, sei es im Wettbewerb mit bereits vorhandenen Lebensformen oder als Pioniere des Lebens in einer bis dahin unbelebten, aber bewohnbaren Welt.

Auf den ersten Blick hat diese Theorie etwas Einnehmendes. Bakterielle Sporen sind, geschützt durch eine kräftige Hülle, sehr beständig gegen Kälte und Trockenheit und könnten vermutlich einen langen Aufenthalt im leeren Raum überstehen. Außerdem sind sie gerade so groß, daß der vom Sonnenlicht ausgeübte Strahlendruck die entgegengesetzte Wirkung der Anziehungskraft der Sonne überwiegt. Allein, sehr bald mußte Arrhenius' Theorie kapitulieren, und zwar vor dem ultravioletten Licht: Im Jahr 1910 wurde der Nachweis geführt, daß ultraviolette Strahlung bakterielle Sporen sehr schnell abtötet; im interplanetaren Raum kann sich die ultraviolette Sonnenstrahlung ungehindert entfalten, gar nicht zu reden von anderen lebensfeindlichen Strahlungen wie der kosmischen Höhenstrahlung, der solaren Röntgenstrahlung oder der Ionenstrahlung in Bereichen wie den die Erde umspannenden Van-Allen-Gürteln. Es ist nicht auszuschließen, daß es irgendwo Sporen gibt, die gegen jedwede Strahlung resistent sind; Sporen jedoch, wie wir sie kennen, nämlich bestehend aus Proteinen und Nukleinsäuren, könnten eine interstellare Reise sicherlich unter keinen Umständen lebend überstehen. Um die Probe aufs Exempel zu machen, wurden 1966 im Rahmen der amerikanischen Gemini-9-Mission einige besonders resistente Mikroorganismen außerhalb der Erdatmosphäre sechs Stunden lang der ungefilterten Sonnenstrahlung ausgesetzt; sie überlebten den Versuch. Das besagte jedoch wenig, denn wir müssen eine Bestrahlungsdauer nicht von einigen Stunden, sondern von Monaten und Jahren zugrunde legen.

Außerdem: Wenn wir annehmen, daß es auf der Erde nur deswegen Leben gibt, weil es irgendwann einmal in Gestalt von Sporen aus einer anderen Welt angeflogen kam, so wäre die Frage eben die, wie das Leben dort, von wo es seinen Ausgang nahm, entstanden ist. Die Theorie von der Kolonisierung der Erde durch eingeschlepptes Leben löst also das Problem nicht, sondern verschiebt lediglich die Fragestellung.

Chemische Evolution

Während manche Naturwissenschaftler auch heute noch mit der Möglichkeit einer Einwanderung des Lebens auf die Erde liebäugeln, hält die große Mehrheit es für angemessener, sich um eine vernünftige Erklärung für den Ursprung des Lebens hier auf der Erde zu bemühen.

Nach wie vor ist das Thema der spontanen Zeugung im Gespräch, allerdings unter einem anderen Blickwinkel. Vor Pasteur verstand man unter spontaner Zeugung etwas, das jederzeit und schnell vor sich gehen kann. Heute versteht man darunter etwas, das vor sehr langer Zeit einsetzte und sehr allmählich vor sich ging.

Eine solche Entwicklung des Lebens aus spontaner Zeugung wäre heute nicht mehr möglich, da jede Substanz, die der für die allereinfachsten denkbaren Lebensformen erforderlichen strukturellen Komplexität auch nur nahe käme, sogleich von einer der unzähligen bereits existierenden Lebensformen als Nährstoff vertilgt werden würde. Von Interesse ist für uns daher nur jene allererste, auf einem noch von keinerlei Leben besiedelten Planeten stattfindende spontane Zeugung. Auf der Erde müßte sich dieser Vorgang vor über dreieinhalb Milliarden Jahren abgespielt haben.

In einer sauerstoffreichen Atmosphäre hätte sich kein Leben entwickeln können. Sauerstoff ist ein chemisch aktives, um nicht zu sagen aggressives Element. Er hätte sich sofort mit all den erdenklichen organischen Verbindungen, die letztlich zu den ersten primitiven Lebensformen führten, verbunden, sie also oxidiert und damit wieder abgebaut. Die Wissenschaftler sind jedoch, wie bereits im ersten Band erwähnt, der Überzeugung, daß die Uratmosphäre der Erde keinen freien Sauerstoff enthielt. Eine der diskutierten Möglichkeiten ist, daß die irdische Uratmosphäre aus wasserstoffhaltigen Gasen wie Methan (CH_4), Ammoniak (NH_3) und Wasserdampf (H_2O) bestand; vielleicht enthielt sie auch ein wenig Wasserstoff (H_2).

Wir können diese stark wasserstoffgesättigte Atmosphäre der Kürze halber als Atmosphäre I bezeichnen. Sie würde durch Photodissoziation allmählich in eine Atmosphäre aus Kohlendioxid und Stickstoff übergehen, die wir Atmosphäre II nennen wollen. Daraufhin würde sich in der oberen Atmosphäre eine Ozonschicht bilden, und die spontanen Veränderungsprozesse kämen zum Stillstand. Könnte das Leben in einer dieser beiden frühen Atmosphären entstanden sein?

H. C. Urey war der Ansicht, daß das Leben bereits in Atmosphäre I seinen Anfang nahm. Ein in Ureys Labor mitarbeitender Student namens Stanley L. Miller führte 1952 ein aufschlußreiches Experiment durch: Er ließ Wasser zusammen mit einem Gasgemisch aus Methan, Ammoniak und Wasserstoff an einer elektrische Entladungen erzeugenden Vorrichtung vorbeizirkulieren (um damit die ultraviolette Strahlung der Sonne zu simulieren). Nach einer Woche analysierte er seine Lösung papierchromatographisch und stellte fest, daß sie zusätzlich zu einfachen stickstofflosen Substanzen auch Glycin und Alanin enthielt, die beiden einfachsten Aminosäuren. (Einige Anzeichen deuteten auf das Vorhandensein auch einer oder zwei komplexerer Aminosäuren hin.)

Dieses Experiment und sein Resultat waren in mehrerlei Hinsicht von Bedeutung. Zum einen hatten sich unerwartet schnell überraschend viele Verbindungen gebildet. Ein Sechstel des anfänglich vorhandenen Methans war in spontan entstandene komplexere organische Verbindungen eingegangen, und das schon nach nur einwöchiger Versuchsdauer.

Zum zweiten waren die organischen Moleküle, die sich bei dem Experiment bildeten, genau dieselben, die wir in lebendem Gewebe vorfinden. Die Entwicklungslinie, die von den einfacheren zu den komplexeren Molekülen in der der simulierten Ultraviolettstrahlung ausgesetzten Lösung führte, schien, wenn man sie verlängerte, direkt auf die Entwicklung lebender Organismen zuzulaufen. Diese Entwicklungstendenz bestätigte sich bei späteren, anspruchsvolleren Experimenten. Zu keiner Zeit bildeten sich in nennenswertem Ausmaß Moleküle, die einer fremdartigen, nicht an den uns vertrauten Lebensformen orientierten Entwicklungslinie angehörten.

Philip Abelson experimentierte, an die Arbeiten Millers anknüpfend, mit Ausgangsmaterialien, die aus verschiedenen Gasen in unterschiedlicher Kombination und Mischung bestanden. Es ergab sich, daß immer dann, wenn er zu Beginn Moleküle einbrachte, die Kohlenstoff, Wasserstoff, Sauerstoff und Stickstoff enthielten, Aminosäuren des vertrauten, normalerweise in Proteinen enthaltenen Typs entstanden. Elektrische Entladungen waren auch nicht die einzige Energiequelle, die diese Resultate lieferte. 1959 führten zwei deutsche Forscher, Wilhelm Groth und H. von Weyssenhoff, ein Experiment durch, bei dem anstelle elektrischer Entladungen auch ultraviolettes Licht eingesetzt werden konnte; es entstanden ebenfalls Aminosäuren.

Wenn noch irgendwelche Zweifel daran bestanden, daß diese auf die uns vertrauten Lebensformen gerichtete Entwicklungstendenz tatsächlich die natürlichste war – der Weg des geringsten Widerstandes sozusagen –, dann wurden sie dadurch beseitigt, daß vom Ende der 60er Jahre an immer mehr komplexe Moleküle, die die ersten Etappen auf dem Weg zum Leben verkörperten, in interplanetarischen Gaswolken gefunden wurden. Es ist somit denkbar, daß zu dem Zeitpunkt, als sich aus einer Staub- und Gaswolke die Erde bildete, die ersten Stadien auf dem Weg zur Bildung komplexer Moleküle bereits durchlaufen waren.

Die Erde kann also vom Anbeginn ihrer Existenz an einen Vorrat an Aminosäuren besessen haben. Anhaltspunkte dafür, daß dies tatsächlich der Fall war, ergaben sich im Jahr 1970. Der aus Ceylon gebürtige Chemiker Cyril Ponnamperuma untersuchte einen Meteoriten, der am 28. September 1969 auf Australien niedergegangen war. Seine sorgfältigen Analysen ergaben, daß das Material geringfügige Mengen von fünf Aminosäuren ent-

hielt: Glycin, Alanin, Glutamin, Valin und Prolin. Keine dieser Aminosäuren war optisch aktiv – ein eindeutiges Zeichen dafür, daß sie nicht durch Lebensvorgänge entstanden sein (und damit auch nicht von der Erde stammen und durch Kontamination in das Meteoritenmaterial gelangt sein) konnten. Sie mußten vielmehr aus abiotischen chemischen Prozessen der Art, wie sie sich in Millers Reagenzglas abspielten, hervorgegangen sein.

Diese Funde waren erstaunlich – für Fred Hoyle und den indischen Wissenschaftler Chandra Wickramasinghe erstaunlich genug, um die Annahme zu rechtfertigen, daß die spontane Synthese von Bausteinen des Lebens womöglich viel weiter geht, als man es bislang hat nachweisen können. Sie halten es für denkbar, daß sehr geringe Mengen mikroskopisch kleiner Lebensformen im Universum entstehen konnten und können – nicht genug, um auf astronomische Entfernungen nachweisbar zu sein, aber doch erhebliche Mengen in einem absoluten Sinn, und daß solche Formen sich nicht nur in weit entfernten Gaswolken bilden können, sondern auch auf den Kometen unseres eigenen Sonnensystems. Das Leben auf der Erde könnte somit seinen Ausgang von Sporen genommen haben, die innerhalb eines Kometenschweifs zur Erde getragen wurden. (Es ist nur recht und billig, hinzuzufügen, daß fast niemand diese Spekulation ernst nimmt.)

Können die Chemiker im Labor über das Stadium der einzelnen Aminosäuren hinausgelangen? Eine Möglichkeit wäre, mit einem größeren Vorrat an »Rohmaterialien« zu beginnen und sie für längere Zeitspannen energiereicher Strahlung auszusetzen. Dabei müßte eine größere Anzahl von Verbindungen zunehmender Komplexität entstehen, die freilich ein kunterbuntes Gemisch bilden würden, so daß mit zunehmender Komplexität die Analyse und Identifizierung der Produkte immer schwieriger würde.

Eine zweite Möglichkeit wäre, erst in einem späteren Stadium zu beginnen. Man würde in diesem Fall die bei früheren Simulationsexperimenten entstandenen Produkte als Ausgangsmaterialien verwenden. Eine der Verbindungen, die bei Millers Experiment entstanden, war Cyanwasserstoff. Der spanisch-amerikanische Biochemiker Juan Oro führte 1961 einen Versuch durch, bei dem er seinem Ausgangsgemisch Cyanwasserstoff zusetzte. Er erhielt ein reichhaltigeres Sortiment von Aminosäuren und sogar ein paar kürzere Peptide. Es gelang ihm ferner, Purine zu erzeugen – namentlich Adenin, einen wichtigen Baustein der Nukleinsäuren. Bei einem 1962 durchgeführten Experiment verwendete Oro als eine seiner Ausgangssubstanzen Formaldehyd und fand unter den Produkten Ribose und Desoxyribose, ebenfalls Bausteine der Nukleinsäuren.

Ponnamperuma stellte 1963 Experimente an, die denen von Miller ähnelten. Als Energiequelle verwendete er Elektronenstrahlen. Unter den so erzeugten Verbindungen fand sich Adenin. Im Rahmen einer anschließenden, zusammen mit Ruth Mariner und Carl Sagan durchgeführten Versuchsreihe wurde einer Riboselösung Adenin zugesetzt und das Gemisch mit ultraviolettem Licht bestrahlt; es entstand Adenosin, eine Kombination aus Adenin und Ribose. Wenn man Phosphate mit in die Lösung gab, wurden auch sie angebaut, und es entstand das Adenin-Nukleotid. Es ließen sich sogar drei Phosphatgruppen unterbringen, was eine Verbindung namens Adenosin-Triphosphat (ATP) ergab. Diese Substanz spielt, wie in Kapitel 12 erläutert, eine wesentliche Rolle im Energiestoffwechsel lebender Gewebe. 1965 erzeugte Ponnamperuma auf analoge Weise ein Dinukleotid, eine Kombination aus zwei Nukleotiden. Weitere Substanzen lassen sich aufbauen, wenn man Verbindungen wie z. B. Cyanamid ($CNNH_2$) und Ethan (CH_3CH_3) zusetzt, Stoffe, die in der Zeitspanne der Erdentstehung sehr wohl vorhanden gewesen sein könnten. Es ist somit kaum zu bezweifeln, daß ganz gewöhnliche chemische und physikalische Umsetzungen im Urozean und in der Uratmosphäre der Erde Eiweiße und Nukleinsäuren hervorgebracht haben.

Im unbelebten Urozean hätte jede entstandene Verbindung die Tendenz gehabt, sich zu akkumulieren, gab es doch keinerlei Organismen, die sie hätten verzehren oder ihr anderweitig hätten zusetzen können. Dazu kommt, daß die Uratmosphäre keinen freien Sauerstoff enthielt, der die Moleküle hätte oxidieren und zersetzen können. Die einzigen Faktoren, die in nennenswertem Ausmaß komplexere Moleküle hätten angreifen und zerstören können, waren dieselben intensiven ultravioletten und radioaktiven Strahlen, denen diese Moleküle ihre Entstehung verdankten. Man

kann sich indes vorstellen, daß große Teile des spontan synthetisierten Materials von Meeresströmungen in größere Wassertiefen geführt wurden, wo sie weder von der ultravioletten noch von der radioaktiven Strahlung erreicht werden konnten. Nach Schätzungen Ponnamperumas und seiner Mitarbeiter könnte bis zu 1% des Volumens des Urozeans aus diesen spontan synthetisierten organischen Verbindungen bestanden haben. Wenn das stimmt, so wäre dies eine Masse von mehr als einer Billiarde Tonnen gewesen. Diese Menge hätte sicherlich ausgereicht, um ein freies und variantenreiches Spiel der chemischen und physikalischen Naturkräfte zu gewährleisten. Bei einer solch riesigen Menge wäre die spontane Synthese selbst unwahrscheinlich komplexer Verbindungen nur eine Frage der Zeit; da genug Zeit zur Verfügung stand – ungefähr eine Milliarde Jahre –, mußten die Bausteine des Lebens eigentlich zwangsläufig entstehen. Diese Periode der »chemischen Evolution« ging der Evolution des Lebens selbst voraus.

Man kann sich vorstellen, daß ein einziges Molekül einer lebenden Substanz genügt hätte, um die Evolution des Lebens auf der Erde, d. h. die Entwicklung des gesamten reichhaltigen Arsenals an Lebensformen in Gang zu setzen – ebenso wie eine einzige befruchtete Zelle den Anfang der Entwicklung eines höchst komplizierten Organismus bilden kann. In der »organischen Suppe« des Urozeans könnten die ersten lebenden Moleküle Milliarden und Abermilliarden von Duplikaten ihrer selbst produziert, d. h. sich in kürzester Zeit explosionsartig vermehrt haben. Hin und wieder könnte durch eine Mutation eine leicht veränderte Form des Urmoleküls entstanden sein, und diejenigen unter diesen Mutationsformen, die in irgendeiner Weise lebenstüchtiger oder besser an die Umweltbedingungen angepaßt gewesen wären als ihre Zeitgenossen, hätten sich auf deren Kosten vermehrt und die älteren Formen verdrängt. Wenn eine Form oder eine Gruppe von Formen besser an das Leben in warmem, eine andere besser an das Leben in kaltem Wasser angepaßt war, so konnten zwei Varianten und in der Folge zwei Entwicklungslinien entstehen, jede spezialisiert und beschränkt auf die sie prägende Umgebung. Man kann sich vorstellen, daß sich auf diese oder ähnliche Weise das Rad der »organischen Evolution« zu drehen begann.

Wenn am Anfang der Entwicklung mehrere unterschiedliche lebende Moleküle gleichzeitig und unabhängig voneinander entstanden wären, so ist auch für diesen Fall als wahrscheinlich anzunehmen, daß die »tüchtigste« unter diesen Lebensformen die anderen verdrängt hätte; das Leben auf der Erde könnte also sehr wohl von einem einzigen Urmolekül abstammen. Bei aller Mannigfaltigkeit der Lebensformen, wie wir sie heute kennen, beruhen sie doch allesamt auf dem gleichen Konstruktionsprinzip. Die Stoffwechselprozesse in den Zellen fungieren überall nach einem weitgehend gleichartigen Muster. Besonders aufschlußreich ist in diesem Zusammenhang, daß die Proteine aller Lebensformen aus L-Aminosäuren aufgebaut sind, während Aminosäuren des D-Typs fast keine Rolle spielen. Es ist denkbar, daß das Ur-Nukleoprotein, von dem alles Leben auf der Erde herstammt, sich zufällig aus L-Aminosäuren zusammensetzte; da D-Aminosäuren sich mit L-Aminosäuren nicht zu stabilen Ketten verbinden können, waren mit dieser frühen Zufallsentscheidung womöglich bereits die Würfel für die gesamte weitere Entwicklung zugunsten des L-Typs gefallen. (Das bedeutet nicht, daß D-Aminosäuren in der Natur überhaupt nicht vorkommen. Sie finden sich in den Zellwänden einiger Bakterienarten und in bestimmten abiotischen Verbindungen. Es handelt sich dabei aber um ausgesprochene Ausnahmefälle.)

Die ersten Zellen

Zwischen dem ersten lebenden Molekül und der Art von Leben, wie wir es heute kennen, lag natürlich noch ein ungeheuer weiter Weg. Von den Viren abgesehen, bestehen alle Lebensformen aus Zellen; eine Zelle aber ist, wie klein sie auch nach menschlichen Maßstäben anmuten mag, in ihrer chemischen Struktur und ihren miteinander verwobenen chemischen Abläufen ein außerordentlich komplexes System. Wie sind diese Gebilde entstanden?

Erste Aufschlüsse über Ursprung und Entwicklung von Zellen lieferten die Forschungsarbeiten des amerikanischen Biochemikers Sidney Walter Fox. Er ging von der Hypothese aus, daß die Erde in ihrer Entstehungsperiode ziemlich heiß gewesen sein muß, und daß die von ihr gespeicherte und abgestrahlte Wärmeenergie ausgereicht haben kann, um einfache Verbindungen in komplexere umzuwandeln. Um diese Annahme nachzuprüfen, erhitzte Fox 1958 ein Gemisch aus Aminosäuren und stellte fest, daß sie sich zu langen Ketten zusammenschlossen, die Eiweißmolekülen ähnelten. Diese Proteinoide wurden von gewöhnlichen Verdauungsenzymen abgebaut und eigneten sich als Nahrung für Bakterien. Am verblüffendsten aber war, daß, als Fox die Proteinoide in heißem Wasser auflöste und die Lösung dann abkühlen ließ, die Moleküle sich zu kleinen »Mikrokugeln«, oder *Eobionten* etwa von der Größe kleiner Bakterien, zusammenballten. Diese Mikrokugeln waren nach herkömmlichen Begriffen keine lebenden Gebilde, verhielten sich aber zumindest in mancher Hinsicht wie Zellen. (So waren sie beispielsweise in eine Art Membran eingehüllt.) Indem Fox gewisse Chemikalien in die Lösung einbrachte, konnte er die Mikrokugeln anschwellen oder zusammenschrumpfen lassen, ein Verhalten, das auch bei normalen Zellen zu beobachten ist. Mikrokugeln können »Knospen« hervortreiben, die gelegentlich zu wachsen scheinen und dann abbrechen. Sie können sich teilen und Ketten bilden.

Vielleicht haben sich solche Vorformen lebender Materie in der Periode der Erdentstehung gebildet – möglicherweise in mehreren Varianten. Einige enthielten vielleicht besonders viel DNS und waren daher sehr vermehrungsfreudig, dafür aber relativ schlechte Energiespeicherer. Andere Varianten konnten vielleicht sehr gut Energie speichern und umsetzen, taten sich aber mit der Vermehrung schwer. Irgendwann könnten Gebilde dieser verschiedenen Spielarten sich zusammengetan haben, derart, daß jeder Partner die beim anderen schwach ausgeprägten Fähigkeiten beisteuerte; das Resultat einer solchen Symbiose könnte die Zelle in ihrer heutigen Form gewesen sein, ein Aggregat, das in jeder Hinsicht leistungsfähiger ist, als jedes seiner Bestandteile es für sich allein sein könnte. Noch in der ausgereiften Zelle, wie wir sie heute kennen, waltet eine strukturelle und funktionelle Differenzierung zwischen Komponenten, die möglicherweise ursprünglich einmal selbständige Lebensformen gewesen sind: einerseits der Kern, der reich an DNS ist, aber mit Sauerstoff nichts anfangen kann, andererseits die zahlreichen Mitochondrien, die Sauerstoff sehr effizient zu nutzen vermögen, sich aber ohne Kern nicht vermehren können. (Daß die Mitochondrien vielleicht einmal selbständige Lebensformen waren, darauf deutet der Umstand hin, daß sie noch immer geringfügige Mengen DNS enthalten.)

In den letzten Jahren hat sich bei den mit diesem Thema befaßten Forschern die Überzeugung verdichtet, daß die Atmosphäre I nicht allzulange Bestand gehabt haben kann und die Atmosphäre II zu einem sehr frühen Zeitpunkt an ihre Stelle trat. Sowohl die Venus als auch der Mars weisen eine Atmosphäre des Typs II auf (Kohlendioxid plus Stickstoff). Auch die Erde dürfte, als sie, wie Venus und Mars heute noch, kein Leben beherbergte, eine solche Atmosphäre besessen haben.

Für die Entwicklung des Lebens mußte dieser Atmosphärenwechsel sich keineswegs verhängnisvoll auswirken. Aus Kohlendioxid, Wasserdampf und Stickstoff konnten sich durchaus einfache organische Verbindungen bilden. Der atmosphärische Stickstoff konnte, indem er sich, vielleicht unter tätiger Mithilfe von Blitzen (d. h. elektrischen Entladungsvorgängen) mit Kohlendioxid oder Wasser oder mit beiden verband, in Stickoxid oder Cyanide oder Ammoniak umsetzen. Aus den so entstandenen Verbindungen konnten dann durch spontane, vom Sonnenlicht und von anderen Energiequellen angeregte und gespeiste Synthesen weitere, zunehmend komplexere Verbindungen entlang der auf das organische Leben zulaufenden Entwicklungslinie hervorgehen.

Tierische Zellen

Während der gesamten Lebensdauer der Atmosphären I und II konnten die primitiven Lebensformen, die damals existierten, nur auf Kosten der in ihrer Umgebung vorhandenen komplexen chemischen Substanzen leben, die sie, unter Nutzung der dabei gewonnenen Energie, in einfachere Bausteine zerlegten. Dafür, daß immer wieder komplexe Substanzen nachgeliefert wurden, sorgte die ultraviolette Strahlung der Sonne. Nachdem aber einmal die Atmosphäre II voll entwickelt und die Ozonschicht vollständig aufgebaut war, gerieten diese Lebensformen in Gefahr, zu verhungern, da die ultraviolette Einstrahlung stark zurückging. Zu diesem Zeitpunkt hatte sich aber bereits ein mitochondrienartiges Gebilde entwickelt, das

Chlorophyll enthielt – ein Vorläufer der heutigen Chloroplasten. 1966 demonstrierten die kanadischen Biochemiker G. W. Hodson und B. L. Baker, daß sich in einer Lösung, die Pyrrole und Paraformaldehyde enthielt (die sich beide durch Versuchsanordnungen des Miller-Typs aus noch einfacheren Verbindungen synthetisieren lassen), nach nur dreistündiger milder Erwärmung Porphyrinringe bilden, die Grundbausteine des Chlorophylls.

Die ersten primitiven chlorophyllhaltigen Lebensformen dürften selbst unter dem Gesichtspunkt ineffektiven Gebrauchs, den sie vom sichtbaren Sonnenlicht machten, erheblich bessere Lebenschancen gehabt haben als die chlorophyllosen Systeme, für die mit dem Aufbau der irdischen Ozonschicht eine Zeit zunehmender Nahrungsknappheit anbrach. Das sichtbare Licht durchdrang die Ozonschicht ohne weiteres, und sein Energiegehalt genügte, obwohl er niedriger war als der des ultravioletten Lichts, für die Aufrechterhaltung der chlorophyllbergenden Systeme.

Die ersten das Chlorophyll nutzenden Organismen waren vielleicht nicht komplexer strukturiert als ein einzelnes Chloroplast. Man kennt heute allein 2000 Unterarten einer Gattung einzelliger, Photosynthese betreibender Organismen, der sogenannten Grün- und Blaualgen (so genannt nach der Farbe der ersten Arten, die untersucht wurden). Es sind Prokaryoten, bestehend aus sehr einfachen Zellen, in ihrer Struktur bakterienartig, nur daß sie eben, im Gegensatz zu Bakterien, Chlorophyll enthalten. Die Grün- und Blaualgen sind vielleicht die einfachsten Abkömmlinge der ursprünglichen Chloroplasten, während es sich bei den Bakterien um Nachkömmlinge von Chloroplasten handeln könnte, die ihr Chlorophyll verloren und sich zur Umstellung auf eine parasitäre Ernährungsweise bzw. zur Vertilgung abgestorbenen Gewebes und seiner Bestandteile gezwungen sahen. In dem Maße, wie sich im Urozean die Chloroplasten vermehrten, wurde ein zunehmender Teil des atmosphärischen Kohlendioxids von ihnen gebunden, und an seine Stelle trat molekularer Sauerstoff. So bildete sich die Atmosphäre III heraus, die jetzige Atmosphäre der Erde. Die Pflanzenzellen entwickelten sich allmählich zu immer effektiveren Nutzern des Sonnenlichts, indem sie die Mengen an Chloroplasten drastisch erhöhten. Hochentwickelte Zellen ohne

Chlorophyll konnten unter den neuen Bedingungen nicht mehr in ihrer angestammten Weise existieren, da sich im Ozean keine auf sie zugeschnittenen Nährstoffe mehr bildeten (außer in den Pflanzenzellen). Freilich waren solche chlorophyllosen Zellen (sofern sie eine entwickelte Mitochondrien-Ausstattung besaßen, die sie in die Lage versetzte, komplexe Moleküle sehr effektiv zu nutzen und die bei ihrer Zerlegung gewonnene Energie zu speichern) in der Lage, sich dadurch am Leben zu erhalten, daß sie sich Pflanzenzellen einverleibten und die Moleküle »verdauten«, die diese Pflanzenzellen zuvor mühevoll aufgebaut hatten. Damit war die tierische Zelle geboren. Im Lauf der Zeit wurden die (pflanzlichen und tierischen) Organismen groß und komplex genug, um die fossilen Spuren zu hinterlassen, die wir heute vorfinden.

Im Verlauf dieser Entwicklung hatte sich die irdische Umwelt grundlegend verändert. Unter den neuen Bedingungen konnte Leben nicht mehr in Form einer rein chemischen Evolution entstehen und sich entwickeln. Zum einen waren die Energieformen, die jene Art von Leben ursprünglich gezeugt hatten – ultraviolette und radioaktive Strahlungsenergie – auf der Erdoberfläche nicht mehr oder nur noch in unwesentlichem Umfang vorhanden. Zum zweiten wurde nunmehr jedes etwa noch spontan entstehende organische Molekül sehr schnell von den bereits etablierten Lebensformen verzehrt. Aus diesen beiden Gründen ist die Aussicht, daß sich irgendwann noch einmal eine neue, selbständige Art von Leben aus unbelebter Materie entwickelt, de facto gleich null (es sei denn, dies geschähe unter gezielter Mithilfe des Menschen, wenn das dafür erforderliche Knowhow einmal zur Verfügung stehen sollte). Eine spontane Zeugung ist unter den jetzigen Verhältnissen so unwahrscheinlich, daß wir diese Möglichkeit getrost ausschließen können.

Leben in anderen Welten

Wenn wir die Auffassung akzeptieren, daß das Leben sich aus dem Zusammenspiel physikalischer und chemischer Kräfte und Gesetzmäßigkeiten entwickelt hat, so folgt daraus, daß aller Wahrscheinlichkeit nach die Erde nicht der einzige Ort im Universum ist, auf dem Leben existiert. Wo sonst im Universum wäre Leben noch möglich?

Als die Menschen zum ersten Mal begriffen, daß es sich bei den Planeten des Sonnensystems um eigenständige Welten handelte, gingen sie wie selbstverständlich davon aus, daß es auf ihnen Leben, und zwar auch intelligentes Leben, gibt. Als man erkannte, daß es auf dem Mond weder Luft noch Wasser und somit höchstwahrscheinlich auch kein Leben gibt, war das schon ein gewisser Schock oder wenigstens eine Enttäuschung.

Im Zeitalter der Raketen und Weltraumsonden sind die Naturwissenschaftler zu der ziemlich festen Überzeugung gelangt, daß es weder auf dem Mond noch auf irgendeinem anderen Planeten des inneren Sonnensystems, mit Ausnahme der Erde selbst, Leben gibt.

Nicht viel größer sind die Chancen im äußeren Sonnensystem. Gewiß, der Jupiter weist eine mächtige und komplex zusammengesetzte Atmosphäre auf, mit sehr niedrigen Temperaturen im Bereich der äußeren, sichtbaren Wolkenschichten und sehr hohen Temperaturen in tieferen Schichten. Irgendwo dazwischen, in einer mittleren Tiefe der Atmosphäre, wo gemäßigte Temperaturen herrschen, könnte es angesichts des nachgewiesenen Vorhandenseins von Wasser und organischen Verbindungen Lebensformen geben (eine Ansicht, die beispielsweise Carl Sagan vertritt). Wenn dies für den Jupiter gilt, so gilt es vielleicht auch für die drei anderen Gasriesen unseres Sonnensystems.

Vergessen wir auch nicht den Jupitermond Europa, der rundum von einem Gletscher bedeckt ist; unter dieser eisigen Hülle könnte sich ein Wasser-Ozean befinden, erwärmt vom Gezeiteneinfluß des Jupiters. Der Titan hat eine Atmosphäre aus Methan und Stickstoff; auf seiner Oberfläche vermutet man mit flüssigem Stickstoff gefüllte Gewässer und feste organische Verbindungen; ähnliches gilt vielleicht für den Neptunmond Triton. Die Existenz von Leben in irgendeiner Form ist auf allen drei Trabanten zumindest möglich. Dies alles sind jedoch nur Mutmaßungen. Zu großen Erwartungen besteht kein Anlaß, aber positive Überraschungen sind nicht auszuschließen. Doch müssen wir uns mit dem Gedanken vertraut machen, daß in unserem Sonnensystem einzig und allein die Erde Leben beherbergt. Indes, das Sonnensystem ist nicht das Universum. Wie steht es um die Möglichkeit, daß es irgendwo anders im Kosmos Leben gibt?

Die Gesamtzahl der Sterne in dem uns bekannten Universum wird auf mindestens 10^{22} (10 Milliarden Billionen) geschätzt. Unsere eigene Galaxis, die Milchstraße, besteht aus mehr als 200 Milliarden Sternen. Wenn alle Sterne im Prinzip auf dieselbe Weise entstanden sind, wie wir es für unser eigenes Sonnensystem annehmen, d. h. durch die Kondensierung einer großen Staub- und Gaswolke, dann müssen wir davon ausgehen, daß keiner dieser vielen Sterne ein Einzelgänger ist, sondern daß vielmehr jeder von ihnen im Zentrum eines aus mehreren Körpern bestehenden lokalen Systems steht. Wir wissen, daß es zahlreiche Doppelsterne gibt, die um einen gemeinsamen Schwerpunkt rotieren, und es gibt Schätzungen, die besagen, daß mindestens die Hälfte aller Sterne einem aus zwei oder mehr Sternen bestehenden System angehören.

Wonach die Astronomen eigentlich Ausschau halten, ist ein System, bei dem mehrere ihm angehörende Körper zu klein sind, als daß sie selbst leuchten könnten, so daß für sie nur die Rolle von Planeten bleibt. Wir verfügen zwar (noch) über kein Mittel, um in fremden Sonnensystemen, und seien es die uns am nächsten benachbarten, eventuell vorhandene Planeten aufzuspüren, aber es gibt indirekte Anhaltspunkte. Solche Anhaltspunkte zu sammeln, machte sich der aus Holland stammende, an einem amerikanischen Observatorium tätige Astronom Peter van de Kamp zur Aufgabe.

1943 gelangten er und seine Mitarbeiter zu der Überzeugung, daß gewisse geringfügige Unregelmäßigkeiten in der Bahn eines der beiden Sterne des Doppelsternsystems 61 Cygni auf das Vorhandensein eines dritten Partners hindeuteten, der offenbar zu klein ist, um selbst zu leuchten. Dieser dritte Körper des Systems, 61 Cygni C, muß den Berechnungen van de Kamps zufolge etwa die achtfache Masse des Jupiters aufweisen, was, dieselbe durchschnittliche Dichte vorausgesetzt, einem etwa doppelt so langen Durchmesser entspricht. 1960 wurde ein Planet von ähnlicher Größe im Umkreis des kleinen Sterns Lalande 21 185 ausgemacht (in dem Sinn, daß sein Vorhandensein aus den Bahnunregelmäßigkeiten dieses Sterns erschlossen wurde, als plausibelste unter allen denkbaren Erklärungen). 1963 führte eine eingehende Untersuchung des Barnardschen Sterns zu der Annahme, daß auch dieser von einem Planeten umkreist wird, der nur etwa die eineinhalbfache Masse des Jupiter aufweisen dürfte.

Barnards Stern ist der unserem Sonnensystem zweitnächste Stern überhaupt, Lalande 21 185 der uns drittnächste, 61 Cygni der zwölftnächste. Daß sich gleich drei Planetensysteme in so großer Nähe zu unserem Sonnensystem finden, wäre höchst unwahrscheinlich, wenn solche Systeme im Universum generell eine seltene Erscheinung wären. Wir müssen im Gegenteil annehmen, daß sie der Normalfall sind. Angesichts der riesigen Entfernungen zwischen den Sternen ist es nicht verwunderlich, daß wir nur die größten der sie umkreisenden Planeten aufspüren können, und auch das nur unter Schwierigkeiten. Wo aber Planeten mit größerer Masse als der Jupiter existieren, erscheint es plausibel, wenn nicht sogar unausweichlich, von der Existenz auch kleinerer Planeten auszugehen.

Unglücklicherweise sind die Beobachtungen, aus denen auf die Existenz dieser entfernten Planetensysteme geschlossen wird, alles andere als eindeutig; sie bewegen sich im Grenzbereich des gerade noch Beobachtbaren. Viele Astronomen weigern sich, anzuerkennen, daß das Vorhandensein dieser Planetensysteme wirklich erwiesen ist.

Eine veränderte Situation ergab sich, als 1983 Beweismittel neuer Art auftauchte. Zu dieser Zeit umkreiste ein sog. Infrarot-Astronomie-Satellit (IRAS) die Erde. Seine Aufgabe bestand darin, Infrarotquellen im All zu orten und auszuwerten. Im August 1983 richteten die Astronomen Hartmut H. Aumann und Fred Gillett das Empfangssystem des Satelliten auf den Stern Wega und stellten zu ihrer Überraschung fest, daß dieser Stern im Infrarotbereich wesentlich heller leuchtete, als es nach allen Erfahrungen zu erwarten gewesen war. Wie sich bei näherer Betrachtung zeigte, kam die Infrarotstrahlung nicht von der Wega selbst, sondern aus ihrer unmittelbaren Umgebung.

Es schien, als sei die Wega von einer Materiewolke eingehüllt, deren Radius doppelt so groß ist wie der Radius der Umlaufbahn des Pluto um die

Sonne. Man mußte annehmen, daß die Teilchen, aus denen sich diese Wolke zusammensetzte, größer waren als Staubkörnchen (andernfalls wären sie längst von der Wega eingefangen worden). Die Wega ist mit einem Alter von weniger als 1 Milliarde Jahren wesentlich jünger als unsere Sonne und strahlt, da sie 60mal so hell leuchtet wie die Sonne, einen weit stärkeren Sonnenwind (oder besser gesagt: Sternenwind) ab, der möglicherweise verhindert, daß die Teilchen sich zu größeren Materienansammlungen verdichten. Im Lichte dieser Tatsachen kann man die Beobachtungen vielleicht so interpretieren, daß die Wega über ein noch im Entstehungsstadium begriffenes Planetensystem verfügt. Inmitten der riesigen Materienwolke können sich schon jetzt kondensierte Objekte von Planetengröße befinden, die dabei sind, allmählich den Bereich ihrer Umlaufbahn »leerzufressen«. Diese Entdeckung ist geeignet, die Annahme zu stützen, daß Planetensysteme im Universum weit verbreitet sind, ja daß vielleicht sogar zu jedem Stern bzw. Sternsystem ein Planetensystem gehört.

Selbst unter dieser Voraussetzung und im Licht der zusätzlichen Annahme, daß es unter diesen Planeten viele geben muß, die von ähnlicher Größe sind wie die Erde, können wir die Anzahl der Planeten, auf denen es möglicherweise Leben gibt, erst dann eingrenzen, wenn wir alle Kriterien berücksichtigt haben, die solche Planeten erfüllen müssen, um für Lebensformen, wie wir sie kennen, bewohnbar zu sein. Der amerikanische Weltraumforscher Stephen H. Dole widmete der Erörterung dieses Problems ein ganzes Buch (*Habitable Planets for Man,* erschienen 1964) und kam zu einigen zugegebenermaßen spekulativen, aber nicht unrealistischen Schlußfolgerungen.

Zunächst einmal machte er deutlich, daß ein Stern eine gewisse Größe haben muß, um überhaupt einen bewohnbaren Planeten besitzen zu können. Je größer ein Stern, desto kürzer seine Lebenserwartung; wenn er eine bestimmte Größe überschreitet, bedeutet dies für ihn eine so kurze Daseinsspanne, daß für die Entwicklung eines Planeten und für das Durchlaufen der der Entwicklung komplexer Lebensformen zwangsläufig vorausgehenden langwierigen Stadien der chemischen Evolution nicht genug Zeit bleibt. Ein zu kleiner Stern vermag einen Planeten nicht ausreichend zu erwärmen, es sei denn, der Planet umkreist seinen Stern auf einer sehr engen Bahn; in diesem Fall wäre er aber mehr oder weniger verheerenden Gezeiteneffekten ausgesetzt. Dole kam zu dem Ergebnis, daß nur Sterne der Spektralklassen F2 und K1 Planeten besitzen können, auf denen lebensfreundliche Verhältnisse prinzipiell möglich sind und die wir Menschen eventuell besiedeln könnten (wenn interstellare Reisen jemals möglich werden). Dole schätzte die Zahl solcher Sterne allein für unsere Galaxis auf 17 Milliarden.

Ein Stern, der von seiner Größe her einen bewohnbaren Planeten haben könnte, braucht nicht unbedingt wirklich einen zu haben. Dole versuchte abzuschätzen, wie groß die Wahrscheinlichkeit ist, daß ein solcher Stern von einem Planeten mit der richtigen Größe in der richtigen Entfernung mit der richtigen Umlaufgeschwindigkeit und auf einer einigermaßen regelmäßigen Bahn umkreist wird. Die Kalkulation aller dieser Wahrscheinlichkeiten nach, zumindest in den Augen Doles, vernünftigen Kriterien ergab allein für unsere Galaxis eine Zahl von 600 Millionen potentiell bewohnbaren Planeten. Dole vermutete, daß auf jedem dieser Planeten bereits irgendwelche Lebensformen existieren.

Wenn diese potentiell bewohnbaren Planeten sich mehr oder weniger gleichmäßig über die Galaxis verteilen, müßte, so Doles Schätzung, auf jeweils 80 000 Kubiklichtjahre ein solcher Planet kommen. Wir könnten danach davon ausgehen, daß der uns nächste potentiell bewohnbare Planet rund 27 Lichtjahre von uns entfernt ist und daß sich innerhalb eines im Radius 100 Lichtjahre messenden Bereichs um unser Sonnensystem etwa 50 bewohnbare Planeten finden ließen.

Dole zählte 14 weniger als 22 Lichtjahre von uns entfernte Sterne auf, die bewohnbare Planeten besitzen könnten, und versuchte, für jeden einzelnen Fall die Wahrscheinlichkeit, daß solche Planeten tatsächlich existierten, abzuschätzen. Er kam zu dem Ergebnis, daß sich potentiell bewohnbare Planeten am ehesten im Umkreis der uns nächsten Sterne finden lassen dürften: der beiden sonnenartigen Sterne des Alpha-Centauri-Systems (Alpha Centauri A und Alpha Centauri B). Die Chance, daß einer dieser beiden Partnersterne einen bewohnbaren Planeten besitzt, setzte Dole mit 1:10 an; bezogen auf die Gesamtheit der aufgelisteten Nachbarsterne, kam er auf eine Wahrscheinlichkeit von rund 2:5.

Wenn das Leben tatsächlich aus chemischen Reaktionen der im vorigen Abschnitt beschriebenen Art hervorgeht, müßte es eigentlich auf jedem erdähnlichen Planeten zur Entwicklung von Leben kommen. Es ist natürlich denkbar, daß es auf einem Planeten zwar Leben, aber kein intelligentes Leben gibt. Wir haben keinen Anhaltspunkt, anhand dessen wir die Wahrscheinlichkeit, daß sich auf einen Planeten intelligentes Leben entwickelt, begründet abschätzen könnten; Dole war klug genug, sich eine Beurteilung dieser Wahrscheinlichkeit zu versagen. Immerhin gab es auf unserer Erde – dem einzigen bewohnbaren Planeten, der uns als Studienobjekt zur Verfügung steht – über 3 Milliarden Jahre lang ein vielfältiges und reichhaltiges, aber eben kein intelligentes Leben.

Es ist möglich, daß die Tümmler und einige mit ihnen verwandte Arten intelligent sind; als Geschöpfe des Meeres ermangeln sie jedoch der Gliedmaßen und hatten niemals die Möglichkeit, das Feuer zu nutzen. Infolgedessen konnten sie ihre Intelligenz, so sie eine besitzen, nicht auf die Entwicklung technischer Fertigkeiten hin nutzen. Wenn man nur die landlebenden Organismen betrachtet, muß man sagen, daß die Erde erst vor rund 1 Million Jahren ein Lebewesen hervorgebracht hat, dessen Intelligenz sich qualitativ von der der bis dahin intelligentesten Tiere unterschied.

Der Zeitraum, der seit dem Auftauchen intelligenten Lebens auf der Erde verstrichen ist, entspricht, grob geschätzt, dem 3500sten Teil der seit Anbeginn des Lebens auf der Erde verflossenen Zeit. Wenn wir daraus ableiten können, daß unter allen belebten Planeten nur jeder 3500ste intelligentes Leben beherbergt, dann würden von den 640 Millionen potentiell bewohnbaren Planeten, die Dole zugrunde legt, ungefähr 180000 von intelligenten Wesen bewohnte übrigbleiben. So spekulativ alle diese Überlegungen sein mögen, so legen sie uns doch sehr überzeugend nahe, daß wir sicherlich nicht die einzige Zivilisation im Universum sind. Diese Konzeption eines an intelligenten Lebensformen reichen Universums, die von Dole und Sagan (und mir) vertreten wird, findet in den Reihen der Astronomen keineswegs ungeteilten Beifall. Seit Venus und Mars genauer unter die Lupe genommen worden sind und sich als lebensfeindliche Welten entpuppt haben, gewinnt die pessimistische Auffassung an Boden, daß die Grenzen, innerhalb derer wir die Entwicklung von Leben und dessen Fortbestand über Jahrmilliarden erwarten können, sehr eng gezogen sind und daß es ein außerordentlicher Glücksfall ist, daß die Erde alle für die Existenz von Leben erforderlichen Bedingungen erfüllt. Ein geringfügig anderer Entwicklungsverlauf auf diesem oder jenem Gebiet, und es hätte sich niemals ein irdisches Leben entwickelt, oder alles bislang dagewesene Leben wäre untergegangen. Nach Ansicht von Vertretern dieser skeptischen Position gibt es möglicherweise nicht mehr als einen oder zwei belebte Planeten pro Galaxis und dementsprechend vielleicht auch nur eine oder zwei technische Zivilisationen im gesamten Universum.

Francis Crick vertritt die Ansicht, daß es in jeder Galaxis womöglich eine beträchtliche Zahl von Planeten gibt, die zwar bewohnbar wären, aber nicht die wesentlich strengeren Bedingungen erfüllen, an die die Entstehung von Leben geknüpft ist. Dieser Gedanke läßt es als denkbar erscheinen, daß sich Leben auf einem dafür geeigneten Planeten entwickeln kann und daß daraus irgendwann eine Zivilisation erwächst, die sich die für interstellare Flüge notwendige Technik erarbeitet und in der Folge andere bewohnbare, aber noch unbelebte Planeten besiedelt. So weit ist die menschliche Zivilisation, wie wir wissen, noch nicht. Nicht auszuschließen ist freilich, daß das Leben auf der Erde gar nicht spontan entstanden, sondern von interstellaren Reisenden, die vor Milliarden von Jahren hier gelandet sind, unabsichtlich oder bewußt eingeschleppt worden ist.

Beide Auffassungen, die optimistische wie die pessimistische – ein Universum voller Leben gegenüber einem Universum mit nur ganz wenigen Inseln des Lebens – sind in gewisser Weise dogmatisch. Beide beruhen auf theoretischen Argumenten, die von bestimmten Vorannahmen ausgehen, keine kann sich auf Beobachtungsdaten stützen. Muß das so bleiben, oder können wir uns Beobachtungsdaten verschaffen, die eine begründete Entscheidung zwischen den beiden Positionen zulassen? Gibt es eine Möglichkeit, aus der Ferne zu ermitteln, ob sich im Umkreis dieses oder jenes Sterns ein belebter Planet befindet? Nun, man darf unterstellen, daß jede Lebensform, die intelligent genug ist, um sich eine der unseren vergleichbare oder ihr überlegene technische Zivilisation zu schaffen, mit Sicherheit auch die Technik der Radioastronomie entwickelt hat und somit in der Lage ist, Funksignale auszusenden – und sei es auch nur ungewollt, wie wir es infolge unserer so funksignalintensiven Lebensweise tun.

Eine Gruppe amerikanischer Wissenschaftler hielt diese Möglichkeit für real genug, um ein Forschungsprojekt aufzuziehen, das keinem anderen Zweck dient als der Suche nach eventuellen Funksignalen von anderen Welten. Der Grundgedanke dabei ist, in den beständig aus dem Universum auf der Erde eintreffenden Radiosignalen nach irgendeinem komplexen Signalmuster Ausschau zu halten, das sich einerseits von dem ungeregelten, formlosen Signalwirrwarr, wie ihn Radiosterne oder angeregte Materie im Raum abstrahlen, andererseits aber auch von den monoton periodischen Signalen von Pulsaren abhebt. Falls es solche geordneten Signalfolgen gibt, kann man mit gutem Grund davon ausgehen, daß es sich dabei um Botschaften handelt, die von einer außerirdischen Zivilisation stammen. Natürlich wäre es, selbst wenn es gelänge, solche Botschaften aufzufangen, immer noch ein Problem, mit den Absendern in Verbindung zu treten. Die Botschaften hätten bei ihrem Eintreffen auf der Erde schon eine mehrjährige oder langjährige Reise hinter sich, und ebensolange würde unsere Antwort brauchen, um die entfernten Adressaten zu erreichen – schließlich ist schon der uns nächstgelegene, potentiell bewohnbare Planet 4,3 Lichtjahre von uns entfernt.

Zu den Sternen, auf die die Mitarbeiter des Projekts immer wieder einmal ihre Lauschapparaturen einstellten, gehören Epsilon Eridani, Tau, Ceti, Omicron-2, Eridani, Epsilon, Indi, Alpha Centauri, 70 Ophiuchi und 61 Cygni. Nach zweimonatiger Dauer und ausschließlich negativen Daten wurde das Projekt vorläufig abgebrochen.

Andere Versuche dieser Art waren noch kurzlebiger und technisch anspruchsloser. Mittlerweile haben die Wissenschaftler jedoch eine bessere Möglichkeit im Auge.

1971 unterbreitete eine Arbeitsgruppe der NASA unter Bernard Oliver einen Plan für ein Projekt, das mittlerweile unter der Bezeichnung *Cyclops* läuft. Der Plan sieht die Errichtung eines Systems von Radioteleskopen vor, jedes mit einem Durchmesser von 100 Metern. Alle Teleskope sollen in Reih und Glied aufgestellt und von einem computergestützten Steuersystem simultan dirigiert werden. Wenn alle Teile des Systems synchron arbeiten, käme seine Leistung der eines einzigen Radioteleskops mit einem Durchmesser von rund 10 Kilometern gleich. Es wäre in der Lage, Funkwellen von der Art, wie unsere menschliche Zivilisation sie unabsichtlich aussendet, über eine Entfernung von bis zu 100 Lichtjahren aufzufangen und könnte ein von einer fremden Zivilisation gezielt ausgesandtes elektromagnetisches »Leuchtfeuer« noch über eine Entfernung von 1000 Lichtjahren wahrnehmen. Es dauert womöglich zwanzig Jahre, bis ein solches System errichtet ist, und die Kosten dürften bei 100 Milliarden Dollar liegen. Bevor man sich über diese immensen Kosten empört, sollte man sich vergegenwärtigen, daß die Staaten der Erde 500 Milliarden Dollar – also fünfmal so viel – pro Jahr für Rüstung und Kriegsvorbereitung ausgeben.

Aber hat es überhaupt einen Sinn, den Versuch zu unternehmen? Daß etwas dabei herauskommt, erscheint eher unwahrscheinlich, und wenn doch, was bringt es dann? Gibt es irgendeine Aussicht, daß wir eine interstellare Botschaft überhaupt entziffern könnten? So berechtigt diese skeptischen Fragen sind, ich glaube gleichwohl, daß mehr für als gegen einen solchen Versuch spricht.

Zunächst einmal wird, unabhängig davon, ob das eigentliche Ziel erreicht wird, der bloße Versuch zu bedeutsamen Fortschritten in der Technik der Radioteleskopie führen, Fortschritten, die zu einer beträchtlichen Erweiterung unseres Wissens über das Universum führen werden. Zum zweiten werden den Radioastronomen bei dem Versuch, interstellare Botschaften einzufangen, möglicherweise jede Menge andere interessante Signale ins Netz gehen.

Was aber, wenn wir tatsächlich eine Botschaft der gesuchten Art auffingen und sie nicht entschlüsseln könnten? Was hätten wir dann davon?

Nun, es gibt noch ein weiteres Argument, das gegen die Existenz intelligenter Zivilisationen auf anderen Planeten vorgebracht worden ist. Es lautet: Wenn es denn solche Zivilisationen gibt und sie uns technisch überlegen sind, weshalb haben nicht *sie* längst *uns* entdeckt? Das Leben auf der Erde existiert nun schon seit Milliarden von Jahren, ohne je durch Einflüsse von außen gestört worden zu sein, was allein schon beweist, daß es keine außerirdischen Zivilisationen von überlegenem Entwicklungsstand gibt.

Man kann gegen diese These einige Argumente ins Feld führen: Einmal ist es denkbar, daß diejenigen Zivilisationen, die existieren, so weit von uns entfernt sind, daß sie mit den bei ihnen gebräuchlichen Techniken nicht bis zu uns durchdringen können, oder daß es überhaupt keine Zivilisation gibt, die eine Technik für die Durchführung interstellarer Reisen entwickelt hat, oder daß die Entfernung zwischen den existierenden technischen Zivilisationen so groß ist, daß Funksignale tatsächlich die einzige Kommunikationsmöglichkeit darstellen. Es kann ja sein, daß andere Zivilisationen längst Funkleuchtfeuer aussenden, die wir nur bislang noch nicht empfangen und identifiziert haben. Es kann auch sein, daß Abgesandte dieser Zivilisationen die Erde längst besucht, aber in der Erkenntnis, daß sie einen Planeten vor sich hatten, auf dem sich gerade ein mannigfaltiges Leben (und letzten Endes vielleicht eine intelligente Zivilisation) zu entwickeln im Begriff war, bewußt auf ein Eingreifen verzichtet haben.

Alle diese Argumente sind schwach. Es gibt ein anderes, stärkeres Argument, das jedoch sehr unerfreulich ist: Es ist denkbar, daß Intelligenz sich stets letzten Endes als eine selbstzerstörerische Eigenschaft erweist. Vielleicht ist es die Regel, daß eine Spezies, sobald sie eine bestimmte Stufe der technischen Entwicklung erreicht hat, sich selbst zerstört – wie es unserer Zivilisation allem Anschein nach bevorsteht, wenn wir an unsere wachsenden nuklearen Waffenarsenale, an unsere Übervölkerungsprobleme und an die von uns angerichteten Umweltzerstörungen denken. In diesem Fall ginge es nicht einfach nur um die Frage, ob es andere Zivilisationen gibt oder nicht. Es könnte vielmehr sein, daß es viele Zivilisationen gibt, die noch nicht das Stadium erreicht haben, in dem sie interstellare Botschaften aussenden oder empfangen könnten, und andererseits viele Zivilisationen, die sich bereits selbst zerstört haben, und dazwischen nur eine oder zwei, die gerade erst die Fähigkeit zum Austausch interstellarer Botschaften, zugleich aber auch die Fähigkeit zur Selbstzerstörung erlangt haben, ohne letzterer aber bereits zum Opfer gefallen zu sein.

In diesem Fall würde eine Botschaft, die uns zuflöge, uns wenigstens das eine mitteilen: daß es irgendwo *eine* Zivilisation gibt, die einen hohen technischen Standard erreicht (aller Wahrscheinlichkeit nach einen höheren als wir) und sich trotzdem nicht selbst zerstört hat.

Wenn es ihr gelungen ist, zu überleben, könnte es dann nicht auch uns glücken?

Es wäre dies ein ermutigendes Signal, etwas, das die Menschheit im jetzigen Stadium ihrer Entwicklung nur allzu nötig hat und das ich für meine Person als etwas sehr Erfreuliches empfinden würde.

Kapitel 4

Die Mikroorganismen

Bakterien

Bis ins 17. Jahrhundert hinein waren Kleininsekten die kleinsten Lebewesen, die man kannte. Die Menschen gingen wie selbstverständlich davon aus, daß es kleinere Lebewesen als diese nicht gebe. Man glaubte daran, daß Lebewesen von einer übernatürlichen Macht unsichtbar gemacht werden konnten (in allen Kulturen war dieser Aberglaube in der einen oder anderen Variante verbreitet), aber niemand kam auf die Idee, daß es in der Natur Lebewesen geben könne, die zu klein waren, um vom menschlichen Auge wahrgenommen werden zu können.

Vergrößerungsinstrumente

Wenn irgend jemand so etwas für möglich gehalten hätte, wären die Menschen vielleicht viel früher auf die Idee gekommen, Vergrößerungsinstrumente zu benutzen. Schon Griechen und Römer wußten, daß Glaskörper von bestimmter Form das Sonnenlicht auf einen Punkt konzentrieren und Objekte, die man durch das Glas hindurch betrachtete, vergrößern konnten. Eine mit Wasser gefüllte Glaskugel leistete beispielsweise diesen Dienst. Ptolemäus schrieb über die Optik des Brennglases, und arabische Physiker wie Ibn al-Haitham, der um 1000 n. Chr. lebte, korrigierten und erweiterten seine Darstellung.
Es war der Engländer Robert Grosseteste – Bischof, Philosoph und leidenschaftlicher Amateurforscher –, der zu Beginn des 13. Jahrhunderts als erster eine praktische Nutzanwendung für gläserne Linsen (so genannt, weil sie wie die Früchte des gleichnamigen Gemüses geformt sind) vorschlug. Man könne, so meinte er, mit ihrer Hilfe Gegenstände vergrößern, die so klein waren, daß man sie ohne ein solches Hilfsmittel nicht richtig erkennen konnte. Sein Schüler Roger Bacon setzte die Anregung in die Tat um und konstruierte Brillengläser für Leute mit schlechten Augen.
Anfänglich wurden nur konvexe Linsen hergestellt, die sich als Sehhilfe für Weitsichtige eigneten. Konkave Linsen zur Korrektur von Kurzsichtigkeit kamen erst ab etwa 1400 in Gebrauch. Im Anschluß an die Erfindung des Buchdrucks stieg die Nachfrage nach Brillen kräftig an; im 16. Jahrhundert war die Brillenmacherei ein ehrbarer Handwerksberuf. Den besten Ruf hatten die holländischen Brillenmacher und ihre Erzeugnisse.
Das Bifokalglas, das Kurz- und Weitsichtigkeit zugleich korrigiert, wurde 1760 von Benjamin Franklin erfunden. 1827 kreierte der britische Astronom George B. Airy die ersten zur Kompensierung von Astigmatismus geeigneten Linsen (er litt selbst an diesem Sehfehler). 1887 publizierte ein deutscher Arzt namens Adolf Eugen Fick eine Abhandlung, in der er das Prinzip der Kontaktlinse darlegte; sie wird vielleicht eines Tages die herkömmlichen Brillen weitgehend verdrängen.
Doch kehren wir zu den holländischen Brillenmachern zurück. Im Jahr 1608 vertrieb sich, so will es die Überlieferung, ein bei einem Brillenmacher namens Hans Lippershey beschäftigter Lehrling in einer freien Stunde seine Zeit damit, zwei Linsen übereinander zu halten und mit dieser Vorrichtung Gegenstände zu betrachten. Zu seiner Verblüffung stellte der Lehrling fest, daß immer dann, wenn er die Linsen in einem bestimmten Abstand zueinander hielt, weit entfernte Objekte ganz nahe

schienen. Der Lehrling erzählte die Sache sogleich seinem Meister, und Lippershey baute daraufhin das erste Fernrohr – er setzte die beiden Linsen einfach im richtigen Abstand zueinander in eine passende Röhre ein. Prinz Moritz von Nassau, Befehlshaber der holländischen Truppen, die als Rebellen gegen die spanische Fremdherrschaft kämpften, erkannte den militärischen Wert des Instruments und bemühte sich, die Sache geheimzuhalten.

Er hatte die Rechnung jedoch ohne Galilei gemacht. Dieser hörte gerüchteweise von der Erfindung des Fernblick-Instruments; zwar wußte er darüber nicht mehr, als daß er es mit Linsen zu tun hatte, aber er brauchte nicht lange, um daraufzukommen, wie die Sache funktionierte, und sich selbst ein Fernrohr zu bauen. Es war nur sechs Monate nach dem Original des holländischen Meisters fertig.

Galilei fand heraus, daß er mit einer veränderten Anordnung der Linsen seines Fernrohrs dieses in ein Vergrößerungsinstrument verwandeln konnte – ein Mikroskop. Im Verlauf der folgenden Jahrzehnte griffen mehrere Forscher den Gedanken auf und konstruierten Mikroskope. Ein Italiener namens Francesco Stelluti benutzte das seine zum Studium der Anatomie von Insekten; Malpighi entdeckte mit dem seinen die Kapillargefäße, Hooke die Zellen des Korks.

Wirklich erkannt wurde die Bedeutung des Mikroskops jedoch erst, als sich der Delfter Kaufmann Anton van Leeuwenhoek mit diesem Gerät auseinanderzusetzen begann. Er schliff Linsen von bis dahin ungekannter Reinheit, die Vergrößerungen bis zum 200fachen erlaubten.

Leeuwenhoek legte ziemlich wahllos alle möglichen Dinge unter sein Mikroskop und beschrieb das, was er sah, in ausführlichen Briefen an die Londoner Royal Society. Es war ein Triumph des in der Wissenschaft herrschenden demokratischen Geistes, daß der holländische Kaufmann zum Mitglied der adelsstolzen Royal Society gewählt wurde. Die Königin von England und Peter der Große, der Zar aller Russen, besuchten den bescheidenen Delfter Mikroskopmacher einige Jahre vor seinem Tod.

Durch die Linsen seines Mikroskops erblickte Leeuwenhoek Samenzellen und sah Blut durch die Kapillargefäße in der Geißel einer Kaulquappe strömen. Wichtiger noch war, daß er als erster

Mensch Lebewesen erblickte, die so klein waren, daß man sie mit bloßem Auge nicht erkennen konnte. Er entdeckte diese Tierchen 1675 in Wasserproben aus einem stehenden Gewässer. Er machte auch die winzigen Zellen des Hefepilzes sichtbar und stieß schließlich 1676, an den Grenzen der Leistungsfähigkeit seiner Linsen, auf »Keime«, winzige Organismen, die wir heute Bakterien nennen.

Nach Leeuwenhoek verbesserte sich die Qualität der Mikroskope nur langsam, und es dauerte eineinhalb Jahrhunderte, ehe Objekte von Bakteriengröße sich in einer für Untersuchungszwecke ausreichenden Qualität vergrößern ließen. Das erste achromatische Mikroskop, das mit den die Bildschärfe beeinträchtigenden farbigen Ringen Schluß machte, wurde erst 1830 von dem englischen Optiker Joseph J. Lister gebaut. Lister machte die Entdeckung, daß die roten Blutkörperchen (die als erste der holländische Arzt Jan Swammerdam 1658 gesehen und als »Bläschen« beschrieben hatte) bikonkav geformte Scheibchen waren. Stellte das achromatische Mikroskop bereits einen großen Fortschritt dar, so führte der deutsche Physiker Ernst Abbé von 1878 an eine Reihe weiterer Verbesserungen ein, die schließlich zu dem Instrument führten, das man als das moderne optische Mikroskop bezeichnen könnte.

Bakterienkunde

Mit der Zeit verlieh man den Bewohnern der neuentdeckten Welt des mikroskopischen Lebens Namen. Die von Leeuwenhoek entdeckten Winzlinge waren tatsächlich Tiere; sie ernährten sich von kleinsten Pflanzenteilchen und bewegten sich mit Hilfe kleiner Geißeln *(flagellae)* oder haarartiger *cilia* oder vorwärtsfließender Protoplasmafinger *(pseudopodia)*. Diese Tierchen erhielten den Namen *Protozoa* (abgeleitet von griechischen Wörtern mit der Bedeutung »erste Tiere«). Der deutsche Zoologe Karl Siebold identifizierte sie als einzellige Lebewesen.

Eine andere Sache war es mit den »Keimen«; sie waren viel kleiner als die Protozoen und viel einfacher gebaut. Manche von ihnen waren in der Lage, sich fortzubewegen, aber die meisten lagen nur reglos da und taten nichts anderes, als zu wachsen und sich zu vermehren. Abgesehen davon, daß sie

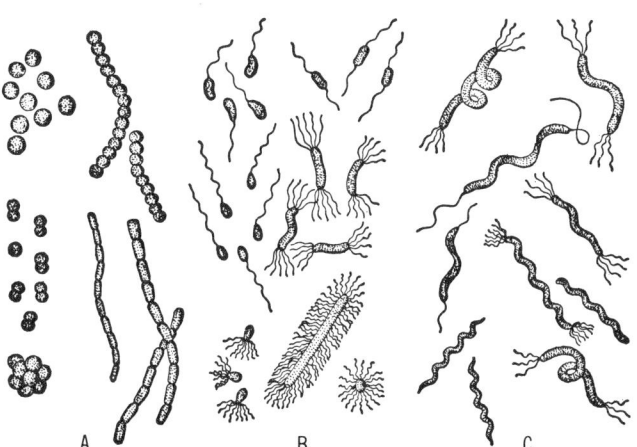

Bakterienarten: Kokken (A), Bazillen (B) und Spirillen (C). Jede Art umfaßt eine ganze Reihe von Variationstypen.

kein Chlorophyll enthielten, zeigten sie keine der normalerweise für Tiere charakteristischen Eigenschaften. Aus diesen Gründen zählte man sie für gewöhnlich zur Klasse der Pilze, chlorophylloser Pflanzen, die von organischer Materie leben. Heute neigen die Biologen dazu, in den »Keimen« weder Pflanzen noch Tiere, sondern eine eigene Klasse von Lebewesen zu sehen. »Keime« ist ein unglücklich gewählter Name für sie, da man denselben Ausdruck auch im Zusammenhang mit den lebendigen Bestandteilen von Samen (»Weizenkeimen« zum Beispiel) oder mit den die geschlechtliche Fortpflanzung vermittelnden Zellen (»Keimzellen«) verwendet.

Dem dänischen Forscher Otto F. Müller gelang es 1773, die kleinen Geschöpfe deutlich genug ins Visier zu bekommen, um zwei Typen unterscheiden zu können: *bacilli* (von einem lateinischen Wort mit der Bedeutung »kleine Stengel«) und *spirilla,* wegen ihrer spiraligen Form. Nach der Einführung des achromatischen Mikroskops entdeckte der österreichische Arzt Theodor Billroth noch kleinere Arten und taufte sie auf den Namen *cocci* (nach dem griechischen Wort für »Beere«). Es war der deutsche Botaniker Ferdinand Julius Cohn, der schließlich die Bezeichnung *Bakterien* prägte (abgeleitet ebenfalls von einem lateinischen Wort mit der Bedeutung »kleiner Stengel«). (*Abb.*)

Pasteur schlug zur Bezeichnung aller mikroskopisch kleinen Lebensformen, ob pflanzlicher, tierischer oder bakterieller Art, den Terminus *Mikroben* vor. (Nach dem lateinischen Ausdruck für »kleines Leben«.) Dieser Begriff wurde jedoch bald als Name für die Bakterien populär, die um

diese Zeit zunehmend ins wissenschaftliche Rampenlicht traten. Heute wird zur Kennzeichnung der mikroskopisch kleinen Lebensformen im allgemeinen der Begriff *Mikroorganismen* gebraucht.

Die größeren Mikroorganismen sind Eukaryoten, wie die Zellen vielzelliger Tiere und Pflanzen (einschließlich des Menschen). Die Protozoen haben einen Kern und Mitochondrien, und dazu noch weitere Organellen. Viele Protozoen-Zellen sind größer und komplexer als beispielsweise menschliche Körperzellen, denn sie müssen ja alle lebensnotwendigen Funktionen erfüllen, während die Zellen vielzelliger Organismen sich spezialisieren und sich sozusagen darauf verlassen können, daß diejenigen Aufgaben, die sie nicht zu erfüllen, und diejenigen Produkte, die sie nicht herzustellen vermögen, andere für sie beisteuern.

Pflanzliche Einzeller, *Algen* genannt, sind ebenso komplex oder eher noch komplexer als die Zellen vielzelliger Pflanzen. Sie haben einen Kern, Chloroplasten und alles, was sonst noch dazugehört.

Bakterien sind Prokaryoten; ihre Zellen enthalten weder einen Kern noch andere Organellen. Das genetische Material, bei den Eukaryoten gewöhnlich im Zellkern konzentriert, verteilt sich bei den Bakterien über das gesamte Zelleninnere. Bakterien sind auch insofern einzigartig, als der wesentliche Baustoff ihrer Zellwände eine Polysaccharid-Eiweiß-Kombination ist. Bakterien, deren Durchmesser sich zwischen 1 und 10 Mikrometern bewegt, sind im allgemeinen viel kleiner als Eukaryoten-Zellen.

Eine andere große Prokaryotengruppe sind die

Grün- und Blaualgen, die sich von den Bakterien hauptsächlich dadurch unterscheiden, daß sie Chlorophyll enthalten und die Fähigkeit zur Photosynthese besitzen.

Man sollte sich von der scheinbaren Einfachheit der Bakterien nicht täuschen lassen, wenn sie auch keinen Kern besitzen und keine geschlechtliche Vermehrung in Form einer Weitergabe von Chromosomen praktizieren, so huldigen sie doch einer Art primitiven Geschlechtslebens. Edward Tatum und sein Schüler Joshua Lederberg begannen 1946 mit einer Versuchs- und Beobachtungsreihe, in deren Verlauf sich herausstellte, daß bei den Bakterien doch hin und wieder Teile von Nukleinsäuren von einem Individuum zum anderen übertragen werden. Lederberg nannte diesen Vorgang *Konjugation*; er und Tatum wurden für ihre gemeinsamen Forschungen 1958 mit dem Nobelpreis für Physiologie und Medizin ausgezeichnet. Verschiedene Beobachtungen im Zusammenhang mit der Konjugation legten die Annahme nahe, daß es sich bei den Nukleinsäure-Bestandteilen, die übertragen wurden, nicht um geradlinige, sondern um ringförmige Moleküle handelte. 1952 prägte Lederberg für diese Nukleinsäureringe den Begriff *Plasmide*. Die Plasmide sind die den Organellen am nächsten kommenden »Organe«, über die das Bakterium verfügt. Sie enthalten Gene, steuern die Bildung bestimmter Enzyme und können Eigenschaften von einer Zelle auf andere übertragen.

Die Theorie der Krankheitskeime

Es war Pasteur, der als erster entschieden auf einen Zusammenhang zwischen Mikroorganismen und Krankheit beharrte und so zum Begründer der modernen wissenschaftlichen Disziplin in der *Bakteriologie* oder, um einen allgemeineren Begriff zu gebrauchen, der *Mikrobiologie* wurde. Den Anstoß lieferte Pasteur die Beschäftigung mit einem, wie es schien, eher produktionstechnischen als medizinischen Problem. In den 60er Jahren des 19. Jahrhunderts litt die französische Seidenindustrie schwer unter einer epidemischen Erkrankung der Seidenwürmer. Pasteur, der bereits den französischen Winzern zu Hilfe geeilt war, wurde auch bei diesem Problem angerufen. Indem er wieder auf das Mikroskop zurückgriff (wie er es

bei der Erforschung der asymmetrischen Kristalle und Variationstypen der Hefezellen getan hatte), entdeckte Pasteur in den befallenen Seidenwürmern und den Maulbeerblättern, von denen sie sich ernährten, Mikroorganismen, die er für die Erreger der Krankheit hielt. Er empfahl den Züchtern, alle befallenen Würmer und Blätter zu vernichten und mit den verbliebenen gesunden Exemplaren neu anzufangen. Diese Radikalkur wurde durchgeführt und hatte Erfolg.

Pasteur machte aus den bei diesen Untersuchungen gewonnenen Erkenntnissen mehr, als nur der Seidenindustrie wieder auf die Füße zu helfen. Er verallgemeinerte sie zu einer allgemeinen Keimtheorie der Erkrankungen. Dies bedeutete fraglos den größten einzelnen Erkenntnisfortschritt in der Geschichte der Medizin (und Pasteur war kein Mediziner, sondern ein Chemiker – ein Hinweis, den ich als Chemiker mir natürlich nicht verkneifen kann).

Die Ärzte hatten bis dahin für ihre Patienten wenig mehr tun können, als ihnen Bettruhe, gutes Essen, frische Luft und dergleichen zu verordnen und gegebenenfalls einige notfallmedizinische Maßnahmen zu ergreifen. Diese Grundelemente der traditionellen ärztlichen Kunst gingen auf den griechischen Arzt Hippokrates von Kos zurück, der um 400 v. Chr. lebte. Er führte die rationale Betrachtungsweise in die Medizin ein und setzte an die Stelle der zu seiner Zeit gängigen Theorien über die Ursachen von Krankheiten (daß der Kranke von Dämonen besessen, von Pfeilen des Apollo getroffen sei usw.) wissenschaftliche Erklärungsversuche. Er bestritt selbst der Epilepsie, die die »heilige Krankheit« genannt wurde, das Privileg, ein Resultat göttlichen Wirkens zu sein. Vielmehr stellte er sie als physische Störung dar, die auch als solche behandelt gehöre. Diese Erkenntnis geriet nie mehr ganz in Vergessenheit.

Gleichwohl waren die Fortschritte in der Medizin, die im Verlauf der folgenden zwei Jahrtausende erzielt wurden, bemerkenswert dürftig. Die Ärzte konnten Furunkel aufschneiden, gebrochene Knochen einrichten und einige wenige Kuren verschreiben, die mehr oder weniger das Produkt von Volksweisheit und Erfahrung waren. Als Naturheilmittel bekannt waren beispielsweise das *Chinin*, das in der Rinde des südamerikanischen Chinabaumes enthalten ist, und von den peruanischen Indios als Mittel gegen Malaria gekaut wurde.

(Die Bezeichnung »Chinarinde« ist eine Verballhornung, die auf den indianischen Namen des Baumes, »quina-quina«, zurückgeht.) Oder das aus den Blättern des Fingerhuts gewonnene Digitalis, ein traditionelles Mittel zur Anregung der Herztätigkeit aus der Apotheke der Kräuterweiblein.

Außer diesem Wenigen (und dem Pockenserum, auf das ich weiter unten zu sprechen kommen werde) gab es kaum etwas, das die Bezeichnung Heilkunst verdient hätte – viele der von den Nachfolgern des Hippokrates verordneten Arzneien und Behandlungen dürften die Lebenserwartung der Patienten eher verkürzt als verlängert haben.

Einer der interessanteren Fortschritte, die im Lauf der ersten zweieinhalb Jahrhunderte des wissenschaftlichen Zeitalters erzielt wurden, war die Erfindung des *Stethoskops* durch den französischen Arzt René Laennec im Jahr 1819. In seiner ursprünglichen Form war es nicht viel mehr als ein hölzernes Rohr, mit dessen Hilfe der Arzt die Schlaggeräusche des Herzens besser hören und deuten konnte. In seiner modernen, vielfach verbesserten Form ist es für den Arzt zu einem ebenso unerläßlichen und charakteristischen Attribut und Hilfsmittel geworden wie in jüngster Zeit der Taschenrechner für den Ingenieur.

Es ist von daher kein Wunder, daß bis ins 19. Jahrhundert hinein auch die zivilisiertesten Länder regelmäßig von Epidemien heimgesucht wurden, die zuweilen bedeutsame politische und geschichtliche Wirkungen entfalteten. Die Pest in Athen zur Zeit des Peloponnesischen Krieges, der Perikles zum Opfer fiel, leitete den endgültigen Verfall des antiken Griechenland ein. Der Niedergang Roms begann wahrscheinlich mit den Pestepidemien, die das Reich unter der Regierungszeit Mark Aurels heimsuchten. Im 14. Jahrhundert dezimierte, Schätzungen zufolge, der Schwarze Tod die Bevölkerung Europas um ein Viertel; etwas überspitzt formuliert, kann man sagen, daß die Pest im Verein mit dem Schießpulver das soziale Gefüge des Mittelalters zum Einsturz brachte.

Natürlich hörten die Epidemien nicht schlagartig auf, als Pasteur entdeckt hatte, daß Infektionskrankheiten von Mikroorganismen verursacht und übertragen werden. In Indien ist seit langem die Cholera endemisch, und auch andere unterentwickelte Länder leiden schwer unter dieser und anderen Seuchen. Solche Gefahren sind nach wie vor eine der schlimmsten Begleiterscheinungen von Kriegen. Von Zeit zu Zeit erscheinen virulente neue Mikroorganismen auf der Bildfläche und überschwemmen die Welt; die Grippeepidemie von 1918 kostete schätzungsweise 15 Millionen Menschen das Leben, das sind mehr, als bei jeder anderen Seuche in der Menschheitsgeschichte ums Leben kamen, und fast doppelt soviel, als in dem gerade zu Ende gegangenen 2. Weltkrieg getötet worden waren.

Trotzdem markierte die Entdeckung Pasteurs einen bedeutsamen Wendepunkt. Die durchschnittliche Lebenserwartung begann in der Folge sowohl in Europa als auch in den Vereinigten Staaten merklich anzusteigen. Dank der wissenschaftlichen Erforschung der Krankheiten und Behandlungsmöglichkeiten, zu der Pasteur den Grundstein legte, können Männer und Frauen in den entwickelteren Weltgegenden heute damit rechnen, durchschnittlich über 70 Jahre alt zu werden, während vor Pasteur die durchschnittliche Lebenserwartung unter günstigsten Bedingungen bei 45 und in schlechten Zeiten bei vielleicht nur 25 Jahren lag. Nach Ende des Zweiten Weltkriegs stieg die Lebenserwartung auch in einigen weniger entwickelten Regionen rapide an.

Die Bakterien werden identifiziert

Schon bevor Pasteur 1865 seine Keimtheorie verkündete, hatte in Wien ein Klinikarzt namens Ignaz Philipp Semmelweis den ersten wirksamen Angriff gegen bakterielle Krankheitskeime geführt, freilich ohne zu wissen, wogegen er kämpfte. Er arbeitete auf der Wöchnerinnenstation eines Wiener Krankenhauses, wo zu dieser Zeit üblicherweise 12% oder ein noch größerer Anteil der frischgebackenen Mütter am sogenannten *Kindbettfieber* starben. Semmelweis machte sich Gedanken darüber, weshalb Frauen, die ihre Kinder zu Hause zur Welt brachten, lediglich unter der Aufsicht »unwissender« Hebammen, praktisch niemals an Kindbettfieber erkrankten. Bestärkt wurde er in seinen Vermutungen, als einer seiner ärztlichen Kollegen, nachdem er sich bei der Sektion eines Leichnams geschnitten hatte, erkrankte und unter Symptomen, die denen des Kindbettfiebers stark ähnelten, verstarb. Konnte es sein, daß die Ärzte und Studenten, wenn sie nach Obduktionen aus der pathologischen Abteilung zurückkehrten, diese Krankheit auf die Frauen übertrugen, denen sie bei der Entbindung beistanden? Semmelweis forderte seine Kollegen auf, ihre Hände künftig vor dem Kontakt mit Gebärenden in einer Chlorkalklösung zu waschen. Innerhalb eines Jahres sank die Sterberate in der Abteilung von 12 auf 1,5%.

Allein, die ärztlichen Veteranen wußten dem jungen Kollegen keinen Dank. Empört ob des indirekten Vorwurfs, sie hätten vielen Neumüttern den Tod gebracht, und frustriert ob des ewigen Händewaschens, ekelten sie Semmelweis aus der Klinik hinaus. (Dabei kam ihnen der Umstand zustatten, daß er von Geburt Ungar war und die Ungarn gerade den Aufstand gegen ihre österreichischen Oberherren probten.) Semmelweis ging nach Budapest und sorgte dort für einen Rückgang der Sterbequoten auf den Wöchnerinnenstationen, während in Wien die Krankenhäuser prompt wieder zu Todesfallen für Gebärende wurden und es noch etwa ein Jahrzehnt lang blieben. Semmelweis selbst starb 47jährig an Kindbettfieber, das er sich durch eine versehentliche Infektion zugezogen hatte. Das war im Jahr 1865; hätte er nur noch ein wenig länger gelebt, so hätte er die Genugtuung erfahren, seine Mutmaßungen über die Übertragung der Krankheit wissenschaftlich bestätigt zu sehen. Denn im gleichen Jahr machte Pasteur Mikroorganismen als Überträger der Seidenwurm-Epidemie aus, und ein englischer Chirurg namens Joseph Lister (der Sohn des Erfinders des achromatischen Mikroskops) entwickelte unabhängig davon eine chemische Waffe gegen Krankheitskeime. Lister bediente sich einer aggressiven Substanz namens Phenol (auch Karbolsäure genannt). Er verwendete sie zunächst in Verbänden, die er einem Patienten mit mehrfachen Knochenbrüchen anlegte. Bis zu diesem Zeitpunkt war es so gut wie unvermeidlich gewesen, daß aus jeder größeren Wunde eine Infektion entstand. Das Phenol zerstörte natürlich die Gewebe im Bereich der Wunde, mit denen es in Berührung kam; aber es tötete auch die Bakterien ab. Der Patient erholte sich bemerkenswert komplikationsfrei.

An diesen Erfolg anknüpfend, ging Lister dazu über, den Operationssaal mit Phenol auszusprühen. Es muß für die Leute, die es einatmen mußten, eine ziemliche Tortur gewesen sein, aber es

rettete Leben. Wie Semmelweis, stieß auch Lister auf Kritik und Ablehnung, aber die Experimente Pasteurs hatten eine tragfähige wissenschaftliche Grundlage für antiseptische Maßnahmen geschaffen und Lister blieb unbehelligt.

Pasteur selbst hatte es in Frankreich schwerer. (Im Gegensatz zu Lister fehlte ihm das Markenzeichen des Dr. med.) Aber er brachte immerhin die Chirurgen dazu, ihre Instrumente und ihr Verbandsmaterial mittels Hitze zu sterilisieren. Mildere Antiseptika, die Bakterien abtöteten, ohne das Wundgewebe allzusehr zu schädigen, wurden gesucht und gefunden. Der französische Arzt Casimir J. Davaine berichtete 1873 über die antiseptischen Eigenschaften des Jods; in der Folge wurde Jodtinktur (in einer Mischung aus Alkohol und Wasser gelöstes Jod) zu einem Standardbestandteil jeder Hausapotheke.

Seit offene Wunden aller Art routinemäßig mit Jodtinktur oder anderen, ähnlichen Mitteln behandelt wurden, ging die Zahl der Wundinfektionen drastisch zurück.

Die Suche nach einem Abwehrmittel gegen Infektionen führte mehr und mehr in die Richtung eines vorbeugenden Schutzes vor Keimen (»Asepsis«) gegenüber einer auf die Zerstörung der Keime nach ihrem Eindringen in den Organismus gerichteten Therapie (»Antisepsis«). 1890 führte der amerikanische Chirurg William S. Halstead die Praxis ein, bei Operationen sterilisierte Gummihandschuhe zu tragen; 1900 erweiterte der britische Arzt William Hunter das ärztliche Zubehör um die Gazemaske, die den Patienten vor den im Atemhauch des Arztes enthaltenen Keimen schützt.

Unterdessen hatte der deutsche Mediziner Robert Koch damit begonnen, die für die Übertragung jeweils bestimmter ansteckender Krankheiten verantwortlichen Bakterien zu identifizieren, wobei er sich einer wichtigen Verbesserung in der Technik der Züchtung von Bakterien auf einem »Nährboden« bediente. Anstelle der von Pasteur eingeführten flüssigen Nährlösungen arbeitete Koch mit festen Kulturen. Auf zuvor keimfrei gemachte Nährböden aus Gelatine (die später durch Agar-Agar ersetzt wurde, eine aus Seetang gewonnene gelatineartige Substanz) pflanzte er *Bakterienkulturen*. Wenn man mittels einer feinen Nadel ein einzelnes Bakterium an eine bestimmte Stelle eines solchen Nährbodens setzt, wird um es herum eine

Reinkultur heranwachsen, weil die Bakterien auf der festen Oberfläche des Agars nicht die Möglichkeit haben, sich in alle möglichen Richtungen vom Mutterbakterium wegzubewegen, wie sie es in einem flüssigen Medium tun würden. Ein Assistent Kochs, Julius Richard Petri, führte eine weitere technische Verbesserung ein: flache Glasschälchen, die zum Schutz der Reinkulturen vor Infizierung durch Sporen aus der Luft mit einem Deckel verschlossen werden konnten; solche *Petrischalen* sind bis heute in Gebrauch.

Einzelne Bakterien, die auf diese Weise angesetzt werden, wachsen sich zu ganzen Kolonien aus, aus denen man dann einzelne Proben entnehmen und sie Versuchstieren injizieren kann, um zu sehen, welche Art von Krankheit sie erzeugen. Dieses Verfahren machte nicht nur die Identifizierung der Erreger bestimmter ansteckender Krankheiten möglich, sondern schuf auch die Voraussetzungen für Experimente zur Ermittlung von Behandlungsmöglichkeiten, d. h. zur Abtötung der betreffenden Bakterien.

Unter Anwendung seiner neuen Technik isolierte Koch einen Bazillus, der Milzbrand, und 1882 einen weiteren, der Tuberkulose verursachte. 1884 gelang ihm auch die Identifizierung des Cholera-Bakteriums. Andere Forscher gingen auf dem von Koch gewiesenen Weg weiter. 1883 beispielsweise isolierte der deutsche Pathologe Edwin Klebs das Bakterium, das die Diphtherie hervorruft. Koch erhielt 1905 den Nobelpreis für Medizin und Physiologie.

Chemotherapie

Nach gelungener Identifizierung eines Bakteriums bestand die nächste Aufgabe darin, ein Medikament zu finden, das das Bakterium tötete, ohne auch den Patienten umzubringen. Auf die Suche nach solchen Wirkstoffen verlegte sich in der Folge der deutsche Arzt und Bakteriologe Paul Ehrlich, der zuvor mit Koch zusammengearbeitet hatte. Für ihn stellte sich die Aufgabe wie die Suche nach einem »magischen Pfeil« dar, der dem menschlichen Körper kein Haar krümmte, sondern nur die Bakterien traf.

Ehrlich interessierte sich für Farbstoffe, mit denen man Bakterien einfärben konnte – ein Forschungsgebiet, das in engem Zusammenhang mit der Zellforschung stand. Die Zelle ist in ihrem natürlichen Zustand farblos und durchsichtig, so daß man von ihrer Binnenstruktur nur wenig erkennt. Schon die frühen Mikroskopforscher hatten versucht, die Zellen einzufärben, doch erst nachdem Perkin die Anilinfarbstoffe entdeckt hatte *(siehe Kapitel 1)*, wurde die Sache praktisch durchführbar. Ehrlich war zwar nicht der erste Zellforscher, der mit synthetischen Farbstoffen arbeitete, aber er war es, der in den späten 70er Jahren des 19. Jahrhunderts die subtilen Färbetechniken entwickelte, auf deren Grundlage die Erforschung der Mitose durch Fleming und die Entdeckung der DNS in den Chromosomen durch Feulgen *(siehe Kapitel 3)* erst möglich wurden.

Aber Ehrlich war noch auf einer anderen Fährte. Er hatte in diesen Farbstoffen potentielle Bakterientöter erkannt. Von einem Farbstoff, der mit Bakterien stärker reagierte als mit anderen Zellen, konnte man sich vorstellen, daß er, ins Blut eines Patienten injiziert, die betreffenden Bakterien abtöten würde, auch wenn die injizierte Menge so gering war, daß sie den Zellen des Patienten nichts anhaben konnte. 1907 entdeckte Ehrlich einen Farbstoff, genannt Trypanrot, der Trypanosomen färbte, die Erreger der gefürchteten, von der Tsetsefliege übertragenen afrikanischen Schlafkrankheit. Wenn man Trypanrot in der richtigen Dosis ins Blut injiziert, kann es die dort vorhandenen Trypanosomen abtöten, ohne das Leben des Patienten zu gefährden.

Ehrlich begnügte sich damit nicht; er wollte eine noch sicherere und gezielter einsetzbare Waffe gegen die Mikroorganismen. In der Annahme, daß der eigentlich giftige Bestandteil des Trypanrot-Moleküls die sogenannte Azo-Gruppe war – bestehend aus zwei doppelt gebundenen Stickstoffatomen $(-N=N-)$ –, überlegte er sich, wie denn wohl eine analoge Kombination aus Arsenatomen $(-As=As-)$ wirken würde. Das Arsen ist dem Stickstoff chemisch ähnlich, nur weit giftiger. Ehrlich begann damit, fast wahllos alle möglichen Arsenverbindungen durchzutesten. 1909 testete einer seiner Studenten, ein Japaner namens Sahachiro Hata, die Verbindung mit der laufenden Nummer 606; nachdem sie sich gegen Trypanosomen als wirkungslos erwiesen hatte, setzte er die Substanz auf das Erregerbakterium der Syphilis an. Sie erwies sich als tödliches Gift für diese Mikrobe (die wegen ihrer Spiralform zu den Spirochäten gezählt wird).

Ehrlich erkannte sogleich, daß er hier einen Zufallsfund gemacht hatte, der wichtiger war als ein Heilmittel gegen die Schlafkrankheit, die schließlich nur eine geographisch begrenzte Bedeutung besaß. Die Syphilis war seit über 400 Jahren, seit den Tagen des Kolumbus, eine heimliche Geißel Europas. (Man nimmt an, daß die Männer des Kolumbus die Krankheit von den Karibischen Inseln mitbrachten; als Gegengeschenk hinterließen die Europäer den Karibik-Indianern die Pocken.) Abgesehen davon, daß man kein Heilmittel gegen die Syphilis kannte, hatte eine falsche Prüderie dafür gesorgt, daß die Krankheit sich unter einem Mantel des Schweigens ungehindert ausbreiten konnte.

Ehrlich widmete den Rest seines Lebens (er starb 1915) dem Versuch, mit seiner Verbindung Nr. 606 die Syphilis zu bekämpfen. (Er nannte das Mittel Salvarsan, »gesundes Arsen«; die wissenschaftliche Bezeichnung lautet Arsphenamin.) Es war zweifellos in der Lage, die Krankheit zu heilen, doch war seine Anwendung nicht ohne Risiken, und Ehrlich mußte zu drastischen Mitteln der Überredung greifen, um die Kliniken dazu zu bringen, daß sie sein Salvarsan sachgerecht einsetzten.

Die Arbeit Paul Ehrlichs markierte den Beginn einer neuen Phase der Chemotherapie. Die *Pharmakologie*, die Erforschung der Wirkung von *Pharmazeutika* (d. h. all der Chemikalien, die nicht Bestandteil der normalen menschlichen Nahrung sind) auf den Organismus, etablierte sich als »rechte Hand« der Medizin. Das Arsphenamin war das erste wirklich synthetische Medikament (im Unterschied zu – natürlichen oder synthetisch nachgebauten – pflanzlichen Wirkstoffen wie Chinin, Coniin usw.).

Sulfonamide

Natürlich keimte sofort die Hoffnung auf, man werde nun für jede Krankheit ein spezifisches, die Erreger abtötendes Gegenmittel finden können. Allein, in dem Vierteljahrhundert, das nach Ehrlichs bahnbrechender Entdeckung verging, hatten die Pharmakologen mit der Entwicklung neuer wirksamer Medikamente wenig Glück. So ungefähr die einzigen zählbaren Erfolge waren die Synthese des Plasmochins 1924 und des Atabrins 1930 durch deutsche Chemiker; diese beiden Wirkstoffe ließen sich als Chinin-Ersatz bei Malaria einsetzen. (Im Zweiten Weltkrieg kamen diese Mittel den in tropischen Regionen kämpfenden alliierten Truppen sehr zustatten, da die Japaner jahrelang Java besetzt hielten, das praktisch einzige Produktionsgebiet für Chinin.)

Das Jahr 1932 brachte einen Durchbruch. Ein deutscher Chemiker namens Gerhard Domagk hatte infizierten Mäusen verschiedene Farbstoffe injiziert. Unter anderem probierte er einen neuen roten Farbstoff namens Prontosil an Mäusen aus, die mit tödlichen hämolysierenden Streptokokken infiziert waren. Die Mäuse überlebten! Domagk verabreichte das Mittel seiner Tochter, die mit einer tödlichen Streptokokken-Blutvergiftung darniederlag. Sie genas ebenfalls. Binnen dreier Jahre eroberte sich Prontosil weltweit den Ruf eines Medikaments, das in der Lage war, die tödliche Streptokokken-Sepsis zu besiegen. Seltsamerweise wirkte Prontosil auf Streptokokken im Reagenzglas nicht tödlich, nur im Körper. Am Pasteur-Institut in Paris gelangten Jacques Trefouël und seine Mitarbeiter zu der Auffassung, daß der Organismus das Prontosil in eine andere Substanz umwandeln müsse, die dann die tödliche antibakterielle Wirkung entfaltete. Als sie diesen Vorgang simulierten, erhielten sie den Wirkstoff; es war Sulfanilamid. Diese Verbindung war im Jahre 1908 synthetisiert, in einer kurzen Veröffentlichung beschrieben und dann vergessen worden. Seine Strukturformel sieht folgendermaßen aus:

$$
\begin{array}{c}
NH_2 \\
| \\
C \\
CH \quad\quad CH \\
| \quad\quad\quad || \\
CH \quad\quad CH \\
C \\
| \\
O = S = O \\
| \\
NH_2
\end{array}
$$

Es war die erste »Wunderdroge«. Ein Bakterium nach dem anderen kapitulierte vor ihr. Die Chemiker fanden heraus, daß sie durch Einsetzen unterschiedlicher Atomgruppen für eines der Wasserstoffatome im schwefelhaltigen Teil des Moleküls eine Reihe von Verbindungen produzieren konnten, die jeweils etwas andere antibakterielle Eigenschaften aufwiesen. Das Sulfapyridin wurde 1937 vorgestellt, das Sulfathiazol folgte 1939, das Sulfadiazin 1941. Die Ärzte konnten nun aus einer ganzen Palette von *Sulfonamiden* das für die jeweilige Infektion geeignete Gegenmittel auswählen. In den medizinisch am weitesten entwickelten Ländern ging die Zahl der Todesfälle infolge bakterieller Erkrankungen – und insbesondere der Anteil der Lungenentzündungen mit tödlichem Ausgang – drastisch zurück.

Domagk wurde 1939 mit dem Nobelpreis für Medizin und Physiologie ausgezeichnet. Während er den üblichen Brief mit der Annahmeerklärung verfaßte, wurde er von der Gestapo verhaftet – aus nicht ganz durchschaubaren Gründen wollte die NS-Regierung nichts mit Nobelpreisen zu schaffen haben. Domagk hielt es für würdevoller, den Preis abzulehnen. Als er nach Kriegsende frei über die Annahme der Auszeichnung entscheiden konnte, reiste er nach Stockholm, um den Preis offiziell entgegenzunehmen.

Antibiotika

Den Sulfonamiden war nur eine kurze Periode des Ruhms beschieden; nicht lange nämlich, und sie wurden von einer viel potenteren antibakteriellen Waffe in den Schatten gestellt – den Antibiotika.

Alle lebende Materie (unsere sterblichen Hüllen eingeschlossen) kehrt irgendwann in die Erde zurück, um zu zerfallen und sich zu zersetzen. Mit den Kadavern und Überresten lebender Organismen gehen auch die Erreger der vielen Krankheiten, denen diese Geschöpfe ausgesetzt waren, den Weg allen Fleisches. Wie kommt es dann aber, daß der Erdboden so erstaunlich wenige Infektionskeime enthält? Nur die wenigsten von ihnen (der Milzbrand-Bazillus gehört dazu) überleben im Boden. Schon relativ früh hegten Bakteriologen den Verdacht, der Erdboden beherberge Mikroorganismen oder Substanzen, die Bakterien zerstören. Pasteur beispielsweise war 1877 aufgefallen, daß manche Bakterien beim Kontakt mit anderen Bakterien abstarben. Falls die Vermutung zutraf, mußte die Erde eigentlich eine breite Palette von Organismen enthalten, die auf andere Lebewesen ihres Schlages eine tödliche Wirkung hatten. Heute schätzt man, daß in einem Hektar Boden ungefähr 2250 kg Schimmelpilze, 1125 kg Bakterien, 225 kg Protozoen, 120 kg Algen und 120 kg Hefepilze enthalten sind.

Einer derjenigen, die gezielt nach *Bakteriziden* (d. h. nach bakterientötenden Mikroorganismen) im Boden suchten, war der französisch-amerikanische Mikrobiologe René J. Dubos. Er isolierte 1939 aus einem im Boden lebenden Mikroorganismus namens *Bacillus brevis* eine Substanz, Tyrothricin genannt, aus der er zwei bakterientötende Verbindungen gewann, die er Gramicidin und Tyrocidin nannte. Es waren, wie sich herausstellte, Peptide, die D-Aminosäuren enthielten – die spiegelbildlichen Gegenstücke zu den L-Aminosäuren, aus denen die meisten in der Natur vorkommenden Eiweiße aufgebaut sind.

Das Gramicidin und das Tyrocidin waren die ersten Antibiotika, die als solche (d. h. mit Bedacht auf diese ihre Eigenschaft) erzeugt wurden. Zwölf Jahre zuvor war jedoch bereits ein Antibiotikum entdeckt worden, das sich als unendlich wichtiger erweisen sollte; seinerzeit war über diese Entdeckung in einer unbeachtet gebliebenen wissenschaftlichen Arbeit berichtet worden.

Der britische Bakteriologe Alexander Fleming hatte bei einer morgendlichen Besichtigung seiner Staphylokokken-Kulturen, die er auf einer Bank aufgestellt hatte, festgestellt, daß einige von ihnen von etwas befallen waren, das die Bakterien abgetötet hatte. Kleine kreisrunde Flecken in den Kulturschalen markierten die Stellen, an denen sich die abgestorbenen Staphylokokken fanden. Fleming, der sich für antiseptische Substanzen interessierte (er hatte ein in der Tränenflüssigkeit enthaltenes Enzym entdeckt, das Lysozom, das antiseptische Eigenschaften aufweist), ging sofort daran, herauszufinden, woran die Bakterien eingegangen waren und machte als Täter einen verbreiteten Schimmelpilz namens *Penicillium notatum* dingfest. Eine von diesem Pilz erzeugte Substanz, die Fleming *Penicillin* nannte, war das für die Bakterien tödliche Gift. Fleming berichtete über seinen Fund, doch fand die Veröffentlichung, wie bereits gesagt, keine Beachtung.

Zehn Jahre später stießen der britische Biochemiker Howard W. Florey und sein deutschstämmiger Kollege Ernst Boris Chain auf Flemings fast vergessene Entdeckung und gingen, fasziniert von den Möglichkeiten, die sie in sich zu bergen schien, daran, die antibakterielle Substanz zu isolieren. 1941 waren sie in der Lage, einen Extrakt zu Versuchszwecken einzusetzen. Die Substanz erwies sich als klinisch wirksam gegen eine Reihe *gram-positiver* Bakterien (das sind Bakterien, die sich mit einem 1884 von dem dänischen Bakteriologen Hans C. J. Gram entwickelten Farbstoff färben lassen).

Da Florey in dem vom Krieg gebeutelten Großbritannien keine Möglichkeit sah, den Wirkstoff in größeren Mengen zu produzieren, ging er in die Vereinigten Staaten und initiierte dort ein Forschungsprojekt, das der Entwicklung von Verfahren zur Steigerung der Penicillin-Produktion der Pilze und zur Reindarstellung des Penicillins diente. 1943 wurden 500 Patienten mit Penicillin behandelt, und bei Kriegsende waren die Amerikaner auf dem besten Wege, in die großtechnische Produktion und den großflächigen Einsatz des Penicillins einzusteigen. Das Penicillin vermochte die Sulfonamide weitgehend zu ersetzen; damit nicht genug, wurde es zu einem der wichtigsten medizinischen Wirkstoffe überhaupt. Es ist einsetzbar gegen eine ganze Reihe von Infektionskrankheiten, darunter Lungenentzündung, Gonorrhöe, Syphilis, Kindbettfieber, Scharlach und Hirnhautentzündung. (Der Bereich seiner Wirksamkeit wird als das *antibiotische Spektrum* bezeichnet.) Dazu kommt, daß es praktisch keine toxischen oder anderen unerwünschten Nebenwirkungen hervorruft, außer bei penicillin-empfindlichen Personen.

Fleming, Florey und Chain erhielten 1945 gemeinsam den Nobelpreis für Medizin und Physiologie.

Die Entdeckung des Penicillins löste eine mit fast unglaublichem wissenschaftlichem Aufwand betriebene Jagd nach weiteren Antibiotika aus. (Dieser Begriff wurde übrigens 1942 von dem US-Bakteriologen Selman A. Waksman geprägt.)

Waksman gelang es 1943, aus einem Bodenpilz der Gattung *Streptomyces*, das unter dem Namen Streptomycin bekannt gewordene Antibiotikum zu isolieren, das sich als äußerst wirksam gegen *gram-negative* Bakterien (d. h. Bakterien, die die Gram-Färbung leicht verlieren) erwies. Seinen größten Erfolg feierte dieser Wirkstoff bei der Anwendung gegen den Tuberkelbazillus. Streptomycin wirkt allerdings, im Gegensatz zum Penicillin, auf den menschlichen Organismus ziemlich toxisch, so daß bei seinem Einsatz Vorsicht geboten ist.

Für die Entdeckung des Streptomycins wurde Waksman 1952 mit dem Nobelpreis für Medizin und Physiologie ausgezeichnet.

Ebenfalls aus Pilzen der Gattung *Streptomyces* wurde 1947 ein Antibiotikum namens Chloramphenicol gewonnen, das nicht nur gram-positive und gram-negative Bakterien tötet, sondern auch gewisse noch kleinere Organismen, vor allem die Erreger des Fleckfiebers und der Papageienkrankheit. Seine Giftigkeit erfordert einen vorsichtigen Einsatz.

In der Folge wurde eine ganze Reihe von *Breitband-Antibiotika* (d. h. Antibiotika mit einem breiten Wirkungsspektrum) gefunden: das Aureomycin, das Terramycin, das Achromycin usw. Jedem dieser Funde ging die Analyse Tausender von Bodenproben voraus. Das Aureomycin wurde 1944 von Benjamin M. Duggar und Mitarbeitern isoliert und kam 1948 auf den Markt. Man faßt diese Antibiotika zur Gruppe der *Tetracycline* zusammen, weil ihr Molekül jeweils vier eng benachbarte Ringe enthält. Die Tetracycline sind gegen ein breites Spektrum infektiöser Erreger wirksam, was dazu geführt hat, daß die Häufigkeit von Infektionskrankheiten heute auf ein wohltuend niedriges Niveau gesunken ist. (Natürlich treten in dem Maße, wie die Infektionskrankheiten als Todesursache an Bedeutung verlieren, die Stoffwechselerkrankungen in den Vordergrund, einfach weil heute sehr viel mehr Menschen als früher ein Alter erreichen, in dem diese Krankheiten häufig auftreten. So hat sich in den letzten achtzig Jahren die Zahl der an Diabetes, der verbreitetsten Stoffwechselkrankheit, leidenden Personen verzehnfacht.)

Resistente Bakterien

Die größte Enttäuschung, die mit den Fortschritten in der Chemotherapie einherging, war die Schnelligkeit, mit der sich resistente Bakterienarten bildeten. Ein Beispiel: 1939 zeigte sich bei ausnahmslos allen Fällen von Hirnhautentzündung und Lungenentzündung eine positive Reaktion auf die Einnahme von Sulfonamiden. Zwanzig Jahre später wirkten diese Mittel nur noch bei der Hälfte aller Fälle. Auch die Antibiotika wurden in ihrer Wirkung mit der Zeit unzuverlässiger. Es ist nicht etwa so, daß die Bakterien »lernen«, den Wirkstoffen zu widerstehen; sondern diejenigen in ihren Reihen vorhandenen Mutationsformen, die zufällig gegen einen Wirkstoff resistent sind, gedeihen und vermehren sich, während die »normalen« Stämme dezimiert werden. Mutationsbedingte Veränderungen setzen sich bei einer Tierart normalerweise nur in einem sehr langsam ablaufenden Prozeß durch; bei den Eukaryoten, besonders den vielzelligen, sorgt die in jeder Generation von neuem stattfindende Umverteilung und Mischung von Genen und Chromosomen weit schneller und zuverlässiger für Variationen und Veränderungen. Bei den Bakterien aber verbreiten sich neue Varianten trotz der Tatsache, daß ihnen nur der Mechanismus der Mutation zur Verfügung steht, ziemlich schnell. Der Grund dafür ist die hohe Vermehrungsrate der Bakterien. Aus einigen wenigen Exemplaren erwachsen binnen kürzester Zeit unzählige, so daß es, auch wenn der Anteil der vorteilhaften Mutationen – die beispielsweise die Fähigkeit zur Herstellung eines Enzyms beinhalten, das ein für das Bakterium normalerweise tödliches Antibiotikum zersetzt und unwirksam macht – prozentual gering ist, doch zu einer recht hohen absoluten Zahl solcher Mutationen kommt.

Dazu kommt, daß die für die Herstellung solcher Enzyme erforderlichen Gene oft in den Plasmiden sitzen und von einem Bakterium zum anderen weitergegeben werden, wodurch sich die Resistenz noch schneller verbreitet.

Die Gefahr, daß resistente Bakterienstämme auftreten, ist am größten in Kliniken, wo Antibiotika beständig im Einsatz sind und wo auf seiten der Patienten naturgemäß eine verringerte Abwehrkraft gegen Infektionen besteht. Gewisse neue Staphylokokkenstämme zeigen eine besonders hartnäckige Resistenz gegen Antibiotika. Diese *Klinikbakterien* sind beispielsweise auf Geburtsstationen sehr gefürchtet und gerieten 1961 sogar in die Schlagzeilen, als eine von solchen resistenten Bakterien ausgelöste Lungenentzündung die Filmschauspielerin Elizabeth Taylor um ein Haar das Leben gekostet hätte.

Zum Glück können, wenn ein Antibiotikum versagt, zumeist andere in die Bresche springen. Neu entwickelte antibiotische Wirkstoffe und synthetische Varianten der herkömmlichen haben bislang im Wettlauf gegen neue Mutationen stets die Nase vorn gehabt. Ideal wäre es natürlich, ein Antibiotikum zu finden, gegen das keine Mutationsvariante immun ist. Eine Behandlung mit einem solchen Wirkstoff würde kein Exemplar des betreffenden Bakteriums überleben, und die Entwicklung resistenter Stämme wäre unterbunden. Einige Kandidaten für diese Aufgabe sind schon getestet worden. Eine Variante des Penicillins beispielsweise, das Staphcyllin, wurde 1960 entwickelt. Es ist teilweise synthetisch; da es eine für Bakterien fremdartige Struktur aufweist, können Enzyme wie die (von Chain entdeckte) Penicillinase, die von resistenten Stämmen gegen herkömmliches Penicillin mobilisiert wird, sein Molekül nicht spalten. Das Staphcyllin ist daher der Todesengel für ansonsten resistente Bakterienstämme; für Liz Taylor war es ein guter Engel, denn es rettete ihr das Leben. Allein, inzwischen sind auch Staphylokokkenstämme aufgetaucht, die gegenüber synthetischen Penicillinen resistent sind.

Als zusätzliche Verbündete greifen in den Kampf gegen resistente Stämme immer wieder neu gezüchtete sowie modifizierte Versionen altbekannter Antibiotika ein. Man kann nur hoffen, daß die Hartnäckigkeit der Chemiker die Oberhand über den zähen Überlebenswillen der Krankheitskeime behalten wird. Statt eines endgültigen Sieges der einen oder der anderen Partei wird es wohl einen unendlichen Wettlauf mit wechselnder Führung geben.

Pestizide

Das Problem der Entwicklung resistenter Stämme stellt sich auch im Kampf gegen unsere nächstgrößeren Feinde, die Insekten, die nicht nur Nahrungskonkurrenten des Menschen sind, sondern auch Krankheitsüberträger. Der moderne chemische Krieg gegen die Insekten begann 1939, als der Schweizer Chemiker Paul Müller die Substanz Dichlorodiphenyltrichloroetan entwickelte, besser bekannt unter der Abkürzung DDT. Müller wurde für diese Tat 1948 mit dem Nobelpreis für Medizin und Physiologie belohnt.

Um diese Zeit wurde DDT bereits großflächig eingesetzt, und es hatten sich bereits resistente Stämme von Zimmerfliegen entwickelt. Ebenso wie bei den Antibiotika, müssen auch bei den Insektiziden – oder Pestiziden, um einen allgemeineren Begriff zu verwenden, der auch chemische Mittel gegen Ratten oder Unkräuter einschließt – ständig neue Wirkungsvarianten entwickelt werden.

Die Kritik an der stark zunehmenden »Chemikalisierung« unseres Kampfes gegen andere, nicht-menschliche Lebensformen ist in den letzten Jahren lauter geworden. Manche Kritiker machen besorgt darauf aufmerksam, daß künftig womöglich ein wachsender Teil der Bevölkerung nur dank einer Vielzahl chemischer Helfer am Leben bleibt. Sie fürchten, daß wenn jemals unsere technischen Systeme auch nur vorübergehend ausfallen sollten, ein großes Sterben über die Menschheit hereinbrechen könnte, weil wir gegenüber den Erregern zahlreicher Infektionskrankheiten, vor denen wir uns routinemäßig mit chemischen Waffen schützen, keinerlei natürliche Abwehrkräfte mehr besitzen.

Auf einen anderen wichtigen Gesichtspunkt machte die amerikanische Wissenschaftsautorin Rachel Louise Carson in ihrem 1962 veröffentlichten Buch *Silent Spring* aufmerksam: die Möglichkeit, daß wir bei wahllosem Einsatz von Pestiziden zusammen mit den Schädlingen, die wir vernichten wollen, auch andere, harmlose oder gar nützliche Arten ausrotten. Wie Frau Carson deutlich machte, könnte die Ausrottung oder Dezimierung bestimmter Arten (gleich ob sie nach unseren Begriffen Schädlinge sind oder nicht) zu einer ernsten Störung des empfindlichen Gleichgewichts führen, das in jedem natürlichen Lebensraum zwischen den dort ansässigen Arten besteht, und schadet uns Menschen am Ende vielleicht mehr, als es uns nützt. Die Wissenschaft von den wechselseitigen biologischen Abhängigkeiten und Kreisläufen in natürlichen (oder auch in vom Menschen geschaffenen) Lebensräumen heißt *Ökologie*.

Es ist keine Frage, daß von Frau Carsons Buch ein Anstoß zu einer verstärkten Beschäftigung mit diesem Zweig der Biologie ausging.

Die Lösung des Problems kann natürlich nicht darin bestehen, daß wir auf die Technik verzichten und alle Versuche, die Insekten in Schach zu halten, aufgeben (dies würde einen zu hohen Tribut in Gestalt von Epidemien und Hungersnöten fordern); es gilt vielmehr, Bekämpfungstechniken zu finden, die spezifischer sind und weniger in das ökologische Gleichgewicht der betreffenden Systeme eingreifen.

Wir sollten beispielsweise daran denken, daß Insekten natürliche Feinde haben. Diese Feinde, seien es Insektenparasiten oder Insektenfresser, könnte man »aufbauen«. Man könnte mit Geräuschen und Düften arbeiten, die Insekten vertreiben oder sie in eine tödliche Falle locken. Man könnte Insekten durch Bestrahlung sterilisieren. In all diesen Fällen müßte man so vorzugehen versuchen, daß die Maßnahmen möglichst nur das auszuschaltende Insekt treffen.

Ein hoffnungsvoller Ansatz, der von dem amerikanischen Biologen Carroll M. Williams erkundet wird, zielt darauf ab, Insekten über ihre Hormone in den Griff zu bekommen. Insekten häuten sich periodisch und durchlaufen zwei oder drei abgegrenzte Stadien: das der Larve, das der Puppe und das des ausgewachsenen Tiers. Die Übergänge von einem Stadium ins andere sind kompliziert und werden von Hormonen gesteuert. Es gibt beispielsweise das sogenannte Juvenilhormon, das ein Eintreten in das Erwachsenenstadium vor dem artgemäß richtigen Zeitpunkt verhindert. Wenn es gelingt, ein solches Hormon zu isolieren und gezielt einzusetzen, kann man den Übergang ins Erwachsenenstadium so lange hinauszögern, daß das Insekt schließlich stirbt, ohne dieses Stadium erreicht zu haben. Jedes Insekt hat sein eigenes Juvenilhormon und reagiert nur auf dieses. Mit einem zum Insektizid umfunktionierten Juvenilhormon könnte man also eine bestimmte Insektenart bekämpfen, ohne irgendeinen anderen Organismus zu schädigen. Nach gelungener Entschlüsselung der chemischen Struktur solcher Hormone könnten die Biologen sogar synthetische Ersatzstoffe herstellen, die bei viel geringeren Produktionskosten denselben Dienst leisten würden.

Noch einmal: Die Antwort auf das Problem, daß neue wissenschaftlich-technische Errungenschaften manchmal schädliche Nebenwirkungen zeitigen, kann nicht darin bestehen, daß wir auf wissenschaftlich-technische Fortschritte verzichten; wir brauchen ganz im Gegenteil noch mehr Wissenschaft und eine noch bessere, mit mehr Intelligenz und Vorsicht eingesetzte Technik.

Wie Chemotherapie funktioniert

Die Wirkungsweise chemotherapeutischer Mittel ist noch nicht gründlich erforscht; am wahrscheinlichsten scheint die Annahme, daß jedes ein für den Stoffwechsel des betreffenden Mikroorganismus wichtiges Enzym durch kompetitive Hemmung an der Arbeit hindert. Am besten nachgewiesen ist dieser Mechanismus im Falle der Sulfonamide. Sie ähneln in ihrer Struktur sehr der para-Aminobenzoesäure (in der Regel als »p-Aminobenzoesäure« geschrieben), die die folgende Strukturformel aufweist:

$$
\begin{array}{c}
NH_2 \\
| \\
C \\
CH \diagup \quad \diagdown CH \\
| \qquad \qquad || \\
CH \diagdown \quad \diagup CH \\
C \\
| \\
C = O \\
| \\
OH
\end{array}
$$

Die p-Aminobenzoesäure wird für die Synthese der Folsäure benötigt, die im Stoffwechsel sowohl von Bakterien als auch von anderen Zellen eine Schlüsselrolle spielt. Ein Bakterium, das anstelle eines Moleküls der p-Aminobenzoesäure ein Sulfanilamid-Molekül aufnimmt, kann keine Folsäure mehr erzeugen, weil das diesen Prozeß steuernde Enzym außer Gefecht gesetzt ist. Daher hört das Bakterium auf zu wachsen und sich zu vermehren. Die Körperzellen des Patienten werden nicht in Mitleidenschaft gezogen: Sie können ihre Folsäure aus der Nahrung beziehen und brauchen sie nicht zu synthetisieren. Es gibt in den menschlichen Körperzellen keine Enzyme, die durch in mäßiger Dosis verabreichte Sulfonamide blockiert werden könnten.

Selbst wenn ein Bakterium ähnliche Enzyme beherbergt wie die menschliche Körperzelle, gibt es Mittel und Wege, das Bakterium so spezifisch zu bekämpfen, daß die Zelle keinen Schaden nimmt. Das bakterielle Enzym kann beispielsweise auf einen bestimmten Wirkstoff empfindlicher reagieren als das menschliche Enzym; in diesem Fall ist es vielleicht möglich, eine Dosis zu wählen, die das Bakterium abtötet, ohne die menschliche Zelle nachhaltig in Mitleidenschaft zu ziehen. Es kann auch sein, daß ein Wirkstoff die Zellwand des Bakteriums, nicht aber die Wand der menschlichen Zelle zu durchdringen vermag. Penicillin beispielsweise stört den Aufbau von Zellwänden, die bei Bakterien, nicht aber bei tierischen Zellen vorhanden sind.

Wirken auch Antibiotika durch kompetitive Hemmung von Enzymen? Diese Frage läßt sich nicht klar beantworten. Immerhin liegen gute Gründe für die Annahme vor, daß es mindestens in etlichen Fällen so ist.

Das Gramicidin und das Tyrocidin enthalten, wie bereits weiter oben erwähnt, die »unnatürlichen« D-Aminosäuren. Möglicherweise setzen diese die Enzyme, die normalerweise Verbindungen mit den »natürlichen« L-Aminosäuren eingehen, außer Gefecht. Ein anderes antibiotisches Peptid, das Bacitracin, enthält Ornithin; es ist denkbar, daß das Ornithin gewisse Enzyme an der Aufnahme von Arginin hindert, dessen Struktur der des Ornithins ähnelt. Ähnliches gilt für die Streptomycine: Ihre Moleküle enthalten einen seltenen Zucker, der möglicherweise gewisse Enzyme, die ansonsten mit den normalen Zuckern lebender Zellen arbeiten, blockiert. Das Antibiotikum Chloramphenicol wiederum ähnelt der Aminosäure Phenylalanin; ein Teil des Penicillin-Moleküls ähnelt der Aminosäure Cystein. In beiden Fällen drängt sich die Annahme einer kompetitiven Hemmung auf.

Am eindeutigsten geklärt ist dieser Sachverhalt bei einem Antibiotikum namens Puromycin, das von einem Pilz der Gattung *Streptomyces* erzeugt wird. Sein Molekül hat eine Struktur, das sehr an die der Nukleotiden (der Bausteine der Nukleinsäuren) erinnert. Wie eine Forschergruppe unter Leitung von Michael Yarmolinsky gezeigt hat, stört das Puromycin, da es im Wettbewerb mit der Transfer-RNS tritt, die Eiweißsynthese. Auch das Streptomycin kommt offenbar der Transfer-RNS in die Quere, so daß sich Fehler in die Ablesung des genetischen Codes einschleichen und nutzlose Proteine synthetisiert werden. Leider bewirkt diese Art der kompetitiven Hemmung, daß diese Antibiotika nicht nur für Bakterien, sondern auch für andere Zellen ein Gift darstellen, weil sie die Erzeugung notwendiger Proteine blockieren. Das Puromycin ist zu gefährlich, um überhaupt als Medikament in Frage zu kommen, das Streptomycin nicht ganz so.

»Nützliche« Bakterien

Bei dem Wort »Bakterien« denken wohl die meisten von uns zuerst einmal an Krankheitserreger und »Schädlinge« (in unserer eigenen, interessengefärbten Sichtweise). In diese Kategorien fällt jedoch nur ein kleiner Bruchteil aller Bakterien. Es gibt Schätzungen, denen zufolge auf jedes schädliche Bakterium 30000 andere kommen, die harmlos, nützlich oder sogar unverzichtbar sind. Wenn wir nach Arten rechnen, ergibt sich, daß von 1400 erforschten und klassifizierten Bakterienarten nur etwa 150 beim Menschen oder bei den von Menschen genutzten Pflanzen und Tieren als Krankheitserreger auftreten.

Vergegenwärtigen wir uns beispielsweise einmal, daß auf der Erde in jeder Sekunde unzählige Organismen absterben und daß von ihnen nur ein relativ kleiner Teil »normalen« Tieren zur Nahrung dient: Von herabfallendem Laub werden weniger als 10%, von abgestorbenem Holz weniger als 1% von Tieren vertilgt. Der ganze Rest fällt Pilzen und Bakterien anheim. Gäbe es nicht diese Heerscharen von *Zersetzern*, namentlich die Fäulnisbakterien, das Leben auf der Erde würde nach und nach im Sumpf seiner selbstproduzierten unverdaulichen Ausscheidungsprodukte und Überreste versinken, zumal sich in diesen ein wachsender Anteil der für die Lebensvorgänge notwendigen Elemente ansammeln würde. Nach nicht allzulanger Zeit würde alles höhere Leben erlöschen.

Die Zellulose, das mengenmäßig bedeutsamste aller Produkte des organischen Lebens, ist für vielzellige Tiere unverdaulich. Es gibt zwar Tiere, Rinder beispielsweise oder Termiten, die sich allem Anschein nach von zellulosereichen Materialien wie Gras bzw. Holz ernähren, doch können sie dies nur mit Hilfe unzähliger, in ihren Verdauungssystemen hausender Bakterien. Diese Bakterien zersetzen die Zellulose und beziehen sie auf diese Weise in den allgemeinen Nahrungszyklus ein, aus dem sie andernfalls ausscheiden würde.

Alles pflanzliche Leben benötigt Stickstoff, vor allem für den Aufbau von Aminosäuren und Proteinen. Auch Tiere brauchen Stickstoff und beziehen ihn (bereits eingebaut in fertige Aminosäuren und Eiweiße) aus der Pflanzenwelt. Die Pflanzen holen sich ihren Stickstoff in Gestalt von Nitraten aus dem Boden. Die Nitrate sind anorganische, in Wasser lösliche Salze der Salpetersäure. Ginge es nur nach den Nitraten, sie würden vom Regenwasser rasch aus dem Boden ausgewaschen, die Erde würde unfruchtbar. Zumindest zu Lande wäre bald kein pflanzliches Leben mehr möglich, und es könnten nur noch solche Tiere existieren, die sich von Meeresorganismen ernähren können.

Tatsächlich befinden sich aber immer gewisse Mengen von Nitraten im Boden, trotz der während vieler Millionen von Jahren niedergegangenen Regenfälle. Woher kommen diese Nitrate? Die nächstliegende Quelle wäre der in der Luft enthaltene Stickstoff, doch verfügen Pflanzen und Tiere nicht über die Fähigkeit, den relativ reaktionsträgen elementaren gasförmigen Stickstoff zu *fixieren*, d. h. ihn in chemisch weiterverwendbare Verbindungen zu überführen. Es gibt jedoch ganz bestimmte Bakterienarten, die in der Lage sind, atmosphärischen Stickstoff in Ammoniak umzuwandeln. Dieser wird dann von nitrifizierenden Bakterien zu Nitraten verarbeitet. Ohne die Tätigkeit solcher Bakterien (und der diese Kunst ebenfalls beherrschenden Grün- und Blaualgen) wäre kein Leben zu Lande möglich.

(Es gibt ein landlebendes Wesen, das die Fähigkeit besitzt, den Stickstoff der Luft zu fixieren: Es ist der Mensch, und er verdankt diese Fähigkeit seinen technischen Möglichkeiten, wie dem in *Kapitel 1* beschriebenen Haber-Bosch-Verfahren. So weit kam es aber erst, nachdem schon Hunderte von Millionen von Jahren Leben zu Lande existiert hatte. Die großtechnische Stickstofffixierung hat mittlerweile ein Ausmaß erreicht, das Bedenken laut werden läßt, ob die in der Natur vorhandenen Kapazitäten für den Stickstoffabbau – die Rückverwandlung der Nitrate in gasförmigen Stickstoff durch wieder andere Bakterien – ausreichen, um damit Schritt zu halten. Wenn sich in Flüssen und Seen Nitrate übermäßig anreichern, kann dies zu einem verstärkten Algenwachstum und zum Aussterben höherer Organismen wie Fischen in diesen Gewässern führen, wodurch das gesamte ökologische Gleichgewicht des betreffenden Lebensraums ins Wanken gerät.)

Aus etlichen Arten von Mikroorganismen, darunter auch Bakterien, haben die Menschen schon in vorgeschichtlicher Zeit Nutzen gezogen. Verschiedene Hefepilze (einzellige Eukaryoten) wandeln Zucker und Stärke in Alkohol und Kohlendioxid um und haben seit alters her dazu gedient, aus Früchten und Getreide Wein und Bier zu machen. Dem von diesen Hefen produzierten Kohlendioxid verdanken wir es, daß aus Getreidemehl jene leichten, weichen, löcherigen Gebilde entstehen, die zu den ältesten Nahrungsmitteln gehören: Brote und Kuchen.

Pilze und Bakterien sind auch maßgeblich an den Prozessen beteiligt, durch die sich Milch in Joghurt oder in eine der unzähligen Käsesorten verwandelt.

Eine junge Variante der technischen Anwendung biologischer Erkenntnisse ist die sogenannte industrielle Mikrobiologie, in deren Rahmen bestimmte Pilz- und Bakterienstämme gezüchtet werden, die dann pharmazeutische Wirkstoffe – wie Antibiotika, Vitamine oder Aminosäuren –

oder industriell verwertbare Substanzen wie Aceton oder Zitronensäure produzieren.

Durch zusätzliche Anwendung gentechnischer Verfahren *(siehe Kapitel 3)* lassen sich womöglich Bakterien und andere Mikroorganismen gezielt auf eine Vervollkommnung ihrer spezifischen Leistungsfähigkeit (beispielsweise der Stickstofffixierung) oder auf die Entwicklung neuer Fähigkeiten hin züchten. Denkbar ist beispielsweise, daß im Labor Bakterienarten kreiert werden, die die Fähigkeit besitzen, Kohlenwasserstoffmoleküle zu oxidieren; man könnte solche Bakterien dann beispielsweise zur Neutralisierung auf dem Meer treibender Ölteppiche oder zur industriellen Produktion von Hormonen oder Blutbestandteilen einsetzen.

Viren

Sicherlich finden die meisten Menschen es verwunderlich, daß die Sulfonamide und Antibiotika, die so sensationelle Erfolge im Kampf gegen die bakteriellen Krankheiten erzielten, so wenig gegen die Viruserkrankungen auszurichten vermögen. Da Viren Krankheiten nur dadurch auslösen können, daß sie sich vermehren, weshalb sollte es dann nicht möglich sein, ihren Reproduktionsstoffwechsel ebenso zu blockieren, wie es bei den infektiösen Bakterien gelungen ist? Die Antwort ist einfach und liegt, wenn man sich vergegenwärtigt, wie ein Virus sich vermehrt, eigentlich auf der Hand. Als Parasit par excellence, der sich nirgendwo anders als in einer lebenden Zelle zu vermehren vermag, verfügt das Virus über keinen oder fast keinen eigenen Stoffwechselmechanismus. Um Duplikate von sich hervorbringen zu können, ist es vollständig auf die in der von ihm befallenen Zelle vorhandenen Materialien angewiesen. Dieser Materialien bedient es sich allerdings mit höchster Effektivität: Aus einem in eine Zelle eingedrungenen Virus können innerhalb von 25 Minuten 200 Nachkömmlinge hervorgehen. Es ist daher schwierig, dem Virus die Zufuhr dieser Materialien zu sperren oder den Vorgang zu blockieren, ohne dabei die Zelle selbst zu zerstören.

Die Viren sind von den Biologen erst in jüngerer Zeit entdeckt worden, im Zuge einer Reihe von

Begegnungen mit zunehmend einfacheren Lebensformen. Es ist vielleicht nicht der schlechteste Einstieg in dieses Thema, mit der Suche nach dem Erreger der Malaria zu beginnen.

Nichtbakterielle Krankheiten

Die *Malaria* hat wahrscheinlich unter dem Strich mehr Menschen dahingerafft als jede andere Infektionskrankheit; bis vor kurzem noch litten beständig rund 10% der Weltbevölkerung an dieser Krankheit, die 3 Millionen Todesopfer pro Jahr forderte. Bis 1880 glaubte man, die Ursache sei die ungesunde Luft (italienisch: »mal aria«) in sumpfigen Regionen. Dann machte der französische Bakteriologe Charles-Louis A. Laveran die Entdeckung, daß die roten Blutkörperchen von Malariakranken von einem parasitischen Protozoon der Gattung *Plasmodium* infiziert waren. (Für diese Leistung erhielt Laveran 1907 den Nobelpreis für Medizin und Physiologie.)

1894 wies ein britischer Arzt namens Patrick Mansons, der in Hongkong ein Missionskrankenhaus geleitet hatte, darauf hin, daß Sumpfgegenden sich nicht nur durch überriechende Luft, sondern auch durch die Allgegenwart von Moskitos und Stechmücken auszeichneten, und daß diese Insekten vielleicht etwas mit der Übertragung der Malaria zu tun haben könnten. Ronald Ross, ein in Indien tätiger britischer Arzt, nahm diesen Faden auf und konnte 1897 zeigen, daß der von Laveran entdeckte Parasit tatsächlich einen Teil seines Lebenszyklus' im Körper von Mücken der Gattung *Anopheles* verbringt *(Abb.)* Die Mücken nehmen den Parasiten mit dem Blut infizierter Personen, die sie stechen, auf und geben ihn an alle ihre nachfolgenden »Kunden« weiter.

Für diese Arbeit, mit der er erstmals den Mechanismus der Übertragung eines Krankheitserregers durch ein als Zwischenträger fungierendes Insekt aufgedeckt hatte, erhielt Ross 1902 den Nobelpreis für Medizin und Physiologie. Es war eine für die weitere Entwicklung der Medizin bahnbrechende Entdeckung, machte sie doch deutlich, daß es möglich sein mußte, eine Krankheit zum Verschwinden zu bringen, indem man einfach ihr Überträgerinsekt ausrottete. Man brauchte »nur« die Moskitosümpfe trockenzulegen, stehende Gewässer zu beseitigen und den Mücken dort, wo sie noch virulent waren, mit Insektiziden zu Leibe zu rücken; damit hätte man die Krankheit besiegt. In der Tat sind seit Ende des Zweiten Weltkriegs große Sumpfgebiete auf diese Weise von der Geißel der Malaria befreit worden, und die Gesamtzahl der malariabedingten Todesfälle ist um mindestens ein Drittel zurückgegangen.

Die Malaria war die erste Infektionskrankheit, als deren Erreger ein nichtbakterieller Mikroorganismus (in diesem Fall ein Protozoon) ausfindig gemacht wurde. Nur kurze Zeit später gelang bei einer anderen Krankheit ebenfalls der Nachweis einer nichtbakteriellen Ursache. Es war das tödliche *Gelbfieber*, das noch im Jahr 1898, als es in Rio de Janeiro seuchenartig wütete, fast 95% der von ihm Befallenen das Leben kostete. Als 1899 auf Kuba eine Gelbfieber-Epidemie ausbrach, reiste eine US-amerikanische Untersuchungskommission, geleitet von dem Bakteriologen Walter Reed, auf die Insel, um die Ursache der Krankheit aufzuspüren.

Reed hatte eine Mücke als Überträger des Gelbfiebers in Verdacht. Er zeigte zunächst einmal, daß die Krankheit sich nicht durch direkten Kontakt, etwa zwischen Patient und Arzt oder mit den Kleidern oder der Bettwäsche des Patienten übertrug. Dann ließen sich einige der Ärzte absichtlich von Moskitos stechen, die zuvor einen an Gelbfieber erkrankten Mann gestochen hatten. Sie erkrank-

ten prompt, und einer der wagemutigen Forscher, Jesse W. Lazear, starb daran. Immerhin war nun der Missetäter identifiziert: Es war die Moskitofliege *Aedes aegypti*. Die Ärzte bekamen die kubanische Epidemie in den Griff, und heute ist das Gelbfieber in den medizinisch wohlversorgten Ländern der Welt keine ernste Gefahr mehr. Der Erreger des Gelbfiebers ist kein Bakterium, aber auch kein Protozoon. Es ist ein Organismus, der noch kleiner ist als ein Bakterium.

Ein drittes Beispiel für eine nichtbakterielle Infektionskrankheit ist das Fleckfieber (Typhus). Es ist im nördlichen Afrika endemisch und wurde im Verlauf der langwierigen Kriege der Spanier gegen die nordafrikanischen Mauren über Spanien in die übrigen europäischen Länder eingeschleppt. Volkstümlich oft als »Pest« bezeichnet, raffte die sehr ansteckende Krankheit zeitweise halbe Völkerschaften dahin. Im Ersten Weltkrieg trieb es die österreichischen Armeen zum Rückzug aus Serbien (was die serbischen Truppen selbst nicht vermocht hatten). Das Wüten des Fleckfiebers in Polen und Rußland während und nach diesem Krieg – rund 3 Millionen Menschen starben an der Krankheit – trug kaum weniger als das Geschehen auf den Schlachtfeldern zu dem für diese Länder so verhängnisvollen Kriegsverlauf bei.

Um die Wende zum 20. Jahrhundert bemerkte der französische Bakteriologe Charles Nicolle, der zu jener Zeit das Pasteur-Institut in Tunis leitete, daß, obwohl das Fleckfieber in der Stadt wütete, keiner der Krankenhausinsassen oder -bediensteten davon befallen wurde. Die Ärzte und Schwestern kamen Tag für Tag mit Fleckfieberpatienten in Berührung; gleichwohl breitete sich die Infektion hier nicht aus. Nicolle machte sich Gedanken darüber, was mit den in die Klinik eingelieferten Patienten angestellt wurde, und kam darauf, daß die einschneidendste Routinemaßnahme darin bestand, daß jeder Neuzugang erst einmal gründlich gebadet und seiner verlausten Kleider entledigt wurde. Nicolle zog daraus den Schluß, daß die *Kleiderlaus* die Überträgerin des Fleckfiebers sein müsse. Er wies die Richtigkeit dieser Vermutung experimentell nach. Für diese Entdeckung wurde er 1928 mit dem Nobelpreis für Medizin und Physiologie belohnt. Dank dieser Erkenntnis und der Entdeckung des Insektizids DDT konnte das Fleckfieber seine tödlichen Feldzüge im Zweiten Weltkrieg nicht mehr wiederholen. 1944 kam es

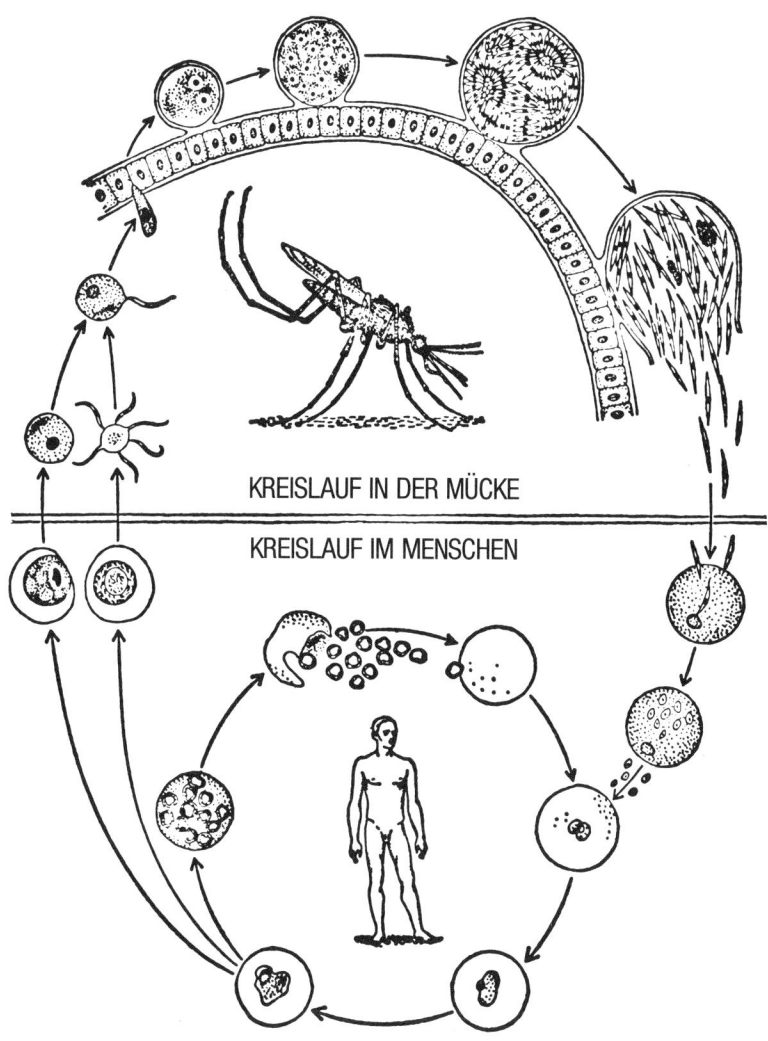

KREISLAUF IN DER MÜCKE

KREISLAUF IM MENSCHEN

Lebenszyklus des Malaria-Erregers.

zum ersten Großeinsatz des DDT gegen die Kleiderlaus, als die Bevölkerung von Neapel en masse eingenebelt wurde; die Läuse blieben auf der Strecke. Zum ersten Mal in der Geschichte war es gelungen, eine der notorischen Fleckfieber-Winterepidemien im Keim zu ersticken. (In der kalten Jahreszeit boten die selten gewechselten und gewaschenen Mäntel usw. der Kleiderlaus ideale Lebensbedingungen, wodurch eine Ansteckung fast unvermeidlich wurde.) Eine ähnliche einsetzende Epidemie wurde Ende 1945 in Japan, nach der Besetzung des Landes durch die Amerikaner, eingedämmt. Dem Zweiten Weltkrieg kommt unter den großen Kriegen der Menschheit das zweifelhafte Verdienst zu, einer der wenigen oder vielleicht sogar der erste gewesen zu sein, bei dem mehr Menschen durch Waffengewalt als durch Krankheit umkamen.

Wie das Gelbfieber, wird auch das Fleckfieber von einem Organismus hervorgerufen, der kleiner ist als ein Bakterium; es ist nun an der Zeit, daß wir in das eigentümliche und wundersame Reich der subbakteriellen Mikroorganismen eintreten.

Virus & Co.

Um eine Vorstellung von den Größenrelationen zwischen den Dingen dieser Welt zu bekommen, wollen wir sie einmal in der Reihenfolge abnehmender Größe betrachten. Die menschliche Eizelle mißt ungefähr 100 Mikrometer (das sind 100 Millionstel eines Meters) im Durchmesser und ist mit bloßem Auge gerade noch zu erkennen. Das Pantoffeltierchen, ein großes Protozoon, das man mit einer Lupe in einem hellbeleuchteten Wassertropfen umherschwimmen sehen kann, hat ungefähr die gleiche Größe. Zehnmal kleiner (mit einem Durchmesser von 10 Mikrometern) ist eine gewöhnliche menschliche Körperzelle; ohne Mikroskop ist sie für das menschliche Auge nicht wahrnehmbar. Noch kleiner sind die roten Blutkörperchen; ihr maximaler Durchmesser beträgt 7 Mikrometer. Unter den Bakterien sind die größten Arten etwa so groß wie menschliche Körperzellen; die durchschnittliche Länge der stäbchenförmigen Bakterien liegt bei 2 Mikrometern, und die kleinsten Bakterien sind Kügelchen mit einem Durchmesser von vielleicht nur 0,4 Mikrometern. Mit gewöhnlichen Mikroskopen kann man diese

kleinsten Bakterien gerade noch sichtbar machen.

Hier ist offenbar eine Größe erreicht, die ein Organismus mindestens haben muß, um das gesamte für eine selbständige Lebenshaltung erforderliche Stoffwechselsystem unterzubringen. Organismen, die noch kleiner sind, können keine sich selbst versorgenden Zellen mehr sein, sondern müssen parasitär leben. Nur weil sie sich in den Enzymkreislauf anderer Organismen einnisten, können sie sich den Luxus einer eigenen »Enzymanlage« sparen. Man kann sie nicht mit irgendwelchen Nährstoffen füttern und zum Wachsen und Sichvermehren bringen, da sie mit Nährstoffen, wie üppig auch immer dargeboten, selbst nichts anfangen können; sie lassen sich daher nicht, wie Bakterien, im Reagenzglas züchten. Der einzige Ort, wo sie sich vermehren können, ist das Innere einer lebenden Zelle, die ihnen die fehlenden Enzyme serviert. Wenn ein solcher Parasit wächst und sich vermehrt, kann das natürlich nur auf Kosten der Wirtszelle geschehen.

Die ersten subbakteriellen Mikroorganismen wurden 1909 von dem jungen amerikanischen Pathologen Howard T. Ricketts entdeckt. Er beschäftigte sich zu dieser Zeit mit dem sogenannten Rocky Mountains Spoted Fever (RMSF), einer durch Zecken übertragenen Krankheit. In den infizierten Zellen fand er »Körperchen«, die sich als winzig kleine Organismen entpuppten. Man taufte sie später zu Ehren ihres Entdeckers auf den Namen *Rickettsien*. Ricketts und andere entdeckten bald darauf, daß auch das Fleckfieber eine durch Rickettsien ausgelöste Krankheit ist. Bei dem Versuch, dies nachzuweisen, steckte Ricketts sich selbst mit Fleckfieber an und starb 1910 im Alter von 39 Jahren.

Die Rickettsien sind noch groß genug, um mit Antibiotika wie Chloramphenicol oder den Tetracyclinen erfolgreich behandelt zu werden. Ihr Durchmesser liegt zwischen 0,8 und 0,2 Mikrometern. Offenbar weisen sie eine gewisse eigene Stoffwechselaktivität auf, denn sie reagieren auf Medikamente anders als ihre jeweilige Wirtszelle. Als Krankheitserreger haben sie daher im Zeitalter der Antibiotika ihren Schrecken weitgehend verloren.

Auf der untersten Sprosse der Größenskala treffen wir schließlich auf die *Viren*. Eigentlich gibt es in punkto Größe eine Überlappung zwischen den

Rickettsien und den Viren, so daß eine eindeutige Trennlinie nicht gezogen werden kann. Die kleinsten Viren sind jedoch wirklich sehr klein. Das Gelbfiebervirus beispielsweise hat nur einen Durchmesser von 0,02 Mikrometern. Ein solches Virus ist viel zu klein, als daß man es in einer Zelle aufspüren oder mit einem optischen Mikroskop sichtbar machen könnte. Immerhin ist das Durchschnittsvirus tausendmal kleiner als das Durchschnittsbakterium.

Ein Virus besitzt praktisch überhaupt kein eigenes Stoffwechselsystem. Es lebt fast vollständig auf Kosten der Enzymkapazitäten seiner Wirtszelle. Gegen einige der größten Viren sind gewisse Antibiotika wirksam, doch dem gewöhnlichen Durchschnittsvirus ist mit Medikamenten nicht beizukommen.

Daß es Viren gibt, wurde schon lange vor ihrer Entdeckung vermutet. Pasteur vermochte, als er die Tollwut studierte, in den Körperchen, von denen er mit gutem Grund annahm, daß sie die Krankheit übertrugen, keinen als Erreger in Frage kommenden Mikroorganismus zu finden. Anstatt sich von seiner Keimtheorie der Erkrankungen abbringen zu lassen, erklärte er einfach, der gesuchte Keim sei zu klein, um sichtbar zu sein. Er hatte recht.

1892 studierte der russische Bakteriologe Dimitri J. Iwanowskij die Tabak-Mosaikkrankheit, die Tabakpflanzen befällt und deren äußeres Symptom verfärbte und gekräuselte Blätter sind. Er fand heraus, daß er mit aus infizierten Blättern gepreßtem Saft die Krankheit auf gesunde Pflanzen übertragen konnte, indem er den Saft auf deren Blätter träufelte. Um die Keime zu »fangen«, preßte er den Saft durch Porzellanfilter mit so feinen Löchern, daß nicht einmal das kleinste Bakterium durchgepaßt hätte. Doch mit dem so gefilterten Saft ließen sich nach wie vor gesunde Pflanzen infizieren. Iwanowskij wußte keine andere Erklärung, als daß seine Filter nicht in Ordnung seien und eben doch Bakterien durchließen.

Ein holländischer Bakteriologe namens Martinus W. Beijerinck wiederholte das Experiment 1897 und kam zu dem Schluß, der Erreger der Krankheit müsse so klein sein, daß er das Filter passierte. Da er in der vollkommen klaren Flüssigkeit auch mit dem besten Mikroskop keinen Mikroorganismus entdecken und daraus auch keine Kultur züchten konnte, äußerte er die Vermutung, bei

dem Erreger handle es sich um ein kleines Molekül, vielleicht von der Größe eines Zuckermoleküls. Beijerinck bezeichnete den Erreger als ein filtrierbares Virus. (»Virus« bedeutet im lateinischen »Gift«.)

Im gleichen Jahr fand der deutsche Bakteriologe Friedrich Löffler heraus, daß auch der Erreger der Maul- und Klauenseuche sich filtrieren ließ. Und der Amerikaner Walter Reed stellte 1901 im Rahmen seiner Forschungen zum Gelbfieber fest, daß es sich bei dem Erreger dieser Krankheit ebenfalls um ein filtrierbares Virus handelte. Der deutsche Bakteriologe Walther Kruse zeigte 1914, daß gewöhnliche grippale Infekte virusbedingt sind.

Zu Beginn der 30er Jahre kannte man bereits rund 40 Krankheiten (darunter Masern, Mumps, Windpocken, Grippe, Blattern, Kinderlähmung und Tollwut), die durch Viren ausgelöst wurden, aber noch immer war das Virus selbst ein unbekanntes Wesen. Dann gelang es endlich dem englischen Bakteriologen William J. Elford, einige Viren in Filtern aufzufangen und nachzuweisen, daß es sich bei ihnen wenigstens um materielle Gebilde irgendeiner Art handelte. Er benutzte als Filter Kollodium-Membranen von abgestufter Feinheit, um nacheinander immer kleinere Teilchen aussieben zu können, und arbeitete sich nach und nach bis zu einer Porenfeinheit vor, bei der die durchgepreßte Flüssigkeit nach dem Filtern keine Infektionskeime mehr enthielt. Aus der Feinheit des Filters, mit dem er jeweils den Erreger einer bestimmten Erkrankung aus der Flüssigkeit entfernen konnte, ergab sich ein Schätzwert für die Größe des betreffenden Virus. Beijerinck hatte sich geirrt: Selbst das kleinste Virus war noch größer als die meisten Moleküle. Die größten Viren kamen in ihrer Größe den Rickettsien nahe.

In der Folge diskutierten die Biologen einige Jahre lang darüber, ob es sich bei Viren um lebende oder tote Gebilde handelte. Daß sie in der Lage waren, sich zu vermehren und Krankheiten zu übertragen, sprach dafür, sie als Lebewesen einzustufen. 1935 jedoch führte der amerikanische Biochemiker Wendell M. Stanley ein Experiment durch, das ganz eindeutig das Gegenteil zu besagen schien: Er zerstampfte Tabakblätter, die stark mit dem Tabak-Mosaikvirus infiziert waren, und ging dann mit Hilfe der zur Trennung und Identifizierung von Proteinen üblicherweise verwendeten Techniken daran, das Virus in möglichst reiner und konzentrierter Form zu isolieren. Das Ergebnis übertraf alle seine Erwartungen, denn er erhielt das Virus in kristallisierter Form! Sein Präparat war von ebenso kristalliner Struktur wie ein Kristallmolekül, und trotzdem war das Virus offenkundig in seiner Funktionsfähigkeit unbeeinträchtigt – wenn man die Kristalle in einer Flüssigkeit löste, entfaltete sich die infektiöse Wirksamkeit wieder voll und ganz.

Stanley erhielt 1946 den Chemie-Nobelpreis, zusammen mit Summer und Northrop, denen die Kristallisierung von Enzymen gelungen war *(siehe Kapitel 2)*.

Nach Stanleys Großtat vergingen zwanzig Jahre, ohne daß es gelang, andere als die sehr einfach gebauten Pflanzenviren (die nur Pflanzenzellen befallen) zu kristallisieren. Erst 1955 gelang es den US-Amerikanern Carlton E. Schwerdt und Frederick L. Schaffer, erstmals ein tierisches Virus zu kristallisieren: den Erreger der Kinderlähmung (Polio).

Daß Viren sich kristallisieren ließen, schien vielen, darunter auch Stanley selbst, ein Beweis dafür, daß sie nicht mehr sein konnten als »totes« Protein. Nichts Lebendes war jemals kristallisiert und anschließend wieder in seinen Ursprungszustand zurückversetzt worden: Lebendigkeit und Kristallinität schienen einander ausschließende Gegensätze zu sein. Das eine hieß Bewegung, Wandel, Dynamik, das andere Starrheit, Unbeweglichkeit, Gleichförmigkeit.

Und doch war und blieb es eine Tatsache, daß Viren infektiös sind, daß sie wachsen und sich vermehren können – auch nach einer Zeit des kristallinen Daseins. Und Wachstum und Vermehrung haben stets als Charakteristikum des Lebens gegolten.

Ein entscheidender Fortschritt gelang 1936, als die beiden britischen Biochemiker Frederick E. Bawden und Norman W. Pirie zeigen konnten, daß das Tabak-Mosaikvirus Ribonukleinsäure enthält. Nicht sehr viel, gewiß: Es besteht zu 94% aus Eiweiß und nur zu 6% aus RNS; aber das genügt, um es eindeutig als Nukleoprotein anzusprechen. In der Folge zeigte sich, daß auch alle anderen Viren entweder RNS oder DNS oder beide enthalten, also Nukleoproteine sind.

Der Unterschied zwischen einem Nukleoprotein und einem Nur-Protein ist praktisch gleichbedeutend mit dem Unterschied zwischen lebendig und

tot. Die Viren erwiesen sich als aus demselben Stoff bestehend wie die Gene, und die Gene sind ja schließlich die Grundbausteine des Lebens. Die größeren Viren machen äußerlich sogar ganz den Eindruck, Chromosomen auf Wanderschaft zu sein. Manche enthalten bis zu 75 Gene, von denen jedes den Aufbau eines bestimmten Teils des Virus steuert – eine Faser hier, einen Knick dort. Wenn man Mutationen der Nukleinsäure induziert, hat das manchmal zur Folge, daß das eine oder andere Gen einen Defekt erleidet; dadurch wird es möglich, seine Funktion und sogar seine Stellung innerhalb des Virus zu bestimmen. Mit einer vollständigen (sowohl strukturellen als auch funktionellen) Analyse des Gen-Aufbaus eines Virus ist sicherlich bald zu rechnen, wenn dies natürlich auch nicht mehr als ein kleiner Schritt auf dem Weg zu einer ähnlich vollständigen Analyse und Darstellung der Zellen höher organisierter Organismen mit ihrer viel komplexeren Gen-Ausstattung sein kann.

Wir können uns die Viren als Räuber vorstellen, die in die Zelle eindringen, die wachhabenden Gene ausschalten und den chemischen Produktionsapparat der Zelle für sich arbeiten lassen, wobei sie häufig den Tod der Zelle oder sogar den Tod des ganzen Wirtsorganismus herbeiführen. In manchen Fällen kann ein Virus sogar ein Gen oder eine Kette von Genen durch solche eigener Provenienz ersetzen und der Zelle so neue Merkmale und Eigenschaften aufzwingen, die diese dann an Tochterzellen weitergibt. Ein Virus kann auch in einer von ihm heimgesuchten Zelle DNS »plündern« und sie in eine andere Zelle, die es befällt, mitnehmen. Dieser Vorgang wird als *Transduktion* bezeichnet – nach einem Vorschlag Lederbergs, der das Phänomen 1952 entdeckte.

Wenn die Gene das »Lebenspotential« einer Zelle bergen, dann sind Viren lebende Wesen. Es kommt natürlich darauf an, wie man »Leben« definiert. Ich halte es für vernünftig, jedes vermehrungsfähige Nukleoprotein-Molekül als lebendig zu betrachten. Nach dieser Definition sind Viren ebenso lebendige Wesen wie Elefanten oder Menschen.

Indirekte Beweise für die Existenz von Viren sind gut, aber noch besser ist es, ein Virus zu zeigen. Der vermutlich erste Mensch, der ein Virus erblickte, war ein schottischer Arzt namens John Brown Buist. Er berichtete 1887, er habe in einem

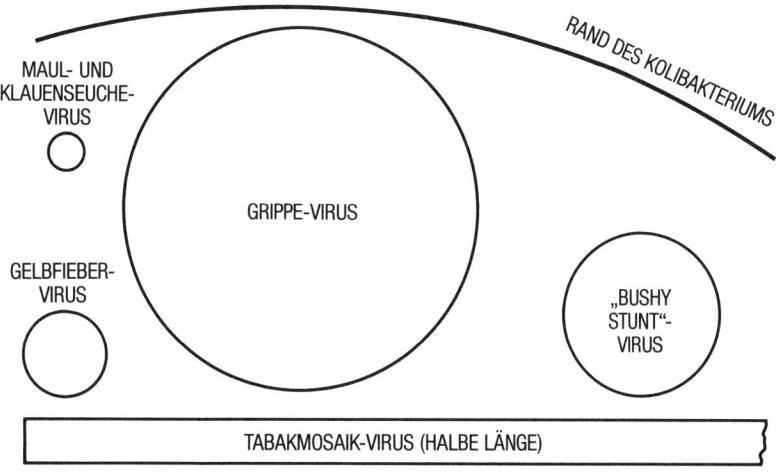

MAUL- UND
KLAUENSEUCHE-
VIRUS

RAND DES KOLIBAKTERIUMS

GRIPPE-VIRUS

GELBFIEBER-
VIRUS

„BUSHY
STUNT"-
VIRUS

TABAKMOSAIK-VIRUS (HALBE LÄNGE)

▭ HÄMOGLOBIN-MOLEKÜL
• ZUCKER-MOLEKÜL
· AMINOSÄURE-MOLEKÜL

Schematische Darstellung der relativen Größe verschiedener Mikroorganismen und Eiweißmoleküle. (Einer Länge von 4 cm in dieser Zeichnung entspricht eine Länge von $1/10000$ mm in Lebensgröße.)

Tropfen Flüssigkeit aus einem Impfbläschen unter dem Mikroskop ein paar winzige Pünktchen gesehen. Es handelte sich vermutlich um Kuhpockenviren, die größten bekannten Viren.

Um einen Blick auf ein Virus gewöhnlicher Größe werfen zu können, benötigt man etwas Besseres als ein normales Mikroskop. Etwas Besseres wurde aber erst gegen Ende der 30er Jahre erfunden: das Elektronenmikroskop, das Vergrößerungen bis zum 100000fachen erlaubt und noch Objekte mit einem Durchmesser von nur 0,001 Mikrometern auflösen kann.

Das Elektronenmikroskop hat gewisse Nachteile: Das zu vergrößernde Objekt muß in ein Vakuum eingebracht werden, und die unvermeidlich folgende Dehydrierung kann seine Form verändern. Ein Objekt von der Art einer Zelle muß in extrem dünne Scheiben geschnitten werden. Das Elektronenmikroskop liefert nur ein zweidimensionales Bild; und schließlich haben die Elektronen die Eigenheit, biologische Substanzen zu durchdringen, so daß diese sich nicht gegen den Hintergrund abheben.

1944 erarbeiteten der amerikanische Astrophysiker Robley C. Williams und sein Landsmann Walter G. Wyckoff, ein Elektronenmikroskop-Techniker, eine geniale Lösung für die beiden letztgenannten Probleme. Williams kannte als Astronom das Phänomen, daß die Krater und Erhebungen auf der Mondoberfläche dann, wenn das Sonnenlicht schräg auf sie einfällt, ein Schummerungs-Relief ergeben; in ähnlicher Weise, so sein Gedanke, könnte man vielleicht Viren im Elektronenmikroskop dreidimensional sehen, wenn man sie irgendwie dazu bringen könnte, Schatten zu werfen. Die Lösung, auf die die beiden setzten, bestand darin, Metalldampf schräg über die Viren hinwegzublasen. Ein solcher Strahl hinterließ hinter den Viren, auf die er traf, eine »Windschattenzone«, die frei von Metallteilchen war. Die Länge dieses Schattens war ein Indiz für die Höhe des den Weg des Strahls behindernden Objekts. Außerdem bildeten die Metallteilchen einen dünnen, die Viren überziehenden und sie so scharf gegen den Hintergrund abhebenden Film.

Auf diese Weise entstanden Bilder der verschiedenen Viren (*Abb.*) Das Kuhpockenvirus hat, wie sich herausstellte, eine faßartige Form. Sein Durchmesser beträgt ungefähr 0,25 Mikrometer, was in etwa der Größe der kleinsten Rickettsien entspricht. Das Tabak-Mosaikvirus entpuppte sich als dünnes, 0,28 Mikrometer langes und 0,015 Mikrometer dickes Stäbchen. Die kleinsten Viren, zu denen die Erreger der Kinderlähmung, des Gelbfiebers und der Maul- und Klauenseuche zählen, sind winzige Kügelchen mit Durchmessern zwischen 0,025 und 0,020 Mikrometern – beträchtlich kleiner als die vermutete Größe eines einzelnen menschlichen Gens. Das Gewicht dieser Viren ist etwa hundertmal geringer als das eines durchschnittlichen Eiweißmoleküls.

1959 konstruierte der finnische Zytologe Alvar P. Wilska ein Elektronenmikroskop, das mit vergleichsweise langsamen Elektronen arbeitet. Da diese Elektronen weniger durchschlagskräftig sind als die schnelleren vom herkömmlichen Elektronenmikroskop, zeichnen sie ein gewisses Abbild der inneren Struktur der Viren. 1961 fand der französische Zytologe Gaston Du Pouy ein Verfahren, das es erlaubte, Bakterien in luftgefüllte Kapseln einzuschließen und so elektronenmikroskopische Bilder von lebenden Zellen zu erzeugen. Da in diesem Fall die Möglichkeit des Metall-Schattenreliefs wegfällt, ließ die Detailzeichnung des Abbilds zu wünschen übrig.

Das herkömmliche Elektronenmikroskop ist eigentlich ein Übertragungsinstrument, da die Elektronen durch die dünne Scheibe des Präparats hindurchgehen und auf der anderen Seite aufgefangen werden. Darüber hinaus existiert die Möglichkeit, mit einem energiearmen Elektronenstrahl das zu vergrößernde Objekt zeilenweise abzutasten, ähnlich wie es in einer Fernsehbildröhre geschieht. Der Elektronenstrahl veranlaßt das Material des Objekts zur Abstrahlung eigener Elektronen. Es sind diese sekundär abgestrahlten Elektronen, die aufgefangen und interpretiert werden. Ein solches *Raster-Elektronenmikroskop (REM)* vermag sehr viel mehr Strukturdetails abzubilden. Theoretisch erörtert wurde die Möglichkeit eines solchen Instruments erstmals 1948 von dem britischen Physiker C. W. Oatley; zehn Jahre später wurde bereits mit Raster-Elektronenmikroskopen gearbeitet.

Die Funktion der Nukleinsäuren

Die Virologen haben damit begonnen, Viren zu teilen und sie wieder zusammenzusetzen. Der deutsch-amerikanische Biochemiker Heinz Fraenkel-Conrat, der an der University of California mit Robley Williams zusammenarbeitete, entwikkelte ein chemisches Behandlungsverfahren, mittels dessen das Protein des Tabak-Mosaikvirus in etwa 2200 Fragmente zerlegt werden konnte, die aus Peptidketten zu je 158 Aminosäuren bestanden und ein Molekülgewicht von etwa 18 000 pro Stück hatten. Der genaue Aminosäuren-Aufbau dieser Virusprotein-Einheiten wurde 1960 analysiert. Wenn diese Einheiten in Lösung gebracht werden, neigen sie dazu, sich wieder zu der länglichen Stabform zusammenzuschließen, die das intakte Virus zuvor aufwies. Zusammengehalten werden die Einheiten von Calcium- und Magnesiumatomen.

Im allgemeinen bilden Virusprotein-Einheiten, wenn sie sich zusammenschließen, geometrische Formen. Die Bausteine des Tabak-Mosaikvirus, von denen soeben die Rede war, bilden Segmente einer Helix. Die sechs Untereinheiten des Proteins des Poliovirus ordnen sich in Form von zwölf Fünfecken an. Die zwanzig Untereinheiten des Tipula-Virus arrangieren sich zu einem Ikosaeder, einem regelmäßigen, von zwanzig Dreiecken begrenzten Körper.

Das Protein des Virus bildet eine hohle Struktur. Die Protein-Helix des Tabak-Mosaikvirus beispielsweise ist eine Peptidkette mit 130 Wendeln, was eine Spirale mit einem länglichen Hohlraum im Innern ergibt. Dieser Hohlraum beherbergt die Nukleinsäure des Virus. Diese kann eine DNS oder eine RNS sein; in jedem Fall besteht die Nukleinsäure aus etwa 6000 Nukleotiden, wenn auch Sol Spiegelman ein RNS-Molekül mit nur 470 Nukleotiden aufgespürt hat, das replikationsfähig ist.

Fraenkel-Conrat trennte den Nukleinsäure-Baustein des Tabak-Mosaikvirus von seinen Protein-Bestandteilen und versuchte herauszufinden, ob auch beide allein eine Zelle infizieren konnten. Es zeigte sich, daß dies offenbar nicht der Fall war. Als er aber das Protein und die Nukleinsäure wieder zusammenmischte, kehrten bis zu 50% der ursprünglichen Infektionskapazität der Viruspopulation zurück!

Wie war das zugegangen? Voneinander getrennt, hatten das Protein und die Nukleinsäure nach allen herkömmlichen Maßstäben wie tote Materie gewirkt; wieder zusammengebracht, war zumindest ein Teil des Materials offenbar wieder lebendig geworden. Die Regenbogenpresse feierte Fraenkel-Conrats Experiment als den gelungenen Versuch, aus lebloser Materie einen lebenden Organismus zu erschaffen. Diese Interpretation war falsch, wie wir gleich sehen werden.

Klar war, daß sich Protein und Nukleinsäure irgendwie wiedervereinigt haben mußten. Nur vereint schienen sie Infektionen hervorrufen zu können, und jedes schien dabei seine eigene spezifische Aufgabe zu haben. Was waren die spezifischen Funktionen des Proteins einerseits und der Nukleinsäure andererseits, und welcher Bestandteil war der wichtigere?

Fraenkel-Conrat dachte sich ein Experiment aus, das eine saubere Antwort auf diese Frage lieferte: Er vermischte den Proteinanteil eines Virusstamms mit dem Nukleinsäureanteil eines anderen. Die beiden Teile vereinigten sich und bildeten einen infektiösen Virus mit hybriden Eigenschaften! In seiner Virulenz (d. h. in der Intensität, mit der er Tabakpflanzen infizierte) entsprach er dem Virusstamm, dem das Protein entnommen war; was aber die von ihm erregte Krankheit betraf (d. h. die Beschaffenheit des Mosaikmusters auf den Blättern), so erwies er sich als identisch mit dem Virusstamm, der die Nukleinsäure beigesteuert hatte.

Dieser Befund paßte gut zu den Mutmaßungen, die die Virologen hinsichtlich der spezifischen Funktionen des Proteins einerseits und der Nukleinsäure andererseits schon angestellt hatten. Wenn ein Virus eine Zelle attackiert, scheint seine Proteinhülse sich an der Zelle offenbar »festzukrallen« und ein Eingangsloch in die Zellwand zu brechen. Die Nukleinsäure dringt sodann in die Zelle ein und setzt dort die Produktion von Virusbausteinen in Gang.

Nachdem Fraenkel-Conrats Hybridvirus ein Tabakblatt infiziert hatte, entpuppten sich die in den Blattzellen auftauchenden Nachkömmlinge nicht etwa als Duplikate des Hybridvirus, sondern als Ebenbilder desjenigen Virus, der die Nukleinsäure beigesteuert hatte. Mit ihm war die neue Generation sowohl in punkto Virulenz als auch hinsichtlich der erzeugten Krankheitssymptome identisch. Die Anweisungen für die Synthese der Proteinhülle des neuen Virus waren also allein von der Nukleinsäure gekommen. Sie hatte das Protein ihres eigenen Stammes erzeugt und nicht etwa das des Stammes, dessen Hülse ihr von Fraenkel-Conrat im Labor übergestreift worden war.

Dies bestätigte die Annahme, daß die Nukleinsäure der »lebende« Bestandteil eines Virus – man kann auch sagen: jedes Nukleinproteins – ist. Tatsächlich stellte Fraenkel-Conrat in späteren Experimenten fest, daß rein kultivierte Virus-Nukleinsäure allein in der Lage war, ein Tabakblatt ein

kleines bißchen zu infizieren, wenn auch nur mit einer rund tausendmal geringeren Intensität als das vollständige Virus. Offenbar gelang es der Nukleinsäure hin und wieder, sich ganz aus eigener Kraft Zutritt zu einer Zelle zu verschaffen.

Nukleinsäure und Proteinhülse eines Virus zusammenzubringen, heißt also nicht, aus toter Materie lebende Substanz zu machen. Das Leben ist bereits vorher, in Gestalt der Nukleinsäure, vorhanden. Die Proteinhülse dient lediglich dazu, die Nukleinsäure vor Enzymen mit hydrolytischer Wirkung (Nukleasen) zu schützen und ihr beim Eindringen in Wirtszellen zu helfen. Vielleicht läßt sich diese Arbeitsteilung anhand eines Vergleichs verdeutlichen: Stellen wir uns die Nukleinsäure als einen Menschen und die Proteinhülse als ein Automobil vor. Als Gespann sind beide höchst beweglich. Das Automobil allein kann nirgendwo hinfahren. Der Mensch könnte ein entferntes Ziel notfalls zu Fuß erreichen (und gelegentlich kommt dies auch vor), doch erleichtert das Automobil die Sache wesentlich.

Die eindeutigsten und eingehendsten Kenntnisse über die Art und Weise, wie Viren eine Zelle infizieren, haben sich aus dem Studium eines speziellen Typs von Viren ergeben, die *Bakteriophagen* genannt werden. Entdeckt wurden diese Viren 1915 von dem englischen Bakteriologen Frederick W. Twort und, unabhängig davon, 1917 von dem kanadischen Bakteriologen Félix d'Hérelle. Dieser taufte sie auf den Namen Bakteriophagen (nach dem griechischen Ausdruck für »Bakterienfresser«), weil sie sich von Bakterien ernähren.

Die Bakteriophagen sind sehr dankbare Untersuchungsobjekte, weil man sie zusammen mit ihren Wirtsorganismen (bzw. Opfern) im Reagenzglas züchten kann. Der Vorgang der Infizierung und Vermehrung läuft wie folgt ab:

In ihrer Gestalt erinnern die meisten Bakteriophagen an winzige Kaulquappen, mit einem stumpfen Kopf und einem Schwanz. Wie die Forscher unter dem Elektronenmikroskop beobachten konnten, heften sich die Phagen, wie sie der Kürze halber genannt werden, zunächst mit ihrem Schwanzteil an einem Bakterium fest. Wie sie das machen, ist noch nicht völlig geklärt, aber die plausibelste Hypothese lautet, daß das Verteilungsmuster der elektrischen Ladungen entlang ihrer Schwanzspitze (das durch die unterschiedliche Ladung der Aminosäuren bestimmt wird) genau dem Ladungsmuster bestimmter Abschnitte der Oberfläche des Bakteriums entspricht. Entgegengesetzte, einander anziehende Ladungen am Schwanz einerseits und an der Bakterienoberfläche andererseits passen so genau aufeinander, daß sie sich ineinander einklinken wie zwei Hälften eines Reißverschlusses. Sobald der Phage sich auf diese Weise mit seiner Schwanzspitze an der Außenhaut seines Opfers festgekrallt hat, schneidet er eine winzige Öffnung in die Zellwand, vielleicht mit Hilfe eines Enzyms, das die Moleküle an dieser Stelle durch Auflösung von Bindungen spaltet. Soweit das Elektronenmikroskop es zu zeigen vermag, geschieht anschließend nichts weiter. Der Phage – oder zumindest seine sichtbare Hülse – bleibt an der Außenseite des Bakteriums kleben. Im Innern findet keine sichtbare Aktivität statt. Doch nach höchstens einer halben Stunde bricht das Bakterium plötzlich auf, und Hunderte ausgewachsener Viren ergießen sich in die Umgebung.

Offensichtlich bleibt nur die Proteinhülse des infizierenden Virus außerhalb der Bakterienzelle. Seine Nukleinsäure wandert wohl durch die in die Wand geschnittene Öffnung ins Innere des Bakteriums. Daß es tatsächlich die reine Nukleinsäure ist, die eindringt, ohne jede meßbare Beimischung von Protein, wies der amerikanische Bakteriologe Alfred D. Hershey mit Hilfe radioaktiver Tracer nach. Er markierte Phagen mit radioaktiven Phosphor- und Schwefelatomen (indem er Phagen auf Bakterien ansetzte, die diese Radioisotope aus ihrem Nährboden aufgenommen hatten). Während die Phosphoratome sowohl in den Protein- als auch in den Nukleinsäurebestandteilen der Phagen auftauchten, sammelten sich die Schwefel-Tracer nur in den Proteinen an, da Nukleinsäuren keine Schwefelatome enthalten. Wenn also ein mit beiden Tracern markierter Phage ein Bakterium befiel und dort eine Nachkommenschaft produzierte, die mit Radiophosphor-, nicht aber mit Radioschwefelatomen gespickt war, so konnte dies als Indiz dafür gelten, daß nur die Nukleinsäure des Muttervirus, nicht aber einer seiner Protein-

bausteine in die Zelle eingedrungen war. Das Baumaterial für die Proteinhülsen der Virus-Nachkommen mußte also vom Wirtsbakterium stammen. Hersheys Experiment brachte genau dieses Ergebnis: Die neuen Viren enthielten radioaktiven Phosphor (vom Muttervirus stammend), aber keinen radioaktiven Schwefel.

Einmal mehr zeigte sich die dominierende Rolle der Nukleinsäure in den Lebensvorgängen. Ganz offensichtlich ist es so, daß die Nukleinsäure des Phagen in das Bakterium eindringt und dort den Zusammenbau neuer Viren (komplett mit Proteinhülse und Nukleinsäure) aus dem Material der Zelle dirigiert.

Als Erreger der Blattrollkrankheit bei der Kartoffel wurde in den 60er Jahren ein ungewöhnlich kleines Virus identifiziert. Der Mikrobiologe T. O. Diener stellte 1967 die Vermutung auf, daß dieses Virus aus nicht mehr als einem nackten RNS-Strang besteht. Er schlug für solche infektiösen Nukleinsäurestränge (ohne Protein) die Bezeichnung *Viroiden* vor; mittlerweile sind bei einem halben Dutzend Pflanzenkrankheiten Viroideninfektionen als Ursache erkannt worden.

Man schätzt, daß ein Viroid es auf ein Molekülgewicht von etwa 130 000 bringt; das ist nur ein 300stel des Molekülgewichts des Tabak-Mosaikvirus. Möglicherweise setzt sich der Nukleinsäurestrang eines Viroiden aus nur 400 Nukleotiden zusammen; für die Fähigkeit zur Replikation – und das heißt: für die Eigenschaft, etwas Lebendes zu sein – reicht dies offenbar aus. Die Viroiden sind die kleinsten Lebewesen, die wir kennen.

Es kann sein, daß Viroiden an gewissen, noch wenig verstandenen Verfallskrankheiten bei Tieren beteiligt sind, von denen man bisher den Eindruck hatte, sie würden (wenn überhaupt virusbedingt) von »langsamen Viren« hervorgerufen, da die Symptome sich bei ihnen nur zögernd entwickeln. Es ist denkbar, daß dies eine Folge der relativ niedrigen infektiösen Intensität ist, die eine hülsenlose, verhältnismäßig kurze Nukleinsäure zu entfalten vermag.

Immunreaktionen

Unter allen Lebewesen sind die Viren unsere schlimmsten Feinde (sieht man einmal von unseren Mitmenschen ab). Dank der engen Beziehung, in der sie zu den Zellen unseres Körpers stehen, kann man den Viren mit Medikamenten oder irgendwelchen anderen künstlichen Waffen nichts anhaben. Und doch hat sich die Menschheit gegen diese Feinde selbst unter den ungünstigsten Bedingungen behauptet. Der menschliche Organismus verfügt über beachtliche natürliche Abwehrkräfte gegen Krankheitserreger.

Nehmen wir einmal den Schwarzen Tod, die schlimme Pestepidemie, die im 14. Jahrhundert wütete. Sie suchte ein Europa heim, dessen Bevölkerung noch keine Reinlichkeit und Hygiene im heutigen Sinn kannte, ohne fließendes Wasser und Kanalisation und praktisch ohne jede medizinische Versorgung lebte. Gewiß, der einzelne hatte die Möglichkeit, aus seinem Dorf zu fliehen, wenn die Pest es erreichte; aber die Flüchtlinge trugen die Erreger der Krankheit meist schon in sich und sorgten nur für eine noch raschere Verbreitung der Epidemie. Trotzdem überstanden am Ende drei Viertel der Bevölkerung die Seuche. Angesichts der damaligen Verhältnisse ist das Erstaunliche nicht, daß jeder vierte starb, sondern daß drei von vieren überlebten.

Es ist klar, daß es so etwas wie natürliche Abwehrkräfte gegen jede Krankheit gibt. Wenn eine Gruppe von Leuten von einer gefährlichen Infektionskrankheit angesteckt wird, wird es bei einigen von ihnen ziemlich glimpflich ablaufen, andere werden sehr schwer erkranken, und einige wenige werden sterben. Es gibt auch das Phänomen der – angeborenen oder erworbenen – vollständigen Immunität gegen bestimmte Krankheiten. Ein Mensch, der beispielsweise einmal Masern, Mumps oder Windpocken gehabt hat, bleibt gewöhnlich für den Rest seines Lebens gegenüber der betreffenden Krankheit immun.

Die drei genannten Krankheiten sind allesamt Virusinfektionen. Sie gehören jedoch zu den vergleichsweise harmlosen Viruskrankheiten und verlaufen selten tödlich. Die Masern, die gefährlichste der drei, zeichnen sich gewöhnlich, zumindest bei Kindern, durch einen relativ milden Verlauf aus.

Es erhebt sich die Frage: Wie bekämpft unser Körper diese Viren, und wie schützt er sich anschließend gegen sie, so daß eine einmal in die Flucht geschlagene Virenart ihm nie wieder etwas anhaben kann?

Die Suche nach der Antwort auf diese Frage bildet ein spannendes Kapitel aus der Geschichte der modernen Medizin; der Anfang dieser Episode fiel in die Zeit des Kampfes gegen die Pocken.

Pocken

Bis zum Ende des 18. Jahrhunderts waren die Pocken (auch Blattern genannt) eine besonders gefürchtete Krankheit, nicht nur weil sie oft tödlich verliefen, sondern auch weil diejenigen, die davonkamen, für den Rest ihres Lebens entstellt waren. Bei glimpflichem Verlauf blieb eine stark vernarbte Haut zurück, bei schwerem Verlauf konnte die Krankheit zu abstoßenden Entstellungen oder sogar dazu führen, daß der Betroffene fast nicht mehr wie ein Mensch aussah. Sehr viele Menschen trugen die Zeugnisse einer durchgemachten Pockenkrankheit auf dem Gesicht. Und diejenigen, die noch nicht daran erkrankt waren, lebten in beständiger Furcht, es könnte auch sie treffen.

Im 17. Jahrhundert kam in der Türkei die Praxis auf, sich durch absichtliche Ansteckung einer milden Form der Pocken auszusetzen, in der Hoffnung, danach gegen eine Erkrankung mit schwererem Verlauf gefeit zu sein. Die Leute ließen sich Flüssigkeit aus den Pusteln von Kranken, bei denen die Pocken glimpflich verliefen, in die Haut ritzen. Bei manchen entwickelte sich daraufhin nur eine leichte Infektion; andere aber erlitten genau die schweren Entstellungen, denen sie zu entgehen versucht hatten, oder starben sogar. Es war ein riskantes Unterfangen; daß viele Menschen dieses Risiko überhaupt eingingen, zeigt, wie gefürchtet die Pockenkrankheit war.

Im Jahr 1718 erfuhr Lady Mary Wortley Montagu, zu ihrer Zeit eine berühmte Schönheit, von dieser Praxis, als sie mit ihrem Mann die Türkei bereiste. Sie praktizierte den Trick sogleich bei ihren eigenen Kindern – sie überstanden es unversehrt. Doch die Idee fand in England keinen Anklang, vielleicht unter anderem deshalb, weil Lady Montagu als Exzentrikerin galt. Ähnlich war es jenseits des Ozeans, wo der amerikanische Arzt Zabdiel Boylston anläßlich einer Pockenepidemie in Boston 241 Personen auf die beschriebene Weise impfte; 6 von ihnen starben, worauf Boylston harsche Kritik erntete.

In der englischen Grafschaft Gloucestershire hatte die Landbevölkerung ihr eigenes Rezept zum Schutz vor den Pocken. Die Leute glaubten, daß ein Mensch nach einer überstandenen Kuhpockeninfektion sowohl gegen diese Krankheit als auch gegen die Pocken immun sei. Stimmte dies, so war es eine wunderbare Sache, denn die Kuhpocken (eine Krankheit, von der Kühe, manchmal aber auch Menschen befallen wurden) riefen fast keine Pusteln hervor und hinterließen kaum Narben. Ein in Gloucestershire praktizierender Arzt namens Edward Jenner sagte sich, daß an diesem »Volksaberglauben« vielleicht etwas Wahres sein könne. Er stellte in der Tat fest, daß Kuhmägde, die sich besonders häufig Kuhpocken zuzogen, offensichtlich sehr selten an Pocken erkrankten. (Vielleicht beruhte die im 18. Jahrhundert gängige romantische Verklärung »der schönen Milchmaid« teilweise auf dem Umstand, daß die Mädchen und Frauen, die dieses Metier ausübten, fast nie durch Pockennarben verunziert waren und daher in einer pockengezeichneten Umwelt tatsächlich relative Schönheit bewahrt hatten.)

War es möglich, daß Kuhpocken und Pocken einander so ähnlich waren, daß eine vom Organismus gegen die Kuhpocken aufgebaute Immunität auch vor den Pocken schützen konnte? Sehr behutsam begann Jenner, diese Hypothese zu überprüfen (wahrscheinlich zunächst mit Mitgliedern seiner eigenen Familie als Versuchskaninchen). 1796 entschloß er sich, die entscheidende Probe aufs Exempel zu machen. Er impfte einen achtjährigen Jungen namens James Phipps mit Kuhpocken, indem er ihm Flüssigkeit aus einer Kuhpockenpustel von der Hand einer Kuhmagd in die Haut ritzte. Zwei Monate später folgte der gefährliche und alles entscheidende Teil des Experiments: Jenner impfte den kleinen James mit Pockenserum.

Der Junge erkrankte nicht – er war immun.

Jenner nannte die Technik *vaccination* (nach *vaccinia*, der lateinischen Bezeichnung für die Kuhpocken). Im deutschen Sprachraum griff man auf den in ähnlichem Zusammenhang vertrauten Ausdruck »impfen« zurück.

Die Pockenimpfung verbreitete sich wie ein Lauffeuer über Europa. Es war einer der seltenen Fälle einer medizinischen Revolution, die sich beinahe ohne Verzögerung und Widerstand durchsetzte – was nur beweist, wie groß die allgemeine Angst vor den Pocken und wie begierig die Bevölkerung gewesen sein muß, alles auszuprobieren, das Schutz vor dieser Krankheit versprach. Selbst die Ärzte leisteten nur schwachen Widerstand gegen die Praxis des Impfens, wenngleich ihre führenden Standesfunktionäre es sich nicht verkneifen konnten, Jenner zu demütigen: Als dieser 1813 zur Auf-

nahme in das Londoner Königliche Ärztekollegium vorgeschlagen wurde, verweigerten sie ihm die Mitgliedschaft mit der Begründung, er habe Hippokrates und Galen zu wenig studiert.

Heute scheinen die Pocken als aktive Infektionskrankheit erloschen zu sein, einfach weil es fast niemanden mehr zu geben scheint, der nicht durch Impfung immun gemacht ist und noch als lohnende Beute für die Erreger dienen könnte. Seit 1977 ist auf der ganzen Welt kein einziger Pockenfall mehr bekannt geworden. Kulturen des Pockenvirus gibt es noch in einigen Laboratorien, wo sie zu Forschungszwecken weitergezüchtet werden; ein Infektionspotential ist also noch vorhanden und kann bei eventuellen Unfällen freigesetzt werden.

Impfstoffe

Versuche, analoge Impfverfahren auch für andere gefürchtete Krankheiten zu finden, blieben über mehr als eineinhalb Jahrhunderte hinweg ohne Erfolg. Wieder war es Pasteur, der hier den nächsten großen Schritt vorwärts tat. Er entdeckte – mehr oder weniger per Zufall –, daß er den Verlauf einer Infektionskrankheit mildern konnte, indem er die betreffende Erregermikrobe in ihrer Virulenz schwächte.

Die Sache ergab sich aus Pasteurs Arbeit mit einem Bakterium, das bei Hühnern Cholera hervorrief. Er stellte ein Präparat her, das so hoch konzentriert war, daß ein Huhn, dem er ein wenig davon unter die Haut spritzte, in weniger als einem Tag dahinstarb. Einmal injizierte er etwas von einer Kultur, die eine Woche lang herumgestanden hatte. Die Hühner erkrankten daraufhin nur leicht und erholten sich wieder. Pasteur schrieb die Kultur als verdorben ab und stellte ein neues virulentes Präparat her. Allein, diejenigen Hühner, die zuvor die Impfung mit den »verdorbenen« Bakterien überlebt hatten, widerstanden jetzt auch der frischen Kultur – ganz offenbar hatte die erste Infektion bei den Hühnern eine Abwehrkraft gegen die Bakterien, und zwar auch gegen die virulenten, mobilisiert.

In gewissem Sinn hatte Pasteur eine künstliche Art von »Kuhpocken« kreiert.

Pasteur entwickelte in der Folge weitere Verfahren zur Schwächung von Krankheitserregern. Er stellte beispielsweise fest, daß die Kultivierung von Milzbrandbakterien bei hohen Temperaturen Stämme von erheblich reduzierter Virulenz hervorbrachte, mit denen man Tiere gegen die Krankheit immun machen konnte. Bis dahin war Milzbrand eine dermaßen ansteckende und absolut tödliche Krankheit gewesen, daß in dem Augenblick, wo auch nur ein Tier einer Herde davon befallen wurde, die ganze Herde geschlachtet und die Kadaver verbrannt werden mußten.

Seinen berühmtesten Sieg landete Pasteur jedoch über die Viruserkrankung, die wir unter dem Namen *Tollwut* kennen. (Sie trägt diesen Namen, weil sie auf das Nervensystem übergreift und Symptome hervorruft, die gewissen Formen des Wahnsinns ähneln.) War ein Mensch von einem tollwütigen Hund gebissen worden, stellten sich nach einer Inkubationszeit von einem bis zwei Monaten heftige Symptome ein, und der Betreffende starb fast unweigerlich einen qualvollen Tod.

Pasteur fand keine sichtbare Mikrobe, die als Erregerin der Krankheit in Frage kam. (Er wußte natürlich noch nichts von Viren.) So mußte er, um den Erreger kultivieren zu können, mit dem Gewebe lebender, infizierter Tiere arbeiten. Er ging so vor, daß er infektiöses Serum in das Gehirn eines Kaninchens injizierte, die Inkubationszeit abwartete, dann das Rückenmark des Tieres verquirlte und den Extrakt in das Gehirn eines anderen Kaninchens einspritzte; dies wiederholte er gegebenenfalls mehrere Male. Dabei versuchte er systematisch, eine Schwächung seiner Präparate herbeizuführen, indem er sie altern ließ. Er testete sie dabei laufend, so lange, bis der Extrakt nicht mehr in der Lage war, bei einem Kaninchen sichtbare Symptome der Krankheit zu erzeugen. Er impfte dieses Tier dann mit einem voll virulenten Tollwutserum, und siehe da, es zeigte sich immun.

1885 erhielt Pasteur die Chance, seine Impftherapie an einem Menschen auszuprobieren. Man brachte einen neunjährigen Knaben namens Joseph Meister zu ihm, der von einem tollwütigen Hund übel zugerichtet worden war. Voller Zweifel und Befürchtungen ging Pasteur daran, dem Jungen aufeinanderfolgende Impfungen mit zunehmend schwächeren Kulturen zu verabreichen, in der Hoffnung, noch vor Ablauf der Inkubationszeit eine Resistenz aufbauen zu können. Es

klappte offensichtlich, denn der Knabe überlebte. (Er wurde später Pförtner am Pasteur-Institut und beging 1940 Selbstmord, als deutsche Besatzungstruppen ihm befahlen, Pasteurs Grabkammer zu öffnen.)

Eine andere Idee hatte 1890 ein deutscher Militärarzt namens Emil von Behring, der im Institut von Robert Koch mitarbeitete. Warum, so fragte er sich, das Risiko eingehen, den Erreger selbst, wenn auch in geschwächter Form, einem Menschen zu injizieren? Wenn man davon ausging, daß der Organismus in Reaktion auf den Erreger Substanzen erzeugt, die in der Lage sind, diesen zu vernichten, wäre es dann nicht ebensogut möglich, den Erreger zunächst einem Tier zu verabreichen, diesem sodann die Abwehrsubstanz, die es erzeugt, abzuzapfen und dem menschlichen Patienten diese Substanz zu injizieren?

Behring versuchte es und stellte fest, daß es in der Tat funktionierte. Die Abwehrsubstanz tauchte im Blutserum auf; Behring nannte sie ein *Antitoxin*. Er ließ Versuchstiere Antitoxine gegen Tetanus (Wundstarrkrampf) und Diphtherie produzieren. Der erste klinische Einsatz des Diphtherie-Antitoxins bei einem Kind war ein so durchschlagender Erfolg, daß sich die Methode alsbald weltweit durchsetzte, was zu einem drastischen Rückgang der Todesfälle durch Diphtherie führte.

Paul Ehrlich, dem später der große Wurf gegen den Erreger der Syphilis gelang, arbeitete mit Behring zusammen und berechnete wahrscheinlich die in jedem Fall erforderlichen Antitoxindosen. Später brach er mit Behring (er war ein jähzorniger Mensch, der sich leicht und gerne mit allen möglichen Leuten entzweite) und arbeitete allein an der Entwicklung der Serumtherapie weiter. Behring erhielt 1901 den Nobelpreis für Medizin und Physiologie (den ersten, der überhaupt verliehen wurde). Auch Ehrlich bekam diesen Nobelpreis verliehen, und zwar 1908 gemeinsam mit einem russischen Biologen.

Die von einem Antitoxin gewährte Immunität hält nur so lange vor, wie das Antitoxin im Blut verbleibt. Wie jedoch der französische Bakteriologe Gaston Ramon entdeckte, ließen sich die Toxine der Diphtherie und des Tetanus durch Behandlung mit Formaldehyd oder Wärme strukturell verändern, daß die dabei entstehenden Substanzen (Toxoide genannt) gefahrlos menschlichen Patienten verabreicht werden konnten. Das daraufhin vom Körper des Patienten selbst produzierte Antitoxin hält länger vor als das aus tierischer Quelle gewonnene, und zur Erneuerung der schwindenden Immunität kann, wenn nötig, immer wieder eine Toxoid-Dosis nachgereicht werden. Nach der Einführung der Toxoide im Jahr 1925 verlor die Diphtherie endgültig ihren Schrecken.

Pasteurs mühseliges Ringen mit dem Erreger der Tollwut zeigte, wie schwer es war, einem Virus beizukommen. Bakterien kann man auf künstlichen Nährböden im Reagenzglas züchten, manipulieren und schwächen. Bei Viren geht das nicht: Sie lassen sich nur in lebendem Gewebe züchten. Im Falle der Pocken waren die lebenden Träger des Versuchsmaterials (der Kuhpockenviren) Kühe und Milchmägde. Im Fall der Tollwut waren es Kaninchen. Selbst im günstigsten Fall sind Tiere aber ein unhandlicher, kosten- und zeitaufwendiger »Nährboden« für die Züchtung von Mikroorganismen.

Im ersten Viertel des 20. Jahrhunderts brachte es der französische Biologe Alexis Carrel zu beträchtlichem Ruhm mit einem Kunststück, das sich als für die weitere medizinische Forschung unschätzbar wertvoll erwies: Er hielt Gewebeteile im Reagenzglas am Leben. Das Interesse an dieser Forschungsrichtung ging bei Carrel auf seine Tätigkeit als Chirurg zurück. Er hatte neue Verfahren zur Transplantation tierischer Blutgefäße und Organe entwickelt (und dafür 1912 den Nobelpreis für Medizin und Physiologie erhalten). Natürlich mußte er ein herausgeschnittenes Organ am Leben erhalten, bis das Empfängertier soweit war, daß die Transplantation vorgenommen werden konnte. Er probierte aus, wie man das Organgewebe durch Versorgung mit frischem Blut und mit verschiedenen Extrakten und Ionen am Leben halten konnte. (Als Nebenprodukt dieser Arbeit entwickelte Carrel mit Hilfe von Charles A. Lindbergh ein primitives »mechanisches Herz«, eine Pumpe, die Blut durch das Gewebe spülte.)

Carrel perfektionierte seine Methoden so weit, daß es ihm gelang, das Herz eines Hühnerembryos 34 Jahre lang am Leben zu erhalten – das war wesentlich mehr als die Lebenserwartung eines Huhns. Carrel versuchte auch, mit Hilfe seiner Gewebekulturen Viren zu züchten, was ihm in gewissem Sinn auch gelang. Dummerweise wuchsen in diesen Gewebekulturen auch Bakterien her-

an; um die Viren in Reinkultur zu erhalten, mußten so aufwendige aseptische Maßnahmen getroffen werden, daß es einfacher war, nach herkömmlicher Art lebende Tiere zu benutzen.

Gleichwohl war die Idee mit dem Hühnerherz für die Lösung des Problems sozusagen schon die halbe Miete. Man brauchte nur noch einen Schritt weiter zu gehen und statt eines Organs oder Gewebeteils das Ganze zu nehmen – das Hühnerembryo selbst. Ein Hühnerembryo ist ein selbständiger Organismus, geschützt durch die Eischale, ausgestattet mit seinen eigenen natürlichen Abwehrkräften gegen Bakterien, sowie, nicht zuletzt, preiswert und leicht zu beschaffen. 1931 gelang es dem amerikanischen Pathologen Ernest W. Goodpasture und seinen Mitarbeitern, einen Virus in ein Hühnerembryo einzupflanzen. Erstmals konnten nun reine Viruskulturen mit nicht viel mehr Aufwand als Bakterienkulturen gezüchtet werden.

Der erste große, der Kultivierung von Viren in befruchteten Hühnereiern zu verdankende medizinische Erfolg stellte sich 1937 ein. Der in den USA tätige südafrikanische Bakteriologe Max Theiler und seine Kollegen waren seit langem auf der Suche nach einem verbesserten Schutz vor dem Gelbfiebervirus. Die Überträgermücke vollständig auszurotten, war schließlich unmöglich, und infizierte Affen bildeten ein ständiges, gefährliches Ansteckungsreservoir für die Krankheit. Theiler versuchte, einen geschwächten Gelbfiebervirus zu züchten. Er schleuste seine Versuchsviren durch 200 Mäuse und 100 Hühnerembryos, bis er eine Variante erhielt, die nur glimpfliche Symptome hervorrief und trotzdem völlige Immunität gegen das Gelbfieber gewährte. Für diese Leistung wurde Theiler 1951 mit dem Nobelpreis für Medizin und Physiologie ausgezeichnet.

Letzten Endes ist die Kultivierung von Mikroorganismen im Reagenzglas (und seinen anspruchsvolleren gläsernen Nachkömmlingen) hinsichtlich Geschwindigkeit, Kontrolle der Bedingungen und Effizienz jedem anderen Verfahren überlegen. Dieser Tatsache Rechnung tragend, griffen in den späten 40er Jahren John F. Enders, Thomas H. Weller und Frederick C. Robbins von der Medizinischen Fakultät der Harvard University auf den Ansatz Carrels zurück. (Er war 1944 verstorben und erlebte nicht mehr mit, welche Früchte seine Arbeit trug.) Ihnen standen mittlerweile neue, machtvolle Waffen gegen die ihre Gewebekulturen infizierenden Bakterien zu Gebote: die Antibiotika. Sie setzten dem Blut, mit dem sie die Gewebe am Leben erhielten, Penicillin und Streptomycin zu und stellten fest, daß sie nun ohne weiteres Viren züchten konnten. Auf gut Glück versuchten sie es mit dem Poliovirus. Zu ihrer Freude gedieh es in diesem Medium prächtig. Das war der Durchbruch, der den Sieg über die Kinderlähmung einleitete; die drei Forscher erhielten 1954 gemeinsam den Nobelpreis für Medizin und Physiologie.

Das Poliovirus konnte jetzt im Reagenzglas, statt wie bisher nur mit Hilfe lebender Affen, kultiviert werden (die nicht nur teure, sondern auch höchst unruhige Versuchstiere sind). Experimente großen Stils mit dem Virus wurden dadurch möglich. Einer derjenigen, die sich die neue Technik zunutze machten, war Jonas E. Salk, der das Virus einer Reihe chemischer Experimente unterwarf und dabei herausfand, daß Polioviren, die man mit Formaldehyd abtötet, danach immer noch Immunreaktionen des Körpers hervorrufen; diese Erkenntnis bildete den Ausgangspunkt für die berühmte Salk-Impfung.

Mit ihrem beträchtlichen Anteil tödlicher Ausgänge, ihren gefürchteten Lähmungsfolgen, ihrer besonderen Vorliebe für Kinder und ihrer relativen Neuartigkeit (es gibt keine Hinweise darauf, daß diese Krankheit vor 1840 epidemisch aufgetreten wäre) war die Kinderlähmung eine der am meisten gefürchteten Infektionskrankheiten, zumal sie mit dem US-Präsidenten Franklin D. Roosevelt noch 1945 ein prominentes Opfer forderte. Wahrscheinlich ist noch niemals zuvor oder danach die Bekanntgabe eines medizinischen Durchbruchs mit so großer Aufmerksamkeit und Begeisterung quittiert worden wie 1955 der Bericht der Expertenkommission, die dem Salk-Impfstoff hinreichende Wirksamkeit attestierte. Natürlich rechtfertige das Ereignis diese Begeisterung – mehr als die meisten anderen Anlässe, bei denen die Leute Konfetti schmeißen und einander halbtot trampeln. Allein, Sensationsmache und geschürte Erwartungen sind kein gesunder Nährboden für wissenschaftliche Arbeit, besonders auf dem heiklen Gebiet der Medizin. In der fieberhaften Eile, mit der man die schlagartige Massennachfrage nach dem neuen Impfstoff zu befriedigen suchte, schlüpften offenbar einige wenige fehlerhafte Packungen durch, die Erkrankungen zur Folge hatten, und als daraufhin die öffentliche Begeisterung in Bestürzung und Empörung umschlug, erlitt das geplante Schutzimpfungsprogramm einen empfindlichen Rückschlag.

Es erholte sich davon jedoch wieder, und es erwies sich, daß der Salk-Impfstoff nicht nur wirksam war, sondern bei sorgfältiger Zubereitung auch ungefährlich. 1957 vollführte der polnisch-amerikanische Mikrobiologe Albert B. Sabin einen weiteren Schritt: Er verwendete anstelle abgetöteter Viren (die, wenn sie nicht tot genug waren, gefährliche Wirkungen entfalten konnten) lebende Virusstämme, und zwar solche, die zwar die Krankheit selbst nicht hervorzurufen vermochten, aber dennoch den Organismus zur Produktion der entsprechenden Antikörper anregten. Der resultierende Sabin-Impfstoff brauchte nicht mit der Spritze, sondern konnte oral verabreicht werden. Zunächst in der Sowjetunion und in den osteuropäischen Ländern in großem Maßstab eingeführt, wurde die Polio-Schluckimpfung nach 1960 auch in den westlichen Ländern zur Regel; seither ist die Angst vor der Kinderlähmung gewichen.

Antikörper

Was genau bewirkt ein Impfstoff, und wie bewirkt er es? Die Beantwortung dieser Frage wird uns vielleicht eines Tages in den Besitz des Geheimnisses der Immunität bringen.

Mehr als ein halbes Jahrhundert lang waren die wichtigsten Abwehragentien des Körpers gegen Infektionen für die Biologen einfach »Antikörper«. (Natürlich kannte man die Funktion der weißen Blutkörperchen oder *Phagozyten*, die Bakterien fressen, wie schon 1883 der russische Biologe Ilja I. Mechnikow erkannte, der später als Nachfolger Pasteurs Leiter des Pariser Pasteur-Instituts wurde und 1908 zusammen mit Ehrlich den Nobelpreis für Medizin und Physiologie erhielt. Aber gegen Viren sind die Phagozyten machtlos, und es scheint, als ob sie an den hier in Rede stehenden Immunreaktionen überhaupt nicht beteiligt sind.) Viren und auch die meisten anderen Fremdkörper, die in den körpereigenen Stoffwechsel eingreifen, nennt man *Antigene*. Ein Antikörper ist eine Substanz, die der Organismus zur Abwehr eines spezifischen Antigens produziert; er macht das Antigen unschädlich, indem er sich mit ihm verbindet.

Lange bevor die Chemiker sich erstmals eines Antikörperchens annahmen, waren sie sich bereits sicher, daß Antikörper Proteine sein müssen. Zum einen waren diejenigen Antigene, die man gut kannte, stets Proteine, und es war anzunehmen, daß es eines Proteins bedurfte, um ein Protein zu fangen. Zum andern meinte man, daß nur ein Protein die notwendige feinstrukturelle Anpassungsfähigkeit besaß, um ein bestimmtes Antigen aufs Korn nehmen und sich mit ihm verbinden zu können.

Zu Beginn der 20er Jahre führte Landsteiner (der Entdecker der Blutgruppen) eine Reihe von Experimenten durch, die eindeutig zeigten, daß Antikörper tatsächlich höchst spezialisierte Wirkstoffe sind. Die Substanzen, mit denen er die Erzeugung von Antikörpern provozierte, waren keine Antigene, sondern viel einfachere Verbindungen von wohlbekannter Struktur. Es waren arsenhaltige Verbindungen, sogenannte Arsanilsäuren. In Verbindung mit einem einfachen Protein wie dem Eier-Albumin, gewann die Arsanilsäure die Qualität eines Antigens: Wenn das Präparat einem Tier injiziert wurde, löste es die Produktion eines Antikörpers im Blutserum aus. Dieser Antikörper war auf die Arsanilsäure »geeicht«: Nur die Arsanilsäure-Albumin-Kombination wurde angegriffen und verklumpte, während Albumin allein unbehelligt blieb. Einige Male gelang es sogar, einen Antikörper zur Reaktion mit reiner, nicht an Albumin gebundener Arsanilsäure zu veranlassen. Landsteiner konnte auch zeigen, daß geringfügige Veränderungen in der Struktur der Arsanilsäure von den Antikörpern sogleich nachvollzogen wurden, und daß ein auf eine Variante der Arsanilsäure »geeichter« Antikörper auf eine geringfügig anders strukturierte Variante nicht ansprach.

Landsteiner prägte für Verbindungen wie die Arsanilsäuren, die in Verbindung mit Proteinen die Produktion von Antikörpern auslösen können, die Bezeichnung *Haptene* (nach dem griechischen Wort für »haften«). Vermutlich weist jedes natürliche Antigen innerhalb seines Moleküls eine bestimmte Region auf, die als Hapten fungiert. Nach dieser Theorie würde sich ein Keim oder Virus, der als Impfstoff dienen kann, dadurch auszeichnen, daß einerseits seine Struktur soweit verändert ist, daß er die Fähigkeit zur nachhaltigen Schädi-

gung einer Zelle verloren hat, daß aber andererseits seine Haptengruppe intakt geblieben ist, so daß er die Erzeugung eines spezifischen Antikörpers zu provozieren vermag. Zu Beginn der 80er Jahre gelang einer amerikanischen Forschergruppe unter Leitung von Richard A. Lerner die Herstellung eines synthetischen Impfstoffs, dessen wesentliche Komponente ein synthetisches, einem Grippevirus nachgebildetes Protein war. Dieser synthetische Impfstoff immunisierte Meerschweinchen gegen die betreffende Grippe.

Es wäre interessant, etwas über die chemische Natur der natürlichen Haptene zu erfahren. Vielleicht ergäbe sich dann nämlich die Möglichkeit, ein Hapten, womöglich in Verbindung mit irgendeinem harmlosen Protein, als Impfstoff einzusetzen, der die Produktion von Antikörpern gegen ein spezifisches Antigen anregt. Dies würde den Einsatz von Toxinen oder geschwächten Virenkulturen überflüssig machen, der immer mit einem gewissen Restrisiko behaftet bleibt.

Wie geht es zu, daß ein Antigen die Produktion eines spezifischen Antikörpers auslöst? Ehrlich vertrat die Ansicht, daß jeder Organismus normalerweise einen kleinen Vorrat von all den Antikörpern, die er einmal brauchen könnte, unterhält. Wenn nun ein eingedrungenes Antigen auf den entsprechenden Antikörper trifft und mit ihm reagiert, wird der Organismus zur Produktion von Extramengen dieses Antikörpers angeregt. Manche Immunologen halten dieser Theorie oder abgewandelten Versionen von ihr noch immer die Stange. Anderen erscheint es höchst unwahrscheinlich, daß der Körper spezifische Antikörperchen für alle möglicherweise auftretenden Antigene, darunter unnatürliche Substanzen wie die Arsanilsäure, von vornherein auf Lager hat.

Eine alternative Annahme wäre die, daß der Körper irgendein unspezifisches Eiweißmolekül vorrätig hält, das im Ernstfall auf jedes auftretende Antigen hin modelliert werden kann. Das Antigen würde in diesem Fall als eine Art Schablone oder Matrize fungieren, die dem spezifischen Antikörper den Negativabdruck seiner eigenen Sollgestalt liefert. Es war Pauling, der diese Theorie 1940 verkündete. Er vertrat die Überzeugung, die spezifischen Antikörper seien Varianten ein und desselben Grundmoleküls, das sich lediglich auf jeweils andere Weise windet und formt; diesem Verständnis zufolge würde der Antikörper sich seinem Antigen anschmiegen wie ein Handschuh der Hand, über die er gezogen wird.

Die Fortschritte in der Proteinanalyse machten es gegen Ende der 60er Jahre einem von Gerald M. Edelman geleiteten amerikanischen Forscherteam möglich, den Aminosäureaufbau eines typischen, aus über 1000 Aminosäuren zusammengesetzten Antikörpers zu entschlüsseln. Für diese Leistung erhielt Edelman 1972 anteilig den Nobelpreis für Physiologie und Medizin.

In der Folge zeigte J. Donald Capra, daß es in der Kette der Aminosäuren »hypervariable« Regionen gibt. Offenbar ist es so, daß die relativ unveränderlichen Abschnitte der Kette ein dreidimensionales Gefüge bilden, das die hypervariable Region enthält, und daß letztere auf ein bestimmtes Antigen hin durch eine Reihe von Veränderungen sowohl in der geometrischen Konfiguration als auch innerhalb bestimmter Aminosäuren auf ein bestimmtes Antigen hin passend gemacht werden kann.

Indem der Antikörper sich mit dem Antigen verbindet, nimmt er diesem die Möglichkeit, jedwede den Organismus schädigende Reaktionen einzugehen. Ein Antikörper kann sich auch an Abschnitte an der Oberfläche eines Virus oder eines Bakteriums heften. Ist der Antikörper so beschaffen, daß er sich mit zwei verschiedenartigen Sektionen verbinden kann, und befindet sich eine davon an der Oberfläche eines Mikroorganismus und die andere an der Oberfläche eines anderen, so kann der Antikörper einen Agglutinations-(Verklumpungs-)Vorgang in Gang setzen, bei dem die Mikroorganismen zusammenbacken und ihre Fähigkeit verlieren, sich zu vermehren oder in Zellen einzudringen.

Antikörper, die fremde Zellen auf diese Weise immobilisieren, dienen womöglich den Phagozyten als Markierung, so daß sie diese Zellen leichter auffinden und verschlucken können. Die Fremdzelle-Antikörper-Kombination aktiviert möglicherweise auch gewisse im Blutserum enthaltene aktive Proteingruppen (Komplemente) und veranlaßt sie dazu, sich um die fremde Zelle zu legen und mit Hilfe von Enzymen ihre Wände zu durchlöchern und sie damit zu zerstören.

Die Spezialisiertheit der Antikörper ist in mehrfacher Hinsicht ein Nachteil. Wenn von einem Virus eine mutationsbedingte Variante auftaucht, deren Protein eine leicht abgewandelte Struktur aufweist, ist der alte Antikörper oft nicht mehr in der Lage, sich dieser neuen Struktur anzupassen Das bedeutet, daß die Immunität gegen einen bestimmten Virusstamm keineswegs Immunität auch gegen andere Stämme desselben Virus garantiert. Besonders unter den Erregern der Grippe und des gewöhnlichen Erkältungsschnupfens finden sich immer wieder neue, geringfügig veränderte Mutationsformen – ein Grund dafür, daß wir uns solche Infekte immer wieder zuziehen. Besonders in der Familie der Grippeviren entwikkeln sich hin und wieder außerordentliche virulenten Mutanten, die sich dann lawinenartig verbreiten, weil wir ihnen keine wirkungsvollen Antikörper entgegenzusetzen haben – denken wir etwa an die verheerende Grippewelle von 1918 oder an jene »asiatische Grippe«, die 1957 weltweit grassierte, ohne allerdings eine annähernd so große Zahl von Todesopfern zu fordern.

Eine andere Folge der peniblen Akkuratesse, mit der unser Organismus spezifische Antikörper gegen Eindringlinge aller Art produziert, ist, daß selbst harmlose Proteine, die zufällig in den Körper gelangen, eine Abwehrreaktion auslösen können. Wenn dies einmal geschieht, bleibt der Körper in der Folge dem betreffenden Protein gegenüber sensibilisiert, was dazu führen kann, daß er beim nächsten Kontakt mit dem ursprünglich unschuldigen Protein zu einer heftigen Abwehrreaktion ausholt. Die äußeren Symptome dieser Reaktion können sein: Juckreiz, Tränenfluß, übermäßige Schleimproduktion in der Nase und am Hals, Asthmaanfälle usw. Solche *allergischen Reaktionen* werden oft von den Pollen bestimmter Pflanzen hervorgerufen (man spricht dann von *Heuschnupfen*), manchmal aber auch von bestimmten Nahrungsmitteln, von Tierhaaren u. a. m. Sie können unter Umständen so heftig ausfallen, daß der Betroffene schwere dauerhafte Schäden davonträgt oder gar den Tod findet. Der französische Physiologe Charles R. Richet, der einen solchen Fall eines *anaphylaktischen Schocks* als erster erkannte und beschrieb, erhielt dafür 1913 den Nobelpreis für Medizin und Physiologie.

In einem gewissen Sinn ist jeder Mensch mehr oder weniger allergisch gegen jeden anderen. Ein Organ oder Gewebeteil, das aus dem Körper einer Person in den einer anderen verpflanzt wird, wächst dort nicht fest, weil der Organismus des Empfängers das Transplantat als fremdes Eiweiß behandelt und Antikörper dagegen mobilisiert. Am besten funktioniert eine Gewebetransplantation noch zwischen eineiigen Zwillingen; da sie aufgrund ihrer identischen Gene genau dieselben Körpereiweiße besitzen, können sie untereinander Gewebeteile oder sogar ganze Organe, wie beispielsweise eine Niere, austauschen.

Die erste erfolgreiche Nierenverpflanzung (zwischen zwei eineiigen Zwillingen) wurde im Dezember 1954 in Boston vorgenommen. Der Empfänger starb 1962 im Alter von 30 Jahren an einer Erkrankung der Herzkranzgefäße. Seither haben Hunderte von Personen, denen fremde Nieren (von Spendern, die nicht ihre eineiigen Zwillinge waren) eingepflanzt worden sind, damit monate- oder jahrelang gelebt.

Der Versuch, auch andere Organe, wie Lunge und Leber, zu verpflanzen, ist gemacht worden, aber was beim breiten Publikum am meisten Furore machte, war die Verpflanzung menschlicher Herzen. Die erste einigermaßen erfolgreiche Operation dieser Art führte im Dezember 1967 der südafrikanische Chirurg Christiaan Barnard durch. Der glückliche Empfänger, ein im Ruhestand lebender Zahnarzt namens Philip Blaiberg, lebte monatelang mit einem fremden Herzen in der Brust.

Daraufhin stürzten sich eine Zeitlang alle Chirurgen, die etwas gelten wollten, auf die Herzverpflanzung. Doch nach zwei Jahren war die Euphorie abgeflaut. Nur wenige Empfänger lebten mit dem fremden Herzen länger als ein paar Monate; das Problem der Gewebeabstoßung schien unüberwindlich, trotz massiver Versuche, den Widerstand des Empfängerorganismus gegen das ihm aufgezwungene fremde Gewebe zu brechen.

Schon ein Jahrzehnt zuvor hatte der australische Bakteriologe Macfarland Burnet die Vermutung geäußert, man könne embryonales Gewebe gegen fremdes Gewebe immunisieren, so daß später das ausgewachsene Tier dieses Gewebe ohne Abstoßungsreaktion annimmt. Der britische Biologe Peter Medawar führte anhand von Mäuse-Embryos den Nachweis, daß dies tatsächlich möglich ist. Die beiden Männer wurden dafür 1960 gemeinsam mit dem Nobelpreis für Medizin und Physiologie ausgezeichnet.

1962 ging der in England arbeitende französisch-australische Immunologe Jacques Miller noch einen Schritt weiter: Er entdeckte den möglichen Grund dafür, daß man Embryos für eine spätere Tolerierung fremden Gewebes »schulen« kann. Er entdeckte, daß die Thymusdrüse (ein Gewebeteil, von dem man bis dahin nicht wußte, welche Funktion es hatte) das Körperorgan war, das Antikörper zu produzieren vermochte. Wenn man einer Maus gleich nach der Geburt die Thymusdrüse herausoperierte, ging sie nach spätestens drei oder vier Monaten ein, einfach weil sie nicht in der Lage war, sich gegen Umwelteinflüsse zu schützen. Beließ man einer Maus die Thymusdrüse nach ihrer Geburt noch drei Wochen lang, so genügte ihr dieser Zeitraum offenbar, um die Entwicklung spezieller Körperzellen, die die Produktion von Antikörpern beherrschten, zu bewerkstelligen, und man konnte sie dann ohne Schaden entfernen. Embryonen, bei denen die Wirkung ihrer Thymusdrüse noch nicht zur Geltung kommt, können so behandelt werden, daß sie »lernen«, fremdes Gewebe zu akzeptieren. Vielleicht ist der Zeitpunkt nicht mehr fern, an dem wir durch Manipulation der Thymusdrüse die Toleranz eines Körpers gegenüber fremdem Gewebe vergrößern können, vielleicht sogar im Erwachsenenalter.

Doch selbst wenn es gelänge, das Problem der Gewebeabstoßung zu bewältigen, würden schwerwiegende andere Probleme bleiben. Wenn jemand ein lebendes Organ eingepflanzt erhält, so muß dieses zuvor einer anderen Person entnommen worden sein, und in diesem Zusammenhang stellt sich die Frage, zu welchem Zeitpunkt der zum Organspender auserkorene so tot ist, daß man seine Organe guten Gewissens herausnehmen kann.

Unter diesem Gesichtspunkt wäre es wohl die bessere Lösung, künstliche Organe herzustellen und einzupflanzen, bei denen sich weder das ethische Problem noch das der Gewebeabstoßung stellen würde. Künstliche Nieren wurden schon in den 40er Jahren zur Anwendungsreife entwickelt: Patienten, bei denen die natürliche Nierenfunktion verlorengegangen war, mußten ein- oder zweimal pro Woche die Klinik aufsuchen und sich an die künstliche Niere anschließen lassen, die ihr Blut reinigte. Auf eine solche Prozedur angewiesen zu sein, bedeutet für die Betreffenden eine in vieler Hinsicht eingeschränkte Lebensführung; aber das ist immer noch besser, als sterben zu müssen.

In den 40er Jahren wurde entdeckt, daß allergische Reaktionen durch die Freisetzung kleiner Mengen einer Substanz namens *Histamin* in den Blutkreislauf ausgelöst werden. Diese Erkenntnis führte zur Suche nach neutralisierenden *Antihistaminen*, die auch tatsächlich gefunden wurden. Sie vermögen die allergischen Symptome zu lindern, beseitigen aber natürlich nicht die Allergie. Das erste wirksame Antihistamin präparierte 1937 am Pariser Pasteur-Institut der Schweizer Chemiker Daniel Bovet, der dafür und für seine späteren chemotherapeutischen Forschungen den Nobelpreis für Physiologie und Medizin des Jahres 1957 erhielt.

Eingedenk der Überlegung, daß laufende Nasen und andere allergische Symptome stark an die äußeren Anzeichen des gewöhnlichen Erkältungsschnupfens erinnern, mutmaßten die pharmazeutischen Unternehmen, daß Medikamente, die gegen Allergien helfen, auch gegen Schnupfen helfen müßten und überschwemmten den Markt 1949 und 1950 mit Antihistamin-Tabletten. Wie sich herausstellte, halfen sie wenig oder gar nicht gegen Schnupfen, und die Konjunktur flaute wieder ab.

Allergien sind dann am heimtückischsten, wenn der Organismus gegen das eine oder andere seiner eigenen Proteine allergisch wird. Für gewöhnlich stellt sich der Körper im Laufe seiner Entwicklung aus dem befruchteten Ei auf die eigenen Proteine ein; gelegentlich aber geht ein Stück dieser Abstimmung verloren. Das kann daran liegen, daß der Organismus Antikörper gegen ein fremdes Eiweiß produziert, das in irgendeiner Beziehung eine starke Strukturähnlichkeit mit einem körpereigenen Protein aufweist; oder vielleicht daran, daß mit zunehmendem Alter die Oberfläche mancher Körperzellen sich so stark verändert, daß diese Zellen den Antikörpern wie fremde Eindringlinge erscheinen; die Ursache können aber auch gewisse obskure Viren sein, die den infizierten Zellen keinen ernsthaften Schaden zufügen, aber subtile Veränderungen an deren Oberfläche hervorrufen. Die Folge ist in jedem Fall eine *Autoimmun-Erkrankung*.

Autoimmun-Reaktionen sind bei menschlichen Erkrankungen häufiger im Spiel, als man bis vor kurzem wußte oder vermutete. Autoimmun-Erkrankungen sind in der Regel selten, doch kann es sein, daß die rheumatische Arthritis dazugehört. Die Behandlung solcher Leiden bereitet Probleme, aber natürlich verbessern sich die Aussich-

ten, wenn man erst einmal die Ursache kennt und daher weiß, in welche Richtung man bei der Suche nach einer wirksamen Therapie gehen muß.

1937 gelang es den Biologen dank der die Isolierung von Proteinen ermöglichenden Technik der Elektrophorese endlich, die Antikörper im Blut zu identifizieren: Sie sind in einem Bestandteil des Blutes enthalten, das als *Gamma-Globulin* bezeichnet wird.

Die Medizin weiß seit langem, daß manche Kinder nicht in der Lage sind, Antikörper zu bilden, und daher Infektionen aller Art ausgeliefert sind. 1951 führten Ärzte einer Washingtoner Klinik eine elektrophoretische Analyse des Plasmas eines achtjährigen Knaben durch, der an einer schweren Sepsis (Blutvergiftung) litt; zu ihrer Verblüffung stellten sie fest, daß sein Blut überhaupt kein Gamma-Globulin enthielt. Binnen kurzem wurden weitere gleichartige Fälle identifiziert. Wie weitere Untersuchungen ergaben, geht dieser Mangel auf eine angeborene Stoffwechselstörung zurück, die bewirkt, daß der betreffende Organismus kein Gamma-Globulin zu erzeugen vermag; man nennt diese Störung *Agammaglobulinämie*. Personen, die an ihr leiden, können keine Immunität gegenüber Bakterien entwickeln. Man ist heute jedoch in der Lage, solche Menschen mit Hilfe von Antibiotika am Leben zu halten. Überraschenderweise können sie gegen Virusinfektionen wie Masern und Windpocken, nachdem sie sie einmal durchgemacht haben, immun werden. Offenbar sind die Antikörper nicht die einzigen Abwehrwaffen des Körpers gegen Viren.

1957 konnte eine von Alick Isaacs geleitete Gruppe britischer Bakteriologen zeigen, daß virusinfizierte Zellen dazu angeregt werden, ein Protein freizusetzen, das eine breite Anti-Virus-Aktivität entfaltet. Es geht nicht nur gegen das akut und massenhaft auftretende Virus vor, sondern zugleich auch gegen andere Viren. Dieses Protein, das Interferon, wird rascher produziert als die Antikörper und bietet womöglich die Erklärung für die bei Agammaglobulinämie-Patienten wider Erwarten beobachteten Immunreaktionen gegen Viren. Die Interferon-Produktion wird offenbar durch die Präsenz von RNS in der bei Viren üblichen doppelsträngigen Form stimuliert. Das Interferon scheint die Synthese einer Boten-RNS zu steuern, die ein Anti-Virus-Protein aufbaut, das die Produktion von Virusprotein, nicht aber die

Produktion anderer Proteine blockiert. Das Interferon scheint ebenso durchschlagend wirksam zu sein wie die Antibiotika und mobilisiert keine Gegenreaktionen. Es ist jedoch ziemlich artspezifisch. Bei Menschen wirkt nur Interferon von Menschen und von anderen Primaten.

Die Tatsache, daß man für die Behandlung menschlicher Patienten menschliches oder zumindest Primaten-Interferon benötigt, hatte, da diese Substanz von menschlichen Zellen nur in verschwindend geringen Mengen erzeugt wird, zur Folge, daß der Wirkstoff lange Zeit nicht annähernd in den Mengen zur Verfügung stand, die man für einen sinnvollen klinischen Einsatz benötigt hätte.

Von 1977 an arbeitete jedoch der amerikanische Molekularbiologe Sydney Pestka an der Entwicklung von Verfahren zur Purifizierung des Interferons. Im Laufe dieser Arbeit stellte sich heraus, daß das Interferon sich in eine Familie mehrerer einander sehr ähnlicher Proteine auffächert. Das *Alpha-Interferon*, das als erstes isoliert wurde, hatte ein Molekülgewicht von 17500 und bestand aus einer Kette von 166 Aminosäuren. In der Folge wurde der Aminosäurenaufbau eines Dutzends verschiedener Interferon-Varianten entschlüsselt, wobei sich zeigte, daß zwischen ihnen nur geringfügige Unterschiede bestanden.

Es gelang, das für die Bildung des Interferons verantwortliche Gen zu lokalisieren und es mit Hilfe von DNS-Rekombinationstechniken in Bakterien der weitverbreiteten Art *Escherichia coli* einzuschleusen. Eine Kolonie dieser Bakterien wurde auf diese Weise dazu gebracht, menschliches Interferon in sehr reiner Form zu produzieren, das sodann isoliert und kristallisiert wurde. Die Kristalle konnten mit Hilfe von Röntgenstrahlen analysiert und die daraus gewonnenen Erkenntnisse in dreidimensionale Strukturmodelle der Moleküle umgesetzt werden.

1981 hatte man die Interferon-Produktion so weit im Griff, daß man mit der klinischen Erprobung dieses Wirkstoffs beginnen konnte. Es gab bislang keine Wunderheilungen, aber die Forscher und Ärzte brauchen auch noch eine gewisse Zeit, um die geeignetsten Behandlungsverfahren herauszuarbeiten.

Hin und wieder erscheint eine ganz neue Infektionskrankheit auf der Bildfläche. An erster Stelle seit Beginn der 80er Jahre ist in dieser Beziehung eine Krankheit namens AIDS *(acquired immune deficiency syndrome)*. Sie ist charakterisiert durch den völligen Ausfall der Immunabwehr, so daß die Betreffenden an der erstbesten Infektion sterben können.

Die Infektionskrankheit, die hauptsächlich männliche Homosexuelle, Haitianer und Empfänger von Bluttransfusionen heimsucht, weitet sich rasch aus und verläuft in den meisten Fällen tödlich. Sie ist vorläufig noch unheilbar, doch wurde das sie verursachende Virus in Frankreich und in den USA 1984 isoliert, so daß der erste Schritt in Richtung auf eine erfolgversprechende Therapie getan ist.

Krebs

In dem Maß, wie die Infektionskrankheiten an Gefährlichkeit verlieren, schieben sich andere Erkrankungen in den Vordergrund. Während noch vor einem Jahrhundert ein beträchtlicher Anteil der Bevölkerung in jungen Jahren an Tuberkulose oder Diphtherie, Lungenentzündung oder Fleckfieber starb, leben heute viele Menschen lange genug, um ein erhöhtes Herzkrankheiten- oder Krebsrisiko einzugehen und daran zu sterben. Das ist mit ein wichtiger Grund dafür, daß Herzleiden und Krebs zu den Todesursachen Nummer eins und zwei in den Ländern der westlichen Welt geworden sind. Insbesondere Krebs hat in der Nachfolge der Pest und der Pocken die Rolle einer allseits gefürchteten Geißel der Menschheit übernommen. Wie ein Damoklesschwert hängt er über uns allen, jederzeit bereit, sich diesen oder jenen unter uns ohne Vorwarnung und ohne Gnade zum Opfer zu erwählen. Jahr für Jahr sterben rund 300000 US-Amerikaner an Krebs, und Woche für Woche werden 10000 neue Krebsfälle gemeldet. Seit 1900 ist die Zahl der Krebserkrankungen, relativ gesehen, um 50% gestiegen.

Krebs, das ist eigentlich eine Familie aus vielen Erkrankungstypen (etwa 200 verschiedene sind bekannt), die an verschiedenen Teilen des Körpers auftreten und unterschiedlich verlaufen. Der Grundzug ist jedoch immer derselbe: Unkontrolliertes Wuchern und anschließende Zerstörung der betroffenen Gewebe. Der Name Krebs rührt daher, daß Hippokrates und Galen die Art und Weise, wie die Krankheit sich durch die infizierten Gewebspartien frißt, mit dem kriechenden Gang eines Krebses verglichen.

Ein *Tumor* ist keineswegs ein sicheres Zeichen für Krebs, sondern kann durchaus auch eine harmlose Wucherung sein. So sind beispielsweise Warzen und Leberflecke in der Regel gutartige Tumore; Krebswucherungen bezeichnet man dagegen als bösartige oder maligne Tumore. Es gibt für verschiedene Gruppen von Krebserkrankungen, je nach der befallenen Körperpartie, spezielle Bezeichnungen. Solche der Haut oder der Darmwände (sie sind die am häufigsten auftretenden) heißen *Karzinome* (nach dem griechischen Wort für »Krebs«); solche der Bindegewebe werden als *Sarkome*, solche der Leber als *Hepatome*, solche der Drüsen als *Adenome* bezeichnet; der Krebs der weißen Blutkörperchen heißt *Leukämie*.

Der deutsche Arzt Rudolf Virchow, der als erster Krebsgewebe unter dem Mikroskop studierte, sah die Ursache des Krebses in den Erregungen und Schocks, die von außen auf den Organismus einwirken. Der Gedanke war naheliegend, denn es sind tatsächlich die der Umwelt am stärksten ausgesetzten Körperteile, die am ehesten von Krebs befallen werden. Als dann die Theorie der Krankheitskeime populär wurde, begannen die Pathologen freilich, nach Mikroben Ausschau zu halten, die als Krebserreger in Frage kamen. Virchow, ein erklärter Gegner der Keimtheorie, beharrte unbeirrt auf seiner Auffassung. (Er sattelte von der Pathologie auf Archäologie und Politik um, als deutlich wurde, daß die Keimtheorie obsiegen würde. Nur wenige Wissenschaftler in der Geschichte sind auf so nachhaltige Art zusammen mit ihren irrigen Überzeugungen in der Versenkung der akademischen Bühne verschwunden.)

Wenn auch die Begründung falsch war, mit der Virchow gegen den Strom schwamm, so bewegte er sich doch auf dem richtigen Kurs. Es ist in den letzten Jahren zunehmend deutlicher geworden, daß in der Tat bestimmte Umweltfaktoren die Krebsentstehung besonders begünstigen. Im 18. Jahrhundert galten Kaminkehrer als überdurchschnittlich anfällig für Hodenkrebs. Nach der Erfindung der Teerfarbstoffe zeigte sich bei den in der Farbenindustrie beschäftigten Arbeitern ein erhöhter Anteil von Haut- und Blasenkrebsfällen. Es schien, als ob im Ruß und in den Anilinfarben etwas enthalten sei, daß Krebs hervorrufen konnte. 1915 fanden zwei japanische Forscher, K. Yamagiwa und K. Ichikawa, heraus, daß ein bestimmter Bestandteil des Kohlenteers bei Kaninchen, denen man damit über einen längeren Zeitraum die Ohren betupfte, Krebs auslöste. Zwei britische Chemiker provozierten 1930 durch Behandlung von Tieren mit einer synthetischen Substanz namens Dibenzanthrazen (das ist ein Kohlenwasserstoff, dessen Molekül fünf Benzolringe enthält) Krebswucherungen verschiedener Art. Im Kohlenteer ist diese Substanz zwar nicht enthalten, aber wie sich drei Jahre später herausstellte, ist auch das Benzpyren (dessen Molekül ebenfalls fünf Benzolringe enthält, nur in anderer Anordnung) in der Lage, Krebs hervorzurufen, und diese Verbindung *ist* in Kohlenteer enthalten.

Mittlerweile hat man eine große Zahl von *Karzinogenen* (krebserzeugenden Substanzen) identifiziert. Darunter sind viele Kohlenwasserstoffe mit mehreren Benzolringen im Molekül. Einige ähneln in ihrer Molekülstruktur den Anilinfarbstoffen. Einer der triftigsten Gründe für die Vorbehalte mancher Ärzte und Wissenschaftler gegen künstliche Lebensmittelfarbstoffe ist die Sorge, daß diese Stoffe möglicherweise auf lange Sicht krebserregend sind.

Viele Biologen sind der Überzeugung, daß der Mensch selbst im Lauf der letzten zwei oder drei Jahrhunderte eine Reihe neuer Karzinogene in die Welt gesetzt hat. Sie verweisen auf den gewachsenen Kohleverbrauch, auf die Verbrennung riesiger Mengen Öl, sei es als Heizöl, sei es als Kraftstoff in Verbrennungsmotoren, auf den zunehmenden Gehalt unserer Lebensmittel, Kosmetika usw. an synthetischen Chemikalien. Der am eindeutigsten überführte unter allen krebserregenden Faktoren ist natürlich das Zigarettenrauchen, das mit einer deutlich erhöhten Anfälligkeit für *Lungenkrebs* korreliert.

Strahlungswirkungen

Ein anderer Umweltfaktor, der mit Sicherheit karzinogen wirkt, ist die energiereiche Strahlung, der die Bevölkerung der Erde seit 1895 in zunehmendem Maß ausgesetzt ist.

Am 5. November 1895 unternahm der deutsche Physiker Wilhelm Konrad Röntgen ein Experiment, bei dem er die von Kathodenstrahlen erzeugte Lumineszenz studieren wollte. Um den erwarteten Effekt besser beobachten zu können, hatte er den Raum verdunkelt. Seine Kathodenstrahlröhre befand sich im Innern eines schwarzen Pappkartons. Als er das Gerät anschaltete, leuchtete zu seiner Verblüffung auf der anderen Seite des Raums etwas hell auf. Das Leuchten kam von einem mit Bariumplatinocyanid, einer lumineszierenden Chemikalie, beschichteten Blatt Papier. War es möglich, daß eine aus der geschlossenen Pappschachtel kommende Strahlung das Papier zum Leuchten brachte? Röntgen schaltete seine Kathodenstrahlröhre ab, und das Leuchten verschwand. Er schaltete sie wieder an, und das Leuchten war wieder da. Er ging mit dem Papier in das angrenzende Zimmer; es leuchtete noch immer. Offensichtlich gab die Kathodenstrahlröhre eine Strahlung ab, die in der Lage war, Pappkarton und Zimmerwände zu durchdringen.

Röntgen konnte sich nicht erklären, was für eine Art von Strahlung dies sein konnte, und nannte sie einfach *X-Strahlung*. Andere Wissenschaftler tauften sie später auf den Namen Röntgenstrahlung, was aber für Nichtdeutsche so schwer auszusprechen war, daß es in den meisten Sprachen bei der Bezeichnung X-Strahlen blieb. (Heute wissen wir, daß die schnellen Elektronen, aus denen die Kathodenstrahlung besteht, beim Auftreffen auf metallische Hindernisse stark abgebremst werden. Die Bewegungsenergie, die sie hierbei einbüßen, wird in Strahlungsenergie umgewandelt; man spricht in diesem Zusammenhang konsequenterweise von *Bremsstrahlung*. Die Röntgenstrahlen sind ein Beispiel für eine solche Bremsstrahlung.)

Die Röntgenstrahlen revolutionierten die Physik: Sie mobilisierten die schöpferische Phantasie der Physiker, gaben den Startschuß für eine Lawine von Experimenten, die binnen weniger Monate zur Entdeckung der Radioaktivität führten, und öffneten erstmals ein Fenster zur Innenwelt des Atoms. Als 1901 erstmals die Nobelpreise verliehen wurden, fiel die Wahl im Fach Physik auf Röntgen.

Freilich setzte mit der Entdeckung der Röntgenstrahlen – und ihrer gezielten Erzeugung zu wissenschaftlichen und technischen Zwecken – auch etwas anderes ein: Zu den natürlichen Strahlungen, denen die Menschen immer schon ausgesetzt waren, trat eine neue, energiereiche Strahlung, mit der sie es nie zuvor zu tun gehabt hatten. Vier Tage, nachdem die Nachricht von der Entdeckung Röntgens in den Vereinigten Staaten eingetroffen war, wurde bereits mit Hilfe von Röntgenstrahlen eine Kugel im Bein eines Patienten lokalisiert. Diese Strahlen erwiesen sich als wunderbar geeignet zur Durchleuchtung des menschlichen Körpers, durch dessen Weichteile sie ohne weiteres hindurchgehen (da diese hauptsächlich aus Elementen mit niedrigem Atomgewicht bestehen); dagegen bieten ihnen diejenigen Körperbausteine, bei denen schwerere Elemente in der Mehrzahl sind, vor allem die Knochen (die eine Menge Phosphor und Calcium enthalten) größeren Widerstand. Auf einer hinter dem durchleuchteten Körper angebrachten photographischen Platte zeichnen sich die Knochen als milchigweiße Flächen ab, während die Weichteile, durch die im gleichen Zeitraum mehr Röntgenstrahlen hindurchgehen, als mehr oder weniger geschwärzte Zonen in Erscheinung treten. Eine Bleikugel schlägt sich, da sie überhaupt keine Röntgenstrahlen durchläßt, auf der photographischen Platte als leuchtend weiße Kreisfläche nieder.

Röntgenstrahlen sind gewiß ein nützliches Mittel, wenn es darum geht, Knochenbrüche zu analysieren oder verkalkte Gelenke, hohle Zähne oder in den Körper eingedrungene Fremdkörper aufzuspüren. Man kann mit Hilfe von Röntgenstrahlen aber auch auf recht einfache Weise weiche Gewebepartien abbilden, indem man etwa ein unlösliches Salz eines schweren Elements in den Körper einführt. Wenn man einen Menschen beispielsweise Bariumsulfat schlucken läßt, zeichnen sich auf dem Röntgenschirm die Umrisse des Magens und der übrigen Verdauungsorgane ab. Eine in die Blutbahn injizierte Jodverbindung erreicht alsbald die Nieren und den Harnleiter und macht die Konturen dieser Organe sichtbar, denn Jod hat ein hohes Atomgewicht und daher die Tendenz, gegenüber Röntgenstrahlen undurchlässig zu sein.

Schon vor der Entdeckung der Röntgenstrahlen hatte ein dänischer Arzt namens Niels R. Finsen herausgefunden, daß man mit energiereicher Strahlung Mikroorganismen abtöten konnte; es gelang ihm, mit ultraviolettem Licht die bakteriellen Erreger der Hauttuberkulose unschädlich zu machen. (Er wurde dafür 1903 mit dem Nobelpreis für Physiologie und Medizin ausgezeichnet.) Die Röntgenstrahlen erwiesen sich als eine noch weitaus wirksamere Waffe: Sie vermochten Scherpilzflechten zu töten, menschliche Zellen zu schädigen oder zu zerstören und sollten später auch eingesetzt werden, um Krebszellen abzutöten, die dem Skalpell des Chirurgen unzugänglich waren.

Eine weitere Eigenschaft der Röntgenstrahlen, die mit der Zeit offenbar wurde – auf schmerzliche Weise freilich –, war, daß sie auch Krebs *verursachen* konnten. Von den mit Röntgenstrahlen und radioaktiven Materialien arbeitenden Forschern der ersten Stunde starben mindestens 100 an Krebs, der erste schon 1902. Sowohl Marie Curie als auch ihre Tochter Irène Joliot-Curie starben an Leukämie, und man darf wohl annehmen, daß die Strahlenbelastung, der sie sich unwissentlich ausgesetzt hatten, in beiden Fällen ein mit ursächlicher Faktor gewesen ist. 1928 stellte der britische Arzt George Findlay fest, daß auch ultraviolette Strahlung schon energiereich genug ist, um bei Mäusen Hautkrebs hervorzurufen.

Der Verdacht ist sicherlich nicht von der Hand zu weisen, daß die zunehmende Belastung der Bevölkerung durch energiereiche Strahlung (im Gefolge des medizinischen Einsatzes von Röntgenstrahlen, im Gefolge atomarer Bombenexplosionen usw.) mindestens teilweise für die Zunahme der Krebserkrankungen verantwortlich zu machen ist.

Mutagene und Onkogene

Was mögen all die verschiedenen Karzinogene – Chemikalien, Strahlen etc. – gemeinsam haben? Eine plausible Annahme wäre die, daß jedes von ihnen genetische Mutationen hervorruft und daß Krebs die Folge von Mutationen in den Körperzellen ist. Diese Auffassung vertrat als erster 1914 der deutsche Zoologe Theodor Boveri.

Man kann sich schließlich vorstellen, daß irgendein Gen so verändert wird, daß es nicht mehr imstande ist, ein für die Steuerung des Zellwachstums und der Zellvermehrung notwendiges Enzym zu produzieren. Wenn sich eine Zelle mit einem solchermaßen defekten Gen teilt, vererbt sie

diesen Defekt weiter. Da der Steuerungsmechanismus nicht mehr funktioniert, teilen die defekten Zellen sich womöglich immer weiter, ohne Rücksicht auf die Bedürfnisse des Körpers als Ganzem oder auch nur der betroffenen Gewebepartien (die ja Zellen eines bestimmten, spezialisierten Typs benötigen). Das Gewebe desintegriert, d. h. seine Ordnung löst sich auf. Es herrscht dann in der betreffenden Körperpartie sozusagen Anarchie.

Daß energiereiche Strahlung Mutationen hervorrufen kann, ist erwiesen. Aber können dies auch die chemischen Karzinogene? Daß dies prinzipiell möglich ist, ist bereits demonstriert worden. Als Beispiel kann das im Ersten Weltkrieg eingesetzte Senfgas dienen, das auf der Haut Verbrennungen und Blasen erzeugt, wie sie ähnlich auch von Röntgenstrahlen hervorgerufen werden können, und das auch die Chromosomen schädigt sowie die Mutationsrate erhöht. Noch bei einer ganzen Reihe weiterer Chemikalien hat man festgestellt, daß sie solche an Strahlungswirkungen erinnernde Symptome zu produzieren vermögen.

Substanzen, die Mutationen bewirken können, werden *Mutagene* genannt. Nicht bei allen Mutagenen steht fest, daß sie auch karzinogen wirken, und umgekehrt haben sich nicht alle Karzinogene als Mutagene erwiesen. Doch gibt es immerhin eine so große Zahl von Verbindungen, die sowohl Karzinogene als auch Mutagene sind, daß man mit Fug und Recht annehmen kann, daß es sich um mehr als eine zufällige Überschneidung zweier Eigenschaften handelt.

Von etwa 1960 an suchten die Krebsforscher nach nichtzufälligen Veränderungen bei den Chromosomen von Tumorzellen (in Relation zu gesunden Zellen). Es fanden sich in der Tat solche signifikanten Veränderungen; welcher Art sie genau waren, ließ sich erst bestimmen, als Verfahren zur Bildung hybrider Zellen aus Mäuse- und menschlichem Gewebe zur Verfügung standen. Solche Hybridzellen enthielten in der Regel relativ wenig menschliche Chromosomen; wenn darunter eines war, das die Bildung von Tumoren anregte, so entwickelten Mäuse, denen solche Zellen injiziert wurden, tatsächlich nach einiger Zeit einen Tumor.

Im weiteren Verlauf dieser Forschungen gelang es, als Schauplatz der krebserzeugenden Veränderungen ein bestimmtes Gen zu identifizieren. Die

Probe aufs Exempel lieferten 1978 Robert A. Weinberg und seine Mitarbeiter am Massachusetts Institute of Technology, als sie durch die Übertragung einzelner Gene bei Mäusen ein Tumorwachstum induzierten. Diese Gene wurden *Onkogene* genannt. (Die Vorsilbe »Onko-«, die sich von dem griechischen Wort für »Masse« ableitet, bedeutet in der medizinischen Terminologie »Tumor«.)

Ein Onkogen unterscheidet sich so gut wie gar nicht vom normalen Gen, manchmal nur durch eine einzige Aminosäure in der Kette. Es drängt sich somit die Vorstellung auf, daß sich in unseren Zellen *Proto-Onkogene* befinden, normale Gene, die bei jeder Zellteilung weitergegeben werden und zu irgendeinem Zeitpunkt infolge irgendeiner Einwirkung von außen eine geringfügige Veränderung erleiden, durch welche sie zu aktiven Onkogenen umfunktioniert werden. (Man kann sich natürlich fragen, welchen Zweck die Natur damit verfolgt, daß sie in unseren Körperzellen solche Proto-Onkogene untergebracht hat, wenn es mit diesen eine so gefährliche Bewandtnis hat. Eine Erklärung hierfür gibt es noch nicht, aber hier eröffnet sich wenigstens eine neue Forschungsperspektive und damit vielleicht eine neue Front im Kampf gegen den Krebs.)

Krebs als Virusinfektion?

Die Theorie, daß Mikroorganismen etwas mit Krebs zu tun haben, verschwand unterdessen keineswegs in der Schublade. Vielmehr führte die Entdeckung der Viren zu einer Wiederbelebung dieser der Ära Pasteur entstammenden Auffassung. 1903 stellte der französische Bakteriologe Amédée Borrel die These auf, der Krebs könne eine Viruserkrankung sein; 1908 wiesen die Dänen Wilhelm Ellerman und Olaf Bang nach, daß die Geflügel-Leukämie tatsächlich von einem Virus hervorgerufen wird. Da man jedoch zu jenem Zeitpunkt die Leukämie noch nicht als eine Krebsart erkannt hatte, blieb diese Erkenntnis ohne Folgen. 1909 entnahm der amerikanische Arzt Francis P. Rous einem krebskranken Huhn einen Tumor, verquirlte und filterte ihn und injizierte das klare Filtrat gesunden Hühnern. Einige von ihnen entwickelten daraufhin Tumore. Je feiner der gewählte Filter, desto weniger Tumore entwickelten

sich. Es hatte tatsächlich den Anschein, als würden im Filtrat enthaltene Partikel das Tumorwachstum auslösen, und es schien auch so, als hätten diese Partikel in etwa die Größe von Viren.

Mit den »Tumorviren« war es eine vertrackte Geschichte. Anfänglich erwiesen sich die Tumore, als deren Urheber Viren identifiziert wurden, ausnahmslos als gutartig; so wurde beispielsweise nachgewiesen, daß die Papillomatose der Kaninchen (eine durch warzenähnliche Geschwulste gekennzeichnete Erkrankung) virusbedingt ist. John J. Bittner vom berühmten Mäuselaboratorium in Bar Harbor (Maine) stieß 1936 auf etwas Interessanteres. Seine Kollegin Maude Slye hatte Mäusestämme gezüchtet, die einen angeborenen Abwehrmechanismus gegen Krebs zu besitzen schienen und andere, die stark krebsanfällig waren. Bei den Mäusen der einen Gruppe entwickelte sich selten Krebs, während die anderen, sobald sie ausgewachsen waren, fast ausnahmslos bösartige Tumore bekamen. Bittner probierte nun folgendes aus: Er vertauschte frisch geworfene Junge verschiedener Mäusemütter miteinander, so daß jeder Wurf von einer Mutter aus der anderen Mäusegruppe gesäugt wurde. Wie sich herausstellte, entwickelten Mäusejunge aus einem krebsresistenten Stamm, wenn sie von einer einem krebsanfälligen Stamm angehörenden Mutter gesäugt wurden, in der Regel Krebstumore. Junge von einem krebsanfälligen Stamm, die von einer krebsresistenten Mutter gesäugt wurden, blieben hingegen tumorfrei. Dies ließ nur den Schluß zu, daß der Krebserreger, wie er auch immer geartet war, nicht angeboren, sondern in der Muttermilch enthalten war. Bittner nannte diesen unbekannten Erreger den *Milchfaktor*.

Natürlich vermutete man, daß es sich bei dem »Milchfaktor« um einen Virus handelte. Schließlich identifizierte der Biochemiker Samuel Graff den Faktor als eine Nukleinsäure enthaltende Substanz. Danach wurden weitere Tumorviren, Erreger von gewissen Typen von Mäusetumoren sowie von tierischer Leukämie, ausgemacht; sie alle enthalten Nukleinsäuren. Keine Viren sind bislang als Verursacher von Tumoren bei Menschen identifiziert worden, aber natürlich sind der Forschung in diesem Bereich auch enge Grenzen gesetzt.

Nun begannen die Mutations- und die Virustheorie des Krebses aufeinander zuzulaufen. Vielleicht sind die beiden gar nicht so unvereinbar, wie es auf den ersten Blick scheint. Schließlich sind Viren und Gene einander strukturell sehr ähnlich; es scheint denkbar, daß der eine oder andere Virus, der in eine Zelle eindringt, zu einem Bestandteil der ständigen Ausstattung der Zelle wird und irgendwann als Onkogen in Erscheinung tritt.

Gewiß, Tumorviren sind, so scheint es, ausnahmslos mit RNS ausgerüstet, während die menschlichen Gene aus DNS bestehen. Solange man es als eiserne Regel erachtete, daß Informationen nur immer von DNS zu RNS fließen kann, konnte man sich in der Tat nur schwer vorstellen, wie Tumorviren es bewerkstelligen sollten, die Rolle von Genen zu übernehmen. Heute weiß man jedoch, daß es Situationen gibt, in denen eine RNS den Aufbau einer DNS anregen kann, die dann eine Matritze der RNS-Nukleotidenstruktur darstellt. Es könnte sich demnach so verhalten, daß ein Tumorvirus zwar kein Onkogen *sein*, aber ein Onkogen *bilden* kann.

Es erscheint von daher denkbar, daß ein Virus auf indirekte Weise in Aktion tritt, als gemeinhin angenommen wird. Vielleicht spielt er lediglich eine Mittlerrolle bei der Umwandlung des Proto-Onkogens in ein Onkogen.

Erst 1966 wurde die Virushypothese als fruchtbar genug anerkannt, um eines Nobelpreises würdig zu sein. Glücklicherweise war Peyton Rous, dessen wichtige Entdeckung mittlerweile 55 Jahre zurücklag, noch am Leben, so daß man ihm anteilig den Nobelpreis für Medizin und Physiologie verleihen konnte. (Er lebte noch bis 1970, wurde 90 Jahre alt und war bis kurz vor seinem Tod wissenschaftlich aktiv.)

Therapiemöglichkeiten

Was läuft schief im Stoffwechselgetriebe, wenn es zu einem ungeregelten und ungezügelten Zellwachstum kommt? Auf diese Frage ist bis jetzt keine Antwort gefunden worden. Das Interesse derer, die nach einer Antwort suchen, konzentriert sich jedoch zunehmend auf die Hormone, insbesondere die Geschlechtshormone.

Zum einen weiß man, daß die Geschlechtshormone in der Lage sind, in begrenzten Körperpartien kurzfristig ein rasches Gewebswachstum anzuregen (man denke an die Brüste pubertärer

Mädchen). Zum anderen sind die Gewebe der Geschlechtsorgane – der Brüste, des Gebärmutterhalses und der Eierstöcke bei der Frau, der Hoden und der Prostata beim Mann – besonders krebsanfällig. Triftiger aber noch scheinen die chemischen Anhaltspunkte zu sein. 1933 gelang es dem deutschen Biochemiker Heinrich Wieland (der 1927 für seine Arbeit mit Gallensäuren den Chemie-Nobelpreis erhalten hatte), eine Gallensäure in einen komplexen Kohlenwasserstoff mit dem Namen Methylcholanthren umzuwandeln, der sich als hochwirksames Karzinogen erwies. Nun weist das Methylcholanthren (wie übrigens auch die Gallensäuren) eine vierfache Ringstruktur auf, wie sie für die Steroide typisch ist, und bekanntlich sind ja sämtliche Geschlechtshormone Steroide. Könnte ein fehlgebildetes Molekül eines Geschlechtshormons als Karzinogen agieren? Oder könnte vielleicht sogar ein normalgeformtes Hormon von einer Zelle mit einem entgleisten Genmuster sozusagen mit einem Karzinogen verwechselt werden und auf diese Weise gleichsam versehentlich eine ungezügelte Zellwucherung in Gang setzen? Das sind rein spekulative Fragen, aber sie weisen, so meine ich, in eine interessante Richtung.

Erstaunlicherweise wird, wenn sich der Geschlechtshormonspiegel des Körpers verändert, dadurch manchmal das Wachstum eines Tumors gehemmt. So hat beispielsweise eine Kastration, die zu dem Zweck vorgenommen wird, die körpereigene Produktion männlicher Geschlechtshormone zu drosseln, eine dämpfende Wirkung auf Prostatakrebs; derselbe Effekt wird erreicht, wenn man dem Patienten neutralisierende weibliche Geschlechtshormone verabreicht. Für die Betroffenen sind Behandlungserfolge, die mit solchen Mitteln erzielt werden, sicherlich kein Grund für Luftsprünge; eher ist es ein Zeichen für unsere Hilflosigkeit gegenüber dem Krebs, daß man zu solchen Kuren Zuflucht nimmt.

Die nach wie vor wichtigste Waffe gegen den Krebs ist die Chirurgie. Die damit verbundenen Nachteile und Einschränkungen gelten noch wie eh und je: Manchmal läßt es sich nicht vermeiden, daß bei der Herausoperierung eines Tumors der Patient stirbt; oft setzt das Skalpell winzige Krebsgewebeteilchen frei (da das desorganisierte Krebsgewebe zum Zerbröckeln neigt), die dann vom Blut in andere Körperregionen getragen werden, wo sie gleichsam Wurzel schlagen und sich zu sogenannten *Metastasen* auswachsen.

Auch der Einsatz energiereicher Strahlen zur Abtötung eines Krebsgewebes hat seine Nachteile. Zu den traditionellen Strahlenwaffen – Röntgenstrahlen und Radium – hat die moderne Physik neue hinzutreten lassen. Eine davon ist das radioaktive Isotop Kobalt-60, das energiereiche Gammastrahlen abgibt und wesentlich preiswerter zu haben ist als Radium; eine weitere ist radioaktives Jod in gelöster Form, das sich, nachdem der Patient es geschluckt hat (als »radioaktiver Cocktail«), in der Schilddrüse ansammelt und das dortige Tumorgewebe angreift. Allein, die Strahlendosen, die ein Körper vertragen kann, sind begrenzt, ganz zu schweigen davon, daß immer die Gefahr besteht, daß durch eine Strahlenbehandlung mehr neue Krebswucherungen angeregt als alte zerstört werden.

Die im Verlauf des jüngsten Jahrzehnts erzielten Forschungsergebnisse eröffnen die Hoffnung auf die eine oder andere neue, weniger drastische, aber gleichwohl wirksamere Behandlungsmethode.

Wenn zum Beispiel Viren in irgendeiner Weise an der Entstehung einer Krebswucherung beteiligt sind, müßte ein Wirkstoff, der die Eigenschaft hat, Viren zu immobilisieren, vorbeugend gegen Krebs wirksam sein oder das Weiterwachsen eines bereits vorhandenen Tumors stoppen. Man denkt hier natürlich sogleich an das Interferon, das nun, da es in ausreichender Menge zur Verfügung steht, an Krebskranken ausprobiert werden kann. Dies ist in jüngster Zeit auch geschehen, bislang mit nicht sehr großem Erfolg. Dabei ist allerdings zu bedenken, daß das Interferon in dieser ersten Erprobungsphase nur solchen Patienten verabreicht worden ist, bei denen die Krankheit schon weit fortgeschritten war, zu weit vielleicht schon für jede medizinische Hilfe. Außerdem ist es denkbar, daß es bei dieser Behandlung auf methodische Feinheiten ankommt, die erst noch gelernt sein wollen.

Ein anderer Ansatz könnte von dem folgenden Gedanken ausgehen: Onkogene unterscheiden sich nur so geringfügig von normalen Genen, daß die Annahme vernünftig erscheint, daß sich häufig welche bilden und daß die Entstehung einer Krebszelle keineswegs ein so seltenes Ereignis ist, wie wir vielleicht glauben. Eine solche Zelle müßte sich wohl durch irgend etwas von einer normalen unterscheiden, und vielleicht erkennt das körpereigene Immunsystem sie frühzeitig als Krebszelle und macht sie unschädlich. Zu einer Krebswucherung kommt es, so gesehen, womöglich gar nicht dadurch, daß eine Krebszelle sich gebildet hat, sondern dadurch, daß sie nicht rechtzeitig außer Gefecht gesetzt worden ist. Krebs könnte also die Folge eines Versagens des Immunsystems sein – in gewisser Weise das Gegenteil einer Autoimmun-Infektion, die das Resultat eines zu gut funktionierenden Immunsystems ist.

Die Chancen für Vorbeugung und Heilung werden sich, so ist zu hoffen, in dem Maße verbessern, wie unser Wissen um die Funktionsweise des Immunsystems zunimmt. Vielleicht wird es eines Tages auch möglich sein, dem Organismus mit Medikamenten unter die Arme zu greifen, die ihm helfen, zwischen normalen Zellen und Krebszellen zu unterscheiden.

In diesem Zusammenhang ist es von Interesse, daß es Pflanzen gibt, die Substanzen erzeugen, die mit bestimmten Zuckern – nicht aber mit anderen – reagieren. Welchen Zweck diese zuckererkennenden Substanzen bei diesen Pflanzen erfüllen, weiß man noch nicht. Die Membranen, die die Wände der Zellen bilden, bestehen aus Proteinen und Fetten; die Proteine bauen in ihr Gefüge gewöhnlich auch bestimmte, mäßig komplexe Zuckermoleküle ein. Bedingt durch die Verschiedenheit der hierbei verwendeten Zucker gibt es unterschiedliche Typen von Blutzellen, deren Verschiedenartigkeit sich darin äußert, daß sie unter jeweils anderen, bestimmten Bedingungen verklumpen.

Der amerikanische Biochemiker William C. Boyd stellte sich die Frage, ob es vielleicht pflanzliche Substanzen gibt, die verschiedene Blutgruppen voneinander unterscheiden können. 1954 fand er, zu seiner eigenen Überraschung, eine solche Substanz in der Limabohne, einer der ersten Pflanzen, die er sich vornahm. Er schlug für Substanzen, die diese Unterscheidungsfähigkeit besitzen, die Bezeichnung *Lectine* vor (nach dem lateinischen Wort für »wählen«).

Wenn ein Lectin zwischen roten Blutkörperchen unterschiedlichen Typs aufgrund subtiler Differenzen in der chemischen Oberflächenbeschaffenheit unterscheiden kann, müßte es eigentlich möglich sein, Lectine zu finden, die in der Lage sind, zwischen einer Tumorzelle und deren normaler Ursprungszelle zu differenzieren und die Tumorzelle selektiv zu immobilisieren. Mit solchen Lectinen könnten dann vielleicht Tumorzellen aus dem Verkehr gezogen und Krebswucherungen gebremst, gestoppt oder gar abgebaut werden. Erste Forschungen in diese Richtung haben hoffnungsvolle Ergebnisse erbracht.

Je mehr wir über die Onkogene und die Art und Weise ihrer Entstehung erfahren, desto größer ist die Chance, daß wir Mittel und Wege finden, ihrem Auftreten vorzubeugen oder sie unschädlich zu machen.

Der Hinweis auf in der Zukunft liegende Möglichkeiten ist natürlich für Leute, die akut an Krebs leiden, kein Trost. Ein Teil dieser Kranken und des allgemeinen Publikums läßt sich angesichts der vermeintlichen Chancenlosigkeit der wissenschaftlichen Medizin im Kampf gegen die gefürchtete Krebskrankheit dazu verleiten, an pseudowissenschaftliche Behandlungsmethoden mit Wirkstoffen wie »Krebiozen« oder »Laetril« zu glauben.

Man kann kranken Menschen, die sich an einen Strohhalm klammern, dies nicht zum Vorwurf machen, doch bis jetzt haben diese Wirkstoffe noch niemals geholfen, sondern im Gegenteil in manchen Fällen Kranke davon abgehalten, sich einer anderen, aussichtsreicheren Therapie zu unterziehen.

Kapitel 5

Der menschliche Körper

Nahrung

Die vielleicht erste, wirklich bedeutende Einsicht in der Geschichte der Medizin war die Erkenntnis, daß eine einfache und ausgewogene Ernährung Vorbedingung für eine gute Gesundheit ist. Die griechischen Philosophen empfahlen Mäßigung im Essen und Trinken, nicht nur aus ethisch-philosophischen Gründen, sondern auch, weil diejenigen, die sich an diesen Rat hielten, sich im allgemeinen wohler fühlten und länger lebten. Das war für den Anfang ganz gut, aber später erkannten die Biologen, daß Mäßigung alleine nicht genügt. Auch wenn man genug Vernunft besitzt, um nicht zu denen zu gehören, die regelmäßig zu viel essen (und das Glück hat, nicht zu denen zu gehören, die nie genug zu essen haben), kann man infolge falscher oder mangelhafter Ernährung erkranken. So mangelt es vielen Bewohnern der Entwicklungsländer an gewissen lebenswichtigen Nahrungsbestandteilen wie Proteinen und Vitaminen.

Der menschliche Körper ist, wie alle höheren Organismen, in seinen Ernährungsbedürfnissen ziemlich spezialisiert. Eine Pflanze kommt, um leben zu können, mit Kohlendioxid, Wasser und einigen anorganischen Ionen aus. Auch manche Mikroorganismen benötigen keine organische Nahrung; man nennt sie *autotroph* (»selbsternährend«) und meint damit, daß sie auch in einer Umwelt gedeihen, in der es außer ihnen keine lebenden Organismen gibt. Beim Schimmelpilz *Neurospora* beginnt die Sache ein wenig komplizierter zu werden: Er benötigt zusätzlich zu anorganischen Substanzen Zucker und das Vitamin Biotin. Mit zunehmender Komplexität der Lebensformen scheinen sie immer stärker davon abhängig zu werden, sich die zum Aufbau ihrer Gewebe erforderlichen organischen Bausteine als Nahrung einzuverleiben. Das hat den einfachen Grund, daß bei ihnen einige der Enzyme fehlen, über die die primitiveren Organismen noch verfügen. Eine Grünpflanze besitzt das komplette Arsenal an Enzymen, das sie braucht, um alle für sie lebensnotwendigen Aminosäuren, Proteine, Fette und Kohlenhydrate aus anorganischen Materialien aufbauen zu können. Neurosporae haben alle Enzyme, die sie brauchen, mit Ausnahme derer, die in der Lage wären, die Synthese von Zucker und Biotin zu steuern. Wenn wir einen Sprung von den Neurosporae zum Menschen machen, finden wir, daß seinem Organismus die für die Synthese einer großen Zahl von Aminosäuren, Vitaminen und anderen essentiellen Substanzen »zuständigen« Enzyme fehlen und daß er sich diese Substanzen daher in fertiger Form einverleiben muß. Man kann darin einen Verlust an Autonomie sehen, der diesen Organismen zum Nachteil gereicht, da er sie in Abhängigkeit von ihrer Umwelt bringt. In Wirklichkeit überwiegen sicherlich die Vorteile. Wenn die Umwelt die erforderlichen Bausteine bereitstellt, weshalb sollte dann jede Zelle die komplizierte Enzym-Apparatur, deren es zu ihrer Synthese bedarf, mit sich herumschleppen? Indem sie diesen Ballast abwirft, schafft die Zelle sich die Möglichkeit, ihre Energie und ihre Kapazität für anspruchsvollere und speziellere Aufgaben zu verwenden.

Die Menschen müssen sich, wie die Tiere, die benötigten Nährstoffe über den Verzehr anderer Organismen zuführen. Es sind die organischen Bestandteile dieser Organismen, die den eigentlichen Nahrungsgehalt dessen, was man zu sich nimmt, ausmachen. Im Verdauungssystem werden die in der Nahrung enthaltenen Kleinmoleküle direkt absorbiert. Die großen Moleküle von Substanzen wie Stärke, Eiweiß usw. werden mit Hilfe von Enzymen zerlegt, d. h. verdaut; die dabei entstehenden Fragmente (Aminosäuren, Glukose usw.) werden absorbiert. Sie werden dann anderen Funktionseinheiten des Körpers zugeführt und dort entweder unter Energiegewinn weiterzerlegt oder aber wieder zu großen Molekülen zusammengebaut, die nun aber nicht mehr der Struktur der Nahrung entsprechen, sondern dem Materialbedarf des Essers. In einem gewissen Sinn ist das tierische Leben eine endlose Folge von Räubereien mit anschließender Ausschlachtung der Opfer. Manche Tiere sind *Fleischfresser,* d. h. sie ernähren sich nur von anderen Tieren. Gälte dies für alle Tiere, so gäbe es schon nach kurzer Zeit kein tierisches Leben mehr, denn die Energie- und Materialverwertung ist bei dieser Art der Ernährung sehr uneffektiv. Die Faustregel besagt, daß aus 10 Kilogramm vertilgtem Fleisch gerade 1 Kilogramm Körpergewicht auf seiten des Vertilgenden hervorgeht.

Die meisten Tiere ernähren sich von Pflanzen. Es gibt auf der Erde viel mehr pflanzliches als tierisches Leben, und daher ist auch die Zahl der pflanzenfressenden Tiere viel höher als die der fleischfressenden. (Einige Tiere, wie z. B. Bären und Schweine oder auch der Mensch, sind *Allesfresser,* d. h. ernähren sich von Pflanzen und Tieren.) Auch bei den *Pflanzenfressern* ist die Verwertung der aufgenommenen Energie und Gewebesubstanz sehr uneffektiv, so daß das Leben auf der Erde sehr rasch zum Erliegen kommen würde, wenn die Pflanzen nicht die Fähigkeit besäßen, ihren Substanzverlust rasch wieder auszugleichen. Dies können sie, weil sie in der Lage sind, die Energie des Sonnenlichts für die Produktion ihrer Baustoffe einzusetzen (Photosynthese, *siehe Kapitel 2*). Die Pflanzen nehmen sich also, was sie brauchen, aus der anorganischen Natur und halten somit den Kreislauf des Lebens in Gang.

Man muß freilich sagen, daß die *Photosynthese* eine viel ineffizientere Form der Energieumwandlung darstellt als der Prozeß der Nahrungsaufnahme und -verwertung bei den Tieren. Man schätzt, daß lediglich der tausendste Teil des gesamten auf die Erde einstrahlenden Sonnenlichts von Pflanzen aufgenommen und in die Synthese von Geweben investiert wird; das reicht freilich für die Erzeugung von 150 bis 200 Milliarden Tonnen (Trockengewicht) organischer Materie weltweit pro Jahr aus. Es versteht sich, daß dieser Prozeß in seiner jetzigen Form auf der Erde nur so lange weitergehen kann, wie die Sonne in gewohnter Intensität scheint – also voraussichtlich noch einige Milliarden Jahre lang.

Organische Nährstoffe

Wenn wir Nahrung nur wegen der darin enthaltenen Energie zu uns nehmen müßten, bräuchten wir nicht sehr viel zu essen. Ein halbes Pfund Butter würde mir angesichts meiner sitzenden Tätigkeit vollkommen genügen, um meinen Tagesbedarf an Energie zu decken. Tatsächlich liefert die Nahrung aber nicht nur Energie, sondern auch die Baustoffe, die mein Körper benötigt, um seine Gewebe auszubessern und zu erneuern. Es gibt kein einzelnes Naturprodukt, das alle diese Nährstoffe enthält; durch den Verzehr von Butter allein könnte ich den Materialbedarf meines Körpers nicht decken.

Der englische Arzt William Prout (derselbe, der mit seiner These, daß alle Elemente sich aus Wasserstoff-Bauteilen zusammensetzen, seiner Zeit um ein Jahrhundert voraus war) vertrat als erster die Auffassung, daß sich die organischen Nährstoffe in drei Klassen einteilen ließen, die in der heute üblichen Terminologie Kohlenhydrate, Fette und Proteine (Eiweiße) heißen.

Die Chemiker und Biologen des 19. Jahrhunderts, allen voran der Deutsche Justus von Liebig, erforschten nach und nach die ernährungsphysiologischen Eigenschaften dieser Nährstoffgruppen. Sie erkannten die zentrale Rolle der Proteine, die notfalls allein ausreichen, um den Organismus zu ernähren. Unser Körper ist nicht imstande, aus Kohlenhydraten und Fetten Proteine herzustellen, da diese Substanzen keinen Stickstoff enthalten; hingegen kann er aus Proteinbestandteilen die Kohlenhydrate und Fette, die er benötigt, selbst produzieren. Da Proteine in unserer natürlichen Umwelt jedoch, relativ gesehen, Mangelware sind, wäre es ein verschwenderischer Luxus, wenn wir uns an eine Nur-Eiweiß-Diät hielten – das wäre so, als würden wir unsere Möbel verheizen, anstatt aus dem Keller etwas von dem dort reichlich vorhandenen Brennholz zu holen.

Seit Jahrtausenden und bis zum heutigen Tag gehört es zur Normalität, daß die Menschen in gewissen Regionen zu gewissen Zeiten nicht genug zu essen bekommen. Entweder gibt es einfach nicht genug Nahrung für alle, wie etwa nach einer Mißernte, oder es treten Probleme technischer oder wirtschaftlicher Art bei der Verteilung der an sich in genügender Menge vorhandenen Lebensmittel auf (sei es, daß Nahrungsmittel nicht dorthin gebracht werden können, wo sie benötigt werden, oder sei es, daß sie für einen Teil der Bevölkerung einfach zu teuer sind).

Auch wenn der einzelne scheinbar genug zwischen die Zähne bekommt, kann es sein, daß der Eiweißgehalt dessen, was er verzehrt, zu niedrig ist; es handelt sich dann nicht um einen Fall von Unterernährung im herkömmlichen Sinn, sondern um eine *Mangelernährung*. Besonders groß ist das Risiko einer mangelnden Proteinversorgung bei Kindern, da sie Eiweiße nicht nur für die regelmäßige Gewebeerneuerung benötigen, sondern auch für den Aufbau neuer Gewebsschichten, d. h. für ihr Wachstum. In Afrika tritt Eiweißmangel besonders häufig bei Kindern auf, die fast ausschließlich mit Getreidebrei ernährt werden. (Ein abwechslungsloser Speiseplan ist immer gefährlich, denn es gibt, wie gesagt, kaum ein Nahrungsmittel, das alle benötigten Komponenten enthält. Abwechslung ist daher eine gute Vorkehr gegen Mangelerscheinungen.)

Wenden wir uns nun den Leuten zu, die in punkto Ernährung aus dem vollen schöpfen können und es in der Weise tun, daß sie mehr von allem zu sich nehmen, als sie eigentlich bräuchten. Der Körper speichert in diesem Fall den Überschuß in Form von Fett (was die wirtschaftlichste Art ist, Kalorien auf so engem Raum wie möglich unterzubringen). Diese Fettreserven sind in vielerlei Hinsicht nützlich, beispielsweise als Energiereservoire für eventuelle Perioden der Nahrungsknappheit.

Wenn solche Perioden jedoch nicht eintreten, wachsen die Fettpolster, und der Betroffene wird schließlich übergewichtig oder im Extremfall fettleibig. Ein solcher Zustand ist mit Risiken und Unbequemlichkeiten sowie mit einer erhöhten Anfälligkeit für Degenerations- und Stoffwechselkrankheiten wie Diabetes, Arteriosklerose usw. verbunden. (Im übrigen schützt auch Übergewichtigkeit nicht vor einem Mangel an bestimmten notwendigen Nährstoffen, wenn die Ernährung nicht ausgewogen ist.)

In den westlichen Industrieländern mit ihrem überdurchschnittlich hohen Lebensstandard ist die Übergewichtigkeit zu einem verbreiteten und, weil Korpulenz als unästhetisch gilt, für die Betroffenen zuweilen auch quälenden Problem geworden. Die einzig vernünftige Abhilfe besteht darin, weniger zu essen oder die körperliche Aktivität zu steigern (oder beides zu tun). Wer sich dazu nicht aufraffen kann, wird sein Übergewicht nicht los, gleich mit welchen Tricks er es auch versuchen mag.

Proteine

Eiweißreiche Lebensmittel sind in der Regel teurer und rarer als andere (wobei das eine wohl gewöhnlich das andere bedingt). Im allgemeinen gilt, daß tierische Nahrungsmittel einen höheren Eiweißgehalt aufweisen als pflanzliche.

Diese Tatsache schafft Probleme für diejenigen Personen, die sich zu einer vegetarischen Lebensweise entschlossen haben. Der Vegetarismus hat durchaus manches für sich, aber diejenigen, die sich ihm verschrieben haben, können sich nicht so ohne weiteres darauf verlassen, daß ihre Nahrung immer eine ausreichende Eiweißmenge enthält. Dafür zu sorgen ist jedoch kein großes Kunststück, denn beim durchschnittlichen Erwachsenen genügen bereits rund 60 Gramm Protein pro Tag. Kinder und Schwangere oder stillende Mütter brauchen etwas mehr.

Viel hängt natürlich davon ab, welche Proteine man zu sich nimmt. Im 19. Jahrhundert wurden Experimente mit dem Ziel unternommen, herauszufinden, ob die Bevölkerung in Hungerszeiten notfalls mit Gelatine durchgefüttert werden könnte, einer Proteinsubstanz, die man durch Verkochen von Knochen, Sehnen und anderen nicht eßbaren tierischen Geweben erhält. Der französische Psychologe François Magendie zeigte, daß Hunde, denen man als einzige Eiweißnahrung Gelatine verabreichte, Gewicht verloren und eingingen. Das bedeutet nicht, daß Gelatine ein untaugliches oder ungenießbares Nahrungsmittel wäre; es zeigt lediglich, daß sie, wenn sie der einzige Proteinlieferant im Nahrungsangebot ist, nicht alle für den Organismus notwendigen

Baustoffe liefert. Es ist, wie gesagt, die Abwechslung, die die Gewähr für eine ausgewogene Nahrung bietet.

Das entscheidende Kriterium für die Brauchbarkeit eines Proteins ist die Frage, wie gut der darin enthaltene Stickstoff vom Organismus verwertet werden kann. Zwei englische Agronomen, John B. Lawes und Joseph H. Gilbert, fütterten 1854 einen Teil ihres Schweinebestands mit Linsenbrei, den anderen mit Gerstenbrei. Es war dies das erste Stickstoffbilanz-Experiment.

Ein im Wachsen begriffener Organismus akkumuliert nach und nach Stickstoff aus der Nahrung, die er zu sich nimmt; seine *Stickstoffbilanz* ist in diesem Fall positiv. Wenn er hungert oder an einer auszehrenden Krankheit leidet und Gelatine seine einzige Eiweißquelle ist, zeigt sich, daß er von seinem Stickstoffvorrat anhaltend mehr verliert als neu hinzukommt, ganz gleich, wieviel Gelatine man ihm zuführt; er darbt also weiter dahin, jedenfalls unter dem Gesichtspunkt der – in diesem Fall negativen – Stickstoffbilanz.

Warum ist das so? Wie die Chemiker des 19. Jahrhunderts mit der Zeit herausfanden, ist die Gelatine ein ungewöhnlich einfach strukturiertes Protein. Ihm fehlen eine ganze Reihe von Aminosäuren, die in den meisten anderen Eiweißen enthalten sind, unter anderem das Tryptophan. Ohne diese Bausteine ist der Körper nicht in der Lage, die Proteine aufzubauen, die er für sein Wachstum bzw. seine Substanzerhaltung benötigt. Wenn er also mit seiner Nahrung nicht auch andere Proteine zugeführt bekommt, kann er mit den in der Gelatine enthaltenen Aminosäuren bald nichts mehr anfangen und muß sie ungenutzt ausscheiden. Es ist so, als würde ein Mann, der sich ein Haus bauen will, zwar jede Menge Backsteine geliefert bekommen, aber keinen Mörtel. Er könnte dann nicht nur sein Haus nicht bauen, sondern die gelieferten Backsteine würden sich auf der Baustelle auftürmen und müßten schließlich irgendwohin gebracht werden, wo sie nicht stören.

In den 1890er Jahren wurden verschiedentlich Versuche unternommen, die Gelatine dadurch nahrhafter zu machen, daß man ihr einige der Aminosäuren, die ihr von Hause aus fehlten, zusetzte; das brachte aber keinen Erfolg. Bessere Ergebnisse erbrachten Versuche mit Proteinen, deren Eiweißausstattung etwas vielseitiger war als die der Gelatine.

1906 verfütterten die englischen Biochemiker Frederick G. Hopkins und Edith G. Willcock an Mäuse eine Diät, die als einzigen Eiweißstoff Zein enthielt, das in Maiskörnern enthalten ist. Sie wußten, daß die Aminosäure Tryptophan in diesem Protein nur in sehr geringer Menge enthalten ist. Die Mäuse gingen im Zeitraum von etwa vierzehn Tagen ein. (Der Mangel an Tryptophan ist die Hauptursache der *Kwaschiorkor* genannten Eiweißmangelkrankheit, die bei afrikanischen Kindern häufig auftritt.) Die Experimentatoren versuchten es dann mit einem mit Tryptophan angereicherten Zein-Präparat. Dieses Mal blieben die Mäuse nach Versuchsbeginn doppelt so lange am Leben. Es war das erste handfeste experimentelle Indiz dafür, daß nicht Proteine als solche, sondern Aminosäuren die Nahrungsbestandteile sind, auf die es ankommt. (Daß die Mäuse das Experiment nicht überlebten, lag wahrscheinlich an dem Mangel an gewissen damals noch nicht bekannten Vitaminen.)

Der amerikanische Ernährungswissenschaftler William C. Rose drang in den 30er Jahren zum Kern des Aminosäurenproblems vor. Um diese Zeit kannte man die wichtigsten Vitamine, so daß er seine Versuchstiere mit diesen lebensnotwendigen Substanzen versorgen und sich ganz auf die Aminosäuren konzentrieren konnte. Er fütterte Ratten anstelle von Eiweiß mit einer Mischung aus Aminosäuren. Die Tiere überlebten diese Kur nicht lange. Als er aber Ratten auf eine lediglich aus dem Milcheiweiß *Kasein* bestehende Diät setzte, entwickelten sie sich gut. Das Kasein mußte also wohl etwas enthalten, was in der Aminosäurenmischung, die er zuvor verfüttert hatte, nicht enthalten war, vermutlich eine noch unentdeckte Aminosäure. Rose zerlegte das Kasein chemisch und reicherte sein Aminosäurengemisch nacheinander mit einem jeweils anderen der erhaltenen Fragmente an. Auf diese Weise spürte er die Aminosäure *Threonin* auf, die letzte der wichtigen Aminosäuren, die entdeckt wurde. Als er seinem Aminosäurengemisch eine aus Kasein gewonnene Threonindosis hinzufügte, gediehen die Ratten zufriedenstellend, und dies bei einer Nahrung, die keinerlei intakte Proteine enthielt.

Rose nahm nun systematisch eine Aminosäure nach der anderen aus der Mischung heraus und identifizierte auf diese Weise zehn Aminosäuren als für die Ratte unverzichtbare Nahrungsbestandteile: Lysin, Tryptophan, Histidin, Phenylalanin, Leucin, Isoleucin, Threonin, Metionin, Valin und Arginin. Eine Ratte, die diese Aminosäuren in genügender Menge erhält, vermag sich, was sie sonst noch benötigt (Glycin, Prolin, Aspartin, Alanin usw.) selbst herzustellen.

In den 40er Jahren wandte Rose sich der Frage zu, welche Aminosäuren der menschliche Organismus benötigt. Er überredete Studenten, sich als Versuchskaninchen zur Verfügung zu stellen. Sie erhielten eine kontrollierte Diät verabreicht, die außer variierten Aminosäurengemischen keine stickstoffhaltigen Bestandteile enthielt. 1949 war Rose so weit, bekanntgeben zu können, daß der männliche Erwachsene nur acht Aminosäuren benötigt: Phenylalanin, Leucin, Isoleucin, Metionin, Valin, Lysin, Tryptophan und Threonin. Es fällt auf, daß gegenüber der Liste der für die Ratte unverzichtbaren Aminosäuren das Arginin und das Histidin beim Menschen fehlen; man könnte also sagen, daß der Mensch in dieser Beziehung ein weniger spezialisiertes Lebewesen ist als die Ratte (und auch als jedes andere Säugetier, das bislang einer solchen Analyse unterzogen wurde).

Theoretisch könnte ein Mensch mit den acht ernährungsphysiologisch unverzichtbaren Aminosäuren auskommen; sofern sein Organismus sie in genügenden Mengen enthält, kann er daraus nicht nur alle anderen Aminosäuren, die er benötigt, sondern auch alle erforderlichen Kohlenhydrate und Fette herstellen. Natürlich aber wäre eine nur aus Aminosäuren zusammengesetzte Diät viel zu teuer, ganz zu schweigen von der monotonen Einförmigkeit und der geschmacklichen Reizlosigkeit eines solchen Speisezettels. Immerhin ist es sehr wertvoll, zu wissen, welche Aminosäuren wir un-

bedingt benötigen, gibt uns dies doch die Möglichkeit, das natürliche Eiweißangebot unserer Nahrung im Bedarfsfall zu komplettieren und, wenn nötig, eine Diät zusammenzustellen, die eine maximal effektive Stickstoffaufnahme und -verwertung garantiert.

Fette

Auch Fette lassen sich in einfachere Bausteine zerlegen, deren wichtigste die sogenannten *Fettsäuren* sind. Fettsäuren können *gesättigt* sein, wenn bei ihren Molekülen alle potentiell von Wasserstoffatomen besetzbaren Bindungen auch tatsächlich besetzt sind, oder *ungesättigt*, wenn ein oder mehrere Wasserstoffpaare fehlen. Wenn mehr als ein Paar Wasserstoffatome fehlen, spricht man auch von *poly-ungesättigten* Fettsäuren.

Fette, die ungesättigte Fettsäuren enthalten, schmelzen in der Regel bei niedrigeren Temperaturen als ihre aus gesättigten Fettsäuren bestehenden Gegenstücke. Aus verschiedenen Gründen ist es für einen Organismus günstig, wenn die Fette, die er enthält, flüssig sind; in Pflanzen und bei wechselwarmen Tieren finden sich daher im allgemeinen Fette mit einem höheren Anteil ungesättigter Fettsäuren als bei Pflanzen und Säugetieren, die eine konstante Körperwärme aufrechterhalten. Der menschliche Organismus ist nicht in der Lage, aus gesättigten Fettsäuren poly-ungesättigte zu machen; für den Menschen sind die poly-ungesättigten Fettsäuren also *essentielle* Fettsäuren. In dieser Beziehung sind die Vegetarier im Vorteil, da bei ihrer Ernährungsweise ein Defizit an essentiellen Fettsäuren weniger wahrscheinlich ist.

Vitamine

Extravagante Ernährungsweisen und ernährungsbezogene Ammenmärchen beeindrucken noch immer zu viele Menschen (und verhelfen vielen dubiosen Gesundheitsaposteln zu kurzfristigen Verkaufserfolgen) – selbst in diesen aufgeklärten Zeiten. Ja, vielleicht sind es gerade die unserer Aufgeklärtheit zugrunde liegenden Zivilisationsfortschritte, die uns die Möglichkeit extravaganter Ernährungsgewohnheiten erst verschaffen. Während des allergrößten Teils der bisherigen Menschheitsgeschichte setzte sich die Nahrung der Menschen aus Produkten aus der unmittelbaren Umgebung zusammen, und das waren in der Regel einige wenige Grundnahrungsmittel. Die Alternative lautete, entweder zu essen, was es gab, oder zu verhungern. Niemand konnte es sich erlauben, wählerisch zu sein, und das Wählerischsein ist der Anfang der Extravaganz.

Im Zeitalter des modernen Güterverkehrs ist es möglich geworden, Lebensmittel aus jedem Teil der Erde in jeden anderen zu transportieren (besonders seit man die Technik der Beförderung tiefgefrorener Nahrungsmittel beherrscht); die Gefahr von Hungersnöten hat sich dadurch erheblich verringert. In früheren Zeiten waren Hungersnöte zwangsläufig eine lokale Erscheinung; in einer angrenzenden Region konnte es Lebensmittel in Hülle und Fülle geben, ohne daß man die Möglichkeit hatte, sie rechtzeitig in das vom Hunger betroffene Gebiet zu bringen.

Im engen Bereich des eigenen Hauses oder des Dorfes Lebensmittel verschiedenster Art zu konservieren (durch Trocknen, Einpökeln, Einzukkern, Vergären usw.) lernten die Menschen schon sehr früh. Konservierungsverfahren, die die Lebensmittel in einem relativ frischen Zustand zu erhalten vermochten, wurden möglich, als man lernte, Lebensmittel einzuwecken, d. h. sie abgekocht unter Luftabschluß aufzubewahren. (Das Abkochen dient dem Abtöten von Mikroorganismen, der Luftabschluß verhindert, daß andere Mikroorganismen sich bilden und vermehren können.) Der »Erfinder« des Einweckens war ein französischer Koch namens François Appert; er gewann damit gleichzeitig einen Preis, den Napoleon I. auf der Suche nach einer Methode zur Konservierung von Nahrungsmitteln für seine Truppen ausgesetzt hatte. Appert verwendete verschließbare Gläser; sie wurden später weitgehend durch Dosen aus Weißblech verdrängt. Nach dem Zweiten Weltkrieg verbreitete sich die Praxis, frische Lebensmittel einzufrieren; die zahlreichen Haushalte, die heute über ein Gefriergerät verfügen, können praktisch zu jedem Zeitpunkt des Jahres aus einem breiten Sortiment frischer Lebensmittel auswählen. Jede Verbreiterung des Nahrungsangebots begünstigt aber die Entwicklung von Ernährungs-Extravaganzen.

Ernährungsbedingte Mangelkrankheiten

Mit all dem will ich nicht sagen, daß eine bewußte selektive Ernährung nicht von Nutzen sein kann. Es kommt vor, daß man durch den Verzehr ganz bestimmter Nahrungsmittel eine Erkrankung kurieren kann. Wenn dies möglich ist, kann es sich immer nur um eine ernährungsbedingte Mangel-

krankheit gehandelt haben. Solche Krankheiten können auch bei ausreichender Nahrungsversorgung, ja sogar bei ausreichender Eiweißversorgung auftreten. Sie entwickeln sich, wenn der Nahrung regelmäßig eine Substanz fehlt, die der Organismus für die Aufrechterhaltung des ernährungsphysiologischen und biochemischen Kreislaufs benötigt (in welch winzigen Mengen auch immer). Zu solchen Mangelkrankheiten kommt es immer dann fast zwangsläufig, wenn ein Mensch nicht die Gelegenheit zu einer normalen, ausgewogenen Ernährungsweise, d. h. zur Auswahl aus einer gewissen Vielfalt von Lebensmitteln, hat.

Die Bedeutung einer ausgewogenen und abwechslungsreichen Diät erkannten eine Reihe medizinischer Praktiker schon im 19. Jahrhundert und noch früher, zu einer Zeit also, da noch niemand wußte, welche chemische Bewandtnis es mit den verschiedenen Nahrungsmitteln hat. Man braucht nur etwa an Florence Nightingale zu denken, die berühmte Krankenschwester, die im Krimkrieg neue Maßstäbe nicht nur für eine menschenwürdige medizinische Versorgung, sondern auch für eine »artgerechte« Ernährung der Soldaten setzte. Doch zu einer Wissenschaft konnte die *Diätetik* (die Lehre von der Zusammensetzung der Nahrung) erst werden, als gegen Ende des 19. Jahrhunderts die in der Nahrung enthaltenen notwendigen Mikrobestandteile entdeckt wurden.

Eine der Alten Welt sehr vertraute Mangelkrankheit war *Skorbut;* zu den ersten Symptomen dieses Gebrechens zählen Zahnfleischbluten und ausfallende Zähne, eine verminderte oder ganz fehlende Wundheilung (bedingt durch eine zunehmende Sprödigkeit der Kapillargefäße) sowie eine allgemeine Schwächung, die schließlich zum Tod des Patienten führt. Besonders gehäuft trat Skorbut in belagerten Städten und auf langen Seereisen auf. (Die erste Seefahrt, auf der die Krankheit in Erscheinung trat, war die Umsegelung Afrikas durch Vasco da Gama 1497; die Schiffsbesatzungen Magellans litten, als sie eine Generation später die erste Weltumsegelung mitmachten, mehr unter dem Skorbut als unter der Lebensmittelknappheit als solcher.) Vor dem Zeitalter der Gefriertechnik konnten auf längere Seereisen nur unverderbliche Lebensmittel mitgenommen werden, in der Hauptsache Schiffszwieback und Pökelfleisch. Trotzdem entging den Ärzten mehrere Jahrhunderte lang der Zusammenhang zwischen Skorbut und einseitiger Kost.

Als der französische Entdecker Jacques Cartier 1536 in Kanada überwinterte, erkrankten 110 seiner Männer an Skorbut. Die eingeborenen Indianer kannten die Krankheit und wußten ein Heilmittel: Sie rieten den Franzosen, einen Aufguß aus Wasser und Tannennadeln herzustellen und nach einiger Zeit das Wasser zu trinken. In ihrer Ratlosigkeit versuchten die Männer es mit diesem scheinbar läppischen Rezept – und wurden wieder gesund.

Zwei Jahrhunderte später, im Jahr 1747, begann der schottische Arzt James Lind, der Berichte über diese und einige ähnliche Episoden gelesen hatte, experimentell die Wirkung frischen Obstes und Gemüses auf skorbutkranke Seeleute zu erforschen. Er stellte fest, daß Orangen und Zitronen am schnellsten Linderung brachten. Kapitän Cook bewahrte auf seiner Erkundungsfahrt durch den Pazifik (1772–75) seine Besatzungen dadurch vor dem Skorbut, daß er ihnen in regelmäßigen Abständen Sauerkraut verordnete. Es dauerte gleichwohl noch bis 1795, ehe die Experimente Linds die hohen Herren von der britischen Marine soweit überzeugt hatten, daß sie die Anordnung erließen, jedem britischen Matrosen auf See täglich eine Ration Zitronensaft zu verabreichen. (Nachgeholfen haben dürfte ihnen die Einsicht, daß eine skorbutgeplagte Flotte in einer Seeschlacht keine Bäume ausreißen konnte.) Dank des Zitronensafts blieb die britische Marine hinfort vom Skorbut verschont.

Ein Jahrhundert später, 1884, ersetzte der japanische Admiral Kanehiro Takaki auf seinen Schiffen die bis dahin übliche monotone Reiskost durch eine mannigfaltigere Diät. Die Folge war, daß die unter dem Namen *Beri-beri* bekannte Krankheit auf den Schiffen der japanischen Flotte nicht mehr auftrat.

Trotz gelegentlicher Erfolge dieser Art – für die niemand eine wissenschaftliche Erklärung wußte – weigerten sich die Biologen des 19. Jahrhunderts zu glauben, eine Krankheit könne allein durch eine veränderte Ernährung behoben werden – noch dazu, nachdem Pasteurs Theorie der Krankheitskeime sich auf breiter Front durchgesetzt hatte. Dann jedoch, 1896, überzeugte ein holländischer Arzt namens Christiaan Eijkman die Ungläubigen, wenn auch ungewollt. Eijkman war von seiner Regierung nach Holländisch-Ostindien geschickt worden, um die Beri-beri-Krankheit zu studieren, die in dieser Region endemisch war (und die selbst heute noch, da die Medizin ihre Ursache und die zu ihrer Heilung führende Therapie kennt, im Jahr über 100000 Menschen das Leben kostet). Takaki hatte der Krankheit durch Ernährungsmaßnahmen Einhalt geboten; doch im Westen nahm man dies nicht ernst, vielleicht weil man darin nur ein Stück mystischer asiatischer Volksheilkunde sah.

Von der Annahme ausgehend, daß es sich bei Beri-beri um eine durch einen Keim verursachte Infektionskrankheit handelte, ging Eijkman daran, mit Hilfe von mitgebrachten Hühnern als Versuchstieren den gesuchten Keim nachzuweisen. Doch das Fehlverhalten eines Mitarbeiters machte ihm einen Strich durch die Rechnung – was sich aber als Glücksfall erwies. Ganz unverhofft wurden die meisten seiner Hühner von einer paralytischen Krankheit befallen, an der einige von ihnen sogar eingingen; nach etwa vier Monaten gewannen diejenigen Hühner, die bis dahin überlebt hatten, ihre Gesundheit wieder. Eijkman, verunsichert, weil es ihm in all den Monaten nicht gelungen war, einen als Erreger der Krankheit in Frage kommenden Keim zu finden, nahm schließlich die Freßgewohnheiten der Hühner unter die Lupe. Wie sich herausstellte, hatte derjenige, der zunächst mit dem Füttern der Hühner betraut gewesen war, in der Absicht, zu sparen (zweifellos zugunsten seines eigenen Geldbeutels), die Tiere mit Küchenresten aus dem Militärkrankenhaus, vor allem mit geschältem Reis, gefüttert. Zufällig war nach ein paar Monaten ein neuer Koch eingestellt worden, der die Fütterung der Hühner mit übernommen hatte. Er hatte den Tieren wieder das gewohnte Hühnerfutter gegeben, das ungeschälten Reis enthielt. Daraufhin hatten die Hühner sich erholt.

Eijkman wollte es genau wissen. Er setzte einige Hühner auf eine nur aus geschältem Reis bestehende Diät, und sie erkrankten. Nach Rückkehr zum regulären Futter erholten sie sich wieder. Es war das erste Mal, daß eine ernährungsbedingte Mangelkrankheit vorsätzlich provoziert worden war. Eijkman gelangte zu der Überzeugung, daß diese *Polyneuritis*, die Hühner befiel, ihren Symptomen nach der bei Menschen auftretenden Beri-beri-Krankheit ähnelte. Erkrankten etwa nur diejenigen Menschen an Beri-beri, die sich überwiegend von geschältem Reis ernährten?

Der für den menschlichen Verzehr bestimmte Reis wurde vor allem deswegen geschält, weil er sich dann besser hielt. (Der mit der Schale entfernte Reiskeim enthält Öle, die leicht ranzig werden.) Eijkman und sein Mitarbeiter Gerrit Grijns wollten nun herausfinden, welcher Bestandteil der Schale des Reiskorns es war, der gegen die Beri-beri-Krankheit half. Es gelang ihnen, den betreffenden Faktor mit Wasser aus den Schalen herauszulösen. Er ließ sich, wie sich herausstellte, mit Filtermembranen, die so fein waren, daß sie keine Proteine durchließen, nicht aus dem Wasser herausfiltern. Offenbar mußte es sich um eine Substanz mit einem ziemlich kleinen Molekül handeln. Sie zu identifizieren gelang den beiden Forschern allerdings nicht.

Etwa um die gleiche Zeit stießen andere Forscher auf andere mysteriöse Faktoren, die für Leben und Gesundheit wichtig zu sein schienen. 1905 stellte der dänische Ernährungsphysiologe Cornelis A. Pekelharing fest, daß Mäuse, die er auf eine künstliche, an Fetten, Kohlenhydraten und Proteinen reiche Diät setzte, allesamt binnen eines Monats dahinstarben. Fügte er der Nahrung nur einige Tropfen Milch hinzu, so blieben die Tiere gesund und munter. In England führte Frederick Hopkins im Zuge seiner Arbeiten zur Erforschung der ernährungsphysiologischen Bedeutung der Aminosäuren eine Reihe von Experimenten durch, die ebenfalls ergaben, daß das Milchkasein etwas enthalten mußte, das, einer künstlichen Diät beigefügt, das Gedeihen der Versuchstiere förderte. Dieses Etwas war in Wasser löslich. Als ein noch »gesünderer« Zusatz zur künstlichen Diät als das Kasein erwies sich ein Hefeextrakt.

Für ihre Pionierarbeiten, daß bestimmte lebenswichtige Spurenelemente in der Nahrung enthalten sind (bzw. sein müssen), erhielten Eijkman und Hopkins 1929 gemeinsam den Nobelpreis für Medizin und Physiologie.

Die Vitamine werden identifiziert

Es stellte sich nun natürlich die Aufgabe, diese lebenswichtigen Spurenstoffe zu isolieren und zu identifizieren. 1912 konnten drei japanische Biochemiker – Umetaro Suzuki, T. Shimamura und

S. Ohdake – eine aus Reiskornschalen extrahierte Verbindung vorweisen, die sich als hochwirksames Mittel gegen Beri-beri erwies. Fünf bis zehn Milligramm davon genügten, um ein erkranktes Huhn zu heilen. Im gleichen Jahr isolierte der polnischstämmige Biochemiker Casimir Funk (der damals in England und später in den Vereinigten Staaten arbeitete) die gleiche Verbindung aus Hefe.

Da die Verbindung sich als ein Amin erwies (d. h. die Aminogruppe – NH_2 – enthielt), nannte Funk sie *Vitamin* (kombiniert aus »vital«, d. h. lebenswichtig, und »-amin«). Er wagte die These, daß Beri-beri, Skorbut, Pellagra und Rachitis allesamt Vitaminmangelkrankheiten seien. Er hatte damit insofern recht, als es sich in der Tat in allen diesen Fällen um ernährungsbedingte Mangelkrankheiten handelt. Doch stellte sich heraus, daß es sich nicht bei allen »Vitaminen« wirklich um Amine handelt.

1913 entdeckten zwei amerikanische Biochemiker, Elmer V. McCollum und Marguerite Davis, einen anderen gesundheitlich bedeutsamen Nahrungsbestandteil, der in Butter und Eidotter vorkam. Er löst sich nicht in Wasser, sondern nur in flüssigen Fetten. McCollum nannte ihn *fettlösliches A*, zur Unterscheidung von der Bezeichnung *wasserlösliches B*, die er für den Anti-Beri-beri-Faktor vorschlug. In Ermangelung chemischer Kenntnisse über diese Faktoren schien dies nur recht und billig – diese Namengebung begründete den Brauch, diese Substanzen mit Buchstaben zu bezeichnen. Der britische Biochemiker Jack C. Drummond änderte dann 1920 die Namen in *Vitamin A* und *Vitamin B* um. Da er vermutete, daß der Anti-Skorbut-Faktor in die Reihe dieser Substanzen gehörte, schlug er vor, ihn *Vitamin C* zu nennen.

Im Vitamin A wurde bald ein Wirkstoff bekannt, der zur Vorbeugung gegen das Auftreten einer anomalen Trockenheit der Augenschleimhäute, der sogenannten *Xerophthalmie* (griechisch für »trockene Augen«) erforderlich ist. McCollum und seine Mitarbeiter fanden 1920 heraus, daß man eine in Kabeljau-Lebertran enthaltene Substanz, die sowohl gegen Xerophthalmie als auch gegen Rachitis half, durch eine bestimmte Behandlung so verändern konnte, daß sie nur noch gegen Rachitis wirksam war. Sie zogen hieraus den Schluß, daß der Anti-Rachitis-Faktor ein viertes Vitamin sein müsse, und nannten es *Vitamin D*. Die Vitamine D und A sind fettlöslich, während C und B wasserlöslich sind.

Im weiteren Verlauf der 20er Jahre erkannte man, daß es sich bei Vitamin B nicht um eine einzelne Substanz handelte, sondern um ein Gemisch aus Verbindungen mit unterschiedlichen Eigenschaften. Der Anteil, der gegen die Beri-beri-Krankheit wirksam war, wurde als *Vitamin B$_1$* bezeichnet, ein zweiter als *Vitamin B$_2$* usw. Einige der Berichte über die Entdeckung neuer Wirkungsfaktoren erwiesen sich als Fehlanzeige, so daß die ursprünglich als B$_3$, B$_4$ und B$_5$ katalogisierten Substanzen heute nicht mehr aufgeführt werden. Danach geht es aber weiter bis B$_{14}$. Die ganze Gruppe (deren Mitglieder allesamt wasserlöslich sind) wird heute zumeist als der *Vitamin-B-Komplex* bezeichnet.

Auch neue Buchstaben kamen hinzu. Die *Vitamine E* und *K* (beide fettlöslich) haben sich als echte Vitamine bestätigt; bei *Vitamin F* stellte sich heraus, daß es kein Vitamin ist, und das *Vitamin H* entpuppte sich als zum B-Vitamin-Komplex gehörig.

Da die chemische Struktur dieser Substanzen mittlerweile geklärt ist, kommt man in jüngerer Zeit selbst bei den echten Vitaminen von der herkömmlichen Buchstaben-Bezeichnung ab und führt die meisten von ihnen unter ihrem chemischen Namen; aus unerfindlichen Gründen haften die herkömmlichen Namen an den fettlöslichen Vitaminen hartnäckiger als an den wasserlöslichen.

Chemische Zusammensetzung und Struktur der Vitamine

Es war nicht leicht, die chemische Zusammensetzung und Struktur der Vitamine herauszufinden, denn diese Substanzen treten nur in winzigsten Mengen auf. So enthält beispielsweise eine Tonne Reiskornschalen nicht mehr als fünf Gramm Vitamin B$_1$. Bis 1926 gelang es niemandem, genug einigermaßen reines Vitamin zu isolieren, um es einer chemischen Analyse unterwerfen zu können. In diesem Jahr arbeiteten holländische Biochemiker, Barend C. P. Jansen und William F. Donath, anhand einer kleinen Probe eine Summenformel für Vitamin B aus, aber sie erwies sich als falsch. 1932 versuchte es der Japaner Ohdake

auf der Basis einer etwas größeren Probe nochmals und verfehlte die richtige Lösung nur knapp. Er war der erste, der in einem Vitaminmolekül ein Schwefelatom aufspürte.

1934 schließlich krönte Robert R. Williams seine zwanzigjährige Forschertätigkeit mit der Ausarbeitung der kompletten Strukturformel von Vitamin B$_1$, nachdem er aus Tonnen von Reiskornschalen in mühsamer Arbeit eine ausreichende Menge der Substanz isoliert hatte. Er fand die folgende Formel:

Da das unerwartetste Element dieser Moleküle das Schwefelatom war, erhielt die Substanz den Namen *Thiamin* (abgeleitet von der griechischen Bezeichnung für Schwefel, *Thion*).

Anders lag das Problem beim Vitamin C. Aus Zitrusfrüchten läßt sich diese Substanz relativ leicht und in ausreichender Menge gewinnen. Was aber Schwierigkeiten bereitete, war, ein Versuchstier zu finden, das sich sein Vitamin C nicht selbst herstellt. Die meisten Säugetiere, mit Ausnahme des Menschen und der anderen Primaten, haben sich diese Fähigkeit bewahrt, dieses Vitamin zu synthetisieren. Man benötigte aber ein Versuchstier, das man an Skorbut erkranken lassen konnte, um ohne großen Aufwand feststellen zu können, welcher Bestandteil der Zitrussäfte den Anti-Skorbut-Faktor enthielt.

1918 löste sich dieses Problem, als die amerikanischen Biochemiker B. Cohen und L. B. Mendel entdeckten, daß Meerschweinchen kein Vitamin C bilden können. Bei ihnen entwickelt sich Skorbut sogar viel leichter und schneller als beim Menschen. Eine andere Schwierigkeit blieb jedoch bestehen: Vitamin C erwies sich als sehr instabil (es ist das instabilste aller Vitamine), so daß es im Verlauf der chemischen Analyseprozesse leicht verlorenging. Eine ganze Anzahl von Forschern biß sich am Vitamin C die Zähne aus.

Wie das Leben so spielt, gelang die Sache schließlich einem Wissenschaftler, dem es gar nicht ausdrücklich um die Isolierung von Vitamin C ging. Der aus Ungarn stammende Biochemiker Albert

Szent-Györgi, der im Labor von Hopkins in London arbeitete und hauptsächlich daran interessiert war, herauszufinden, wie die Sauerstoffverwertung der Gewebe funktioniert, isolierte 1928 aus Kohlpflanzen eine Substanz, die man zur Übertragung von Wasserstoffatomen von einer Verbindung zur anderen nutzen konnte. Wenig später präparierten Charles B. King und seine Mitarbeiter an der University of Pittsburgh, die nach Vitamin C suchten, eine kleine Menge jener Kohlsubstanz und stellten fest, daß sie eine höchst wirksame Vorbeugung gegen Skorbut gewährte. Außerdem entpuppte sie sich als identisch mit Kristallen, die das Team aus Zitronensaft gewonnen hatte. 1933 hatte King die Struktur der Substanz entschlüsselt; es handelte sich um ein Zuckermolekül mit sechs Kohlenstoffatomen, und zwar um einen Vertreter der L-Reihe:

$$O = C \underset{\underset{OH}{C} = \underset{OH}{C}}{\overset{O}{\diagup}} CH - CH - CH_2OH$$
$$\qquad\qquad\qquad\quad OH$$

Die Substanz erhielt den Namen *Ascorbinsäure* (griechisch etwa wie »kein Skorbut«).

Was das Vitamin A betraf, so resultierte der erste Anhaltspunkt für die Entschlüsselung seiner Struktur aus der Beobachtung, daß die an Vitamin A reichen Nahrungsmittel oft gelb oder orangefarben sind (Butter, Eidotter, Karotten, Lebertran usw.). Als verantwortlich für diese Färbung erwies sich ein Kohlenwasserstoff namens *Karotin*. 1929 zeigte der britische Biochemiker Thomas Moore, daß Ratten, die karotinreiche Nahrung erhielten, Vitamin A in ihrer Leber speicherten. Aus der Tatsache, daß das Vitamin selbst nicht gelb war, ließ sich der Schluß ziehen, daß das Karotin zwar nicht mit dem Vitamin A identisch war, aber von der Leber in Vitamin A umgewandelt wurde. (Man nennt solche Substanzen wie das Karotin heute Provitamine.)

1937 gelang es den Amerikanern Harry N. Holmes und Ruth E. Corbet, Vitamin A in Kristallform aus Fischlebertran zu isolieren. Sein Molekül enthielt, wie sich herausstellte, 20 Kohlenstoffatome; es repräsentierte die Hälfte eines Karotinmoleküls, ergänzt um eine Hydroxylgruppe:

Die Chemiker, die auf der Fährte des Vitamins D waren, fanden ihren ersten Anhaltspunkt mit Hilfe des Sonnenlichts. Schon 1921 bemerkte das McCollum-Team (das als erstes die Existenz des Vitamins D demonstrierte), daß Ratten, die mit einer Vitamin-D-losen Diät gefüttert werden, dann keine Rachitis entwickeln, wenn man sie regelmäßig dem Sonnenlicht aussetzt. Diese Beobachtung legte den Schluß nahe, daß die Energie des Sonnenlichts ein im Körper vorhandenes Provitamin in Vitamin D umwandelt. Da Vitamin D zu den fettlöslichen Vitaminen gehört, suchten die Forscher das vermutete Provitamin in den Fettbestandteilen der Nahrung.

Sie zerlegten alle möglichen Fette in Fraktionen und setzten jedes Fragment dem Sonnenlicht aus. Auf diese Weise fanden sie heraus, daß das Provitamin, das vom Sonnenlicht in Vitamin D verwandelt wird, ein Steroid sein mußte. Aber welches Steroid? Sie testeten das Cholesterin, das häufigste körpereigene Steroid, aber das war es nicht. Wenig später, 1926, entdeckten die britischen Biochemiker Otto Rosenheim und T. A. Webster, daß ein eng mit dem Cholesterin verwandtes Steroid, das Ergosterin, durch Sonnenbestrahlung in Vitamin D umgewandelt wurde. Der deutsche Chemiker Adolf Windaus machte diese Entdeckung unabhängig von seinen englischen Kollegen etwa um die gleiche Zeit.

Aus der Tatsache, daß Ergosterin in tierischem Gewebe nicht vorkommt, ließ sich der Schluß ziehen, daß diese Substanz nicht das Provitamin für Vitamin D sein konnte. Als das gesuchte Provitamin wurde schließlich eine Substanz namens 7-Dehydrocholesterin identifiziert, die sich vom Cholesterin lediglich dadurch unterscheidet, daß ihr Molekül zwei Wasserstoffatome weniger aufweist. Das daraus abgeleitete Vitamin D hat folgende Struktur:

Das Vitamin D tritt in verschiedenen Variationsformen auf; eine davon heißt *Calziferin* (abgeleitet von lateinischen Wörtern mit der Bedeutung »calciumtragend«), weil es für den ordnungsgemäßen Aufbau des Knochengewebes wichtig ist.

Nicht bei allen Vitaminen macht sich ihr Fehlen in der Nahrung durch eine akute Erkrankung bemerkbar. Die amerikanischen Biochemiker Herbert McLean Evans und K. J. Scott äußerten 1922 den Verdacht, es gebe ein Vitamin, dessen Fehlen bei Tieren Unfruchtbarkeit verursacht. Es dauerte bis 1936, ehe es Evans und seiner Gruppe gelang, dieses Vitamin zu isolieren. Es war Vitamin E; sein chemischer Name lautet Tocopherol (abgeleitet von griechischen Wörtern mit der Bedeutung »Kinder gebären«).

Ob der Mensch Vitamin E benötigt, und wenn ja, wieviel davon, weiß man leider noch nicht. Experimente zur Aufklärung der Frage, ob Vitamin-E-Mangel zu Unfruchtbarkeit führen kann, verbieten sich beim Menschen selbstredend. Und auch bei Tieren, wo solche Experimente möglich sind, läßt sich aus dem Umstand, daß man durch den konsequenten Entzug von Vitamin E Unfruchtbarkeit hervorrufen kann, nicht zwingend darauf schließen, daß auf diese Art auch natürliche Unfruchtbarkeit zustande kommt.

In den 30er Jahren entdeckte der dänische Biochemiker Carl P. H. Dam bei Experimenten mit Hühnern, daß ein Vitamin an der Blutgerinnung beteiligt ist. Er nannte es Koagulationsvitamin, eine Bezeichnung, die später zu *Vitamin K* abgekürzt wurde. Der Amerikaner Edward Doisy und sein Team isolierten wenig später das Vitamin und entschlüsselten seine Struktur. Dam und Doisy erhielten 1943 gemeinsam den Nobelpreis für Medizin und Physiologie.

Das Vitamin K gehört nicht zu den ernährungsphysiologisch wichtigen Vitaminen. Normalerweise wird dieses Vitamin in mehr als ausreichender Menge von den Bakterien des Verdauungstrakts produziert. Sie erzeugen in der Tat so viel davon, daß unter Umständen unsere Ausscheidungen mehr Vitamin K enthalten als die Nahrung, die wir zu uns nehmen. Am größten ist die Gefahr unzureichender Blutgerinnung und, in Konsequenz dessen, ungehemmter Blutungen infolge Vitamin-K-Mangels bei Neugeborenen. In der hygienischen Atmosphäre heutiger Kliniken brauchen Neugeborene drei Tage, bis sie ein ausreichendes Kontingent von Darmbakterien gebildet haben; in dieser Zeit kann ein akuter Vitamin-K-Mangel auftreten. Die Ärzte beugen dem dadurch vor, daß sie entweder kurz vor der Entbindung der Mutter oder kurz danach dem Baby eine Dosis des Vitamins injizieren. Im vorhygienischen Zeitalter wurden neugeborene Kinder fast sofort nach der Geburt von Verdauungsbakterien und anderen Mikroorganismen in Besitz genommen; das brachte zwar das Risiko mit sich, daß sie sich diese oder jene Infektionskrankheit einfingen (und vielleicht auch daran starben), aber gegen die Gefahr eines Blutsturzes waren sie immerhin gefeit.

Man könnte sich in diesem Zusammenhang die Frage stellen, ob höhere Organismen ganz ohne Verdauungsbakterien überhaupt leben könnten oder ob nicht diese Symbiose schon zu eng geworden ist, um ohne schädliche Auswirkungen unterbunden werden zu können. Tatsächlich ist es bereits gelungen, Tiere unter völlig keimfreien Bedingungen aufzuziehen und über mehrere Generationen hinweg weiterzuzüchten (bei Mäusen bis zur zwölften Generation). Experimente dieser Art werden an der University of Notre Dame seit 1928 durchgeführt.

In den 30er und 40er Jahren identifizierten die Biochemiker mehrere weitere B-Vitamine, die heute unter den Bezeichnungen Biotin, Pantothensäure, Pyridoxin, Folinsäure und Cyanocobalamin geführt werden. Diese Vitamine werden allesamt von Verdauungsbakterien hergestellt; außerdem sind sie in so vielen Nahrungsmitteln so reichlich enthalten, daß im Zusammenhang mit ihnen bisher noch niemals Mangelerkrankungen aufgetreten sind.

Um festzustellen, welche Symptome sich bei einer mangelnden Versorgung mit einem dieser Vitamine einstellen würden, mußten die damit befaßten Forscher ihre Versuchstiere nicht nur mit einer künstlichen, an diesen Vitaminen freien Diät füttern, sondern ihnen darüber hinaus auch noch Antivitamine zur Neutralisierung des von der Darmflora produzierten Nachschubs verabreichen.

(Antivitamine sind Substanzen, die in ihrer Struktur den Vitaminen ähneln. Sie ziehen die mit den Vitaminen arbeitenden Enzyme aus dem Verkehr, indem sie sich mit ihnen verbinden – ein weiterer Fall von kompetitiver Hemmung.)

Vitamintherapie

In allen diesen Fällen gelang im Anschluß an die Entschlüsselung der Struktur (manchmal aber auch schon vorher) die Synthese des betreffenden Vitamins. Beispielsweise synthetisierten Williams und sein Team das Thiamin 1937, drei Jahre, nachdem sie das Geheimnis seiner Struktur gelüftet hatten. Der polnischstämmige, in der Schweiz arbeitende Biochemiker Tadeusz Reichstein und seine Mitarbeiter synthetisierten die Ascorbinsäure 1933, einige Zeit vor der vollständigen Entschlüsselung seiner Struktur durch King. Das Vitamin A wurde 1936 (wiederum einige Zeit vor der endgültigen Feststellung seiner Struktur) von zwei verschiedenen Forschergruppen synthetisiert.

Die Beherrschung der Vitaminsynthese hat es möglich gemacht, Lebensmittel anzureichern (vitaminangereicherte Milch wurde schon 1924 angeboten) und Vitaminpräparate zu vertretbaren Preisen herzustellen und zu vermarkten. Ob und wann die Einnahme von Vitaminpräparaten angezeigt ist, hängt vom Einzelfall ab. Bei ausgewogener Ernährung ist ein Vitaminmangel eigentlich nicht zu befürchten, allenfalls im Fall von Vitamin D. In den nördlichen Breitengraden, wo den Winter über kaum die Sonne scheint, besteht die Gefahr, daß sich bei neugeborenen Kindern Rachitis entwickelt. Dem kann durch gezielte Vitamin-D-Beigaben vorgebeugt werden. Es gilt hier aber (wie auch bei Vitamin A), sorgfältig zu dosieren, da eine Überdosis gesundheitliche Schäden nach sich ziehen kann. Was die B-Vitamine betrifft, so garantiert ein abwechslungsreicher Speisezettel eine ausreichende Versorgung mit ihnen. Dasselbe gilt für Vitamin C, das allein schon deshalb kein Problem darstellt, weil es in unserer vitaminbewußten Zeit wohl kaum jemanden geben dürfte, der sich nicht regelmäßig an frischem Obst oder Fruchtsaft labt.

Der massenhafte Verbrauch von Vitaminpillen bringt also, vom Standpunkt der Gesundheitsfürsorge betrachtet, nicht viel (sieht man einmal von der finanziellen Gesundheit der Hersteller und Vertreiber ab), aber er richtet im großen und ganzen auch keinen Schaden an. Es ist sogar möglich, daß er mit dazu beiträgt, daß wir bei den jüngeren Generationen eine steigende Tendenz in punkto Größe und Gewicht beobachten können.

In den 70er Jahren wurde der Gedanke einer »Megavitamin-Therapie« propagiert. Dahinter stand die Auffassung, daß jene geringen Vitaminmengen, die zur Vorbeugung gegen Mangelerscheinungen ausreichten, nicht notwendigerweise auch genügen mußten, um ein optimales Funktionieren des Organismus zu gewährleisten oder gewisse andere Krankheiten abzuwehren. Es wurde beispielsweise die Behauptung aufgestellt, einige der B-Vitamine könnten, in großen Dosen verabreicht, in Fällen von Schizophrenie Linderung bringen.

Der prominenteste Fürsprecher der Megavitamin-Theorie ist Linus Pauling. Er äußerte 1970 die Überzeugung, große tägliche Vitamin-C-Dosen könnten helfen, Erkältungen vorzubeugen und würden darüber hinaus noch andere gesundheitsfördernde Wirkungen entfalten. Er hat damit bei weitem nicht alle Ärzte zu überzeugen vermocht, aber das Publikum, das den Vitaminen einen großen Vertrauensbonus entgegenbringt (nicht zuletzt, weil sie preiswert und rezeptfrei zu haben sind und nicht in dem Ruch schädlicher Nebenwirkungen stehen), fegte in einer Welle der Vitamin-C-Begeisterung die Regale der Drogerien und Apotheken leer.

Bei den wasserlöslichen Vitaminen, zu denen die des B-Komplexes sowie Vitamin C gehören, sind in der Tat selbst bei vielfacher Überdosierung keine negativen Wirkungen zu erwarten, da sie vom Organismus nicht gespeichert, sondern ohne weiteres ausgeschieden werden.

Anders liegen die Dinge bei den fettlöslichen Vitaminen, insbesondere bei A und D. Diese werden, zumindest teilweise, in den körpereigenen Fetten gelöst und gespeichert und befinden sich dann in einem relativ immobilen Zustand (wie diese Fette selbst). Eine beständige Überversorgung mit diesen Vitaminen kann daher zu einer Übersättigung des Organismus und zu gewissen Funktionsstörungen führen, die unter dem Begriff *Hypervitaminosen* zusammengefaßt werden. Vitamin A wird vor allem in der Leber gespeichert, und zwar in besonders reichem Ausmaß bei Fischen und bei Tieren, die sich von Fisch ernähren. (Für eine ganze Generation gehörte der täglich verabreichte Löffel voll Lebertran zu den Schrecknissen der Kindheit.) Es gibt Horrorgeschichten über Polarforscher, die nach dem Genuß von Eisbärenleber ernstlich erkrankten oder sogar starben.

Vitamine als Enzyme

Natürlich wollten die Biochemiker herausfinden, weshalb und wie die Vitamine, die doch im Körper nur in winzigen Spuren vertreten sind, eine so wichtige Rolle im chemischen Betrieb des Organismus spielen. Die Vermutung lag nahe, daß sie etwas mit den ebenfalls nur in kleinsten Mengen präsenten Enzymen zu tun haben.

Die Antwort resultierte schließlich aus eingehenden Untersuchungen zur Chemie der Enzyme. Wie die Eiweißchemiker schon seit langem wußten, bestehen manche Proteine nicht zur Gänze aus Aminosäuren; sie können vielmehr einen aminosäurefreien Baustein enthalten – man denke etwa an das Häm im Hämoglobin *(siehe Kapitel 1)*. In der Regel sind diese Stützbausteine eng mit dem übrigen Molekül verzahnt. Bei manchen Enzymen weist jedoch das Molekül aminosäurefreie Baugruppen auf, die nur lose anhängen und sich ziemlich mühelos abtrennen lassen.

Dies erkannte als erster Arthur Harden im Jahr 1904. (Er entdeckte wenig später die Bedeutung des Phosphors bzw. der Phosphorylierung für den Intermediärstoffwechsel; *siehe Kapitel 2*.) Harden arbeitete mit einem Hefeextrakt, der Zucker vergären konnte. Er füllte den Extrakt in einen aus einer halbdurchlässigen Membran gefertigten Beutel und tauchte diesen in frisches Wasser. Während kleine Moleküle die Membran zu durchdringen vermochten, war dies den großen Eiweißmolekülen nicht möglich. Dieser Dialysevorgang führte dazu, daß der Extrakt nach kurzer Zeit seine spezifische Wirksamkeit einbüßte: Weder die Flüssigkeit innerhalb noch außerhalb des Beutels war nun in der Lage, Zucker zu vergären. Mischte man aber beide zusammen, so stellte sich ihre ursprüngliche Eigenschaft wieder ein.

Offensichtlich erschöpfte sich das Enzym nicht in einem großen Eiweißmolekül, sondern umfaßte zusätzlich ein *Koenzym,* dessen Molekül klein genug war, um durch die Poren der Membran zu passen. Dieses Koenzym war, so schien es, für die Funktionsfähigkeit des Enzyms ebenso wichtig wie das Enzym selbst. (Es war dies gewissermaßen wieder einmal ein Fall von Messer und Schneide.)

Die Chemiker machten sich sogleich daran, die Struktur dieses Koenzyms (und ähnlicher Substanzen, die sich als ständige Begleiter anderer Enzyme fanden) zu entschlüsseln. Der erste, der in dieser Hinsicht bedeutsame Fortschritte verzeichnen konnte, war der deutsch-schwedische Chemiker Hans Karl von Euler-Chelpin. Er wurde dafür, zusammen mit Harden, 1929 mit dem Chemie-Nobelpreis ausgezeichnet.

Das von Harden untersuchte Koenzym des Hefeenzyms erwies sich als eine Kombination aus einem Adeninmolekül, zwei Ribosemolekülen, zwei Phosphatgruppen und einem Nicotinamid-Molekül. Letzteres war, in lebendem Gewebe, ein unerwarteter Fund, und natürlich konzentrierte sich das Interesse sogleich auf diese Substanz (die *Nicotinamid* heißt, weil sie eine Amidgruppe – $CONH_2$ – enthält und sich unschwer aus Nicotinsäure herstellen läßt. Die *Nicotinsäure* ähnelt strukturell dem Tabakalkaloid *Nikotin,* doch haben beide völlig unterschiedliche Eigenschaften: Während beispielsweise die Nicotinsäure zu den unverzichtbaren Lebensbausteinen gehört, ist das Nikotin ein tödliches Gift). Hier die Strukturformeln des Nicotinamids und der Nicotinsäure:

Nicotinsäure   Nicotinamid

Nachdem die Struktur des von Harden erforschten Koenzyms ausgearbeitet war, taufte man es prompt auf den Namen Diphosphopyridin-Nukleotid oder *DPN* um; (»Nukleotid« wegen der charakteristischen Konstellation der Adenin-, Ribose- und Phosphatbausteine, die an die Nukleotide, die Bestandteile der Nukleinsäure, erinnert; »Pyridin« nach der eingeführten Bezeichnung der Atomkombination, die die Ringstruktur innerhalb des Nicotinamid-Moleküls bildet).

Bald darauf wurde ein ähnliches Koenzym gefunden, das sich vom DPN nur dadurch unterschied, daß es statt zweier Phosphatgruppen derer drei enthielt. Es erhielt zwangsläufig den Namen Triphosphopyridin-Nukleotid *(TPN).* TPN wie DPN entpuppten sich als Koenzyme für eine ganze Reihe körpereigener Enzyme, die allesamt die Funktion haben, Wasserstoffatome von einem Molekül auf das andere zu übertragen. (Man nennt diese Enzyme *Dehydrogenasen*.) Wie sich zeigte, ist es das Koenzym, das die eigentliche Wasserstoffübertragung vollzieht, während das Enzym selbst die Aufgabe hat, diejenige Substanz auszuwählen, an der die Operation vorgenommen werden soll. Für den vollständigen Vorgang sind also beide vonnöten, Enzym und Koenzym. Fiele eines von beiden aus, so würde die Auswertung der in unserer Nahrung enthaltenen Energie (die über den Wasserstofftransfer läuft) beeinträchtigt.

Ein in diesem Zusammenhang erstaunlicher Aspekt war die Tatsache, daß die Nicotinamid-Gruppe der einzige Bestandteil des Enzyms ist, den der Organismus nicht selbst herstellen kann. Er ist in der Lage, alle benötigten Proteine und alle Bausteine des DPN und des TPN zu erzeugen, nur eben nicht das Nicotinamid; dieses muß er der Nahrung in fertiger Form (oder zumindest in Gestalt der Nicotinsäure) entnehmen. Bleibt es aus, so stellt er die Produktion von DPN und TPN ein, und alle von den dazugehörigen Enzymen gesteuerten Wasserstofftransfers kommen zum Erliegen.

War das Nicotinamid (oder die Nicotinsäure) ein Vitamin? Funk (er prägte, erinnern wir uns, den Begriff »Vitamin«) hatte in der Tat aus seinen Reiskornschalen Nicotinsäure isoliert. Da sie aber nicht die Substanz war, die die Beri-beri-Krankheit kurierte, hatte er sich nicht weiter darum gekümmert. Nun aber, da die offenbar bedeutsame Rolle der Nicotinsäure im Zusammenhang mit den Koenzymen deutlich geworden war, erprobte ein amerikanisches Forscherteam unter Leitung des Biochemikers Conrad A. Elvehjem die Substanz an einer anderen Mangelkrankheit.

Der amerikanische Arzt Joseph Goldberger hatte bereits in den 20er Jahren eine in den Mittelmeerländern heimische Krankheit namens *Pellagra* studiert, die zu Anfang unseres Jahrhunderts auch in den US-Südstaaten in fast epidemischem Ausmaß auftrat. Die auffälligsten Symptome der Pellagra sind eine trockene, schuppige Haut, Durchfall und eine entzündete Zunge; in manchen Fällen führt die Krankheit zu psychischen Störungen. Goldberger fiel auf, daß die Pellagra vorwiegend Menschen befiel, die sich sehr gleichförmig und einseitig ernährten (beispielsweise fast ausschließlich von Getreideprodukten), während sie Familien, die eine Milchkuh besaßen, verschone. Er begann mit Diäten zu experimentieren, die er Tieren und Gefängnisinsassen verabreichte (in den Gefängnissen grassierte die Pellagra besonders stark). Es gelang ihm, bei Versuchshunden eine der Pellagra entsprechende Krankheit hervorzurufen und sie mit einem Hefeextrakt zu kurieren. Gefängnisinsassen konnte er, wie er feststellte, dadurch von Pellagra heilen, daß er ihren Speiseplan um Milch erweiterte. Goldberger war der Überzeugung, bei dem hier spezifisch wirksamen Faktor müsse es sich um ein Vitamin handeln; er nannte es den *P-P-Faktor* (für Pellagra-präventiv).

Die Pellagra war es nun also, an der Elvehjem die Wirksamkeit der Nicotinsäure ausprobieren wollte. Er verabreichte einem Hund mit Pellagra-Symptomen eine winzige Dosis, woraufhin sich der Zustand des Tieres merklich besserte. Ein paar weitere Dosen, und der Hund war gesund. Somit war die Nicotinsäure also ein Vitamin; sie war identisch mit Goldbergers P-P-Faktor.

Die amerikanische Ärztevereinigung AMA wollte verhindern, daß sich in der Öffentlichkeit der Eindruck breitmachte, im Tabak sei ein wichtiges Vitamin enthalten, und drängte darauf, das neu erkannte Vitamin nicht Nicotinsäure zu nennen, sondern *Niacin* oder *Niacinamid*. Die Bezeichnung Niacin hat sich mittlerweile weitgehend durchgesetzt.

Allmählich wurde deutlich, daß die verschiedenen Vitamine nichts anderes sind als Bausteine von Koenzymen, die der menschliche (bzw. tierische) Organismus selbst nicht herstellen kann. 1932 hatte Warburg ein gelbes Koenzym gefunden, das den Transfer von Wasserstoffatomen katalytisch steuert. Kurze Zeit später isolierten der österreichische Chemiker Richard Kuhn und sein Mitarbeiter das Vitamin B$_2$, das sich als gelbe Substanz erwies, und entschlüsselten seine Struktur:

$$
\begin{array}{c}
CH_2 - OH \\
| \\
HO - CH \\
| \\
HO - CH \\
| \\
HO - CH \\
| \\
CH_2
\end{array}
$$

Da die sich an den mittleren Ring anschließende Kohlenstoffkette dem Molekül des Ribitols entspricht, erhielt das Vitamin B_2 die chemische Bezeichnung *Riboflavin*. (Der Wortteil -flavin ist von dem lateinischen Ausdruck für »gelb« abgeleitet.) Da das Riboflavin, wie die Analyse seines Spektrums zeigte, in der Farbe dem Warburgschen gelben Koenzym äußerst ähnlich war, überprüfte Kuhn experimentell, ob letzteres dem Riboflavin ähnliche Eigenschaften besaß; das war tatsächlich der Fall. Noch im gleichen Jahr (1935) entschlüsselte der schwedische Biochemiker Hugo Theorell die Struktur des Warburgschen gelben Koenzyms; es war das Riboflavin, vermehrt um eine Phosphatgruppe. (1954 wurde ein weiteres, komplexeres Koenzym identifiziert, dessen Molekül ebenfalls das Riboflavin als Baustein enthielt.)

Kuhn erhielt 1938 den Nobelpreis für Chemie, Theorell 1955 den Nobelpreis für Medizin und Physiologie. Kuhn hatte allerdings das Pech, daß er den Preis kurz nach dem Anschluß Österreichs an Hitler-Deutschland verliehen bekam und, wie vor ihm schon Gerhard Domagk, gezwungen wurde, ihn abzulehnen.

Unabhängig von Kuhn und Theorell gelang es dem Schweizer Chemiker Paul Karrer, das Riboflavin zu synthetisieren. Für diese Leistung und für seine übrigen Arbeiten über Vitamine wurde Karrer 1937 gemeinsam mit dem englischen Chemiker Walter N. Haworth, dessen Forschungen zur Ringstruktur von Kohlenhydrat-Molekülen damit gewürdigt wurden, mit dem Chemie-Nobelpreis ausgezeichnet.

1937 entdeckten die deutschen Biochemiker Karl H. A. Lohmann und P. Schuster ein wichtiges Koenzym, dessen Molekül als Baustein Thiamin enthielt. Im Verlauf der 40er Jahre wurden weitere Zusammenhänge und Querverbindungen zwischen den B-Vitaminen und den Koenzymen offenbar. Pyridoxin, Pantothensäure, Folinsäure, Biotin – sie alle entpuppten sich als enge chemische Partner dieser oder jener Enzymgruppe.

Die Vitamine illustrieren aufs schönste die Wirtschaftlichkeit, mit der der menschliche Organismus in seiner Eigenschaft als chemische Fabrik organisiert ist. Die menschliche Körperzelle kann darauf verzichten, die Vitamine selbst herzustellen, da sie jeweils nur eine einzige, ganz spezielle Funktion erfüllen und nur in so winzigen Mengen benötigt werden, daß die Zelle sich einigermaßen darauf verlassen kann, die benötigten Mengen mit der Nahrung geliefert zu bekommen. Es gibt viele andere lebenswichtige Substanzen, die der Organismus ebenfalls nur in winzigen Mengen benötigt, die er aber gleichwohl selbst herstellt. Das ATP beispielsweise setzt sich weitgehend aus den gleichen Bausteinen zusammen wie die Nukleinsäuren. Es ist völlig undenkbar, daß ein Organismus, dem eines der für die Synthese der Nukleinsäuren nötigen Enzyme abhanden käme, am Leben bleiben könnte, denn Nukleinsäure muß beständig und in solchen Mengen produziert werden, daß kein Organismus das Risiko eingehen kann, sich für den Nachschub dieser lebensnotwendigen Bausteine auf die Nahrung zu verlassen. Die Fähigkeit, Nukleinsäure zu synthetisieren, schließt aber automatisch die Fähigkeit zur Herstellung von ATP ein. Es gibt, soweit man weiß, keinen Organismus, der nicht über die Fähigkeit verfügt, seinen ATP-Bedarf aus eigener Produktion zu decken, und es ist auch höchst unwahrscheinlich, daß sich jemals ein Organismus findet, der aus dem Rahmen dieser Regel fällt.

Solche speziellen Funktionselemente, wie die Vitamine es sind, selbst herzustellen, wäre etwa so, als würde ein Automobilunternehmen in der Montagehalle eine Reihe kleiner Maschinen aufstellen, um die für den Zusammenbau der Automobile erforderlichen Schrauben, Muttern und Nieten in den verschiedenen benötigten Größen selbst zu produzieren. Wesentlich wirtschaftlicher ist es, wenn das Unternehmen diese Kleinteile aus dem fertigen Sortiment eines Schrauben- und Nietenherstellers bezieht. Der Organismus spart dadurch, daß er die Vitamine aus der Nahrung bezieht, Platz und Energie.

An den Vitaminen läßt sich ein wichtiger Sachverhalt aufzeigen: Soweit man weiß, benötigen alle lebenden Zellen die B-Vitamine oder Koenzyme. Diese bilden einen unverzichtbaren Bestandteil der Ausstattung jeder lebenden Zelle auf dieser Erde – jedes Bakteriums, jeder Pflanzenzelle und jeder tierischen Zelle. Gleich ob eine Zelle die B-Vitamine selbst erzeugt oder aus aufgenommenen Nährstoffen gewinnt, sie braucht sie, wenn sie leben und wachsen will. Diese Gleichartigkeit des Bedarfs an einer bestimmten Klasse von Substanzen ist ein eindrucksvoller Hinweis für die grundlegende Einheit allen Lebens und für die Richtigkeit der Auffassung, daß alles Leben auf der Erde aus einer einzigen Quelle, aus einem einzigen im Urozean entstandenen Proto-Organismus hervorgegangen ist.

Vitamin A

Während man, was die Aufgaben der B-Vitamine angeht, mittlerweile klarsieht, hat sich die Frage nach der chemischen Funktion der anderen Vitamine als harte Nuß erwiesen. Einigermaßen weitergekommen sind die Forscher bislang nur beim Vitamin A.

Die amerikanischen Physiologen L. S. Fridericia und E. Holm stellten 1925 fest, daß Ratten, bei denen sie durch eine entsprechende Ernährung künstlich einen Vitamin-A-Mangel hervorgerufen hatten, bestimmte Aufgaben bei düsterem Licht nicht mehr auszuführen vermochten. Wie eine Analyse ihrer Netzhaut zeigte, mangelte es ihnen an einer Substanz namens *Sehpurpur (Rhodopsin)*.

In der Netzhaut des Auges finden sich zwei Arten von Zellen: stäbchenförmige und kegelförmige. Die Stäbchen sind speziell für das Sehen bei düsterem Licht zuständig; sie enthalten den Sehpurpur. Ein Mangel an Sehpurpur führt daher nur zu einer Beeinträchtigung des Sehens bei Dunkelheit, d. h. zu Nachtblindheit.

Der amerikanische Biologe George Wald begann 1938, die Chemie des menschlichen Auges und insbesondere des Nachtsehens zu erforschen. Er zeigte, daß das Rhodopsin sich unter dem Einfluß des Lichts in zwei Bestandteile aufspaltet: in das Eiweiß *Opsin* und in ein Karotinoid namens *Retinal*. Das Retinal erwies sich als dem Vitamin A strukturell sehr ähnlich.

Bei Dunkelheit verbindet sich das Opsin stets wieder mit dem Retinal zu Rhodopsin. In der Zeit, in der die beiden Komponenten getrennt sind, zerfällt jedoch ein kleiner Teil des Retinals, da es eine instabile Verbindung ist. Es wird jedoch beständig neues Retinal aus Vitamin A nachproduziert (indem Enzyme dem Vitamin A zwei Wasserstoffatome wegnehmen). Das Vitamin A fungiert also als Nachschubreservoir für das Retinal. Wenn mit der Nahrung über längere Zeit kein Vitamin A aufgenommen wird, gehen das Retinal und der Sehpurpurvorrat des Auges schließlich zur Neige, und es kommt zu Nachtblindheit. Für die Erforschung dieser Vorgänge erhielt Wald 1967 anteilig den Nobelpreis für Medizin und Physiologie.

Das Vitamin A muß auch noch andere Funktionen haben, denn sein Mangel führt noch zu anderen Symptomen, die sich nicht ohne weiteres im Zusammenhang mit Funktionsstörungen der Netzhaut bringen lassen, zum Beispiel zu einer abnormen Trockenheit der Augenschleimhäute. Man weiß von diesen anderen Funktionen aber bis heute nichts.

Auch die chemische Funktion der Vitamine C, D, E und K ist noch ungeklärt.

Mineralstoffe

Es liegt nahe, sich die Vorstellung zu machen, daß die Stoffe, aus denen sich etwas so Wunderbares wie lebendes Gewebe zusammensetzt, ihrerseits etwas ganz Besonderes sein müssen. Die Proteine und Nukleinsäuren sind in der Tat etwas Besonderes und Wunderbares, aber wenn man sich vergegenwärtigt, daß die Elemente, aus denen diese und alle anderen Bausteine des menschlichen Körpers bestehen, so gewöhnlich sind wie Straßenstaub, dann hat dieser Gedanke doch etwas Ernüchterndes. Der stoffliche Gegenwert des menschlichen Körpers beträgt nicht mehr als ein paar Mark. (Früher ließ er sich noch in Pfennigbeträgen ausdrücken, aber es ist eben alles teurer geworden.)

Als im frühen 19. Jahrhundert die Chemiker darangingen, organische Verbindungen zu analysieren, stellte sich bald heraus, daß lebendes Gewebe hauptsächlich aus Kohlenstoff, Wasserstoff, Sauerstoff und Stickstoff besteht. Diese vier Elemente allein machen rund 96% des Gewichts des menschlichen Körpers aus. Auch ein wenig Schwefel ist in unserem Körper enthalten. Könnten wir diese fünf Elemente restlos verglühen lassen, so würde von unserem Körper nur noch ein kleines Häufchen weiße Asche übrigbleiben, größtenteils der kümmerliche Überrest unserer Knochengewebe. Dieses Aschehäufchen wäre eine Ansammlung von Mineralen.

Wir dürften nicht überrascht sein, in der Asche gewöhnliches Salz wie Natriumchlorid zu finden. Salz ist schließlich mehr als ein bloßes Gewürz zur Verbesserung des Geschmacks unserer Speisen, das wir nach Belieben dazutun oder weglassen können wie etwa Basilikum, Rosmarin oder Thymian. Es ist vielmehr ein Lebenselixier. Wer sich davon überzeugen will, daß Salz eine Grundessenz unseres Körpers ist, braucht nur einmal Blut zu kosten. Pflanzenfressende Tiere, denen man wohl kaum irgendwelche extravaganten Würzvorlieben nachsagen kann, nehmen allerhand Gefahren und Entbehrungen auf sich, um zu einer unter Umständen weit entferten Salzlecke zu gelangen, wo sie sich für den mangelnden Salzgehalt ihrer Gras- und Blätternahrung schadlos halten können.

Schon um die Mitte des 18. Jahrhunderts hatte der schwedische Chemiker Johann Gottlieb Gahn gezeigt, daß Knochen größtenteils aus Calciumphosphat bestehen; später hatte der Italiener Vincenzo A. Menghini nachgewiesen, daß das Blut Eisen enthält. 1847 fand Justus von Liebig in tierischem Gewebe die Metalle Kalium und Magnesium. Mitte des 19. Jahrhunderts waren somit Calcium, Phosphor, Natrium, Kalium, Chlor, Magnesium und Eisen als mineralische Bestandteile des Körpers identifiziert. Diese Elemente spielen in den Lebensvorgängen eine ebenso aktive Rolle wie jene, die man für gewöhnlich den organischen Verbindungen zuschlägt.

Am besten läßt sich dies am Beispiel des Eisens zeigen. Würde man vollkommen eisenlos essen, so ginge der Hämoglobingehalt des Blutes zurück, und das Blut könnte seine Aufgabe, Sauerstoff von der Lunge in die Zellen zu transportieren, nur noch eingeschränkt wahrnehmen. Man nennt dieses Krankheitsbild Eisenmangel-Anämie. Der Patient ist typischerweise blaß (weil es ihm an dem roten Blutfarbstoff mangelt) und müde (weil sein Organismus zu wenig Sauerstoff bekommt). Der englische Arzt Sidney Ringer machte 1882 die Entdeckung, daß ein Froschherz außerhalb des Froschkörpers am Leben gehalten werden konnte und weiterschlug, wenn man es in eine Lösung eintauchte, die, neben anderen Zutaten, Natrium, Kalium und Calcium in ungefähr den dem Froschblut entsprechenden Anteilen enthielt (man nennt dies bis heute eine *Ringerlösung*). Jedes dieser Metalle ist wesentlich für die Muskel-

funktion. Ein überhöhter Calciumanteil bewirkt, daß der Muskel in kontrahierter Stellung verharrt (»Calciumstarre«), während ein Kaliumüberschuß den Muskel in gestreckter Stellung verharren läßt (»Kaliumhemmung«). Calcium ist darüber hinaus wichtig für die Blutgerinnung. Wenn es fehlt, kann Blut nicht gerinnen, und kein anderes Element kann das Calcium in dieser Funktion ersetzen. Unter allen Mineralstoffen ist es jedoch der Phosphor, der im chemischen Getriebe der Lebensvorgänge die mannigfaltigsten und grundlegendsten Aufgaben erfüllt *(siehe Kapitel 3).*

Calcium, ein Hauptbestandteil des Knochengewebes, stellt ungefähr 2% der Körpersubstanz, Phosphor etwa 1%. Die anderen genannten Elemente folgen mit weiter abnehmenden Anteilen, bis hin zum Eisen, dessen Anteil am Körpergewicht nur 0,004% beträgt. (Das bedeutet, daß ein durchschnittlicher erwachsener Mann immerhin noch rund 3 Gramm Eisen in seinem Körper hat.) Mit dem Eisen ist die Liste aber noch nicht zu Ende; unser Körper enthält weitere Minerale, die, obwohl nur in kaum mehr nachweisbaren Mengen vorhanden, doch lebenswichtig sind.

Die bloße Tatsache, daß sich ein Element in unserem Körper findet, muß nicht unbedingt etwas bedeuten; es kann sich auch um einen zufälligen Irrläufer handeln. Mit unserer Nahrung nehmen wir alle in unserer Umwelt vorhandenen Elemente, wenn auch viele nur in winzigsten Dosen, zu uns; von allen bleiben ein paar Spuren irgendwo in unserem Gewebe hängen. Doch Elemente wie Titan und Nickel, um nur zwei zu nennen, spielen für die Lebensvorgänge in unserem Organismus keinerlei Rolle. *Zink* dagegen ist lebenswichtig. Wie unterscheidet man ein essentielles Spurenelement von einer bloß zufälligen Verunreinigung?

Ein untrügliches Zeichen ist es, wenn man zeigen kann, daß eines der unverzichtbaren Enzyme das Spurenelement als wichtigen Baustein enthält. (Weshalb gerade ein Enzym? Weil einzig im Verbund mit einem Enzym ein Spurenelement eine wichtige Rolle spielen kann.) 1939 konnten die Engländer David Keilin und Thaddeus Mann zeigen, daß Zink ein integraler Bestandteil des Enzyms *Carboanhydrase* ist. Die Carboanhydrase ist aber wesentlich für den Umgang des Körpers mit Kohlendioxid, und die richtige Handhabung dieses wichtigen Abfallprodukts ist wiederum grundlegend für das Funktionieren des Organismus. Hieraus läßt sich theoretisch ableiten, daß das Zink ein lebensnotwendiger Stoff ist, was Experimente auch bestätigten. Wenn man Ratten auf eine Diät setzt, die wenig oder kein Zink enthält, hören sie auf zu wachsen, verlieren Fellhaare, bekommen eine schuppige Haut und gehen ebenso sicher ein wie bei Vitaminmangel.

Außer Zink haben sich auch Kupfer, Mangan, Kobalt und Molybdän als für das (tierische) Leben unersetzliche Spurenelemente erwiesen. Ihr Fehlen führt zu Mangelerkrankungen. Molybdän ist Bestandteil eines Enzyms namens *Xanthinoxidase*. Erkannt wurde die Bedeutung des Molybdäns in den 40er Jahren zunächst im pflanzlichen Bereich, als Bodenkundler herausfanden, daß Pflanzen in molybdänarmen Böden nicht gut gedeihen. Es scheint, als sei dieses Element in gewissen Enzymen der Bodenflora enthalten, die die Umwandlung des Luftstickstoffs in von den Pflanzen nutzbare stickstoffhaltige Verbindungen steuern. Die Pflanzen sind auf die Wirkung der Boden-Mikroorganismen aber angewiesen, da sie den Stickstoff der Luft nicht direkt zu nutzen vermögen. (Dies ist nur eins von zahllosen möglichen Beispielen für die vielfachen wechselseitigen Abhängigkeiten zwischen allen unseren Planeten bevölkernden Lebensformen. Die Welt des Lebendigen ist ein vielfach vernetztes System und kann, wenn einige Verbindungsfäden reißen, in eine Krise oder gar in eine Katastrophe schlittern.)

Nicht alle Spurenelemente sind über den gesamten Bereich des organischen Lebens hinweg lebenswichtig. Bor scheint für Pflanzen ein essentielles Spurenelement zu sein, nicht aber für Tiere. Einige Manteltiere holen sich aus dem Meerwasser Vanadium und bauen es in die Substanz ein, die ihren Sauerstofftransport durchführt; ansonsten kennt man keine Tiere, die Vanadium benötigen. Bei manchen Elementen, wie dem Selen und dem Chrom, vermutet man, daß sie wichtig sind, ohne aber bislang ihre spezifische Rolle ergründet zu haben.

In jüngster Zeit hat man zu erkennen begonnen, daß es auf der Erde nicht nur Wüsten im Sinne von wasserarmen Gebieten gibt, sondern auch Spurenelement-Wüsten – oft ist eine Wüste beides zugleich, aber nicht immer. In Australien gibt es weite Landstriche, deren Boden extrem arm an Molybdän ist; Wissenschaftler haben festgestellt,

daß nur 40 Gramm Molybdän, in Form einer geeigneten Verbindung über 10 Hektar dieses Gebiets verteilt, eine beträchtliche Zunahme der Bodenfruchtbarkeit bewirken. Dieses Problem stellt sich nicht nur in exotischen oder extremen bodengeographischen Regionen. Wie eine 1960 in den USA durchgeführte Untersuchung zeigte, wiesen landwirtschaftlich genutzte Böden in 41 Staaten einen Bormangel, in 29 Staaten einen Zinkmangel und in 21 Staaten einen Molybdänmangel auf. Bei den Spurenelementen kommt es auf die Konzentration, d. h. auf die Dosis an. Zuviel ist genauso schlecht wie zuwenig, denn einige essentielle Spurenelemente werden, wenn sie in größerer Menge auftreten, giftig (das gilt beispielsweise für Kupfer).

Mit der Feststellung und Behebung eines Mangels an bestimmten Spurenelementen im Boden erreicht der uralte menschliche Brauch, kultivierten Boden zu düngen, seinen logischen Endpunkt. Bis zum Anbruch der Neuzeit kannte man keine anderen Düngemittel als tierische (oder menschliche) Exkremente – Jauche, Mist, Guano –, die dem Boden wieder Stickstoff und Phosphor zuführten. Das funktionierte zwar, war aber mit unangenehmen Gerüchen und mit der allgegenwärtigen Gefahr von Infektionen verbunden. Die Voraussetzungen für den Einsatz hygienischer und geruchloser chemischer Dünger schuf im 19. Jahrhundert der deutsche Chemiker Justus von Liebig.

Kobalt

Eine der interessantesten Episoden in der Geschichte der Erforschung der Spurenelemente kreiste um das Element Kobalt und um eine seinerzeit noch als unheilbar geltende tödliche Krankheit, die *perniziöse Anämie.*

Zu Beginn der 20er Jahre versuchte der amerikanische Pathologe George H. Whipple, den Zusammenhang zwischen körpereigener Hämoglobinproduktion und Ernährungsweise experimentell zu erforschen. Er versetzte Hunde in einen Zustand der Blutarmut und fütterte sie anschließend mit unterschiedlichen Diäten, um festzustellen, bei welcher Art der Ernährung die Tiere am schnellsten wieder einen normalen Hämoglobinspiegel erreichten. Sein Interesse galt dabei nicht der perniziösen Anämie oder irgendeiner anderen

Art von Anämie, sondern den Gallenfarbstoffen, die der Körper aus eigenem Hämoglobin herstellt. Whipple fand heraus, daß die mit Leber gefütterten Hunde ihr Hämoglobindefizit am schnellsten wettmachten.

Als die beiden Bostoner Ärzte George R. Minot und William P. Murphy sich 1926 mit den Forschungsergebnissen Whipples beschäftigten, kam ihnen der Gedanke, es einmal mit Leber als »Medikament« für Patienten mit perniziöser Anämie zu probieren. Die Behandlung schlug an: Die vermeintlich unheilbare Krankheit konnte geheilt werden, und solange die Patienten regelmäßig Leber aßen, blieben sie auch gesund. Whipple, Minot und Murphy erhielten 1934 gemeinsam den Nobelpreis für Physiologie und Medizin.

Nun kann Leber zwar eine vorzügliche Delikatesse sein, wenn sie richtig zubereitet wird (beispielsweise kleingehackt und mit Zutaten wie Eiern, Zwiebeln und Hühnerfett gemischt), aber wenn man sie ständig vorgesetzt bekommt, vergeht einem bald jeder Appetit darauf. (Mancher Patient mag sich nach einer Weile gefragt haben, ob es nicht besser sei, zur perniziösen Anämie zurückzukehren.) Die Biochemiker begannen natürlich sogleich, nach dem heilenden Wirkstoff zu suchen, der in der Leber enthalten sein mußte; dem Amerikaner Edwin J. Cohn und seinen Mitarbeitern gelang es 1930, ein Konzentrat herzustellen, das hundertmal so wirksam war wie Leber selbst. Um den aktiven Faktor isolieren zu können, bedurfte es jedoch einer weiteren Purifizierung des Konzentrats. Hier kam man erst weiter, als deutsche Chemiker 1940 entdeckten, daß das Leberkonzentrat das Wachstum bestimmter Bakterien beschleunigte. Dies eröffnete erstmals die Möglichkeit, auf einfache Weise die Wirksamkeit eines jeden aus dem Konzentrat hergestellten Präparats zu testen, und so konnten die Forscher darangehen, das Konzentrat in seine Bestandteile zu zerlegen und diese nacheinander auf ihre Wirksamkeit hin zu untersuchen. Da die Bakterien auf den unbekannten Leberwirkstoff sehr ähnlich reagierten wie auf Thiamin, Riboflavin und verwandte Substanzen, gelangten die Forscher zu der festen Überzeugung, daß der Faktor, dem sie auf der Spur waren, zur Familie der B-Vitamine gehören mußte. Sie nannten ihn *Vitamin B₁₂*.

1948 gelang es sowohl Ernst L. Smith in England als auch Karl August Volkers in Deutschland, reines Vitamin B_{12} zu isolieren. Die Substanz wies eine rote Färbung auf, die beide Forscher an die Farbe bestimmter Kobaltverbindungen erinnerte. Es war zu diesem Zeitpunkt bereits bekannt, daß Kobaltmangel bei Rindern und Schafen zu schwerer Anämie führt. Sowohl Smith als auch Volkers verbrannten ein wenig von ihrem Vitamin B_{12}, analysierten die Asche und stellten fest, daß sie in der Tat Kobalt enthielt. Das Vitamin trägt heute die chemische Bezeichnung Cyanocobalamin. Es ist die einzige kobalthaltige Verbindung, die man bisher in lebendem Gewebe gefunden hat.

Die Chemiker, die die Substanz zerlegten und die Fragmente analysierten, erkannten rasch, daß es sich beim Vitamin B_{12} um eine extrem komplexe Verbindung handelte; ihre Untersuchungen ergaben für die Substanz die Summenformel $C_{63}H_{88}O_{14}N_{14}PCo$. Die britische Chemikerin Dorothy Crowfoot Hodgkin ging daran, röntgendiffraktometrisch die Grobstruktur des Moleküls zu ermitteln. Das von den Kristallen der Substanz hervorgerufene Beugungsmuster lieferte ihr ein Abbild der Elektronendichte entlang der Peripherie des Moleküls, d. h. eine Differenzierung zwischen denjenigen Regionen mit einer hohen und denjenigen mit einer geringen Wahrscheinlichkeit für die Anwesenheit von Elektronen. Wenn man die Zonen gleicher Wahrscheinlichkeit durch Linien markiert, entsteht so etwas wie ein Röntgenbild vom Skelett des Moleküls.

Das hört sich leichter an als es getan ist. Komplexe organische Moleküle können ein Röntgenstrahlen-Beugungsmuster von geradezu diabolischer Kompliziertheit erzeugen. Die Rechenvorgänge, derer es bedarf, um aus diesem Muster Rückschlüsse auf die Elektronenverteilung ziehen zu können, sind extrem arbeitsaufwendig. 1944 hatte man bei der Entschlüsselung der Strukturformel des Penicillins zur Arbeitserleichterung elektronische Rechner eingeschaltet. Das Vitamin B_{12} war viel komplizierter als das Penicillin, und Frau Hodgkin mußte einen leistungsfähigeren Computer in Anspruch nehmen (das National Bureau of Standards stellte ihr einen seiner Großrechner, ein Ungetüm namens SWAC, zur Verfügung) und hatte gleichwohl noch eine Menge mühseliger Kleinarbeit zu leisten. Doch der Mühe Lohn folgte schließlich 1964 in Gestalt des Chemie-Nobelpreises.

Das Molekül des Vitamins B_{12} (oder Cyanocobalamins) erwies sich als ein leicht verbeulter Porphyrinring, bei dem eine der Kohlenstoffbrücken, durch die ansonsten die kleineren Pyrrolringe miteinander verbunden sind, fehlt; aus seinen Pyrrolringen sprießen komplexe Seitenketten. Es ähnelt dem etwas einfacheren Häm-Molekül, mit einem signifikanten Unterschied: Wo sich beim Häm-Molekül im Zentrum des Porphyrinrings ein Eisenatom befindet, finden wir beim Cyanocobalamin ein Kobaltatom.

Cyanocobalamin ist, wenn es ins Blut eines an perniziöser Anämie leidenden Patienten injiziert wird, bereits in extrem kleinen Dosen wirksam. Der Organismus braucht von dieser Substanz nur ungefähr den tausendsten Teil der Menge, die er von den anderen B-Vitaminen benötigt. Man sollte somit eigentlich annehmen, daß jeder von uns unabhängig von der Ernährungsweise genug Cyanocobalamin zu sich nimmt. Und selbst wenn dies nicht der Fall ist, werden von der Darmflora genügende Mengen dieser Substanz erzeugt. Wie kann unter diesen Umständen überhaupt irgend jemand an perniziöser Anämie erkranken?

Offenbar gibt es Menschen, deren Organismus nicht in der Lage ist, eine ausreichende Dosis des Vitamins durch die Darmwände zu resorbieren. Paradoxerweise sind die Exkremente derer, die ohne medizinische Hilfe an einer Unterversorgung mit dem Vitamin B_{12} zugrunde gehen würden, reich mit dieser Substanz gesättigt. Wenn ein solcher Patient sich vorwiegend von Leber ernährt, die das Vitamin in besonders hoher Konzentration enthält, gelingt es seinem Organismus, genug davon zu resorbieren, um am Leben zu bleiben. Bei oraler Einnahme muß jedoch die Dosis, um eine gleich große Wirksamkeit zu erzielen, hundertmal höher sein als bei direkter Injektion ins Blut.

Es muß also im Verdauungsapparat des Kranken irgendeine Störung vorliegen, die verhindert, daß das Vitamin in ausreichendem Maß durch die Darmwände resorbiert wird. Dank der Forschungen des amerikanischen Mediziners William B. Castle war bereits gegen Ende der 20er Jahre deutlich geworden, daß der Grund irgendwie bei den Magensäften liegen mußte. Castle bezeichnete die für die ordnungsgemäße Resorption des Vitamins verantwortliche Komponente als den »intrinsischen Faktor«. Ein Vierteljahrhundert später, 1954, fanden die Biochemiker dann in der Tat in

tierischen Magenschleimhäuten eine Substanz, die die Resorption von Vitamin B_{12} fördert und mit dem von Castle postulierten intrinsischen Faktor identisch war. Diese Substanz fehlt offenbar den von perniziöser Anämie betroffenen Personen. Wenn dem Patienten eine kleine Menge dieser Substanz zusammen mit Cyanocobalamin verabreicht wird, resorbiert sein Körper letzteres ohne Schwierigkeiten. Der intrinsische Faktor entpuppte sich als ein Glykoprotein (d. h. ein zuckerhaltiges Protein); jeweils ein Molekül dieser Substanz heftet sich an ein Cyanocobalamin-Molekül und überführt dieses in eine Verdauungszelle.

Jod

Doch zurück zu den Spurenelementen. Der erste Vertreter dieser Gattung, der überhaupt entdeckt und identifiziert wurde, war kein Metall, sondern ein Element aus der Gruppe der Halogene, zu der auch das Chlor gehört. Der Ausgangspunkt dieser Geschichte war die Schilddrüse.

1896 entdeckte ein deutscher Biochemiker namens Eugen Baumann, daß die Schilddrüse, praktisch als einzige unter allen im Körper vorhandenen Gewebearten, Jod enthält. Ein amerikanischer Arzt, David Marine, der um die Jahrhundertwende herum in Cleveland eine Praxis eröffnete, wunderte sich über die große Zahl von Leuten in dieser Gegend, die einen Kropf hatten. Ein Kropf ist nichts anderes als eine abnorme, manchmal groteske Ausmaße annehmende Vergrößerung der Schilddrüse; Personen, die an dieser Störung leiden, werden entweder träge und lustlos oder nervös und überaktiv. (Für die Entwicklung chirurgischer Techniken zur Bewältigung des Kropfproblems erhielt der Schweizer Arzt Emil Theodor Kocher 1909 den Nobelpreis für Medizin und Physiologie.)

Marine stellte sich die Frage, ob es nicht sinnvoller sei, statt Kröpfe zu operieren, der Kropfbildung von vornherein vorzubeugen, und ob letztere nicht vielleicht Folge einer mangelnden Versorgung mit Jod sein konnte, dem sozusagen spezifischen Element der Schilddrüse. Er hielt es für möglich, daß die große Zahl der Kropfkranken in Cleveland Folge einer Jodunterversorgung war, da die Stadt im Landesinneren lag und der Boden in der Umgebung daher vielleicht erheblich weniger Jod enthielt als Böden in Meeresnähe, und da in Cleveland auch Fisch als Nahrungsmittel praktisch keine Rolle spielte.

Marine führte zehn Jahre lang Experimente an Tieren durch, bis er sich seiner Sache sicher genug war, um seinen Kropfpatienten versuchsweise jodhaltige Präparate zu verabreichen. Er war vermutlich nicht allzu überrascht, daß die Therapie einschlug. Er unterbreitete sogleich den Vorschlag, dem Haushaltssalz routinemäßig Jodverbindungen beizumischen und auch das Trinkwasser in küstenfernen Gebieten, wo der Boden wenig Jod enthielt, mit diesem Element anzureichern. Er erntete mit diesem Vorschlag jedoch heftigen Widerspruch, und es sollte noch einmal zehn Jahre dauern, ehe das Jodsalz und die Wasserjodierung allgemeine Zustimmung fanden. Überall dort, wo diese präventiven Vorkehrungen griffen, konnte der gewöhnliche Kropf von der Liste der endemischen Gebrechen gestrichen werden.

Fluoride

Ein halbes Jahrhundert später bewegte eine ganz ähnliche gesundheitspolitische Kontroverse die amerikanische Öffentlichkeit im allgemeinen und die Mediziner im besonderen: die Frage, ob man das Trinkwasser zur allgemeinen Vorbeugung gegen Karies fluoridieren sollte. Diesmal war der Widerstand viel erbitterter als seinerzeit im Falle des Jods. Das mag unter anderem den Grund gehabt haben, daß hohle Zähne nicht entfernt so entstellend wirken wie Kröpfe.

Schon zu Anfang unseres Jahrhunderts fiel einigen Zahnärzten auf, daß in bestimmten Winkeln der Vereinigten Staaten (beispielsweise in manchen Gebieten von Arkansas) relativ viele Leute mit bräunlichen Zähnen herumliefen – es handelte sich um so etwas wie eine Marmorierung des Zahnschmelzes. Als Ursache stellte man schließlich einen überdurchschnittlichen Gehalt des Trinkwassers an Fluorverbindungen (Fluoriden) fest. Bei der genaueren Erforschung der einschlägigen Zusammenhänge machten die Wissenschaftler eine interessante Entdeckung: Dort, wo das Trinkwasser überdurchschnittlich viel Fluorid enthielt, waren Fälle von Karies ungewöhnlich selten. So war beispielsweise in der Stadt Galesburg in Illinois, wo das Trinkwasser reich an Fluoriden ist, die

Zahl der notwendigen Zahnbehandlungen wegen Karies bei Kindern und Jugendlichen dreimal geringer als im nahegelegenen Quincy, dessen Trinkwasser praktisch kein Fluorid enthielt.

Zahnfäule ist keine Bagatelle, wie jeder bestätigen wird, der schon einmal Zahnschmerzen hatte. Die Bevölkerung der Vereinigten Staaten zahlt Jahr für Jahr Zahnarztrechnungen im Gesamtbetrag von mehr als eineinhalb Milliarden Dollar; zwei Drittel aller Amerikaner besitzen im Alter von 35 Jahren nicht mehr alle ihre natürlichen Zähne. Interessierte Wissenschaftler setzten die Finanzierung einer großangelegten Untersuchung durch, mit der festgestellt werden sollte, ob eine Fluoridierung des Trinkwassers risikolos ist und tatsächlich zur Vorbeugung gegen Karies beitragen würde. Es stellte sich heraus, daß eine Beimischung von Fluorid in Höhe von einem Teilchen pro Million eine meßbare Vorbeugungswirkung zeitigen würde, ohne zu einer Marmorierung des Zahnschmelzes zu führen. Man entschied sich daraufhin, mit dieser Fluoridkonzentration (ein Teilchen pro Million) in ausgewählten Städten Großversuche durchzuführen.

Die Wirkung zeigt sich vorwiegend bei denen, deren Zähne noch in Bildung begriffen sind, d. h. bei den Kindern. Der Fluoridgehalt des Trinkwassers gewährleistet, daß kleine Fluoridmengen in den Zahnschmelz eingebaut werden. Offenbar wird er dadurch für Bakterien unangreifbarer. (Auch die Fluoridierung von Zahnpasta und die Verabreichung von Fluorid in Pillenform haben sich als präventiv wirksam gegen Zahnfäule erwiesen.) In der Zahnärzteschaft hat sich mittlerweile, angesichts der Forschungsresultate der letzten 25 Jahre, die Einsicht durchgesetzt, daß die Fluoridierung des Trinkwassers eine Reduzierung der Karieshäufigkeit um bis zu zwei Dritteln bewirken kann; das hieße, daß Jahr für Jahr mindestens eine Milliarde Dollar zahnärztliche Behandlungskosten eingespart werden könnte, von den ersparten Schmerzen, Ängsten und Beeinträchtigungen (durch künstliche Zähne usw.) gar nicht zu reden. Dem stünde ein vergleichsweise geringer Kostenaufwand für die Fluoridierung des Trinkwassers gegenüber.

Die Gegner der Fluoridierung stützen sich im wesentlichen auf zwei Argumente: Zum einen behaupten sie, Fluorverbindungen seien giftig. Das sind sie tatsächlich, aber nicht in den geringen Dosen, die bei der Trinkwasserfluoridierung vorgesehen sind. Das zweite Argument lautet, daß eine solche Maßnahme eine *Zwangsmedikation* und damit einen Verstoß gegen die von der Verfassung garantierte individuelle Freiheit darstellen würde. Das mag sein, aber man fragt sich doch, ob ein Individuum die Freiheit haben darf, seine Mitmenschen dem Risiko einer vermeidbaren Schädigung auszusetzen. Wer jede Zwangsmedikation grundsätzlich ablehnt, müßte nicht nur gegen die Fluoridierung, sondern auch gegen die Chlorierung und Jodierung des Trinkwassers sein, sowie auch, nebenbei gesagt, gegen alle obligatorischen Schutzimpfungen.

Hormone

Enzyme, Vitamine, Spurenelemente – wie nachhaltig diese spärlich vertretenen Substanzen Wohl und Wehe des Organismus beeinflussen! Aber es gibt noch eine vierte Gruppe von Substanzen, die in mancher Hinsicht noch einschneidender wirken. Sie leiten sozusagen das ganze Orchester oder fungieren, um ein anderes Bild zu wählen, als Hauptschalter, mit dem sämtliche angeschlossenen Lämpchen zum Leuchten und Maschinen zum Losrattern gebracht werden können; oder, wenn ein dritter Vergleich erlaubt ist, wie das rote Tuch, das den Stier in Erregung versetzt.

Um die Wende zum 20. Jahrhundert entdeckten die englischen Physiologen William M. Bayliss und Ernest H. Starling im Mikrokosmos des Verdauungssystems einen Vorgang, der ihnen Rätsel aufgab: Die sich an den Magenausgang anschließende Bauchspeicheldrüse entläßt ihr Verdauungssekret genau in dem Augenblick in den Zwölffingerdarm, in dem Nahrungsmaterial den Magen verläßt und in den Verdauungstrakt eintritt. Wie erfährt die Bauchspeicheldrüse, wann sie in Aktion treten muß? Die naheliegende Annahme lautete, die Information werde über das Nervensystem weitergegeben; es war damals das einzige körpereigene System zur Informationsübermittlung, das man kannte. Bayliss und Starling vermuteten, daß beim Übergang der Nahrung vom Magen in den Darmtrakt die dort liegenden Nervenenden gereizt würden und das Reizsignal über die Nervenbahnen an die Bauchspeicheldrüse weitergeleitet würde.

Zur Überprüfung dieser Theorie kappten die beiden Forscher nacheinander alle zur Bauchspeicheldrüse führenden Nervenbahnen. Die Rechnung ging nicht auf! Die Drüse gab ihr Sekret nach wie vor genau im richtigen Augenblick ab.

Verunsichert suchten Bayliss und Starling nun nach einem alternativen körpereigenen Kommunikationssystem. 1902 spürten sie einen »chemischen Kurier« auf. Es war eine von der Darmwand ausgeschiedene Substanz. Wurde diese Substanz einem Tier ins Blut injiziert, so trat prompt die Bauchspeicheldrüse in Aktion, auch wenn das Tier nichts im Magen hatte. Für die beiden Forscher stellte sich die Sache nun so dar, daß in dem Augenblick, in dem Verdauungsgut in den Darm eintritt, die Darmwände zur Ausscheidung der Substanz stimuliert werden, die dann über die Blutbahn zur Bauchspeicheldrüse transportiert wird und diese dazu veranlaßt, ihr Sekret, den sogenannten Bauchspeichel, in den Zwölffingerdarm zu entlassen. Bayliss und Starling nannten die von den Darmwänden ausgeschiedene Substanz *Sekretin* und klassifizierten sie als ein *Hormon* (nach einem griechischen Wort mit der Bedeutung »aktivieren«). Wie man heute weiß, ist das Sekretin ein kleines Eiweißmolekül.

Einige Jahre zuvor hatten andere Physiologen entdeckt, daß ein aus den *Nebennieren* (lateinisch: adrenes) gewonnener Extrakt, wenn er einem Menschen injiziert wurde, zu einer Erhöhung des Blutdrucks führte. Der in den USA tätige japanische Chemiker Jokichi Takamene isolierte den Wirkstoff 1901 und nannte ihn *Adrenalin*. (Diese Bezeichnung wurde später zu einem Warenzeichen; der chemische Name der Substanz lautet heute *Epinephrin*.) Seine Struktur erwies sich derjenigen der Aminosäure Tyrosin ähnlich, aus der der Organismus sie auch herstellt.

Das Adrenalin ist, um es kurz zu sagen, ebenfalls ein Hormon. Im Lauf der Jahrzehnte fanden die Physiologen eine Reihe weiterer körpereigener Drüsen, die Hormone ausscheiden. (Während die Bezeichnung »Drüse« in früherer Zeit für eine ganze Reihe kleinerer Körperorgane mit ganz un-

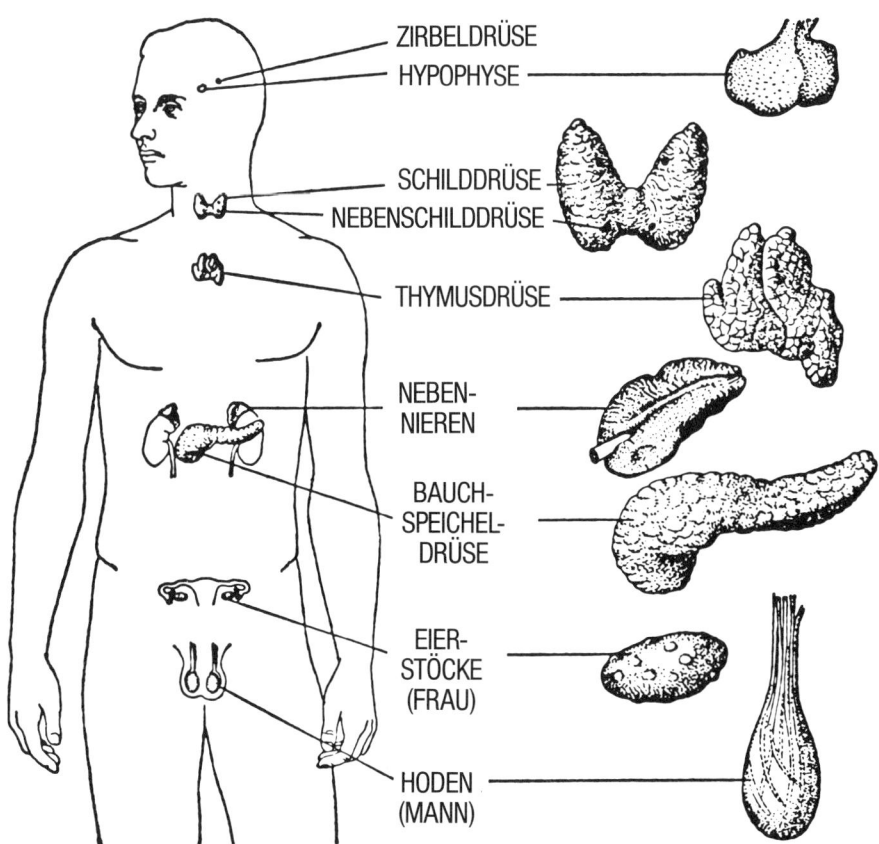

ZIRBELDRÜSE
HYPOPHYSE

SCHILDDRÜSE
NEBENSCHILDDRÜSE

THYMUSDRÜSE

NEBEN-
NIEREN

BAUCH-
SPEICHEL-
DRÜSE

EIER-
STÖCKE
(FRAU)

HODEN
(MANN)

*Die endokrinen
Drüsen.*

terschiedlichen Funktionen gebraucht wurde, begrenzte man ihn später zunehmend auf Organe, die irgendein Sekret ausscheiden. In diesem Sinn wurden beispielsweise die Lymphdrüsen in »Lymphknoten« umgetauft. Gleichwohl hat sich bei vielen Ärzten und Eltern die Gewohnheit erhalten, von »angeschwollenen Drüsen« zu sprechen, wenn bei einer Erkältung die Lymphknoten seitlich der Kehle oder unter der Achsel sich vergrößern.)

Viele Drüsen, beispielsweise die der Speiseröhre, die Schweißdrüsen oder auch die Speicheldrüsen, scheiden ihre Sekrete durch winzige Kanäle aus. Bei anderen ergießt sich der Drüseninhalt direkt in den Blutstrom, der ihn dann durch den Körper transportiert. Es sind die Sekrete dieser kanallosen oder *endokrinen* Drüsen, die die Hormone enthalten. *(Abb.)* Die wissenschaftliche Disziplin, die sich mit der Erforschung der Hormone beschäftigt, heißt aus diesem Grunde *Endokrinologie.*

Es ist klar, daß sich die Biologen am meisten für die Hormone der Säugetiere und der des Menschen interessieren. Ich möchte aber zumindest

nicht unerwähnt lassen, daß es auch pflanzliche Hormone gibt, die das Wachstum der Pflanzen steuern und gegebenenfalls beschleunigen können, Insektenhormone, die die Farbgebung und Häutung kontrollieren, usw.

Als die Biochemiker herausfanden, daß die Schilddrüse Jod akkumuliert, vermuteten sie sogleich, dieses Element sei Bestandteil eines Hormons. 1915 extrahierte der Amerikaner Edward C. Kendall aus der Schilddrüse eine jodhaltige Aminosäure, die wie ein Hormon agierte, und nannte sie *Thyroxin* (nach dem lateinischen Namen der Schilddrüse). Jedes Thyroxinmolekül enthielt, wie er feststellte, vier Jodatome. Wie das Adrenalin, zeichnet sich auch das Thyroxin durch eine starke Familienähnlichkeit mit dem Tyrosin aus – kein Wunder, denn es wird vom Organismus ebenfalls aus Tyrosin hergestellt. (Viele Jahre später, 1952, isolierten die Biochemikerin Rosalind Pitt-Rivers und ihr Team ein weiteres Schilddrüsenhormon, das Trijodthyronin mit drei Jodatomen im Molekül enthält. Es ist instabiler als das Thyroxin, aber dafür drei- bis fünfmal so aktiv.)

Die Schilddrüsenhormone bestimmen das allgemeine Stoffwechselniveau eines Organismus; sie stimulieren die Zellen zur Aktivität. Personen mit einer Schilddrüsen-Unterfunktion sind träge und gleichgültig und können nach einiger Zeit stumpfsinnig werden, weil alle ihre Zellen nur mit halber Kraft arbeiten. Leute mit einer Schilddrüsen-Überfunktion sind dagegen nervös und übersensibel, weil ihre Zellen gleichsam auf Hochtouren laufen. Sowohl eine Unter- als auch eine Überfunktion der Schilddrüse kann zu Kropfbildung führen.

Die Schilddrüse steuert den sogenannten Grundumsatz des Körpers, d. h. das Niveau seines Sauerstoffverbrauchs bei vollständiger Ruhe und in unbelasteter Situation – seine Leerlaufdrehzahl sozusagen. Wenn dieser Grundumsatz bei einer Person über oder unter der Norm liegt, richtet sich der Verdacht einer Funktionsstörung sogleich auf die Schilddrüse. Die Messung des Grundumsatzes war einst eine mühselige Angelegenheit, denn der Patient mußte zuvor eine Zeitlang fasten und dann während des Meßvorgangs eine halbe Stunde lang reglos und entspannt liegenbleiben. Indes, warum nicht gleich, anstelle dieser beschwerlichen Prozedur, dem Gaul direkt ins Maul schauen? Weshalb nicht die Hormonproduktion der Schilddrüse messen, von deren Niveau das des Grundumsatzes ja direkt abhängt? In jüngster Zeit hat die medizinische Forschung praktikable Methoden zur Messung proteingebundenen Jods im Blut entwickelt; diese Messung ergibt einen Indikator für das Niveau der Hormonproduktion der Schilddrüse, so daß der Grundumsatz jetzt mit einem einfachen und schnellen Bluttest festgestellt werden kann.

Insulin und Diabetes

Das bekannteste Hormon ist das *Insulin,* das erste Protein, dessen Struktur vollständig entschlüsselt wurde (*siehe Kapitel 2.*) Die Entdeckung des Insulins krönte eine lange und ereignisreiche Entwicklung.

Die Bezeichnung *Diabetes* steht für eine ganze Gruppe von Störungen, deren gemeinsames Kennzeichen ein ungewöhnlich starker Durst und, als Folge davon, ein ungewöhnlich großer Urinausstoß ist. Es ist die verbreitetste aller anlagebedingter Stoffwechselstörungen. In den Vereinigten Staaten gib es schätzungsweise 1,5 Millionen Diabetiker, von denen 80% über 45 Jahre alt sind. Diabetes ist eine der wenigen Krankheiten, von denen Frauen stärker betroffen sind als Männer: Unter jeweils 7 Diabetikern befinden sich durchschnittlich 4 Frauen und 3 Männer.

Der Ausdruck Diabetes leitet sich von einem griechischen Wort mit der Bedeutung »Rohr« ab. (Vielleicht war das als Anspielung auf den übersteigerten Flüssigkeitsumsatz der Diabetiker gedacht.) Die gefährlichste Spielart der Krankheit ist die *diabetes mellitus.* Das Wort *mellitus* stammt von dem griechischen Wort für Honig ab und bezieht sich auf die Tatsache, daß im fortgeschrittenen Stadium der Krankheit der Urin des Patienten einen süßen Geschmack hat. (Vielleicht hat dies ein mutiger Arzt eigenhändig festgestellt, doch waren die ersten Indizien dafür sicherlich indirekter Art – die Beobachtung beispielsweise, daß Diabetikerurin Fliegen anzuziehen pflegt.) 1815 konnte der französische Chemiker Michel E. Chevreul zeigen, daß der süße Geschmack von nichts anderem als gewöhnlichem Traubenzucker (Glukose) herrührt, der im Urin enthalten ist. (In der Folge bürgerte sich für Diabetes die volkstümliche Bezeichnung Zuckerkrankheit ein.) Diese Ausscheidung (und damit Nichtnutzung) von Glukose ist ein Hinweis darauf, daß der Organismus des Diabetikers die ihm zugeführte Nahrung nicht effektiv verwertet. Es kann passieren, daß der Zuckerkranke in einem fortgeschrittenen Stadium seiner Krankheit trotz zunehmenden Appetits ständig an Körpergewicht verliert. Noch bis vor wenigen Jahrzehnten gab es keine wirksame Therapie gegen Diabetes.

Im 19. Jahrhundert stellten die deutschen Physiologen Joseph von Mering und Oskar Minkowski fest, daß ein Hund, dem man die Bauchspeicheldrüse herausoperierte, Krankheitssymptome ähnlich der der Diabetes beim Menschen entwickelte. Nachdem Bayliss und Starling das Hormon Sekretin entdeckt hatten, lag die Vermutung nahe, daß bei der Zuckerkrankheit ein von der Bauchspeicheldrüse ausgeschiedenes Hormon eine Rolle spielen könnte. Indes, das einzige Sekret dieser Drüse, das man kannte, war der Bauchspeichel, ein Verdauungssekret. Woher sollte das Hormon kommen? Ein aufschlußreiches Indiz stellte sich ein: Wenn man den Kanal der Bauchspeicheldrüse abschnürte, so daß sie ihr Verdauungssekret nicht mehr ausscheiden konnte, verkümmerte der größte Teil der Drüse, doch jene Zellengruppen, die als die *Langerhansschen Inseln* bekannt sind (nach dem deutschen Arzt Paul Langerhans, der sie 1869 entdeckte), blieben intakt.

Der schottische Arzt Albert Sharpey-Schafer äußerte daher 1916 die Vermutung, in diesen Zellgebilden müsse das Anti-Diabetes-Hormon erzeugt werden. Er taufte das vermutete Hormon auf den Namen *Insulin* (nach dem lateinischen Wort für »Insel«).

Die Versuche, das Hormon aus der Substanz der Bauchspeicheldrüse zu isolieren, endeten anfänglich mit kläglichen Mißerfolgen. Das Insulin ist, wie wir heute wissen, ein Protein. Die eiweißspaltenden Enzyme der Bauchspeicheldrüse lösten es stets sofort auf, noch bevor die Chemiker eine Chance hatten, es nachzuweisen. 1921 versuchten es die Kanadier Frederick G. Banting, ein Arzt, und Charles H. Best, ein Physiologe, mit einem neuen Ansatz. Zuerst schnürten sie den Sekretionsschlauch der Bauchspeicheldrüse ab. Daraufhin verkümmerte der enzymproduzierende Teil des Organs, so daß die Erzeugung eiweißspaltender Enzyme aufhörte. Nun konnten die Forscher das Hormon unversehrt aus den »Inseln« herausholen. Es erwies sich in der Tat als wirksames Mittel gegen die Diabetes. Man schätzt, daß das Insulin im Lauf der darauffolgenden 50 Jahre rund 20 bis 30 Millionen Zuckerkranken das Leben gerettet hat.

1923 erhielten Banting und der Chef seines Labors, John J. R. MacLeod, den Nobelpreis für Physiologie und Medizin. (MacLeod aus unerfindlichen Gründen – sein Hauptbeitrag hatte nur darin bestanden, daß er Banting und Best erlaubt hatte, den Sommer über, während er in Urlaub war, in seinem Labor zu arbeiten.)

Welche Aufgabe das Insulin erfüllt, zeigt sich am deutlichsten an der Höhe der Glukosekonzentration im Blut. Normalerweise speichert der Körper den größten Teil seines Glukosevorrats in der Leber, und zwar in Gestalt einer Substanz namens *Glykogen,* einer Art Stärke. (Entdeckt und identifiziert wurde das Glykogen 1856 von dem französischen Physiologen Claude Bernard.) In den Blutstrom abgegeben wird immer nur eine kleine Glukosemenge, die gerade ausreicht, um den unmittelbaren Energiebedarf der Zellen zu decken. Wenn der Blutzuckerspiegel, d. h. die Glukose-

konzentration im Blut ein zu hohes Niveau erreicht, wird die Bauchspeicheldrüse zu einer vermehrten Produktion von Insulin angeregt, das sich in den Blutstrom ergießt und eine Senkung des Zuckerspiegels herbeiführt. Wenn die Glukosekonzentration zu niedrig wird, drosselt die Bauchspeicheldrüse ihre Insulinproduktion, so daß wieder ein höherer Zuckerwert erreicht wird. Wir haben es hier mit einem selbstregelnden Gleichgewichtssystem zu tun: Wenn mehr Insulin erzeugt wird, geht die Glukosekonzentration zurück; daraufhin wird weniger Insulin ausgestoßen, daraufhin steigt der Glukosespiegel, daraufhin steigt die Insulinproduktion, daraufhin sinkt der Glukosespiegel usw. usf. Man nennt ein solches sich selbst im Gleichgewicht haltendes System ein rückkoppelndes oder *Feedback-System.* Es ist das gleiche Prinzip, nach dem auch eine von einem Thermostat gesteuerte Raumheizung funktioniert.

Wahrscheinlich beherrscht dieses Prinzip die meisten Vorgänge, mittels derer der Organismus für ein in jeder Hinsicht konstantes Milieu in seinem Innern sorgt. Als eines von vielen möglichen Beispielen kann hier das von den Nebenschilddrüsen oder Epithelkörperchen, vier kleinen in die Schilddrüse eingebetteten Drüsen, ausgeschiedene Hormon dienen. Es wird *Parathormon* genannt und wurde von den amerikanischen Biochemikern Lyman C. Craig und Howard Rasmussen 1960 nach fünfjähriger Arbeit erstmals in reiner Form dargestellt. Das Molekül des Parathormons ist etwas größer als das Insulinmolekül; es setzt sich aus 83 Aminosäuren zusammen und hat ein Molekülgewicht von 9500. Die spezifische Aufgabe dieses Hormons ist es, die Calciumresorption im Verdauungstrakt zu fördern und den Calciumverlust über die Nieren zu verringern. Sobald die Calciumkonzentration auch nur ein wenig unter den Normwert absinkt, geben die Nebenschilddrüsen mehr Parathormon ans Blut ab. Da infolgedessen mehr Calcium ins Blut gelangt und weniger ausgeschieden wird, steigt der Calciumspiegel des Blutes prompt wieder an, was wiederum den Hormonausstoß der Nebenschilddrüsen hemmt. Dieses Zusammenspiel zwischen Calciumkonzentration und Hormonproduktion hält den Calciumspiegel des Blutes stets auf der erforderlichen Höhe. (Eine segensreiche Einrichtung, denn mit dem Calciumspiegel des Blutes ist nicht zu spaßen – schon eine kleine Abweichung vom Normwert kann zum Tode führen. Eine Entfernung der Nebenschilddrüsen wäre also fatal. Es gab eine Zeit, in der manche Ärzte in ihrem Bemühen, Kropfpatienten dadurch zu helfen, daß sie möglichst viel vermeintlich überschüssiges Gewebe wegschnitten, auch die vier kleinen und unscheinbaren Nebenschilddrüsen mit wegstutzten. Der Tod des Patienten belehrte sie eines Besseren.)

In manchen Fällen wird der Rückkopplungs-Mechanismus dadurch verfeinert, daß zwei Hormone mit gegensätzlicher Wirkungstendenz beteiligt sind. 1961 wies der kanadische Biochemiker D. Harold Copp ein Schilddrüsenhormon nach, das er *Calcitonin* nannte; seine spezifische Funktion besteht darin, die Calciumkonzentration im Blut zu senken, indem es die Ablagerung von Calciumionen im Knochengewebe fördert. Wir haben also ein die Calciumkonzentration im Blut tendenziell erhöhendes und ein sie tendenziell absenkendes Hormon. Beide gewährleisten durch ihr Zusammenspiel ein sehr genaues Einpendeln des Calciumspiegels auf den lebenswichtigen Sollwert. Das Calcitoninmolekül besteht aus einer einzigen 32 Aminosäuren umfassenden Polypeptidkette.

Auch an der Regulierung des Blutzuckerspiegels, an der, wie wir wissen, das Insulin maßgeblich beteiligt ist, wirkt ein zweites Hormon mit, das ebenfalls von den Langerhansschen Inseln ausgeschieden wird. Diese Drüsen bestehen aus zwei verschiedenen Arten von Zellen, den Alphazellen und den Betazellen. Während die Betazellen Insulin produzieren, erzeugen die Alphazellen *Glucagon*. Die Existenz des Glucagons wurde schon 1923 postuliert, doch erst 1955 gelang es, die Substanz in kristalliner Form zu isolieren. Ihr Molekül besteht aus einer einzigen, 29 Aminosäuren umfassenden Kette. Das komplette Strukturmodell dieses Moleküls lag 1958 vor.

Das Glucagon wirkt dem Insulin direkt entgegen, so daß es unter dem Einfluß dieser beiden Hormone normalerweise nur zu geringfügigen positiven oder negativen Abweichungen des Blutzuckerspiegels vom Normwert kommt. Für die Entdeckung dieses Effekts erhielt der argentinische Physiologe Bernardo Alberto Houssay 1947 anteilig den Nobelpreis für Medizin und Physiologie.

Beim Zuckerkranken haben die Langerhansschen Inseln die Fähigkeit eingebüßt, Insulin in ausrei-

chender Menge auszuscheiden. Der Glukosegehalt des Blutes steigt an. Wenn er bei einem etwa 50% über der Norm liegenden Wert anlangt, erreicht er die kritische Stelle, jenseits derer die Glukose in den Urin übertritt. Dieses Ausscheiden der Glukose ist eigentlich das kleinere von zwei Übeln, denn würde die Glukosekonzentration noch weiter ansteigen, so käme es zu einer merklichen Verdickung des Blutes, daß das Herz (das schließlich dafür eingerichtet ist, Blut und nicht Melasse zu pumpen) überanstrengt würde.

Das klassische Nachweisverfahren für Diabetes ist die Messung des Zuckergehalts im Urin. Man kann dazu beispielsweise ein paar Tropfen Urin in *Benedict-Lösung* (benannt nach dem amerikanischen Chemiker Francis G. Benedict) erhitzen. Die Lösung enthält Kupfersulfat, das dem Gemisch eine tiefblaue Farbe verleiht. Wenn der Harn keine Glukose enthält, bleibt die Lösung blau. Ist aber Glukose vorhanden, wandelt sich ein Teil des Kupfersulfats in Kupferoxid (CuO_2) um, eine ziegelrote, unlösliche Substanz. Ein rötlicher Niederschlag am Boden des Reagenzglases ist daher ein unmißverständlicher Hinweis auf das Vorhandensein von Zucker im Urin und damit in der Regel auch auf Diabetes.

Heute steht eine noch einfachere Methode zur Verfügung: Ein etwa 5 cm langer Papierstreifen, der mit zwei Enzymen (Glukosedehydrogenase und Peroxidase) und einer organischen Substanz namens Orthotolidin imprägniert ist, wird in eine Urinprobe des Patienten getaucht und anschließend der Luft ausgesetzt. Wenn in dem Urin Glukose enthalten ist, verbindet sie sich unter der katalytischen Mithilfe der Glukosedehydrogenase mit dem Sauerstoff der Luft. Dabei entsteht Wasserstoffperoxid. Die ebenfalls auf dem Papier präsente Peroxidase bewirkt sodann, daß sich das Wasserstoffperoxid mit dem Orthotolidin zu einer leuchtend blauen Substanz verbindet. Wenn also, kurz gesagt, der ursprünglich gelbe Papierstreifen nach Eintauchen in den Urin des Patienten blau wird, ist dies ein deutlicher Hinweis auf das Vorliegen von Diabetes.

Tritt Glukose im Urin auf, läßt dies auf eine bereits in ein fortgeschrittenes Stadium getretene *diabetes mellitus* schließen. Besser wäre es, der Krankheit schon früher auf die Schliche zu kommen, bevor der Blutzuckergehalt so hoch steigt, daß die Glukose in den Urin übertritt. Der Glukose-Toleranz-Test, der mittlerweile verbreitete Anwendung findet, mißt, wie schnell der Glukosespiegel des Blutes wieder sinkt, nachdem man ihm zuvor durch Verabreichung von Traubenzucker an die Testperson künstlich erhöht hat. Normalerweise reagiert die Bauchspeicheldrüse auf eine solche Erhöhung mit einer wahren Insulin-Springflut. Beim Gesunden geht der Blutzuckergehalt binnen zwei Stunden auf den Normalwert zurück. Ist dieser Normalwert nach drei Stunden noch nicht erreicht, so zeugt dies von einer trägen Insulinreaktion, meist ein Zeichen dafür, daß der Betreffende sich im Frühstadium einer Diabetes befindet.

Es ist möglich, daß das Insulin etwas mit der Steuerung unseres Appetits zu tun hat.

Wir alle werden, um ganz vorne zu beginnen, mit einem, wie manche Physiologen es nennen, »Appestat« geboren, einem Mechanismus, der unseren Appetit reguliert, wie ein Thermostat eine Heizung. Wenn dieser Appestat zu hoch eingestellt ist, neigt der Betreffende dazu, beständig mehr Kalorien zu sich zu nehmen, als er verbraucht (es sei denn, er auferlegt sich eine strenge Selbstdisziplin, was aber früher oder später zu physischen und psychischen Streßsymptomen führt).

In den frühen 40er Jahren zeigte der Physiologe Stephen W. Ranson, daß Tiere, bei denen man einen Teil des *Hypothalamus* (eines Lappens im tiefergelegenen Teils des Gehirns) entfernt oder funktionsunfähig gemacht hatte, gefräßig und dick wurden. Dies schien ein triftiger Hinweis auf den Sitz des Appestats. Wodurch wird er gesteuert? Starker Hunger äußert sich üblicherweise in mehr oder weniger schmerzhaften Kontraktionen des Magens, die, wenn man ihm Nahrung zuführt, sofort aufhören. Vielleicht stellen die Kontraktionen Steuersignale für den Appestat dar? Die Antwort lautet nein: Die chirurgische Entfernung des Magens zeitigt in keinem Fall irgendeine Wirkung auf das Appetitverhalten.

Der amerikanische Physiologe Jean Mayer schlug eine subtilere Erklärung vor. Er glaubt, daß der Appestat sich an der Glukosekonzentration des Blutes orientiert. Immer wenn Nahrung verdaut worden ist, geht der Glukosespiegel des Blutes langsam nach unten (in Richtung Normwert). Wenn er eine bestimmte Grenze unterschreitet, tritt der Appestat in Funktion, man bekommt Appetit. Wenn man, diesem Impuls nachgebend, etwas ißt, steigt der Glukosespiegel des Blutes vorübergehend an, und der Appestat schaltet den Appetit sozusagen ab.

Die Steroidhormone

Die bisher besprochenen Hormone sind durchweg entweder Proteine (wie das Insulin, das Glucagon, das Secretin und das Parathormon) oder modifizierte Aminosäuren (wie das Thyroxin, das Trijodthyronin und Adrenalin). Jetzt kommen wir zu einer ganz anderen Gruppe von Hormonen, den *Steroidhormonen*.

Im Jahr 1927 fanden die deutschen Physiologen Bernhard Zondek und Selmar Aschheim heraus, daß ein aus dem Urin schwangerer Frauen gewonnener Extrakt weibliche Mäuse oder Ratten, denen er injiziert wurde, in den Zustand der Paarungsbereitschaft versetzte. (Diese Beobachtung fand ihren Niederschlag im ersten wissenschaftlichen Schwangerschafts-Frühtest.) Es lag auf der Hand, daß Zondek und Aschheim einem Hormon auf die Spur gekommen waren: einem *Geschlechtshormon*, um es genauer zu sagen.

Nicht einmal zwei Jahre später präsentierten Adolf Butenandt in Deutschland und Edward A. Doisy in den USA das Hormon in reiner Form. Es erhielt den Namen *Östron* (nach *estrus*, der lateinischen Bezeichnung für die Paarungsbereitschaft bei Tierweibchen). Nicht lange, und seine Struktur war entschlüsselt; es war die eines Steroids, mit dem Viererring des Cholesterins. Für seinen Beitrag zur Entdeckung der Geschlechtshormone wurde Butenandt 1939 für den Chemie-Nobelpreis nominiert. Wie Domagk und Kuhn, zwangen die NS-Machthaber auch ihn, den Preis zurückzuweisen; erst 1949, nach der Zerschlagung der Nazityrannei, konnte er die Ehrung entgegennehmen.

Heute ist das Östron nur noch eines aus einer ganzen Gruppe weiblicher Geschlechtshormone, der sogenannten *Östrogene*. Butenandt isolierte 1931 das erste männliche Geschlechtshormon oder *Androgen* (sinngemäß: »den Mann machend«). Er nannte es *Androsteron*.

Die Geschlechtshormone sind es, die die in der *Pubertät* ablaufenden Reifungsprozesse steuern: das Wachsen der Gesichtsbehaarung bei Knaben und die Busenbildung bei Mädchen beispielsweise.

Der komplizierte Menstruationszyklus der Frau ist das Resultat des Zusammenspiels mehrerer Östrogene.

Die weiblichen Geschlechtshormone werden größtenteils in den Eierstöcken, die männlichen in den Hoden produziert.

Die Geschlechtshormone sind nicht die einzigen Steroidhormone. Der erste nichtgeschlechtliche chemische Kurier mit Steroidstruktur wurde in den Nebennieren entdeckt. Bei diesen handelt es sich eigentlich um doppelte Drüsen; eine innere, die *Nebennieren-Medulla* (letzteres das lateinische Wort für »[Knochen-]Mark«) oder das *Nebennierenmark,* und eine äußere, der *Adrenal-Cortex* (letzteres das lateinische Wort für »Rinde«) oder die *Nebennierenrinde.* In der Medulla wird das Adrenalin erzeugt. Wie Experimente im Jahr 1929 ergaben, konnten Tiere, denen die Nebennieren entfernt worden waren – normalerweise eine absolut tödliche Operation –, danach durch Verabreichung von Extrakten aus der Nebennierenrinde am Leben gehalten werden. Natürlich setzte sogleich die Suche nach *Corticosteroiden* ein.

Hinter dieser Suche standen praktisch-medizinische Zielsetzungen. Die bekannte *Addisonsche Krankheit* (die als erster der englische Arzt Thomas Addison 1855 beschrieb) wies eine Symptomatik auf, die an die durch die Entfernung der Nebennieren hervorrufbare erinnerte. Es hatte sehr den Anschein, als rühre diese Krankheit von einer Störung der Hormonproduktion der Nebennierenrinde her. Vielleicht konnte man durch Injektion von Corticosteroiden der Addisonschen Krankheit ebenso beikommen wie der Diabetes durch Insulingabe.

Zwei Männer taten sich bei dieser Suche besonders hervor: Tadeusz Reichstein (der später das Vitamin C synthetisierte) und Edward Kendall (der fast zwei Jahrzehnte zuvor das erste Schilddrüsenhormon entdeckt hatte). Ende der 30er Jahre hatten die Forscher mehr als zwei Dutzend aus der Nebennierenrinde stammende Verbindungen isoliert und analysiert. Mindestens vier davon zeigten hormonelle Aktivität. Kendall bezeichnete diese Substanzen als Verbindung A, Verbindung B, Verbindung E, Verbindung F usw. Alle diese Hormone erwiesen sich als Steroide.

Die Nebennieren sind sehr kleine Drüsen; man hätte zahllose Tiere schlachten müssen, um eine für den allgemeinen medizinischen Einsatz ausreichende Menge Cortikalextrakt zu erhalten. Der einzig realistische Weg war offenkundig, die Hormone, sofern es ging, zu synthetisieren.

Ein Gerücht, das sich später als falsch entpuppte, brachte starken Rückenwind für die Corticosteroid-Forschung. Während des Zweiten Weltkriegs tauchten Berichte auf, denen zufolge die Deutschen in argentinischen Schlachthäusern massenweise Nebennieren aufkauften, um daraus Corticosteroide zu gewinnen, die angeblich die Leistungsfähigkeit ihrer Piloten bei Flügen in großer Höhe förderten. Das Ganze war eine Ente, aber das Gerücht veranlaßte die US-Regierung, der Suche nach Methoden zur Synthese der Corticosteroide hohe Priorität einzuräumen, höhere Priorität sogar als den Forschungen zur Synthese des Penicillins und der Anti-Malaria-Wirkstoffe.

Kendall gelang 1944 die Synthese von Verbindung A; ein Jahr später produzierte ein amerikanischer Pharmakonzern den Wirkstoff bereits in beträchtlichen Mengen. Zur allgemeinen Enttäuschung erwies er sich gegenüber der Addisonschen Krankheit als ziemlich wirkungslos. In einem bewunderungswürdigen Kraftakt entwickelte anschließend der Biochemiker Lewis H. Sarrett ein 37 Teilprozesse umfassendes Verfahren zur Synthese von Verbindung E, dem Wirkstoff, der später unter dem Namen *Cortison* bekannt wurde.

Die gelungene Synthese von Verbindung E erregte in der medizinischen Welt wenig Aufsehen. Der Krieg war vorbei, das Gerücht von der Cortikal-Wunderdroge für die deutschen Piloten hatte sich als unwahr, Verbindung A als Reinfall erwiesen. Doch dann wurde Verbindung E plötzlich von ganz unerwarteter Seite ins Rampenlicht gerückt.

Philip S. Hench, Arzt an der Mayo-Klinik, hatte sich zwanzig Jahre lang mit rheumatischer Arthritis befaßt, einer schmerzhaften, manchmal mit fortschreitenden Lähmungserscheinungen verbundenen Krankheit. Hench vermutete, daß der Organismus über natürliche Mechanismen zur Bekämpfung dieser Krankheit verfügte, denn es kam bei der Arthritis häufig zu vorübergehenden Besserungen – beispielsweise während einer Schwangerschaft oder für die Dauer einer Gelbsucht. Er kannte keinen biochemischen Faktor, der sowohl etwas mit Gelbsucht als etwas mit Schwangerschaft zu tun hatte. Er versuchte es mit der Verabreichung von Gallenfarbstoffen (die bei der Gelbsucht eine Rolle spielen) und Geschlechtshormonen (die während der Schwangerschaft eine Rolle spielen), aber nichts von alledem half seinen Arthritis-Patienten.

Es gab nun aber einige vage Anhaltspunkte, die darauf hindeuteten, daß der Schlüssel zur Arthritis bei den Corticosteroiden liegen konnte; als 1949 Cortison in ausreichender Menge zur Verfügung stand, probierte Hench es damit. Es half! Es heilte die Krankheit nicht, ebensowenig wie das Insulin die Diabetes heilte, aber es linderte die Symptome, und das ist für einen Arthritiker oft schon Gold wert. Das Cortison erwies sich später auch als tauglich zur Behandlung der Addisonschen Krankheit, gegen die mit Verbindung A nichts zu machen gewesen war.

Für ihre Forschungsarbeiten im Bereich der Steroidhormone erhielten Kendall, Hench und Reichstein gemeinsam 1950 den Nobelpreis für Medizin und Physiologie.

Leider wirken die Corticosteroide auf den Organismus in so vielfältiger Weise, daß mit ihrem Einsatz immer Nebenwirkungen, und zwar nicht nur harmlose, verbunden sind. Im allgemeinen greifen die Ärzte heute nur dann zu einer Corticosteroid-Therapie, wenn es eindeutig angezeigt und notwendig ist. Synthetische Substanzen mit ähnlicher Struktur wie die Corticosteroide (manche mit einem in das Molekül eingepflanzten Fluoratom) sollen die bedenklichsten Nebenwirkungen vermeiden helfen, aber bislang ist man von einer Ideallösung, die maximale Wirksamkeit mit minimalen Nebenwirkungen verbinden würde, noch weit entfernt. Eines der aktivsten der bislang identifizierten Corticosteroide ist das *Aldosteron,* das Reichstein und seine Mitarbeiter 1953 isolierten.

Hypophyse und Zirbeldrüse

Wie wird die Dosierung all dieser so unterschiedlichen und so effektiven Hormone gesteuert? Sie alle (neben den genannten auch noch etliche, die ich nicht erwähnt habe) können im Körper mehr oder weniger drastische Wirkungen hervorrufen. Doch sie sind untereinander so harmonisch austariert, daß der (gesunde) Organismus immer schön »rundläuft«, ohne Aussetzer und Pannen. Dies legt die Annahme nahe, daß irgendwo ein Dirigent sitzen muß, der ihnen gleichsam die Einsätze gibt.

Dieser Rolle am nächsten kommt die *Hypophyse* oder *Hirnanhangdrüse.* Es ist ein sehr kleines, beim Menschen weniger als 1 g schweres Organ, das unmittelbar mit dem Gehirn (an dessen unterem Ende es befestigt ist) in Verbindung steht, aber nicht zu ihm gehört.

Die Hypophyse besteht aus drei Teilen: dem Vorderlappen, dem Hinterlappen und einer Art Zwischenschicht zwischen beiden, Mittellappen genannt (der aber nicht bei allen Organismen vorhanden ist). Der Vorderlappen ist der wichtigste von allen; er produziert mindestens sechs Hormone (durchweg kleinmolekulare Proteine), die, wie es scheint, speziell auf andere endokrine Drüsen wirken. Man kann also, wenn man will, den Hypophysen-Vorderlappen als den Dirigenten ansehen, der für Harmonie zwischen den anderen Drüsen sorgt. (Es ist interessant, daß die Hypophyse sich ziemlich genau im Zentrum des Schädels befindet, so als wäre sie bewußt nach dem Gesichtspunkt größtmöglicher Sicherheit untergebracht.)

Einer der chemischen Kuriere der Hypophyse ist das Hormon *Thyreotropin,* abgekürzt *TSH* (von: thyreodstimulierendes Hormon), das die Schilddrüse *(thyreoidea)* im Rahmen eines Feedback-Mechanismus stimuliert. Es veranlaßt sie, Schilddrüsenhormone zu produzieren. Deren ansteigende Konzentration im Blut hemmt prompt die TSH-Produktion der Hypophyse; der Rückgang der TSH-Konzentration im Blut bewirkt, daß die Schilddrüse ihre Hormonproduktion wieder einschränkt; dies stimuliert wiederum den TSH-Ausstoß der Hypophyse, usw. Dieser Regulationszyklus sorgt für einen stabilen Gleichgewichtszustand.

In ähnlicher Weise reguliert das *adrenocorticotrope Hormon (ACTH)* die Hormonproduktion der Nebennierenrinde. Wenn dem Organismus von außen eine Extraration ACTH verabreicht wird, setzen die Nebennieren mehr Corticosteroide in Umlauf; die Wirkung ist somit tendenziell die gleiche, als würde man Cortison injizieren. Aus diesem Grund wird ACTH zur medikamentösen Therapie der rheumatischen Arthritis eingesetzt.

Die Erforschung der Struktur des ACTH wurde wegen seiner therapeutischen Wirksamkeit gegen Arthritis mit Nachdruck vorangetrieben. Anfang der 50er Jahre wurde sein Molekülgewicht mit 20 000 bestimmt; es ließ sich aber leicht in kleinere Fragmente *(Cortikotropine)* zerlegen, die die Wirksamkeit des intakten Moleküls vollständig bewahrten. Eines davon, bestehend aus einer Kette von 39 Aminosäuren, wurde vollständig analysiert; später erwiesen sich sogar noch kürzere Ketten als therapeutisch wirksam.

ACTH vermag die Hautfärbung von Tieren zu beeinflussen und ist auch beim Menschen an einem ähnlichen Effekt beteiligt: Bei Krankheiten, die mit einer ACTH-Überproduktion einhergehen, wird die Haut des Patienten dunkler. Wie man weiß, besitzen niedrigere Tierarten, besonders im Bereich der Amphibien, besondere Hormone für die Dunkelfärbung der Haut. Ein Hormon dieser Art wurde 1955 unter den Produkten der menschlichen Hypophyse entdeckt. Es trägt den Namen melanozytenstimulierendes Hormon – Melanozyten sind die Zellen, die die Hautpigmente produzieren – und wird gewöhnlich unter der Abkürzung *MSH* geführt.

Die Struktur des MSH-Moleküls ist zum größten Teil entschlüsselt; es ist interessant, daß MSH und ACTH in ihrem Molekül eine identische Sequenz aus sieben Aminosäuren aufweisen. Dies scheint mir wieder einmal eine Bestätigung für die (eigentlich selbstverständliche) Erfahrungstatsache, daß Struktur und Funktion zwei Seiten derselben Medaille sind.

Wenn wir gerade beim Thema Hautverfärbung sind, ist es vielleicht angebracht, kurz auf die *Zirbeldrüse* einzugehen, ein tannenzapfenförmiges Organ, das, wie die Hypophyse, unmittelbar unterhalb des Gehirns liegt und gelegentlich auch *Epiphyse* genannt wird. Obwohl die Anatomen die Epiphyse aufgrund ihrer Beschaffenheit von Anfang an als Drüse einstuften, gelang es ihnen zunächst nicht, ein von ihr ausgeschiedenes Hormon zu finden. Erst gegen Ende der 50er Jahre isolierten die Entdecker des MSH – ihnen standen 200 000 Rinder-Zirbeldrüsen zur Verfügung – eine winzige Menge einer Substanz, die, einer Kaulquappe injiziert, zu einer Aufhellung ihrer Hautfarbe führte. Es hat aber nicht den Anschein, als ob dieses Hormon – es erhielt die Bezeichnung *Melatonin* – irgendeine Wirkung auf die menschlichen Melanozyten ausübt.

Die Liste der Hypophysen-Hormone ist noch nicht vollständig. Das *ICSH* und das *FSH* steuern das Wachstum bestimmter fortpflanzungsrelevanter Gewebe. Das *Lactogenhormon* stimuliert die Milchproduktion.

Das Lactogenhormon stimuliert auch andere mütterliche Aktivitäten. Junge Rattenweibchen, denen das Hormon injiziert wird, zeigen Nestbauverhalten, obwohl sie gar keine Jungen haben. Auf der anderen Seite zeigen weibliche Mäuse, denen man kurz vor dem Werfen die Hypophyse herausoperiert, nach dem Wurf wenig Interesse an den Jungen. Die Zeitungen nannten das Lactogenhormon prompt das Hormon der Mutterliebe.

Diejenigen Hormone der Hypophyse, die auf geschlechtsbezogene Gewebe wirken, werden als *Gonadotropine* bezeichnet. Eine ebenfalls zu dieser Gruppe gehörige Substanz entstammt der *Plazenta* (das Organ, das der Übertragung von Nährstoffen aus dem Blut der werdenden Mutter in das Blut des sich entwickelnden Kindes sowie der »Entsorgung« von Abfallstoffen in die umgekehrte Richtung dient). Dieses *Plazenta-Hormon* wird schon zwei bis vier Wochen nach Einsetzen der Schwangerschaft in meßbarer Menge erzeugt und ist im Urin nachweisbar. Wenn man Extrakte aus dem Urin einer schwangeren Frau weiblichen Mäusen, Fröschen oder Kaninchen injiziert, treten sichtbare Effekte ein. Auf diese Weise läßt sich das Vorliegen einer Schwangerschaft zu einem sehr frühen Zeitpunkt nachweisen.

Das spektakulärste der vom Hypophyse-Vorderlappen erzeugten Hormone ist das *somatotrope Hormon (STH)*, auch *Somatotropin* oder, in populärer Terminologie, *Wachstumshormon* genannt. Es stimuliert indirekt das Wachstum des gesamten Organismus. Wenn der Körper eines Kindes nicht in der Lage ist, genügende Mengen dieses Hormons zu erzeugen, wird aus dem Kind ein Zwerg; entsprechend führt eine Überproduktion dieses Hormons zu Riesenwachstum. Wenn eine Störung, die zu einer Überproduktion des Wachstumshormons führt, erst auftritt, nachdem die betreffende Person bereits ihre körperliche Reife erreicht hat (d. h. nachdem die Knochen voll ausgebildet und erhärtet sind), erfaßt das Riesenwachstum nur die Extremitäten – etwa Hände, Füße und Kinn –, und es kommt zu einem Zustand, der als *Acromegalie* (griechisch für »große Extremitäten«) bekannt ist. Es war dieses Wachstumshormon, das 1970 von Li synthetisiert wurde, nachdem er 1966 seine Struktur entschlüsselt hatte *(siehe Kapitel 2)*.

Die Rolle des Gehirns

Hormone arbeiten langsam: Sie müssen ausgeschieden, vom Blut zu diesem oder jenem Empfängerorgan transportiert werden und sich akkumulieren, bis eine bestimmte Konzentration erreicht ist. Dagegen ist die Signalübertragung über die Nervenbahnen ein sehr schnellerer Vorgang. Sowohl langsame als auch schnelle Steuerungsmechanismen sind für den Organismus unter bestimmten Bedingungen vorteilhaft und notwendig; über beide Systeme zu verfügen und sie zu benutzen, ist effektiver, als nur eines von beiden zu gebrauchen. Es ist allerdings nicht wahrscheinlich, daß die beiden Systeme völlig unabhängig voneinander funktionieren.

Die Hypophyse, die eine Art Superdrüse ist, liegt verdächtig nahe am Gehirn, bildet fast einen Teil von ihm. Der Teil des Gehirns, mit dem die Hypophyse durch einen schmalen Stiel verbunden ist, ist der Hypothalamus, ein Bestandteil des Zwischenhirns. Schon in den 20er Jahren gab es Spekulationen darüber, daß es so etwas wie eine Kooperation zwischen diesen beiden Organen gibt.

1945 äußerte der britische Biochemiker Geoffrey W. Harris die Vermutung, die Zellen des Hypothalamus erzeugten Hormone, die vom Blutstrom direkt zur Hypophyse transportiert würden. Tatsächlich gelang es, diese Hormone nachzuweisen. Sie werden als *Releasing-Faktoren* bezeichnet (nach dem englischen Wort für »auslösen«). Jeder der verschiedenen Releasing-Faktoren veranlaßt den Hypophyse-Vorderlappen zur Erzeugung und Ausscheidung eines seiner Hormone.

Auf diese Weise kann das Nervensystem bis zu einem gewissen Grad das Hormonsystem dirigieren. Es hat zunehmend den Anschein, als ob das Gehirn nicht bloß eine »Schaltzentrale« ist, in der die Nervenzellen zusammenlaufen und sich verknoten und verschlingen, sondern eine hochspezialisierte chemische Fabrik von freilich unerhörter Komplexität.

Im Gehirn finden sich beispielsweise Rezeptoren, die Nervenimpulse registrieren, auf die das Gehirn normalerweise mit der Auslösung von Schmerzempfinden reagiert. Anästhetika wie Morphin und Kokain setzen sich an diesen Rezeptoren fest, infolgedessen die Schmerzempfindung blockiert wird.

Es kommt zuweilen vor, daß Menschen in Momenten eines starken emotionalen Stresses einen Schmerz, den sie normalerweise empfinden müßten, nicht spüren. Irgendeine natürliche Substanz muß in solchen Momenten die Schmerzrezeptoren abblocken. 1975 wurden Stoffe, die dies können, tatsächlich in tierischen Gehirnen gefunden und isoliert. Es sind Peptide, kurze Ketten aus Aminosäuren. Die kürzesten, sogenannte *Enkephaline,* umfassen nur fünf Aminosäuren, die längeren werden *Endorphine* genannt.

Es ist denkbar, daß im Gehirn eine große Zahl unterschiedlicher Peptide erzeugt werden kann, die die Gehirnaktivität auf eine den Erfordernissen der jeweiligen Situation entsprechende Weise beeinflussen – leicht herzustellende und ebenso leicht wieder abzubauende chemische »Mädchen für alles«. Man kann die Funktionsweise des Gehirns wahrscheinlich nur verstehen lernen, wenn man sowohl die chemischen als auch die elektrischen Vorgänge, die in ihm ablaufen, intensiv studiert.

Die Prostaglandine

Bevor wir einen letzten Blick auf die Wirkungsweise der Hormone werfen, sollte noch eine Gruppe von Kuriersubstanzen Erwähnung finden, die erst in jüngerer Zeit in den Blickpunkt getreten sind und sich dadurch auszeichnen, daß sie weder aus Aminosäuren aufgebaut sind noch eine Steroidstruktur besitzen.

Der schwedische Physiologe Ulf Svante von Euler isolierte in den 30er Jahren eine aus der Prostata gewonnene fettlösliche Substanz, die, in geringer Dosis verabreicht, zu einer Senkung des Blutdrucks und zur Kontraktion bestimmter glatter Muskeln führte. (Svante von Euler war der Sohn des Nobelpreisträgers Euler-Chelpin und erhielt für seine Untersuchungen zur Chemie der Übertragung von Nervenimpulsen 1970 anteilig den Nobelpreis für Physiologie und Medizin.) Er nannte die Substanz nach ihrer Herkunft *Prostaglandin.*

Es stellte sich heraus, daß es nicht nur ein Prostaglandin gibt, sondern viele; man kennt heute mindestens vierzehn; ihrer Struktruktur nach (die in allen Fällen entschlüsselt ist) sind sie mit den polyungesättigten Fettsäuren verwandt. Es ist denkbar, daß der Organismus diese Fettsäuren, die er nicht selbst herzustellen imstande ist, deswegen benötigt und mit der Nahrung zugeführt bekommen muß, weil er sie als Rohstoff für den Aufbau der Prostaglandine benötigt. Sie wirken alle in ungefähr gleicher Weise auf den Blutdruck und auf bestimmte glatte Muskeln, wenn auch in unterschiedlicher Intensität. Über ihre Funktion besteht derzeit noch keine weitergehende Klarheit.

Hormone im Einsatz

Wie erfüllen die Hormone ihre Aufgaben?
Sicher scheint, daß die Hormone anders als die Enzyme fungieren. Zumindest ist noch kein Beispiel dafür bekannt geworden, daß ein Hormon eine bestimmte Reaktion direkt katalytisch steuert. Die nächste Überlegung wäre die, daß Hormone, wenn schon nicht selbst enzymatisch tätig, doch auf Enzyme wirken, d. h. daß sie entweder Enzyme aktivieren oder sie in ihrer Aktivität hemmen. Das am gründlichsten studierte unter allen Hormonen, das Insulin, scheint in der Tat in einem engen Wirkungszusammenhang mit dem Enzym *Glukokinase* zu stehen, das eine wichtige Rolle bei der Umwandlung von Glukose in Glycogen spielt. Extrakte aus dem Hypophysen-Vorderlappen und aus der Nebennierenrinde hemmen die Aktivität dieses Enzyms, während Insulin in der Lage ist, diese Hemmung wieder aufzuheben. Insulin, das ins Blut gelangt, bewirkt also möglicherweise eine Aktivierung der Glukokinase, die ihrerseits die Umwandlung von Glukose in Glycogen beschleunigt. Dies würde erklären, wie das Insulin es bewerkstelligt, die Glukosekonzentration im Blut zu senken.

Indes beeinflußt das Insulin, sei es durch seine Anwesenheit oder seine Abwesenheit, den Körperstoffwechsel auf so vielfältige Weise, daß man sich nur schwer vorstellen kann, daß dieser *eine* Wirkungszusammenhang (mit dem Enzym Glukokinase) all die Störungen und Normabweichungen zu verursachen vermag, die sich im biochemischen Haushalt eines Diabetikers finden. (Dasselbe gilt für andere Hormone.) Etliche Biochemiker haben daher nach breiteren und nachhaltigeren Wirkungsmodi der Hormone Ausschau gehalten.

Es ist die Vermutung geäußert worden, das Insulin sorge irgendwie dafür, daß die Glukose in die Zellen gelangen kann. Dieser Theorie zufolge hat der Diabetiker deswegen einen hohen Blutzuckerspiegel, weil die Glukose nicht in seine Körperzellen gelangen und er sie daher nicht verwerten kann. (Jean Mayer hat, wie bereits erwähnt, die verwandte Auffassung geäußert, der unersättliche Appetit des Diabetikers rühre daher, daß die im Blut gelöste Glukose Schwierigkeiten hat, in die Zellen des Appestats zu gelangen.)

Wenn das Insulin der Glukose verhilft, in die Zellen zu gelangen, dann muß es wohl in irgendeiner Weise auf die Zellmembran einwirken. Aber wie? Zellmembranen bestehen aus Protein- und Fettbausteinen. Es steht uns frei, zu vermuten, daß das Insulin (als Eiweißmolekül) irgendwie die Anordnung der Seitenketten der die Proteinbausteine der Zellwände konstituierenden Aminosäuren derart verändert, daß sich, bildlich gesprochen, Türen für die Glukose (und womöglich für viele andere Substanzen) öffnen.

Wenn wir es zunächst einmal bei dieser allgemeinen Hypothese bewenden lassen und sie spekulativ auf die Gesamtheit der Hormone ausdehnen, ergibt sich die Mutmaßung, daß Hormone auf die Membranen von Zellen einwirken, jedes auf seine eigene Art, weil jedes seine eigene Aminosäurenanordnung aufweist. Die Steroidhormone, die ihrem Charakter nach ja Fette sind, können diesem Denkmodell zufolge derart auf die Fettbausteine der Zellmembranen einwirken, daß sie für bestimmte Substanzen Türen öffnen oder schließen. Klar ist, daß ein Hormon dadurch, daß es einer bestimmten Substanz hilft, in die Zelle zu gelangen, bzw. sie daran hindert, erheblichen Einfluß auf das Geschehen in der Zelle zu nehmen vermag. Könnte es doch beispielsweise ein Enzym mit Arbeitsmaterial in Hülle und Fülle versorgen und einem anderen Enzym jegliches Arbeitsmaterial vorenthalten; auf diese Weise könnte es mit darüber entscheiden, was in der betreffenden Zelle produziert wird. Wenn wir es als möglich annehmen, daß ein einzelnes Hormon einer ganzen Anzahl verschiedener Substanzen den Zugang in die Zelle gewähren oder versperren kann, wird daraus ohne weiteres deutlich, daß das Vorhandensein eines bestimmten Hormons den Stoffwechsel eines Organismus in weiten Bereichen erheblich beeinflußt, wie es beim Insulin ja tatsächlich der Fall ist.

Dieses Denkmodell ist sicherlich attraktiv, es ist

aber auch vage und spekulativ. Den Biochemikern wäre es natürlich sehr viel lieber, sie wüßten Genaueres über die einzelnen Reaktionen, die unter dem Einfluß eines Hormons an und in einer Zellmembran ablaufen. Ein erster Fortschritt in diesem Sinne ergab sich 1960 mit der Entdeckung eines Nukleotids, das weitgehend der Adenylsäure glich, nur daß zwischen der Phosphatgruppe und dem Zuckerbaustein des Moleküls zwei Bindungen existierten. Das Nukleotid wurde von seinen Entdeckern Earl W. Sutherland jr. und Theodore W. Rall auf den Namen *zyklisches AMP* getauft – »zyklisch«, weil die doppelt angebundene Phosphatgruppe einen Ring von Atomen bildet (*AMP* als Abkürzung für *Adeninmonophosphat,* was nur ein anderer Name für Adenylsäure ist). Sutherland erhielt 1971 in Anerkennung seiner Leistung den Nobelpreis für Physiologie und Medizin.

Nach der Entdeckung des *cAMP* (c steht als Abkürzung für *cyclic,* englisch für zyklisch) stellte sich heraus, daß es eine im Gewebe weit verbreitete Substanz ist und nachhaltigen Einfluß auf die Aktivität vieler Enzyme und auf den Ablauf zahlreicher intrazellulärer Vorgänge nimmt. Hergestellt wird das cAMP aus dem allgegenwärtigen ATP durch ein Enzym namens *Adenylzyclase,* das sich an der Außenseite von Zellwänden findet. Es könnte mehrere Enzyme diese Art geben, von denen jedes darauf »programmiert« ist, in Gegenwart eines bestimmten Hormons aktiv zu werden. Man müßte sich die Sache demnach so vorstellen, daß ein Hormon, das mit der Außenfläche einer Zellmembran in Kontakt tritt, dort eine Adenylzyclase aktiviert, daß diese sodann die Produktion von cAMP in Gang setzt und daß dieses schließlich Art und Umfang der Enzymaktivität im Innern der Zelle mehr oder weniger stark modifiziert, was zahlreiche weitere Veränderungen nach sich zieht.

Zweifellos handelt es sich dabei um Vorgänge mit höchst komplexen Verästelungen, an denen vermutlich außer dem cAMP noch andere Verbindungen beteiligt sind (möglicherweise die Prostaglandine). Noch ist viel zu erforschen, aber einen Fuß in der Tür haben die Biochemiker bereits.

Altern und Tod

Die Fortschritte, die der modernen Medizin im Kampf gegen Infektionskrankheiten, gegen den Krebs, gegen ernährungsbedingte Störungen und genetisch bedingte Defekte gelungen sind, haben für den einzelnen die Wahrscheinlichkeit, daß er ein hohes Lebensalter erreicht, wesentlich erhöht. Von den Angehörigen der jüngeren Generationen kann jeder zweite damit rechnen, siebzig Jahre oder älter zu werden (das Ausbleiben eines Atomkriegs und anderer Katastrophen vergleichbarer Größenordnung vorausgesetzt).

Die Tatsache, daß das Erreichen eines hohen Alters über weite Bereiche der Menschheitsgeschichte hinweg eine Rarität und für den Betroffenen ein Glücksfall war, dürfte mit ein Grund sein für den großen Respekt, den man dem Alter in solchen Zeiten zollte. Die *Ilias* spricht beispielsweise in ehrfürchtigem Ton vom »alten« Priamos und vom »alten« Nestor. Von Nestor heißt es, er habe drei Generationen überlebt; dies brauchte jedoch in einer Zeit, in der die durchschnittliche Lebenserwartung nicht viel höher als zwanzig bis fünf-

undzwanzig Jahre betragen haben dürfte, nicht mehr bedeuten, als daß Nestor siebzig oder fünfundsiebzig Jahre alt war. Das ist auch nach heutigen Maßstäben ein ganz schönes, aber doch kein außerordentlich hohes Alter. Da sich die Zeitgenossen und Nachfahren Homers von dem hohen Alter Nestors so beeindruckt zeigten, glaubte mancher Gelehrte später, er müsse wohl um die zweihundert Jahre alt gewesen sein.

Angesichts der heute üblichen Lebenserwartung neigen wir dazu, rückblickend das Alter historischer Persönlichkeiten zu überschätzen. Cäsar starb mit 55 Jahren, Martin Luther mit 62, Kardinal Richelieu mit 57. Abraham Lincoln wurde, sei es wegen seines Bartes oder wegen seines tiefernsten, zerfurchten Gesichts, von seinen Zeitgenossen »Vater Abraham« genannt, und die meisten heutigen Amerikaner haben die Vorstellung, er sei zum Zeitpunkt seines Todes ein alter Mann gewesen. Man möchte sich nur wünschen, er wäre wirklich alt geworden – als die Kugel ihn ereilte, war er gerade 56.

Mit all dem will ich nicht behaupten, es habe in den Epochen vor dem Anbruch der modernen Medizin keine Leute gegeben, die ein wirklich hohes Alter erreichten. Der griechische Theaterdichter Sophokles wurde 90 Jahre alt, der Redner Isokrates gar 98. Im Rom des 5. nachchristlichen Jahrhunderts wurde Flavius Cassiodorus 95, im Venedig des 12. Jahrhunderts der Doge Enrico Dandolo 97 Jahre alt. Der Maler Tizian starb im Alter von 99 Jahren, Goethe brachte es auf 82 Lebensjahre, und der französische Dichter Bernard Le Bovier de Fontenelle wäre beinahe 100 Jahre alt geworden – ihm fehlte dazu nur ein Monat.

Was daran deutlich wird, ist, daß die moderne Medizin zwar die durchschnittliche Lebenserwartung beträchtlich erhöht hat, nicht aber das maximale Lebensalter, das ein Mensch erreichen kann. Auch heute ist es extrem selten, daß ein Mensch das Alter eines Isokrates oder eines Fontenelle erreicht, und wir kämen auch nicht auf den Gedanken, von einem heute lebenden 90jährigen zu erwarten, daß er mehr leistet als ein 90jähriger in früheren Zeiten. Daß Sophokles in seinem neunten Lebensjahrzehnt noch großartige Stücke schrieb und Isokrates in seinem zehnten noch großartige Reden hielt, daß Tizian noch in seinem letzten Lebensjahr malte und Dandolo als 96jähriger noch unangefochten oberster Kriegsherr im Kampf der Venezianer gegen das Byzantinische Reich war, all dies nötigt uns Heutigen noch staunende Bewunderung ab. (Wenn ich mich im 20. Jahrhundert nach Greisen von solcher Rüstigkeit umschaue, so fallen mir als beste Beispiele George Bernard Shaw, der 94 Jahre alt wurde, sowie Bertrand Russell, der englische Mathematiker und Philosoph, der noch in seinem 98. und letzten Lebensjahr aktiv war, ein.)

Während insgesamt der Anteil derjenigen, die 60 Jahre und älter werden, stark angestiegen ist, hat sich, was die Lebenserwartung der 60jährigen angeht, im Vergleich zu früher fast nichts verändert. Nach Schätzungen einer US-Versicherungsgesellschaft war 1931 die durchschnittliche Rest-Lebenserwartung eines 60jährigen männlichen Amerikaners mit 14,3 Jahren nicht etwa höher, sondern sogar etwas niedriger als eineinhalb Jahrhunderte früher, als sie schätzungsweise 14,8 Jahre betrug. Für Frauen lauten die entsprechenden Ziffern 15,8 und 16,1 Jahre. Seit 1931 ist die Lebenserwartung der 60jährigen beiderlei Geschlechts dank der Entwicklung der Antibiotika um $2^{1/2}$ Jahre gestiegen. Trotz aller Medizin und Wissenschaft aber setzt der Prozeß des Alterns heute im großen und ganzen etwa zum gleichen Zeitpunkt ein und verläuft im gleichen Tempo wie eh und je. Noch haben wir kein Mittel gefunden, mit dem wir den allmählichen Verschleiß und den schließlichen Kollaps des menschlichen Organismus wesentlich hinausschieben könnten.

Arteriosklerose

Wie bei mechanischen Maschinen, sind es auch beim menschlichen Organismus die beweglichen Teile, die als erste nachlassen. Die Kreislaufsysteme – das schlagende Herz und die Blutgefäße – erweisen sich auf lange Sicht als unsere Achillesferse. Dank unserer Fortschritte bei der Bekämpfung von Krankheiten, die ansonsten zu einem frühzeitigen Tod führen würden, sind die in diesem System mit zunehmendem Alter gehäuft auftretenden Störungen und Pannen an die erste Stelle der tatsächlichen Todesursachen gerückt. Krankheiten des Herz- und Kreislaufsystems sind heute in den Vereinigten Staaten für etwas mehr als die Hälfte aller Todesfälle verantwortlich; und in jedem vierten dieser Fälle heißt die Todesursache *Arteriosklerose*.

Die Arteriosklerose oder Arterienverkalkung (»Sklerose« ist das griechische Wort für »Verhärtung«) entsteht dadurch, daß sich entlang der Innenseiten der Arterien ein körnchenartiger fettiger Belag bildet, der den Innendurchmesser der Gefäße verringert, so daß das Herz mehr Arbeit leisten muß, um eine gleichbleibende Blutmenge durch diese Gefäße zu pumpen. Der Blutdruck steigt infolgedessen, und die feineren Blutgefäße können unter diesem erhöhten Druck mitunter platzen. Wenn dies im Gehirn geschieht (das in dieser Beziehung besonders verwundbar ist), kommt es zu einer *Gehirnblutung* oder einem »Schlaganfall«. Manchmal ist das geplatzte Äderchen so unbedeutend, daß der Betreffende nur ein vorübergehendes Unwohlsein empfindet oder überhaupt nichts bemerkt; eine massive Gehirnblutung kann dagegen zu einer mehr oder weniger schweren Lähmung oder zum Tod führen.

Die Herzkranzgefäße, die das Herz selbst mit Sauerstoff versorgen, sind für eine arteriosklerotische

Verengung besonders anfällig. Der daraus folgende chronische Sauerstoffmangel des Herzens ruft die typischen starken Schmerzen der *Angina pectoris* hervor und führt zwar nicht unbedingt schnell, aber letzten Endes unvermeidlich zum Tod.

Die Verengung der Arterien und die »Verrauhung« ihrer Innenwände bergen noch ein weiteres Risiko: Da eine stärkere Reibung entsteht, wenn das Blut an dem rauhen Belag der Gefäßwände entlangströmt, erhöht sich die Wahrscheinlichkeit, daß sich Blutgerinnsel bilden. Diese können in einem Gefäß mit sklerotisch verengtem Querschnitt eher als in einem gesunden Gefäß einmal steckenbleiben und den Blutstrom blockieren. Man spricht dann von einer *Thrombose*. Kommt es in einem der den Herzmuskel versorgenden Kranzgefäße zu einer Thrombose, so kann dies fast sofort zum Tode führen.

Über die Ursachen für die Ablagerungen auf den Arterieninnenwänden streiten die Mediziner seit langem. Daß Cholesterin dabei eine Rolle spielt, scheint sicher, aber Genaueres weiß man nicht. Das Plasma des menschlichen Blutes enthält Lipoproteine, Kombinationen aus Cholesterin und anderen Fetten einerseits sowie Proteinen andererseits. Unter den Bestandteilen der Lipoproteine gibt es einige, deren Konzentration im Blut stets gleich bleibt – in gesundem und krankem Zustand, vor und nach dem Essen usw., und andere, deren Konzentration sich verändert, nach Mahlzeiten beispielsweise erhöht ist. Wieder andere finden sich in besonders hoher Konzentration im Blut korpulenter Personen. Ein Bestandteil, der besonders reich an Cholesterin ist, findet sich in auffällig hoher Konzentration bei übergewichtigen Personen und bei Arteriosklerose-Patienten. Arteriosklerose geht mit einem hohen Blutfettgehalt einher; dasselbe gilt für Übergewichtigkeit. Korpulente Menschen sind anfälliger für Arteriosklerose als schlanke Leute. Auch Diabetiker haben einen erhöhten Blutfettspiegel und sind überdurchschnittlich anfällig für Arteriosklerose. Dazu paßt, daß dicke Menschen signifikant häufiger an Diabetes erkranken als dünne.

Es dürfte daher kein Zufall sein, daß die meisten derjenigen, die sehr alt werden, einen kleinen, drahtigen Körper haben. Ob es stimmt, daß dicke Leute meistens Gemütsmenschen sind, sei dahingestellt; fest steht, daß sie in der Regel den Totengräber nicht übermäßig lange warten lassen. (Es gibt natürlich immer Ausnahmen – Winston Churchill oder Herbert Hoover wurden beide über 90 Jahre alt, obgleich man ihnen nicht nachsagen kann, sie seien zu irgendeinem Zeitpunkt schlank gewesen.)

Eine augenblicklich heftig diskutierte Frage ist, ob eine richtige bzw. falsche Ernährung der Arteriosklerose vorbeugt bzw. sie fördert. Tierische Fette wie die, die in Milch, Eiern oder Butter enthalten sind, sind besonders reich an Cholesterin; in pflanzlichen Fetten ist Cholesterin dagegen überhaupt nicht enthalten. Dazu kommt, daß Pflanzenfette hauptsächlich aus ungesättigten Fettsäuren bestehen, die, wie manche Forschungsergebnisse zu zeigen scheinen, der Ablagerung von Cholesterin entgegenwirken. 1984 schien die Forschung so weit, diese Frage eindeutig dahingehend beantworten zu können, daß cholesterinreiche Nahrung tatsächlich die Entwicklung von Arteriosklerose begünstigt. Das war natürlich für viele ein Signal, sich auf cholesterinarme Nahrung umzustellen, in der Hoffnung, dadurch die fatalen Ablagerungen an den Arterienwänden verhüten zu können.

Das im Blut vorhandene Cholesterin stammt freilich nicht notwendigerweise aus der Nahrung. Der Organismus ist ohne weiteres in der Lage, Cholesterin selbst herzustellen und tut es auch, so daß selbst derjenige, der streng nach einer cholesterinlosen Diät lebt, mehr Cholesterin, als ihm lieb ist, im Blut hat. Es scheint somit sinnvoll, anzunehmen, daß es nicht auf das bloße Vorhandensein von Cholesterin ankommt, sondern darauf, ob der Organismus des einzelnen dazu neigt, es an einer Stelle zu deponieren, wo es Schaden anrichtet. Es kann sein, daß es auch eine erblich bedingte Neigung zur Cholesterin-Überproduktion gibt. Die Biochemiker suchen derzeit nach Wirkstoffen, die die körpereigene Cholesterinerzeugung hemmen, in der Hoffnung, daß solche Mittel zugleich auch der Arteriosklerose vorbeugen.

Solange solche Wirkstoffe noch nicht in Sicht sind, wird wohl die Nachfrage nach chirurgischen *Bypass-Operationen* anhalten, die seit ihrer Einführung im Jahr 1969 mit zunehmender Häufigkeit und mit großem Erfolg durchgeführt werden. Dabei wird ein dem Körper des Patienten an anderer Stelle entnommenes (oder eventuell auch ein künstliches) Blutgefäß so an die sklerotisch verengte Ader angesetzt, daß sie dieser einen Teil des durchfließenden Blutes abnehmen kann und sie damit entlastet, ähnlich wie eine Umgehungsstraße (nichts anderes heißt »Bypass« im Englischen) eine Ortsdurchfahrt vom Durchgangsverkehr entlastet. Es hat nicht den Anschein, als könne durch diesen Eingriff das Leben des Patienten nennenswert verlängert werden; aber immerhin bleibt der Bypass-Operierte für die Dauer seiner letzten Lebensjahre von Angina-pectoris-Schmerzen verschont, und das bedeutet schon sehr viel, wie alle diejenigen bestätigen können, die diese Schmerzen schon gehabt haben.

Das Phänomen des Alterns

Auch diejenigen, denen eine Arteriosklerose erspart bleibt, entgehen nicht dem Schicksal des Alterns. Das Altern ist, wenn man so will, das verbreitetste und unvermeidlichste aller Gebrechen. Durch nichts und niemanden sind das schleichende Hinfälligwerden des Körpers, die zunehmende Sprödigkeit der Knochen, das Nachlassen der Muskelkraft und der Gelenkigkeit, die Verlangsamung der Reflexe, das Abnehmen der Sehkraft, das Schwinden der psychischen Agilität aufzuhalten. Das Tempo, in dem sich diese Alterserscheinungen entwickeln, mag von einer Person zur anderen unterschiedlich sein, aber ob der Prozeß nun langsamer oder schneller verläuft, er ist in jedem Fall unausweichlich.

Wir sollten uns darüber nicht beklagen. Wenn auch Alter und Tod mit Sicherheit auf uns zukommen, so geschieht das doch mit bemerkenswerter Langsamkeit. Im allgemeinen gilt bei Säugetieren die Regel, daß die Lebensdauer einer Tierart mit ihrer Größe zunimmt. Das kleinste Säugetier, die Spitzmaus, wird vielleicht $1^{1}/_{2}$, eine Ratte vielleicht 4 oder 5 Jahre alt. Bei einem Kaninchen beträgt die maximale Lebenserwartung etwa 15, bei einem Hund 18, bei einem Schwein 20, bei einem Pferd 40 und bei einem Elefanten 70 Jahre. Je kleiner ein Tier ist, desto »schneller« lebt es – desto schneller klopft beispielsweise sein Herz. Einer Herzfrequenz von 1000 Schlägen pro Minute bei der Spitzmaus stehen beim Elefanten 20 Schläge pro Minute gegenüber.

Über den Daumen gepeilt, kann man sagen, daß die Lebensspanne eines Säugetiers spätestens nach einer Milliarde Herzschlägen erschöpft ist. Die bemerkenswerteste Ausnahme von dieser allgemeinen Regel bildet der Mensch. Obwohl erheblich kleiner als ein Pferd oder gar als ein Elefant, hat der Mensch von allen Säugetieren die höchste potentielle Lebensdauer; selbst wenn wir Legenden aller Art über irgendwelche steinalten Leute in irgendwelchen abgelegenen Gegenden, wo keine Register geführt werden, außer acht lassen, gibt es genügend zuverlässige Berichte über Menschen, die bis zu 115 Jahre alt geworden sind. Die einzigen Wirbeltiere überhaupt, von denen man sicher weiß, daß sie den Menschen in dieser Beziehung übertreffen können, sind einige große Schildkrötenarten.

Die Herzschlagfrequenz des Menschen liegt mit etwa 72 Schlägen pro Minute gerade im Rahmen dessen, was man bei einem Säugetier seiner Größe erwarten würde. Im Zeitraum von 70 Jahren – das entspricht der durchschnittlichen Lebenserwartung in den Ländern mit dem höchsten Lebensstandard – schlägt das menschliche Herz 2,5 Milliarden mal. Das Herz eines 115jährigen hat rund 4 Milliarden Schläge hinter sich. Unsere nächsten Verwandten im Tierreich, die Menschenaffen, können da nicht einmal annähernd mithalten. Beim Gorilla, der doch beträchtlich größer ist als der Mensch, sind 50 Jahre schon ein extrem hohes Alter.

Kein Zweifel, das menschliche Herz übertrifft alle anderen Herzen, die die Evolution hervorgebracht hat. (Das Herz der Schildkröte mag länger schlagen als das des Menschen, aber es arbeitet nicht annähernd so intensiv.) Warum wir Menschen so außergewöhnlich langlebig sind, wissen wir nicht; allerdings interessiert uns verständlicherweise eine andere Frage viel mehr: weshalb wir nicht noch länger leben können.

Was ist denn überhaupt das Wesen des Alterns? Darüber gibt es bis heute nur spekulative Vermutungen. So wurde etwa einmal die These aufgestellt, die Widerstandskraft des Organismus gegen Infektionen nehme mit zunehmender Zeit allmählich ab (in einem durch Erbfaktoren vorbestimmten Tempo). Eine andere Mutmaßung besagt, daß sich in den Zellen »Schlacke« irgendwelcher Art ansammelt (wiederum in einer von Person zu Person unterschiedlichen Geschwindigkeit). Unter »Schlacke« verstehen die Befürworter dieser Auffassung die Gesamtheit aller erdenklichen Nebenprodukte der normalen intrazellulären Reaktionen, die die Zelle weder abzubauen noch loszuwerden vermag und die sich daher im Lauf der Jahre ansammeln, bis sie schließlich die Stoffwechselvorgänge in der Zelle so nachhaltig stören, daß die Zelle den Betrieb einstellen muß. Immer mehr Zellen werden dieser Theorie zufolge auf solche Weise außer Gefecht gesetzt. An einem bestimmten Punkt führt dies dazu, daß der gesamte Organismus zu funktionieren aufhört, d. h. daß der Tod eintritt. Nach einer leicht abgewandelten Version dieses Denkmodells werden die Eiweißmoleküle in der Zelle selbst zu Schlacke, weil sich zwischen ihnen Querverbindungen bilden, die fest, starr und spröde werden und schließlich bewirken, daß das Getriebe der Zellmaschinerie stehenbleibt.

Wenn dem so ist, dann ist in diese Zellmaschinerie der Verschleiß von vornherein mit eingebaut. Die Tatsache, daß es Carrel gelang, ein Stück Embryogewebe außerhalb des Körpers jahrzehntelang am Leben zu halten, hatte es denkbar erscheinen lassen, daß die Zellen selbst unsterblich sind und daß nur die aus Billionen von Einzelzellen bestehende Gesamtorganisation einem unaufhaltsamen Prozeß des Alterns und Sterbens unterliegt; daß also nicht die Zelle der Schwachpunkt ist, sondern die Organisation.

Offensichtlich trifft dies aber nicht so zu. Man hält es heute für möglich, daß Carrel sein Präparat beim Einbringen von Nährstoffen unwissentlich mit frischen Zellen versorgte. Bei Versuchen, isolierte Zellen oder Zellgruppen ohne Zufuhr frischer Zellen über längere Zeiträume am Leben zu halten, zeigte sich, daß die Zellen unweigerlich altern und sich insgesamt nicht mehr als fünfzigmal teilen – die Ursache dafür liegt vermutlich in irgendwelchen irreversiblen Veränderungen, die sich an den Schlüsselbestandteilen der Zelle vollziehen.

Was für eine Bewandtnis hat es aber mit der außergewöhnlich langen Dauer des menschlichen Lebens? Ist es denkbar, daß das Gewebe des menschlichen Organismus Methoden entwickelt hat, mit denen es die Vorgänge, die das Altern der Zelle bewirken, verzögern oder blockieren kann, Methoden, die beim Menschen wirksamer funktionieren als bei irgendeinem anderen Säugetier? Die Vögel leben in der Regel beträchtlich länger als Säugetiere von gleicher Größe, und dies trotz ihres noch schnelleren Stoffwechselrhythmus – haben auch sie Möglichkeiten entwickelt, dem Alterungsprozeß entgegenzuwirken?

Wenn manche Organismen besser als andere in der Lage sind, den Vorgang des Alterns hinauszuzögern, dann gibt es keinen Grund, die Möglichkeit auszuschließen, daß wir Menschen das Geheimnis dieser Fähigkeit ergründen und das Rezept, vielleicht sogar in verfeinerter Form, bei uns selbst anwenden. Könnte das »Gebrechen« des Alterns nicht, so gesehen, eines Tages »heilbar« werden, so daß wir die Zeitdauer eines Menschenlebens ganz erheblich ausweiten oder sogar den alten Menschheitstraum von der Unsterblichkeit verwirklichen könnten?

Es gibt etliche ernstzunehmende Leute, die in dieser Hinsicht optimistisch sind. Wenn es nach ihnen geht, waren die medizinischen Wunder der Vergangenheit nur die Vorboten noch größerer Wunder in der Zukunft. Ist es nicht verständlich, daß jemand, der sich in eine solche Überzeugung oder Hoffnung hineingesteigert hat, es jammerschade findet, einer Menschengeneration anzugehören, die noch nicht in der Lage ist, Krebs oder Arthritis zu heilen, geschweige denn ein Mittel gegen das Altern zu finden?

Aus dieser Überlegung heraus erwuchs Ende der 60er Jahre die *Kryonik-Bewegung*. Sie beruht auf dem Gedanken, den menschlichen Körper sofort nach dem Ableben einzufrieren, um so die Zellapparatur so intakt wie möglich zu erhalten, bis zu dem schönen Tag, an dem die Krankheit, die den Tod hervorgerufen hat (und wäre es bloß Altersschwäche gewesen), heilbar sein wird. Der tiefgefrorene Körper würde dann wieder aufgetaut, gesund gemacht und nach Möglichkeit auch verjüngt werden und könnte dann ein glückliches zweites, diesmal womöglich unendliches Leben genießen.

Es muß betont werden, daß gegenwärtig nicht der geringste Anhaltspunkt dafür vorliegt, daß es je gelingen könnte, eine Leiche wieder zum Leben zu erwecken oder einen Menschen, der sich bei lebendigem Leib einfrieren läßt, auch wieder bei lebendigem Leib aufzutauen. Ganz abgesehen davon, verschwenden die Anhänger der Kryonik kaum einen Gedanken darauf, zu welchen Komplikationen es führen könnte, wenn ganze Legionen eingefrorener Leichen eines Tages wieder zum Leben erweckt würden. Dem Wunsch nach persönlicher Unsterblichkeit wird alles andere untergeordnet.

Tatsächlich erscheint es wenig sinnvoll, menschliche Körper als Ganzes einzufrieren, selbst wenn eine spätere Wiederbelebung möglich wäre. Es ist ein unökonomisches Verfahren. Weit mehr Erfolg als mit dem Versuch, tiefgefrorene Organismen wieder aufzutauen, hatten die Biologen bislang mit dem sogenannten *Klonen,* der Aufzucht eines intakten Organismus aus einer Gruppe spezialisierter Zellen. Schließlich verfügen Hautzellen, Leberzellen und alle anderen Körperzellen, so verschieden sie ihrer aktuellen Struktur und Funktion nach sein mögen, durchweg über dieselbe genetische Information – nämlich die des befruchteten Eis, aus dem sie hervorgegangen sind. Die Zellen spezialisieren sich, weil die einzelnen Gene in unterschiedlichem Ausmaß aktiviert bzw. deaktiviert werden. Müßte es aber nicht möglich sein, die aktivierten Gene so zu deaktivieren und die in ihrer Aktivität gehemmten so zu enthemmen, daß aus der spezialisierten Zelle ein Duplikat der ursprünglichen befruchteten Eizelle wird, so daß sich daraus wieder ein vollständiger Organismus entwickeln kann? Dieser Organismus wäre dann, genetisch gesehen, identisch mit dem, dem die geklonten Zellen entnommen wurden. Dieses Verfahren eröffnet im Hinblick auf eine Erhaltung des genetischen Musters (nicht allerdings der Persönlichkeit des Originals, seines Gedächtnisses usw.) gewiß bessere Aussichten. Wenn es nur darum geht, kann man also statt des ganzen Körpers ebensogut auch nur den kleinen Zeh einfrieren.

Wollen wir aber wirklich unsterblich werden, sei es durch Kryonik, durch Klonung oder dadurch, daß wir einfach die Alterungsvorgänge beim einzelnen, wenn wir sie erst einmal verstanden haben, zu hemmen versuchen? Es gibt unter uns wohl nur sehr wenige, die die Chance eines unbegrenzt langen Lebens (womöglich mit einem ewig jugendlich bleibenden Körper und einigermaßen frei von Schmerzen und Krankheiten) nicht begierig beim Schopf packen würden – aber vergegenwärtigen wir uns doch einmal, welche Folgen es hätte, wenn wir alle unsterblich wären.

Klar ist, daß es auf der Erde, wenn es keine oder nur wenige Todesfälle gäbe, auch keine oder nur wenige Geburten geben dürfte. Das würde bedeuten: eine Gesellschaft ohne Kinder. Daran würde das Experiment vermutlich nicht scheitern – eine Gesellschaft aus Menschen, die ichbezogen genug sind, um die eigene Unsterblichkeit über alles zu stellen, würde vor der absoluten Kinderlosigkeit sicher nicht zurückschrecken.

Aber würde es gutgehen? Es wäre eine Gesellschaft, die aus den immer gleichen Gehirnen bestehen, die immer gleichen Gedanken denken, den immer gleichen ausgetretenen Pfaden folgen würde. Man darf nicht vergessen, daß neugeborene Kinder nicht nur mit einem jungen, unverbrauchten, sondern mit einem wirklich *neuen* Gehirn auf die Welt kommen. Jedes Neugeborene besitzt (sofern es nicht Teil eines eineiigen Zwillingspaares ist) eine genetische Ausstattung, wie sie noch niemals vor ihm ein auf dieser Erde geborener Mensch besessen hat. Dank der Tatsache, daß Kinder auf die Welt kommen, werden der Menschheit beständig neue genetische Kombinationen zugeführt, und das war es, was bis jetzt die Gewähr für Entwicklung und Fortschritt geboten hat.

Es wäre sicherlich klug, für eine merkliche Senkung der Geburtenrate zu sorgen; aber wäre eine Welt ganz ohne Neugeborene erstrebenswert? Die Leiden und Entsagungen des Altwerdens abzuschaffen wäre natürlich reizvoll, aber was, wenn der Preis dafür die Verewigung einer Gesellschaft der Ausgelaugten, der Übersättigten, der Immergleichen wäre, ein Zustand, der dem Neuen und Besseren von vornherein keine Chance böte? Vielleicht ist die Aussicht auf Unsterblichkeit schlimmer als die Gewißheit, sterben zu müssen.

Kapitel 6

Die Arten

Lebensformen

Unser Wissen über unsere eigene Art bliebe unzureichend, wenn wir es nur aus der Erforschung unseres eigenen Körpers und seiner Funktionen schöpfen würden; ebenso wichtig für unser Selbstverständnis ist die Erforschung unseres Verhältnisses zu den anderen irdischen Lebensformen.

In primitiven Kulturen wurde dieses Verhältnis oft als ein sehr enges angesehen. Viele Stämme glaubten, daß sie von einer bestimmten Tierart abstammten oder mit ihr blutsverwandt seien, und erklärten es zu einem Verbrechen, das betreffende Tier zu töten oder zu verzehren – außer im Rahmen gewisser Opferrituale. Diese Heiligsprechung bestimmter Tiere wird als *Totemismus* bezeichnet (abgeleitet von einem indianischen Wort); Spuren davon finden sich auch noch in Kulturen, die man nicht mehr als primitiv bezeichnen kann. Die tierköpfigen Götter der Ägypter waren ein Vermächtnis des Totemismus, und das gleiche gilt wahrscheinlich für die bei den Hindus noch heute übliche Verehrung von Kühen, Affen und anderen Tieren.

Dagegen traf die abendländische Kultur, wenn wir Griechen und Hebräer als ihre ersten exemplarischen Vertreter gelten lassen wollen, schon sehr früh eine klare Unterscheidung zwischen dem Menschen und den »niederen Tieren«. So hebt etwa die Bibel hervor, daß Adam in einem besonderen Schöpfungsakt von Gott als dessen Ebenbild geschaffen worden sei (Genesis 1:26). Allerdings legt auch die Bibel Zeugnis ab von dem bemerkenswert großen Interesse des Menschen an den niederen Tieren. Die Schöpfungsgeschichte erwähnt, daß Adam, noch in der idyllischen Zeit seines Aufenthalts im Garten Eden, von Gott beauftragt wurde, den Tieren des Feldes und den Vögeln des Himmels Namen zu geben.

Sicherlich haben viele von uns, als sie als Kinder diese Bibelstelle zum ersten Mal lasen oder hörten, diese dem Adam gestellte Aufgabe als nicht allzu schwer empfunden, als etwas, das sich in einer oder vielleicht zwei Stunden hätte erledigen lassen. Noah brachte in seiner Arche, wenn man der Bibel glauben will, zwei Exemplare von jeder Tierart unter; dabei maß die Arche, selbst wenn wir die Elle großzügig mit 80 cm ansetzen, nicht mehr als 20 × 3,2 × 2 Meter. Auch noch die griechischen Naturphilosophen hatten eine nach heutigen Maßstäben grotesk unterbemittelte Vorstellung vom Umfang des irdischen Artenbestandes: Aristoteles vermochte nicht mehr als etwa 500 Tierarten, sein Schüler Theophrast, der bedeutendste Botaniker des alten Griechenland, nicht mehr als etwa 500 Pflanzenarten aufzuzählen.

Man mag den Gelehrten der Antike zugute halten, daß für sie jeder Elefant eben ein Elefant, jedes Kamel eben ein Kamel, jeder Floh eben ein Floh war. Komplizierter wurde es, als die Naturforscher erkannten, daß innerhalb dieser Formen noch differenziert werden mußte zwischen solchen Variationen, die sich untereinander kreuzen ließen, und solchen, bei denen dies nicht möglich war. Der indische Elefant ließ sich mit dem afrikanischen nicht kreuzen; die beiden mußten daher als verschiedene Elefan*arten* geführt werden. Das einhöckerige Kamel (Dromedar) und das zweihöckerige Kamel (Trampeltier) sind ebenfalls zwei verschiedene Arten. Und was den Floh betrifft, jenes unscheinbare Insekt, so kennt man davon heute rund 500 verschiedene Arten, die alle dem uns vertrauten gemeinen Floh ähneln.

Im Laufe der Jahrhunderte entdeckten die Naturkundler immer neue Arten von Lebewesen zu Lande, zu Wasser und in der Luft; dazu kam die Entdeckung und Erkundung neuer Weltgegenden. Um 1800 überschritt die Zahl der bekannten Tier- und Pflanzenarten die Zahl 70 000, und heute kennt man über 1,5 Millionen Arten, davon zwei Drittel im Tier- und ein Drittel im Pflanzenreich, und kein Biologe hält diese Zahl für endgültig.

Sogar recht große Tierarten werden gelegentlich noch neu entdeckt. Das Okapi, mit der Giraffe verwandt und ungefähr so groß wie das Zebra, wurde erst im Jahr 1900 in den Urwäldern des Kongo aufgespürt. 1983 wurde auf einer Insel im Indischen Ozean eine bis dahin unbekannte Albatrosart registriert, und im gleichen Jahr wurde aus dem Amazonasdschungel die Entdeckung zweier neuer Affenarten gemeldet.

Sicher scheint, daß die Tiefsee, in die der Mensch nur unter großen Schwierigkeiten vordringen kann, noch unentdeckte Tier- und Pflanzenarten birgt. Die Existenz des Riesenkalmars, des größten wirbellosen Tiers überhaupt, wurde erst in den 60er Jahren des 19. Jahrhunderts zweifelsfrei nachgewiesen. Der Coelacanth wurde erst 1938 entdeckt.

Im Bereich der Kleintiere, der Insekten, Würmer usw., werden praktisch jeden Tag neue Arten oder Unterarten gefunden. Nach zurückhaltenden Schätzungen liegt die Zahl der heute die Erde bevölkernden Tier- und Pflanzenarten bei ca. 10 Millionen. Wenn die Vermutung zutrifft, daß etwa neun Zehntel aller jemals auf der Erde aufgetretenen Arten bereits wieder ausgestorben sind, dann haben bis heute an die 100 Millionen Spezies die Erde bewohnt.

Artensystematik

Die Welt des Lebendigen wäre für uns unbegreiflich, wenn wir uns nicht in die Lage gebracht hätten, die enorme Vielfalt der Lebensformen in ein einigermaßen übersichtliches, nach Ähnlichkeiten und Verwandtschaften geordnetes Schema zu bringen. Man kann beispielsweise Hauskatzen, Tiger, Löwen, Panther, Leoparden, Jaguare und andere katzenartige Tiere zur *Familie* der Katzen

zusammenfassen, oder Hunde, Wölfe, Füchse, Schakale und Kojoten zur *Familie* der Hunde, usw. Es gibt ferner gewisse eindeutige und einleuchtende Kriterien, nach denen Tiere und Pflanzen sich klassifizieren lassen; so kann man beispielsweise bei Tieren zwischen Fleischfressern und Pflanzenfressern unterscheiden; oder man kann, wenn man den Lebensraum als Kriterium nimmt, alle im Meer lebenden Tiere als Fische und alle flugfähigen Tiere als Vögel klassifizieren, wie es die Gelehrten der Antike taten. Nach diesem Beurteilungsmaßstab war allerdings der Wal ein Fisch und die Fledermaus ein Vogel. In Wirklichkeit ist es so, daß unter bestimmten grundlegenden Gesichtspunkten Wal und Fledermaus mehr miteinander gemein haben als ersterer mit den Fischen und letztere mit den Vögeln. Beide legen keine Eier ab, sondern gebären lebende Junge. Der Wal atmet nicht durch Kiemen wie die Fische, sondern durch eine Lunge, und die Fledermaus hat kein Gefieder wie die Vögel, sondern ist behaart. Beide werden zu den Säugetieren gezählt, d. h. zu jenen Tierarten, die lebende Junge zur Welt bringen und sie mit Muttermilch säugen.

Einer der ersten, die den Versuch machten, eine systematische Ordnung in die Welt der Organismen zu bringen, war ein Engländer namens John Ray (oder Wray), der im 17. Jahrhundert lebte. Er schuf, nach ihm logisch erscheinenden Maßstäben, ein Klassifikationsschema für alle 18 600 zu seiner Zeit bekannten Pflanzenarten, später auch für die Tierarten. Er teilte beispielsweise die blütentreibenden Pflanzen in zwei Hauptgruppen, und zwar nach dem Kriterium, ob der Samen nur ein Keimblättchen oder aber deren zwei enthielt. Das winzige embryonische Blättchen oder Blättchenpaar hieß *cotyledon* (nach dem griechischen Wort *kotyle*, das so etwas wie Tasse oder Schale bedeutet), weil es sich in einer muldenartigen Vertiefung des Samenkorns befindet. Ray kreierte für die beiden Pflanzentypen daher die Bezeichnungen *Monokotyledonen* (»Einkeimblättrige«) bzw. *Dikotyledonen* (»Zweikeimblättrige«). Dieses Kriterium (das übrigens 2000 Jahre vorher Theophrast in ähnlicher Form vorweggenommen hatte) erwies sich als so brauchbar, daß man es bis heute beibehalten hat. Der Unterschied zwischen einem Keimblatt und zwei Keimblättern ist an und für sich belanglos, doch gibt es einige wichtige Merkmale, in denen sich alle Monokotyledonen von allen Dikotyledonen unterscheiden. Der Unterschied in der Zahl der Keimblätter ist somit ein praktisches Merkzeichen, das symptomatisch für viele wichtigere Unterschiede ist. (Ähnliches gilt für den Unterschied zwischen Gefieder und Behaarung; obwohl für sich genommen zweitrangig, ist er doch ein praktischer Indikator für die zahlreichen signifikanten Unterschiede zwischen Vögeln und Säugetieren.)

Wenn auch Ray und andere einige brauchbare Grundgedanken beisteuerten, so war der wirkliche Begründer der wissenschaftlichen biologischen Systematik oder *Taxonomie* (griechisch für »Anordnung«) der schwedische Botaniker Carl von Linné (zeitweise auch Carolus Linnaeus genannt). Sein System erwies sich als so gut durchdacht, daß es im wesentlichen bis heute Bestand hat. Das 1737 veröffentlichte Buch, in dem er das Ergebnis seiner umfassenden Klassifizierungsbemühungen niedergelegt hat, trug den Titel *Systema Naturae*. Der Grundgedanke des Systems bestand darin, sämtliche Tierarten in einem aus hierarchisch gegliederten Einheiten bestehenden Ordnungssystem unterzubringen. Linné faßte die einander ähnlichen Arten zu *Gattungen*, die einander ähnlichen Gattungen zu *Ordnungen* und die einander ähnlichen Ordnungen zu *Klassen* zusammen. Jede Art bezeichnete er mit einem doppelten lateinischen Namen, bestehend aus dem Namen der Gattung und dem der Art selbst. Für die der Familie der Katzen *(Feliden)* zugehörigen Arten ergeben sich daraus Bezeichnungen wie *Felis domesticus* (Hauskatze), *Felis leo* (Löwe), *Felis tigris* (Tiger), *Felis pardus* (Leopard) usw. In der Gattung der *Canidae* finden sich neben dem *Canis familiaris* (zu dieser Art gehören sämtliche Hunderassen) Arten wie *Canis lupus* (europäischer Grauwolf), *Canis occidentalis* (nordamerikanischer Timber-Wolf) usw. Die beiden bereits erwähnten Kamelarten heißen *Camelus bactrianus* (Trampeltier) und *Camelus dromedarius*.

Der französische Naturkundler Georges L. Cuvier stockte um 1800 das Gebäude des Linnéschen Systems um eine weitere Einheit auf, die er *Phylum* oder *Stamm* nannte. Als zu einem Stamm gehörig faßte er alle Klassen von Tieren zusammen, die sich durch bestimmte grundlegende Gemeinsamkeiten des Körperbaus und der biologischen Organisation auszeichnen. (Hervorgehoben und ausgearbeitet hatte diese Gemeinsamkeiten kein Geringerer als Johann Wolfgang von Goethe.) Zu einer Klasse zusammengefaßt werden beispielsweise Säugetiere, Vögel, Reptilien, Amphibien und Fische, weil sie alle über ein Rückgrat (sie nennt man deshalb auch *Wirbeltiere* oder *Vertebraten*) und maximal vier Extremitäten verfügen und weil in ihren Adern rotes Blut fließt, das Hämoglobin enthält. Ein weiterer Stamm, die *Gliederfüßer*, umfaßt die Klassen der Insekten, Spinnen, Krebstiere und Tausendfüßler; zum Stamm der *Weichtiere* gehören u. a. Muscheln und Schnecken. In den 20er Jahren des 19. Jahrhunderts war es der Schweizer Botaniker Augustin P. de Candolle, der das Linnésche System in seinem pflanzlichen Teil verbesserte und weiter ausbaute. Er legte bei der Zusammenfassung zu Gattungen, Ordnungen usw. mehr Wert auf innere Struktur- und Funktionsmerkmale als auf äußere Ähnlichkeiten.

In den folgenden Abschnitten werde ich versuchen, das heute gängige, aus dem Linnéschen durch Erweiterung und Verfeinerung hervorgegangene Klassifikationsschema der irdischen Lebensformen darzulegen, wobei ich zweckmäßigerweise mit den allgemeinsten Einteilungen beginne.

Die allgemeinste aller Einteilungen ist die in *Reiche*. Lange Zeit ging man davon aus, daß es lediglich zwei Reiche gebe: das *Tier-* und das *Pflanzenreich*. Diese Annahme wurde jedoch in dem Maße fraglicher, wie unser Wissen über die Mikroorganismen zunahm. In Konsequenz daraus schlug der amerikanische Biologe Robert H. Whittaker vor, die Welt des organischen Lebens in nicht weniger als fünf Reiche einzuteilen.

In Whittakers Modell gehören zum Pflanzenreich und zum Tierreich nur noch vielzellige Organismen. Als Definitionsmerkmal der Pflanzen gelten in diesem Modell der Besitz von Chlorophyll (weshalb man auch vom Reich der *Grünpflanzen* sprechen kann) und die Fähigkeit zur Photosynthese. Die Tiere sind dadurch definiert, daß sie andere Organismen als Nahrung vertilgen und über ein Verdauungssystem verfügen.

Zu einem dritten Reich, dem der *Pilze*, gehören vielzellige Organismen, die in mancher Hinsicht den Pflanzen ähneln, aber kein Chlorophyll besitzen. Wie die Tiere leben auch die Pilze von anderen Organismen, verleiben sich diese jedoch nicht ein; sie verdauen ihre Nahrung vielmehr außerhalb ihres Körpers mit Hilfe ausgeschiedener Verdauungsenzyme und resorbieren sie dann.

In den restlichen beiden Reichen sind die einzelligen Organismen versammelt. Das Reich der *Protisten* (der Begriff wurde 1866 von dem deutschen Biologen Ernst H. Haeckel geprägt) umfaßt die *Eukaryoten* unter den Einzellern, und zwar sowohl diejenigen, die in Struktur und Funktionsweise an tierische Zellen erinnern (hierzu zählen Protozoen wie die Amöben und die Pantoffeltierchen), als auch diejenigen, die eher die Merkmale pflanzlicher Zellen aufweisen (z. B. bestimmte Algenarten).

Das Reich der *Monera* schließlich umfaßt diejenigen einzelligen Organismen, die *Prokaryoten* sind – die Bakterien und die Grün- und Blaualgen. In diesem Schema nicht berücksichtigt sind die Viren und Viroiden, die als subzelluläre Organismen vielleicht zu einem sechsten Reich zusammengefaßt werden können.

Das Pflanzenreich zerfällt, einem der gebräuchlichen Klassifikationsschemata zufolge, in zwei Hauptstämme, den der *Bryophyten* (bestehend aus den verschiedenen Moosen) und den der *Tracheophyten* (Pflanzen mit einem Röhrensystem zum Transport von Säften), der alle übrigen Pflanzen einschließt.

Der Stamm der Tracheophyten zerfällt in drei Hauptklassen: die *Farne*, die *Nacktsamer* und die *Bedecktsamer*. Das Definitionsmerkmal der Farne ist ihre Eigenschaft, sich durch Sporen fortzupflanzen. Zu den Nacktsamern, bei denen die Samen an der Oberfläche der samentragenden Organe liegen, gehören die verschiedenen immergrünen *Koniferen* (das sind »zapfentragende« Pflanzen). In der Klasse der Bedecktsamer, bei denen die Samen in Hüllen irgendwelcher Art eingeschlossen sind, ist die große Mehrzahl der uns vertrauten Pflanzen vereint.

Von den Stämmen des Tierreichs kann ich nur die wichtigeren aufzählen.

Die *Schwämme* oder *Porifera* bestehen aus Kolonien von Zellen, die ein poröses Skelett umschließen. Die einzelne Zelle zeigt Anzeichen von Spezialisierung, hat sich aber eine gewisse Selbständigkeit bewahrt, was sich etwa darin zeigt, daß die Zellen sich, wenn man sie durch ein Seidentuch passiert, anschließend wieder zu einem neuen Schwamm organisieren können.

(Im allgemeinen gilt, daß mit zunehmender Spezialisierung die einzelne Zelle und das einzelne Gewebeteil unselbständiger werden. Primitive Lebewesen können auch nach schwersten Verstümmelungen wieder zu intakten Organismen heranwachsen. Bei den höheren Tierformen können einzelne Extremitäten und Glieder nachwachsen. Auf dem Entwicklungsniveau des Menschen ist die Fähigkeit zur Regenerierung weitgehend geschwunden. Ein verlorengegangener Fingernagel wächst in der Regel nach, nicht aber ein abgetrennter Finger.)

Der erste Stamm des Tierreichs, dessen Vertreter man mit Fug und Recht als vielzellige Tiere bezeichnen kann, ist der der *Hohltiere* oder *Coelenterata*. Sie haben stets eine schüsselartige Grundform und bestehen aus zwei Zellschichten: einer äußeren, dem *Ektoderm*, und einer inneren, dem *Entoderm*. Die bekanntesten Repräsentanten dieses Stamms sind die Quallen und die Seeanemone.

Alle anderen Stämme der Tierwelt weisen eine dritte Zellschicht auf, das *Mesoderm* (»mittlere Schicht«). Selbst bei den komplexesten Tierarten, einschließlich des Menschen, läßt sich die Abstammung der verschiedenen Organe aus diesen drei Schichten demonstrieren, wie als erste 1845 die deutschen Physiologen Johannes P. Müller und Robert Remak erkannten.

Das Mesoderm entsteht im Zuge der embryonalen Entwicklung. Je nach der Art und Weise dieser Entstehung lassen sich die betreffenden Stämme in zwei Stammesgruppen einteilen, sozusagen in Überstämme. Diejenigen Stämme, bei denen sich das Mesoderm an der Grenze zwischen Ektoderm und Endoderm bildet, addieren sich zur Stammesgruppe der *Protostomia*, diejenigen, bei denen es allein aus dem Endoderm entsteht, zur Stammesgruppe der *Deuterostomia*.

Wenden wir uns zunächst den Protostomia zu. Der einfachste Stamm dieser Gruppe ist der der *Plathelminthen* oder *Plattwürmer*. Nicht nur der parasitäre Bandwurm, sondern auch freilebende Würmer gehören diesem Stamm an. Die Plattwürmer verfügen über kontraktile (d. h. zusammenziehbare) Gewebefasern, die man als primitive Muskeln bezeichnen kann, und sie haben einen Kopf, einen Schwanz, spezialisierte Fortpflanzungsorgane und rudimentäre Ausscheidungsorgane. Ferner weisen die Plattwürmer entlang ihrer Längsachse eine Rechts-links-Symmetrie auf, d. h., sie haben zwei einander spiegelbildlich ähn-

Fossil einer Seelilie, einer primitiven Tierart aus der Klasse der Stachelhäuter. Dieses Exemplar wurde im US-Bundesstaat Indiana gefunden. Mit Genehmigung des American Museum of Natural History (Neg. Nr. 120809; Foto: Thane Bierwert).

liche Körperhälften. Sie bewegen sich in Kopfrichtung, und ihre Sinnesorgane und ihre rudimentären Nerven sind in der Kopfregion konzentriert, so daß man sagen kann, daß die Plattwürmer erste Ansätze zur Organisation eines Gehirns zeigen.

Der nächste Stamm in der Reihe ist der der *Nematoden* oder *Fadenwürmer*; die vielleicht bekannteste diesem Stamm angehörige Art sind die Hakenwürmer. Alle Fadenwürmer besitzen eine primi-

tive Vorform eines Blutkreislaufs, eine innerhalb des Mesoderms zirkulierende Flüssigkeit, die alle Zellen durchströmt und ihnen Nährstoffe und Sauerstoff bringt. Die Fadenwürmer können somit, im Gegensatz zu den Plattwürmern, wirklich dreidimensionale Körperstrukturen aufbauen, da die Flüssigkeit auch tiefer im Inneren gelegene Zellen mit Nährstoffen versorgt. Die Nematoden verfügen des weiteren über einen Darm mit zwei Öffnungen, deren eine für die Aufnahme von

Nahrung und deren andere für die Ausscheidung der Verdauungsprodukte bestimmt ist.

Die nächsten beiden Stämme dieser Stammesgruppe zeichnen sich durch ein hartes Außenskelett aus, d. h. durch eine Schale (wie man sie allerdings auch bei einigen der einfacheren Arten der primitiveren Stämme findet). Es handelt sich um den Stamm der *Brachiopoden* oder *Armfüßer*, bei denen die Weichteile zwischen einer Ober- und einer Unterschale aus Calciumcarbonat eingeschlossen sind, und den der *Mollusken* oder *Weichtiere*, bei denen die beiden die Weichteile einschließenden Schalen nicht oben und unten, sondern links und rechts angesetzt sind. Die bekanntesten Weichtiere sind Muscheln und Schnecken.

Ein besonders wichtiger Stamm innerhalb der Protostomia sind die *Ringel-* oder *Gliederwürmer* (lateinisch: *Anneliden*). Diese Würmer bestehen aus gleichartigen Segmenten, deren jedes im Grunde ein Organismus für sich ist. Jedes Segment oder Glied hat seine eigenen, vom zentralen Nervenstrang abzweigenden Nerven, seine eigenen Blutgefäße, seine eigenen Darmröhren zur Ausscheidung von Abfallstoffen, seine eigenen Muskeln usw. Beim bekanntesten Ringelwurm, dem Regenwurm, sind die Segmente durch kleine fleischige Einschnürungen sichtbar voneinander getrennt, so daß der Wurmkörper ein Muster aus Querringen aufweist. Die Segmentierung stellt offenbar ganz generell ein vorteilhaftes Auslesemerkmal dar, denn die erfolgreichsten Arten des Tierreichs, der Mensch eingeschlossen, sind nach dem Segmentprinzip aufgebaut. (Das komplexeste und erfolgreichste unter den nichtsegmentierten Tieren ist der Tintenfisch.) Wer sich über die Segmentierung des menschlichen Körpers noch keine Gedanken gemacht hat, sollte sich einmal die Anordnung unserer Wirbel und Rippen vergegenwärtigen; jeder Wirbel unseres Rückgrats und jede Rippe repräsentieren ein separates Körpersegment mit eigenen Nerven, Muskeln und Blutgefäßen.

Die Ringelwürmer sind, in Ermangelung eines Skeletts, weich und verhältnismäßig wehrlos. Beim Stamm der *Arthropoden* oder *Gliederfüßer* verbindet sich die Segmentierung mit dem Vorhandensein eines Skeletts, das ebenso in Segmente gegliedert ist wie der restliche Körper. Das Skelett der Arthropoden ist nicht nur dank der Gliederung in Segmente relativ beweglich, es ist auch, da

es aus *Chitin* (einem Polysaccharid) anstelle des schweren und vollkommen starren Calciumcarbonats besteht, gleichzeitig leicht und stabil. Alles in allem sind die Gliederfüßer – zu ihnen gehören beispielsweise Krebse, Spinnen, Tausendfüßler und Insekten – der erfolgreichste aller heute die Erde bewohnenden Stämme des Tierreichs. Er umfaßt weitaus mehr Arten als alle anderen Stämme zusammen.

Damit wären die Hauptstämme der Protostomia abgehakt. Die andere Stammesgruppe, die Deuterostomia, enthält nur zwei bedeutende Stämme. Der eine ist der der *Echinodermen* oder *Stachelhäuter*; ihm gehören die Seesterne und Seeigel an. Die Stachelhäuter unterscheiden sich von den anderen mit einem Mesoderm ausgestatteten Stämmen dadurch, daß sie einen radial-symmetrischen Körper ohne klar definiertes Kopf- und Schwanzende haben. (In ihrem Kindheitsstadium zeigen Stachelhäuter allerdings eine Rechts-links-Symmetrie, die sich aber mit zunehmender Reifung verliert.) Der zweite wichtige Stamm der Deuterostomia ist, das kann man wohl sagen, der wichtigere, ist es doch derjenige, zu dem auch der Mensch gehört.

Die Wirbeltiere

Das allgemeine Definitionsmerkmal, das die Vertreter dieses Stammes auszeichnet (dem neben dem Menschen so verschiedene Lebewesen wie Strauße, Schlangen, Frösche, Fische usw. usf. angehören), ist ein *Innenskelett* (*Abb.*). Außerhalb dieses Stammes gibt es kein Tier, das ein Innenskelett aufweist. Das Grundmerkmal eines solchen Skeletts ist die *Wirbelsäule*. Sie ist ein so signifikanter Körperteil, daß häufig das ganze Tierreich nur in die beiden Gruppen der Wirbeltiere und der wirbellosen Tiere eingeteilt wird. Alternativ gibt es eine dazwischenliegende Gruppe von Tieren, bei denen anstelle einer Wirbelsäule ein *Knorpelstrang* vorhanden ist, der als *Rückensaite* oder *Chorda dorsalis* bezeichnet wird (*Abb.*). Dieses Gebilde, das als erster von Baer (der die Eizellen der Säugetiere entdeckte) beschrieb, repräsentiert offenbar eine Vorstufe der Wirbelsäule. Es tritt sogar noch bei Säugetieren im Verlauf der embryonalen Entwicklung in Erscheinung, wird dann jedoch durch die Wirbelsäule ersetzt. Man zählt aus

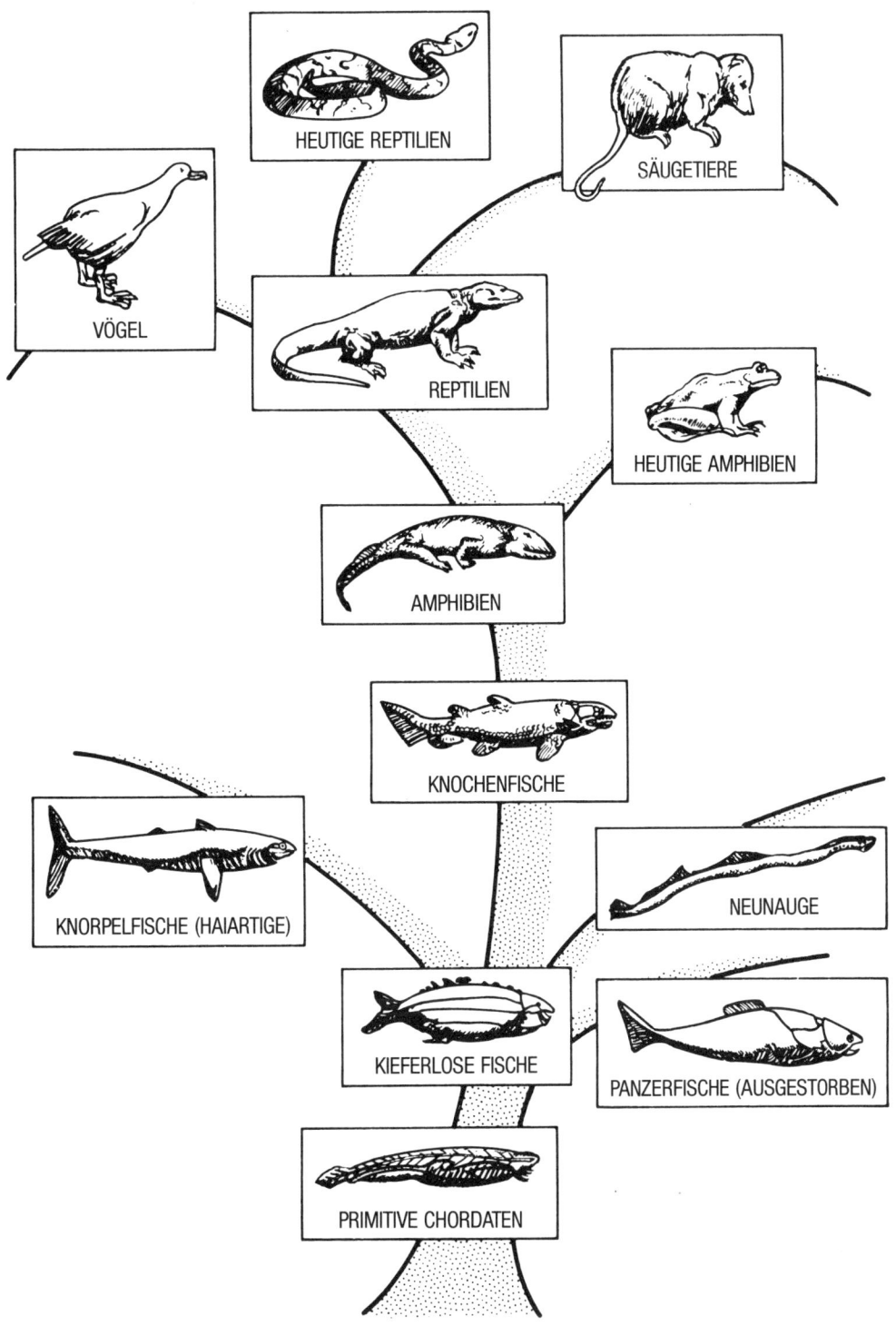

HEUTIGE REPTILIEN

SÄUGETIERE

VÖGEL

REPTILIEN

HEUTIGE AMPHIBIEN

AMPHIBIEN

KNOCHENFISCHE

KNORPELFISCHE (HAIARTIGE)

NEUNAUGE

KIEFERLOSE FISCHE

PANZERFISCHE (AUSGESTORBEN)

PRIMITIVE CHORDATEN

Entwicklungslinien der Wirbeltiere im Stammbaum der Evolution.

diesem Grund die Tierarten mit Rückensaite (es gehören dazu verschiedene wurmartige, schnekkenartige, weichtierartige Klassen von Tieren) zu den Wirbeltieren. Der englische Zoologe Francis M. Balfour schlug 1880 vor, den ganzen Stamm als *Chordaten* zu bezeichnen und ihn in vier Unterstämme einzuteilen, von denen drei nur über eine *Chorda dorsalis* verfügen und lediglich die vierte über eine echte Wirbelsäule und ein voll ausgebildetes Innenskelett; dieser Einteilung zufolge sind die Wirbeltiere also kein eigenständiger Stamm, sondern nur ein Unterstamm der Chordaten.

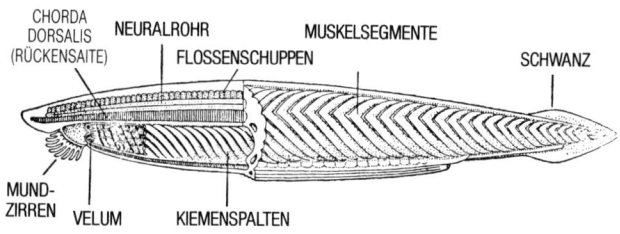

CHORDA DORSALIS (RÜCKENSAITE) NEURALROHR MUSKELSEGMENTE FLOSSENSCHUPPEN SCHWANZ MUND-ZIRREN VELUM KIEMENSPALTEN

Amphioxus, das Lanzettfischchen, ein fischähnliches Wirbeltier.

Die heute auf der Erde lebenden Wirbeltiere zerfallen in zwei Oberklassen: in die *Fische* sowie in die *Tetrapoden* oder *Vierfüßer*.

Die Fische werden in drei Klassen eingeteilt: (1) die *Agnathen* oder *kieferlosen Fische*, die ein echtes Skelett, aber weder Gliedmaßen noch einen Kiefer haben. Die bekanntesten Vertreter dieser Klasse, die Neunaugen, zeichnen sich durch ein rundes, napfartiges Saugmaul mit raspelartigen Hornzähnen darin aus; (2) die *Chondrichthyes* oder *Knorpelfische*, mit einem knorpeligen (statt knochigen) Innenskelett mit den Haien als ihren prominentesten Vertretern; und (3) die *Osteichthyes* oder *Knochenfische*.

Bei den Tetrapoden oder Vierfüßern, die alle Lungenatmer sind, gibt es vier Klassen. Die einfachste ist die der *Amphibien* (»in beiden lebend«, nämlich im Wasser und auf dem Land), zu denen beispielsweise Frösche und Kröten gehören. Diese Tiere haben im Frühstadium ihres Lebens (beispielsweise als Kaulquappen) keine Gliedmaßen und sind Kiemenatmer. Mit dem Heranreifen zum ausgewachsenen Tier entwickeln sie dann vier Extremitäten und eine Lunge. Ihre Eier legen die Amphibien, genauso wie die Fische, ins Wasser ab.

Die zweite Klasse ist die der *Reptilien* (nach einem lateinischen Wort mit der Bedeutung »kriechen«). Sie umfaßt Schlangen, Eidechsen, Krokodile und Schildkröten. Die Reptilien sind von Geburt an Lungenatmer und legen ihre Eier (die eine harte, stabile Schale haben) an Land ab. Die am höchsten entwickelten Reptilien besitzen im wesentlichen ein Herz mit vier Kammern, während das der Amphibien drei und das der Fische nur zwei Kammern aufweist.

Damit verbleiben noch zwei Vierfüßer-Klassen: die *Vögel* und die *Säugetiere*. Beide sind *Warmblütler*; das heißt, daß ihr Organismus über die Fähigkeit verfügt, unabhängig von der Außentemperatur (sofern diese sich innerhalb der Grenzen des Gewohnten bewegt) eine gleichmäßige Körpertemperatur aufrechtzuerhalten. Da die Körpertemperatur gewöhnlich höher ist als die Außentemperatur, benötigen diese Tiere, um nicht zuviel Wärme zu verlieren, eine Isolierschicht. Bei den Vögeln ist dieses Problem durch ein Gefieder, bei den Säugetieren durch eine Körperbehaarung gelöst; beides dient dazu, direkt an der Hautoberfläche eine isolierende Luftschicht einzuschließen. Die Vögel legen Eier, die denen der Reptilien ähneln. Die Säugetiere bringen, wie wir wissen, ihre Jungen schon fertig »ausgebrütet« zur Welt und ernähren sie mit arteigener Muttermilch.

Im 19. Jahrhundert kamen den Zoologen Berichte über eine Entdeckung zu Ohren, die so unwahrscheinlich klangen, daß sie sich zunächst weigerten, ihnen Glauben zu schenken. In Australien war ein Geschöpf gefunden worden, das behaart war und Muttermilch gab (durch Brustdrüsen, die keine Zitzen hatten), andererseits aber Eier legte! Obschon man den europäischen Zoologen Exemplare dieser Tierart zusandte (leider keine lebenden, da es sich als schwierig erwies, diese Tiere außerhalb ihres natürlichen Lebensraums am Leben zu erhalten), blieben diese ungläubig und neigten dazu, das Ganze für einen ausgemachten Ulk zu halten. Bei der fraglichen Kreatur handelte es sich um ein amphibisch lebendes Tier, das am ehesten einer Ente ähnelte: Es hatte einen Schnabel und Schwimmhäute zwischen den Zehen. Schließlich mußte das *Schnabeltier*, wie es genannt wurde, als echt und als neue Säugetierart anerkannt werden. Später wurde noch ein weiteres in Australien und Neuguinea lebendes eierlegendes Säugetier entdeckt: der Ameisenigel. Nicht nur im Eierlegen erweisen sich diese Säugetiere als den Reptilien noch recht nahe. Sie sind auch nur unvollkommene Warmblütler – an kalten Tagen kann ihre Körpertemperatur um bis zu 10 °C absinken.

Man teilt die Säugetiere heute in drei Unterklassen ein. Die erste, die der *Ursäuger*, umfaßt die eierlegenden Säugetiere. Zu dem Zeitpunkt, da das Ei gelegt wird, ist der Embryo im Ei bereits so weit entwickelt, daß er nach kurzer Zeit ausschlüpft.

Zu der zweiten Säugetier-Unterklasse, der der *Beuteltiere*, gehören unter anderem die Beutelratten, die Opossummäuse und die Känguruhs. Bei ihnen werden die Jungen zwar lebend geboren, sind zum Zeitpunkt der Geburt aber noch sehr unentwickelt und gehen nach kurzer Zeit ein, wenn es ihnen nicht gelingt, den schützenden Beutel und damit die Brustwarzen der Mutter zu erreichen und dort zu bleiben, bis sie kräftig genug sind, sich aus eigener Kraft zu bewegen.

Endlich, im obersten Stockwerk der Säugetier-Hierarchie, kommen wir zur Unterklasse der *Plazentatiere*. Ihr Definitionsmerkmal, auf das bereits ihr Name hinweist, ist die Plazenta, ein stark durchbluteter Gewebeteil, mit dessen Hilfe der mütterliche Organismus den Embryo mit Nährstoffen und Sauerstoff versorgt und seine Stoffwechselprodukte entsorgt – erst dank dieser Einrichtung vermag die Mutter den Embryo bzw. Fetus so lange in ihrem Innern heranwachsen zu lassen (neun Monate beim Menschen, zwei Jahre bei den Elefanten und Walen).

Die Plazentatiere zerfallen in mehr als ein Dutzend Ordnungen; etliche von ihnen möchte ich nachfolgend aufzählen und anhand einiger Beispiele erläutern:

Insectivoren (Insektenfresser) – Spitzmäuse, Maulwürfe u. a.

Chiroptera (Flattertiere) – Fledermäuse, Flughunde u. a.

Carnivoren (Raubtiere) – die Familien der Katzen und der Hunde, der Bären und Marder, der Seehunde usw. (Der Mensch gehört nicht dazu.)

Rodentia (Nagetiere) – Mäuse, Ratten, Eichhörnchen, Meerschweinchen, Biber, Stachelschweine usw.

Edentata (Zahnarme) – Faultiere und Gürteltiere (die Zähne besitzen) sowie Ameisenbären (die keine besitzen).

Artiodactyla (Paarzeher) – Huftiere mit eine geraden Zahl von Hufen an jedem Fuß, wie Rinder, Schafe, Ziegen, Schweine, Hirsche, Antilopen, Kamele, Giraffen usw.

Perissodactyla (Unpaarzeher) – Pferde, Esel, Zebras, Nashörner und Tapire.

Proboscidea (Rüsseltiere) – natürlich die Elefanten.

Odontoceti (Zahnwale) – der Pottwal und andere Zahnwale.

Mystacoceti (Bartenwale) – der Grönlandwal, der Blauwal und die andern Wale, die ihre Nahrung – winzige Meeresorganismen – durch eine Art Bürste aus Hornsträhnen hindurchsaugen, die wie ein riesiger Schnurrbart im Innern des Mauls wirkt.

Primaten (Herrentiere) – Menschen, Menschenaffen, Affen und manche anderen Geschöpfe, bei denen wir vielleicht überrascht sind, sie unter unseren näheren Verwandten zu entdecken.

Eines der Kennzeichen der Primaten sind zum Greifen geeignete Hände (und manchmal auch Füße) mit entgegengestellten Daumen und stark ausgebildeten Fingern bzw. Zehen. Den Abschluß ihrer Finger bilden, anstelle von Krallen oder schützenden Hufen, abgeflachte Nägel. Die Primaten besitzen ein großes Gehirn, und der Gesichtssinn ist bei ihnen ausgeprägter als der Geruchssinn. Man könnte noch viele andere, weniger auffällige anatomische Definitionsmerkmale anführen.

Man teilt die Primaten in neun Familien ein. Darunter sind einige, die nur so wenige Primatenmerkmale aufweisen, daß es schwerfällt, sie zu den Herrentieren zu zählen, doch ist es aus verschiedenen Gründen unumgänglich. Dies gilt beispielsweise für die Familie der *Tupaiidae* oder *Spitzhörnchen*, zu der eichhörnchenähnliche, insektenfressende Baumbewohner gehören, oder für die Familie der *Lemuren*, nachtaktive Baumbewohner, die, abgesehen von ihrer fuchsartigen Schnauze, ebenfalls an Eichhörnchen erinnern. Sie kommen fast ausschließlich auf Madagaskar vor.

Die dem Menschen am nächsten stehenden Primatenfamilien sind natürlich die *Affen* und vor allem die *Menschenaffen*. Bei ersteren unterscheidet man drei Familien.

Die beiden auf dem amerikanischen Kontinent heimischen Affenfamilien, zusammengefaßt als *Neuweltaffen*, sind die *Ceboidae* und die *Callithricidae*; die dritte Familie umfaßt die *Altweltaffen* oder

Cercopithecidae, deren Lebensraum die tropischen und subtropischen Gebiete Asiens und Afrikas sind. Zu dieser Familie zählen unter anderem Makaken, Paviane und Meerkatzen.

Bei den Menschenaffen faßt man alle Arten zu einer einzigen Familie *Pongidae* zusammen. Ihr Vorkommen ist auf die alte Welt (Afrika und Asien) beschränkt. Die auffälligsten äußeren Merkmale, durch die sie sich von den anderen Affenarten unterscheiden, sind ihr größerer Wuchs und das Fehlen eines Schwanzes. Man unterscheidet vier Pongidae-Gattungen: die Gibbons – die primitivste Menschenaffen-Gattung mit der geringsten Körpergröße, der stärksten Behaarung und den längsten Armen; die Orang-Utans – größer als die Gibbons, doch ebenfalls Baumbewohner; die Gorillas – größer als der Mensch, hauptsächlich am Boden lebend und in Afrika heimisch; sowie die Schimpansen – ebenfalls Afrikaner, wesentlich kleiner als der Mensch und, abgesehen von diesem, die intelligentesten Primaten.

Was unsere eigene Familie, die der *Hominiden* oder *Menschenartigen*, betrifft, so besteht sie heute aus nur einer Gattung, ja sogar nur aus einer Art. Linné taufte diese Art auf den Namen *homo sapiens* (»der verständige Mensch«) – bis heute hat niemand an diesen Ehrentitel zu rühren gewagt, obwohl es Anlässe genug dafür gab.

Evolution

Wenn man das zoologische Klassifikationsschema durchwandert, wie wir es soeben getan haben, kann man sich des zwingenden Eindrucks kaum erwehren, daß das Leben sich aus sehr primitiven Anfängen allmählich zu den komplexeren und komplexesten Formen hin entwickelt hat. Man kann die verschiedenen Stämme so anordnen, daß eine *Entwicklungslinie* entsteht, bei der jeder Stamm eine verbesserte, d. h. um diese oder jene neue evolutionäre Errungenschaft bereicherte Fortentwicklung des vorausgegangenen Stammes darstellt. Innerhalb der einzelnen Stämme lassen sich die verschiedenen Klassen ebenfalls in einer solchen additiven Reihenfolge anordnen, und innerhalb der Klassen wiederum die Ordnungen.

Darauf scheint auch die Tatsache hinzuweisen, daß verschiedene Arten häufig so viele Ähnlichkeiten aufweisen, daß man den Eindruck gewinnt, sie hätten sich vor nicht allzu langer Zeit aus einem gemeinsamen Vorfahr entwickelt. Zwischen manchen Arten besteht noch eine so enge Verwandtschaft, daß sie sich unter bestimmten Umständen miteinander kreuzen lassen, wie das Beispiel von Pferd und Esel zeigt, die zusammen ein Maultier zeugen können. Rinder lassen sich mit Büffeln, Löwen mit Tigern kreuzen. Es gibt auch Arten, die so etwas wie Übergangsformen darstellen – Geschöpfe, die als Bindeglied zwischen zwei größeren Tiergruppen zu stehen scheinen. Der Cheetha ist eine Katze mit etlichen hundeähnlichen Merkmalen, die Hyäne ein Hund mit etlichen katzenartigen Kennzeichen. Der Entenschnabel ist ein auf halbem Weg zwischen Reptil und Säugetier stehengebliebenes Mundwerkzeug. Es gibt ein Tier namens *Peripatus*, das halb Wurm, halb Tausendfüßler zu sein scheint. Besonders verschwommen werden die Grenzen, wenn wir bestimmte Tiere in der Frühphase ihres individuellen Lebens betrachten. Der Frosch scheint in seiner Kindheit (als Kaulquappe) ein Fisch zu sein; eine primitive Chordatenart namens *Balanoglossus*, entdeckt 1825, ähnelt als Jungtier so sehr einem Stachelhäuter, daß man sie anfangs in diesen Stamm einordnete.

Wenn wir verfolgen, wie sich ein Menschenwesen aus der befruchteten Eizelle entwickelt, so können wir erkennen, daß der Embryo auf dem Weg zum Fetus die stammesgeschichtliche Evolution des Tierreichs im kleinen nochmals durchläuft. Die wissenschaftliche Erforschung der embryonalen Entwicklungsprozesse begann mit Harvey, dem Entdecker der Blutzirkulation. 1759 zeigte der deutsche Physiologe Kaspar Friedrich Wolff, daß der Reifungsprozeß des Eis tatsächlich ein Entwicklungsprozeß ist, d. h., daß sich dabei spezialisierte Gewebegruppen durch fortschreitende Metamorphose aus unspezialisierten Vorläufern entwickeln und daß es sich nicht etwa, wie die meisten bis dahin geglaubt hatten, lediglich um das bloße Wachsen (im Sinne von Größerwerden) von Strukturen handelt, die in bereits spezialisierter Form von Anfang an im Ei angelegt sind.

Das befruchtete Ei beginnt als Einzelzelle (als eine Art Protozoon) und baut sodann eine kleine Zellenkolonie auf (die ein Stück von einem Schwamm sein könnte); in diesem Stadium ist zunächst noch jede einzelne Zelle in der Lage, sich aus dem Verband zu lösen und aus eigener Kraft einen lebenden Organismus hervorzubringen, wie es etwa geschieht, wenn sich eineiige Zwillinge entwickeln. Im Lauf seiner weiteren Entwicklung durchläuft der Embryo das Stadium eines aus zwei Gewebsschichten bestehenden Organismus (erinnernd an ein Hohltier), um anschließend eine dritte Schicht aufzubauen (wie die Echinodermen). Im weiteren Verlauf kommen immer komplexere Strukturen hinzu, im großen und ganzen in der Reihenfolge, die den Entwicklungsstufen auf dem Weg von den niedrigeren zu den höheren Tieren entspricht. In einem Stadium seiner Entwicklung weist der menschliche Embryo beispielsweise die *Chorda dorsalis* eines primitiven Chordaten auf, in einem späteren Stadium die Kiementaschen eines Fisches und zu einem noch späteren Zeitpunkt den Schwanz und die Körperbehaarung eines niedrigen Säugetiers.

Frühe Theorien

Aristoteles und viele Gelehrte nach ihm stellten Mutmaßungen über die Möglichkeit an, daß Organismen aller Art sich aus anderen Organismen entwickelt haben könnten. In dem Maß aber, wie das Christentum an Macht gewann, verloren diese Spekulationen an Gewicht. Im ersten Kapitel der biblischen Schöpfungsgeschichte heißt es, Gott habe »ein jegliches« Lebewesen »nach seiner Art« geschaffen. Dies wurde im allgemeinen so interpretiert, daß jede Tierart von Anfang an ihre bestimmte charakteristische und unveränderliche Beschaffenheit und Gestalt hatte. Selbst ein Linné, dem die offenkundigen Verwandtschaften innerhalb des Tier- und Pflanzenreichs aufgefallen sein müssen, äußerte nie den geringsten Zweifel an der Unveränderlichkeit der Arten.

So groß die Macht der Bibel über das Denken der Menschen auch war, so mußte der Glaube an die Schöpfungsgeschichte schließlich und endlich doch vor der Beweiskraft der *Fossilien* (nach dem lateinischen Wort für »graben«) kapitulieren. Schon 1669 hatte der dänische Naturforscher Nicolaus Steno darauf hingewiesen, daß tieferliegende Gesteinsschichten älter sein mußten als näher an der Oberfläche gelegene. Je genauer die Vorstellungen über die Entstehung und das Alter der verschiedenen Gesteine wurden, desto größer wurde die Gewißheit, daß die tieferliegenden Gesteinsschichten *viel* älter sein mußten als die höhergelegenen. Versteinerte Überbleibsel ehemals lebender Organismen fanden sich oft in so großer Tiefe, daß sie um ein Vielfaches älter sein mußten als jene paar tausend Jahre, die laut Bibel seit der Schöpfungswoche vergangen waren. Was die fossilen Zeugnisse außerdem offenbarten, war, daß sich im Lauf der Erdgeschichte ungeheure tektonische Umwälzungen vollzogen haben mußten. Schon im 6. Jahrhundert v. Chr. hatte der griechische Philosoph Xenophanes von Kolophon in Berggesteinen fossile Meeresmuscheln entdeckt und daraus den Schluß gezogen, daß die betreffende Region vor Urzeiten einmal unter dem Meeresspiegel gelegen haben mußte.

Die streng Bibelgläubigen konnten natürlich geltend machen (und taten es auch), daß die Ähnlichkeit der fossilen Abbildungen mit lebenden Organismen eine rein zufällige sei oder – ein ebenso simples wie unwiderlegbares Argument – daß der Teufel sie in heimtückischer Absicht in das Gestein hineinpraktiziert hatte. Rational denkende Menchen ließen sich von solchen Notwehr-Argumenten freilich nicht überzeugen. Plausibler klang da schon eine andere bibelgestützte Theorie: daß die Fossilien Überbleibsel von in der Sintflut ertrunkenen Lebewesen seien. Versteinerte Meeresmuscheln, die sich in der Nähe der Gipfel hoher Berge fanden, muteten tatsächlich wie triftige Belege zugunsten dieser Theorie an, da es ja im biblischen Bericht über die Sintflut heißt, das Wasser habe sogar die Gebirge bedeckt.

Allein beim näheren Hinsehen zeigte sich, daß viele der fossilen Organismen keinen gegenwärtig auf der Erde vorkommenden Pflanzen bzw. Tieren glichen. John Ray, der Pionier der biologischen Systematik, warf die Frage auf, ob es sich bei ihnen nicht vielleicht um ausgestorbene Arten handeln könne. Der Schweizer Naturkundler Charles Bonnet nahm diesen Faden auf und äußerte im Jahr 1770 die Überzeugung, daß es sich bei den Fossilien in der Tat um Überreste ausgestorbener Arten handle, die bei irdischen Katastrophen zugrunde gegangen seien.

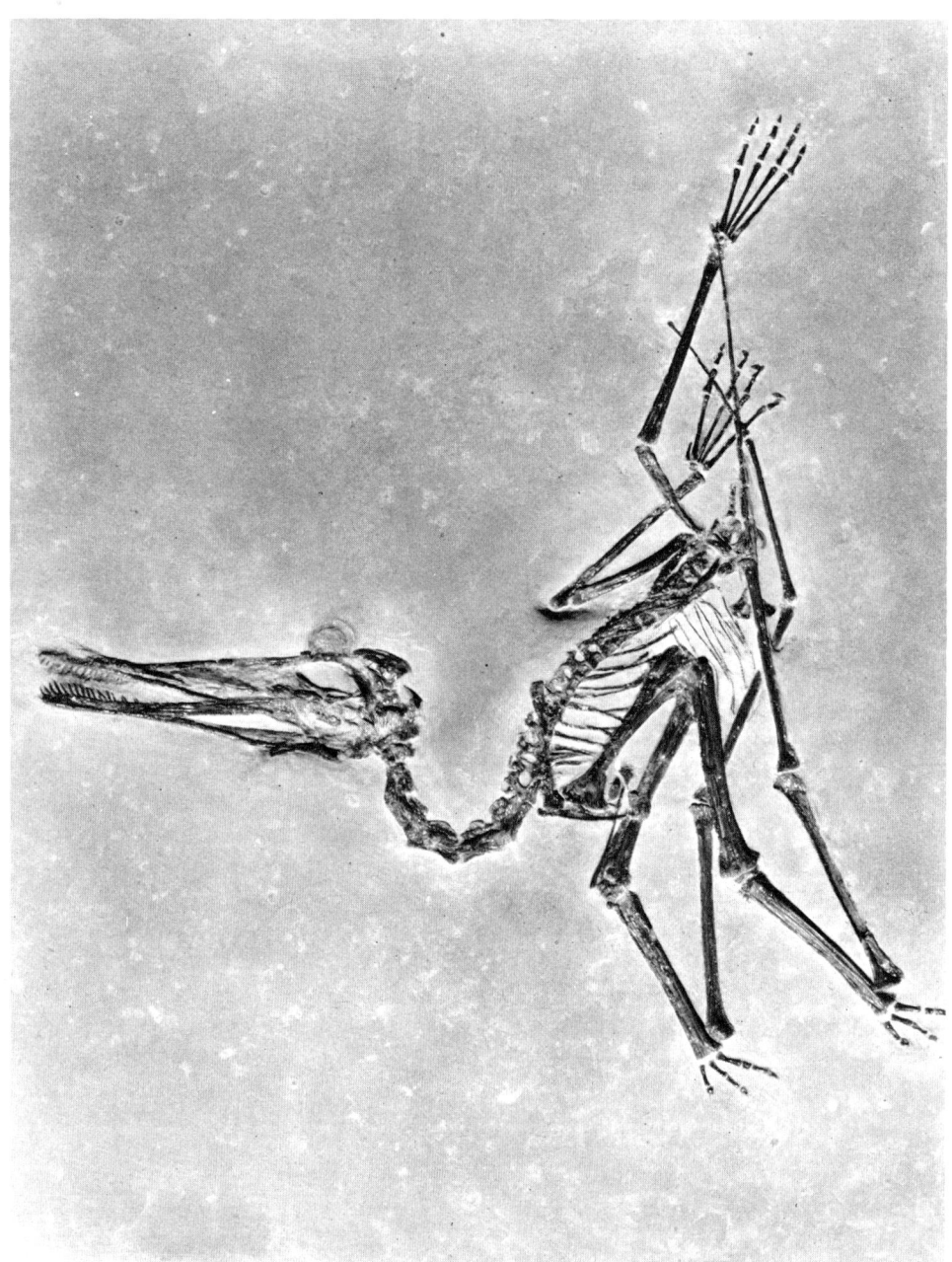

Skelett eines Pterodactylus, eines ausgestorbenen Flugreptils. Mit Genehmigung des American Museum of Natural History (Neg. Nr. 315134; Foto: Charles H. Coles und Thane Bierwert).

Einem englischen Landvermesser namens William Smith blieb es schließlich vorbehalten, den Grundstein für eine wissenschaftliche Erforschung der Fossilien und der Lebensformen des Erdaltertums zu legen und damit zum Begründer der Paläontologie zu werden. Bei Grabungsarbeiten für einen Kanal im Jahr 1791 fiel ihm auf, daß das Gestein geschichtet war und daß jede Schicht ihre eigenen charakteristischen Fossilien enthielt.

Damit war die Möglichkeit gegeben, die Fossilien je nach ihrer Fundstelle in einer der aufeinanderfolgenden Gesteinsschichten in eine chronologische Ordnung zu bringen und festzustellen, welche Fossilien typischerweise zu einer bestimmten Gesteinsschicht gehörten und damit eine bestimmte Periode der Erdgeschichte repräsentierten.

Cuvier (der Mann, der das Linnésche System um

die Kategorie des Stammes erweiterte), ging 1800 daran, Fossilien nach den systematischen Kriterien Linnés zu klassifizieren und mit den Methoden der vergleichenden Anatomie in die ferne Erdvergangenheit vorzustoßen. Wenn es sich auch bei vielen Fossilien um versteinerte Vertreter von Arten und Gattungen handelte, die in der gegenwärtigen Flora und Fauna der Erde nicht mehr vertreten waren, so fügten sie sich doch allesamt nahtlos in

ter betrachtete, überhaupt nichts miteinander zu tun zu haben schienen. Ein besonders schlagendes Beispiel hierfür bietet ein (erst nach dem Tod Cuviers entdeckter) höchst primitiver fossiler Vogel namens *Archaeopteryx* (»Altflügler«). Dieses ausgestorbene Lebewesen hatte Flügel und Federn, dazu aber einen echsenartigen, federbesetzten Schwanz und eine mit Reptilienzähnen ausgestattete Schnauze! In dieser und mancher anderer Bezie-

Archaeopteryx (Rekonstruktion)

das vorliegende Ordnungsschema mit seinen Stämmen, Familien usw. ein. 1801 studierte Cuvier beispielsweise ein Fossil einer erstmals zwanzig Jahre zuvor gefundenen Art und wies nach, daß es sich um die Überreste eines flugfähigen, mit langen Fingern und ledernen Flughäuten ausgestatteten Lebewesens handelte, das unter den noch auf der Erde lebenden Tieren nicht seinesgleichen hatte. Wie er jedoch ebenfalls zeigen konnte, ging aus dem Knochenbau dieser *Pterodactyla* (»Fingerflügler«), wie er sie nannte, eindeutig hervor, daß diese Lebewesen Reptilien gewesen sein mußten, Verwandte der Schlangen, Eidechsen, Krokodile und Schildkröten von heute.

Eine besonders aufschlußreiche Beobachtung war folgende: Je tiefer eine Gesteinsschicht lag und je älter sie daher oft war, desto einfacher und weniger spezialisiert wirkten die darin enthaltenen Fossilien. Damit nicht genug, fanden sich zuweilen auch Fossilien, die regelrechte Übergangsformen zwischen zwei Klassen oder Ordnungen darstellten, die, wenn man nur ihre noch lebenden Vertre-

hung war es genau ein Mittelding zwischen Reptil und Vogel *(Abb.)*.

Cuvier ging nach wie vor davon aus, daß der Untergang der nur noch fossil nachweisbaren Lebensformen nicht ein Ergebnis der Evolution, sondern terrestrischer Katastrophen gewesen sein müsse. Im Jahr 1830 gewann jedoch Charles Lyell die wissenschaftliche Welt für eine neue Sichtweise der Fossilien und der Erdgeschichte, die er in seinem epochemachenden Werk *The Principles of Geology* vorstellte. Die dadurch geschaffene Situation schrie sozusagen nach einer sinnvollen Theorie der Evolution des Lebens auf der Erde, wenn das paläontologische Demonstrationsmaterial sich zu einem vernünftigen Ganzen zusammenfügen sollte.

Was hatte, wenn jede Tierart sich aus einer anderen entwickelt hatte, den Anstoß dazu gegeben? Diese ungelöste Frage stellte das höchste Hindernis auf dem Weg zu einer Erklärung der Vielfalt der Lebensformen dar. Den ersten Versuch, eine Erklärung zu geben, unternahm der französische

Naturforscher Jean Baptiste de Lamarck. Er veröffentlichte 1809 ein Buch mit dem Titel *Philosophie Zoologique*, in dem er die Auffassung vertrat, daß sich in und an jedem Organismus unter dem Einfluß von Umweltfaktoren mehr oder weniger geringfügige Veränderungen vollziehen, die dann an die Nachkommen weitervererbt werden. Er illustrierte seine These an der Giraffe (einer damals eben erst entdeckten zoologischen Sensation). Angenommen, so seine Überlegung, ein primitives antilopenartiges Lebewesen, das sich von Laubblättern ernährte, habe innerhalb seines natürlichen Aktionsradius nicht mehr genügend Futter gefunden und sich, um an zusätzliche Blätter heranzukommen, sozusagen nach der Decke strecken müssen. Die beständigen Streckbewegungen des Halses, der Zunge und der Beine hätten, so meinte Lamarck, den Körper des Tieres dazu veranlaßt, diese Körperteile mit der Zeit ein wenig zu verlängern (ähnlich wie etwa ein Mensch durch ständiges Barfußlaufen an den Fußsohlen schützende Hornhäute ausbildet). Diese Veränderungen seines Körperbaus habe das Tier an seine Nachkommen weitergegeben, die dann, indem sie sich wiederum nach der Decke streckten, noch ein wenig an Länge zugewannen und diesen Zugewinn wieder an ihre Nachkommen weitergaben. Auf diese Weise wäre im Verlauf zahlreicher Generationen aus der primitiven Antilope die Giraffe hervorgegangen.

Diese Theorie der Vererbung individuell erworbener Eigenschaften verfing sich sehr schnell in Ungereimtheiten. Wie hatte, um nur ein Beispiel zu nennen, die Giraffe ihr geflecktes Fell erworben? Es erscheint ziemlich ausgeschlossen, sich ein unbewußtes oder bewußtes Verhalten des Tieres vorzustellen, durch das dieses Ergebnis zustande gekommen sein könnte. Ein Kritiker der Theorie, der deutsche Biologe August Weismann, stutzte Versuchsmäusen über viele Generationen hinweg den Schwanz und berichtete anschließend, daß die Schwänze, die der letzten Generation wuchsen, trotzdem um keinen Deut kürzer waren als die der allerersten. (Er hätte sich die Mühe sparen können, wenn er sich nur die Tatsache vergegenwärtigt hätte, die die Beschneidung, die bei jüdischen Männern seit vielleicht hundert Generationen traditionell durchgeführt wird, nicht zum Verschwinden oder auch nur zu einer Schrumpfung der Vorhaut geführt hat.)

1883 publizierte Weismann seine Behauptung, daß die Keimzellen, aus denen später die Samenzellen des Mannes oder die Eizellen der Frau hervorgehen, sich in einem sehr frühen Stadium der embryonalen Entwicklung vom übrigen Embryo differenzieren und verhältnismäßig unspezialisiert bleiben. Aus dieser Beobachtung und aus gewissen Experimenten mit Ratten leitete Weismann die Theorie von der Kontinuität des Keimplasmas ab. Das Keimplasma (d. h. das Protoplasma der Keimzellen) führe, so meinte er, ein selbständiges, die Individuen der einzelnen Generationen, die es durchwanderte, transzendierendes Dasein; der vergängliche individuelle Organismus war dieser Auffassung zufolge sozusagen nur eine vorübergehende Behausung für das Keimplasma, die nach Ablauf jeder Generation zerfiel und neu aufgebaut werden mußte. Das Keimplasma enthielt den Bauplan für den Körper, ohne aber dessen integraler Bestandteil zu sein. Mit dieser Konzeption bezog Weismann in jeder Beziehung eine extreme Gegenposition zu Lamarck, und obwohl auch er irrte, schien seine Theorie den Tatsachen besser gerecht zu werden als diejenige Lamarcks.

Obwohl von den meisten Biologen abgelehnt, hielt sich der Lamarckismus bis ins 20. Jahrhundert hinein und erlebte sogar eine heftige, wenn auch allem Anschein nach kurzlebige Renaissance in Gestalt des *Lysenkoismus*, der eine Zeitlang in der Sowjetunion propagiert wurde und auf der Behauptung fußte, man könne bei Pflanzen durch gewisse Behandlungsmethoden Veränderungen hervorrufen, die sich weitervererben. (Trofim D. Lysenko, der maßgebliche Exponent dieser Denkweise, besaß unter Stalin großen, unter Chruschtschow immer noch beträchtlichen Einfluß, versank aber nach Chruschtschows Sturz im Jahr 1964 in der Versenkung.) Die heutigen Genetiker schließen die Möglichkeit nicht aus, daß Umwelteinflüsse bei einfachen Organismen zu gewissen vererbbaren Veränderungen führen können, aber das eigentliche theoretische Fundament des Lamarckismus wurde durch die Entdeckung der Gene und der Vererbungsgesetze umgestoßen.

Darwins Evolutionstheorie

Im Jahr 1831 ließ sich ein junger Engländer namens Charles Darwin, der sein Leben bis dahin mehr oder weniger unproduktiv verbracht hatte (u. a. mit Sport) und verzweifelt nach einer Betätigung Ausschau hielt, die geeignet war, seine Langeweile zu vertreiben, von einem Schiffskapitän und einem Professor der Universität von Cambridge dazu überreden, als Naturkundler auf einem Forschungsschiff mitzufahren, das zu einer fünfjährigen Reise um die Welt in See stechen sollte. Der Hauptzweck der Expedition bestand darin, die Küstenlinien der Kontinente zu vermessen, und nebenbei sollte auch eine Bestandsaufnahme der Flora und Fauna der besuchten Gebiete angefertigt werden. Dank Darwin, der bei der Abreise 22 Jahre alt war, wurde die Fahrt der Beagle zur wichtigsten Seereise in der Geschichte der Naturwissenschaft.

Während das Schiff sich langsam an der Ostküste Südamerikas entlang gen Süden und dann, die Westküste entlang, wieder gen Norden vortastete, sammelte und registrierte Darwin sorgfältig Proben von und Daten über die verschiedenen Formen pflanzlichen und tierischen Lebens, die er vorfand. Seine erstaunlichsten Entdeckungen machte er auf einer Gruppe von Inseln im Pazifik. Der rund 1000 km westlich von Ecuador gelegene Archipel trug den Namen Galapagos-Inseln, nach den dort heimischen Riesenschildkröten. (»Galapagos« ist von dem spanischen Wort für »Schildkröte« abgeleitet.) Was die Aufmerksamkeit Darwins während seines fünfwöchigen Aufenthalts auf den Inseln am meisten fesselte, waren die zahlreichen unterschiedlichen Finkenarten, die dort lebten; sie werden noch heute unter dem Namen *Darwinfinken* geführt. Er entdeckte von diesen Finken mindestens vierzehn verschiedene Arten, die sich voneinander hauptsächlich durch Größe und Form ihrer Schnäbel unterschieden. Keine dieser Finkenarten kam irgendwo anders auf der Erde vor, doch ähnelten sie allesamt einer auf dem südamerikanischen Festland heimischen Finkenart, mit der sie offenbar nahe verwandt waren.

Weshalb waren die Galapagos-Finken anders als gewöhnliche Finken, und weshalb bildeten sie vierzehn oder mehr verschiedene Arten? Darwin entschied sich für die Überlegung, daß sie wohl alle von jener Finkenart des südamerikanischen Festlandes abstammten und unter den Bedingungen einer vielleicht jahrtausendelangen insularen Isolation getrennte Entwicklungswege eingeschlagen hatten. Die Differenzierungen waren offenkundig die Folge unterschiedlicher Methoden der Nahrungsbeschaffung. Unter den Galapagos-Finken gab es drei Arten, die sich noch, ebenso wie die festländischen Finken, von Samen ernährten; allerdings hatte jede sich auf eine andere Samenart spezialisiert, was sich in Größenunterschieden ausdrückte: Die Exemplare der einen Art waren ziemlich groß, die der zweiten mittelgroß und die der dritten klein. Zwei andere Arten fraßen Kaktusfleisch, die meisten anderen waren Insektenfresser.

Viele Jahre lang schlug Darwin sich mit dem Problem des Zusammenhangs zwischen den unterschiedlichen Ernährungsweisen der Finken und ihren körperlichen Merkmalen herum. 1838 kam ihm eine kleine Erleuchtung, als er ein vierzig Jahre zuvor erschienenes Buch des englischen Geistlichen Thomas R. Malthus las; es war ein Pamphlet mit dem Titel *An Essay on the Principle of Population*. Malthus hatte darin die These vertreten, daß jede Bevölkerung eines Landes oder einer Region stets schneller zunimmt als die ihr zur Verfügung stehende Nahrungsmenge und daß es somit periodisch zu einem »Ausgleich« durch Hungersnöte, Seuchen oder auch Kriege kommen muß. In dieser Schrift stolperte Darwin über den Ausdruck »der Kampf ums Dasein«, der später als die Quintessenz des Darwinismus berühmt werden sollte. Beim Gedanken an seine Finken dämmerte Darwin plötzlich die Erkenntnis, daß der Wettbewerb um knappe Nahrungsressourcen als ein Mechanismus fungieren könnte, bei dem die tüchtigeren Individuen sich gegenüber den Schwächeren durchsetzten. Als die Finken, die die Galapagos-Inseln besiedelt hatten, sich so weit vermehrt hatten, daß die ihnen zur Nahrung dienenden Pflanzensamen knapp zu werden begannen, konnten letzten Endes nur diejenigen unter ihnen überleben, die entweder besonders kräftig und durchsetzungsfähig oder bei der Futtersuche besonders findig waren – oder aber diejenigen, denen es gelang, neue Nahrungsquellen zu erschließen. Wenn sich unter all den zahlreichen Finken einer befand, der zufällig einen etwas anders geformten Schnabel hatte, der es ihm vielleicht ermöglichte, größere oder härtere Samen zu vertilgen als die anderen oder, besser noch, Insekten zu fangen, hätte er damit ganz neue »Jagdgründe« erobert, in denen das Geschäft noch nicht durch zuviel Konkurrenz verdorben war. Ein Fink mit einem etwas dünneren und längeren Schnabel als die anderen hätte an Nahrung herankommen können, die für seine Artgenossen unerreichbar war, oder einer mit einem überdurchschnittlich kräftigen Schnabel hätte die Rinde von Kakteen aufhacken und sich damit einen Nahrungsvorteil verschaffen können. Diese in irgendeiner Weise bevorzugten Exemplare hätten sich dann natürlicherweise auf Kosten der herkömmlichen Arten vermehrt. Jeder der neuen Anpassungstypen hätte eine bis dahin unbesetzte *ökologische Nische* gefunden und in Beschlag genommen. Und auf den Galapagos-Inseln, auf denen es bis zur Ankunft der Finken praktisch kein Vogelleben gegeben hatte, gab es alle möglichen Nischen in Besitz zu nehmen, die noch nicht von eingesessenen Konkurrenten genutzt und verteidigt wurden. Dagegen konnte auf dem südamerikanischen Festland, wo alle Nischen bereits in fester Hand waren, die Finkenart, von der die Galapagos-Finken ursprünglich abstammten, gerade eben ihren Besitzstand wahren; aus ihr ging keine einzige neue Variante hervor.

Darwins Gedankengang lautete in etwa so: Jeder Tierjahrgang besteht aus einer großen Zahl von Individuen, die in ihren Merkmalen und Eigenschaften um die für die Art typischen Durchschnittswerte streuen. Manche Exemplare sind etwas größer als der Durchschnitt, manche weisen in diesem oder jenem Detail des Körperbaus eine leichte Abweichung von der Norm auf; manche besitzen Fertigkeiten, die ein wenig über dem Durchschnitt liegen usw. Diese Unterschiede können minimal sein, aber ungeachtet dessen können die durch einen solchen minimalen Unterschied begünstigten Exemplare ein wenig besser zurechtkommen, ein wenig länger leben und ein wenig mehr Nachwuchs hervorbringen. Wenn sich solche geringfügigen vorteilhaften Veränderungen im Lauf der Zeit addieren, könnte die Kluft zwischen dem Variationstypus und dem Originaltypus (oder anderen Variationstypen) schließlich so breit werden, daß Angehörige beider Typen sich nicht mehr untereinander paaren; damit wäre eine neue Art geboren.

Darwin nannte diesen Vorgang *natürliche Selektion*. (Im deutschen Sprachraum bürgerte sich dafür zunächst der bodenständige Ausdruck »natürliche Zuchtwahl« ein.) Dieser Konzeption zufolge resultierte der lange Hals der Giraffe nicht aus ständigen Streckbewegungen, sondern daraus,

daß irgendwann einmal einige Giraffen geboren wurden, die von Natur aus einen längeren Hals hatten als ihre Artgenossen. Mit der Länge des Halses wuchsen aber die Aussichten, an Blattnahrung heranzukommen. Die langhalsige Varietät hatte also auf lange Sicht die besseren Karten und verdrängte die kurzhalsige Urform mit der Zeit ganz. Im Rahmen der Theorie der natürlichen Auslese läßt sich auch das Fleckenmuster des Giraffenfells mühelos erklären: Diese Fellmusterung stellt im natürlichen Lebensraum der Giraffen ein wirksames Tarnkleid dar und optimiert die Chancen des Tiers, von einem pirschenden Löwen nicht wahrgenommen zu werden. Aus diesem Grund setzten sich im Rahmen der natürlichen Auslese diejenigen Tiere, die zunächst rein zufällig mit einer solchen Fellmusterung zur Welt kamen, schließlich auf der ganzen Linie durch.

Die Darwinsche Theorie der Entwicklung der Arten bot auch eine Erklärung dafür, weshalb es oft so schwierig ist, eindeutige Abgrenzungen zwischen einzelnen Arten oder Gattungen zu treffen. Die Evolution ist ein kontinuierlicher Prozeß, der natürlich sehr lange Zeiträume benötigt, um zu greifbaren Resultaten zu führen. Wir können davon ausgehen, daß zu jedem Zeitpunkt, also auch heute, zahlreiche Differenzierungen im Gang sind, die irgendwann zur Abspaltung neuer Arten oder Gattungen führen werden, derzeit aber noch keine klare Tendenz erkennen lassen.

Darwin brauchte viele Jahre, um die während seiner Seereise zusammengetragenen Beobachtungen und Daten auszuwerten, zu ordnen und sie schließlich in eine zusammenhängende Theorie einzufügen. Natürlich dachte er darüber nach, welche Stellung der Mensch in der biologischen Entwicklungsreihe einnahm, und er erkannte, daß die Theorie, an der er arbeitete, nicht nur die biologischen Wissenschaften auf eine neue Grundlage stellte, sondern auch die in der Gesellschaft tief eingewurzelten Überzeugungen hinsichtlich der Rolle und des Standorts des Menschen untergraben würde; deshalb wollte er seine Theorie so gründlich absichern, wie es nur ging. 1834 begann er mit der Sichtung und gedanklichen Verarbeitung des Rohmaterials seiner Theorie; 1858 arbeitete er immer noch an dem Buch, in dem er diese Theorie der Öffentlichkeit vorzustellen gedachte. Seine Freunde (darunter der Geologe Lyell) wußten, woran er arbeitete; mehrere hatten seine verschiedenen Vorentwürfe gelesen. Sie drängten ihn zur Eile, damit ihm nicht womöglich ein anderer zuvorkäme. Darwin konnte (oder wollte) nicht schneller – und so kam ihm tatsächlich jemand zuvor.

Alfred R. Wallace war vierzehn Jahre jünger als Darwin. Sein Lebenslauf wies gewisse Parallelen zu dem von Darwin auf. Auch er machte als junger Mann eine wissenschaftliche Weltreise mit. In Ostasien fiel ihm auf, daß die östlichen Inseln des indonesischen Archipels eine völlig andere Tier- und Pflanzenwelt aufwiesen als die westlichen. Es waren geradezu zwei verschiedene natürliche Welten, deren Grenze sich genau markieren ließ: Sie verlief zwischen Borneo und Celebes und weiter südlich zwischen den beiden kleinen Inseln Bali und Lombok. Man nennt diese Grenze bis heute die *Wallace-Linie*. (Später ging Wallace noch einen Schritt weiter und teilte die gesamte Erdoberfläche in sechs große, jeweils durch eine eigenständige Flora und Fauna charakterisierte Zonen; auch diese Einteilung hat sich, mit einigen geringfügigen Modifikationen, bis heute bewährt.)

Die Säugetiere auf den östlichen indonesischen Inseln und auf dem australischen Kontinent waren entschieden primitiver als jene auf den westlichen Inseln und in Asien, ja primitiver als die Säugetiere auf der ganzen übrigen Welt. Es hatte den Anschein, als hätten sich Australien und die östlichen indonesischen Inseln zu einem sehr frühen Zeitpunkt der Evolution, als erst primitive Säugetierarten existierten, von Asien abgespalten und sich von der Entwicklung abgekoppelt, die im restlichen Asien zur Heraufkunft der Plazenta-Säugetiere führte. Neuseeland mußte seit noch älterer Zeit isoliert sein, denn es beherbergte überhaupt keine Säugetiere; seine am höchsten entwickelten Bewohner waren primitive flugunfähige Vögel, deren bekannteste heute noch lebende Art der Kiwi ist.

Wie hatte sich in Asien der Fortschritt bis zu den höheren Säugern vollzogen? Wallace begann 1855 erstmals über diese Frage nachzudenken. 1858 stieß auch er auf das Buch von Malthus und zog daraus dieselben Schlüsse, die Darwin vor ihm gezogen hatte. Wallace brauchte freilich keine zwanzig Jahre, um seine Gedanken zu ordnen und seine Schlußfolgerungen zu Papier zu bringen. Er setzte sich hin und begann mit der Abfassung eines Aufsatzes, der nach zwei Tagen fertig war. Er entschloß sich, die Schrift irgendeinem bekannten und für dieses Thema kompetenten Biologen zur Durchsicht und Kritik zuzusenden – und seine Wahl fiel ausgerechnet auf Charles Darwin.

Als Darwin den Aufsatz las, war er wie vom Donner gerührt – das waren seine eigenen Gedanken, ja beinahe seine eigenen Worte. Sofort leitete er die Wallacesche Arbeit an andere bedeutende Forscher weiter und machte Wallace den Vorschlag, ihre gemeinsamen Anschauungen in aufeinander abgestimmten Berichten darzulegen. Diese Berichte erschienen 1858 in der Zeitschrift der *Linnaean Society*.

Im Jahr darauf kam auch endlich Darwins Buch heraus. Es trug einen sehr langen und umständlichen Titel, der vom Publikum alsbald zurechtgestutzt wurde zu *On the Origin of Species* (»Über die Entstehung der Arten«). Unter diesem Titel kennen wir das zur Legende gewordene Buch bis heute.

Die Theorie der Evolution hat seit den Tagen Darwins etliche Modifizierungen und Verfeinerungen erfahren, vor allem dank der Erweiterung unseres Wissens über die Mechanismen der Vererbung, über Gene und Mutationen *(siehe Kapitel 3)*. In der Tat dauerte es bis 1930, ehe dem englischen Statistiker und Genetiker Ronald A. Fischer der Nachweis gelang, daß die Mendelsche Vererbungslehre mit der Theorie der Evolution durch natürliche Selektion vereinbar ist. Erst in diesem Augenblick gewann die Evolutionstheorie ihre heutige Gestalt.

Neue Erkenntnisse in anderen wissenschaftlichen Disziplinen haben in vielen Fällen zu einer Präzisierung und Verfeinerung der Darwinschen Konzeption geführt. So haben beispielsweise die Aufschlüsse, die man über den tektonischen Aufbau der Erdkruste und über die Verschiebung der tektonischen Platten gewonnen hat, sehr zu einem besseren Verständnis der die Evolution vorantreibenden Faktoren und der Mechanismen beigetragen, die bewirken, daß in weit voneinander entfernten Weltteilen viele eng miteinander verwandte Tier- und Pflanzenarten zu finden sind. Die Fortschritte in der chemischen Analyse von Proteinen und Nukleinsäuren haben es möglich gemacht, die Evolution auf einer molekularen Ebene zu erforschen, d. h. aus der Ausgeprägtheit molekularer Unterschiede auf den Grad der Verwandtschaft zwischen den betreffenden Organismen zu schließen. (Dazu Näheres weiter unten in diesem Kapitel.)

Daß es bei einem so komplexen Forschungsgegenstand, wie es die evolutionäre Entwicklung des Lebens auf der Erde im Laufe von Jahrmilliarden ist, in Detailfragen immer wieder zu Kontroversen kommt, ist nicht verwunderlich. So trat etwa in den 70er Jahren der Biologe Stephen J. Gould mit der Theorie einer »sprunghaften Evolution« hervor. Für Gould und seine Mitstreiter ist die Evolution kein langsamer, mehr oder weniger gleichmäßig und kontinuierlich verlaufender Prozeß; sie glauben vielmehr, daß lange Perioden, in denen sich verhältnismäßig wenig verändert, mit Phasen abwechseln, in denen vergleichsweise unvermittelte und einschneidende evolutionäre Veränderungen eintreten (nicht über Nacht, aber vielleicht innerhalb weniger hunderttausend Jahre, was nach den Maßstäben der Evolution eine kurze Zeitspanne ist).

Indes gibt es unter den namhaften Biologen keinen, der irgendwelche Zweifel an der grundsätzlichen Richtigkeit der Evolutionstheorie hegt. Darwins Grundgedanken haben sich als gültig erwiesen, und in der Tat hat die Evolutionstheorie auch stark auf alle anderen Wissenschaftsbereiche ausgestrahlt – auf die Physik ebenso wie auf die Gesellschaftswissenschaften.

Widerstand gegen die Evolutionstheorie

Natürlich erhob sich gegen die Darwinsche Theorie im Augenblick ihrer Veröffentlichung ein Sturm der Entrüstung. Anfänglich erklärten sich auch eine Reihe angesehener Wissenschaftler gegen die Theorie. Der gewichtigste von ihnen war der englische Zoologe Richard Owen, in der Nachfolge Cuviers *die* paläontologische Autorität seiner Zeit. Owen griff in seinem Kampf gegen den Darwinismus zu ziemlich unwürdigen Mitteln. Nicht nur schickte er andere vor, während er sich selbst bedeckt hielt; er ging sogar so weit, anonyme Pamphlete gegen Darwin zu verfassen und darin sich selbst als Kronzeugen zu zitieren.

Der englische Naturforscher Philip H. Gosse schlug eine Theorie vor, von der er wohl glaubte, sie sei für beide Parteien annehmbar: Sie besagte, Gott habe die Erde mit allen Fossilien geschaffen, um damit den Glauben der Menschen auf die Probe zu stellen. In den Augen der meisten vernünftig Denkenden stellte freilich der Gedanke, Gott sei fähig, die Menschheit derart kindischen Prüfungen zu unterwerfen, eine schlimmere Gotteslästerung dar als alles, was Darwin geschrieben hatte.

Nach dem kläglichen Scheitern dieser Anfangsoffensive ebbte zumindest in der wissenschaftlichen Welt der Widerstand gegen den Darwinismus allmählich ab; eine Generation später war er praktisch ganz geschwunden. Die Kritiker außerhalb der wissenschaftlichen Welt erwiesen sich jedoch als weitaus hartnäckiger und fanatischer. Die christlichen Fundamentalisten (das waren die Leute, die jedes Bibelwort für bare Münze nahmen) waren empört über die Unterstellung, die Menschen seien womöglich Abkömmlinge eines affenartigen Lebewesens. Benjamin Disraeli (der spätere britische Premierminister) prägte den vielzitierten Ausspruch (der vielleicht einen Schuß Ironie enthielt): »Die Frage, vor die sich die Gesellschaft jetzt gestellt sieht, lautet: ›Ist der Mensch ein Affe oder ein Engel?‹ Ich stehe auf der Seite der Engel.« Allenthalben rotteten sich die Kirchenmänner zusammen, um die Engel in Schutz zu nehmen und Darwin zu attackieren.

Darwin selbst war von seinem Naturell her nicht der Typ, vehemente Kontroversen auszufechten; aber er hatte einen fähigen Advokaten in Gestalt des namhaften Biologen Thomas H. Huxley. Als »Darwins Bulldogge« apostrophiert, stürzte Huxley sich immer wieder unermüdlich in den Kampf, dessen Schlachtfelder die Vortrags- und Hörsäle Englands waren. Seinen reizvollsten Sieg landete er 1860 bei einem berühmt gewordenen Streitgespräch mit Samuel Wilberforce, einem Bischof der anglikanischen Kirche. Wilberforce, von Haus aus Mathematiker, war als erfahrener und gewandter Redner bekannt. Nachdem er mit seinem Plädoyer das Publikum allem Anschein nach überzeugt hatte, wandte er sich zuletzt seinem in feierlichem Ernst erstarrten Widersacher zu. Er fragte ihn, wie es in dem Bericht über das Streitgespräch heißt, »ob der Affe, von dem er (Huxley) abzustammen glaube, sich in der väterlichen oder in der mütterlichen Linie befunden habe«.

Während das Publikum trampelte und sich die Hände rieb, flüsterte Huxley seinem Nebenmann zu: »Der Herr hat ihn mir ausgeliefert.« Dann stand er auf und gab seine Antwort: »Wenn ich mich denn entscheiden müßte, so hätte ich lieber einen nichtsnutzigen Affen zum Großvater als einen von der Natur mit hohen Gaben beschenkten, an Mitteln und Einfluß reichen Mann, der sich dieser Gaben und dieses Einflusses zu dem bloßen Zweck bedient, eine ernste wissenschaftliche Diskussion ins Lächerliche zu ziehen – ich zögere nicht, meine Vorliebe für den Affen zu bekräftigen.«

Diese Entgegnung vernichtete offenbar nicht nur Wilberforce, sondern drängte auch die Fundamentalisten in die Defensive. So unbestritten war der Triumph der Darwinschen Anschauung, daß Darwin, als er 1882 starb, unter großer öffentlicher Anteilnahme in der Westminster-Abtei beigesetzt wurde, wo Englands größte Söhne liegen. Im Norden Australiens wurde eine Stadt nach ihm benannt.

Ein einflußreicher Propagandist evolutionstheoretischer Ideen war der englische Philosoph Herbert Spencer, der die Parole vom »Überleben der Tüchtigsten« und den Begriff »Evolution« popularisierte – der in Darwins Buch ziemlich selten anzutreffen ist. Spencer versuchte die Theorie der Evolution auf die Entwicklung der menschlichen Gesellschaft zu übertragen. (Er gilt als Begründer der wissenschaftlichen Soziologie.) Seine Argumente waren jedoch irrelevant, denn die biologischen Veränderungen, die die Evolution in Gang halten, lassen sich in keiner Hinsicht mit gesellschaftlichen Veränderungen vergleichen; die Gedankengänge Spencers wurden später – nicht im Sinne des Erfinders – als Argumente für Krieg und Rassismus mißbraucht.

In den Vereinigten Staaten fand 1925 eine dramatische Auseinandersetzung um die Evolutionstheorie statt; sie endete damit, daß die Anti-Evolutionisten die Schlacht gewannen, aber den Krieg verloren.

Die Volksvertreter des Staates Tennessee hatten ein Gesetz verabschiedet, das es Lehrern an öffentlich finanzierten Schulen in diesem Staat verbot, im Unterricht die Lehre zu verbreiten, daß der Mensch von niedrigeren Lebensformen abstamme. Um ein Verfahren in Gang zu bekommen, durch das die Verfassungsmäßigkeit dieses Gesetzes überprüft werden würde, überredeten Wissenschaftler und Bildungspolitiker einen jungen Biologielehrer namens John P. Scopes dazu, seinen Schülern im Unterricht den Darwinismus

zu erklären. Scopes wurde daraufhin der Zuwiderhandlung gegen das Gesetz bezichtigt und vor Gericht gestellt. Die Weltöffentlichkeit nahm an dem Prozeß lebhaften Anteil.

Die einheimische Bevölkerung und der Richter standen voll und ganz auf der Seite der Anti-Evolutionisten. Als einer der Ankläger trat William J. Bryan auf, ein prominenter Fundamentalist und berühmter Redner, der dreimal erfolglos für die Präsidentschaft kandidiert hatte. Scopes' Verteidigung hatten der bekannte Strafverteidiger Clarence Darrow und seine Mitarbeiter übernommen.

Der Prozeß verlief über weite Strecken enttäuschend, da der Richter der Verteidigung nicht erlaubte, Wissenschaftler in den Zeugenstand zu rufen, die über die wissenschaftliche Abgesichertheit der Darwinschen Theorie hätten Auskunft geben können, so daß sich die Auseinandersetzung auf die Frage reduzierte, ob Scopes die verbotene Theorie behandelt hatte oder nicht. Dennoch kamen die eigentlichen Fragen, um die es ging, einmal zum Vorschein, als Bryan sich gegen die Proteste seiner Ankläger-Kollegen bereit erklärte, sich einem Kreuzverhör über den fundamentalistischen Standpunkt zu stellen. Darrow nutzte die Gelegenheit prompt, um zu demonstrieren, daß Bryan keine Ahnung von den neueren naturwissenschaftlichen Erkenntnissen hatte und daß er selbst in Fragen der Religion und der Bibel nur ein aus Klischeevorstellungen zusammengesetztes Halbwissen besaß.

Scopes wurde für schuldig befunden und mit einer Strafe von 100 Dollar belegt. (Das Urteil wurde später wegen Verfahrensfehlern vom Obersten Gericht des Staates Tennessee aufgehoben.) Aber die Fundamentalisten und der Staat Tennessee hatten sich in den Augen der gebildeten Welt so gründlich lächerlich gemacht, daß die Anti-Evolutionisten sich gezwungen sahen, den Rückzug anzutreten; ein halbes Jahrhundert lang hörte man von ihnen kaum mehr einen Mucks. Allein, Dummheit und Unwissenheit lassen sich niemals ganz ausrotten; in den 70er Jahren tauchten die Anti-Evolutionisten wieder aus der Versenkung auf, um einen erneuten Angriff gegen die wissenschaftliche Weltanschauung zu starten. Dieses Mal verzichteten sie darauf, sich auf die wörtliche Bibelauslegung zu berufen, was ihnen früher zumindest eine subjektive Glaubwürdigkeit verliehen hatte. Da sie aber wußten, daß sie damit keinen Hund mehr hinter dem Ofen vorlocken konnten, versuchten sie es diesmal mit einer vorgeschützten wissenschaftlichen Argumentation. Sie sprachen nebelhaft von einem »Schöpfer« und bemühten sich, ja nicht in den Wortschatz der Bibel zu verfallen. Ihr Hauptargument war die Behauptung, die Evolutionstheorie stecke voller Fehler und Widersprüche und könne daher nicht wahr sein; als das einzig Wahre priesen sie den sog. »Kreationismus«.

In dem Versuch, den Beweis für die Unhaltbarkeit der Evolutionstheorie anzutreten, arbeiteten sie freigebig mit falschen und aus dem Zusammenhang gerissenen Zitaten, Entstellungen und anderen unlauteren Methoden, die dem biblischen Gebot, kein falsches Zeugnis abzulegen, ins Gesicht schlugen. Die Richtigkeit ihrer eigenen Philosophie »bewiesen« sie nur per Umkehrschluß; positive, nachvollziehbare Belege zugunsten ihres »wissenschaftlichen Kreationismus«, wie sie ihn geradezu feierlich nennen, legten sie zu keiner Zeit vor.

Ihre Forderung lautete und lautet, daß ihren (blödsinnigen) Anschauungen im Schulunterricht gleich viel Zeit eingeräumt werden müsse wie dem Darwinismus und daß jedes Lehrbuch, das die Evolutionstheorie erläutert, auch den »wissenschaftlichen Kreationismus« erläutern müsse. Zu dem Zeitpunkt, da dies niedergeschrieben wird, haben sie mit ihrem Anliegen noch vor keinem amerikanischen Gericht obsiegt; aber ihre Wortführer, die sich unterstützt wissen von zahlreichen frommen Kirchgängern, die von Naturwissenschaft ebensowenig verstehen wie vermutlich von allen anderen Dingen, die nicht in der Bibel stehen, rennen Schulverwaltungen, Bibliotheken und Parlamentariern die Türen ein.

Sollte diesem Versuch der Zensur und der Unterdrückung wissenschaftlicher Erkenntnisse Erfolg beschieden sein, so wäre dies wirklich eine schlimme Sache. Die »kreationistische« Auffassung, daß die Erde – und mit ihr das gesamte Universum – erst ein paar tausend Jahre alt ist und daß das Leben auf der Erde mit allen seinen Arten auf einen Schlag erschaffen worden ist, verhöhnt alle astronomischen, physikalischen, geologischen, chemischen und biologischen Forschungsergebnisse und Erkenntnisse der letzten 150 Jahre. Nicht auszudenken, welche Folgen es hätte, wenn eine Generation junger Amerikaner im »kreationistischen« Geist erzogen würde.

Ein Argument zugunsten der Evolutionstheorie

Eines der Argumente der Kreationisten lautet, niemand habe je die Kräfte der Evolution in Aktion gesehen. Man könnte dieses Argument wohl als eines ihrer stärksten anerkennen, wenn es stimmen würde. Es stimmt aber nicht.

Wenn der Darwinismus eines »aus dem Leben gegriffenen« Beweises überhaupt bedarf, so ist dieser bereits geliefert worden: in Gestalt von Beispielen für das Wirken der natürlichen Selektion, die wir mit eigenen Augen beobachten konnten (jetzt, wo wir wissen, worauf wir zu achten haben). Ein bemerkenswerter Fall spielte sich im Heimatland Darwins ab.

In England tritt der Birkenspanner in zwei Varianten auf, in einer hellen und einer dunklen. Zu Darwins Zeiten war die weiße Variante die vorherrschende, weil sie auf der hellen, flechtenbewachsenen Rinde der Bäume, auf denen sich die Tiere bevorzugt niederließen, weniger gut zu erkennen war. Ihre helle Farbe war de facto eine Tarnfarbe, die sie vor dem Zugriff ihrer natürlichen Feinde besser schützte als ihre dunklen Artgenossen, die sich vor dem gleichen Hintergrund deutlicher abhoben und daher öfter gefressen wurden. Die fortschreitende Industrialisierung Englands führte jedoch dazu, daß sich an vielen Baumstämmen Ruß absetzte, der die Flechten zum Absterben brachte und die Rinde dunkel färbte. Nun war es die dunkle Unterart, die weniger gut zu erkennen und damit besser geschützt war. Konsequenterweise wurde sie zur vorherrschenden Variante – ein Ergebnis natürlicher Selektion.

1952 verabschiedete das britische Parlament Gesetze zur Reinhaltung der Luft. Die in die Umwelt geblasenen Rußmengen wurden reduziert, die Bäume legten sich wieder einen Teil ihres ursprünglichen Flechtenkleides zu, und sogleich begann der Anteil der hellen Spanner-Variante wieder zu steigen. Das Ganze lief genauso ab, wie es aufgrund der Evolutionstheorie hätte vorausgesagt werden können; es ist aber gerade ein Qualitätsmerkmal einer guten Theorie, daß sie nicht nur Gewesenes zu erklären, sondern auch Künftiges vorherzusagen vermag.

Der Gang der Evolution

Die Fossilien stellen so etwas wie ein Archiv der Geschichte des Lebens auf der Erde dar. Die Durchforstung dieses Archivs hat die Paläontologen zu der Erkenntnis geführt, daß seit Beginn des Lebens auf der Erde die Erdkruste zahlreiche Entwicklungsepochen, man spricht auch von den Erdzeitaltern oder Formationen, durchlaufen hat. Bei der Erkundung und Benennung dieser Formationen leisteten vor allem britische Geologen des 19. Jahrhunderts, darunter Charles Lyell, Adam Sedgwick und Roderick I. Murchison, Pionierarbeit. Die früheste der mit Namen belegten Epochen beginnt rund 600 Millionen Jahre vor unserer Zeit – so alt sind die ältesten eindeutig identifizierbaren Fossilien. (Alle Stämme außer den Chordaten waren zu dieser Zeit schon begründet.) Natürlich darf man die ältesten Fossilien nicht mit den ersten Lebewesen auf der Erde überhaupt gleichsetzen. In der Regel sind es nur die harten Teile eines Tiers, die versteinern können, so daß das Buch der Fossilien in seinem lesbaren Teil nur solche Tiere enthält, die entweder über eine Schale oder ein Skelett verfügten. Selbst die primitivsten und ältesten dieser Lebewesen repräsentieren bereits eine fortgeschrittene Entwicklungsstufe und müssen als Resultat einer langen vorhergehenden Evolution begriffen werden. Eine Bestätigung für diese Annahme können wir darin sehen, daß 1965 fossile Überreste kleiner krebsartiger Organismen entdeckt wurden, die allem Anschein nach rund 720 Millionen Jahre alt sind.

Man kann wohl davon ausgehen, daß die Geschichte der einzelligen Organismen viel weiter zurückreicht als die der ältesten Schalentiere; tatsächlich hat man versteinerte Spuren von Grün- und Blaualgen sowie von Bakterien in Gesteinsproben gefunden, die eine Milliarde Jahre alt und älter waren. 1965 entdeckte der amerikanische Paläontologe Elso Sterrenberg Barghoorn in einem über drei Milliarden Jahre alten Gestein die versteinerten Abbilder winziger bakterienartiger Lebewesen. Diese *Mikrofossilien* sind so klein, daß ihre Strukturen nur mit Hilfe des Elektronenmikroskops sichtbar gemacht werden können.

Dies alles läßt die Annahme zu, daß die chemische Evolution (im Sinne der Entwicklung, die auf die Entstehung der ersten Lebensformen hinführte) praktisch in dem Augenblick einsetzte, als der Erdball seine heutige Gestalt gewonnen hatte, also vor etwa 4,6 Milliarden Jahren. Innerhalb einer Milliarde Jahre schritt die chemische Evolution bis zu einem Punkt voran, an dem sich organische Strukturen gebildet hatten, die komplex genug waren, um die Bezeichnung »lebende Materie« zu verdienen. Zu diesem Zeitpunkt war die Erdatmosphäre noch reduzierend und enthielt keinen nennenswerten Sauerstoffanteil. Die frühesten Lebensformen müssen dieser Umwelt angepaßt gewesen sein – und ihre Abkömmlinge haben bis heute überlebt.

Carl R. Woese begann 1970 mit der intensiven Erforschung bestimmter Bakterien, die nur in einem Milieu existieren können, das keinen freien Sauerstoff enthält. Einige dieser Bakterien reduzieren Kohlensäure zu Methan und werden daher *Methanogene* (»Methanproduzenten«) genannt. Andere Bakterien setzen Reaktionen in Gang, bei denen Energie und wichtige Grundsubstanzen für den Stoffwechsel anderer Lebensformen erzeugt werden, bei denen aber ebenfalls Sauerstoff keine Rolle spielt. Woese faßte alle diese Organismen als *Archäobakterien* (»alte Bakterien«) zusammen und schlug vor, sie als ein eigenes Reich zu zählen (es wäre das sechste).

Als das Leben erst einmal entstanden und in Aktion getreten war, begann sich die Zusammensetzung der Erdatmosphäre zu verändern – zunächst nur ganz allmählich. Vor etwa zweieinhalb Milliarden Jahren könnte es bereits Grün- und Blaualgen, die die Photosynthese beherrschten, gegeben haben; damit setzte der allmähliche Übergang von der Stickstoff-Kohlendioxid-Atmosphäre zu einer Stickstoff-Sauerstoff-Atmosphäre ein. Vor einer Milliarde Jahre dürfte es bereits entwickelte Eukaryoten gegeben haben, und bei den einzelligen Meeresorganismen hatte sich zu diesem Zeitpunkt sicherlich schon eine große Vielfalt der Formen entwickelt, die auch Protozoen von eindeutigem Tiercharakter einschlossen – sie dürften unter allen damals existierenden Lebensformen die komplexesten gewesen sein, die ungekrönten Könige ihrer Welt.

Im Laufe von zwei Milliarden Jahren nach dem ersten Auftreten der Grün- und Blaualgen muß der Sauerstoffgehalt der Erdatmosphäre stetig, wenn auch sehr langsam, zugenommen haben. Vor

Fossil eines Moostierchens, eines winzigen Wasserlebewesens (Vergrößerung etwa 20fach). Es fand sich im Aushub eines Ölbohrlochs bei Cape Hatteras. Mit Genehmigung der UPI.

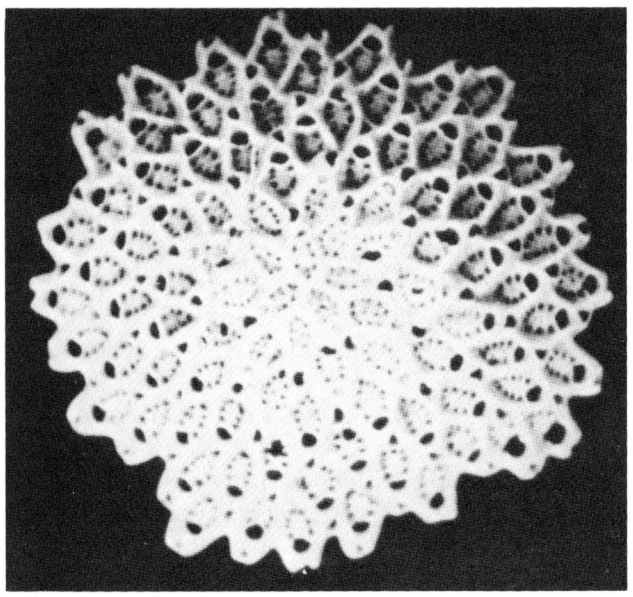

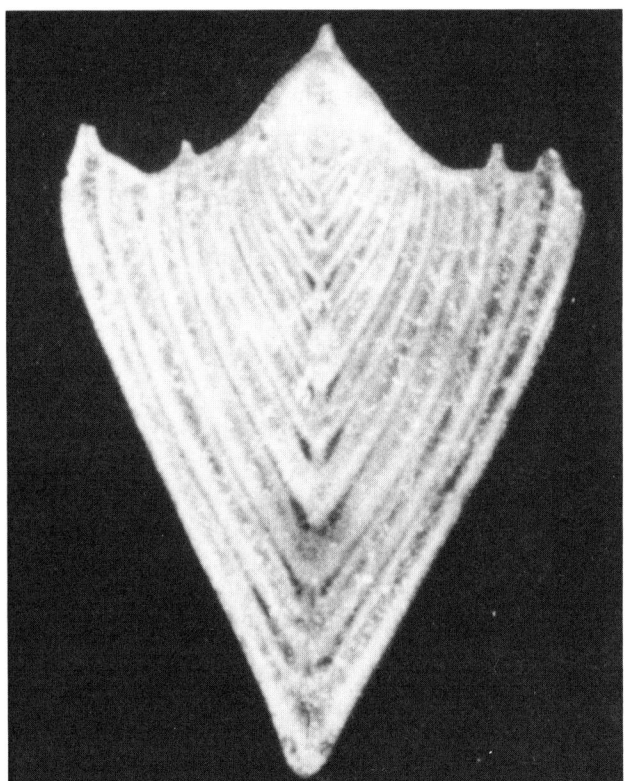

Fossiles Foraminiferen-Gehäuse, ebenfalls aus einem Bohrloch bei Cape Hatteras. Kreide- und manche Kalkformationen bestehen hauptsächlich aus den versteinerten Schalen dieser mikroskopisch kleinen einzelligen Tiere. Beispiele finden sich in den Weißen Klippen von Dover und in den zum Bau der ägyptischen Pyramiden verwendeten Steinen. Mit Genehmigung der UPI.

etwa einer Milliarde Jahren dürfte die Sauerstoff-konzentration in der Atmosphäre bei 1 bis 2% gelegen haben; das bedeutete ein mehr als ausreichendes Energiereservoir für Zellen mit tierischer Lebensweise. Damit war der Weg frei zur Entwicklung immer komplexerer tierischer Lebensformen; vor 600 Millionen Jahren schließlich waren die Voraussetzungen geschaffen, unter denen jene rasante Entwicklung immer komplexerer Organismen einsetzen konnte, die wir im Fossilienarchiv dokumentiert finden.

Der Zeitabschnitt, dem die ältesten, ausgebildete Fossilien enthaltenden Gesteine entstammen, wird als *Kambrium* bezeichnet; die ganze davorliegende Erdgeschichte, die einen Zeitraum von immerhin knapp vier Milliarden Jahren umfaßt, hat man bis vor kurzem unter der nichtssagenden Bezeichnung *Präkambrium* subsumiert. Nachdem aber auch für diese Zeit die Existenz organischen Lebens zweifelsfrei nachgewiesen worden ist, scheint sich für sie der Name *Kryptozoikum* (»Zeitalter des verborgenen Lebens«) durchzusetzen. Die jüngsten 600 Millionen Jahre Erdgeschichte mit ihren bereits benannten Epochen lassen sich analog als *Phanerozoikum* (»Zeitalter des sichtbaren Lebens«) zuammenfassen.

Es erscheint zweckmäßig, das Kryptozoikum noch einmal in zwei Abschnitte aufzuteilen: in das (frühere) *Archäikum* (»Epoche des alten Lebens«), in dem sich die ersten Spuren einzelliger Organismen zeigten, und das (spätere) *Proterozoikum* (»Epoche des frühen Lebens«).

Der Übergang zwischen dem Kryptozoikum und dem Phanerozoikum ist außerordentlich sprunghaft. Aus der Zeit vor diesem Übergang existieren überhaupt keine Fossilien außerhalb des mikroskopischen Bereichs; jenseits des Übergangs finden sich, sozusagen mit einem Schlag, hochentwickelte, in ein Dutzend unterschiedliche Grundformen gegliederte Organismen. Man nennt einen solchen unvermittelten Übergang eine *Diskordanz*. Wo immer uns eine solche Diskordanz begegnet, löst dies unweigerlich Spekulationen über die Möglichkeit einer verheerenden Katastrophe aus. Normalerweise wäre eigentlich eine allmähliche Aufwärtsentwicklung hin zu den Fossilien des Kambriums zu erwarten. Es ist nicht auszuschließen, daß ein Naturereignis von gewaltiger Dimension alle Spuren des vor-kambrischen Lebens ausgelöscht hat.

Das Phanerozoikum wird in drei große Erdzeitalter oder *Ären* eingeteilt: in das *Paläozoikum* (»frühes Leben«), das *Mesozoikum* (»mittleres Leben«) und das *Känozoikum* oder *Neozoikum* (»neues Leben«). Nach den neuesten geologischen Erkenntnissen erstreckte sich das Paläozoikum über einen Zeitraum von vielleicht 350 Millionen Jahren, das Mesozoikum über etwa 150 Millionen Jahre und das Känozoikum über die jüngsten 30 Millionen Jahre der Erdgeschichte.

Jede dieser Ären ist wiederum untergliedert in *Perioden*. Die erste Periode des Paläozoikums ist, wie bereits gesagt, das *Kambrium* (römisch für Nord-Wales, wo erstmals Gesteinsschichten aus dieser Zeit beschrieben wurden). Schalentiere verkörperten im Kambrium die fortgeschrittenste Form des Lebens (das sich in dieser Zeit nur im Meer abspielte). Das Kambrium war das Zeitalter der *Trilobiten*, primitiver Gliederfüßer, deren nächster noch heute lebender Verwandter der Pfeilschwanzkrebs ist; er kann, da er die letzten 200 Millionen Jahre ohne nennenswerte evolutionäre Veränderungen hinter sich gebracht hat, als Beispielfall für das dienen, was man zuweilen etwas übertrieben ein *lebendes Fossil* nennt.

Das nächstfolgende Erdzeitalter ist das *Ordovizium* (benannt nach einem walisischen Volksstamm). Es dauerte von etwa 500 bis etwa 450 Millionen Jahre vor unserer Zeitrechnung und war die Periode, in der die Chordaten erstmals in Erscheinung traten (in Gestalt der heute ausgestorbenen Graptolithen, kleiner, in Kolonien lebender Meerestiere. Sie sind möglicherweise verwandt mit dem Balanoglossus, der, wie auch die Graptolithen, dem primitivsten Unterstamm der Chordaten angehört, den Kragentieren.)

Darauf folgten das *Silur* (benannt nach einem weiteren walisischen Stamm) und das *Devon* (benannt nach der Grafschaft Devonshire). Im Devon, zwischen 400 und 350 Millionen Jahren vor unserer Zeit, stiegen die Fische zu den dominierenden Bewohnern des Meeres auf, eine Stellung, die sie bis heute innehaben. In diese Zeit fiel aber auch die Besiedlung des Festlands durch lebende Organismen, die ersten Pflanzen gingen an Land. Es fällt schwer, sich zu vergegenwärtigen, daß sich das Leben auf der Erde in den ersten fünf Sechsteln seiner Geschichte ausschließlich im Wasser abspielte, während die Landmassen eine tote und öde Welt blieben. Wenn man die Probleme bedenkt, die zu bewältigen waren – das Fehlen des Wassers, die starken Temperaturunterschiede, die volle, nicht durch die Auftriebskraft des Wassers gemilderte Wirkung der Erdanziehungkraft –, so wird deutlich, daß die Eroberung des Festlands durch Lebewesen, deren angestammter Lebensraum das Wasser war, zu den größten Triumphen des Lebens über die unbelebte Natur gehört.

Wahrscheinlich setzte diese Entwicklung damit ein, daß gewisse Organismen infolge der im stark bevölkerten Ozean härter werdenden Nahrungskonkurrenz in flache Küstengewässer abgedrängt wurden, die bis dahin unbewohnt gewesen waren, weil dort der Meeresboden bei Ebbe stundenlang von Wasser entblößt war. Als sich immer mehr Arten in diesen Flachgewässern ansiedelten, blieb für bedrängte Arten nur noch die Ausweichmöglichkeit, immer weiter ufereinwärts zu wandern, bis die Entwicklung schließlich irgendwelche Mutanten hervorbrachte, die auch außerhalb des Wassers zu überleben vermochten.

Die ersten Lebensformen, die den Übergang vom Wasser aufs Land schafften, waren Pflanzen. Das war vor etwa 400 Millionen Jahren. Die Eroberer des Landes gehörten der mittlerweile ausgestorbenen Gattung der *Psilophyten* an – es waren die ersten vielzelligen Pflanzen. (Der Gattungsname leitet sich von dem griechischen Wort für »nackt« ab, weil diese Pflanzen aus blattlosen Stengeln bestanden, ein Zeichen ihrer Primitivität.) Relativ rasch entwickelten sich komplexe Pflanzenarten, und vor 350 Millionen Jahren war das Land bereits mit Wäldern bedeckt. Als das Festland erst einmal von Pflanzen besiedelt war, konnte das tierische Leben nachziehen. Innerhalb einiger weniger Millionen Jahre hatten Gliederfüßer, Weichtiere und Würmer vom Land Besitz ergriffen. Die ersten landbewohnenden Tiere waren klein, weil größere Tiere ohne Innenskelett unter dem Druck der Schwerkraft zusammengesackt wären. (Im Meer sorgte der Auftrieb des Wassers für einen weitgehenden Ausgleich des Schwerkraftdrucks, der somit die Evolution der Meeresbewohner nicht entscheidend beeinflußte.) Die ersten Tiere, die an Land eine ähnliche Beweglichkeit entwickelten wie etwa Fische im Wasser, waren die Insekten; sie entwickelten Flügel, die sie in die Lage versetzten, der Erdanziehungskraft, die die anderen Tiere nicht über ein schwerfälliges Entlangkrabbeln am Boden hinauskommen ließ, Paroli zu bieten.

100 Millionen Jahre nach der ersten Landnahme lebender Organismen setzte eine neue Invasion vom Wasser her ein. Diesmal waren es Lebewesen, die auch bei größerem Körperumfang und -gewicht der Schwerkraft zu widerstehen vermochten, weil sie über ein stützendes Innenskelett verfügten. Es waren Knochenfischarten, die der Unterklasse der *Crossopterygii* oder *Quastenflosser* angehörten. Einige mit ihnen verwandte Arten waren in die kaum bevölkerte Tiefsee abgewandert (dank ihres Innenskeletts konnten sie dem dort herrschenden Wasserdruck widerstehen), darunter der *Coelacanth*, von dem 1938 zur großen Überraschung der Biologen vor der Küste Südafrikas noch lebende Exemplare entdeckt wurden.

Der Übergang dieser Fische aufs Land setzte im Gefolge des Wettstreits um Sauerstoff in den Brackwasserzonen ein. Wenn, was in solchen Zonen des öfteren vorkam, der Sauerstoffgehalt des Wassers unter das lebensnotwendige Minimum sank, hatten jene Fische die besten Überlebenschancen, die die Fähigkeit entwickelt hatten, »Luft zu schnappen«. (Die Luft enthielt zu diesem Zeitpunkt schon genügend Sauerstoff.) Körpereigene Vorrichtungen, in denen ein Vorrat an eingesaugter Luft aufbewahrt werden konnte, waren in solchen Lebensräumen wertvolle Überlebenshilfen. In der Tat entwickelten sich bei manchen Fischarten als Anhängsel des Schlundes Lufttaschen, aus denen in manchen Fällen mit der Zeit sogar primitive Lungen wurden. Zu den Abkömmlingen dieser frühen Brackwasserfische gehören die *Lungenfische*, von denen es in Afrika und Australien noch etliche Arten gibt. Sie leben in stehenden Gewässern, wo gewöhnliche Fische ersticken würden, und können sogar Perioden überleben, in denen ihr Lebensraum völlig austrocknet. Auch unter den im offenen Meer (wo es keine Probleme mit der Sauerstoffversorgung gibt) lebenden Fischen gibt es Arten, die Spuren einer Abstammung von den Urformen der Lungenfische aufweisen – luftgefüllte Taschen, die allerdings nicht mehr zu Atmungszwecken dienen, sondern zur Erhöhung des Auftriebs.

Einige der mit Lungen ausgestatteten Fische trieben die Entwicklung in die eingeschlagene Richtung weiter, indem sie für kürzere oder längere Zeiträume das Wasser ganz verließen. Am besten

Nachbildung eines Coelacanth. Exemplare dieser einzigen überlebenden Art aus der Ordnung der Quastenflosser leben in tieferen Wassern vor der ostafrikanischen Küste. Mit Genehmigung des American Museum of Natural History.

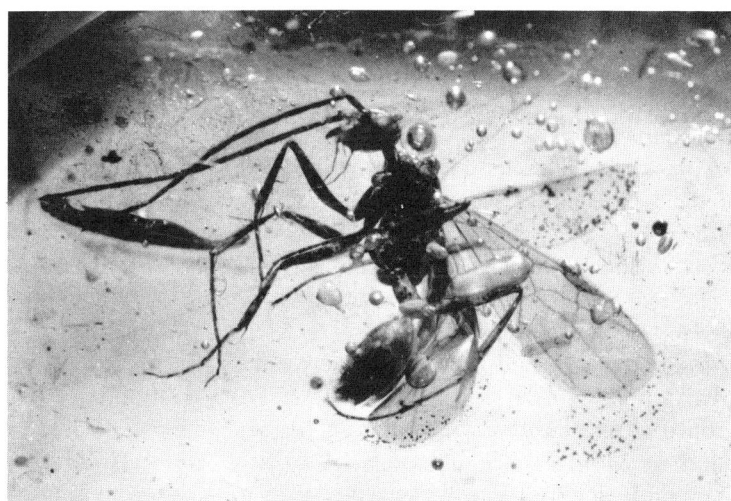

Eine fossile Ameise, in einem Bernsteintropfen vollständig konserviert. Mit Genehmigung des American Museum of Natural History.

hierfür gerüstet waren die Quastenflosser mit den kräftigsten Flossen, denn in Ermangelung der Auftriebswirkung des Wassers mußten sie bei ihren Landgängen ihren Körper aufstützen und ihre Flossen als Fortbewegungshilfen einsetzen. Gegen Ende des Devon-Zeitalters waren die am weitesten aufs Land vorgedrungenen Quastenflosser so weit, daß sie sich, wenn auch eher wackelig, auf vier kurzen, kräftigen Beinchen halten konnten.

Auf das Devon folgte das *Karbon* – von Lyell so genannt, weil es die Epoche der riesigen Sumpfwälder war (der vielleicht üppigsten Vegetation in der Erdgeschichte), die schließlich, vor etwa 300 Millionen Jahren, allmählich absanken, zusedimentiert wurden und sich anschließend in die riesigen Kohlelager unseres Planeten umwandelten. Das Karbon war die Blütezeit der *Amphibien*; die Quastenflosser brachten in dieser Epoche bereits ihr gesamtes erwachsenes Leben an Land zu.

Als nächstes folgte das *Perm* (benannt nach einer Region im Uralgebiet, in der Murchison eingehende Untersuchungen durchführte). Dies war die Zeit, da die ersten Reptilien in Erscheinung traten. Sie kündigten die Periode des *Mesozoikums* an, in der Reptilien so eindeutig die irdische Szene beherrschten, daß diese Periode oft als das Zeitalter der Reptilien apostrophiert wird.

Das Mesozoikum zerfällt in drei Perioden – die *Trias* (sie umfaßt *drei* Gesteinsformationen), den *Jura* (benannt nach dem gleichnamigen französischen Mittelgebirge) und die *Kreide* (benannt nach der aus diesem Zeitalter stammenden gleichnamigen Gesteinsart). Die Trias sah die Heraufkunft der *Dinosaurier* (nach dem griechischen Ausdruck für »schreckliche Echsen«). Diese Reptilien erreichten den Höhepunkt ihrer Entwicklung in der Kreidezeit, als der *Tyrannosaurus rex*, das größte landlebende Raubtier in der Geschichte unseres Planeten, sein Schreckensregiment hielt.

Im Verlauf des Jura entwickelten sich die ersten *Säugetiere* und *Vögel*, und zwar aus jeweils einer anderen Gruppe von Reptilien. Über Millionen Jahre hinweg blieben diese Geschöpfe unscheinbare und wenig erfolgreiche biologische Mitläufer. Am Ende der Kreide verschwanden jedoch alle Dinosaurier innerhalb relativ kurzer Zeit. Das gleiche Schicksal teilten andere Großreptilien, die man nicht zu den Dinosauriern zählt – die *Ichthyosaurier*, die *Plesiosaurier* und die *Pterosaurier*. (Letztere waren flugfähig, die beiden zuvor genannten

waren Meeresbewohner.) Gleichzeitig starben auch einige Arten aus dem Bereich der wirbellosen Tiere aus, wie etwa die *Ammoniten*, ebenso viele Kleinlebewesen bis hinunter zu zahlreichen mikroskopisch kleinen Meeresorganismen.

Es gibt Schätzungen, denen zufolge bis zu 75% aller damals auf der Erde lebenden Arten am Ende der Kreidezeit dem »Großen Sterben«, wie es manchmal genannt wird, zum Opfer fielen. Und auch die 25%, die überlebten, dürften nachhaltig dezimiert worden sein, ohne freilich als Arten ganz auszusterben. Es ist jedenfalls gut möglich, daß seinerzeit 95% aller Organismen umkamen. Irgend etwas muß passiert sein, das beinahe alles Leben auf der Erde ausgelöscht hätte – aber was?

Ein Geologenteam unter Leitung des amerikanischen Paläontologen Walter Alvarez prüfte 1979 im Rahmen eines großen Forschungsprogramms, das Aufschluß über Sedimentationsraten in älteren erdgeschichtlichen Epochen bringen sollte, die Konzentration bestimmter Metalle in verschiedenen Sedimentschichten. Eines der Metalle, auf die hin man das Material untersuchte (nach dem Verfahren der Neutronen-Aktivierungs-Analyse), war Iridium. Zu seinem nicht geringen Erstaunen fand Alvarez in einem einzelnen schmalen Sedimentband eine um das 25fache höhere Iridiumkonzentration als in den unmittelbar darüber und darunter liegenden Gesteinsschichten.

Wie konnte es zu dieser hohen Konzentration kommen? Hatte es in der Nähe der Stelle, von der die Gesteinsproben stammten, in dem betreffenden Sedimentationszeitraum eine Iridiumquelle gegeben? Meteorite weisen gewöhnlich einen höheren Gehalt an Iridium und bestimmten anderen Metallen auf als die Erdkruste. Tatsächlich zeigte sich, daß nicht nur Iridium, sondern auch jene anderen meteoritenspezifischen Metalle in der betreffenden Sedimentschicht überdurchschnittlich hoch konzentriert waren. Alvarez gelangte daher zu dem Schluß, daß die erhöhten Metallkonzentrationen Zeugnisse eines Meteoriteneinschlags während dieses Zeitabschnitts waren. Allein in der weiteren Umgebung fand sich kein Anzeichen für einen Einschlagskrater.

Bei weiteren Nachprüfungen stellte sich dann aber heraus, daß sich jene Sedimentschicht mit dem hohen Iridiumanteil in weit voneinander entfernten Regionen der Erde, und zwar immer in Gesteinsformationen des gleichen Alters findet. Der Ver-

Tyrannosaurus rex, rekonstruiert aus Knochenfunden und aufgestellt im Kreidezeit-Saal des American Museum of Natural History in New York. Dieses große Raubtier erbeutete pflanzenfressende Dinosaurier. Mit Genehmigung des American Museum of Natural History.

dacht begann sich zu verstärken, daß möglicherweise ein riesiger Meteorit auf die Erde niedergegangen war und ungeheure Staubmengen (darunter vor allem auch das zerstäubte Meteoritenmaterial selbst) in die obere Atmosphäre geschleudert hatte. Diese Staubmassen waren danach im Lauf der darauffolgenden Jahre oder Jahrzehnte, gleichmäßig über die ganze Erdoberfläche verteilt, niedergegangen.

Zu welchem Zeitpunkt geschah diese Katastrophe? Nun, die Tonschichten, aus denen das Material mit der erhöhten Iridiumkonzentration stammte, waren 65 Millionen Jahre alt – sie stammten also genau vom Ende der Kreidezeit. Viele Geologen und Paläontologen (wenn auch bei weitem nicht alle) neigen heute der Auffassung zu, daß die Saurier und die anderen Lebewesen, die zum Ende der Kreidezeit so plötzlich von der Erde verschwanden, Opfer des Zusammenstoßes der Erde mit einem Himmelskörper von vielleicht 10 km Durchmesser (entweder einem Asteroiden oder einem Kometen) geworden sind.

Es ist gut möglich, daß sich im Lauf der Erdgeschichte mehrere Kollisionen dieser Art ereignet haben, von denen jede ein »Großes Sterben« herbeiführte, und daß die Katastrophe am Ende der Kreidezeit bloß die spektakulärste unter allen war, weil sie eine bereits von hochentwickelten Organismen bevölkerte Erde traf und deutliche Spuren hinterließ. Natürlich kann eine solche Katastrophe in Zukunft immer wieder eintreten, es sei denn, die Menschen würden sich eines Tages die technische Möglichkeit schaffen, gefährliche Objekte, die sich der Erde auf Kollisionskurs nähern, rechtzeitig zu zerstören. In der Tat deutet einiges darauf hin, daß es in der bisherigen Erdgeschichte regelmäßig alle 28 Millionen Jahre ein »Großes Sterben« gegeben hat. 1984 wurde über eine Vermutung diskutiert, der zufolge die Sonne einen kleinen lichtschwachen Begleitstern aufweist, dessen Umlaufbahn alle 28 Millionen Jahre den sonnennächsten Punkt erreicht und der dann jedesmal die Oortsche Kometenwolke durcheinanderwirbelt, wobei Millionen von Kometen ins Innere des Sonnensystems geschleudert werden, von denen mit einer gewissen Wahrscheinlichkeit einige mit der Erde kollidieren.

Bei einem solchen Einschlag wird natürlich nur die engere Umgebung unmittelbar in Mitleidenschaft gezogen; die planetenweiten Folgeschäden sind eher das Resultat der in die Stratosphäre geschleuderten Staubmassen, die unter Umständen wochen- und monatelang die Sonne verfinstern, so daß auf der Erde eine lange eiskalte Winternacht einkehrt und die Photosynthese der Pflanzen unterbunden wird.

Der Astronom Carl Sagan und der Biologe Paul Ehrlich haben 1983 deutlich gemacht, daß bereits 10% der heute auf der Erde lagernden Nuklearwaffen, in einem Krieg zur Detonation gebracht, genügen würden, um so viel Staub und Rauch in die Stratosphäre zu wirbeln, daß ein »nuklearer Winter« einbräche, der vielleicht lange genug anhielte, um den Fortbestand der menschlichen Rasse auf der Erde ernsthaft zu gefährden. Es sollte unser aller Interesse sein, ein solches neues, künstliches »Großes Sterben« zu verhindern.

Das Aussterben der bisher das Feld beherrschenden Reptilien am Ende der Kreidezeit (wodurch auch immer hervorgerufen) bedeutete jedenfalls, daß das anschließende Känozoikum zur Blütezeit der Säugetiere wurde. In dieser Ära formte sich die Welt, wie wir sie kennen.

Biochemische Veränderungen

Die Einheitlichkeit allen Lebens zeigt sich unter anderem daran, daß alle heute die Erde bevölkernden Organismen aus Proteinen bestehen, die sich aus denselben Aminosäure-Bausteinen zusammensetzen. Daß diese Einheitlichkeit sich auch auf die Lebensformen der näheren und ferneren Erdvergangenheit erstreckt, dafür hat in letzter Zeit eine noch sehr junge Wissenschaftsdisziplin den Nachweis geliefert: die *Paläobiochemie* (d. h. die Biochemie ausgestorbener Lebensformen). Diese Disziplin entstand gegen Ende der 50er Jahre, als erstmals gezeigt werden konnte, daß bestimmte, 300 Millionen Jahre alte Fossilien Restbestände von Proteinen enthielten, die aus genau den gleichen Aminosäuren aufgebaut waren, wie wir sie von den heutigen Proteinen kennen – Glycin, Alanin, Valin, Leucin, Glutamin, Asparagin usw. Nicht eine einzige der fossilen Aminosäuren unterschied sich in irgendeiner Weise von den uns aus der Gegenwart vertrauten. Des weiteren wurden auch Spuren von Kohlenhydraten, von Zellulose, von Fetten und Porphyrinen nachgewiesen, ohne daß irgend etwas dabeigewesen wäre, das

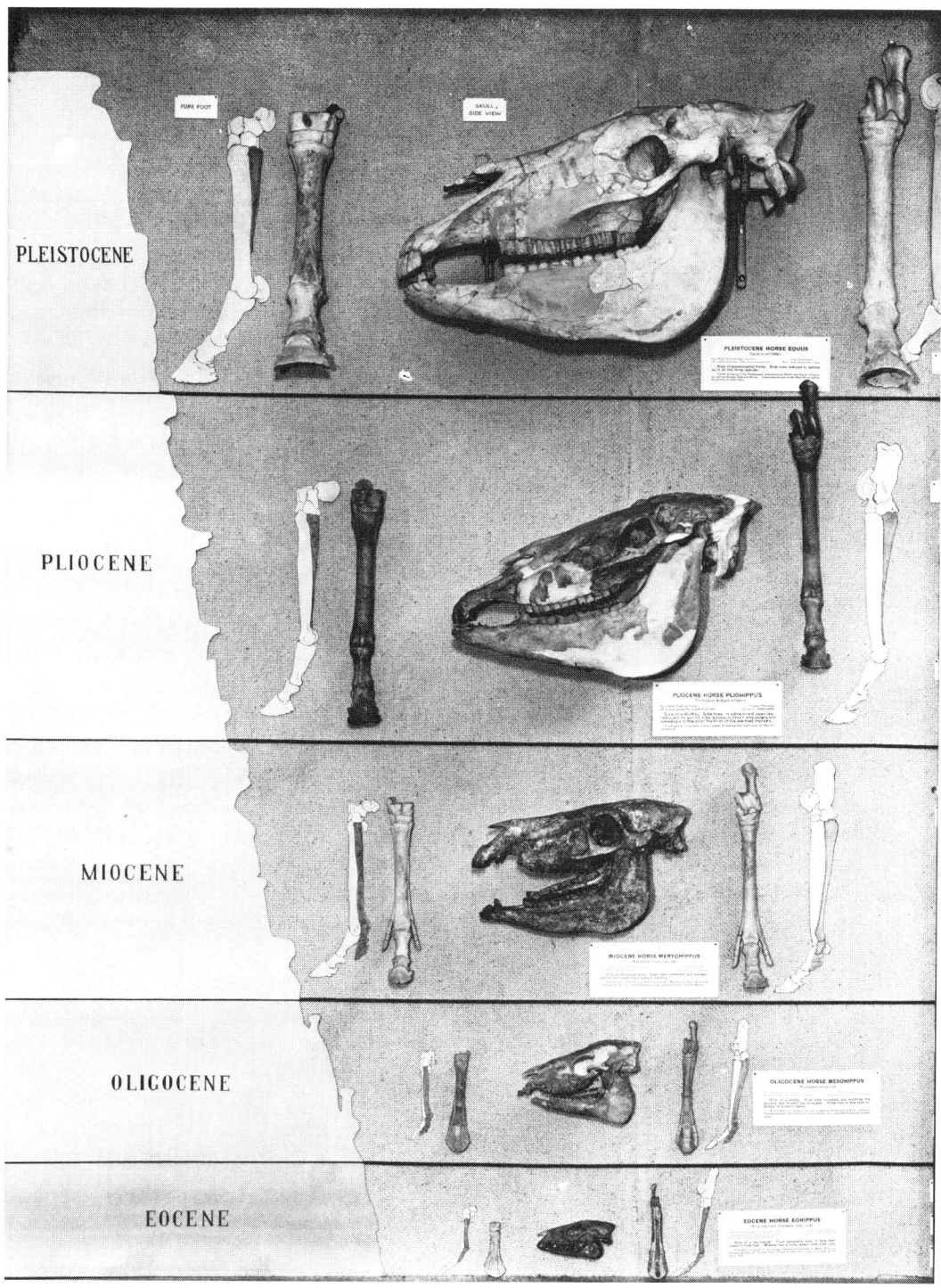

Evolution des Pferdes, illustriert anhand des Schädels und der Fußknochen. Mit Genehmigung des American Museum of Natural History (Neg. Nr. 322448; Foto: Baltin).

253

den Biochemikern nicht aus der Analyse der chemischen Strukturen der heute lebenden Organismen vertraut war.

Aus unserer Kenntnis biochemischer Gesetzmäßigkeiten können wir auf einige der biochemischen Veränderungen schließen, die bei der Evolution der Tiere eine Rolle gespielt haben könnten.

Nehmen wir beispielsweise einmal die Ausscheidung stickstoffhaltiger körpereigener Abfallprodukte. Die einfachste Art, Stickstoff loszuwerden, wäre sicherlich, ihn in Form der kleinen Ammoniakmoleküle (NH_3) auszuscheiden, die ohne weiteres durch die Zellmembranen hindurch ins Blut übergehen können. Leider aber ist Ammoniak äußerst giftig; wenn seine Konzentration im Blut den Wert von einem Teilchen pro Million übersteigt, bedeutet das für den Organismus den sofortigen Tod. Meerestiere können dieses Problem ohne weiteres umgehen, indem sie ihren Ammoniak kontinuierlich über die Kiemen ans Wasser abgeben. Einem Landtier dagegen würde die Ausscheidung von Ammoniak unüberwindliche Probleme bereiten: Um das Gas so schnell, wie es sich bilden würde, aus dem Organismus hinauszupumpen, wäre eine so exzessive Urinausscheidung erforderlich, daß der Körper binnen kurzem austrocknen und absterben würde. Ein landlebendes Tier muß daher seinen Stickstoffabfall in einer weniger giftigen Form entsorgen. Die Lösung des Problems heißt Harnstoff. Diese Substanz kann im Blut bis zu einer Konzentration von einem Teilchen pro tausend ohne ernsthaftes Risiko transportiert werden.

Wir haben bereits gesehen, daß Fische ihren Stickstoffabfall in Form von Ammoniak ausscheiden; dasselbe gilt auch für Kaulquappen. Wenn eine Kaulquappe sich jedoch zu einem Frosch mausert, stellt sich ihr Organismus zugleich von der Ammoniak- auf die Harnstoffentsorgung um. Diese Umstellung ist für den Übergang vom Leben im Wasser zum Leben an Land genauso wichtig wie die augenfälligere Umstellung von der Kiemen- zur Lungenatmung.

Diese biochemische Umstellung muß sich vollzogen haben, als die Quastenflosser das Land eroberten und zu Amphibien wurden. Wir haben demnach allen Grund zu der Annahme, daß die biochemische Evolution im Rahmen der Entwicklung der Arten eine ebenso große Rolle gespielt hat wie die morphologische Evolution (d. h. die Veränderungen in Körperbau und Anatomie).

Bevor der nächste große Schritt vom Amphibium zum Reptil getan werden konnte, bedurfte es eines weiteren biochemischen Entwicklungssprungs. Wenn ein Embryo in einem Reptilienei Harnstoff ausgeschieden hätte, hätte dieser in der begrenzten Wassermenge im Innern des Eis binnen kurzem eine giftige Konzentration erreicht. Der Kunstgriff, mit dem dieses Problem gelöst wurde, war die Umstellung von der Harnstoff- auf die Harnsäureproduktion. Harnsäure (deren Molekül mit seiner Purinstruktur den Molekülen der Nukleinsäure-Bausteine Adenin und Guanin ähnelt) ist in Wasser so gut wie unlöslich; sie fällt daher in Gestalt kleiner Körnchen aus und kann so nicht in die Zellen eindringen.

Auch in ausgewachsenem Zustand entledigen sich Reptilien ihres Stickstoffabfalls in Form von Harnsäure. Sie haben keinen flüssigen Urin. Die Harnsäure, die sie ausscheiden, verläßt ihren Körper als schleimige Masse durch die gleiche Körperöffnung, durch die sie auch ihre festen Exkremente ausscheiden. Diese Mehrzweck-Körperöffnung wird als *Kloake* bezeichnet.

Bei den Vögeln und den wenigen eierlegenden Säugetieren hat sich der von den Reptilien überlieferte Harnsäure-Ausscheidemechanismus ebenso erhalten wie die Kloake; die eierlegenden Säugetiere werden denn auch oft unter der Bezeichnung »Kloakentiere« zusammengefaßt.

Dagegen ist es den Plazentaliern (plazentatragende Säugetiere) ohne weiteres möglich, die stickstoffhaltigen Ausscheidungen des Embryos aus dem Organismus hinauszuspülen, denn der Embryo ist ja, über die Plazenta, an den mütterlichen Blutkreislauf angeschlossen. Säugetierembryos können daher problemlos Harnstoff produzieren. Er geht in den mütterlichen Blutstrom über und wird von den Nieren der Mutter ausgefiltert.

Ausgewachsene Säugetiere müssen, um den in ihrem Körper anfallenden Harnstoff loszukriegen, beträchtliche Urinmengen ausscheiden. Zweckmäßigerweise haben sie daher zwei verschiedene der Entsorgung dienende Körperöffnungen: den Anus für die Ausscheidung der unverdaulichen festen Nahrungsreste und eine Harnröhre für den flüssigen Urin.

Diese kurze Darstellung der Probleme der Stickstoffausscheidung soll verdeutlichen, daß ungeachtet der Tatsache, daß alles Leben aus einer gemeinsamen Wurzel hervorgegangen ist und nach den gleichen Prinzipien funktioniert, doch zwischen den einzelnen Arten auch in bezug auf relativ grundlegende Lebensvorgänge Unterschiede bestehen können. Bei Arten, die auf der evolutionären Stufenleiter nahe beieinanderliegen, sind diese Unterschiede eher gradueller Art, zwischen weiter auseinanderliegenden Arten sind sie zumeist ausgeprägter.

Denken wir beispielsweise einmal daran, daß das Blut von Tieren in der Lage ist, Antikörper gegen gewisse fremde Proteine zu bilden, beispielsweise gegen die im menschlichen Blut enthaltenen. Wenn man ein solches »Antiserum« isoliert und mit menschlichem Blut vermischt, wird es auf dieses heftig reagieren, d. h. es zur Gerinnung bringen; auf das Blut anderer Arten reagiert dasselbe Antiserum jedoch weit weniger heftig. (Auf dieser Erfahrung beruhen die Tests, mit denen festgestellt werden kann, ob ein Blutfleck von einem Menschen stammt oder von einem Tier – in Kriminalgeschichten spielt das ja manchmal eine Rolle.) Interessanterweise reagieren Antiseren, die auf Menschenblut sehr stark ansprechen, nur sehr schwach auf Schimpansenblut; ebenso sprechen Antiseren, die heftig mit Hühnerblut reagieren, nur schwach auf Entenblut an usw. Diese Spezifität der Antikörper-Reaktionen liefert Anhaltspunkte für die Bestimmung von Verwandtschaftsgraden zwischen verschiedenen Lebensformen.

Die Antikörper reagieren auf das Vorhandensein geringfügiger Unterschiede in der Struktur der komplexen Eiweißmoleküle – Unterschiede, die bei eng miteinander verwandten Arten noch so unbedeutend sind, daß die Antiserum-Reaktionen noch mehr oder weniger identisch sind.

Als es den Biochemikern in den 50er Jahren gelang, Techniken zur genauen Entschlüsselung des Aminosäurenaufbaus der Proteine zu entwickeln, schuf dies die Voraussetzung für eine wesentlich verfeinerte Analyse der Verwandtschaftsbeziehungen zwischen den Arten durch Vergleich der Proteinstrukturen.

1965 erschienen Berichte über detaillierte Analysen der Hämoglobinmoleküle verschiedener Primatenarten, darunter auch jene des Menschen. Im Hämoglobinmolekül kommen zwei verschiedene Typen von Peptidketten vor; bei einer davon, der Alpha-Kette, gab es von einer Primatenart zur anderen nur geringfügige, bei der anderen dagegen, der Beta-Kette, ausgeprägte Abweichungen. Beim Vergleich zwischen dem Menschen und einer bestimmten Primatenart stellte sich heraus, daß die Aminosäurenabfolge bei der Alpha-Kette nur an sechs Positionen differierte, bei der Beta-Kette jedoch an dreiundzwanzig. Nach den Unterschieden in der Struktur des Hämoglobinmoleküls zu urteilen, müßte sich die menschliche Entwicklungslinie vor rund 75 Millionen Jahren von der der anderen Menschenaffen getrennt haben; der Mensch als eigenständige Art wäre demnach etwa ebenso alt wie Pferd und Esel.

Ähnliche Schlüsse im Hinblick auf ein breiteres Artenspektrum lassen sich aus Vergleichen zwischen den Molekülen des Zytochroms C ziehen, eines eisenhaltigen Proteinmoleküls, das sich aus etwa 105 Aminosäuren zusammensetzt und sich in den Zellen jedes sauerstoffatmenden Organismus findet – ob Pflanze, Tier oder Bakterium. Wie die Analyse der Zytochrom-C-Moleküle unterschiedlicher Arten ergab, differiert die menschliche Variante dieses Moleküls von der des Rhesusaffen nur hinsichtlich einer einzigen der 105 Aminosäuren. Der Vergleich zwischen Mensch und Känguruh ergab hingegen 10 Unterschiede in der Abfolge der Aminosäuren; beim Vergleich Mensch–Thunfisch waren es 21 und beim Vergleich Mensch–Hefezelle etwa 40 Abweichungen.

Mit Hilfe der Computeranalysen haben die Biochemiker berechnet, daß es durchschnittlich rund 7 Millionen Jahre dauert, bis eine einzige Veränderung in der Abfolge der Aminosäuren eines Moleküls dieser Komplexität sich durchgesetzt hat. Auf dieser Grundlage lassen sich die Zeitpunkte errechnen, zu denen sich die Entwicklungswege der verschiedenen Stämme, Klassen usw. getrennt haben. So ergibt die Zytochrom-C-Analyse beispielsweise, daß die Abzweigung der höheren Organismen von den Bakterien vor rund 2,5 Milliarden Jahren stattfand. (So lange ist es also her, daß es auf der Erde ein Lebewesen gegeben hat, das man als gemeinsamen Vorfahr aller Eukaryoten betrachten kann.) Für den letzten gemeinsamen Vorfahr von Pflanzen und Tieren ergibt sich nach derselben Methode ein Alter von 1,5 Milliarden Jahren, für den letzten gemeinsamen Urahn von Insekten und Wirbeltieren ein Alter von 1 Milliarde Jahren. Hieran wird vielleicht auch dem letzten Skeptiker deutlich, daß die Evolutionstheorie sich nicht allein auf die Interpretation von Fossilien stützen kann, sondern auch auf eine breite Palette geologischer, biologischer und biochemischer Forschungsresultate.

Die Geschwindigkeit der Evolutionsprozesse

Wenn Mutationen in der DNS-Kette, die zu Veränderungen in der Abfolge der Aminosäuren eines Proteins führen, nur durch zufällige Faktoren zustande kämen, könnte man annehmen, daß die Evolution in ungefähr gleichmäßigem Tempo voranschreiten müßte. Es gibt aber Phasen, in denen die Evolution ein außergewöhnlich hohes Tempo anzuschlagen scheint, in denen also binnen kurzer Zeit eine ungewöhnlich große Zahl neuer Arten auftaucht – Stephen Gould hat diesen Gesichtspunkt in seiner bereits früher erwähnten Theorie der »sprunghaften Evolution« besonders betont. Es ist denkbar, daß einfach die Mutationsrate in bestimmten Phasen der Erdgeschichte größer war und ist als in anderen und daß dies zu einer beschleunigten Diversifizierung neuer Arten (oder zum Aussterben besonders vieler bestehender Arten) führt.

Ein Umweltfaktor, der die Entstehung von Mutationen begünstigt, ist energiereiche Strahlung; die Erde wird zu jeder Zeit und aus allen Richtungen mit energiereicher Strahlung bombardiert. Den größten Teil davon absorbiert die Atmosphäre, aber gegen die kosmische Höhenstrahlung ist selbst die Atmosphäre machtlos. Kann es sein, daß diese Strahlung zu manchen Zeiten stärker ist als zu anderen?

Es gibt zwei mögliche Erklärungen für sporadische Verstärkungen der Strahlungsintensität. Die erste hat mit dem Magnetfeld der Erde zu tun. Dieses lenkt einen Teil der kosmischen Strahlung ab, d. h. von der Erde weg. Das Magnetfeld schwankt jedoch in seiner Intensität, und zwischendurch – in wechselnden Zeitabständen – kommt es auch vor, daß seine Intensität auf null sinkt. Bruce Heezen äußerte 1966 die Vermutung, diese Phasen, in denen das irdische Magnetfeld im Prozeß seiner Umkehrung vorübergehend auf die Intensität null absinkt, seien eben auch Perioden erhöhter kosmischer Einstrahlung auf die Erdoberfläche, mit der Folge einer merklich erhöhten Mutationsrate. Im Licht dieser Hypothese ist es nicht gerade beruhigend, sich zu vergegenwärtigen, daß die Erde gegenwärtig allem Anschein nach einer solchen Periode minimaler Magnetfeld-Intensität entgegengeht.

Nicht außer acht zu lassen ist aber auch die Möglichkeit, daß hin und wieder in der engeren kosmischen Nachbarschaft der Erde eine Supernova explodiert – nahe genug an unserem Sonnensystem, um eine spürbare Verstärkung des auf die Erdoberfläche niedergehenden Strahlungsbombardements hervorzurufen. Einige Astronomen haben diesbezügliche Vermutungen angestellt.

Die Abstammung des Menschen

James Ussher, irischer Erzbischof des 17. Jahrhunderts, gelangte bei dem Versuch, die Erschaffung des Menschen möglichst genau zu datieren, zu dem Ergebnis, daß dieses Ereignis sich im Jahr 4004 v. Chr. zugetragen habe.

Vor Darwin wagten es nur die wenigsten, die biblische Version der Vor- und Frühgeschichte der Menschheit in Frage zu stellen. Wenn man das Alte Testament von Anfang bis Ende durchgeht, so ist das früheste dort berichtete Ereignis, das sich mit einiger Gewißheit historisch genau datieren läßt, die Krönung Sauls zum (ersten) König von Israel, die nach Ansicht der Historiker um das Jahr 1025 v. Chr. stattgefunden hat. Erzbischof Ussher und andere Bibelgelehrte, die von diesem Datum aus die davorliegenden Teile des Alten Testaments chronologisch hochrechneten, kamen durchweg zu dem Ergebnis, die Menschheit und das Universum als Ganzes könnten höchstens einige tausend Jahre alt sein.

Frühkulturen

Die außerbiblische frühe Geschichtsschreibung, wie sie uns durch die griechischen Historiker überliefert ist, war weder zuverlässiger als die biblischen Texte, noch beruhte sie auf älteren dokumentarischen Quellen als diese; sie setzte auch erst um das Jahr 700 v. Chr. ein. Was sich in früheren Jahrhunderten oder gar Jahrtausenden zugetragen hatte, war nur mündlich überliefert, wie etwa die Kunde vom Trojanischen Krieg, der um 1200 v. Chr. stattgefunden haben dürfte, oder die legendenhaft eingefärbten Berichte über eine vorgriechische Kultur auf der Insel Kreta unter einem König namens Minos. Bis ins 18. Jahrhundert n. Chr. hinein wußte man über die Lebensweise und die Lebensverhältnisse unserer antiken Vorfahren nur das, was die griechischen und römischen Historiker (deren Sprache man noch verstand) überliefert hatten, ohne daß man eine Möglichkeit gehabt hätte, ihre womöglich parteiischen und tendenziösen Schilderungen anhand objektiver Kriterien zu verifizieren. Dann, im Jahr 1738, begannen Archäologen damit, die im Jahr 79 n. Chr. bei einem Ausbruch des Vesuvs verschütteten römischen Städte Pompeji und Herculaneum auszugraben. Diese Ausgrabungen machten erstmals deutlich, welches riesige Informationspotential durch die Freilegung verschütteter oder überbauter Überreste alter Kulturen erschlossen werden kann; von diesem Zeitpunkt an nahm die wissenschaftliche Archäologie einen rasanten Aufschwung.

Erste konkrete Erkenntnisse über ältere als die von den griechischen und hebräischen Historikern beschriebenen Kulturen gewannen die Archäologen zu Beginn des 19. Jahrhunderts. Als General Bonaparte 1799 Ägypten besetzte, entdeckte einer seiner Offiziere, ein Mann namens Boussard, in dem an einem der Mündungsarme des Nils gelegenen Städtchen Rosette eine schwarze Basaltsteinplatte mit einer Inschrift. Genaugenommen waren es drei Inschriften: eine in griechischer Sprache, eine in einer altägyptischen Bilderschrift, der sogenannten *Hieroglyphenschrift* (»heilige Schrift«) und eine in einer vereinfachten ägyptischen, der sogenannten *demotischen* (»volkstümlichen«) Schrift.

Die griechische Inschrift referierte einen Routineerlaß aus der Regierungszeit Ptolemäus' V., datiert vom (umgerechnet) 27. März des Jahres 196 v. Chr. Es lag nahe, zu vermuten, daß die beiden anderen Inschriften denselben Erlaß verkündeten (ähnlich wie heutzutage Rauchverbotsschilder und andere öffentliche Hinweistafeln dieselbe Information in drei oder mehr verschiedenen Sprachen vermitteln). Die Archäologen waren entzückt – endlich ein Anhaltspunkt, anhand dessen sie in die Entzifferung der ägyptischen Schriftzeichen einsteigen konnten, die bislang für sie ein Buch mit sieben Siegeln gewesen waren. Einen wichtigen Beitrag zur Entschlüsselung des »Codes« leistete Thomas Young, der Pionier der Wellentheorie des Lichts. Die vollständige Entzifferung des Steins von Rosette blieb jedoch dem Franzosen Jean F. Champollion vorbehalten. Er ging von der theoretischen Hypothese aus, daß das Koptische, eine den Angehörigen christlicher Minderheiten in Ägypten noch geläufige Sprache, den einen oder anderen Schlüssel zum Verständnis der altägyptischen Sprache bergen könnte. 1821 hatte er es geschafft, den Hieroglyphencode und die demotische Schrift zu knacken; damit war der Weg zur Entzifferung aller in den Ruinen des alten Ägypten gefundenen Inschriften geebnet.

Ein mit dem Stein von Rosette nahezu identischer Fund führte später zur Entschlüsselung der bis dahin rätselhaft gewesenen Schriftsprachen der alten mesopotamischen Kulturen. Auf einem Felsenberg in der Nähe der Ruinenstadt Behistun im westlichen Persien fanden Archäologen eine Inschrift, die um das Jahr 520 v. Chr. auf Anordnung des persischen Kaisers Darius I. angefertigt worden war. Sie schilderte, auf welche Weise er nach der Ausschaltung eines Usurpators auf den Thron gelangt war; um sicherzustellen, daß alle seine Untertanen der Botschaft teilhaftig werden konnten, hatte Darius sie in drei Sprachen einmeißeln lassen – auf persisch, sumerisch und babylonisch. Die sumerische und die babylonische Schrift waren aus einer Bilderschrift hervorgegangen, deren Anfänge bis in die Zeit um 3100 v. Chr. zurückreichten. (Diese urtümliche Schrift bestand aus Bildsymbolen – Piktogrammen, wie man es heute nennen würde –, die mit einem Griffel in eine geglättete Lehmoberfläche eingeritzt wurden. Aus ihr entwickelte sich eine aus abstrakteren Zeichen bestehende *Keilschrift*, die bis ins erste nachchristliche Jahrhundert hinein in Gebrauch blieb.)

Ein englischer Heeresoffizier namens Henry C. Rawlinson bestieg den Felsturm, schrieb die gesamte Inschrift ab und konnte 1846, nach zehnjähriger Arbeit, eine vollständige Übersetzung vorlegen – wichtige Anhaltspunkte für die Entzifferung hatte er durch das Studium örtlicher Dialekte gewonnen. Die Entschlüsselung der Keilschriften eröffnete die Möglichkeit, die von den alten Kulturen Mesopotamiens (d. h. des Gebietes zwischen den Strömen Tigris und Euphrat) hinterlassenen schriftlichen Zeugnisse auszuwerten.

Expedition auf Expedition wurde nach Ägypten und Mesopotamien entsandt, um nach Inschriftentafeln und anderen Überbleibseln untergegangener Zivilisationen zu suchen. Ein türkischer Gelehrter namens Hurmuzd Rassam entdeckte 1854 in den Ruinen von Ninive, der Hauptstadt des antiken assyrischen Reichs, die Überreste einer Sammlung von Tontafeln – einer Bibliothek sozusagen, die um 650 v. Chr. auf Veranlassung des letzten großen assyrischen Königs, Assurbanipal, angelegt worden war. Der englische Assyriologe George Smith fand 1873 im gleichen Gebiet eine Garnitur von Tontafeln, die die Schilderung einer Flutkatastrophe enthielten, die dem biblischen Bericht über Noah und die Sintflut so ähnlich war, daß mit einem Schlage klar wurde, daß der erste Teil der biblischen Schöpfungsgeschichte in weiten Teilen auf babylonischen Überlieferungen beruht. Wahrscheinlich lernten die Juden diese Überlieferungen während ihrer Babylonischen Gefangenschaft in der Regierungszeit Nebukadnezars (rund 100 Jahre nach Assurbanipal) kennen. 1877 förderte eine französische Expedition Überreste einer vor-babylonischen Kultur zutage – der sumerischen. Dieser Fund bewies, daß die Kulturgeschichte der mesopotamischen Region mindestens so weit zurückreichte wie die ägyptische. 1921 schließlich wurden im Tal des Indus im heutigen Pakistan Überreste einer ganz und gar unvermuteten Kultur zutage gefördert, die ihre Blütezeit zwischen 2500 und 2000 vor Christus erlebt hat.

An unmittelbarer tatsächlicher und symbolischer Bedeutung für die Anfänge der abendländischen Zivilisation konnten sich Ägypten und Mesopotamien freilich nicht ganz mit Griechenland messen. Das vielleicht aufregendste Kapitel in der Geschichte der Archäologie wurde 1873 aufgeschlagen, als ein ehemaliger Kaufmannsgehilfe aus Deutschland die legendärste aller antiken Städte entdeckte.

Heinrich Schliemann war von frühester Jugend an von den Schriften Homers fasziniert. Während die meisten Historiker die Ilias als mythologische Dichtung abtaten, glaubte Schliemann fest daran, daß der Trojanische Krieg wirklich stattgefunden hatte; Troja zu finden wurde sein Lebenstraum. Um sich diesen Traum erfüllen zu können, arbeitete er sich unter fast übermenschlichen Anstrengungen vom Kaufmannslehrling zum Großhändler und Millionär empor. 1868, im Alter von 46 Jahren, startete er seine erste selbstfinanzierte Expedition. Er brachte die türkische Regierung dazu, ihm die Genehmigung für Ausgrabungen in Kleinasien zu erteilen. Sich an den dürftigen geographischen Hinweisen in Homers Ilias orientierend, erkor er schließlich einen unscheinbaren Hügel in der Nähe der Ortschaft Hissarlik zu der Stelle, an der er zu graben gedachte. Er rekrutierte zahlreiche Helfer aus den Reihen der einheimischen Bevölkerung und ließ sie schaufeln. In einer nach archäologischen Maßstäben dilettantischen Arbeitsweise, die zur Folge hatte, daß der archäologische Informationsgehalt der Funde zum Teil unwiederbringlich verlorenging, legte er eine Reihe verschütteter antiker Städte frei, von denen jede auf den Fundamenten der nächstälteren errichtet worden war. Dann schließlich die triumphale Meldung: Troja ist entdeckt – jedenfalls war Schliemann der festen Überzeugung, daß es sich um Troja handelte. Wie man heute weiß, stammen jene Ruinen, die Schliemann für die Überreste Trojas hielt, aus einer viel früheren Zeit als der des homerischen Troja. Wie auch immer, Schliemann hatte den Beweis dafür geliefert, daß die Dichtungen Homers mehr als bloß Legenden waren.

Trunken von seinem Erfolg, setzte Schliemann nach Griechenland über und begann in Mykene zu graben, einer Ruinenstadt, von der Homer berichtet hatte, sie sei einst die Hauptstadt des mächtigen Königs Agamemnon gewesen, des Heerführers der Griechen im Trojanischen Krieg. Wiederum gelang Schliemann ein sensationeller Fund – die Überreste einer Stadt mit gigantischen Festungsmauern, die nach heutigem Wissen aus der Zeit um 1500 v. Chr. stammen.

Die Triumphe Schliemanns riefen andere archäologische Schatzsucher auf den Plan: Der Engländer Arthur J. Evans begann auf Kreta zu graben, der Insel, die der griechischen Überlieferung zufolge einst Sitz einer mächtigen Kultur unter dem König Minos gewesen war. Tatsächlich legte

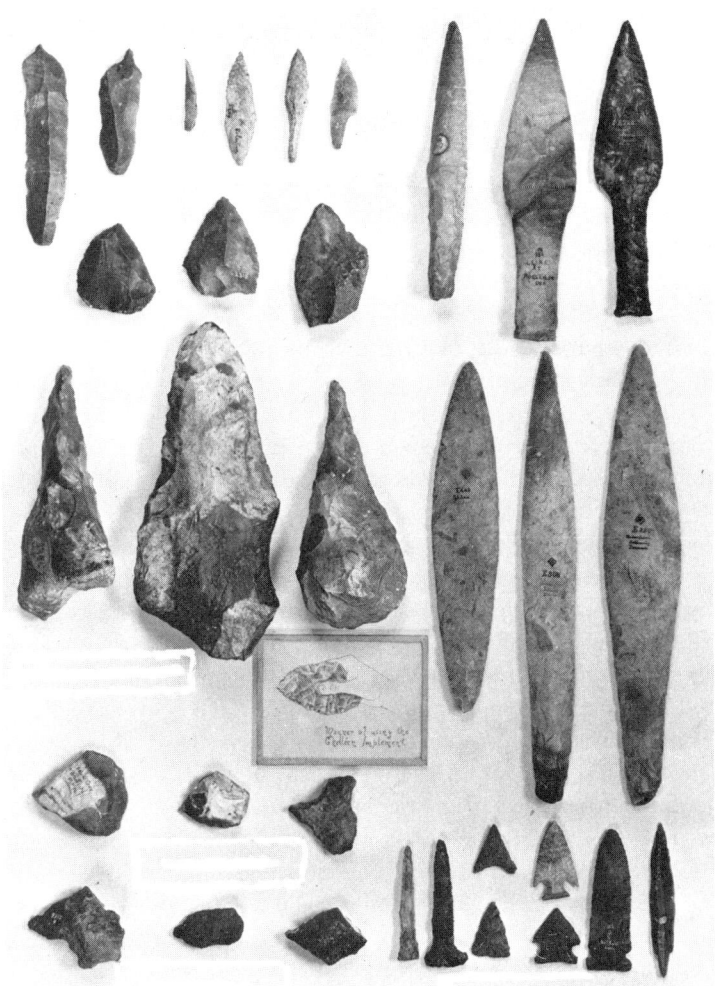

Steinwerkzeuge des frühgeschichtlichen Menschen. Links unten die ältesten aus dem Miozän, rechts oben die jüngsten. Reg. Nr. 411257. Mit Genehmigung des American Museum of Natural History (Photo: J. Kirschner).

Evans im Lauf der 1890er Jahre die Ruinen einer allem Anschein nach vor Reichtum und Luxus strotzenden Zivilisation frei, deren Geschichte um mehrere Jahrhunderte hinter die des homerischen Griechenlands zurückreicht. Auch hier wurden beschriftete Tontafeln gefunden. Sie trugen zwei unterschiedliche Schriftarten, von denen die eine, unter der Bezeichnung Linear B geführt, erst in den 50er Jahren entziffert und als eine Urform des Griechischen identifiziert werden konnte – es war ein junger englischer Architekt namens Michael Ventris, der diese bemerkenswerte kryptographische und linguistische Leistung vollbrachte.

Diese Funde und die Entdeckung weiterer Frühkulturen – die der Hethiter und Mitanni in Vorderasien, die Indus-Kultur weiter östlich – machten deutlich, daß die historischen Darstellungen des Alten Testaments oder des griechischen Historikers Herodot sich auf vergleichsweise fortgeschrittene Stadien der menschlichen Zivilisation bezogen. Die ältesten unter den ausgegrabenen Städten waren wenigstens ein paar tausend Jahre alt, und es war klar, daß es vor der Entwicklung fester Städte primitivere menschliche Kulturstadien gegeben haben mußte, die vielleicht viele Tausende von Jahren in die Vergangenheit zurückreichten.

Die Steinzeit

Die Pioniere der Erforschung der menschlichen Vor- und Frühgeschichte haben es für zweckmäßig befunden, diesen Untersuchungszeitraum in drei Epochen einzuteilen: die *Steinzeit*, die *Bronzezeit* und die *Eisenzeit*. (Diesen Einteilungsvorschlag machte als erster der römische Dichter und Philosoph Lukrez; in die moderne wissenschaftliche Theoriebildung wurde er 1834 von dem dänischen Paläontologen Christian J. Thomsen eingebracht.) Vor der Steinzeit hat es möglicherweise noch eine »Knochenzeit« gegeben, eine Periode, in der die Menschen Hörner, Zähne und Schenkelknochen größerer Tiere als Werkzeuge und Waffen benutzten, weil sie die Fertigung von Geräten aus Stein noch nicht beherrschten.

Die Bronze- und die Eisenzeit liegen im Bereich der überlieferten Frühgeschichte; sobald wir dahinter zurückgehen, also in die sogenannte Vorgeschichte, befinden wir uns bereits in der Steinzeit. Was wir Zivilisation nennen, setzte vor vielleicht zehntausend Jahren ein, also um 8000 v. Chr., als die Menschen erstmals von der Jagd zum Ackerbau und zur Viehzucht übergingen, neue Werkzeugarten und die Technik des Töpferns erfanden und dazu übergingen, in ortsfesten Siedlungen zu leben. Da unter den aus dieser Übergangsperiode stammenden archäologischen Funden gewisse neuartig geformte Steinwerkzeuge dominieren, hat man an dieser Stelle die Grenze zwischen der *Altsteinzeit* (vor 8000 v. Chr.) und der *Mittel-* und *Jungsteinzeit* (zwischen 8000 und ca. 2500 v. Chr.) markiert.

Die umwälzenden Veränderungen in der Wirtschafts- und Lebensweise der Menschen, die den Beginn der Mittelsteinzeit einläuteten, nahmen ihren Ausgang allem Anschein nach im Mittleren Osten, am Schnittpunkt Europas, Asiens und Afrikas (wo später auch die Bronze- und die Eisenzeit geboren wurden). Von hier aus pflanzten sich die revolutionären Errungenschaften sehr allmählich nach allen Richtungen fort. Im westlichen Europa und in Indien faßten sie erst gegen 3000 v. Chr. Fuß, im nördlichen Europa und in Ostasien gegen 2000 v. Chr., im mittleren Afrika und in Japan vielleicht erst gegen 1000 v. Chr. oder noch später. Die Ureinwohner des südlichen Afrika und Australiens befanden sich noch im 18. und 19. Jahrhundert n. Chr. auf dem Niveau der Altsteinzeit. In Amerika befanden sich zu dem Zeitpunkt, als die Europäer den Kontinent zu besiedeln begannen, also zu Beginn des 16. Jahrhunderts, die meisten eingeborenen Stämme noch im Stadium des Jagens und Sammelns; lediglich in

Mittelamerika und Peru gab es hochentwickelte Zivilisationen, die, vermutlich vom Stamme der Mayas ausgehend, in ihren Anfängen bis in die ersten nachchristlichen Jahrhunderte zurückreichten.

In Europa wurden die ersten Zeugnisse einer einheimischen altsteinzeitlichen Kultur gegen Ende des 18. Jahrhunderts entdeckt. 1797 stieß ein Engländer namens John Frere bei Grabungsarbeiten in Suffolk auf eine Anzahl von Werkzeugen aus Kieselstein, die zu primitiv waren, um von mittel- oder jungsteinzeitlichen Menschen zu stammen. Sie lagen in vier Meter Tiefe begraben, was, wenn man ein normales Ablagerungstempo unterstellte, auf ein sehr hohes Alter schließen ließ. In gleicher Tiefe wie die Werkzeuge fanden sich Knochen, die von ausgestorbenen Tierarten stammten. Immer mehr Hinweise auf eine sehr weit in die Vorgeschichte zurückreichende Tradition der Werkzeugherstellung tauchten auf, vor allem dank der Forschungstätigkeit zweier französischer Archäologen des 19. Jahrhunderts, Jacques Boucher de Perthes und Edouard A. Lartet. Lartet fand beispielsweise einen Mammutzahn, in den eine äußerst gelungene Zeichnung eines lebenden Mammuts eingeritzt war, offensichtlich vom lebenden Modell abgeschaut. Das Mammut, ein behaarter Verwandter des Elefanten, starb schon vor Beginn der Mittelsteinzeit aus.

Nachdem die Archäologen erst einmal begonnen hatten, gezielt nach Steinwerkzeugen aus frühester Zeit zu suchen, wurden die Funde so zahlreich, daß sie bald eine Unterteilung der Altsteinzeit (des *Paläolithikums*) in drei Unterabschnitte erforderlich machten: das Alt-, das Mittel- und das Jungpaläolithikum. Die ältesten Objekte, die man als von Menschenhand gefertigte Werkzeuge ansehen zu können glaubte, die sogenannten *Eolithen* (»Steine der Morgenröte«), waren fast 1 Million Jahre alt!

Was für Menschenwesen waren es, die die Werkzeuge der Altsteinzeit fertigten? Es stellte sich heraus, daß der altsteinzeitliche Mensch, zumindest im späteren Teil dieser Periode, weit mehr war als nur ein jagendes und sammelndes »Wesen«. 1879 erkundete ein spanischer Adliger, der Marquis de Sautuola, ein Höhlensystem, das einige Jahre zuvor in der Nähe des nordspanischen Städtchens Altamira bei Santander entdeckt worden war. (Die Zugänge zu diesen Höhlen waren, wie man feststellen konnte, durch einen Felsrutsch in vorgeschichtlicher Zeit verschüttet worden.) Als de Sautuola gerade dabei war, den Boden einer der Höhlen aufzugraben, rief seine fünfjährige Tochter, die mitgekommen war, um ihrem Papa beim Graben zuzuschauen, plötzlich: »Toros! Toros!« (»Stiere! Stiere!«). Als ihr Vater den Kopf hob, erblickte er an den Höhlenwänden Bilder verschiedener Tiere, in leuchtenden Farben und naturalistischem, detailreichem Stil gemalt.

Es fiel den Anthropologen schwer, zu glauben, daß diese handwerklich nahezu vollkommenen Bilder von primitiven Steinzeitmenschen stammen sollten. Allein bei einigen der abgebildeten Tiere handelte es sich eindeutig um Exemplare längst ausgestorbener Arten. Der französische Archäologe Henri E. P. Breuil entdeckte in südfranzösischen Höhlen ähnliche Kunstwerke. Übereinstimmende Untersuchungsergebnisse ließen den Archäologen schließlich keine andere Wahl, als der dezidierten Auffassung Breuils beizupflichten, daß diese Malereien im Jungpaläolithikum entstanden sein mußten, also etwa um 10000 v. Chr.

Man wußte zum Zeitpunkt der Entdeckung dieser Höhlenbilder schon einiges über das äußere Erscheinungsbild dieser steinzeitlichen Menschen. 1868 hatten Arbeiter bei Grabungsarbeiten für eine Eisenbahntrasse in den sogenannten Cro-Magnon-Höhlen im Südwesten Frankreichs fünf menschliche Skelette zutage gefördert. Es handelte sich zweifellos um die sterblichen Überreste von Angehörigen der Art *Homo sapiens*. Dabei waren einige dieser Knochengerüste, ebenso wie manche andere, die bald darauf anderswo gefunden wurden, 35000 bis 40000 Jahre alt. Der Cro-Magnon-Mensch, wie er seither genannt wird (*Abb.*), war von höherem Wuchs als der heutige Durchschnittsmensch und besaß bereits die für den Homo sapiens charakteristischen Merkmale der hohen Stirn und der ausgeprägten Schädelwölbung. Bildliche Rekonstruktionen zeigen ihn als einen wohlgestalteten, kraftvollen Menschentypus, der bereits so »modern« wirkt, daß man sich eine Kreuzung mit dem heutigen Menschen ohne weiteres vorstellen könnte.

In jener grauen Vorzeit, in der wir jetzt angelangt sind, war der Mensch, anders als heute, noch keine über den ganzen Erdball verbreitete Art. Bis ungefähr 20000 v. Chr. gab es Menschen nur auf der

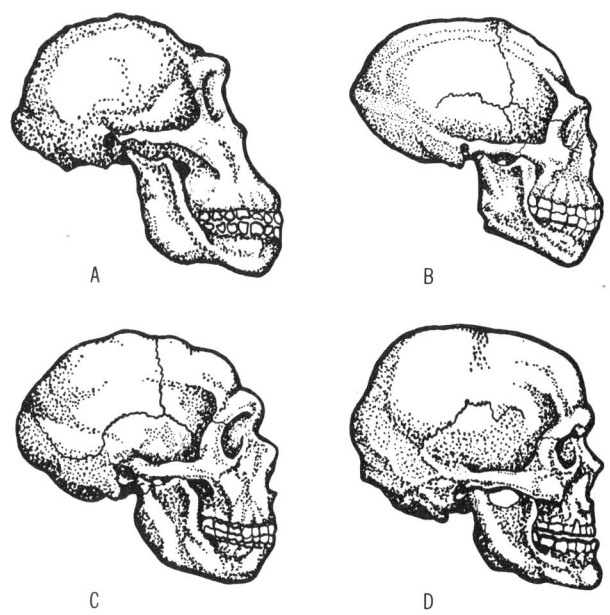

Rekonstruierte Schädel von: (A) Zinjanthropus, (B) Pithecanthropus, (C) Neandertaler und (D) Cro-Magnon.

»großen Weltinsel«, der aus Afrika, Asien und Europa bestehenden Festlandmasse. Erst später setzten jagende Horden über schmale Meerengen nach Nordamerika, Indonesien und Australien über. Erst ab etwa 400 v. Chr. erreichten wagemutige polynesische Seefahrer mit ihren »Schiffen«, die nicht viel mehr waren als Kanus, bei ihren ohne Kompaß unternommenen weiten Streifzügen über den Pazifik die Inseln der Südsee. Erst im 19. Jahrhundert n. Chr. gar setzte erstmals ein Mensch den Fuß auf den Boden des antarktischen Kontinents.

Wenn wir Näheres über die Geschicke der vorgeschichtlichen Menschen ermitteln wollen, benötigen wir zunächst einmal Anhaltspunkte und Methoden, die uns eine zumindest ungefähre Bestimmung des Alters von Fundstücken und des Zeitpunkts rekonstruierbarer Ereignisse gestatten. Hierzu sind von den Archäologen und Anthropologen eine Reihe ausgeklügelter Methoden entwickelt worden.

Die Archäologen nutzen zur Altersbestimmung beispielsweise die Jahresringe von Baumstämmen; begründet wurde dieses Verfahren, die sogenannte *Dendrochronologie*, 1914 von dem amerikanischen Astronomen Andrew E. Douglass. Jahresringe liegen in Jahren mit einem relativ feuchten Sommer, wenn relativ viel neues Holz angesetzt wird, weiter auseinander als in Jahren mit trockenem Sommer. Durch die unregelmäßige Abfolge feuchter und trockener Jahre ergibt sich über die Jahrhunderte ein ziemlich unverwechselbares Muster. Wenn man in einem bestimmten Gebiet genügend (lebende und fossile) Bäume mit sich überschneidenden Lebensdaten findet, läßt sich aus ihnen ein lückenloser »Jahresringkalender« erstellen. Wenn nun ein hölzernes Bauteil einer vorgeschichtlichen Behausung gefunden wird, das eine gewisse Mindestanzahl von Jahresringen zeigt, kann man sein genaues Alter ermitteln, indem man feststellt, an welcher Stelle des Jahresringkalenders sich ein Linienmuster befindet, das mit dem auf den Fundstücken genau übereinstimmt.

Einen Kalender ganz ähnlicher Art stellen die sogenannten *Warven* dar, Sedimentschichten, die beispielsweise in Skandinavien Jahr für Jahr durch abschmelzende Gletscher in Seen abgelagert werden. In warmen Jahren sind diese Schichten mächtiger, in kalten Jahren dünner; auch hier entsteht (dadurch, daß in jedem Winter eine dünne dunklere Schicht hinzukommt, die die Warve des vorausgegangenen von der des nachfolgenden Sommers trennt) eine unregelmäßige Abfolge dünnerer und dickerer Warven, so daß eine eindeutige Bestimmung des Alters eines Fundstücks auch dann möglich ist, wenn am Fundort nur ein kleiner Ausschnitt des vollständigen Warvenschemas vorhanden ist. In Schweden reicht der Warvenkalender 18 000 Jahre zurück.

Eine noch leistungsfähigere Methode entwickelte 1946 der amerikanische Chemiker Willard F. Libby. Sie wurzelte in der 1939 von dem US-Physiker Serge Korff gemachten Entdeckung, daß sich in der Erdatmosphäre unter dem Bombardement der kosmischen Strahlung Neutronen bilden. Stickstoff reagiert mit diesen Neutronen, wobei in neun von zehn Fällen das radioaktive Isotop Kohlenstoff-14 (^{14}C) und in einem von zehn Fällen das ebenfalls radioaktive Isotop Tritium (^3H) entsteht.

Das bedeutet, daß in der Atmosphäre beständig geringe Mengen ^{14}C (und noch geringere Mengen Tritium) vorhanden sind. Libbys Gedankengang war nun folgender: Von den in der Atmosphäre beständig erzeugten ^{14}C-Atomen muß nach statistischen Gesetzmäßigkeiten ein bestimmter Teil in Kohlendioxid-Moleküle eingebaut werden, in dieser Form von Pflanzen aufgenommen und schließlich auch von Tieren verzehrt werden. Solange eine Pflanze oder ein Tier am Leben ist, nimmt es auf diese Weise ständig radioaktiven Kohlenstoff (»Radiokohlenstoff«) auf, so daß dessen Konzentration in seinem Gewebe immer etwa gleich hoch bleibt. Wenn der Organismus aber abstirbt und damit aufhört, Kohlenstoff zu sich zu nehmen, kommt die natürliche Zerfallstendenz des Radiokohlenstoffs zum Tragen, d. h., dessen Konzentration in dem abgestorbenen Gewebe geht allmählich zurück, und zwar in einem Grad, der durch die Halbwertszeit des ^{14}C, die 5600 Jahre beträgt, bestimmt wird. Wenn man also irgendein Stück Körpergewebe aus vorgeschichtlicher Zeit findet, einen Knochen beispielsweise, so kann man sein Alter bestimmen, indem man feststellt, wieviel ^{14}C er noch enthält. Dasselbe gilt natürlich für andere organische Fundstücke wie Pflanzenteile, Holz oder Reste organischer Materie schlechthin. Das Verfahren liefert für Objekte mit einem Alter von bis zu 30 000 Jahren einigermaßen exakte Ergebnisse, womit also zumindest ein Teil der Altsteinzeit bis hin zur Periode des Cro-Magnon-Menschen abgedeckt ist. Für die Entwicklung dieser archäometrischen Technik erhielt Libby 1960 den Chemie-Nobelpreis.

Die Skelette von Cro-Magnon waren nicht die ersten Überreste vorgeschichtlicher Menschen, die entdeckt wurden. Schon 1857 waren im Neandertal unweit von Düsseldorf Teile eines Schädels sowie einige lange Knochen ausgegraben worden, die, wenn auch etwas roh und primitiv, so doch weitgehend menschlich wirkten. Am Schädel fielen eine stark fliehende Stirn und mächtige Augenbrauenwülste auf. Manche Archäologen waren der Meinung, die Knochen könnten von einem Menschen stammen, dessen Skelett sich infolge einer Krankheit deformiert hatte; im Lauf der Zeit tauchten jedoch an anderen Orten ähnliche Skelette auf, die zusammen ein detailliertes und in sich konsistentes Bild des *Neandertalers*, wie dieser Menschentyp genannt wurde, ergaben. Der Neandertaler war ein kleinwüchsiger, etwas geduckt und bullig wirkender Zweibeiner; der Neanderta-

Neandertaler, rekonstruiert von J. H. McGregor. Mit Genehmigung des American Museum of Natural History (Neg. Nr. 319951; Foto: Alex J. Rota).

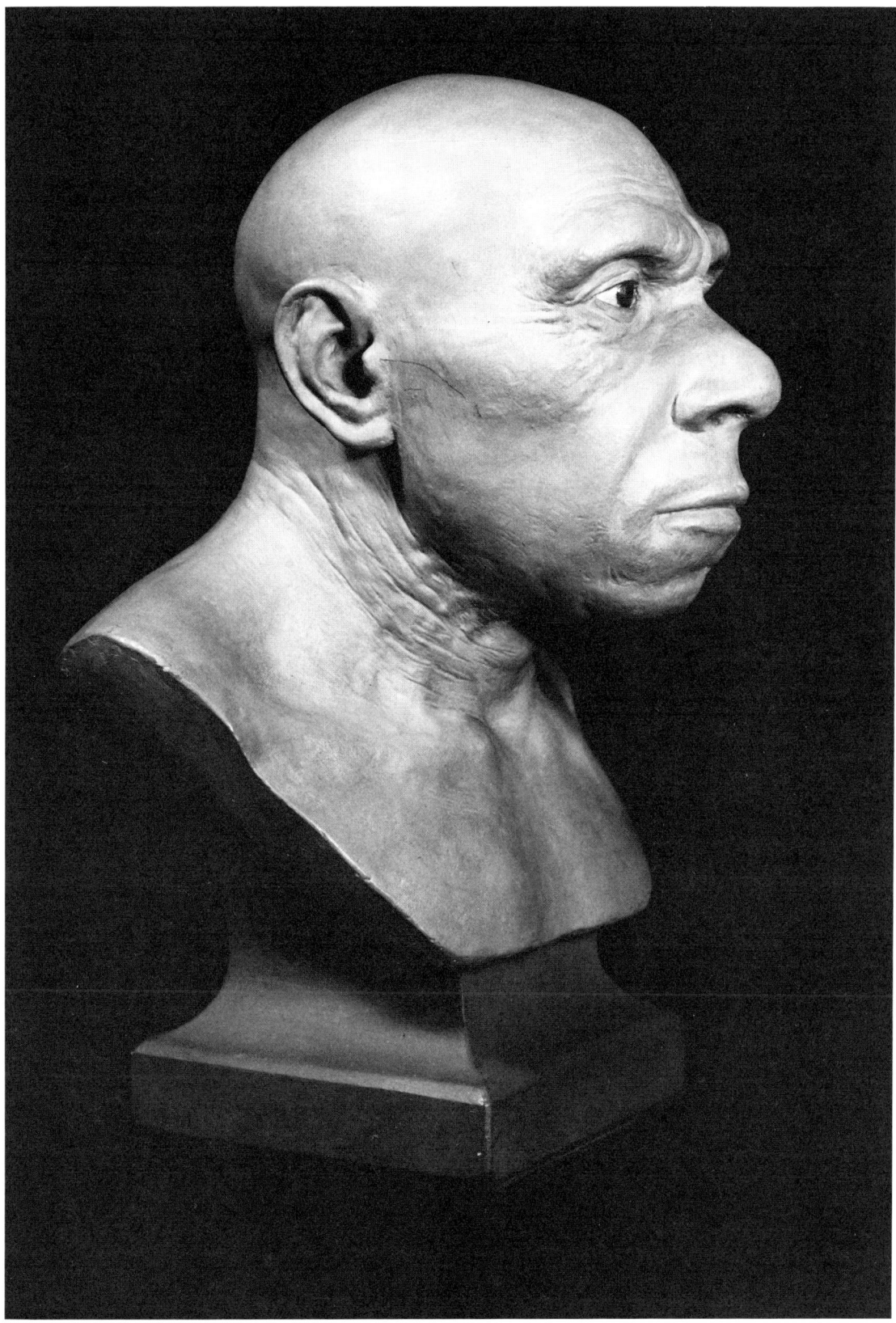

ler-Mann konnte bis zu 1,60 m groß werden, die Frau war durchschnittlich etwas kleiner. Im Schädel des Neandertalers hatte ein Gehirn Platz, das beinahe die Größe des heutigen Menschenhirns erreichte (*Abb.*). Auf nachempfundenen bildlichen Darstellungen erscheint der Neandertaler als eine Art Mittelding zwischen Mensch und Gorilla – stark behaart, mit wülstigen Augenbrauen, einem fliehenden Kinn und einer insgesamt primitiv wirkenden Physiognomie. Dieses Bild geht auf den französischen Paläontologen Marcellin Boule zurück, der 1911 als erster ein nahezu vollständiges Neandertaler-Skelett beschrieb. In Wirklichkeit war der Neandertaler wahrscheinlich nicht so weit von einer menschlichen Physiognomie entfernt, wie die gängigen Darstellungen glauben machen wollen. Neuere Untersuchungen des von Boule beschriebenen Skeletts haben gezeigt, daß es einem von einer fortgeschrittenen Arthritis gezeichneten Menschen gehörte. Ein normales Neandertaler-Skelett erweckt einen weitaus menschenähnlicheren Eindruck. Vermutlich könnte man einen glattrasierten, adrett frisierten, in einen gutsitzenden Anzug gesteckten Neandertaler in jeder Großstadt der Welt eine belebte Geschäftsstraße hinunterspazieren lassen, ohne daß er großes Aufsehen erregen würde.

Fossilien von Menschen des Neandertaler-Typs wurden nicht nur in Europa gefunden, sondern später auch in Nordafrika, Rußland und Sibirien, in Palästina und im Irak. Etwa 100 Skelette sind es, die an rund 40 verschiedenen Fundorten geborgen wurden. Man nimmt an, daß Menschen dieses Typs bis vor etwa 30 000 Jahren gelebt haben. Skelette eines Menschentyps, der dem Neandertaler in mancher Beziehung ähnelte, tauchten sogar an noch weiter voneinander entfernter Fundorten auf: im heutigen Sambia (dem damaligen Nord-Rhodesien) der sogenannte Rhodesia-Schädel (1921) und am Ufer des Solo River auf Java der Solo-Mensch (1931). Die Anthropologen sehen in diesen Typen verschiedene Arten der Gattung *Homo* und gaben ihnen die Artbezeichnungen *Homo neanderthalensis, Homo rhodesiensis* und *Homo solensis.* Es gibt allerdings auch Anthropologen und Evolutionstheoretiker, die der Meinung sind, daß die drei lediglich Varietäten oder Unterarten ein und derselben Art, nämlich des Homo sapiens, waren. Daß zur gleichen Zeit wie der Neandertaler Menschen vom Typ *sapiens* gelebt haben, steht fest; Mischformen, die gefunden wurden, legen die Vermutung nahe, daß es zu Kreuzungen zwischen den verschiedenen Typen gekommen ist. Wenn der Neandertaler und seine Vettern der Art Homo sapiens zugerechnet werden können, dann ist diese unsere Art vielleicht 250 000 Jahre alt.

Die Hominiden

Das Erscheinen von Darwins »Herkunft der Arten« löste eine fieberhafte Suche nach *der* Primatenart aus, die die unmittelbare evolutionäre Vorgängerin der menschlichen Rasse gewesen sein könnte – nach dem vielbeschworenen »fehlenden Glied« in der Kette, die uns mit unseren vermuteten affenartigen Vorfahren verbinden soll. Daß diese Suche nicht leicht zum Erfolg führen würde, mußte bei einiger Überlegung eigentlich klar sein. Primaten sind ziemlich intelligente Tiere. Die Wahrscheinlichkeit, daß sie ihren Tod in einer Situation finden, die zur fossilen Aufbewahrung ihres Skeletts führen würde, ist recht gering. Bei dem Versuch, abzuschätzen, wie groß die Chance ist, ein fossiles Primatenskelett zu finden, ist man auf einen hypothetischen Wert von eins zu einer Billiarde gekommen.

In den 80er Jahren des 19. Jahrhunderts setzte sich ein holländischer Paläontologe namens Thomas Dubois in den Kopf, daß Reste der tierischen Vorfahren des Menschen sich am ehesten in Ostindien (dem heutigen Indonesien) finden lassen müßten, wo ja auch noch immer große Menschenaffen heimisch waren. (Außerdem konnte er dort problemlos forschen, da der indonesische Archipel zum niederländischen Kolonialreich gehörte.) Überraschenderweise stieß Dubois ausgerechnet auf Java, der am dichtesten bevölkerten Insel des Archipels, auf eine Kreatur, die in der Tat wie eine Zwischenform zwischen Mensch und Affe aussah! Nach dreijähriger Suche fand er eine obere Schädelhälfte, die größer war als die eines Menschenaffen, aber nicht groß genug, um eines Homo sapiens würdig zu sein. Im Jahr darauf grub er einen Oberschenkelknochen von einer ähnlichen Zwischengröße aus. Dubois taufte seinen »Java-Menschen« auf den Namen *Pithecanthropus erectus* (»aufrechter Affenmensch«). Ein halbes Jahrhundert später, in den 30er Jahren, entdeckte ein anderer Holländer, Gustav H. R. von Koenigswald,

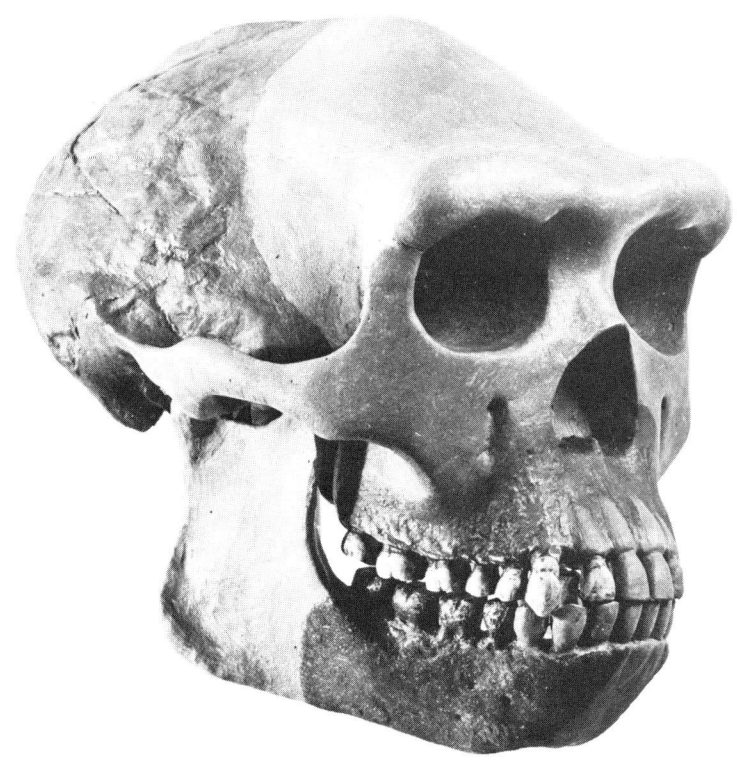

*Schädel von Pithecanthro-
pus, rekonstruiert von
Franz Weidenreich. Mit
Genehmigung des Ameri-
can Museum of Natural
History (Neg. Nr.
120979).*

*Sinanthropus-Frau, re-
konstruiert von Franz
Weidenreich und Lucile
Swan. Mit Genehmigung
des American Museum of
Natural History (Neg.
Nr. 322021).*

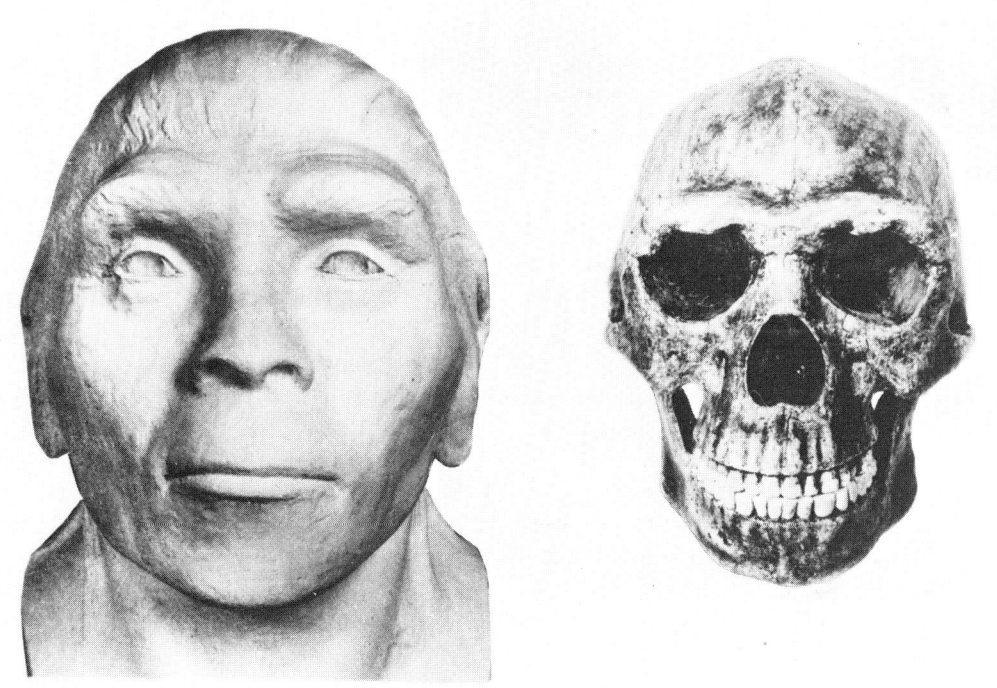

weitere Pithecanthropus-Knochen; zusammen mit den von Dubois gefundenen, ergaben sie ein ziemlich vollständiges Bild eines Geschöpfs mit kleinem Gehirn und sehr ausgeprägten Augenbrauenwülsten, das eine gewisse Ähnlichkeit mit dem Neandertaler aufwies (*siehe Abb.*).

Unterdessen hatten andere Grabungen in einer Höhle unweit von Peking Schädel, Kieferknochen und Zähne eines primitiven Menschen erbracht, den man *Peking-Menschen* nannte. Irgend jemandem fiel aufgrund dieses Funds ein, daß Zähne genau derselben Art schon früher einmal aufgefunden wurden und in einer Pekinger Apotheke, wo man sie als medizinische Kuriosität aufbewahrte, verstaubten. Im Dezember 1929 wurde dann der erste vollständig erhaltene Schädel gefunden, womit der Peking-Mensch endgültig seinen Platz in der Reihe eroberte. Er lebte vor vielleicht einer halben Million Jahren, beherrschte das Feuer und fertigte Werkzeuge aus Knochen und Stein. Mit der Zeit kamen Skeletteile von 45 Individuen zusammen; die ganze Sammlung verschwand aber 1941 bei dem Versuch, sie vor den einmarschierenden Japanern in Sicherheit zu bringen. 1949 begannen chinesische Archäologen mit neuen Ausgrabungen und machten neue Funde; mittlerweile sind Skeletteile von 40 Individuen aller Altersstufen und beider Geschlechter zusammengetragen worden.

Der Peking-Mensch erhielt den wissenschaftlichen Namen *Sinanthropus pekinensis* (»Pekinger China-Mensch«). Eingehende Untersuchungen an einer größeren Zahl dieser mit einem verhältnismäßig kleinen Gehirn ausgestatteten Hominiden (»Menschenartigen«) ergaben, daß kein zureichender Grund vorlag, den Peking-Menschen und den Java-Menschen als separate Gattungen zu führen. Nach Ansicht des deutsch-amerikanischen Biologen Ernst W. Mayr besteht auch kein Grund, diese Hominiden einer anderen Gattung zuzurechnen als der des heutigen Homo sapiens. Es herrscht aber inzwischen Übereinkunft, den Peking-Menschen und den Java-Menschen als zwei Varietäten der Art Homo erectus einzuordnen, deren früheste Vertreter vor etwa 700 000 Jahren auf der Erde erschienen sein dürften.

Die Annahme, daß die Wiege der Menschheit auf Java stand, ist eher unwahrscheinlich, auch wenn dort eine Hominidenart beheimatet war. Eine Zeitlang hielt man zwar den riesigen asiatischen Kontinent, auf dem ja schon früh der Peking-Mensch in Erscheinung getreten war, für die Geburtsstätte der Menschheit; doch im weiteren Verlauf des 20. Jahrhunderts richtete sich das Augenmerk mehr auf Afrika, den Kontinent, der das reichhaltigste Sortiment an Primaten im allgemeinen und an Menschenaffen im besonderen aufweist.

Die ersten bedeutsamen afrikanischen Funde machten zwei britische Forscher, Raymond Dart und Robert Broom. An einem Frühlingstag des Jahres 1924 fanden Arbeiter bei Sprengarbeiten in einem Steinbruch nahe der südafrikanischen Stadt Taungs einen kleinen Schädel mit beinahe menschlichen Zügen. Sie schickten ihn an Dart, der als Anatom in Johannesburg arbeitete. Dart sah darin auf den ersten Blick eine Übergangsform zwischen Affe und Mensch und gab der Kreatur den Namen *Australopithecus africanus* (»südlicher Affe Afrikas«). Als der Bericht, in dem er den Fund bekanntgab, in London erschien, glaubten die Anthropologen zunächst an einen Kunstfehler des Anatomen, der einen Schimpansen für einen Affenmenschen gehalten habe. Aber Robert Broom, ein eifriger Fossilienjäger, der schon seit langem der Überzeugung war, der Stern der Menschheit sei in Afrika aufgegangen, eilte nach Johannesburg und erklärte Australopithecus zum überzeugendsten aller »fehlenden Glieder«.

Während der nächsten Jahrzehnte suchten und fanden Dart, Broom und andere Anthropologen weitere Skelettreste – Knochen und Zähne – südafrikanischer Affenmenschen, dazu Keulen, mit denen diese Geschöpfe offenbar Tiere erlegt, sowie Knochen von Tieren, die sie verzehrt, und Höhlen, in denen sie gelebt hatten. Der Australopithecus war ein kurzwüchsiges Geschöpf mit einem kleinen Gehirn und einem schnauzenartig verlängerten Gesicht, in vieler Hinsicht weniger menschenähnlich als der Java-Mensch. Andererseits hatte der Australopithecus menschenähnlichere Augenbrauen und Zähne als der Pithecanthropus, ging aufrecht, benutzte Werkzeuge und bediente sich wohl einer primitiven Sprache. Sicher scheint, daß der Australopithecus, der vor mindestens einer halben Million Jahren lebte und damit vermutlich ein Zeitgenosse des Java- und des Peking-Menschen war, im Vergleich zu diesen beiden eine primitivere Spielart des Homo erectus darstellte.

Während der Australopithecus noch keine Entscheidung der Frage gebracht hatte, auf welchem Kontinent sich die ersten Hominiden entwickelten, sorgten die Entdeckungen des aus Kenia gebürtigen Engländers Louis S. B. Leakey und seiner Frau Mary dafür, daß das Pendel eindeutig zugunsten Afrikas ausschlug. In geduldiger und beharrlicher Arbeit durchforsteten die Leakeys auf der Suche nach fossilen Resten früher Hominiden einige in dieser Beziehung vielversprechende ostafrikanische Gebiete. Einer der heißesten Tips war die Olduwai-Schlucht im heutigen Tansania. Tatsächlich fand Mary Leakey dort am 17. Juli 1959, als Krönung einer über 25jährigen Suche, Fragmente eines Schädels, der sich, als die Bruchstücke zusammengesetzt waren, als der kleinste aller bis dahin gefundenen Hominiden-»Hirnkästen« entpuppte. Andere Körpermerkmale deuteten allerdings darauf hin, daß dieser Hominide dem Menschen näherstand als den Menschenaffen: Er ging nicht nur aufrecht, sondern in der Umgebung des Fundorts fanden sich auch zahlreiche kleine Werkzeuge aus Kieselsteinen, die Spuren der Bearbeitung zeigten. Die Leakeys tauften ihren Findling auf den Namen *Zinjanthropus* (»ostafrikanischer Mensch« – nach dem arabischen Wort für Ostafrika). *(Siehe Abb. S. 261.)*

Zinjanthropus liegt allem Anschein nach abseits der zum heutigen Menschen hinführenden Entwicklungslinie. Eher kommt als direkter Vorfahr des Homo sapiens ein anderes Geschöpf in Betracht, von dem fossile Reste gefunden wurden, die rund 2 Millionen Jahre alt sind. Dieser *Homo habilis* (»agiler Mensch«) war ca. 1,40 m groß und besaß Hände mit abspreizbaren Daumen, die bereits so beweglich waren (daher der Name), daß er dem Menschen diesbezüglich in nichts nachstand.

1977 stieß der amerikanische Archäologe Donald Johaneson auf ein womöglich 4 Millionen Jahre altes fossiles Hominidenskelett! Es kamen genügend Knochen zum Vorschein, um das Skelett zu etwa 40% zu rekonstruieren. Heraus kam eine Kreatur mit schlanken Knochen und einer Körpergröße von etwa 1,10 m. Ihr wissenschaftlicher Name lautet *Australopithecus afarensis*, aber im allgemeinen wird sie einfach nur *Lucy* genannt.

Zu den interessantesten Eigenschaften Lucys gehört, daß sie eine vollendete Zweibeinerin ist – nicht weniger als wir. Es scheint, als sei das erste wirklich tiefgreifende anatomische Unterscheidungsmerkmal zwischen den Menschenaffen und den Hominiden die konsequente funktionale Differenzierung der Beine von den Armen gewesen, d. h. der Übergang zur uneingeschränkten Zweibeinigkeit, und als habe sich dieser Übergang zu einer Zeit vollzogen, als das Hominidengehirn noch keineswegs größer war als etwa das Gehirn eines Gorillas. Es gibt durchaus gute Gründe für die Auffassung, daß das bemerkenswert rasante Wachsen des Hominidengehirns im Verlauf einiger weniger Jahrmillionen eine Konsequenz dieses Übergangs zur Zweibeinigkeit war. Die einstigen Vorderfüße konnten sich, von ihrer bisherigen Funktion entlastet, zu Händen, d. h. zu sensiblen Tastorganen und ebenso sensiblen Instrumenten zur Handhabung unterschiedlichster Gegenstände entwickeln. Dies hatte zur Folge, daß quantitativ eine bislang ungekannte Flut von Informationen über das Gehirn hereinbrach und qualitativ das Gehirn mit neuartigen Leistungsanforderungen konfrontiert wurde. Damit war eine natürliche Belohnung auf jede zufällige Erweiterung der Gehirnkapazität ausgesetzt, und der Selektionsmechanismus sorgte dafür, daß die Individuen mit den leistungsfähigeren Gehirnen auf lange Sicht die Oberhand behielten.

Es kann sein, daß Lucy die Vertreterin einer Art ist, aus der zwei Hominiden-Entwicklungslinien entsprangen. Der einen gehören die verschiedenen Australopitheci an, die ein Gehirnvolumen von 450 bis 650 cm^3 hatten und vor etwa einer Million Jahren ausstarben. Die zweite Linie wäre die, die über den Homo habilis und den Homo erectus (mit einem Gehirnvolumen von 800 bis 1000 cm^3) schließlich zum Homo sapiens (mit einem Gehirnvolumen von 1200 bis 1600 cm^3) führte.

Natürlich muß auch Lucy ihre Vorfahren gehabt haben; wir finden, wenn wir in eine noch fernere Vergangenheit zurückgehen, allerdings nur noch Fossilien von Tieren, die zu primitiv waren, um als Hominiden gelten zu können. Wir nähern uns hier womöglich dem gemeinsamen Vorfahr der Hominiden (von denen der Homo sapiens als einzige Art übriggeblieben ist) und den *Pongiden* oder Groß-Menschenaffen, deren heute noch lebende Vertreter die Schimpansen, die Gorillas, die Orang-Utans und einige Gibbonarten sind.

Wir begegnen auf unserem Weg dem *Ramapithecus,* von dem G. Edward Lewis Anfang 1930 in

Nordindien einen Oberkiefer fand. Dieser war entschieden menschenähnlicher als der Oberkiefer aller anderen lebenden Primaten; sein Alter wird auf etwa 3 Millionen Jahre geschätzt. Leakey fand 1962 Überreste eines offenbar einer verwandten Art angehörigen Individuums, das, nach der Isotopenanalyse zu schließen, vor 14 Millionen Jahren gelebt hat.

Schon 1948 hatte Leakey ein noch älteres, womöglich 25 Millionen Jahre altes Fossil gefunden und ihm den Namen *Proconsul* verpaßt. (Der Name, der wörtlich »vor Consul« bedeutet, war ein Tribut an einen im Londoner Zoo einsitzenden Schimpansen namens Consul.) Proconsul scheint der gemeinsame Vorfahr der großen Menschenaffen gewesen zu sein, der Gorillas, Schimpansen und Orang-Utans. In noch fernerer Vergangenheit muß es einen gemeinsamen Vorfahr von Proconsul und Ramapithecus gegeben haben, aber er ist fossil noch nicht aufgetaucht. Wenn es ihn gegeben hat, dann war er wohl das erste menschenaffenartige Geschöpf auf der Erde überhaupt; gelebt haben könnte er vor etwa 40 Millionen Jahren.

Der Piltdown-Mensch

Etliche Jahrzehnte lang beschäftigte die Anthropologen ein höchst erstaunliches Fossil, das wirklich die Qualitäten eines »fehlenden Glieds« zu haben schien, wenn auch in seltsamer und unwahrscheinlicher Zusammenstellung. In der Nähe einer englischen Ortschaft namens Piltdown Common fanden Straßenbauarbeiter 1911 beim Ausbaggern eines Kiesbettes einen zertrümmerten Knochenschädel. Ein Anwalt namens Charles Dawson wurde auf den Fund aufmerksam und brachte den Schädel dem im Britischen Museum tätigen Paläontologen Arthur Smith Woodward. Der Schädel wies eine hohe Stirn und nur schwach ausgeprägte Augenbrauenwülste auf; er wirkte jünger als der Neandertaler. Dawson und Woodward durchkämmten die Fundstelle nach anderen Skeletteilen. Nach einigen Tagen stieß Dawson in Woodwards Gegenwart etwa an der gleichen Stelle, an der die Schädelfragmente gefunden worden waren, auf einen Kieferknochen. Er war von der gleichen rötlichbraunen Farbe wie die anderen Fundstücke und mußte daher, so schien es zumindest, vom selben Schädel stammen. Doch im Un-

terschied zur oberen Schädelhälfte war dieser Kieferknochen entschieden affenähnlicher! Ebenso erstaunlich war, daß die in dem Kiefer steckenden Zähne, obwohl offenkundig Affenzähne, infolge von Kautätigkeit ähnlich wie Menschenzähne abgewetzt waren.

Woodward blieb nichts anderes übrig, als dieses halb affenähnliche, halb menschenähnliche Geschöpf für eine frühe Übergangsform mit einem weit entwickelten Gehirn und einem in der Entwicklung zurückgebliebenen Kiefer zu erklären. Er präsentierte der Welt seinen Fund als den Piltdown-Menschen.

Der Piltdown-Mensch erwies sich immer mehr als eine Ausnahmeerscheinung, denn bei allen zuvor und später gefundenen Hominiden-Fossilien konstatierten die Anthropologen eine Parallelität zwischen der Entwicklung des Gehirns und der des Kiefers. Endlich, Anfang der 50er Jahre, entschlossen sich drei britische Wissenschaftler – Kenneth Oakley, Wilfrid Le Gros Clark und Joseph S. Weiner –, dem Piltdown-Menschen auf den Zahn zu fühlen. Und siehe da, der Kiefer erwies sich als untergeschoben: Er stammte von einem zeitgenössischen Menschenaffen.

Die Geschichte vom Piltdown-Menschen ist vielleicht das bekannteste und peinlichste Beispiel dafür, daß auch Wissenschaftler nicht dagegen gefeit sind, einem aufgelegten Schwindel auf den Leim zu gehen. Rückblickend schüttelt man vielleicht verwundert den Kopf und fragt sich, wie es möglich war, daß die gesamte Fachwelt mehrere Jahrzehnte lang einer so plumpen Fälschung aufsaß; aber hinterher ist man immer klüger. Wir dürfen nicht vergessen, daß man 1911 noch sehr wenig über die Evolution der Hominiden wußte. Mit einem ähnlich einfachen Fälschungsversuch könnte man heute keinen mit der Materie vertrauten Wissenschaftler auch nur einen Moment lang aufs Glatteis führen.

Eine andere Geschichte aus dem Fossilienjäger-Milieu fand eine glücklichere Aufklärung. 1935 war von Koenigswald zufällig in einer Apotheke in Hongkong auf einen menschenartigen, aber riesengroßen fossilen Zahn gestoßen, der dort zum Verkauf auslag. Der chinesische Apotheker hatte ihn als »Drachenzahn« etikettiert und schrieb ihm medizinische Heilkräfte zu. Von Koenigswald klapperte weitere chinesische Apotheken ab und trug vier solcher Riesenzähne zusammen, ehe der

Zweite Weltkrieg seinen Sammleraktivitäten ein vorläufiges Ende setzte.

Die Ähnlichkeit der Fundstücke mit menschlichen Zähnen ließ es als möglich erscheinen, daß einst riesenwüchsige Menschenwesen (mit einer Körperlänge von vielleicht 2,75 m) auf der Erde hausten. Die Bereitschaft, dies für denkbar oder wahrscheinlich zu halten, war allenthalben vorhanden, vielleicht nicht zuletzt, weil es in der Bibel heißt: »In jenen Tagen gab es auf der Erde die Riesen…« (Genesis 6,4).

Zwischen 1956 und 1968 wurden dann aber vier Kieferknochen entdeckt, die zu diesen Riesenzähnen paßten. Das zugehörige Lebewesen, genannt *Gigantopithecus*, war nach heutiger Kenntnis unter allen Primaten, die jemals die Erde bevölkerten, der größte; es war aber eindeutig ein Menschenaffe und kein Hominide, trotz seiner menschenähnlichen Zähne. Sehr wahrscheinlich war es ein gorillaartiges Geschöpf, 280 kg schwer und in aufrechter Haltung 2,75 m hoch. Es kann sein, daß es ein Zeitgenosse des Homo erectus war und dieselben Ernährungsgewohnheiten hatte wie dieser. (Das würde auch die menschenähnlichen Zähne erklären.) Natürlich ist der Gigantopithecus seit mindestens 1 Million Jahren ausgestorben, so daß der zitierte Satz aus der Bibel wohl kaum auf ihn gemünzt sein kann.

Rassenunterschiede

Es ist wichtig, zu betonen, daß die ganze Hominiden-Evolution mit ihren Verzweigungen und Übergangsformen unter dem Strich nur eine einzige überlebende Art hervorgebracht hat; gut möglich, daß es einst eine ganze Anzahl verschiedener Hominidenarten gab, aber sie sind bis auf eine Ausnahme, den Homo sapiens, alle ausgestorben. Jeder einzelne Mensch, der heute auf der Erde lebt, ist, ungeachtet aller individuellen, nationalen, rassischen usw. Besonderheiten, ein Exemplar der Art Homo sapiens; Unterschiede der Hautfarben haben nicht mehr zu bedeuten als etwa verschiedene Fellfarben bei Pferden.

Gleichwohl haben die Menschen seit den Anfängen der Zivilisation den Rassenunterschieden eine mehr oder weniger große Bedeutung beigemessen und sind Angehörigen anderer Rassen mit jenen Empfindungen gegenübergetreten, die das Fremde typischerweise auslöst: Neugier, Mißtrauen, Vorurteil, Verachtung und/oder Haß. Selten aber zeitigte dieser sozusagen naturwüchsige Rassismus so tragische und langanhaltende Folgen wie im Fall des neuzeitlichen Konflikts zwischen weißen und dunkelhäutigen Völkern bzw. Bevölkerungsteilen. (Die Weißen werden oft als Kaukasier bezeichnet, was auf eine Klassifizierung zurückgeht, die der deutsche Anthropologe Johann Friedrich Blumenbach im Jahr 1775 vorschlug; er ging dabei von der irrtümlichen Annahme aus, unter den Volksstämmen des Kaukasus fänden sich die makellosesten Vertreter der weißen Rasse. Blumenbach klassifizierte außerdem, noch willkürlicher, die Schwarzen als »Äthiopier« und die Ostasiaten als »Mongolen«.)

Der Rassenkonflikt zwischen Weiß und Schwarz trat in seine schlimmste Phase, als im 15. Jahrhundert portugiesische Seefahrer, die die westafrikanische Küste erkundeten, entdeckten, daß sich mit eingeborenen Afrikanern, die man einfing und als Sklaven entführte und verkaufte, gute Gewinne erzielen ließen. Als der Sklavenhandel zu einem regelmäßigen und florierenden Geschäft wurde und etliche Wirtschaftszweige in den »Kulturländern« ganz auf die Nutzung von Sklavenarbeit eingestiegen waren, suchten und fanden die Weißen – offenbar zur Gewissensberuhigung – pseudorationale Rechtfertigungen für die Versklavung der Schwarzen, Rechtfertigungen, die sich teils auf die Bibel, teils auf moralische Wertungen und teils auch auf vermeintliche wissenschaftliche Erkenntnisse stützten.

Die Sklavenhalter lasen aus der Bibel heraus, daß die Schwarzen die Nachfahren von Ham seien und damit ein minderwertiger Menschenstamm, für den Noahs Fluch gelte: »Verflucht sei Kanaan. / Der niedrigste Knecht sei er seinen Brüdern« (Genesis 9,25). Viele Menschen glauben an diese Bibeldeutung auch heute noch. Tatsächlich galt Noahs Fluch dem Sohn Hams, Kanaan, und seinen Nachkommen, den Kanaanitern, die von den Israeliten unterworfen wurden, als diese das Land Kanaans mit Gewalt in Besitz nahmen. Es kann kein Zweifel daran sein, daß die Stelle aus Genesis 9,25 eine Prophezeiung nach vollendeter Tat darstellt, niedergelegt, um der Versklavung der Kanaaniter nachträglich eine höhere Rechtfertigung zu verleihen. Worauf ich aber eigentlich hinauswill, ist, daß in diesem Zusammenhang ausschließlich von den Kanaanitern die Rede ist, und bei denen handelte es sich mit Sicherheit um Weiße. Es war somit eindeutig eine vergewaltigende Interpretation der Bibel, auf die die Sklavenhalter sich beriefen, um die Unterjochung der Schwarzen zu legitimieren.

Auf die »frommen« Rassisten folgten die »wissenschaftlichen«. Aber ihre Argumente waren auch nicht besser, eher noch dürftiger. Sie erklärten, die dunkelhäutigen Rassen seien gegenüber der weißen Rasse schon deswegen minderwertig, weil sie offenkundig eine niedrigere Stufe der Evolution verkörperten. Verrieten nicht beispielsweise die dunkle Hautfarbe und die breite Nase eine größere Nähe zu den Menschenaffen? Das Dumme für die »wissenschaftlichen« Rassisten ist, daß man auf dieser Argumentationsebene ebensogut zu der entgegengesetzten Schlußfolgerung gelangen kann: Die Farbigen sind die am wenigsten behaarte unter allen Menschenrassen; in dieser Beziehung und auch in Anbetracht der Tatsache, daß ihr Haupthaar gekräuselt und wollig ist anstatt lang und glatt, stehen sie den Menschenaffen ferner als die Weißen! Sie haben weniger Ähnlichkeit mit Affenlippen als die dünnen Lippen der Weißen.

Es ist einfach so, daß jeder Versuch, die verschiedenen Spielarten des Homo sapiens auf verschiedenen Sprossen der Evolutionsleiter zu plazieren, dem Versuch gleichkommt, mit grobem Werkzeug Filigranarbeit zu machen. Es gibt nur eine Spezies Mensch; all die Variationen, die sich bislang infolge selektionsgesteuerter Anpassung herausgebildet haben, sind nach evolutionären Maßstäben belanglos.

Die dunkle Haut der Bewohner der tropischen und subtropischen Gebiete der Erde bietet ganz offensichtlich einen vorteilhaften Schutz vor der sengenden Sonne. Den Nordeuropäern gereicht ihre helle Haut insofern zum Vorteil, als sie dem in dieser Zone sehr spärlichen Sonnenlicht das denkbare Maximum an ultravioletter Strahlung zu entnehmen vermag, und dies ist wichtig, damit der Organismus aus den Steroiden in der Haut genügend Vitamin D bilden kann. Die Schlitzaugen der Eskimos und der Mongolen bieten einen Überlebensvorteil in Gebieten, wo eine permanente Schneedecke bzw. ein sandiger oder steiniger Wüstenboden eine starke Blendwirkung entfalten. Die längeren Nasen und engeren Nasenlöcher der Europäer erwärmen eingeatmete Winterluft besser, als eine Negernase es könnte, und dergleichen mehr.

Da der Homo sapiens seit langem die Tendenz erkennen läßt, die Erde zu einem einzigen zusammenhängenden oder gar uniformen Lebensraum zu machen, haben sich bislang keine grundlegenden Differenzierungen herausgebildet, die zu einer Aufspaltung der Menschheit in unterschiedliche Arten führen könnten; daß dies in der Zukunft geschehen könnte, ist erst recht unwahrscheinlich. Die Entwicklung läuft eher auf eine zunehmende Vermischung der verschiedenen Rassen und eine Nivellierung der bestehenden Unterschiede hinaus. Ganz deutlich zeigt sich dies am Beispiel der US-amerikanischen Farbigen. Obwohl gegen Mischehen noch immer erhebliche Vorurteile bestehen, haben nach Schätzungen fast vier Fünftel aller farbigen Amerikaner in ihrer Ahnenreihe einen oder mehrere Weiße. Wenn das 21. Jahrhundert anbricht, wird es in Nordamerika vielleicht keine »reinrassigen« Schwarzen mehr geben.

Blutgruppen und Rasse

Wenn sich die Anthropologen gleichwohl sehr für Rassenunterschiede interessieren, dann vor allem, weil sie von daher Aufschlüsse über die Wanderungsbewegungen vor- und frühgeschichtlicher Menschenhorden zu gewinnen hoffen. Geeignete Definitionsmerkmale für verschiedene Rassen zu finden ist gar nicht so einfach. Die Hautfarbe beispielsweise sagt wenig aus. Die Ureinwohner Australiens und die afrikanischen Neger sind gleichermaßen dunkelhäutig, miteinander aber um keinen Deut enger verwandt als die Afrikaner mit den Europäern. Auch die Kopfform – *dolichozephalisch* (länglich) oder *brachyzephalisch* (breit), nach einem 1840 von dem schwedischen Anatomen Anders A. Retzius gemachten Klassifizierungsvorschlag – gibt als Unterscheidungsmerkmal nicht viel her. Retzius und andere machten den Versuch, anhand des sogenannten zephalischen Index, d. h. des mit 100 multiplizierten Quotienten aus Kopflänge und Kopfbreite, die Europäer in einen nordischen, einen alpinen und einen mediterranen Typus einzuteilen. Allein die Differenzierungen von Gruppe zu Gruppe sind gering, die Variationsbreite innerhalb jeder

Gruppe groß. Dazu kommt, daß für die Form des Kopfes im Einzelfall immer auch lebensgeschichtliche Faktoren eine Rolle spielen, beispielsweise chronischer Vitaminmangel, die Art, wie ein Säugling gebettet wird, usw.

Inzwischen ist jedoch ein ausgezeichneter Indikator der Rassenzugehörigkeit gefunden worden: die Blutgruppe. Der amerikanische Biochemiker William C. Boyd leistete bei der Erforschung dieses Zusammenhangs Pionierarbeit. Er zeigte, daß Blutgruppen nach einem einfachen und berechenbaren Mechanismus vererbt werden, nicht dem Einfluß lebensgeschichtlicher Faktoren unterliegen und eine jeweils rassetypische Verteilung zeigen.

Ein besonders gutes Beispiel liefert der amerikanische Indianer. Bei manchen Stämmen kommt fast nur die Blutgruppe 0 vor, bei anderen außer 0 noch ein mehr oder weniger großer Anteil A. Es gibt praktisch keine Indianer mit den Blutgruppen B oder AB. Wenn eine dieser Blutgruppen bei einem Indianer festgestellt wird, ist das ein fast sicherer Beweis dafür, daß er einen Schuß Europäerblut in den Adern hat. Bei den australischen Aborigines sind ebenfalls die Blutgruppen 0 und A stark vertreten, während B kaum vorkommt. Sie unterscheiden sich von den amerikanischen Indianern jedoch signifikant durch die Verteilung der (erst in jüngerer Zeit entdeckten) Blutgruppen M und N; während bei den Aborigines M häufig und N selten ist, verhält es sich bei den Indianern genau umgekehrt.

In Europa und Asien, wo die Vermischung verschiedener Rassen weiter fortgeschritten ist, sind die Unterschiede in der Blutgruppenverteilung kleiner, aber immer noch markant. 70% aller Einwohner Londons beispielsweise haben die Blutgruppe 0, 25% die Gruppe A und 5% die Gruppe B. In der russischen Stadt Charkow liegen die entsprechenden Anteile bei 60, 25 und 15 %. Je weiter man von Mitteleuropa aus ostwärts kommt, desto größer wird der Anteil der Personen mit Blutgruppe B; er erreicht in Zentralasien mit 40% sein Maximum.

Die Blutgruppengene lassen sich als die noch nicht ganz verwischten Spuren früherer Wanderungsbewegungen deuten. Das Einsickern des B-Gens nach Europa ist vielleicht ein Nachklang der Er-

oberungszüge der Hunnen im 5. und der Mongolen im 13. Jahrhundert. Blutgruppenuntersuchungen im Fernen Osten scheinen darauf hinzudeuten, daß, und zwar erst seit relativ kurzer Zeit, in Japan die Blutgruppe A und in Australien die Blutgruppe B im Vormarsch ist.

Ein besonders interessantes und unerwartetes Spätzeugnis sehr früher menschlicher Wanderungsbewegungen wurde in Spanien entdeckt, und zwar im Gefolge der Erforschung des Rhesusfaktors oder Rh-Faktors und seiner Verteilung. (Der Name rührt daher, daß der Rh-Faktor bei Tests mit Rhesusaffenblut entdeckt wurde. Von dem für die Ausprägung des Rhesusfaktors verantwortlichen Gen gibt es mindestens acht Allele; davon heißen sieben Rh-positiv und das achte Rh-negativ, weil es gegenüber allen anderen rezessiv ist, d. h. sich bei der Vererbung nur durchsetzt, wenn ein Kind von beiden Eltern das negative Allel erhält.) In den Vereinigten Staaten haben etwa 85% der Bevölkerung Rh-positives und 15% Rh-negatives Blut. Ähnlich ist das Verhältnis auch bei den meisten europäischen Völkern. Eine erstaunliche Ausnahme stellt die baskische Bevölkerung im nördlichen Spanien dar, die zu 60% Rh-negatives und zu 40% Rh-positives Blut hat. Die Basken sprechen außerdem eine Sprache, die mit keiner anderen europäischen Sprache verwandt ist.

Daraus läßt sich der Schluß ziehen, daß die Basken Abkömmlinge eines in vorgeschichtlicher Zeit nach Europa eingewanderten Volksstamms mit Rh-negativem Blut sind. Von den Rh-positiven Stämmen, die später in mehreren Wellen Europa überfluteten, wurden sie in ein kleines bergiges Gebiet nahe dem westlichen Ende des Kontinents zurückgedrängt; sie sind die einzigen Nachkommen der Ureuropäer, die heute noch eine eigenständige Volksgruppe von nennenswerter Größe bilden. Das Vorkommen Rh-negativen Blutes bei einer Minderheit der Europäer und der von europäischen Einwanderern abstammenden Amerikaner dürfte ein Indiz dafür sein, daß die übrigen Ureuropäer von den später nach Europa eingewanderten Völkerschaften aufgesogen worden sind.

Die asiatischen Völker, die Neger Afrikas, die amerikanischen Indianer und die australischen Aborigines haben fast zu 100% Rh-positives Blut.

Die Zukunft der Menschheit

Voraussagen hinsichtlich der Zukunft der Menschheit zu wagen ist ein riskantes Unterfangen, das man eigentlich lieber Mystikern und Science-fiction-Autoren überlassen sollte. Wenn ich es trotzdem tue, so kann ich zu meiner Entschuldigung immerhin anführen, daß ich unter anderem auch Science-fiction-Autor bin.

Eines kann man, ohne ein großer Prophet zu sein, mit Gewißheit weissagen: Vorausgesetzt, es treten keine globalen Katastrophen ein – wie etwa ein totaler Atomkrieg oder ein verheerender Angriff aus dem Weltall oder eine unbekannte, sich unaufhaltsam ausbreitende tödliche Seuche –, so wird die Weltbevölkerung weiterhin rasch wachsen. Auf der Erde leben heute fünfmal so viele Menschen wir vor zweihundert Jahren. Es sind Schätzungen angestellt worden, denen zufolge die Gesamtzahl der Menschen, die in den letzten 600 000 Jahren gelebt haben, bei 77 Milliarden liegt. Wenn diese Zahl stimmt, dann bedeutet das: Fast 6% aller Menschen, die bisher auf der Erde überhaupt geboren worden sind, leben und atmen im jetzigen Moment. Und noch immer wächst die Weltbevölkerung in beängstigendem Tempo.

Da aus der frühgeschichtlichen und antiken Welt keine Daten über Bevölkerungszahlen überliefert sind, müssen wir uns mit Schätzwerten, beruhend auf dem, was wir über die Lebensbedingungen der damaligen Menschen wissen, begnügen. Wie Ökologen berechnet haben, hätte in der vor-agrikulturellen Periode, in der die Menschen ausschließlich von der Jagd, vom Fischfang und vom Sammeln wildwachsender Früchte (Nüsse usw.) lebten, das globale Nahrungsangebot für höchstens 20 Millionen Menschen gereicht. Es gilt als sicher, daß die tatsächliche Bevölkerungszahl in der Altsteinzeit höchstenfalls bei einem Drittel oder der Hälfte dieses Maximalwerts lag. Das würde also bedeuten, daß es beispielsweise um 6000 v. Chr. nicht mehr als sechs bis zehn Millionen Menschen auf der Erde gegeben hat – weniger als die heutige Einwohnerzahl einer einzigen Großstadt wie Shanghai oder Mexico City. (Zum Zeitpunkt der Entdeckung Amerikas lebten auf dem gesamten Gebiet der heutigen Vereinigten Staaten vermutlich nicht viel mehr als 250 000 Indianer, zum größten Teil als nichtseßhafte Jäger und Sammler. Die Stadt London hatte zu diesem Zeitpunkt wahrscheinlich schon mehr als 250 000 Einwohner.)

Die Bevölkerungsexplosion

Zum ersten sprunghaften Anstieg der Weltbevölkerung kam es in der mittleren Steinzeit im Gefolge des Übergangs zu Ackerbau und Viehzucht. Nach Schätzungen des britischen Biologen Julian S. Huxley (des Enkels jenes Huxley, der »Darwins Bulldogge« war) wuchs die Bevölkerung damals mit einer Geschwindigkeit, die jeweils im Abstand von etwa 1700 Jahren zu einer Verdoppelung der Gesamtzahl führte. Bei Anbruch der Bronzezeit beherbergte die Erde vielleicht 25 Millionen, beim Beginn der Eisenzeit vielleicht 70 Millionen Menschen; am Beginn der christlichen Zeitrechnung waren es schätzungsweise 170 Millionen, von denen ein Drittel innerhalb der Grenzen des Römischen Reiches lebte und ein weiteres Drittel im Chinesischen Reich. Um das Jahr 1600 dürfte die Gesamtbevölkerung der Erde bei 500 Millionen Menschen gelegen haben, erheblich weniger als die heutige Einwohnerzahl Indiens. Dieser Zeitpunkt markierte das Ende der flachen Wachstumsrate und den Beginn einer Bevölkerungsexplosion. Durch die Entdeckungsreisen des 15. Jahrhunderts waren rund 50 Millionen Quadratkilometer fast unbesiedelten Landes auf neuen Kontinenten für die auswanderungswilligen Europäer erschlossen worden. Die im ausgehenden 18. Jahrhundert einsetzende industrielle Revolution ermöglichte eine Potenzierung der Nahrungsmittelproduktion und damit auch der Zahl der ernährbaren Menschen. Selbst zurückgebliebene Länder wie China und Indien traten in ein Stadium intensiven Bevölkerungswachstums ein. Um sich zu verdoppeln, brauchte die Weltbevölkerung jetzt nicht mehr 1700, sondern nur noch etwas mehr als 200 Jahre. Von 500 Millionen im Jahr 1600 stieg sie auf 900 Millionen im Jahr 1800. Danach beschleunigte sich das Wachstum sogar noch. Im Jahr 1900 standen weltweit 1,6 Milliarden Menschen zu Buche. Daraus wurden in den ersten sieben Jahrzehnten des 20. Jahrhunderts 3,6 Milliarden, und dies trotz zweier Weltkriege. Im Jahr 1970 nahm die Weltbevölkerung um

220 000 Menschen pro Tag oder 70 Millionen pro Jahr zu. Das entsprach einer jährlichen Zuwachsrate von 2,0% (gegenüber einer geschätzten jährlichen Zuwachsrate von 0,3% im Jahr 1650). Bliebe es bei dieser Wachstumsrate, so würde sich die Weltbevölkerung etwa alle 35 Jahre verdoppeln, in manchen Regionen, wie etwa in Lateinamerika, sogar in noch kürzerer Zeit.

Die Wissenschaftler, die sich mit der Bevölkerungsexplosion befassen, tendieren heute stark zur malthusianischen Theorie, die sich seit ihrer Verkündung im Jahr 1798 eigentlich nie großer Beliebtheit erfreute. Wie bereits erwähnt, vertrat Malthus in seinem Essay *On the Principle of Population* den Standpunkt, daß eine Bevölkerung stets schneller wächst als ihre Nahrungsreserven, was zwangsläufig zu periodischen Nahrungsverknappungen führt, die entweder durch Hungerkatastrophen oder durch Kriege oder durch beides beendet werden. Zwar ist im Gegensatz zu seinen Voraussagen die Weltbevölkerung in den vergangenen eineinhalb Jahrhunderten stetig gewachsen, ohne daß es zu schwerwiegenden Ernährungsengpässen und Rückschlägen kam. Wir können dieses Ausbleiben von Katastrophen aber weitgehend der Tatsache zuschreiben, daß weltweit große Gebiete noch darauf warteten, für die Nahrungsproduktion erschlossen zu werden. Heute sind diese Reserven aber so gut wie ausgeschöpft. Der größere Teil der Weltbevölkerung leidet an Unterernährung, und es wird mächtiger Anstrengungen bedürfen, dieses chronische Übel zu überwinden. Gewiß, die Meere könnten als Nahrungsreservoir rationeller genutzt, die Menge der geernteten Meeresfrüchte vervielfacht werden. Ackerbau wird in vielen Regionen noch ohne Kunstdünger betrieben – hier wäre eine Intensivierung und Steigerung der landwirtschaftlichen Produktion also noch möglich. Ferner könnte man durch gezielten und zweckmäßigen Einsatz von Pestiziden überall dort, wo solche Mittel bisher nicht eingesetzt werden, die durch bakterielle Schädlinge und Insekten verursachten Ertragsausfälle beträchtlich vermindern. Es gibt auch Verfahren, mit denen man das Wachstum von Pflanzen und Tieren beschleunigen kann. Bei Pflanzen geschieht dies durch Zugabe von Pflanzenhormonen wie *Gibberellin* (dessen Erforschung sich japanische Biochemiker schon vor dem Zweiten Weltkrieg widmeten und auf das die westlichen Wissenschaftler in den 50er

Jahren aufmerksam wurden); bei Tieren bewirken geringe Dosen Antibiotika, dem Futter zugesetzt, eine Beschleunigung des Wachstums (vielleicht indem sie gewisse Darmbakterien ausschalten, die ansonsten an dem durch den Verdauungstrakt wandernden Nahrungsangebot partizipieren, und indem sie leichte, aber den Organismus doch belastende Infektionen unterdrücken). Wenn aber das Bevölkerungswachstum im bisherigen Tempo weitergeht, wird selbst bei optimaler Ausschöpfung aller dieser Möglichkeiten nicht mehr erreichbar sein als eine Aufrechterhaltung des gegenwärtigen, mehr schlechten als rechten Ernährungsniveaus. (Was das bedeutet, muß man sich immer wieder vergegenwärtigen: Heute gibt es weltweit rund 300 Millionen Kinder unter fünf Jahren, die so stark und chronisch unterernährt sind, daß sie bleibende Hirnschädigungen erleiden.)

Selbst ein so alltägliches und bis vor kurzem kaum zur Kenntnis genommenes Nahrungsmittel wie frisches Trinkwasser beginnt knapp zu werden. Gegenwärtig werden weltweit pro Tag 7,5 Billionen Liter Trinkwasser verbraucht. Zwar geht mehr als das 50fache dieser Menge in Form von Niederschlägen auf die Erde nieder, doch läßt sich davon nur ein Bruchteil ohne größeren technischen Aufwand für den menschlichen Trinkwasserbedarf nutzen. In den Vereinigten Staaten, wo der Pro-Kopf-Trinkwasserverbrauch beträchtlich über dem Weltdurchschnitt liegt, werden rund 10% der Gesamt-Niederschlagsmenge in irgendeiner Form vom Menschen genutzt.

Das hat unter anderem zur Folge, daß natürliche Trinkwasservorräte in Seen und Flüssen heute intensiver ausgebeutet werden und daher zuweilen auch heißer umkämpft sind als jemals zuvor. (Das Tauziehen zwischen Syrien und Israel um den Jordan oder zwischen Arizona und Kalifornien um den Colorado kann als besonders markantes Beispiele hierfür dienen.) Brunnen werden in immer größere Tiefen vorgetrieben, so daß in vielen Weltteilen der Grundwasserspiegel bereits bedenklich gesunken ist und weiter sinkt. In heißen Gebieten wie Australien, Israel und Ostafrika hat man im Rahmen von Bemühungen zur Streckung der Süßwasservorräte unter anderem bereits mit der Möglichkeit experimentiert, Seen und Trinkwasserspeicher mit Cetylalkohol abzudecken. Diese Substanz breitet sich als superdünner Film (von der Dicke eines Moleküls, um es genau zu sagen) über die Wasseroberfläche aus und vermindert die Verdunstung, ohne die Wasserqualität zu beeinträchtigen. (Natürlich stellt die zunehmende Verschmutzung unserer Gewässer durch Abwasser und Industrieeinleitungen einen zusätzlichen, die nutzbare Süßwassermenge vermindernden Faktor dar.)

Es wird im Endeffekt, so scheint mir, nichts anderes übrigbleiben, als daß wir uns Trinkwasser aus dem Meer holen, ein für die absehbare Zukunft unerschöpfliches Wasserreservoir. Zu den aussichtsreichsten Methoden der Entsalzung von Meerwasser gehören das Destillieren und das Gefrieren. Derzeit wird ferner mit Membranen experimentiert, die die Eigenschaft haben, Wassermoleküle, nicht aber beliebige andere Ionen durchzulassen. Für so wichtig wird dieses Problem erachtet, daß die Sowjetunion und die Vereinigten Staaten zu einer Zeit, da die Bereitschaft zur Zusammenarbeit auf anderen Gebieten merklich abgekühlt ist, miteinander über eine gemeinsame Strategie zu seiner Lösung reden.

Seien wir einmal so optimistisch, wie es eben noch zulässig ist, und nehmen wir an, daß dem menschlichen Erfindungsgeist im Rahmen des naturgesetzlich Möglichen keine Grenzen gesetzt sind. Gesetzt den Fall also, wir vollbringen alle möglichen technischen Glanzleistungen: Wir fördern Metalle vom Meeresboden, erschließen riesige Ölvorkommen unter der Wüste, finden Kohle in der Antarktis, lernen die Sonnenenergie zu nutzen und die Fusionsenergie zu beherrschen und schaffen es mit Hilfe dieser und anderer Errungenschaften, die globale industrielle und landwirtschaftliche Produktion zu verzehnfachen. Was dann? Nun, wenn das Bevölkerungswachstum in seiner bisherigen Rasanz weitergeht, würden wir mit allen diesen technischen Großtaten letzten Endes nur eine Sisyphusarbeit leisten.

Wer sich nicht schlüssig ist, ob er diese pessimistische Einschätzung akzeptieren kann, der sollte sich einmal mit den erstaunlichen Eigenschaften exponentieller Wachstumskurven vertraut machen.

Es ist berechnet worden, daß die im Augenblick auf der Erde existierenden lebenden Organismen zusammengenommen eine Masse von 2×10^{19} Gramm bilden. Wenn dem so ist, dann entsprach 1970 die addierte Masse aller damals auf der Erde lebenden Menschen in etwa dem 100 000sten Teil der Masse allen Lebens.

Wenn sich die Weltbevölkerung weiterhin alle 35 Jahre verdoppelt (was der Wachstumsrate des Jahres 1970 entspräche), wird sie um das Jahr 2570 das 100 000fache ihres heutigen Umfangs erreichen. Da es vermutlich nicht möglich ist, die Masse des organischen Lebens, das auf der Erde insgesamt gedeihen kann, nennenswert zu erhöhen, kann, wenn eine Art sich stark vermehrt, dies nur auf Kosten anderer Arten geschehen. Im Jahr 2570 müßte also die Menschheit unserem Szenario zufolge buchstäblich alle anderen Lebensformen aufgefressen haben, und es bliebe ihr dann nichts mehr übrig, als sich selbst aufzufressen.

Selbst wenn wir annehmen, daß es gelänge, in großtechnischem Maßstab Nahrungsmittel aus anorganischen Stoffen herzustellen, sei es mit Hilfe von Hefekulturen oder durch Hydrokultur (die Aufzucht von Pflanzen in chemischen Nährlösungen) oder durch andere Techniken, so wäre doch gegen die lawinenartige Progression der Bevölkerungszahl, die sich bei der angesetzten Wachstumsrate ergeben würde, kein Kraut gewachsen. Im Jahr 2600 würde es, wenn man diese Wachstumsrate weiter hochrechnet, 630 Billionen Menschen geben! Auf unserem Planeten gäbe es dann nur noch Stehplätze, denn wenn man diese Anzahl von Menschen über die gesamte Festlandsmasse der Erde (die Antarktis, Grönland und das feste Nordpolareis mit eingeschlossen) verteilen würde, kämen auf jeden Quadratmeter vier Personen. Rechnet man noch weiter in die Zukunft hoch, so wäre im Jahr 3550 die Gesamtmasse aller menschlichen Körper gleich der Masse der Erde. Sollte es unter den Lesern Leute geben, die in der Besiedlung anderer Planeten einen möglichen Ausweg sehen, so liefern ihnen vielleicht die folgenden Angaben Stoff zum Nachdenken: Angenommen, es gäbe im Universum genau eine Billion bewohnbarer Planeten, und es könnten Transportverbindungen zu allen diesen Planeten eingerichtet werden; dann würde es bei der gegenwärtigen Wachstumsrate der Menschheit lediglich dreitausend Jahre dauern, bis es auf allen diesen Planeten ebenfalls nur noch Stehplätze gäbe. Und im Jahr 7000 n. Chr. wäre es soweit, daß die Gesamtheit aller menschlichen Körper ein Volumen von der Größe des bekannten Universums ausfüllen würde!

Nach all dem ist klar, daß die Menschheit nicht mehr sehr lange im jetzigen Tempo weiterwachsen kann, ganz unabhängig davon, wie gut oder schlecht die Probleme der Lebensmittel-, Wasser- und Energieversorgung gelöst werden. Ich sage nicht, daß sie nicht weiterwachsen »wird« oder »darf« oder »sollte«. Sondern ich sage in aller Entschiedenheit, daß sie es nicht kann.

Es sind nicht nur die schwindelerregenden Zahlen an sich, die ein Weiterwachsen in diesem Tempo unmöglich machen. Es kommt ja noch dazu, daß jeder einzelne von uns (jedenfalls im statistischen Mittel) nicht etwa immer gleich viel, sondern ständig mehr Energie, Wasser und andere Ressourcen verbraucht sowie auch ständig mehr Abfall und Umweltverschmutzung produziert. Einem Bevölkerungswachstum, das alle 35 Jahre zu einer Verdoppelung führen würde, entsprach 1970 eine Steigerungsrate des Energieverbrauchs, die im gleichen Zeitraum zu einer Versiebenfachung führen müßte.

Die Tendenz, die Umwelt ohne Rücksicht auf Verluste Jahr für Jahr mit einem zunehmenden Ausstoß an Abfällen und Giftstoffen zu belasten, bringt uns noch schneller an den Rand der Katastrophe, als das Bevölkerungswachstum allein es tun würde. So gelangen beispielsweise die bei der Verbrennung von Kohle und Öl in häuslichen oder industriellen Heizanlagen anfallenden Abgase weltweit noch immer weitgehend ungefiltert in die Atmosphäre. Das gleiche gilt für die in der chemischen Industrie anfallenden Abgase. Hunderte von Millionen von Automobilen stoßen Bezindämpfe sowie Rückstände und Oxidationsprodukte von verbranntem Benzin sowie Kohlenmonoxid und Bleiverbindungen aus. Schwefel- und Stickoxide (die entweder in fertiger Form in die Atmosphäre gelangen oder dort durch nachträgliche Oxidation mit Hilfe des ultravioletten Sonnenlichts entstehen) können, im Zusammenwirken mit anderen Substanzen, Metalle rosten und steinere Baustoffe verwittern lassen, Bäume und landwirtschaftliche Nutzpflanzen schädigen, Bronchialbeschwerden auslösen oder verstärken und sogar zur Entstehung von Lungenkrebs beitragen.

Bestimmte Wetterlagen, die Luftschichteninversionen, können dazu führen, daß die Luft über einer Großstadt für längere Zeit wie eine unbewegliche Haube liegenbleibt, so daß die Abgase sich in der Luft akkumulieren und ein mehr oder weniger giftiger Dunst entsteht, der sogenannte *Smog* (ein Kunstwort aus *smoke* und *fog*). Die erste Großstadt, deren gelegentliche Smogprobleme Schlagzeilen machten, war Los Angeles, aber das war natürlich nur die Spitze des Eisbergs; auch andere Städte litten, teilweise seit längerer Zeit als Los Angeles, unter periodischem Smog. Im schlimmsten Fall kann eine Smog-Wetterlage Tausende von Menschen das Leben kosten, die, sei es aus Altersgründen oder wegen ohnehin angegriffener Gesundheit, dieser zusätzlichen Belastung ihrer Lungen nicht gewachsen sind. Zu regelrechten Smog-Katastrophen kam es 1948 in Donora (Pennsylvania) und 1952 in London.

Seit nunmehr gut hundert Jahren kippen wir unsere chemischen Abfälle achtlos in Flüsse und Meere. Hin und wieder kommt es vor, daß einer dieser Giftstoffe uns nicht den Gefallen tut, sich in nichts aufzulösen, sondern sich unter mehr oder weniger alarmierenden Vorzeichen zurückmeldet. 1970 beispielsweise erfuhren wir zu unserer Bestürzung, daß gewisse Quecksilberverbindungen sich im Gewebe von Meereslebewesen bis zu gefährlichen Konzentrationen anreichern können. Anstatt das Meer als ein potentiell ausbaufähiges Nahrungsreservoir zu erhalten und zu erschließen, mißbrauchen wir es als Mülldeponie und laufen Gefahr, es in großem Maßstab zu vergiften.

Der unbedachte Einsatz schwer abbaubarer Pestizide führt dazu, daß diese Gifte zunächst von Pflanzen und dann von Tieren aufgenommen und gespeichert werden. Manche Vögel sind infolgedessen innerlich bereits so stark vergiftet, daß sie keine normalen Eierschalen bilden können. So haben wir mit unserem Krieg gegen verschiedene Schädlingsinsekten beispielsweise den Wanderfalken an den Rand des Aussterbens gebracht.

Fast jeder sogenannte technische Fortschritt kann, wenn in dem Bestreben, die Konkurrenz abzuhängen und den eigenen Profit zu steigern, die nötige Vorsicht über Bord geworfen wird, Umweltprobleme heraufbeschwören. Nach dem Zweiten Weltkrieg sind die Seifen, die bis dahin Hauptbestandteile von Waschmitteln waren, weitgehend durch synthetische waschaktive Substanzen ersetzt worden. Dazu gehören vor allem verschiedene Phosphate, die, wenn sie mit dem Abwasser in Flüsse, Seen und Meere gelangen, dort zu einer starken Beschleunigung des Wachstums von Mikroorganismen führen. Dies wiederum führt, da diese Mikroorganismen den Sauerstoffvorrat der betreffenden Gewässer aufbrauchen, dazu, daß die anderen in dem Gewässer heimischen Lebewesen regelrecht ersticken. Diese einschneidende Veränderung der Ökologie eines Gewässers *(Eutrophierung)* ist im Falle stehender Gewässer – insbesondere im Falle flacher Seen wie etwa des Erie-Sees – de facto gleichbedeutend mit der Beschleunigung eines unter natürlichen Bedingungen sehr langsam ablaufenden Prozesses auf Zeitraffertempo: Die Lebensdauer solcher Seen wird durch diese künstlich hervorgerufene Alterung um Millionen von Jahren verkürzt. Der Erie-See ist auf dem besten Weg, sich zum Erie-Sumpf zu entwickeln, während die Sumpfgebiete von Florida, die Everglades, der Verlandung entgegengehen.

Zwischen Lebewesen verschiedener Arten bestehen vielfältige Wechselbeziehungen und Abhängigkeiten. In manchen Fällen ist dies ganz offenkundig, wie bei der symbiotischen Beziehung zwischen Blütenpflanzen und Bienen, wo die Pflanzen von den Bienen bestäubt werden und diese sich von den Pflanzen ernähren; in Millionen anderer Fälle bestehen ähnliche, nur weniger augenfällige Beziehungen. Jedesmal, wenn innerhalb eines Lebensraums oder *Biotops* die Lebensbedingungen einer Art dauerhaft verbessert oder verschlechtert werden, sind davon Dutzende anderer Arten betroffen – manchmal auf eine schwer vorherzusehende Weise. Die Lehre von diesen vernetzten Beziehungen zwischen den einen Lebensraum bevölkernden Arten, die *Ökologie*, erhält in letzter Zeit einen zunehmend höheren Stellenwert, nachdem der Mensch bereits in zahlreichen Fällen aus Gründen *kurz*fristiger Vorteile so tief in ökologische Zusammenhänge eingegriffen hat, daß daraus zahlreiche *lang*fristige Folgeprobleme erwachsen sind. Ganz offensichtlich müssen wir lernen, die Folgen unseres Handelns viel sorgfältiger, als wir es bisher getan haben, im vorhinein zu bedenken.

Wer käme schon auf die Idee, daß der Abschuß einer Weltraumrakete Umweltprobleme verursachen könnte? Tatsächlich bläst eine einzige große Rakete rund 100 Tonnen Abgase in die obere Atmosphäre, d. h. in Höhebereiche jenseits der 100-km-Marke. Solche Materialmengen könnten die chemischen und physikalischen Eigenschaften der dünnen oberen Atmosphäre merklich verändern und zu kaum berechenbaren klimatischen Veränderungen führen. In den 70er Jahren wurden die ersten Verkehrsflugzeuge in Betrieb genommen, die mit Überschallgeschwindigkeit durch die Stratosphäre fliegen. Die Kritiker dieser Flugzeuge weisen nicht nur auf die Lärmbelastung durch den Überschallknall hin, sondern auch auf die Möglichkeit einer klimaverändernden Verschmutzung der Stratosphäre.

Ein anderer Faktor, der die Problematik des rapiden Bevölkerungszuwachses verschärft, ist die Tatsache, daß die Menschen sehr ungleich über die Erdoberfläche verteilt sind. Überall kann man einen Trend zur Zusammenballung der Bevölkerung in Großstädten beobachten. In den Vereinigten Staaten nimmt die Gesamtbevölkerung ständig zu, und doch nehmen einige überwiegend landwirtschaftlich geprägte Bundesstaaten an dieser Entwicklung nicht nur nicht teil, sondern zeigen sogar einen Bevölkerungsrückgang. Man schätzt, daß sich weltweit die Zahl der in Großstädten und Ballungszentren lebenden Menschen nicht alle 35, sondern bereits alle 11 Jahre verdoppelt. Wenn sich im Lauf der nächsten 35 Jahre die Erdbevölkerung tatsächlich verdoppeln sollte, wird, das Anhalten der Landflucht vorausgesetzt, die Zahl der Großstadtbewohner fast zehnmal so groß sein wie heute.

Diese Entwicklung ist bedenklich. Wir können bereits heute ein Degenerieren sozialer Strukturen beobachten, ein Herausfallen zahlreicher Individuen aus normgebenden und stabilisierenden Gruppenzusammenhängen; diese Zerfallstendenz zeigt sich am ausgeprägtesten in jenen Gesellschaften, in denen die Verstädterung am weitesten fortgeschritten ist, und hier wiederum am konzentriertesten in den am dichtesten bevölkerten Vierteln der großen Städte. Es steht außer Frage, daß Lebewesen aller Art, wenn sie in zu dicht gedrängter Enge zusammenleben müssen, mit Streßsymptomen und von einem bestimmten Punkt an mit pathologischen Verhaltensweisen reagieren. Experimentell belegt ist das zwar nur für Ratten und einige andere Versuchstiere, aber unsere eigene Lebenserfahrung und die Lektüre der Zeitungen sollten uns hinlänglich davon überzeugen, daß es für den Menschen ebenso gilt.

Für mich steht jedenfalls außer Zweifel, daß es, *wenn die gegenwärtigen Trends sich ungebrochen fortsetzen,* spätestens bis Ablauf des nächsten halben

Jahrhunderts weltweit zu einem Zusammenbruch der sozialen Strukturen und der Kontrolle über die technischen Systeme kommen wird – mit unausdenklichen Folgen. Selbst ein aus der Verzweiflung geborener Versuch, den Schlamassel mit der Radikalkur eines thermonuklearen Krieges zu beenden, wäre unter diesen Umständen nicht auszuschließen.

Aber *werden* sich die gegenwärtigen Trends ungebrochen fortsetzen?

Sicher scheint, daß es sehr mühsam und schwierig sein wird, diese Trends abzublocken, und daß wir uns, wenn uns dies gelingen soll, von etlichen altehrwürdigen und liebgewonnenen Gewohnheiten und Vorstellungen verabschieden müssen. Über weite Strecken der Menschheitsgeschichte mußten die Menschen sich mit einer relativ geringen durchschnittlichen Lebenserwartung und der Tatsache abfinden, daß viele Kinder noch im Säuglingsalter starben. Wenn das Bevölkerungsniveau eines Stammes oder einer Dorfgemeinschaft gehalten werden sollte, mußten die Frauen möglichst viele Kinder zur Welt bringen. Mutterschaft und Mutterrolle standen daher im höchsten Ansehen, und jede gesellschaftliche Entwicklung, die zu einem Absinken der Geburtenrate hätte führen können, wurde im Keim erstickt. Die Frau wurde zur bloßen Gebärmaschine und Zuchtglucke degradiert, und es setzte sich eine Sexualmoral durch, deren Einmaleins darin bestand, daß nur diejenigen sexuellen Handlungen, die unmittelbar der Empfängnis dienten, als legitim anerkannt wurden, alles andere aber als pervers und sündig verteufelt wurde.

Heute leben wir jedoch in einer dichtbevölkerten Welt. Wenn wir den Marsch in die Katastrophe stoppen wollen, müssen wir die Mutterschaft zu einem Privileg machen, das nur noch ganz sparsam und gezielt vergeben wird. Unsere Ansichten über die Sexualität und über ihren notwendigen Zusammenhang mit der Zeugung von Kindern müssen sich ändern.

Die Probleme der Welt – die wirklich schwerwiegenden Probleme – sind ihrer Natur nach global. Die Gefahren, die aus der Überbevölkerung, aus der Umweltverschmutzung, aus der Erschöpfung der Ressourcen, aus der nuklearen Überrüstung usw. resultieren, betreffen alle Länder und Völker dieses Planeten und können nur bewältigt werden, wenn dabei alle Nationen zusammenwirken. Das

bedeutet, daß heute kein Land mehr seinen eigenen Weg gehen kann, ohne nach links und rechts zu blicken, daß es nicht mehr angeht, Politik unter dem Gesichtspunkt einer »nationalen Sicherheit« zu betreiben, die auf dem Kalkül beruht, daß des einen Schaden des anderen Nutzen ist. Kurz: Was wir brauchen, ist eine wirksame und kompetente Weltregierung, die einerseits in solchem Maße föderalistisch wäre, daß sie der kulturellen Autonomie einzelner Regionen freien Raum ließe, andererseits aber mächtig genug, um die Zukunft der Menschheit zu sichern und – hoffentlich – die Respektierung der Menschenrechte zu garantieren.

Ist das nicht eine unerfüllbare Vision?

Vielleicht, aber nicht unbedingt.

Ich habe mich auf den vorausgegangenen Seiten absichtlich auf die Bevölkerungszahl und die Wachstumsrate des Jahres 1970 bezogen, weil es den Anschein hat, als ob sich die Wachstumskurve seither leicht abgeflacht hat. Den Regierungen ist zunehmend deutlicher zu Bewußtsein gekommen, welche ungeheuren Gefahren die Überbevölkerung birgt und daß, solange nicht das Bevölkerungsproblem gelöst ist, *keines* der anderen Probleme sinnvoll gelöst werden kann. Die Einsicht in die Notwendigkeit der Bevölkerungsplanung beginnt sich durchzusetzen. In China, das mit seiner über eine Milliarde zählenden Bevölkerung fast ein Viertel aller Erdenbewohner stellt, versucht man derzeit mit allen Mitteln das Prinzip »Ein Kind pro Familie« durchzusetzen.

Die Folge ist, daß die Wachstumsrate der Weltbevölkerung, die 1970 noch bei 2% lag, bis Anfang der 80er Jahre auf schätzungsweise 1,6% zurückgegangen ist. Freilich liegt die Bevölkerungszahl als solche mit gegenwärtig rund 4,5 Milliarden merklich höher als 1970, so daß eine Zuwachsrate von 1,6% noch immer eine jährliche Vermehrung um 72 Millionen Menschen bedeutet – das ist sogar etwas mehr als der absolute jährliche Zuwachs für 1970. Wir können somit sagen, daß wir zwar auf dem richtigen Weg sind, aber noch längst nicht weit genug.

Ermutigend ist in diesem Zusammenhang, daß feministische Ideen zunehmende Verbreitung finden. Immer mehr Frauen legen Wert darauf, die Rolle, die sie spielen wollen, und den Lebensbereich, in dem sie sie zu spielen gedenken, selbst zu bestimmen, und zwar unter der Bedingung der Chancengleichheit zwischen Mann und Frau. Das

Wichtige an dieser Entwicklung ist (ganz abgesehen davon, daß es sich einfach um eine gerechte Sache handelt), daß Frauen, die sich beruflich engagieren, ihre Selbstverwirklichung anderswo finden als in der traditionellen Rolle der Hausfrau und Mutter; dies trägt sicherlich mit dazu bei, daß die Geburtenrate niedrig bleibt.

Obwohl die Notwendigkeit der Geburtenkontrolle für jeden klar denkenden Menschen auf der Hand liegen müßte, gibt es Leute, die sich dagegen erklären. Eine in den Vereinigten Staaten aktive Gruppe lehnt nicht nur jede Abtreibung ab, sondern auch den derzeit in den Schulen gebotenen Sexualkundeunterricht sowie die Antibabypille und die anderen Empfängnisverhütungsmittel, deren konsequente Anwendung das beste Mittel wäre, das Abtreibungsproblem gegenstandslos zu machen. Diese Leute vertreten die Auffassung, das einzig legitime Mittel zur Senkung der Geburtenrate sei sexuelle Enthaltsamkeit – als ob ein vernünftiger Mensch daran glauben könnte, die Menschen von heute ließen sich zur Enthaltsamkeit bekehren. Diese Gruppe nennt sich »Recht auf Leben«; ein passenderer Name für diese Leute, die die Gefahren der Überbevölkerung nicht erkennen, wäre: »Recht auf kriminelle Dummheit«.

1973 verhängten die arabischen Staaten, die den größten Teil der Welt-Ölförderung kontrollieren, ein befristetes Ölembargo, um die Staaten des Westens für deren angeblich einseitige Unterstützung Israels zu bestrafen. Die dadurch ausgelöste Versorgungskrise und die darauffolgenden jahrelangen Preiserhöhungen für Erdöl überzeugten die Regierungen und Bürger der industrialisierten Länder von der absoluten Notwendigkeit des Energiesparens. Wenn diese Einsicht konsequent durchgehalten und in Politik umgesetzt wird – und wenn sich dazu noch die Entschlossenheit gesellt, die fossilen Brennstoffe soweit wie möglich durch die Nutzung erneuerbarer Energien (d. h. im wesentlichen der Sonnenenergie) und eventuell der Fusionsenergie zu ersetzen – so wäre dies schon ein bedeutender Beitrag zu einer Erhöhung der Überlebenschancen der Menschheit.

Es gibt heute auch eine wachsende Sorge um den Zustand der Umwelt. In den Vereinigten Staaten setzte die Regierung Reagan nach ihrem Amtsantritt 1981 zahlreiche Programme in Gang, die mehr an wirtschaftlichen Interessen orientiert waren als an den Grundsätzen des Gemeinwohls, die seit den Zeiten des »New Deal« der 30er Jahre als Richtschnur gedient hatten. Reagan und seine Leute glaubten, hierin die Mehrheit der amerikanischen Bevölkerung hinter sich zu haben. Als man jedoch so weit ging, die Leitung des Amtes für Umweltschutz Leuten anzuvertrauen, die die Profite einiger weniger für wichtiger hielten als die Gesundheit vieler, erhob sich ein Aufschrei der Empörung, der die Regierung zu Umbesetzungen an der Spitze des Amtes und zu dem Eingeständnis zwang, daß sie »ihren Auftrag mißverstanden« hatte.

Nicht vergessen sollten wir die möglichen positiven Effekte gewisser neuer Techniken. Nehmen wir zum Beispiel die umwälzenden Neuerungen in der Kommunikationstechnik. Angesichts der wachsenden Zahl von Nachrichtensatelliten scheint die Möglichkeit, daß jeder Mensch auf der Erde mit jedem beliebigen anderen unmittelbar kommunizieren kann, greifbar nahe. Die unterentwickelten Länder können das Stadium der »primitiven« und sehr teuren Nachrichtenübertragungsnetze überspringen und gleich in das neue Zeitalter der Telekommunikation einsteigen, in dem, zumindest der Möglichkeit nach, jeder einzelne gleichsam über seinen eigenen Fernsehsender verfügt, mit dem er Botschaften aussenden und empfangen kann.

Die Welt wird dadurch so klein und überschaubar werden, daß sie in ihrer Sozialstruktur einem Dorf gleichen wird. (Zur Kennzeichnung dieser neuen Situation ist bereits das Schlagwort »global village« [»Weltdorf«] geprägt worden.) Schulunterricht und Fortbildungskurse können mit Hilfe des allgegenwärtigen Fernsehens bis in die hinterste Ecke des Weltdorfs getragen werden. In den Entwicklungsländern könnte die junge Generation daher von klein auf mit Kenntnissen beispielsweise über moderne landwirtschaftliche Methoden, über den richtigen Gebrauch von Kunstdünger und Pestiziden oder über Methoden der Empfängnisverhütung vertraut gemacht werden.

Die neuen Techniken können vielleicht sogar zum ersten Mal in der Geschichte der menschlichen Zivilisation eine Trendwende zugunsten des dezentralen Prinzips bewirken. Wenn mit Hilfe der Telekommunikationstechnik und des Fernsehens Daten und Informationen aller Art von jedem Ort der Erde aus gleich gut und gleich einfach zugänglich sind, wird die Notwendigkeit wegfallen, alle die Einrichtungen, die von vielen gebraucht werden, in den Großstädten und Ballungszentren zu plazieren.

Auch Computer und Roboter (die im nachfolgenden Kapitel behandelt werden) könnten, richtig eingesetzt, segensreiche Wirkungen entfalten.

Wenn auch im Moment die Zeichen sicherlich eher auf Katastrophe stehen, so haben wir doch, wie mir scheint, den Wettlauf ums Davonkommen noch nicht ganz verloren.

Wohnen im Meer

Gesetzt den Fall, wir gewinnen den Wettlauf ums Davonkommen; gesetzt den Fall, das Bevölkerungswachstum kommt zum Stillstand und macht einem allmählichen, zwanglosen Rückgang der Bevölkerungszahl Platz; angenommen schließlich, es würde sich eine handlungsfähige und kluge Weltregierung etablieren, die Freiheit für lokale Eigenständigkeit gewährt (nicht aber für lokale Gewaltregime), und es würde eine ökologisch orientierte Umweltpolitik betrieben und ein konservierender Umgang mit den Ressourcen der Erde geübt – was dann?

Nun, auch in diesem Fall wird die Menschheit vermutlich ihren Herrschaftsbereich weiter ausbauen. Vergessen wir nicht, daß der Mensch einmal sehr klein angefangen hat, als primitiver Hominide im östlichen Afrika, mit einem zu Beginn vielleicht ebenso kleinen Verbreitungsgebiet wie das der heutigen Gorillas. Sehr, sehr allmählich erweiterte dieser Hominide seinen Lebensraum, bis er vor 15 000 Jahren als Homo sapiens die ganze »Weltinsel« – bestehend aus Asien, Afrika und Europa – besiedelt hatte. Später gelang dem Menschen auch der Sprung nach Amerika und Australien und sogar auf die Pazifischen Inseln. Bis in unsere Zeit hinein blieb die Bevölkerungsdichte in bestimmten, besonders unwirtlichen Gebieten wie in der Sahara, in der arabischen Wüste und auf Grönland äußerst gering, aber es gab, abgesehen von der Antarktis, keinen einzigen Flecken Land von nennenswerter Größe, der völlig unbewohnt gewesen wäre. Heute stehen selbst auf dem Boden des sechsten Kontinents, des lebensfeindlichsten von allen, ein paar permanent besetzte Forschungsstationen.

Wohin also noch?

Eine denkbare Antwort könnte lauten: aufs Meer hinaus. Im Meer ist das Leben ursprünglich entstanden, und hier gedeiht es nach wie vor am üppigsten, wenn man mit quantitativen Maßstäben mißt. Alle möglichen Landtiere (mit Ausnahme von Insekten) haben das Experiment einer Rückkehr ins Meer unternommen, das den Vorteil eines relativ sicheren Nahrungsangebots und relativ gleichbleibender Umweltbedingungen bietet. Beispiele hierfür sind im Bereich der Säugetiere Otter, Seehund und Wal, drei Arten, die sozusagen typische Stationen auf dem Weg zu einer völligen Anpassung an das Leben im nassen Element repräsentieren.

Können auch wir ins Meer zurückkehren – nicht etwa durch eine evolutionäre Ausbildung entsprechender Körpermerkmale (dies würde ja unendlich lange dauern), sondern mit Hilfe unserer sich so rasant entwickelnden technischen Möglichkeiten? Immerhin haben einzelne Menschen bereits, geschützt von den metallenen Wänden von Untersee- und Tieftauchbooten, das Meer bis in seine tiefsten Tiefen hinunter erkundet.

Um ein bloßes Eintauchen in das nasse Element möglich zu machen, bedarf es eines solchen aufwendigen Schutzes nicht. Der französische Meeresforscher Jacques Yves Cousteau erfand 1943 die »Taucherlunge«. Dieses Gerät besteht aus einer mit Preßluft gefüllten Metallflasche, die man sich auf den Rücken schnallt, und einem daran angeschlossenen Atemschlauch mit Mundstück. Diese Erfindung machte das moderne Sporttauchen erst möglich. (Die Bezeichnung »Sporttauchen« hat sich für das Tauchen mit Preßluftflasche eingebürgert. Aber selbstverständlich wird diese Tauchtechnik auch für andere als sportliche Zwecke eingesetzt.)

Cousteau experimentierte auch mit dem Bau von Unterwasserkapseln, in denen Menschen sich längere Zeit aufhalten können. 1964 beispielsweise »wohnten« zwei Männer zwei Tage lang in einem luftgefüllten Zelt 132 m unter der Meeresoberfläche. (Einer davon war Jon Lindbergh, ein Sohn des berühmten Fliegers.) In größeren Unterwasser-Behausungen und geringerer Tiefe haben sich andere Meerespioniere bis zu mehreren Wochen lang aufgehalten.

Mit noch faszinierenderen Experimenten begann 1961 der holländische Biologe Johannes A. Kylstra von der Universität Leiden. Er ging von der

Tatsache aus, daß Lunge und Kiemen ähnlich arbeiten, mit dem Unterschied allerdings, daß Kiemen an ein Milieu mit geringem Sauerstoffgehalt angepaßt sind. Kylstra verwendete bei seinen Experimenten Wasser, das durch Zusätze so aufbereitet war, daß es in bezug auf bestimmte Merkmale dem Blut von Säugetieren glich und somit beim Kontakt mit Lungengewebe dieses nicht schädigte. Er reicherte die Lösung sodann stark mit Sauerstoff an und tauchte zuerst Mäuse und dann Hunde darin unter. Sie vermochten zu atmen, indem sie die Flüssigkeit wie Luft »einatmeten«. Kylstra konnte die Tiere für längere Zeit in der Lösung belassen, ohne daß sie Anzeichen einer Schädigung zeigten.

Im Rahmen anderer Experimente wurden Hamster in eine Art Ballon aus einer dünnen Silikonkautschukmembran eingeschlossen und dann in normales Wasser eingetaucht. Die Membran war wasserdicht, ließ aber Sauerstoff aus dem Wasser nach innen passieren, so daß der Hamster atmen konnte. (Das von ihm ausgeatmete Kohlendioxid vermochte die Membran ebenfalls zu durchdringen, d. h., es konnte nach außen ins Wasser entweichen.) Die Silikonkautschukblase fungierte praktisch als künstlicher Kiemensack. Wenn wir diese Ansätze weiterdenken, können wir dann vielleicht damit rechnen, daß sich Menschen eines Tages unbegrenzt lange unter Wasser werden aufhalten können und daß dann wirklich die gesamte Oberfläche unseres Planeten – in ihrem festen und ihrem flüssigen Teil – dem Menschen als Lebensraum dient?

Siedlungen im Weltraum

Werden wir aber immer nur an die Erde als Lebensraum gebunden sein? Könnte es nicht sein, daß wir eines Tages in der Lage sein werden, auf einen anderen Planeten überzusetzen?

Nachdem Russen und Amerikaner 1957 die ersten Satelliten gestartet und in eine Umlaufbahn gebracht hatten, war es nur konsequent, daß in vielen Köpfen der Gedanke aufkam, der Traum von interplanetarischen Expeditionen, bis dahin nur in Science-fiction-Romanen geträumt, könnte nun vielleicht Wirklichkeit werden. Immerhin dauerte es nach dem Start von Sputnik I nur dreieinhalb Jahre, bis zum ersten Mal ein Mensch die Erde umkreiste, und danach nur acht Jahre, bis zum ersten Mal ein Mensch seinen Fuß auf den Mond setzte.

Das amerikanische Raumfahrtprogramm hat bereits eine Menge Geld verschlungen und zunehmende Kritik von seiten verschiedener Wissenschaftler auf sich gezogen. Viele monierten, es sei zu sehr auf Öffentlichkeitswirkung hin angelegt gewesen, anstatt sich auf wissenschaftlich relevante Fragestellungen zu konzentrieren. Andere Kritiker glauben, die Raumfahrt grabe anderen, wichtigeren Forschungsprogrammen das Wasser (das Geld) ab. Auch in der breiten Öffentlichkeit wächst die kritische Distanz zur Weltraumforschung, deren immense Kosten vor allem angesichts der vielen ungelösten Probleme auf der Erde in keinem Verhältnis zu ihrem Nutzen für Menschen und Umwelt stehen.

Gleichwohl wird das Raumfahrtprogramm sicherlich fortgesetzt werden, wenn auch vielleicht in abgemagerter Form; sollte die Menschheit eines Tages das offenbar schwierige Kunststück vollbringen, nicht mehr so viel Geist und Geld in eine selbstmörderische Aufrüstung zu investieren, könnte man die Weltraumforschung – die zivile, wohlgemerkt! – vielleicht auch wieder forcieren.

In den Schubläden der Forschungsinstitute liegen Pläne für die Errichtung von Raumstationen. Es wären dies im Grunde nichts anderes als große Raumfahrzeuge, die auf einer mehr oder weniger permanenten Erdumlaufbahn stationiert würden und in denen eine größere Zahl von Menschen über längere Zeiträume wohnen und arbeiten könnte; in und von einer solchen Station aus könnten Experimente und Beobachtungen von möglicherweise hohem wissenschaftlichen Wert durchgeführt werden. Eine wesentliche Vorbedingung für die Errichtung und Versorgung solcher Raumstationen ist bereits geschaffen worden – die *wiederverwendbare Raumfähre*, die sich mittlerweile in etlichen Einsätzen bewährt hat.

Wünschenswert scheint mir auch, daß weitere Flüge zum Mond unternommen werden, mit dem Ziel, dort irgendwann einen ständig besetzten Außenposten zu errichten, eine bewohnte Kolonie, die die auf dem Mond vorhandenen Ressourcen so zu nutzen vermag, daß sie sich nicht jeden Nagel und jede Schraube von der Erde schicken lassen muß. Der amerikanische Physiker Gerard K. O'Neill entwarf 1974 ein kühnes Denkmodell:

Um eine erdnahe Weltraumkolonie zu begründen, brauche man nicht unbedingt auf den Mond zurückzugreifen; es genüge, seine Rohstoffe zu nutzen. Das Leben habe zwar, so O'Neill, auf der Oberfläche eines Planeten begonnen, müsse sich deswegen aber nicht auf diesen speziellen Lebensraum beschränken. Der Mensch könne sich vielmehr neue, künstliche Lebensräume schaffen, beispielsweise in Gestalt riesiger zylindrischer, kugelförmiger oder ringförmiger Strukturen, die auf einer Umlaufbahn stationiert und in eine Rotationsbewegung versetzt werden, die gerade ausreicht, um eine Zentrifugalkraft zu erzeugen, die in etwa der an der Erdoberfläche wirksamen Schwerkraft entspräche.

Man könnte solche Orbitalstationen aus Metall und Glas bauen und sie innen mit einer Erdschicht auslegen (alle diese Materialien könnte man vom Mond holen). Im Inneren dieser Stationen müßte, um sie wohnlich zu machen, eine erdähnliche »Umwelt« arrangiert werden. Je nach Größe der Station könnten dort zehntausend oder mehr Menschen wohnen und arbeiten. Zweckmäßigerweise würde man eine solche Station in der Trojanischen Position plazieren, derart, daß sie zusammen mit der Erde und dem Mond ein gleichseitiges Dreieck bilden würde. Es gibt zwei so definierte Trojanische Positionen, und man könnte auf jeder von ihnen einen ganzen Schwarm von Orbitalstationen postieren. Bislang scheinen weder die Vereinigten Staaten noch die Sowjetunion die Errichtung solcher Außenposten zu planen. O'Neill als temperamentvoller Verfechter dieser Idee ist davon überzeugt, wenn die Menschheit sich mit voller Kraft in ein solches Abenteuer stürzen würde, könnten nach nicht allzu langer Zeit mehr Menschen im Weltraum leben als auf der Erde.

Die O'Neillschen Raumstationen sind für eine erdnahe Umlaufbahn konzipiert (wenn man die Mondbahn als erdnah bezeichnen kann). Wie aber stehen die Chancen dafür, daß die Menschheit noch weiter in den Raum hinaus vorstößt?

Theoretisch gibt es nichts, was sie daran hindern könnte; allerdings wäre eine Reise zu dem nächstgelegenen Ziel jenseits des Mondes, das man anfliegen könnte, nämlich zum Mars (die Venus ist zwar näher, aber zu heiß für eine bemannte Landung), nicht mehr nur eine Sache von Tagen, wie im Fall des Mondes, sondern würde mehrere Monate dauern. Für eine so lange Reise müßte ein komfortables, regelrecht bewohnbares Raumschiff zur Verfügung stehen.

Es gibt bereits Erfahrungen, die für eine solche Expedition verwertbar wären; es wären nämlich an ein interplanetares Fahrzeug ganz ähnliche Anforderungen zu stellen wie an ein Tieftauchboot. Ähnlich wie die Pioniere der Tiefseeforschung wären auch die Marsreisenden in einem luftgefüllten Behälter mit stabilen Metallwänden unterwegs und müßten alles, was sie auf der Reise benötigen – Atemluft, Lebensmittel, Wasser usw. –, mit sich führen. Der große Unterschied und zugleich das große Problem ist, daß bei jedem Start zu einer interplanetaren Reise die Erdanziehungskraft überwunden werden muß. Das bedeutet, daß ein großer Teil des Gesamtgewichts und Gesamtvolumens des Fahrzeugs für die Antriebsaggregate und den Treibstoff reserviert werden muß und daß für die »Nutzlast« – bestehend aus der Besatzung und ihrem Versorgungssystem – nur ganz wenig Platz übrigbleiben würde.

Die mitzuführenden Lebensmittel müßten in eine extrem kompakte Form gebracht werden – für unverdauliche Nahrungsbestandteile wäre kein Platz. Die Essensrationen müßten bestehen aus: Lactose, Pflanzenöl, einer geeigneten Aminosäure-Mischung, Vitaminen, Mineralstoffen und einem Würzzusatz, das Ganze in kleine Behälter aus eßbarem Kohlehydrat eingefüllt. Ein solches Behältnis mit 180 g Trockenfutter-Inhalt würde für eine Mahlzeit ausreichen. Drei Rationen, also eine Tagesdosis, hätten einen Energiegehalt von 3000 Kalorien. Den Trinkwasserbedarf müßte man mit knapp einem Gramm pro Kalorie ansetzen, also mit 2,5 bis 3 Liter pro Person und Tag. Ein wenig Wasser könnte von vornherein dem Nahrungskonzentrat beigemischt werden, um es gaumenfreundlicher zu machen; entsprechend größer müßte dann freilich das Verpackungsvolumen sein. Damit den Reisenden nicht unterwegs die Luft ausgeht, müßte das Raumschiff rund 1 Liter (1150 Gramm) Sauerstoff (in flüssiger Form) pro Person und Tag mitnehmen.

Damit ergäbe sich für jeden Mitreisenden ein täglicher Grundbedarf von 540 g Trockennahrung, 2700 g Wasser und 1150 g Sauerstoff, zusammen 4390 g; da sich vor allem beim Wasser und beim Sauerstoff die Mitnahme einer Notration empfiehlt, kann man mit 5 kg pro Person und Tag rechnen. Rechnen wir nun einmal durch, was dies im Falle einer Fahrt zum Mond bedeuten würde. Wenn wir für die Hin- und Rückreise jeweils eine Woche und für den Aufenthalt auf der Mondoberfläche zwei Tage veranschlagen, käme auf jeden Passagier ein »Freßpaket« (Nahrung, Wasser und Sauerstoff) von 80 kg Gewicht. Das dürfte mit der heute bereits zur Verfügung stehenden Technik zu schaffen sein.

Wesentlich höher wäre der notwendige Mindestaufwand bei einer Expedition zum Mars und zurück. Eine solche Reise könnte gut und gerne zweieinhalb Jahre dauern, wenn man mit einbezieht, daß die Marsonauten für den Rückstart Richtung Erde auf eine günstige Mars-Erde-Konstellation warten müßten. Ausgehend vom gleichen Grundbedarf wie im vorigen Beispiel, müßten auf eine solche Reise rund 5 Tonnen Trockennahrung, Wasser und Sauerstoff pro Person mitgenommen werden. Das ist im Rahmen der gegenwärtig zu Gebote stehenden technischen Möglichkeiten undenkbar.

Die einzig vernünftige Lösung des Problems bestünde darin, das Raumschiff autark (»selbstversorgend«) zu machen, im gleichen Sinn, wie die Erde, die ja selbst ein riesiges, durch das Weltall driftendes »Raumschiff« darstellt, autark ist. Das bedeutet, daß der Grundvorrat an Nährstoffen, Wasser und Sauerstoff, den das Fahrzeug mitnimmt, nach Verbrauch mit Hilfe einer lückenlosen Recycling-Technik laufend wiederaufbereitet wird.

Solche »geschlossenen Kreisläufe« sind auf dem Papier und im Labor bereits konzipiert und erprobt worden. Die Vorstellung, daß Abfallstoffe, also u. a. Urin und Fäkalien, wieder zu Nährstoffen aufbereitet werden sollen, mag unappetitlich anmuten, aber immerhin haben wir es genau diesem Kreislauf zu verdanken, daß das Leben auf der Erde immer weitergeht. Chemische Filter könnten die von den Besatzungsmitgliedern ausgeatmeten Gase (Kohlendioxid und Wasserdampf) auffangen; Harnstoff, Salz und Wasser ließen sich durch Destillation und andere Verfahren aus Urin und Fäkalien wiedergewinnen; der trockene Rest der letzteren könnte mit Hilfe ultravioletten Lichts sterilisiert, d. h. bakterienfrei gemacht und dann zusammen mit Kohlendioxid und Wasser an bordeigene Algenkulturen verfüttert werden. Die Algen würden per Photosynthese das Kohlendio-

xid und die Stickstoffverbindungen, aus denen die Fäkalreste bestehen, in organische Substanz (plus Sauerstoff) verwandeln, die der Besatzung als Nahrung dienen könnte. Das einzige, was einem solchen geschlossenen System von außen zugeführt werden müßte, wäre die für die verschiedenen Teilprozesse, vor allem für die Photosynthese, erforderliche Prozeßenergie; sie würde vom Sonnenlicht geliefert.

Nach fundierten Schätzungen könnten bereits 110–120 kg Algen pro Person ausreichen, um den Nährstoff- und Sauerstoffbedarf der Besatzung eines Raumschiffs für eine im Prinzip unbegrenzt lange Zeit zu decken. Berücksichtigt man die für die verschiedenen Teilprozesse notwendigen Gerätschaften, so ergibt sich für ein solches Verpflegungssystem ein Gewicht von vielleicht nur 160 kg, bestimmt aber nicht mehr als 500 kg pro Kopf der Besatzung. Eine andere Alternative, die vorgeschlagen und durchgerechnet worden ist, sieht als Basis eines geschlossenen Nahrungskreislaufs die Kultivierung »wasserstoffatmender« Bakterien vor. Diese bräuchten kein Sonnenlicht, sondern nur Wasserstoff, und dieser könnte durch elektrolytische Zerlegung von Wasser bereitgestellt werden. Der Energienutzungsgrad soll bei solchen Systemen wesentlich höher sein als bei Organismen, die mit Photosynthese arbeiten.

Neben dem Problem der Versorgung stellt sich auch das der langen Schwerelosigkeit. Der bislang längste Aufenthalt von Astronauten in der Schwerelosigkeit dauerte über ein halbes Jahr; die Betreffenden überstanden diese Ausnahmesituation ohne dauerhafte schädliche Folgen, doch traten während des Experiments genug Befindensstörungen auf, um den Schluß zuzulassen, daß anhaltende Schwerelosigkeit den Organismus irritiert.

Zum Glück gibt es Mittel und Wege, den Schwerelosigkeitseffekt zu konterkarieren. Eine sanfte Rotationsbewegung des Raumschiffs beispielsweise könnte, via Zentrifugalkraft, einen Pseudo-Gravitationseffekt erzeugen und damit im Innern des Fahrzeugs hinreichend ähnliche Schwerkraftbedingungen simulieren, wie sie auf der Erdoberfläche herrschen.

Ein ernsteres und weniger leicht zu lösendes Problem stellen die starken positiven und negativen Beschleunigungen dar, die bei Raumflügen in der Start- und Landephase unweigerlich auftreten. Die normalerweise an der Erdoberfläche wirksame Gravitation hat definitionsgemäß den Betrag 1g. Der Schwerelosigkeit entspricht eine Gravitation von 0g. Eine Beschleunigung, die das Gewicht eines Körpers verdoppelt, entspricht einer Gravitation von 2g, eine Beschleunigung, die es verdreifacht, einer Gravitation von 3g, usw.

Ein sehr wichtiger Faktor ist die Körperstellung im Augenblick der Beschleunigung. Wenn ein Mensch so in einer Rakete sitzt oder liegt, daß sein Kopf nach vorn (d. h. in die Bewegungsrichtung der Rakete) weist, strömt in der Beschleunigungsphase das Blut vom Kopf weg. (Dasselbe gilt, wenn man mit den Füßen voraus in eine Phase der negativen Beschleunigung, d. h. der Abbremsung eintritt. Erreicht die Beschleunigung eine bestimmte Stärke, beispielsweise 6g, und die Beschleunigungsphase eine bestimmte Dauer, beispielsweise 5 Sekunden, so bedeutet das in den beiden genannten Fällen, daß es zu einem kurzen »blackout«, einem Moment der Bewußtlosigkeit kommt. Wenn man dagegen eine Beschleunigungsphase mit den Füßen voraus (oder eine Bremsphase mit dem Kopf voraus) durchmacht, strömt das Blut in den Kopf. Das ist gefährlicher, weil gewisse zarte Blutgefäße in den Augen und im Gehirn dem erhöhten Druck unter Umständen nicht standhalten und platzen. In der Fachsprache derer, die die Auswirkungen starker Beschleunigungskräfte auf den menschlichen Organismus erforschen, heißt ein solches Trauma ein »redout«. Damit es zu Schäden an Blutgefäßen und des Auges kommt, genügt eine Beschleunigungskraft von 2,5g mit einer Dauer von 10 Sekunden.

Bei weitem am leichtesten zu ertragen sind Beschleunigungskräfte, wenn der Körper *quer* zur Beschleunigungsrichtung liegt. In diesem Fall wirken die Beschleunigungskräfte rechtwinklig zur Längsachse des Körpers. In einer Zentrifuge, die Beschleunigungskräfte simulieren kann, haben Menschen in Querlage bereits Beschleunigungskräfte von 10g länger als 2 Minuten überstanden, ohne das Bewußtsein zu verlieren.

Bei kürzeren Zeiten sind sogar noch höhere Belastungen möglich. Erstaunliche Rekorde wurden in dieser Beziehung bei Simulationsexperimenten auf der »Schlittenbahn« der Holloman Air Force Base in New Mexico aufgestellt. Colonel John Paul Stapp überstand bei seinem berühmten »Ritt« vom 10. Dezember 1954 eine etwa 1 Sekunde während negative Beschleunigung in Höhe von 25g. Sein Schlitten wurde aus einer Geschwindigkeit von rund 1000 km/h in nur 1,4 Sekunden auf Null abgebremst. Was das bedeutet, kann man sich vergegenwärtigen, wenn man sich vorstellt, man würde im Auto mit einer Geschwindigkeit von etwa 190 km/h gegen eine massive Betonwand rasen. Stapp war in seinem Schlitten natürlich so angeschnallt, daß die geringstmögliche Verletzungsgefahr bestand. Er kam mit Abschürfungen, Blasen und zwei blauen Augen davon, letztere verursacht durch ein allerdings sehr schmerzhaftes Augentrauma.

Ein Astronaut muß in der Startphase, allerdings für nur wenige Sekunden, Beschleunigungskräfte von bis zu 6,5g, in der Wiedereintrittsphase Bremskräfte von bis zu 11g durchstehen.

Vorrichtungen wie perfekt der Körperform angepaßte Schalensitze sind geeignet, die negativen Auswirkungen solcher Beschleunigungskräfte zu minimieren; noch mehr verspricht man sich in dieser Beziehung von der Idee, die Astronauten in eine wassergefüllte Kapsel oder einen wassergefüllten Raumanzug zu stecken.

Ähnliche Studien und Experimente werden mit dem Ziel durchgeführt, weitere bei Weltraumflügen potentiell auftretende Risikofaktoren zu erforschen und soweit wie möglich unwirksam zu machen: die Strahlungsbelastung, die Monotonie und Langeweile während eines längeren Raumflugs, die völlig ungewohnte Erfahrung des Aufenthalts in einer vollkommen lautlosen Umwelt, in der es niemals Nacht wird und die für einen Erdbewohner auch in manch anderer Hinsicht »unwirkliche« Züge trägt. Alles in allem sehen diejenigen, die an diesen Vorarbeiten für eine erste bemannte Expedition aus der engeren Umgebung unseres Planeten hinaus beteiligt sind, keine unüberwindlichen Hindernisse.

Die psychischen Belastungen, die lange Raumflüge mit sich bringen können, sind vielleicht letzten Endes gar nicht so gravierend, wenn wir uns vergegenwärtigen, daß es sich bei den zukünftigen interplanetaren Astronauten vielleicht gar nicht um Erdenmenschen im heutigen Sinn handelt. Wenn es herkömmliche Erdenbürger wären, dann wäre der Unterschied zwischen den Lebensbedingungen an Bord eines Raumschiffs und denen in ihrer vertrauten Umwelt, der Oberfläche eines großen Planeten, in der Tat riesengroß und psychisch schwer zu verarbeiten.

Was aber, wenn diese Entdeckungsreisenden aus den Bewohnern erdnaher Raumkolonien, wie der von O'Neill projektierten, rekrutiert würden? Diese Pioniere der Besiedelung des Weltraums wären von Hause aus an eine »künstliche« Umwelt, an ein lückenloses Recycling ihrer Lebensmittel und ihrer Atemluft, an unterschiedliche Gravitationskräfte und andere unirdische Lebensbedingungen gewöhnt. Ein interplanetarisches Raumschiff wäre lediglich eine Miniaturausgabe der Welt, in der sie vielleicht von Geburt an gelebt haben und die ihnen zur zweiten Natur geworden ist.

Es ist durchaus denkbar, daß die Menschen, die, vielleicht im 21. Jahrhundert und danach, als erste die Asteroiden erreichen, die Erde gar nicht mehr als ihre Heimat betrachten. Die Asteroiden könnten für diese Menschen so etwas wie Oasen in der Wüste des leeren Raums sein: Dort könnten sie Kolonien gründen, die vorhandenen Bodenschätze ausbeuten und damit neue Ressourcen für eine expandierende Menschheit erschließen. Viele Asteroiden könnten nach und nach ausgehöhlt und zu permanent bewohnbaren, autarken Kolonien umgestaltet werden. Diese Kolonien könnten viel mehr Menschen Platz bieten als alles, was man an künstlichen Orbitalstationen im Einzugsbereich des Erde-Mond-Systems unterbringen könnte.

Die Asteroiden könnten dann als Ausgangs- und Stützpunkte für Erkundungsmissionen in die Weiten des äußeren Sonnensystems hinaus dienen...

Und jenseits davon winken die Sterne.

Kapitel 7

Der menschliche Geist

Das Nervensystem

Körperlich betrachtet, ist der Mensch eine ziemlich durchschnittliche »Tierart«. In puncto Körperkraft kann er sich mit den meisten anderen Tieren seiner Größenordnung nicht messen. Sein Gang ist nicht sehr anmutig, verglichen etwa mit dem einer Katze; er kann nicht annähernd so schnell rennen wie ein Hund oder ein Reh; der Gesichts- und Geruchssinn sowie das Gehör sind bei ihm weniger gut ausgebildet als bei zahlreichen anderen Tieren. Sein Skelett ist seinem aufrechten Gang nur unvollkommen angepaßt – vermutlich ist der Mensch das einzige Tier, bei dem eine normale Beanspruchung des Körpers durch artgemäße Aktivitäten zu Rückenschmerzen führen kann.

Wenn wir uns die perfekte Angepaßtheit anderer Organismen an ihre Umwelt und Lebensweise vor Augen führen – die wunderbare Leichtigkeit, mit der ein Fisch schwimmt oder ein Vogel fliegt, die enorme Fruchtbarkeit und Anpassungsfähigkeit der Insekten, die geniale Einfachheit und Effizienz des Virus –, dann wirkt der Mensch daneben weniger wie ein ausgereiftes Evolutionsprodukt, sondern eher wie ein noch plumper erster Entwurf mit etlichen Konstruktionsmängeln. Wenn wir einmal die aus vielen Märchen bekannte Situation, in der ein Mensch unter Beibehaltung seiner geistigen und psychischen Identität in ein Tier verwandelt wird, umkehren und uns ein Tier vorstellen, das unter Beibehaltung seiner Identität in eine Menschengestalt verzaubert würde, so wäre ein solches Geschöpf wohl kaum in der Lage, sich in irgendeinem Lebensraum eine Nische zu erkämpfen, in der es ungefährdet überleben könnte. Daß der Mensch heute die Erde beherrscht, verdankt er

jener einen Spezialentwicklung, die er allen anderen Tierarten voraus hat – dem *Gehirn*.

Nervenzellen

Eine Zelle ist empfänglich für Eindrücke aus ihrer Umgebung (diese wirken auf sie als *Reiz*) und richtet ihr Verhalten nach diesen Eindrücken aus *(Reaktion)*. Wenn man einen Tropfen Zuckerlösung ins Wasser gibt, wird ein Protozoon, das sich in der Nähe des Tropfens befindet, darauf zuschwimmen; wenn man einen Tropfen Säure hineingibt, wird ein in der Nähe befindliches Protozoon sich davon entfernen. Diese direkte, quasiautomatische Reaktion auf einen Reiz mag bei einem einzelligen Wesen hingehen, würde aber bei einem aus mehreren zusammenhängenden Zellen bestehenden Organismus zum Chaos führen. Jeder vielzellige Organismus muß über ein System zur Koordinierung der Reaktionen der Einzelzellen verfügen. Ein Organismus ohne ein solches System wäre wie eine Großstadt, deren Einwohner allesamt auf eigene Faust machen würden, was ihnen gerade einfällt, ohne sich über irgendwelche Verhaltensweisen und Verhaltensregeln zu verständigen. Daher verfügen schon die primitivsten Vielzeller, die Hohltiere, über ein rudimentäres *Nervensystem*. Wir finden bei ihnen die entwicklungsgeschichtlich frühesten Nervenzellen *(Neuronen)*, spezialisierte Zellen mit faserigen Fortsätzen, die aus dem Zentrum der Zelle hervorsprießen und sich zu äußerst feinen Verästelungen verzweigen *(Abb.)*.

Der Funktionsmechanismus von Nervenzellen ist

so subtil und komplex, daß wir sogar schon auf dieser niederen Entwicklungsstufe überfordert sind, wenn es darum geht, zu erklären, was sich in einer solchen Zelle abspielt. Auf eine noch nicht geklärte Art und Weise teilt sich eine Veränderung in der Umgebung der Nervenzelle dieser mit. Es kann dies ein Wechsel in der Konzentration dieser oder jener chemischen Substanz sein oder eine Temperatur- oder Helligkeitsveränderung oder eine Bewegung im Wasser oder ein In-Berührung-Kommen mit irgend etwas. Welcher Art der Reiz auch sein mag, er löst einen *Nervenimpuls* aus,

Die Wissenschaftler nennen diese Neigung, menschliche Motive auf die außermenschliche Natur zu übertragen, *Anthropomorphismus* und versuchen, Denk- und Redeweisen, die diesem überholten Denkmuster verhaftet sind, möglichst zu vermeiden. Es ist freilich, wenn man die Resultate der Evolution beschreiben will, oft so praktisch und naheliegend, mit Begriffen und Vergleichen zu arbeiten, die der Natur einen planenden Geist zuzuschreiben scheinen, daß selbst Wissenschaftlern, die sich des Problems bewußt sind, hin und wieder anthropomorphe Denkweisen unter-

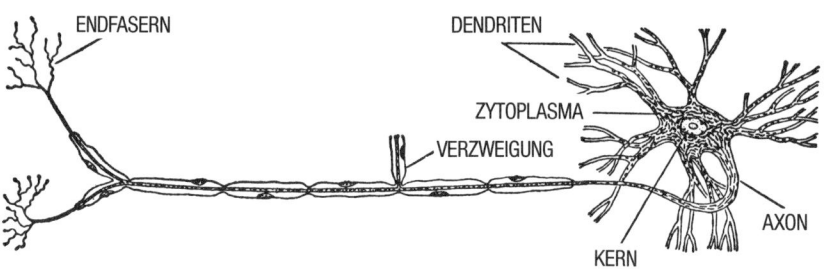

Nervenzelle.

einen elektrischen Strom, der rasch die Faser durchwandert. Wenn er das Ende der Faser erreicht, springt er über eine winzige Lücke, die *Synapse*, auf die nächste Nervenzelle über; auf diese Weise durchläuft er Nervenzelle um Nervenzelle. (In einem hochentwickelten Nervensystem kann es zwischen einer Nervenzelle und ihren Nachbarzellen Tausende von Synapsen geben.) Bei einem Hohltier, einer Qualle etwa, durchläuft jeder Nervenimpuls den gesamten Organismus; sie besitzt ein sogenanntes *diffuses Nervensystem* oder *Nervennetz*. Die Reaktion der Qualle besteht darin, daß sie ihren Körper oder einen Teil davon zusammenzieht. Wenn der Reiz die Berührung mit einem als Nahrung geeigneten Teilchen ist, »verschlingt« das Tier durch Zusammenziehung seiner Tentakeln das Teilchen.

All dies geht natürlich streng automatisch vor sich, aber da das Verhalten der Qualle von ihrem Standpunkt aus zweckmäßig ist, neigen wir dazu, hinter solchen Handlungen eine zweckbewußte Absicht zu vermuten. In der Tat ist es für Menschen, da sie gewohnt sind, selbst zweckbestimmt und motiviert zu handeln, nur natürlich, bei anderen Lebewesen, ja selbst bei der unbelebten Natur ein zweckgerichtetes Verhalten vorauszusetzen.

laufen. (Nur ganz fanatische Puristen sind dagegen gefeit; zu diesen gehöre ich nicht, wie der aufmerksame Leser dieses Buches sicherlich längst bemerkt hat.)

In diesem Abschnitt, der von der Entwicklung des Nervensystems und des Gehirns handelt, möchte ich bewußt versuchen, Anthropomorphismen zu vermeiden. Das menschliche Gehirn ist nicht von der Natur »geschaffen« worden, sondern ist als vorläufiges Endergebnis einer langen Reihe evolutionärer Zufälle entstanden, die zur Ausbildung solcher Merkmale führten, die auf jeder Entwicklungsstufe den mit ihnen ausgestatteten Organismen einen Überlebensvorteil boten. Im Wettbewerb ums Überleben war ein Tier, das auf Veränderungen in der Umgebung empfindlicher ansprach und schneller reagierte als seine Konkurrenten, im Vorteil und setzte sich im Rahmen der natürlichen Selektion mit der Zeit gegen sie durch. Ein primitives Tier beispielsweise, das zufällig an seiner Körperoberfläche eine Stelle hatte, die besonders lichtempfindlich war, gewann dadurch einen entsprechenden Selektionsvorteil, so daß die Verbreitung solcher »Augenflecken« und in weiterer Folge die Entwicklung von Augen eine fast zwangsläufige Konsequenz sein mußte.

Spezialisierte Zellgruppen, die rudimentäre Sinnesorgane darstellen, tauchen entwicklungsgeschichtlich zuerst bei den Plattwürmern auf. Die Plattwürmer weisen ferner auch Anfänge eines Nervensystems auf, das davon abgekommen ist, Nervenimpulse pauschal durch den ganzen Organismus zu senden, sondern sie statt dessen auf dem kürzesten Weg zu den für die Reaktion wichtigen Stellen transportiert. Möglich wird dies durch die Entwicklung eines zentralen Nervenstrangs. Die Plattwürmer sind die ersten Organismen mit einem *Zentralnervensystem*.

Das ist noch nicht alles. Die Sinnesorgane der Plattwürmer befinden sich am Kopfende ihres Körpers, also an demjenigen Ende, das bei der Vorwärtsbewegung als erstes mit der Umwelt in Berührung kommt; demgemäß ist der Nervenstrang im Kopfbereich besonders gut entwickelt. Hier werden die Anfänge der Entwicklung eines Gehirns sichtbar.

Bei den höher entwickelten Stämmen des Tierreichs finden sich sukzessive neu hinzugekommene Merkmale: mehr und verbesserte Sinnesorgane, ein zunehmend komplexeres und differenzierteres Nervensystem, gegliedert in *afferente* (»hinführende«) Nervenzellen, die dem zentralen Nervenstrang Signale zuleiten, und *efferente* (»wegführende«) Fasern, die Signale vom zentralen Nervenstrang zu den für die Reaktion des Organismus wichtigen Körperteilen übertragen. Der Nervenzellenknoten im Kopf, an dem die verschiedenen Nervenbahnen zusammenlaufen, entwickelt sich zu einem immer komplizierteren Gebilde. Die Nervenfasern bilden sich zu neuartigen Formen um, die zu einer schnelleren Weiterleitung der Impulse fähig sind. Beim Tintenfisch, dem am höchsten entwickelten nichtsegmentierten Tier, wird die Erhöhung der Übertragungsgeschwindigkeit durch eine Verdickung der Nervenfaser erreicht. Bei den segmentierten Tieren entwickelt sich eine aus fettigem Material *(Myelin)* bestehende Umhüllung der Nervenfaser, eine sogenannte *Myelinscheide*, die eine weitere Erhöhung der Impulsgeschwindigkeit bringt. Beim Menschen sind manche Nervenbahnen in der Lage, einen Impuls mit einer Geschwindigkeit von 100 m pro Sekunde (das sind 360 km/h) zu übertragen. Zum Vergleich: Bei manchen wirbellosen Tieren liegt die Übertragungsgeschwindigkeit bei nur 0,2 km/h.

Mit einer grundlegenden Neuerung bezüglich der Lage des Nervenstrangs warten die Chordaten auf. Bei ihnen verläuft diese zentrale Nervenbahn (von dieser Entwicklungsstufe an Rückenmark geheißen) nahe der Rückseite des Rumpfs, anstatt, wie bei allen niedrigeren Tieren, entlang der Bauchseite. Das mag auf den ersten Blick wie ein Rückschritt anmuten, da der Rücken die exponiertere Körperseite ist. Doch das wird dadurch wettgemacht, daß bei den Wirbeltieren das Mark im Innern der knochigen Wirbelsäule verläuft. Die Wirbelsäule, deren ursprüngliche Aufgabe der Schutz des Rückenmarks war, erwies sich auch noch in anderer Beziehung als höchst segensreiche Errungenschaft, eignete sie sich doch hervorragend als Tragebalken, an dem die Chordaten zusätzliche Körperfülle und zusätzliches Gewicht befestigen konnten. Aus der Wirbelsäule heraus entwickelten sich Rippen, die einen Brustkorb bildeten, Kieferknochen, die Zähne zu tragen vermochten, und Gliedmaßen aus gelenkig verbundenen Knochen.

Die Entwicklung des Gehirns

Das Gehirn der Chordaten geht auf drei in einfacher Form bereits bei den primitivsten Wirbeltieren vorhandene Gebilde zurück. Diese Gebilde, zunächst nicht mehr als lokale Verdickungen des Nervengewebes, sind das Vorderhirn, das Mittelhirn und das Hinterhirn – diese Dreiteilung beschrieb als erster der griechische Anatom Erasistratos von Chios um 280 v. Chr. Am Kopfende erweitert sich das Rückenmark zu dem als *medulla oblongata* (»verlängertes Mark«) bezeichneten Teil des Hinterhirns. An diesen Teil schließt sich nach vorne bei fast allen Chordaten (die allerprimitivsten ausgenommen) ein Wulst an, der *cerebellum* oder *Kleinhirn* heißt. Davor liegt das *Mittelhirn*. Bei den niedrigeren Wirbeltieren weist das Mittelhirn zwei »Sehlappen« auf und dient vor allem als Zentrum des Gesichtssinns, während das Vorderhirn mit seinen »Geruchslappen« der Sitz des Geruchs- und Geschmackssinns ist. Das Vorderhirn gliedert sich (von vorn nach hinten) in das Riechhirn, das Großhirn und den Thalamus, dessen unterer Teil Hypothalamus heißt. Das Großhirn ist bei den Primaten und ganz besonders beim Menschen das größte und auch wichtigste Teilelement des Hirns. Mit Hilfe von Experimenten, bei denen Tieren das Großhirn entfernt und ihr anschließendes Verhalten beobachtet wurde, konnte der französische Anatom Marie Jean P. Flourens 1824 zeigen, daß das Großhirn der Sitz des bewußten und willentlichen Handelns ist (*Abb.*).

Der »Hauptdarsteller« der ganzen Veranstaltung ist jedoch das »Dach« des Großhirns, die soge-

fang zunimmt, läuft es wachstumsmäßig dem Großhirn so sehr davon, daß es sich in Falten zu legen beginnt. Diese Fältelung und Furchung bildet die Grundlage für die Komplexität und Leistungsfähigkeit des Gehirns der höheren Säugetiere, namentlich des Homo sapiens.

Wenn man die Entwicklung der Arten unter diesem Gesichtspunkt verfolgt, stellt man fest, daß

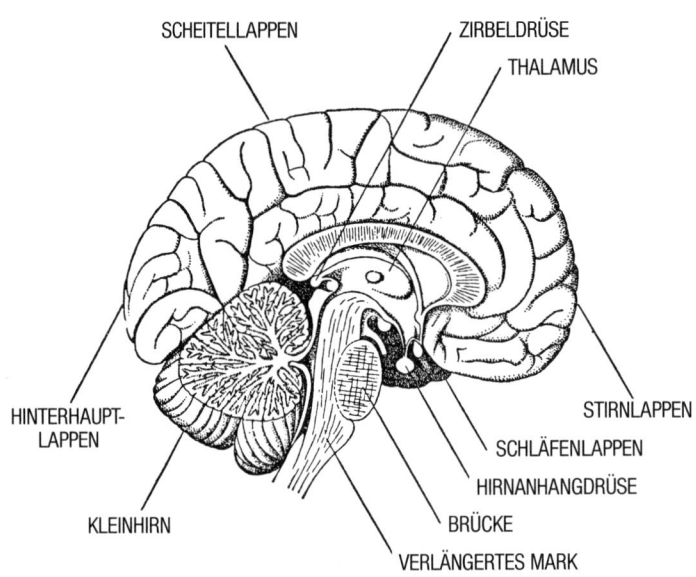

SCHEITELLAPPEN — ZIRBELDRÜSE — THALAMUS — HINTERHAUPT-LAPPEN — STIRNLAPPEN — SCHLÄFENLAPPEN — HIRNANHANGDRÜSE — KLEINHIRN — BRÜCKE — VERLÄNGERTES MARK

Das menschliche Gehirn.

nannte *Großhirnrinde*. Bei Fischen und Amphibien ist sie erst rudimentär vorhanden, in Gestalt einer elastischen Haut, *Pallium* (lateinisch für »Mantel«) genannt. Mit den Reptilien erscheint dann eine Weiterentwicklung dieses Funktionselements, das sogenannte *Neopallium* (»Neuer Mantel«). Es ist der eigentliche Vorläufer dessen, was dann folgt. Es wird sich schließlich zur Schaltzentrale für die von den Augen und von den anderen Sinnesorganen kommenden Impulse entwickeln. Bei den Reptilien ist diese Verlagerung, zumindest was den Gesichtssinn betrifft, bereits teilweise, bei den Vögeln schließlich zur Gänze vollzogen. Bei den ersten Säugetieren finden wir das Neopallium auf dem besten Wege, sich zur besagten Schaltzentrale zu entwickeln; es erstreckt sich auf dieser Entwicklungsstufe schon über die ganze Oberfläche des Großhirns. Zunächst bleibt es ein glatter Lappen, aber in dem Maße, wie es, mit der Höherentwicklung der Säugetiere Schritt haltend, an Um-

das Großhirn zunehmend zum dominierenden Bestandteil des Gehirns wird. Das Mittelhirn wird zunehmend unscheinbarer. Bei den Primaten, bei denen der Gesichtssinn dem Geruchssinn den Rang abläuft, schrumpfen die Geruchslappen des Vorderhirns zu Knöllchen. Auf dieser Stufe der Entwicklung umschließt das Großhirn auch schon den Thalamus und das Kleinhirn.

Schon die frühen Hominiden hatten ein beträchtlich größeres Gehirn als die am höchsten entwickelten Menschenaffen. Das Gehirn des Schimpansen und des Orang-Utan wiegt unter 400 Gramm, das des Gorillas durchschnittlich 540 Gramm, obgleich das Tier selbst viel größer und schwerer ist als ein Mensch. Das Gehirn des Pithecanthropus wog allem Anschein nach 850 bis 1000 Gramm. Dabei gehörte er zu den Kleingehirn-Hominiden. Der Rhodesia-Mensch hatte ein Gehirngewicht von etwa 1300 Gramm, der Neandertaler brachte es, ebenso wie der moderne Homo sapiens, auf etwa 1500 Gramm. Was den heutigen Menschen gehirnmäßig vom Neandertaler unterscheidet, ist offenbar die Tatsache, daß sich bei ersterem ein größerer Anteil der gesamten Gehirnmasse in der Stirnregion des Großhirns konzentriert, in der offenbar das Kontrollzentrum für die anspruchsvollsten geistigen Funktionen angesiedelt ist. Der Neandertaler hatte eine flache Stirn, der Schwerpunkt des Gehirns lag bei ihm im Hinterkopf.

Die Größe des Hominiden-Gehirns hat sich im Lauf der letzten drei Millionen Jahre annähernd verdreifacht – eine rasante Entwicklung nach evolutionären Maßstäben. Wie kam es dazu, und warum gerade bei den Hominiden?

Eine mögliche Ursache dafür war, daß schon die allerfrühesten, kleingehirnigen Hominiden, wie wir heute mit Bestimmtheit wissen, aufrecht gingen, ganz genauso wie der heutige Mensch. Der aufrechte Gang ging dem vergrößerten Gehirn lange voraus. Dies hatte zwei wichtige Konsequenzen: Zum einen befanden sich die Augen nun höher über dem Boden und lieferten dem Gehirn entsprechend mehr Informationen; zum zweiten waren die vorderen Gliedmaßen nun endgültig von jeglicher Mitwirkung an der Fortbewegung befreit und konnten, unbelastet von anderen Aufgaben, zur Ertastung und Handhabung von Gegenständen benutzt werden. Der vermehrte Strom an Informationen, der dem Gehirn infolgedessen zufloß, überforderte womöglich zunächst die Kapazität des von diesem Entwicklungssprung gleichsam überraschten Gehirns, setzte jedenfalls aber eine Art Prämie auf jede mit einer Verbesserung der Leistungsfähigkeit des Gehirns verbundene Mutation aus. Die Mechanismen der Evolution mußten dann fast zwangsläufig (so jedenfalls erscheint es uns im nachhinein) Hominiden mit einem zunehmend größeren und zunehmend leistungsfähigeren organisierten Gehirn hervorbringen.

Das menschliche Gehirn

Zum Körpergewicht des heutigen Menschen trägt das Gehirn rund ein 50stel bei. Auf jeweils 50 Gramm Körper kommt also 1 Gramm Gehirn. Beim Schimpansen beträgt diese Relation zirka 1 zu 150, beim Gorilla zirka 1 zu 500. Hingegen ist bei einigen kleineren Primaten der Gewichtsanteil des Gehirns relativ größer als beim Menschen. (Das ist übrigens auch bei der Nachtigall so.) Bei Krallenaffen kann das Gehirngewicht bis zu einem Achtzehntel des Körpergewichts betragen. Doch ist in diesem Fall, absolut gesehen, einfach zu wenig Gehirnmasse vorhanden, als daß die für eine menschenartige Intelligenz erforderlichen komplexen Strukturen mit entsprechenden Fähigkeiten darin untergebracht werden könnten. Die Voraussetzung hierfür ist offenbar ein Gehirn, das sowohl seiner absoluten Größe nach als auch im Verhältnis zum Körpergewicht groß ist. Diese Bedingung ist beim Menschen erfüllt.

Zwei Säugetiergattungen haben erheblich größere Gehirne als der Mensch, ohne aber deswegen eine der menschlichen vergleichbare Intelligenz zu besitzen. Bei den größten Elefanten kann das Gewicht des Gehirns 6000 Gramm erreichen, bei den größten Walen sogar 9000 Gramm. Dem steht freilich in beiden Fällen eine immense Körperfülle gegenüber – das Elefantengehirn regiert einen Körper, der tausendmal so schwer ist wie es selbst, das Gehirn eines großen Wals hat es unter Umständen mit einem zehntausendmal schwereren Körper zu tun.

Lediglich in einem einzigen Zweig der Evolution ist dem Menschen ein potentieller Rivale erwachsen: Bei den Delphinen und Tümmlern, kleinwüchsigen Mitgliedern der Familie der Wale, sind etliche Voraussetzungen erfüllt. Manche dieser Tiere wiegen nicht mehr als ein Mensch und verfügen dabei über ein Gehirn, das größer (mit einem Gewicht von bis zu 1700 Gramm) und auch stärker gefaltet und gefurcht ist als das menschliche.

Daraus kann man nicht unbedingt schließen, daß Delphine intelligenter sind als Menschen, denn das ist nicht zuletzt eine Frage der inneren Organisation des Gehirns. Vielleicht hat das Gehirn des Delphins, wie das des Neandertalers, seinen Schwerpunkt eher in dem Bereich, in dem die entwicklungsgeschichtlich primitiveren Funktionen angesiedelt sind.

Gewißheit kann man in dieser Frage nur erlangen, indem man versucht, die Intelligenz der Delphine experimentell zu bestimmen. Manche Forscher, allen voran John C. Lilly, sind offenbar überzeugt davon, daß der Delphin tatsächlich über eine der unseren vergleichbare Intelligenz verfügt, daß Delphine und Tümmler sich untereinander in einer Art Sprache (von ähnlicher Komplexität wie die menschlichen Sprachen) verständigen und daß es möglich sein müßte, eine Kommunikation über die Artgrenzen hinweg zu initiieren.

Auch wenn diese Auffassung sich als richtig erweisen sollte, steht doch außer Frage, daß die Delphine in dem Augenblick der Chance, ihre Intelligenz zur Manipulation und schließlichen Beherrschung ihrer Umwelt zu benutzen, den Rückweg zu einer wassergebundenen Lebensweise einschlugen. Die erste Errungenschaft, welche die Hominiden qualitativ von allen anderen Lebewesen der Erde schied, war die Beherrschung des Feuers; Delphine konnten und können dahin ganz offenkundig nicht gelangen. Ebenso bedeutsam wirkte sich vielleicht aus, daß die rasche Fortbewegung durch ein flüssiges Medium wie Wasser einen weitgehend stromlinienförmigen Körper voraussetzt. Dies schloß aus, daß der Delphin irgendwelche dem Arm und der Hand des Menschen äquivalenten Organe entwickeln konnte, mit denen er seine Umgebung intelligent erforschen und manipulieren hätte können.

Ein interessanter Punkt ist, daß die Delphine zu einer Zeit, als erst kleingehirnige Hominiden existierten, bereits ihre heutige Gehirngröße entwickelt hatten. In der Folge überholten die Hominiden also die ihnen in dieser Beziehung voraus gewesenen Delphine, und diese ließen es geschehen. Daß wir Menschen heute untätig zusehen würden, wenn sich auf der Erde beispielsweise eine großgehirnige Ratte oder ein großgehirniger Hund entwickeln würde, der eines Tages unsere beherrschende Stellung bedrohen könnte, ist unvorstellbar. Der Delphin, im Meer gefangen, konnte nichts tun, um die Fortentwicklung der Hominiden zu unterbinden, die nun so weit geführt hat, daß der Mensch, wenn er wollte, ohne übermäßige Anstrengungen alle Walarten ausrotten könnte. (Daß wir das nicht wollen und manche von uns große Anstrengungen unternehmen, ein Aussterben der Wale zu verhindern, spricht unter diesem Gesichtspunkt eigentlich für uns.)

Es ist nicht ganz auszuschließen, daß der Delphin uns in irgendeinem »philosophischen« Intelligenzaspekt, den wir noch nicht zu würdigen wissen, überlegen ist; soweit es jedoch die Fähigkeit betrifft, die unsere Umwelt beherrschenden Naturgesetze zu erkennen und diese Kenntnisse technisch zu nutzen, steht der Homo sapiens bislang auf der Erde einzig da. (Kaum nötig, zu erwähnen, daß die Zwecke, für die der Mensch seine Intelligenz und seine technischen Errungenschaften benutzt hat und noch benutzt, der Menschheit als ganzer und ihrem Heimatplaneten als ganzem nicht immer zum Nutzen gereichen.)

Intelligenztests

Da bereits von der Aufgabe die Rede war, das Intelligenzniveau einer Tierart wie der des Delphins zu messen, scheint es den Hinweis wert, daß bis heute keine in jeder Beziehung zufriedenstellende Methode zur Messung des Intelligenzniveaus einzelner Mitglieder unserer eigenen Spezies existiert.

1904 versuchten die französischen Psychologen Alfred Binet und Théodore Simon erstmals, menschliche Intelligenz mit Hilfe eines Katalogs willkürlich gewählter Fragen zu ermitteln. Aus solchen sogenannten Intelligenztests erwuchs die als *Intelligenzquotient* oder IQ bezeichnete Meßgröße, die das Verhältnis zwischen dem durch den Test ermittelten geistigen Alter und dem Lebensalter eines Individuums angibt. (Um die Kommastellen zu beseitigen, multipliziert man den Wert mit hundert.) Die Öffentlichkeit wurde auf die Bedeutung des IQ vor allem durch die Arbeiten des amerikanischen Psychologen Lewis M. Terman aufmerksam.

Das Problem ist, daß bislang noch kein Test entwickelt werden konnte, der nicht auf ein bestimmtes kulturelles Umfeld zugeschnitten wäre. Ein intelligenter Junge aus der Großstadt stolpert vielleicht über eine simple Frage, die mit einem Pflug zu tun hat, ein intelligentes Mädchen vom Lande womöglich über eine ebenso simple Frage, die sich auf Aufzüge bezieht. Ein gleich intelligenter australischer Ureinwohner könnte wahrscheinlich mit beiden Fragen nichts anfangen, wüßte dafür aber vielleicht im Zusammenhang mit Bumerangs höchst gescheite Antworten auf Fragen, die wir ihm mangels einschlägiger Erfahrungen gar nicht stellen würden.

Dazu kommt, daß es schwierig ist, keine vorgeprägten Vorstellungen davon zu haben, wer oder was intelligent ist und wer oder was nicht. Jeder Forscher neigt dazu, Versuchspersonen aus seinem eigenen kulturellen Milieu eine höhere Intelligenz zu attestieren. Stephen Jay Gould hat in seinem Buch *The Mismeasure of Man* (1981) ausführlich gezeigt, daß und wie IQ-Messungen seit dem Ersten Weltkrieg zur Bestätigung unbewußter oder expliziter rassistischer Vorurteile gedient haben.

Das jüngste und schlagendste Beispiel hierfür bot der britische Psychologe Cyril L. Burt, der in Oxford studierte und danach sowohl in Oxford als auch in Cambridge lehrte. Er führte reihenweise IQ-Messungen an Kindern durch und setzte die Ergebnisse in Beziehung zur beruflichen Stellung der Eltern: Akademiker, Gebildete, Kopfarbeiter, Facharbeiter, angelernte Arbeiter, Hilfsarbeiter.

Er kam zu dem Ergebnis, daß der Intelligenzquotient der Kinder im allgemeinen genau dem beruflichen Niveau der Eltern entsprach. Die Kinder der Akademiker hatten die höchsten, die der Hilfsarbeiter die niedrigsten Werte. Mit anderen Worten: Die gesellschaftliche Hierarchie ist naturbedingt, und jeder steht dort, wo er hingehört.

Damit nicht genug: Burt fand des weiteren heraus, daß Männer einen höheren IQ haben als Frauen, Engländer einen höheren als Iren, Nichtjuden einen höheren als Juden. Er suchte und fand eineiige Zwillinge, die bald nach ihrer Geburt getrennt worden waren, und stellte fest, daß sie trotzdem einen nahezu identischen Intelligenzquotienten aufwiesen – was die These von der Naturgegebenheit der Intelligenz zu bestätigen schien.

Burt erfuhr zahlreiche Ehrungen und wurde 1971 zum Ritter geschlagen. Nach seinem Tod kam jedoch heraus, daß er seine Daten gefälscht hatte.

Ich will hier nicht näher untersuchen, aus welchen Motiven er dies getan haben könnte. Sicher scheint mir, daß den meisten Leuten so sehr daran gelegen ist, als intelligent zu gelten, daß daraus eine überwältigende Neigung erwächst, Erhebungsdaten, die möglicherweise etwas anderes besagen würden, von vornherein auszuschließen. Die ganze Intelligenztesterei ist so innig mit Emotionen und Eigenliebe verknüpft, daß man gut daran tut, alles, was zu diesem Punkt verlautet, mit Vorsicht zu genießen.

Ein anderer verbreiteter Test soll einen Aspekt der Persönlichkeit erfassen, der eher noch schwerer zu definieren und zu objektivieren ist als die Intelligenz. Entwickelt wurde dieser Test zwischen 1911 und 1921 von dem Schweizer Arzt Hermann Rorschach. Der Versuchsperson werden Blätter mit Tintenklecksen darauf vorgelegt, und sie wird aufgefordert, diese Flecken als Bilder zu deuten. Aus der Art der Bilder, die die Person in die Tintenkleckse hineindeutet, lassen sich angeblich Schlüsse auf ihre Persönlichkeitsstruktur ziehen. Mir scheint, daß solche Tests bestenfalls grobe Orientierungswerte liefern können.

Die Spezialisierung von Funktionen

Eigenartigerweise verkannten viele der antiken Philosophen die Bedeutung des Organs unter unserer Schädeldecke fast völlig. Aristoteles sah im Gehirn nicht viel mehr als sozusagen eine körpereigene Klimaanlage; er glaubte, das im Körper aufgeheizte Blut werde beim Durchgang durch das Gehirn abgekühlt. Eine Generation nach Aristoteles erkannte Herophilos von Kalchedon, der in Alexandria wirkte, daß das Gehirn der Sitz der menschlichen Intelligenz ist; wie üblich, genossen jedoch die Irrtümer des Aristoteles höheren Kredit als die richtigen Einsichten anderer.

Die meisten Gelehrten der Antike und des Mittelalters verlegten daher den Sitz der Emotionen und der Persönlichkeit in Organe wie das Herz, die Leber oder gar die Milz. (Ausdrücke wie »sein Herz verlieren«, »frisch von der Leber weg« oder »Spleen« [englisch für »Milz«] künden noch heute davon.)

Der erste Wissenschaftler im modernen Sinn, der sich mit dem Gehirn befaßte, war ein englischer Arzt und Anatom des 17. Jahrhunderts namens Thomas Willis; er legte die Nerven frei, die zum Gehirn hinführen. Der Franzose Felix Vicq d'Azyr und andere erforschten in der Folge die Grundzüge der Anatomie des Gehirns. Doch erst im 18. Jahrhundert gelang dem schweizerischen Physiologen Albrecht von Haller die erste im Hinblick auf die Funktionsweise des Nervensystems wirklich bahnbrechende Entdeckung.

Was Haller herausfand, war, daß ein Muskel sich viel leichter durch die Stimulierung eines bestimmten Nervenstrangs zur Kontraktion veranlassen ließ als durch die direkte Stimulierung des Muskels selbst. Die Kontraktion, die er auf diese Weise hervorrief, war darüber hinaus eine unwillkürliche Bewegung; sie ließ sich, durch Stimulierung des betreffenden Nervs, sogar nach dem Tode des Organismus noch auslösen. In der Folge konnte Haller zeigen, daß die Nerven Empfindungen übertragen. Wenn er die zu einer bestimmten Muskelgruppe hinführenden Nerven durchtrennte, war diese Muskelgruppe außer Funktion gesetzt, d. h., sie vermochte nicht mehr zu reagieren. Haller zog daraus den Schluß, daß das Gehirn über die Nervenbahnen Empfindungen, beispielsweise von den Sinnesorganen her, empfängt und anschließend, ebenfalls über Nervenbahnen, Signale aussendet, die beispielsweise einen Muskel dazu veranlassen, sich zusammenzuziehen. Er äußerte die Vermutung, alle Nerven kreuzten und vereinigten sich im Zentrum des Gehirns.

1811 lenkte der österreichische Mediziner Franz Joseph Gall das Augenmerk auf die »graue Substanz« an der Oberfläche des Großhirns (die sich von der »weißen Substanz« dadurch unterscheidet, daß letztere sich lediglich aus den faserigen Fortsätzen der Nervenzellen zusammensetzt; diese Fasern sind, da sie in den Myelinscheiden eingebettet sind, weiß). Gall vermutete, daß die Nerven nicht, wie Haller gemeint hatte, im Zentrum des Gehirns zusammenlaufen, sondern daß jeder Strang in einem ganz bestimmten Teil der grauen Substanz endet; diese Substanz war in seinen Augen der eigentliche Sitz der Steuerungsfunktion des Gehirns. Gall stellte sich vor, daß jeder Teil der Großhirnrinde für eine bestimmte Region oder eine bestimmte Funktioneinheit des Körpers »zuständig« ist, d. h. die von dorther ankommenden Impulse empfängt bzw. die der angemessenen Reaktion entsprechenden Impulse dorthin sendet.

Wenn jeweils eine bestimmte Zone der Hirnrinde für die Steuerung einer bestimmten Funktion des Organismus zuständig war, was lag dann näher als anzunehmen, daß die mehr oder weniger große Ausgeprägtheit dieser oder jener Gehirnzone Rückschlüsse auf Charakter und Mentalität eines Menschen zuließ? Wenn man den Schädel einer Person abtastete und alle Auswölbungen und Vertiefungen genau registrierte und lokalisierte, so ließ sich auf diese Weise womöglich feststellen, daß der Betreffende besonders großzügig oder besonders geizig oder besonders sonstwas war. Aus dieser Überlegung heraus entstand, begründet von einigen Jüngern Galls, die pseudowissenschaftliche Disziplin der *Phrenologie*, die sich im 19. Jahrhundert einer erstaunlichen Popularität erfreute und auch heute noch nicht völlig in der Versenkung verschwunden ist. (Ironischerweise hatte Gall, obwohl er und seine Anhänger gerade in einer hohen Stirn ein Zeichen von Intelligenz sahen – eine Auffassung, die bis heute nachwirkt –, ein ungewöhnlich kleines Gehirn mit einem, gemessen am Durchschnitt, um 15% geringeren Gewicht.)

Nun besagt die Tatsache, daß die Phrenologie ein Humbug ist, noch nicht unbedingt, daß die Gallsche Ausgangsvorstellung von der Spezialisiertheit der verschiedenen Zonen der Großhirnrinde falsch war. Schon bevor das Gehirn unter diesem Gesichtspunkt untersucht wurde, war bekannt, daß die Schädigung bestimmter Gehirnbereiche oft zu ganz bestimmten Funktionsausfällen führte. 1861 konnte der französische Chirurg Pierre Paul Broca durch sorgfältige Untersuchungen am Gehirn Verstorbener zeigen, daß das Gehirn von Personen, die zu Lebzeiten an einer Aphasie (d. h. an einer Unfähigkeit, zu sprechen oder Sprache zu verstehen) gelitten hatten, in der Regel in einem bestimmten Bereich der linken Großhirnhälfte eine physische Beschädigung aufwies; dieser Bereich wird heute das *Brocasche Sprachzentrum* genannt.

1870 begannen zwei deutsche Forscher, Gustav Fritsch und Eduard Hitzig, die Funktionszonen des Gehirns dadurch zu lokalisieren, daß sie nacheinander die verschiedenen Gehirnpartien stimulierten und beobachteten, welche Muskelgruppen jeweils reagierten. Der Schweizer Physiologe Walter R. Hess führte diese Arbeit ein halbes Jahrhundert später mit wesentlich verfeinerter Technik weiter; er wurde dafür 1949 anteilig mit dem Nobelpreis für Medizin und Physiologie ausgezeichnet.

Wie diese Forschungen ergaben, ist eine abgegrenzte Zone der Großhirnrinde maßgeblich an der Stimulierung der verschiedenen willkürlichen Muskelgruppen beteiligt. Diese Zone wird daher als das *motorische Zentrum* bezeichnet. Es scheint, als sei es dem Körper im großen und ganzen spiegelsymmetrisch zugeordnet: Die am weitesten oben gelegenen Teile des motorischen Zentrums stimulieren die Muskulatur der Füße; weiter abwärts folgen die Steuerzentralen für die höher gelegenen Muskeln der Beine, dann die für die Rumpfmuskulatur, dann die für Arme und Hände und schließlich die für die Hals- und Gesichtsmuskulatur.

An das motorische Zentrum schließt sich rückwärts ein weiterer Teil der Großhirnrinde an, der als Empfangsstation für Wahrnehmungs- und Empfindungsreize vielfältiger Art dient und daher das *sensorische Zentrum* genannt wird. Wie beim motorischen, so sind auch beim sensorischen Zentrum die verschiedenen »Steuerzentralen« den zugehörigen Körperpartien spiegelbildlich zugeordnet. Empfindungsreize, die von den Füßen kommen, werden am oberen Ende der Zone registriert, danach folgen in absteigender Reihenfolge die Empfangsstationen für Reize von den Beinen, von Bauch-, Brust- und Halssegment, von Armen, Händen, Fingern und zuletzt von der Zunge. Die für Lippen, Zunge und Hände »zuständigen« Bereiche des sensorischen Zentrums nehmen, was nicht verwundert, relativ mehr Raum ein, als es zu erwarten wäre, wenn die Größe dieser Empfindungszonen sich ausschließlich nach der Größe der ihnen zugeordneten Körperzonen richten würde.

Wenn man zum motorischen und zum sensorischen Zentrum noch diejenigen Bereiche der Großhirnrinde hinzunimmt, die vorwiegend die Funktion haben, die von den wichtigsten Sinnesorganen, den Augen und den Ohren, kommenden Wahrnehmungsreize zu empfangen und auszuwerten, bleiben gleichwohl noch weite Teile des Großhirns ohne eindeutig definierbare Funktion übrig.

Aus der Tatsache, daß weiten Partien des Großhirns nicht eindeutig bestimmte Körperfunktionen zugeordnet werden können, ist die häufig zu hörende Behauptung abgeleitet worden, der Mensch nutze »nur ein Fünftel seines Gehirns«. Dem ist natürlich nicht so; richtig ist, daß nur ein Fünftel des menschlichen Gehirns mit sozusagen schwarz auf weiß nachweisbaren Aufgaben betraut ist. Aber was können wir daraus schließen? Wenn ein Wolkenkratzer errichtet wird, wird man vielleicht sagen können, daß die mit dem Bau beauftragte Firma nur ein Fünftel ihrer Beschäftigten einsetzt, weil die Firma, sagen wir, fünfhundert Mitarbeiter hat, aber nur hundert von ihnen auf der Baustelle beim Vernieten der Stahlträger, beim Verlegen der Stromversorgungskabel, beim Betongießen usw. zu sehen sind. Tatsächlich sind die anderen Mitarbeiter der Firma anderswo damit beschäftigt, den Beton für die Baustelle zu mischen, das Installationsmaterial herbeizuschaffen, die notwendigen Berechnungen und Kalkulatio-

nen anzustellen, die Buchführung zu erledigen, die Arbeitsgänge zu planen usw. Ihre Arbeit ist für das Gelingen des Bauwerks ebenso wichtig. Analog können wir annehmen, daß die scheinbar ungenutzten vier Fünftel des Gehirns »Hintergrundarbeiten« verrichten – Wahrnehmungs- und Empfindungsreize analysieren, entscheiden, welche davon ignoriert werden können und auf welche reagiert werden muß, entscheiden, welche Reaktion adäquat ist usw.

Berücksichtigt man dies alles, so verbleibt gleichwohl noch eine Partie des Großhirns, die keine erkennbare spezifische Funktion hat. Es ist dies der Teil unmittelbar hinter der Stirn, der sogenannte Stirnlappen. Daß ihm eine klare Aufgabe fehlt, ist so auffällig, daß dieser Teil des Gehirns gelegentlich schon die »stille Zone« genannt worden ist. Es hat Fälle gegeben, in denen es wegen bösartiger Tumore notwendig wurde, große Teile des Stirnlappens operativ zu entfernen – ohne irgendwelche nennenswerten Folgen für den Betroffenen. Wir können dennoch sicher sein, daß der Stirnlappen nicht bloß ein überflüssiges Stück Nervengewebe ist.

Man muß sich sogar fragen, ob er nicht eigentlich der wichtigste Teil des Gehirns ist, wenn man bedenkt, daß es im Lauf der Entwicklung des menschlichen Nervensystems einen kontinuierlichen Aufbau immer komplexerer Strukturen in Vorwärtsrichtung gegeben hat. Der Stirnlappen könnte daher von allen Gehirnpartien die entwicklungsgeschichtlich jüngste und die am spezifischsten menschliche sein!

In den 30er Jahren kam einem portugiesischen Chirurgen namens Antonio Egas Moniz der Gedanke, man könne einem seelisch kranken Menschen, dem das Wasser bis zum Hals steht, vielleicht dadurch helfen, daß man die Verbindungen zwischen dem Stirnlappen und dem übrigen Gehirn durchtrennt. Möglicherweise konnte man, so das Kalkül, den Patienten auf diese Weise von einem Teil der ihn offensichtlich quälenden Assoziationen, die sich in seinem Geist angesammelt hatten, regelrecht abschneiden, so daß er mit dem verbleibenden restlichen Gehirn gewissermaßen einen neuen Anfang würde machen können. Diese Operation, genannt Stirnlappen-Lobotomie, wurde erstmals 1935 ausgeführt. In einer Anzahl von Fällen schien sie tatsächlich Linderung zu bringen. Moniz erhielt, zusammen mit W. R.

Hess, für seinen Beitrag 1949 den Nobelpreis für Medizin und Physiologie. Dessen ungeachtet konnte sich die Stirnlappen-Lobotomie nie durchsetzen und hat heute weniger Befürworter denn je. Zu oft hat sie sich als ein Versuch erwiesen, den Teufel mit Beelzebub auszutreiben.

Das Großhirn ist in zwei Großhirnhälften oder *Hemisphären* gegliedert, die durch einen länglichen Riegel aus harter weißer Substanz verbunden sind, den sogenannten *Balken*. Eigentlich sind die beiden Hemisphären eigenständige Organe, die ihre Arbeit über die quer durch den Balken laufenden Nervenfasern koordinieren. Nichtsdestoweniger können die Hemisphären potentiell auch unabhängig voneinander arbeiten.

Man kann ihr Verhältnis zueinander anhand eines Vergleichs mit unseren Augen erläutern. Gewöhnlich fungieren beide Augen als Einheit, wenn aber eines verlorengeht, muß und kann das andere die Sehfunktion allein übernehmen. Wenn man einem Versuchstier eine Großhirnhälfte herausnimmt, führt das nicht zu einem Totalausfall der Gehirnfunktion; die verbliebene Hemisphäre lernt, allein zurechtzukommen.

Gewöhnlich ist jede Hemisphäre weitgehend für eine bestimmte Körperseite zuständig: die linke Hemisphäre für die rechte Körperhälfte, die rechte Hemisphäre für die linke Körperhälfte. Wenn beide Hemisphären intakt belassen werden, aber der Balken durchtrennt oder entfernt wird, geht die Koordination verloren, und die beiden Körperhälften werden mehr oder weniger unabhängig voneinander gesteuert. Diese Operation ist bei Affen zu Versuchszwecken durchgeführt worden (mit einem zusätzlichen Eingriff, der dazu diente, sicherzustellen, daß jedes Auge nur mit einer Großhirnhälfte verbunden war). Nach vollzogener Operation kann jedes Auge separat auf bestimmte Aufgaben hin trainiert werden. Man kann, um ein Beispiel zu nehmen, einen Affen darauf abrichten, daß er von zwei dargebotenen Zeichen, einem Kreuz und einem Kreis, das Kreuz zu bevorzugen lernt, weil er jedesmal, wenn er das Kreuz wählt, Futter bekommt. Wenn während der Lernperiode sein rechtes Auge zugedeckt bleibt, lernt der Affe die Bevorzugung des Kreuzes sozusagen nur auf dem linken Auge. Wenn man ihm nun das linke Auge zuklebt und das rechte öffnet, wird die Wahrnehmung der beiden Zeichen mit dem rechten Auge bei ihm keinerlei

Erinnerung an das zuvor Gelernte auslösen, und er kann lediglich versuchen, durch Versuch und Irrtum an sein Futter heranzukommen. Wenn beide Augen zunächst auf entgegengesetzte Zeichen abgerichtet und dann zusammen geöffnet werden, bevorzugt der Affe einmal das eine und einmal das andere Zeichen – die beiden Hemisphären gewähren einander höflich abwechselnd den Vortritt.

Natürlich birgt jede Situation, in der »zwei das Sagen haben«, die Gefahr des Konflikts und der Verwirrung. Im Falle der beiden Großhirnhälften wird dem dadurch vorgebeugt, daß eine Hemisphäre (beim Menschen fast immer die linke) dominant ist, solange beide auf normale Weise miteinander verbunden sind. Das Brocasche Sprachzentrum befindet sich in der linken Hemisphäre. Das »gnostische Zentrum«, eine Art Steuerzentrale für übergeordnete Assoziationen, in der möglicherweise letztinstanzliche Verhaltensentscheidungen fallen, befindet sich ebenfalls in der linken Hemisphäre. Da die linke Hemisphäre die motorische Aktivität der rechten Körperhälfte steuert, überrascht es nicht, daß die meisten Menschen Rechtshänder sind (obgleich selbst bei Linkshändern gewöhnlich die linke Großhirnhälfte die dominierende ist). Bei Personen, in denen sich keine eindeutige Dominanz einer Hemisphäre herausgebildet hat, kann das Phänomen der Beidhändigkeit auftreten. Das ist nicht unbedingt beneidenswert, denn die Betroffenen haben zuweilen, wie man so sagt, zwei linke Hände, und oft ist die Beidhändigkeit auch mit Schwierigkeiten in der Sprachbeherrschung verbunden.

Seit einigen Jahren neigt man dazu, zu glauben und zu behaupten, die beiden Gehirnhälften zeichneten sich durch eine unterschiedliche Art des Denkens aus. Die linke Hemisphäre, die eindeutig die Sprachfunktion steuert, ist dieser Auffassung zufolge die logisch, mathematisch, Schritt für Schritt denkende. Das intuitive Denken, die künstlerische Eingebung, das ganzheitliche Denken usw. wären dann die Domäne der rechten Hemisphäre.

Das Großhirn ist, wie bereits gesagt, nicht das ganze Gehirn. Unterhalb der Großhirnrinde und von ihr eingeschlossen befinden sich Zonen aus grauer Substanz, die sogenannten Stammganglien; in sie eingebettet ist der Thalamus (siehe Abbildung S. 299). Er fungiert als Rezeptionszentrum für Empfindungsreize verschiedenster Art.

Die heftigeren unter ihnen – jäher Schmerz, extreme Hitze oder Kälte, unsanfte Berührungen u. dergl. – werden ausgesondert. Die milderen Empfindungen – sanfte Berührungen, mäßige Wärme- oder Kälteempfindungen, leichter Schmerzreiz usw. – werden ins sensorische Zentrum der Großhirnrinde weitergeleitet. Das Gehirn kann es sich sozusagen erlauben, solche milden Empfindungsreize der Großhirnrinde zu unterbreiten, die sie ausführlich begutachtet und sich oft erst nach mehr oder wenig langer Bedenkzeit für eine Reaktion entscheidet. Die jähen und heftigen Empfindungen erfordern dagegen eine schnelle Reaktion und lassen keine Bedenkzeit zu; in diesen Fällen übernimmt der Thalamus selbst die Erledigung auf mehr oder weniger automatisierte Weise.

An den Thalamus schließt sich nach unten der Hypothalamus an, die Steuerzentrale für verschiedene Körperfunktionen. Das Regulierungssystem für den Appetit, der sogenannte Appestat *(siehe Kapitel 5)*, hat hier seinen Sitz; ebenso der Kontrollmechanismus für die Körpertemperatur. Es ist der Hypothalamus, über den das Gehirn zumindest einen gewissen Einfluß auf die Hirnanhangdrüse ausübt *(siehe Kapitel 5)*; dieses Beispiel läßt erkennen, auf welche Weise die nervösen und die chemischen (d. h. hormonellen) Steuerungsfunktionen des Organismus letzten Endes einer einheitlichen, alle Abläufe koordinierenden Lenkung unterworfen sind.

Der Physiologe James Olds entdeckte 1954 eine weitere, eher unheimliche Funktion des Hypothalamus. Es gibt darin einen Bereich, der, wenn er stimuliert wird, offensichtlich eine höchst lustvolle Empfindung hervorruft. Wenn man bei einer Versuchsratte in dieses »Lustzentrum« eine Elektrode einführt und diese so mit einer elektrischen Anordnung verbindet, daß das Versuchstier die Möglichkeit hat, die sein Lustzentrum stimulierenden elektrischen Reize selbst auszulösen, tut es dies bis zu achttausendmal pro Stunde – und das stunden- oder tagelang ununterbrochen, ohne irgendein Interesse an Nahrungsaufnahme, Sex oder Schlaf zu zeigen. Offenbar ist es so, daß alle schönen Dinge des Lebens nur insofern schön sind, als sie sich im Lustzentrum als lustvolle Empfindungen niederschlagen. Ruft man diese Empfindungen direkt hervor, so kann man sich allen weiteren Aufwand sparen.

Im Hypothalamus befindet sich auch ein Bereich, der etwas mit dem Wach- und Schlaf-Zyklus zu tun hat, denn wenn bei Versuchstieren dieser Teil physisch beschädigt wird, verfallen sie in einen schlafähnlichen Zustand. Der Mechanismus, mittels dessen der Hypothalamus diese Funktion erfüllt, ist noch nicht bis ins einzelne geklärt. Eine Theorie besagt, daß er Signale an die Großhirnrinde sendet, die ihrerseits andere Signale zurückschickt, und daß beide sich dadurch beständig wechselseitig stimulieren. Nach einer gewissen Zeit des Wachzustands läßt die Koordination zwischen den beiden Zentren nach, die Signale werden unregelmäßig und büßen ihre stimulierende Kraft ein – der Organismus wird müde und schläft schließlich ein. Ein jäher Reiz (ein lautes Geräusch, ein hartnäckiges Rütteln an der Schulter oder auch das plötzliche Aufhören eines regelmäßigen Geräusches) holt den Betreffenden in den Wachzustand zurück. Bleiben solche Reize aus (d. h., bleibt der Schlaf ungestört), so wird sich die Koordination zwischen Hypothalamus und Großhirnrinde allmählich regenerieren, und der Schlafzustand geht nach einiger Zeit spontan zu Ende; oder der Schlaf wird so leicht, daß einer der ganz gewöhnlichen Reize, die in jeder Umgebung ständig vorhanden sind, genügt, um den Schlaf endgültig zu beenden.

Wie jeder weiß, wird der Schlaf von Träumen – mehr oder weniger von der Realität gelösten Sinneseindrücken – begleitet. Das Träumen ist wohl ein universelles Phänomen; diejenigen, die behaupten, sie schliefen traumlos, erinnern sich nur nicht mehr an ihre Träume. Als der amerikanische Physiologe William Dement Anfang der 50er Jahre im Rahmen von Schlaf-Forschungen schlafende Personen beobachtete, bemerkte er, daß während des Schlafs in Abständen Phasen auftraten, in denen die Augen sich unter den geschlossenen Lidern manchmal minutenlang heftig bewegten. Er bezeichnete diese Abschnitte des Schlafzyklus als *REM-Phasen* (nach dem Ausdruck »rapid eye movements«, d. h. »rasche Augenbewegungen«). In diesen Phasen erreichten die Atmungsfrequenz, der Herzschlag und der Blutdruck des Schläfers das ansonsten für den Wachzustand charakteristische Niveau. Die REM-Phasen füllen ungefähr ein Viertel der Schlafzeit aus. Ein Schlafender, der inmitten einer dieser Phasen geweckt wird, berichtet in der Regel, er sei gerade aus einem Traum gerissen worden. Wie Experimente zeigten, entwickeln Personen, die während ihrer REM-Phasen regelmäßig aufgeweckt werden, mit der Zeit psychische Streßsymptome. In den ersten Nächten, in denen man sie wieder ungestört durchschlafen ließ, machten sie eine vermehrte Zahl von REM-Phasen durch, als müßten sie die versäumten Träume nachholen.

Es scheint demnach, als käme dem Traum eine wichtige Rolle in der Ökonomie des Gehirns zu. Manche Psychologen vermuten, daß der Traum ein Vehikel ist, mit dessen Hilfe das Gehirn, im Rahmen einer komprimierten Revue der Ereignisse des verflossenen Tages, das Triviale und Redundante aussondert, das ansonsten Teile seiner Kapazität blockieren und es in seinen wichtigeren Funktionen behindern würde. Der Traum wäre demnach so etwas wie eine psychische Entschlackungskur. Daß für diesen Vorgang die Schlafperiode gewählt wird, liegt nahe, denn während des Schlafes ist das Gehirn von vielen seiner im Wachzustand anfallenden Pflichten befreit. Wenn die Entrümpelungsarbeit des Träumens durch chronische Störungen in der REM-Phase behindert wird, können sich im Gehirn so viele unerledigte Tagesreste ansammeln, daß es möglicherweise versucht, das in der Schlafperiode Versäumte tagsüber nachzuholen; hier könnten Halluzinationen, Tagträume und ähnliche für den Betroffenen oft unangenehme Symptome ihre Erklärung finden. Man könnte sich geradezu fragen, ob nicht die psychische Entsorgung eine Hauptaufgabe des Schlafs ist, da doch das bloße körperliche Ruhe- und Erholungsbedürfnis auch durch Ausruhen im Wachzustand gestillt werden könnte. REM-Phasen treten schon bei Säuglingen auf und füllen bei ihnen sogar die Hälfte der gesamten Schlafzeit, obwohl man doch meinen könnte, daß es bei ihnen keine Tageserlebnisse gibt, die der Aufarbeitung durch den Traum bedürften. Es kann sein, daß der REM-Schlaf die Entwicklung des Nervensystems fördern hilft. (Er ist im übrigen auch bei etlichen Säugetieren beobachtet worden.)

Das Rückenmark

An das hintere untere Ende des Großhirns schließt sich das Kleinhirn an, das ebenfalls in zwei Hemisphären gegliedert ist, und an dieses das *Stammhirn*, das unter Verengung fließend in das Rückenmark übergeht. Dieses verläuft auf einer Gesamtlänge von etwa 30 cm durch den hohlen Innenraum der Wirbelsäule.

Das Rückenmark besteht aus grauer (im Innern) und weißer Substanz (an der Peripherie). Eine Reihe von Nervensträngen, die meisten davon Verbindungsbahnen zu den inneren Organen – Herz, Lunge, Verdauungssystem usw., also mehr oder weniger unwillkürlich gesteuerte Organe –, entspringen im (bzw. münden ins) Rückenmark. Wenn das Rückenmark infolge einer Krankheit oder einer Verletzung durchtrennt wird, gilt im allgemeinen, daß bei allen unterhalb der Zäsur gelegenen Körperpartien sozusagen der Strom ausfällt: Sie werden gefühllos und bewegungsunfähig, mit einem Wort: gelähmt. Wenn das Rückenmark auf Höhe des Halses durchtrennt wird, tritt der Tod ein, weil die Brustregion und damit die Tätigkeit der Lungen lahmgelegt wird. Das ist der Grund, warum ein Genickbruch so gefährlich und das Erhängen eine so zuverlässige Form der Hinrichtung ist. Nicht der Bruch der Halswirbelsäule als solcher führt den Tod herbei, sondern das Abreißen des Rückenmarks.

Das Funktionieren des *Zentralnervensystems* als Ganzen (bestehend aus Großhirn, Kleinhirn, Hirnstamm und Rückenmark) beruht auf einer sorgfältig koordinierten und abgestimmten Tätigkeit. Die weiße Substanz des Rückenmarks besteht aus Bündeln von Nervenfasern, die als Leitungsbahnen für auf- und abwärtsströmende Nervenimpulse fungieren und die einzelnen Bestandteile des Zentralnervensystems zu einer funktionellen Einheit zusammenschließen. Diejenigen Bahnen, die vom Gehirn kommende Impulse abwärts leiten, heißen absteigende, die, auf denen der Gegenverkehr abläuft, aufsteigende Bahnen. 1964 berichtete ein amerikanisches Medizinerteam über den gelungenen Versuch, das Gehirn eines Rhesusaffen zu amputieren und es, getrennt vom Körper, achtzehn Stunden lang am Leben zu erhalten. Dies eröffnete ganz neue Möglichkeiten zur Analyse des Stoffwechsels eines Gehirns: Man brauchte nur die Nährlösung, die dem amputierten Gehirn über seine Blutgefäße zugeführt wurde, vor und nach dem Durchlauf durch das Gehirn genau auf ihre chemische Zusammensetzung hin zu analysieren und die Ergebnisse zu vergleichen.

Den gleichen Forschern gelang es wenig später, einen Hundekopf auf den Hals eines anderen Hundes zu verpflanzen, ihn an dessen Blutkreislauf anzuschließen und das Gehirn des transplantierten Kopfes zwei Tage lang lebendig und funktionsfähig zu erhalten. 1966 wurden im Rahmen eines Härtetests Hundehirne sechs Stunden lang auf eine Temperatur nahe dem Gefrierpunkt abgekühlt; als man sie anschließend wieder auf normale Betriebstemperatur erwärmte, zeigten sie deutliche Anzeichen normaler chemischer und elektrischer Aktivität. Das Gehirn ist also zumindest in dieser Beziehung längst nicht so empfindlich, wie man es glauben möchte.

Nerventätigkeit

Es sind nicht nur die zum Zentralnervensystem zählenden Organe, die durch die Nervenbahnen miteinander verknüpft sind; das Nervensystem durchdringt und kontrolliert vielmehr den gesamten Organismus – die Muskeln, die Drüsen, die Haut. Nervenfasern reichen sogar bis in die Wurzeln unserer Zähne hinein, was manchem Leser bei einer Zahnbehandlung schon schmerzhaft bewußt geworden sein dürfte.

Die Nerven selbst wurden schon in der Antike entdeckt und beschrieben, aber weder ihrer Struktur noch ihrer Funktion nach richtig verstanden. Bis in die Neuzeit hinein hielt sich die Ansicht, sie seien im Innern hohl und dienten als subtile Schlauchleitungen für eine Flüssigkeit. Galen sprach in einer höchst komplizierten, selbst entwickelten Theorie von drei verschiedenen Körperflüssigkeiten, von denen eine durch die Venen, eine durch die Arterien und die dritte durch die Nerven fließe. Von allen dreien war in seinen Augen die Nervenflüssigkeit die kostbarste. Die Entdeckung Galvanis, daß Muskeln und Nerven sich mit einem elektrischen Entladungspotential stimulieren ließen, ebnete den Weg für eine Reihe von Untersuchungen, die schließlich ergaben, daß die Nerventätigkeit etwas mit Elektrizität zu tun hat. Es fließt also tatsächlich etwas durch die Nervenstränge, allerdings etwas ganz anderes, als Galen es sich vorstellen konnte.

Die wissenschaftliche Disziplin zur Erforschung der Nerventätigkeit im modernen Sinn, die *Neurologie*, wurde zu Beginn des 19. Jahrhunderts von dem deutschen Physiologen Johannes Peter Müller begründet. Er wies unter anderem nach, daß die sensorischen Nerven bei jeder Reizung, gleich welcher Art sie ist, den ihnen »angeborenen« Impuls übermitteln. So führt jede Reizung des Sehnervs zum Sinneseindruck »Licht«, ganz gleich, ob der auslösende Reiz tatsächlich ein Lichtstrahl ist oder aber etwa ein Schlag aufs Auge. (Im letzteren Fall sieht man »Sterne«.) Das zeigt, daß unsere Sinnesorgane nicht die »Realität« unserer Außenwelt erfassen (was immer das sei), sondern nur bestimmte Reize, aus denen sich das Gehirn dann ein in der Regel für praktische Zwecke ausreichend richtiges Bild der Außenwelt zusammenreimt. Es kommt allerdings auch vor, daß das Gehirn durch die ihm zufließenden Empfindungsreize zu Fehlschlüssen verleitet wird.

Es kam der weiteren Erforschung der Nerven sehr zustatten, daß 1873 dem italienischen Physiologen Camillo Golgi die Entwicklung eines biologischen Färbemittels gelang, das sich gut zur Färbung von Nervenzellen eignete und ihre feinsten Binnenstrukturen sichtbar werden ließ. Golgi konnte in der Folge zeigen, daß Nervenfasern sich aus separaten, hintereinandergeschalteten Zellen zusammensetzen, deren »Speerspitzen« einander zwar sehr nahe kommen können, sich aber nie miteinander verknoten. Es bleibt immer jene schmale Lücke, die Synapse. Golgi konnte auf diese Weise die empirische Bestätigung für die Richtigkeit der von dem deutschen Anatomen Wilhelm von Waldeyer aufgestellten Theorie erbringen, daß das gesamte Nervensystem aus individuellen Nervenzellen oder Neuronen besteht. (Diese Anschauung ist als die *Neuronentheorie* in die Wissenschaftsgeschichte eingegangen.)

Golgi selbst war kein ausdrücklicher Befürworter der Neuronentheorie. Zu ihrem Vollender zu werden blieb dem spanischen Neurologen Santiago Ramón y Cajal vorbehalten. Von 1889 an erforschte er, mit einer verbesserten Weiterentwicklung des von Golgi eingeführten Farbstoffs arbeitend, die Struktur der Nervenzellen – und insbesondere der Übergänge zwischen ihnen – in der grauen Substanz des Gehirns und des Rückenmarks. Gemeinsam erhielten Golgi und Ramón y Cajal 1906 den Nobelpreis für Medizin und Physiologie (obwohl sie sich über wichtige Detailfragen im Zusammenhang mit der Interpretation ihrer Befunde nicht einig waren).

Neben der Erforschung der sensorischen und der motorischen Nerven galt das wissenschaftliche Interesse in jener Zeit vor allem auch den Nerven, die das Zentralnervensystem mit den »automatisch« arbeitenden Organen des Körpers verbinden. Wie sich herausstellte, sind bei diesen Nerven zwei Subsysteme zu unterscheiden: das *sympathische* und das *parasympathische* (diese Begriffe gehen noch auf die vorwissenschaftliche Konzeption Galens zurück). Diese beiden Systeme steuern durch ihr antagonistisches Zusammenwirken die Tätigkeit fast aller inneren Körperorgane. So können die sympathischen Nerven den Herzschlag beschleunigen, die parasympathischen ihn verlangsamen; die Ausscheidung von Verdauungssäften wird von den sympathischen Nerven gehemmt, von den parasympathischen dagegen angeregt usw. Auf diese Weise wird die Tätigkeit der Organe vom Rückenmark bzw. vom Gehirn (nicht aber von der Großhirnrinde) quasi-automatisch (d. h. unabhängig vom Willen der Person) gesteuert. Pionierarbeit bei der Erforschung dieser unwillkürlichen Steuerungsmechanismen leistete in den 90er Jahren des vorigen Jahrhunderts der britische Physiologe John N. Langley. Er faßte die sympathischen und parasympathischen Nerven unter dem Begriff »autonomes Nervensystem« zusammen. Heute spricht man in der Regel vom *vegetativen Nervensystem.*

Reflexe

In den 30er Jahren des 19. Jahrhunderts nahm der englische Physiologe Marshall Hall eine bestimmte Klasse von Verhaltensweisen unter die Lupe, die willkürliche und unwillkürliche Aspekte miteinander vereinten, sich letzten Endes aber eher als automatisiert erwiesen. Wenn man versehentlich mit der Hand einen heißen Gegenstand berührt, zuckt die Hand sofort zurück. Wenn die Empfindung der Hitze erst einmal an das Gehirn gemeldet, von diesem ausgewertet und interpretiert und in eine angemessene Handlungsanweisung für die Armmuskulatur umgesetzt werden müßte, wäre die Hand in dem Augenblick, in dem sie endlich den Rückzugsbefehl erhielte, wahrscheinlich schon ziemlich übel zugerichtet. Das nicht denkfähige Rückenmark erledigt den ganzen Prozeß automatisch und entsprechend schneller. Hall nannte einen Reaktionsablauf dieser Art einen *Reflex.*

Die entscheidende Instanz für das Zustandekommen eines Reflexes ist ein sogenannter *Reflexbogen,* bestehend aus zwei oder mehr miteinander kurzgeschlossenen, koordiniert arbeitenden Nerven (*Abb.*). In seiner denkbar einfachsten Form besteht ein Reflexbogen aus zwei Neuronen, einem sensorischen (das die Empfindungsreize einem »Reflexzentrum« im Zentralnervensystem zuleitet, das sich in der Regel irgendwo im Rückenmark befindet) und einem motorischen (das die Handlungsanweisung vom Reflexzentrum zu den entsprechenden Muskeln übermittelt). Zwischen den beiden Neuronen können ein oder mehrere sogenannte *Interneuronen* liegen. Einen erheblichen Beitrag zur Erforschung der Reflexbögen und ihrer Funktionsweise leistete der englische Neurologe Charles S. Sherrington, der dafür 1932 anteilig den Nobelpreis für Medizin und Physiologie erhielt. (Es war übrigens Sherrington, der 1897 den Ausdruck Synapse prägte.)

Ein Reflex stellt einen so prompten und zuverlässigen Reaktionstypus dar, daß sich durch eine Reflexkontrolle auf einfache Weise nachprüfen läßt, ob mit dem Nervensystem einer Person alles in Ordnung ist. Ein vertrautes Beispiel ist die Kontrolle des Kniesehnenreflexes: Wenn ein Bein über das andere geschlagen ist, bewirkt ein kurzer Handkantenschlag in die Mulde unterhalb der Kniescheibe ein unwillkürliches Hochschnellen des Unterschenkels. Der deutsche Neurologe Carl F. O. Westphal machte diese Beobachtung 1875 erstmals medizinisch aktenkundig. Der Kniesehnenreflex ist an sich nicht von Bedeutung, aber wenn er nicht funktioniert, kann dies ein Hinweis auf eine ernst zu nehmende Störung in jenem Teil des Zentralnervensystems sein, in dem sich der Reflexbogen befindet.

Manchmal führt eine an irgendeiner Stelle des Zentralnervensystems auftretende physische Beschädigung zum Erscheinen eines abnormen Reflexes. Der normale Fußsohlenreflex, der durch druckvolles Streichen über die Fußsohle herbeigeführt werden kann, sieht normalerweise so aus, daß die Zehen sich zusammenziehen und sich nach unten biegen. Ein bestimmter Typus der krankhaften Veränderung des Zentralnervensystems bewirkt, daß bei Ausübung des Fußsohlenreizes der große Zeh sich nach oben biegt und die übrigen Zehen sich spreizen. Dies ist der *Babinski-Reflex*, benannt nach dem französischen Neurologen Joseph F. Babinski, der ihn 1896 als erster beschrieb.

Der Mensch ist in der Lage, manche an sich reflexgesteuerten Abläufe willentlich zu beeinflussen.

Wenn man sich ein Spinnennetz anschaut, die Schönheit seiner Struktur und seine perfekte Zweckdienlichkeit für die ihm zugedachte Aufgabe, ist man geneigt, es für unmöglich zu erklären, daß ein solch kunstvolles Gebilde ohne jede planende Intelligenz entstanden sein soll. Und doch ist gerade die Tatsache, daß die komplizierte Aufgabe so perfekt und jedesmal in gleicher Perfektion durchgeführt wird, ein Beleg dafür, daß Intelligenz dabei die geringste Rolle spielt. Ein bewußtes intelligentes Planen und Abwägen von Alternativen müßte zwangsläufig zu Abweichungen

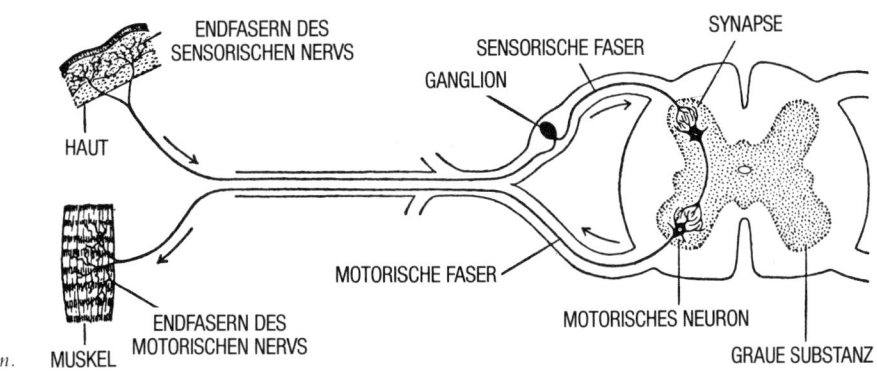

Der Reflexbogen.

Man kann zum Beispiel, wenn man will, seinen Atemrhythmus beschleunigen (das Ein- und Ausatmen sind Reflexreaktionen, die ihren Rhythmus normalerweise selbst bestimmen). Bei den Tierarten der niedrigeren Stämme wird das Verhalten mehr und weit strenger als beim Menschen von Reflexen gesteuert; das gilt zuweilen auch für sehr komplexe Verhaltensabläufe.

Eines der besten Beispiele hierfür ist das Netzbauverhalten der Spinne. Hier steuern die Reflexe ein so komplexes Verhalten und bringen ein so anspruchsvolles Produkt hervor (das Spinnennetz), daß es schwerfällt, darin nichts weiter als einen reflexgesteuerten Ablauf zu sehen. Viele Leute weichen daher auf die Vorstellung aus, es handle sich hier um ein »instinktives« oder »angeborenes« Verhaltensmuster, die Spinne komme mit einem sozusagen schon entsprechend programmierten Nervensystem auf die Welt; es genüge dann ein bestimmter Reiz, um das Netzbauverhalten »auszulösen«, innerhalb dessen jeder Einzelschritt der auslösende Reiz für den jeweils nächsten ist.

und Variationen von einem Spinnennetz zum anderen führen.

Zunehmende Intelligenz geht bei Tieren in der Regel mit einer zunehmenden Emanzipation von instinktgebundenen Verhaltensweisen und angeborenen Fertigkeiten einher. Das ist zweifellos ein gewisser Verlust. Eine Spinne baut ihr erstaunlich kunstvolles Netz beim ersten Versuch gleich fehlerlos, obwohl sie nie zuvor eine andere Spinne beim Netzbau beobachtet oder auch nur ein fertiges Netz gesehen hat. Dagegen kommt der Mensch hilflos und ohne entwickelte Fertigkeiten zur Welt. Ein Neugeborenes ist in der Lage, an einer Brustwarze zu saugen, zu wimmern, wenn es Hunger hat, oder sich aus Leibeskräften festzuhalten, wenn es zu fallen droht; das ist aber auch schon fast alles, was es kann. Jeder, der selbst ein Kind in die Welt gesetzt hat, weiß, welche Mühen und Frustrationen es einem Kind bereitet, auch nur die grundlegendsten Fertigkeiten beherrschen zu lernen. Die andere Seite der Medaille ist, daß eine Spinne bei aller angeborenen Perfektion nicht anders kann, als dem vorgegebenen Muster treu zu bleiben. Wenn einmal ein von einer Spinne gebautes Netz bei aller Schönheit sich als untauglich für seinen praktischen Zweck erweisen sollte, vermag die Spinne dieses Problem weder zu erkennen noch zu lösen: Sie kann nicht lernen, ein andersartiges Netz zu bauen. Ein Menschenkind kann, da es von Anfang an kaum auf angeborene Fertigkeiten festgelegt ist, sehr viel beweglicher auf unterschiedliche Lebenssituationen reagieren. Selbst wenn es nur langsam lernt und am Ende nur Unvollkommenes zustande bringt, so hat es doch die Möglichkeit, dieses Unvollkommene auf einer Reihe von Gebieten seiner eigenen Wahl zu erreichen. Für die Einbuße an Bequemlichkeit und Sicherheit haben die Menschen sich eine fast grenzenlose Flexibilität eingehandelt.

Aufgrund neuerer Forschungsergebnisse muß jedoch betont werden, daß die Grenzlinie zwischen angeborenem und erlerntem Verhalten nicht immer klar zu ziehen ist, weder beim Menschen noch bei den Tieren. Man muß sich in dieser Beziehung hüten, aus Beobachtungen vorschnelle Schlüsse zu ziehen. So galt es beispielsweise lange Zeit als ausgemacht und durch den Augenschein bestätigt, daß frisch ausgeschlüpfte Hühner- oder Entenküken instinktiv ihrer Mutter folgen. Die experimentelle Erforschung dieses Phänomens hat ergeben, daß dies so nicht stimmt.

Das instinktive Verhalten besteht nämlich nicht darin, der Mutter zu folgen, sondern einem Objekt, das ein charakteristisches Erscheinungsbild aufweist (sei es in bezug auf Form, Farbe oder Bewegungsbild). Jedes Objekt, das den Küken in einer bestimmten sehr frühen Lebensphase diesen Eindruck vermittelt, wird von ihnen als »Mutter« anerkannt, und sie folgen ihm überallhin. Unter naturgemäßen Umständen ist dieses Objekt natürlich so gut wie immer die leibliche Mutter, aber sie muß es nicht sein! Mit anderen Worten: Das Folgen ist eine Instinkthandlung, aber das »Mutterbild« muß gelernt werden. (Das Hauptverdienst an dieser Entdeckung kommt dem bemerkenswerten österreichischen Verhaltensforscher Konrad Lorenz zu. Als er, vor nunmehr dreißig Jahren, seine denkwürdigen Versuche mit Graugänsen machte, fungierte er mitunter selbst als »Mutter« einer Schar ihm auf Schritt und Tritt folgender Küken.)

Die Installierung eines starren Verhaltensmusters als Reaktion auf einen in einer bestimmten Lebensphase erfahrenen spezifischen Reiz wird als *Prägung* bezeichnet. Der Zeitraum, während dessen die Prägung nur stattfinden kann, heißt die *kritische Periode*. Bei Hühnerküken liegt die kritische Periode für die »Mutterprägung« zwischen der 13. und der 16. Lebensstunde (vom Ausschlüpfen an gerechnet). Bei Hundewelpen gibt es eine zwischen der 3. und der 7. Lebenswoche liegende kritische Periode, während derer sie durch die Reize, die in dieser Zeit normalerweise auf sie einwirken, auf bestimmte Verhaltensaspekte hin geprägt werden, die wir im allgemeinen als normales Hundeverhalten betrachten.

Die Prägung ist die primitivste Form des Lernens; sie läuft so automatisch ab, vollzieht sich während einer so begrenzten Zeit und funktioniert auf so unspezifische und alltägliche Reize hin, daß man ein auf diese Weise erworbenes Verhalten leicht als instinktiv oder angeboren mißverstehen kann.

Die Prägung bietet gegenüber dem angeborenen Verhalten den einen Vorteil, daß sie eine gewisse Flexibilität zuläßt. Wenn einem Küken der Instinkt angeboren wäre, seine leibliche Mutter zu erkennen und nur ihr zu folgen, so hätte dies für den Fall, daß die leibliche Mutter aus irgendwelchen Gründen während des ersten Lebenstages der ausgeschlüpften Küken nicht zugegen ist, zur Folge, daß die kleinen Geschöpfe völlig hilflos wären. So jedoch bleibt die Frage, wer als Mutter fungiert, für einige Stunden offen, und die Küken können, wenn die leibliche Glucke nicht zur Verfügung steht, eine andere greifbare Henne zu ihrer Adoptivmutter erwählen. Auf diese sind sie dann freilich geprägt, so daß ein nachträglicher Wechsel dann nicht mehr möglich ist.

Elektrische Impulse

Es waren, wie bereits gesagt, die Experimente Galvanis, die kurz vor der Wende zum 19. Jahrhundert erstmals auf einen Zusammenhang zwischen der Elektrizität und der Tätigkeit der Muskeln und Nerven hinwiesen.

Die Einsicht in diesen Zusammenhang führte hundert Jahre später zu einer wichtigen praktisch-medizinischen Anwendung: Der holländische Physiologe Willem Einthoven entwickelte 1903 ein extrem empfindliches Galvanometer, so empfindlich, daß es die minimalen elektrischen Potentialschwankungen zu messen vermochte, die mit dem Schlagrhythmus des Herzens einhergehen. 1906 war Einthoven so weit, daß er diese Potentialschwankungen kontinuierlich messen und in Form einer Kurve aufzeichnen konnte. Auf diese Weise entstanden *Elektrokardiogramme*, die sich mit verschiedenen Arten von Herzkrankheiten in Beziehung setzen ließen.

Die noch schwächeren elektrischen Ströme, die in Verbindung mit den Nervenimpulsen auftraten, hielt man für das Produkt chemischer Umsetzungen im Nerv selbst. Die Richtigkeit dieser zunächst nur spekulativen Auffassung demonstrierte im 19. Jahrhundert der deutsche Physiologe Emil Du Bois-Reymond, der mit einem empfindlichen Galvanometer winzige elektrische Ströme, die stimulierte Nerven durchflossen, messen konnte.

Dank moderner elektronischer Instrumente kann man heute im Bereich der Nervenelektrizität unglaublich subtile Messungen vornehmen. Durch Anbringen winziger Elektroden an verschiedenen Stellen einer Nervenbahn kann man die Eigenschaften eines Nervenimpulses – seine Stärke, seine Dauer, seine Fortpflanzungsgeschwindigkeit usw. – registrieren und auf einem Oszilloskop darstellen. Für ihre Beiträge zur Entwicklung dieser Technik wurden die amerikanischen Physiologen Joseph Erlanger und Herbert S. Gasser 1944 mit dem Nobelpreis für Medizin und Physiologie ausgezeichnet.

Wenn man einer einzelnen Nervenzelle Stromstöße von zunächst verschwindend geringer und dann langsam zunehmender Stärke verabreicht, zeigt sie bis zu einem bestimmten Punkt überhaupt keine Reaktion. Dann plötzlich reagiert sie: Ein Impuls wird produziert und wandert die Faser entlang. Die Zelle weist offenbar eine Aktionsschwelle auf: Solange ein Reiz unterhalb dieser Schwelle bleibt, reagiert sie überhaupt nicht; auf jeden Reiz, dessen Intensität oberhalb der Schwelle liegt, reagiert sie mit einem Impuls von bestimmter, immer gleicher Intensität. Die Nervenzelle reagiert also nach dem Muster »Alles oder nichts«, und es scheint, als ob der von dem Stimulus hervorgerufene Impuls stets von gleicher Art ist, egal, mit was für einem Nerv man es zu tun hat.

Wie kann ein so simpler binärer Mechanismus, der in allen Nerven nach identischem Muster abläuft, zu so komplexen Empfindungen und Wahrnehmungen wie beispielsweise denen des Gesichtssinns oder zu so komplexen Handlungsabläufen wie den Bewegungen der Finger eines Geigenspielers führen? Es scheint, daß ein Nerv wie der Sehnerv aus einem ganzen Bündel einzelner Fasern besteht, von denen jeweils einige gerade aktiv sind, während andere »Sendepause« haben, ferner manche rasche und andere nur langsame Impulsfolgen übertragen, so daß dort, wo die Impulse ankommen, ein Muster, möglicherweise ein sehr komplexes Muster, entsteht, das sich mit jeder Veränderung des Reiz-Inputs verändert. (Für seine Arbeiten in diesem Bereich erhielt der englische Physiologe Edgar D. Adrian 1932 zusammen mit Sherrington den Nobelpreis für Medizin und Physiologie.) Dieses wechselnde Muster wird vielleicht vom Gehirn beständig abgetastet und interpretiert. Man weiß allerdings noch nichts darüber, wie diese Interpretation vor sich geht und wie die ankommenden Signalmuster in Reaktionen wie etwa das Zusammenziehen eines Muskels oder die Ausschüttung eines Hormons durch eine Drüse umgesetzt werden.

Die Fortpflanzung eines Nervenimpulses beruht offenbar darauf, daß Ionen die Zellmembran durchwandern. Normalerweise herrscht im Innern der Zelle ein relativer Überschuß an Kaliumionen, während außerhalb der Zelle ein Überschuß an Natriumionen besteht. Irgendwie bewerkstelligt die Zelle es, die Kaliumionen in ihrem Innern und die Natriumionen draußen zu halten, so daß kein Konzentrationsausgleich stattfindet. Man glaubt heute, daß eine Art »Natriumpumpe« in der Zelle die Natriumionen so schnell, wie sie hereinkommen, wieder hinauspumpt. Wie dem auch sei, es besteht entlang der Zellmembran eine elektrische Potentialdifferenz in Höhe von etwa 0,1 Volt (mit dem negativen Ladungsüberschuß innen). Wenn die Nervenzelle stimuliert wird, klappt diese Potentialdifferenz zusammen; dieser Vorgang ist gleichbedeutend mit dem In-Aktiontreten der Zelle. Es dauert ein paar tausendstel Sekunden, bis die Potentialdifferenz wiederhergestellt ist; in dieser Zeit kann der Nerv auf eventuelle weitere Reize nicht reagieren. Man nennt dies die refraktäre Phase.

Sobald eine Zelle in Aktion getreten ist, wandert der Nervenimpuls, von einer Kettenreaktion weiterer Potentialentladungen getragen, die Faser entlang. Er kann sich nur in Vorwärtsrichtung fortpflanzen, weil jeder Abschnitt der Faser, den der Impuls gerade passiert hat, eine Ruhephase braucht, ehe er wieder in Aktion treten kann.

Für ihre Beiträge zur Aufklärung des Zusammenhangs zwischen der Nerventätigkeit und der Ionenkonzentration inner- und außerhalb der Zelle wurden 1963 drei Physiologen gemeinsam mit dem Nobelpreis für Medizin und Physiologie ausgezeichnet: die beiden Briten Alan L. Hodgkin und Andrew F. Huxley sowie der Australier John C. Eccles.

Was aber passiert, wenn der Impuls bei seiner Wanderung entlang der Nervenfaser zu einer Synapse, einer Lücke zwischen einer Nervenzelle und der nächstfolgenden, kommt? Nun, offenbar bewirkt der Nervenimpuls die Produktion einer Substanz, die in der Lage ist, die Lücke zu überwinden und in der nachfolgenden Nervenzelle einen Nervenimpuls auszulösen. Auf diese Weise kann der Impuls sich von Zelle zu Zelle fortpflanzen.

Zu den Substanzen, von denen man bestimmt weiß, daß sie auf die Nerventätigkeit wirken, gehört das Hormon Adrenalin. Es beeinflußt die Nerven des sympathischen Systems, das die Tätigkeit der Verdauungsorgane verlangsamt und die Atmungs- und Herzfrequenz beschleunigt. Wenn eine ängstliche oder wütende Erregung die Nebennierendrüsen zur Ausschüttung von Adrenalin anregt, führt die Mobilisierung des sympathischen Systems durch das Adrenalin zu einer Beschleunigung des Blutflusses im Körper und damit zu einer erhöhten Sauerstoffzufuhr ins Muskelgewebe; die gleichzeitige Dämpfung der Verdauungstätigkeit hilft, dort Energie einzusparen, die für die Bewältigung der akuten angstmachenden oder wuterregenden Situation benötigt wird.

Die amerikanischen Polizeipsychologen John A. Larsen und Leonard Keeler machten sich diese Erkenntnis 1921 für die Erfindung eines Geräts zunutze, das die mit emotionaler Erregung einhergehenden Veränderungen des Blutdrucks, der Pulsfrequenz, der Atmungsfrequenz und der Schweißabsonderung zu registrieren vermochte. Dieser Apparat, Polygraph genannt, »merkte« auf diese Weise, wenn eine an ihn angeschlossene Person auf eine Frage mit einer Lüge antwortete, denn das Auftischen einer Lüge geht bei jedem einigerma-

ßen normalen Menschen mit einer kaum unterdrückbaren Furcht vor dem Entlarvtwerden und daher mit einer gewissen Erregung einher. Obwohl alles andere als unfehlbar, brachte der »Lügendetektor« es zu einiger Berühmtheit.

Bei normalen nervösen Abläufen scheiden die Nervenenden des sympathischen Nervensystems selbst eine dem Adrenalin sehr ähnliche Substanz aus, das *Noradrenalin*. Diese Substanz dient der Übermittlung der Nervenimpulse über die Synapsen hinweg, indem sie die Nervenenden am anderen »Ufer« der Synapse stimuliert.

Anfang der 20er Jahre studierten der englische Physiologe Henry Dale und sein deutscher Fachkollege Otto Loewi (beide sollten 1930 gemeinsam den Nobelpreis für Physiologie und Medizin erhalten) eine chemische Verbindung, die eine analoge Funktion wie das Noradrenalin für die meisten nicht zum sympathischen System gehörenden Nerven erfüllte. Es handelt sich um eine Substanz namens Acetylcholin. Sie ist, wie man heute glaubt, nicht nur an der Überwindung der Synapsen beteiligt, sondern auch an der Weiterleitung der Nervenimpulse längs der Nervenfasern. Vielleicht stellt das Acetylcholin irgendwie den Motor der Natriumpumpe dar. Jedenfalls hat es den Anschein, als würde die Substanz bei jedem Impulsereignis *ad hoc* in der Nervenfaser gebildet und von einem Enzym namens Cholinesterase ebenso rasch wieder zerlegt. Wenn die Cholinesterase durch irgend etwas daran gehindert wird, ihre Funktion zu erfüllen, dann wird dieser chemische Zyklus unterbrochen, und es können keine Nervenimpulse mehr übermittelt werden. Die als »Nervengase« bekannten tödlichen chemischen Kampfstoffe sind Cholinesterase-Inhibitoren. Indem sie die Übermittlung von Nervenimpulsen blockieren, können sie bewirken, daß das Herz stehenbleibt und binnen weniger Minuten der Tod eintritt. Ihre Eignung als Kriegswaffe liegt auf der Hand – sie können freilich, weniger verwerflich, auch im Kampf gegen Schädlingsinsekten eingesetzt werden.

Eine zeitweilige Ausschaltung der Cholinesterase kann auch dem löblichen Zweck dienen, jene Nervenimpulse zu blockieren, die Schmerzempfindungen übermitteln; dies ist das Ziel der *Lokalanästhesie*.

Dank der mit der Nerventätigkeit verbundenen elektrischen Erscheinungen ist es möglich geworden, die Aktivität des Gehirns »aufzuzeichnen«; allerdings beherrscht bis heute noch niemand die Kunst, aus den Hirnstromkurven herauszulesen, was sich im Gehirn im einzelnen abspielt. Einer der ersten, die Hirnstrommessungen durchführten, war in den 20er Jahren unseres Jahrhunderts der deutsche Psychiater Hans Berger. Er berichtete 1929 über seine Versuche, bei denen er mit Hilfe von Elektroden, die an verschiedenen Schädelpartien befestigt waren, verschiedene wellenförmige elektrische Erregungsmuster registrierte.

Das ausgeprägteste dieser Wellenmuster taufte Berger auf den Namen »Alpha-Welle«. Diese Welle erstreckt sich über eine Potentialdifferenz von etwa 20 Mikrovolt und hat eine Frequenz von rund 10 Hertz (d. h. von 10 Ausschlägen pro Sekunde). Am deutlichsten tritt die Alpha-Welle hervor, wenn die Versuchsperson mit geschlossenen Augen ruhig dasitzt oder -liegt. Wenn sie mit geöffneten Augen eine monotone Fläche betrachtet, bleibt die Alpha-Welle ebenfalls noch sichtbar. Wenn sich hingegen der Blick auf ein Bild oder eine Szenerie mit durchschnittlichem Anregungsgehalt richtet, verschwindet die Alpha-Welle oder wird von anderen, stärker hervortretenden elektrischen Wellen überdeckt. Bleibt der Anblick eine Zeitlang unverändert, d. h., treten keine neuen visuellen Reize ins Blickfeld, so kommt die Alpha-Welle wieder zum Vorschein. Die anderen Wellen tragen Bezeichnungen wie Beta-Wellen, Delta-Wellen und Theta-Wellen.

Die Eigenschaften und der Informationsgehalt von *Elektroenzephalogrammen* (»Hirnstrombildern« – gewöhnlich benutzt man die Abkürzung *EEG*) sind in den letzten Jahrzehnten eingehend untersucht worden; dabei hat sich gezeigt, daß jede Person ihr eigenes, je nach Erregungs- und Wach- bzw. Schlafzustand wechselndes Hirnstrommuster hat. Falls es jemals möglich werden sollte, mit Hilfe des EEG die Gedanken einer Person zu »lesen« oder der Arbeitsweise des Intellekts nachzuspüren, so ist man davon jedenfalls heute noch weit entfernt. Gute Dienste leistet das EEG dagegen heute schon für die Diagnose gravierender Störungen der Gehirnfunktion, insbesondere für die Diagnose der Epilepsie. Ferner kann das EEG auch mithelfen, Gehirntumore oder andere begrenzte Schädigungen des Gehirns zu lokalisieren.

In den 60er Jahren rückte man dem Problem der EEG-Analyse mit leistungsfähigen Computern und eigens konzipierten Computerprogrammen zu Leibe. Die Arbeitshypothese lautete folgendermaßen: Wenn sich im Wahrnehmungsfeld einer Person eine geringfügige Veränderung vollzieht, wird diese vom Gehirn registriert; dies müßte sich in einer Veränderung – wie geringfügig auch immer – des Hirnstrombildes synchron zum Eintreten der Veränderung niederschlagen. Da im Gehirn aber zu jedem Zeitpunkt zahlreiche andere Vorgänge ablaufen, wird jene kleine Veränderung nicht erkennbar sein. Wenn man aber dieselbe Art von Veränderung der Versuchsperson viele Male hintereinander darbietet, müßte ein entsprechend programmierter Computer in der Lage sein, aus den vielen zufälligen Veränderungen die eine systematisch induzierte herauszufiltern.

1964 berichtete der amerikanische Psychologe Manfred Clynes über erste positive Ergebnisse solcher Computeranalysen; er hatte zu diesem Zeitpunkt sein Verfahren so weit verfeinert, daß er (bzw. sein Computer) in der Lage war, allein durch Analyse eines EEG festzustellen, was für eine Farbe der Versuchsperson gezeigt worden war. Der englische Neurophysiologe William G. Walter berichtete über die Entdeckung eines Hirnstrommusters, das offenbar für Lernvorgänge charakteristisch ist. Es tritt immer dann auf, wenn die Versuchsperson die Erwartung hegt, mit einer gedanklich oder praktisch zu lösenden Aufgabe konfrontiert zu werden. Walter nannte dieses Erregungsprofil die *Erwartungswelle* und wies darauf hin, daß sie bei Kindern unter drei Jahren und bei Leuten, die an bestimmten psychotischen Krankheiten leiden, fehlt. Der Versuch, sozusagen im Umkehrschluß aus dieser Erkenntnis das Gehirn durch direkte elektrische Reizung zu einem bestimmten Verhalten zu veranlassen, wurde erstmals 1965 unternommen. Dem amerikanischen Forscher José M. R. Delgado gelang es, seine Versuchstiere, in deren Gehirn er Elektroden implantiert hatte, durch elektrische Reize (die mittels eines Funkgeräts ausgelöst wurden) gewissermaßen fernzusteuern: Er konnte bewirken, daß sie losliefen, kletterten, gähnten, einschliefen, sich paarten usw. Seine spektakulärste Demonstration bestand darin, daß er einen wild angreifenden Stier dazu brachte, schlagartig innezuhalten und friedlich davonzutrotten.

Menschliches Verhalten

Im Unterschied zu physikalischen Erscheinungen wie den Bewegungen der Planeten oder den Eigenschaften des Lichts konnte das Verhalten von Lebewesen bislang noch nicht auf strenge Naturgesetze zurückgeführt werden, und wahrscheinlich wird dies auch nie gelingen. Es gibt viele, die sagen, die Wissenschaft vom menschlichen Verhalten könne nie eine wirklich naturwissenschaftliche Disziplin in dem Sinn werden, daß sie in der Lage wäre, das Verhalten einer Person oder Personengruppe in einer bestimmten Situation nach Maßgabe universell gültiger Gesetzmäßigkeiten zu erklären oder vorauszusagen. Es gibt indes keinen Grund anzunehmen, daß das Leben außerhalb der Naturgesetze stünde; man kann sich auf den Standpunkt stellen, daß das Verhalten von Lebewesen voll und ganz erklärbar und vorhersagbar wäre, wenn man nur alle Faktoren kennen würde. Man könnte sich darüber streiten, ob diese Aussage bedeutsam oder trivial ist; der springende Punkt ist jedenfalls die genannte Bedingung – daß alle Faktoren jemals bekannt sein werden, ist nicht zu erwarten; es gibt ihrer zu viele, und ihr Zusammenwirken ist zu kompliziert. Das heißt nicht, daß wir alle Hoffnung und alle Anstrengungen im Hinblick auf ein besseres Verständnis unserer selbst aufgeben sollten. Der Erweiterung unserer Kenntnisse über die komplexe Funktionsweise unseres Körpers und unseres Geistes sind keine sichtbaren Grenzen gesetzt, und selbst wenn wir das Ende des Weges nie erblicken, können wir doch hoffen, ständig voranzukommen (und können uns durch einen gelegentlichen Blick nach hinten davon vergewissern, daß es tatsächlich vorwärtsgeht).

Abgesehen davon, daß wir es mit einem besonders verwickelten Gegenstand zu tun haben, ist die Geschichte seiner wissenschaftlichen Erforschung auch noch sehr kurz. Die Physik trat um 1600 in ihr Reifestadium ein, die Chemie um 1775; die Geburtsstunde der experimentellen Psychologie schlug dagegen erst 1879, als der deutsche Physiologe Wilhelm Wundt erstmals ein für die Erforschung menschlichen Verhaltens gedachtes Laboratorium einrichtete. Wundt interessierte sich hauptsächlich für die Phänomene der Wahrnehmung und Empfindung, d. h. dafür, wie der Mensch sich seine Umwelt geistig aneignet.

Fast zur selben Zeit wurde eine andere Disziplin begründet, die sich ebenfalls mit einem Aspekt menschlichen Verhaltens befaßte und sich ebenfalls wissenschaftlicher Methoden bediente, allerdings aber einem höchst praktischen Zweck untergeordnet war: 1881 begann der amerikanische Ingenieur Frederick W. Taylor die für die Ausführung bestimmter Arbeitsgänge benötigten Zeiten zu messen und Methoden auszuarbeiten, die den Zweck verfolgten, die Arbeitsgänge so zu organisieren, daß sie in möglichst kurzer Zeit erledigt werden konnten. Taylor war der erste Rationalisierungsexperte und, wie alle Angehörigen dieser Zunft, bei den Arbeitern unbeliebt.

Wenn man darangeht, menschliches Verhalten zu sezieren und zu studieren, sei es unter kontrollierten Bedingungen im Labor oder sei es im »natürlichen« Lebensraum der Fabrik, so kommt dies, wie mir scheint, dem Versuch gleich, mit grobem Werkzeug eine empfindliche Apparatur auseinanderzunehmen.

Bei einfachen Organismen können wir direkte, automatische Reaktionen vom Typ des *Tropismus* (nach dem griechischen Wort für »drehen«) beobachten. Bei Pflanzen finden wir *Phototropismus* (»Drehen zum Licht«), *Hydrotropismus* (»Drehen zum Wasser« – gemeint sind die Wurzeln) und *Chemotropismus* (»Drehen zu chemischen Substanzen«). Chemotropismus ist auch eine charakteristische Verhaltensreaktion vieler Tiere, angefangen von Protozoen bis zu Ameisen. Von bestimmten Schmetterlingen wissen wir, daß sie eine Duftquelle, die bis zu 3 km entfernt sein kann, aufsuchen. Daß Tropismen vollkommen automatisiert sind, zeigt sich in der Tatsache, daß eine phototropische Motte ohne weiteres in eine Kerzenflamme hineinfliegt.

Die weiter oben in diesem Kapitel erwähnten Reflexe stellen offenbar nicht sehr viel anspruchsvollere Reaktionen dar als die Tropismen; die in diesem Zusammenhang ebenfalls erwähnte Prägung ist zwar ein Lernvorgang, aber ein so mechanischer, daß sie diese Apostrophierung kaum verdient. Gleichwohl wäre es ein Fehler, reflexgesteuertes Verhalten und prägungsartige Lernvorgänge lediglich bei den niederen Tieren zu suchen; auch wir Menschen haben davon etwas mitbekommen.

Lernen durch Konditionierung

Zwei Verhaltensweisen zeigt ein neugeborener Mensch vom Moment seiner Geburt an: Einen Finger, der seine Handfläche berührt, packt er und hält ihn fest; und an einer Brustwarze, die seine Lippen berührt, saugt er. Die lebenswichtige Bedeutung zumindest des letzteren Reflexes liegt auf der Hand.

Daß es beim menschlichen Neugeborenen auch Prägungsvorgänge gibt, scheint so gut wie sicher. Diese Vermutung etwa experimentell zu überprüfen kommt natürlich nicht in Frage; aber es hat in der Vergangenheit genügend empirische Beobachtungen gegeben, aus denen man entsprechende Schlüsse ziehen kann. So scheint es etwa, daß Kinder, die in der Brabbelphase keine Gelegenheit bekommen, Menschen sprechen zu hören, womöglich den optimalen Zeitpunkt für das Sprechenlernen verpassen und dieses Versäumnis später entweder überhaupt nicht mehr oder nur noch halbwegs wettzumachen vermögen. Wenn Kinder in unpersönlichen Einrichtungen aufwachsen, wo sie zwar einwandfrei ernährt und gepflegt, nicht aber liebkost, bemuttert und angesprochen werden, entwickeln sie sich zu traurigen kleinen Kreaturen. Sie bleiben geistig und physisch stark zurück, und viele sterben, offenbar aus keinem anderen Grund als dem, daß es ihnen an einer liebenden Bezugsperson fehlt – und das heißt vielleicht, an den für die Prägung bestimmter notwendiger Verhaltensmuster erforderlichen Reizen. Auch wenn Kinder während bestimmter kritischer Phasen ihrer Kindheit von allen Reizen abgeschnitten werden, die das Zusammensein mit anderen Kindern ihnen vermitteln würde, tragen sie manchmal schwerwiegende Entwicklungs- und Persönlichkeitsstörungen der einen oder anderen Art davon.

Man kann natürlich den Standpunkt vertreten, daß Reflexe und Prägungen beim Menschen allenfalls in der frühen Kindheit eine Rolle spielen. Spätestens mit dem Eintritt ins Erwachsenenalter ist der Mensch ein rationales Wesen, das über bloß mechanische Reaktionen erhaben ist. Oder etwa nicht? Um es anders auszudrücken: Besitzen wir einen »freien Willen«, oder wird unser Verhalten in mancher Beziehung von Reizen determiniert, auf die wir unwillkürlich und automatisch reagieren?

Man kann aus philosophischen oder theologischen Gründen eine Lanze für die Willensfreiheit brechen, aber ich kenne niemanden, der je einen experimentellen Beweis dafür erbracht hat, daß sie existiert. Die Determiniertheit menschlichen Handelns unter Beweis zu stellen ist freilich auch nicht leicht. Aber der Versuch ist immerhin von zahlreichen Forschern unternommen worden. Einer der bemerkenswertesten unter ihnen war der russische Physiologe Iwan P. Pawlow.

Pawlows Interesse galt anfänglich, in den 80er Jahren des vorigen Jahrhunderts, den Mechanismen der Verdauung. Er demonstrierte, mit Hunden als Versuchstieren, daß die Magenwände in dem Augenblick Verdauungssäfte auszuschütten beginnen, in dem das Futter die Zunge des Hundes berührt; dabei spielt es keine Rolle, ob das Futter anschließend in den Magen gelangt oder nicht. Wenn jedoch der Vagus (ein Nerv, der vom verlängerten Mark zu verschiedenen Teilen der Speiseröhre zieht) in der Nähe des Magens durchtrennt wird, hört die Ausscheidung von Magensäften auf. Für seine Arbeiten zur Physiologie der Verdauung erhielt Pawlow 1904 den Nobelpreis für Physiologie und Medizin. Pawlow beschritt indes, wie einige andere Nobelpreisträger (namentlich Einstein und Ehrlich) andere Forschungsrichtungen und machte schließlich Entdeckungen, die die Leistungen, für die er ausgezeichnet worden war, in den Schatten stellten.

Er entschloß sich zu untersuchen, inwieweit die Ausscheidung von Sekreten automatisch oder reflexgesteuert ist; als exemplarischen Untersuchungsgegenstand wählte er, aus Gründen der leichten Beobachtbarkeit, die Speichelsekretion. Wenn ein Hund Futter riecht oder erblickt, läuft ihm »das Wasser im Mund zusammen« (nicht anders als uns Menschen). Pawlows experimentelle Idee bestand nun darin, jedesmal, wenn er einem Hund Futter vorsetzte, eine Glocke ertönen zu lassen. Nach zwanzig bis vierzig dieser gleichzeitigen Darbietungen von Futter und Glockenton war der Hund soweit, daß er auf den bloßen Glockenton hin Speichel produzierte, auch wenn kein Futter dazu gereicht wurde. Eine »Assoziation« war entstanden – der Nervenimpuls, der den Glockenton an das Großhirn meldete, war gleichbedeutend geworden mit den den Anblick oder den Geruch des Futters repräsentierenden Signalen.

Pawlow prägte für dieses Phänomen 1903 die Bezeichnung *konditionierter Reflex*; die Speichelabsonderung war eine »konditionierte Reaktion«. Dem Hund lief beim Klang der Glocke sozusagen automatisch das Wasser in der Schnauze zusammen, ebenso, wie es beim Anblick des Futters geschehen wäre. Natürlich konnte die konditionierte Reaktion auch wieder »gelöscht« werden, beispielsweise indem man dem Hund mehrere Male trotz Glockenton das erwartete Futter vorenthielt und ihm statt dessen einen sanften elektrischen Schock verabreichte. Machte man dies oft genug, so reagierte der Hund schließlich auf den Glockenton nicht mehr mit Speichelabsonderung, sondern mit ängstlichem Winseln, auch wenn er anschließend keinen Elektroschock verabreicht bekam. In der Folge stellte Pawlow seine Versuchstiere auf schwierigere Proben, indem er beispielsweise die Verabreichung von Futter mit einem kreisrunden Lichtfleck und die Verabreichung eines Elektroschocks mit einem elliptischen Lichtfleck kombinierte. Die Tiere waren in der Lage, den Unterschied zu registrieren und die Assoziation herzustellen; doch dann ließ Pawlow die Ellipse immer kreisähnlicher werden, so daß es für die Hunde zunehmend schwieriger wurde, die beiden für sie so gegensätzlichen Zeichen auseinanderzuhalten. Schließlich wurde die Sache für die Tiere zu einem so quälenden Dilemma, daß sie mit einem regelrechten Nervenzusammenbruch reagierten.

Konditionierungsexperimente sind in der Psychologie zu einem bedeutsamen Forschungsinstrument geworden. Sie verraten dem Experimentator eine Menge über das jeweilige Versuchstier. Sie haben es erst möglich gemacht, die Lernfähigkeit verschiedener Tiere, ihre Instinkte, ihre visuellen Fähigkeiten, ihre Fähigkeit zur Unterscheidung von Farben usw. zu erforschen. Zu den bemerkenswertesten Experimenten, die mit Hilfe dieser Technik unternommen wurden, zählen die des österreichischen Tierverhaltensforschers Karl von Frisch. Er brachte Bienen dazu, sich ihre Nahrung aus Schälchen zu holen, die er an bestimmten Plätzen deponiert hatte. Er erkannte bald, daß diese Bienen ihren Mitbewohnern im Stock mitteilten, wo die Nahrung zu holen war. Bienen sind, wie Frisch experimentell feststellte, in der Lage, bestimmte Farben auseinanderzuhalten – Ultraviolett beispielsweise, nicht aber Rot –, und verständigen sich miteinander, indem sie vor dem Stock Tänze vollführen. Die Art und die Intensität der Tanzbewegungen verraten den Artgenossen, in welcher Richtung und Entfernung vom Stock sich die Nahrungsquelle befindet, ja sogar ob es sich um eine ergiebige oder eine eher bescheidene Quelle handelt. Als Richtungsweiser dient den Bienen die Polarisierung des Lichts am Himmel. Frischs faszinierende Entdeckungen über die Sprache der Bienen eröffneten einen völlig neuen Bereich der Erforschung tierischen Verhaltens.

Theoretisch ist es möglich, alles Lernen als aus konditionierten Reaktionen bestehend zu betrachten. Wenn man beispielsweise lernt, auf einer Schreibmaschine zu schreiben, schaut man zunächst beim Tippen auf das Tastenfeld; erst allmählich treten an die Stelle der visuellen Suche nach der jeweils nächsten Taste gewisse automatisierte Handstellungen und Fingerbewegungen. Die Absicht, ein *k* zu tippen, geht einher mit einer bestimmten Bewegung des Mittelfingers der rechten Hand; will man das Wort *die* schreiben, so drücken der Mittelfinger der linken, der Mittelfinger der rechten und der Mittelfinger der linken Hand nacheinander bestimmte Tasten. Diese Handlungen werden nicht von bewußten Gedanken gesteuert. Mit der Zeit kommt man als geübter Tipper so weit, daß man regelrecht vergißt, wo sich die einzelnen Buchstaben befinden. Ich selbst schreibe auf der Maschine schnell und völlig mechanisch; wenn mich jemand fragt, wo sich die Taste für den Buchstaben *f* befindet, so kann ich das nicht auf Anhieb beantworten (es sei denn, indem ich es auf meiner Maschine nachsehe). Um darauf zu kommen, tippe ich mit meinen Fingern Löcher in die Luft und versuche, einen davon zu ertappen, wie er gerade ein *f* tippt. Nur meine Finger kennen das Tastenfeld; in meiner Erinnerung ist es verblaßt.

Nach dem gleichen Prinzip verlaufen auch komplexere Lernprozesse, etwa das Lesenlernen. Wie ist es zu erklären, daß die graphische Figur KREIDE, in schwarzer Farbe auf dieses Blatt Papier gedruckt, automatisch als ein Wort erkannt wird und die Vorstellung eines weißen Stäbchens aus einem spröden, mehligen Material hervorruft, mit dem man an eine Tafel schreiben kann? Man braucht sich die einzelnen Buchstaben nicht der Reihe nach vorzunehmen oder in der Erinnerung nach einer möglichen Bedeutung des Wortes zu suchen; als Folge wiederholter Konditionierung assoziiert man automatisch das Symbol mit dem Gegenstand selbst.

In den Anfangsjahrzehnten unseres Jahrhunderts errichtete der amerikanische Psychologe John B. Watson auf den Grundmauern der Konditionierung eine umfassende Theorie des menschlichen Verhaltens, die unter dem Namen *Behaviorismus* (nach dem englischen Wort für »Verhalten«) bekannt wurde. Watson ging so weit zu behaupten, die Menschen hätten überhaupt keine willentliche Kontrolle über ihr Verhalten; alles sei durch Konditionierung determiniert. Obwohl seine Theorie eine Zeitlang in aller Munde war, gewann sie in den Reihen der Psychologen zu keiner Zeit breiten Rückhalt. Der größte Mangel der Theorie – selbst wenn sie in ihrer Grundaussage, daß das Verhalten ausschließlich durch konditionierte Reaktionen bestimmt ist, richtig wäre – besteht darin, daß sie gerade in bezug auf die für uns interessantesten Aspekte des menschlichen Verhaltens – kreative Intelligenz, künstlerische Fähigkeiten, Sinn für Recht und Unrecht – wenig Erhellendes bringt. Es wäre unmöglich, alle konditionierenden Einflüsse, die für Verhaltensweisen dieser Komplexitätsstufe relevant sind, zu identifizieren und zu quantifizieren und ihr Zusammenwirken untereinander im einzelnen nachzuvollziehen; damit sind aber wesentliche Bedingungen für eine wirklich wissenschaftliche Erfassung dieser Vorgänge nicht erfüllt.

Dazu kommt ein weiterer Einwand: Was hat eine psychische Qualität wie die Intuition mit konditionierten Reaktionen zu tun? Ein intuitiver Gedanke entsteht, wenn der Geist unvermittelt zwei zuvor unverbundene Gedanken oder Ereignisse miteinander assoziiert, scheinbar ohne jede Veranlassung, und aus dieser Assoziation etwas Neues hervorgeht.

Wenn Katzen oder Hunde eine Aufgabe lösen (beispielsweise herausfinden, wie man einen Hebel drücken muß, damit sich eine Tür öffnet), so geschieht dies womöglich im Zuge einer Reihe von Versuchen und Irrtümern. Sie durchstreifen vielleicht ziellos ihren Versuchskäfig, bis sie einmal durch eine zufällige Bewegung den Hebel betätigen. Wenn sie später von neuem mit derselben Aufgabe konfrontiert werden, wird womöglich eine vage Erinnerung an den Erfolg jener zufälligen Bewegung sie veranlassen, diese Bewegung diesmal schon nach kürzerer Zeit auszuführen;

beim nächsten Versuch wird es noch schneller gehen, und schließlich werden sie den Hebel ohne Zeitverzögerung drücken. Je intelligenter ein Tier ist, desto weniger Anläufe wird es brauchen, um vom ersten zufällig erfolgreichen Versuch zur routinemäßigen Beherrschung der Situation zu kommen.

Stellen wir uns einen Menschen in ähnlicher Situation vor, so wird deutlich, daß bei ihm frühere Erfahrungen eine viel wichtigere Rolle spielen. Wenn man in einem Raum nach einem hinuntergefallenen Geldstück sucht, läßt man den Blick vielleicht ziemlich regellos in alle Richtungen über den Boden schweifen; wahrscheinlicher ist jedoch, daß man gezielt in der Richtung sucht, aus der das letzte Geräusch des rollenden Geldstücks zu hören war, oder daß man den ganzen Boden systematisch absucht. Wenn man sich in einer Käfigsituation befindet, versucht man vielleicht, dadurch eine Fluchtmöglichkeit aufzutun, daß man ziellos gegen die Wände trommelt und tritt; wahrscheinlicher ist jedoch, daß man seine Bemühungen von vornherein auf die Tür konzentriert, weil man aus Erfahrung weiß, daß man einen Raum in der Regel durch die Tür verläßt.

Der Mensch kann, kurz gesagt, die Versuch-und-Irrtum-Prozedur wesentlich abkürzen, indem er auf vergangene Erfahrungen zurückgreift und zunächst einmal die Möglichkeiten ausprobiert, die ihm im Lichte dieser Erfahrungen am meisten Erfolg zu versprechen scheinen. Man kann auch zunächst einmal gar nichts tun und die verschiedenen Lösungsmöglichkeiten nur in Gedanken durchprobieren. Dieses Verlagern der Versuch-und-Irrtum-Prozedur auf die gedankliche Ebene betrachten wir als ein Zeichen von Intelligenz. Diese Art intelligenten Verhaltens ist allerdings kein ausschließliches Vorrecht des Homo sapiens.

Bei Menschenaffen, deren Verhaltensmuster simpler und mechanischer sind als die unsrigen, zeigt sich in manchen Situationen eine spontane Einsicht, die man als intelligente Idee bezeichnen könnte. Der deutsche Psychologe Wolfgang Köhler, der während des Ersten Weltkriegs in Deutsch-Ostafrika festsaß, fand bei seinen berühmten Experimenten mit Schimpansen einige verblüffende Beispiele dieser Affen-Intelligenz. In einem Fall hatte ein Schimpanse eine Zeitlang vergebens versucht, mit einem Bambusstab eine außerhalb seines Käfigs liegende Banane heranzuholen – der Stab war zu kurz; da ergriff das Tier unvermittelt einen zweiten Bambusstab, den der Versuchsleiter bereitgelegt hatte, steckte die beiden Stäbe zusammen und konnte nun die Banane heranziehen. Ein anderer Schimpanse stellte zwei Kisten aufeinander, um an eine oberhalb seiner Reichweite aufgehängte Banane heranzukommen. Diesen Handlungen war nicht etwa ein Training oder eine einschlägige Erfahrung vorausgegangen, aufgrund derer das Tier die entsprechende Assoziation hätte herstellen können; in beiden Fällen war dem Tier ein Licht aufgegangen.

Nach Überzeugung Köhlers werden bei einem Lernprozeß nicht die Details eines Vorgangs oder eines Gegenstands einzeln erfaßt und gelernt, sondern der Vorgang oder Gegenstand als ganzer. Er kleidete dies in die Formulierung, daß das zu Lernende als »Gestalt« wahrgenommen wird. Der als Gestaltpsychologie bekannte lernpsychologische Ansatz geht mit auf Köhler zurück.

Die Schimpansen und die anderen Menschenaffen sind dem Menschen äußerlich und in manchen Verhaltensweisen so ähnlich, daß es nicht an Versuchen gefehlt hat, Affenjunge zusammen mit Menschenkindern aufzuziehen, um zu sehen, wie lange sie mit diesen mithalten konnten. Am Anfang sind die kleinen Affen, deren Entwicklung schneller verläuft, ihren menschlichen Altersgenossen in vieler Beziehung voraus. Sobald aber das Menschenkind einmal sprechen lernt, geraten die Affen ins Hintertreffen. Ihnen fehlt ein Äquivalent zum Brocaschen Sprachzentrum.

Das soll nicht heißen, daß es keine »Affensprache« gibt. Wild lebende Schimpansen verständigen sich untereinander nicht nur mittels eines kleinen Repertoires von Lauten, sondern auch mit Gesten. Die amerikanischen Verhaltensforscher Beatrice und Allen Gardner starteten 1966 den Versuch, einer eineinhalbjährigen Schimpansin eine Zeichensprache beizubringen. Von dem Ergebnis waren sie selbst verblüfft: Das Tier lernte Dutzende von Symbolen, benutzte sie korrekt und verstand sie ohne weiteres.

Andere Forscher brachten anderen Schimpansen – und auch jungen Gorillas – ähnliche Symbolsprachen bei. Und prompt erhob sich die Streitfrage: Kommunizierten die Affen wirklich verständig miteinander, oder reagierten sie nur auf konditionierende Reize?

Die Forscher, die die Affen betreuten, wußten zahlreiche Geschichten darüber zu erzählen, wie ihre Schützlinge neue, kreative Zeichenkombinationen erfunden hatten; von den Kritikern wurden und werden solche Aussagen als nicht überzeugend oder als nicht gesichert abgetan. Die Frage wird sicher weiterhin umstritten bleiben.

Auf jeden Fall üben konditionierte Reflexe eine größere Macht aus, als man lange Zeit glaubte – sogar beim Menschen. Bis vor nicht langer Zeit galt es als ausgemacht, daß bestimmte Körperfunktionen wie Herzschlag, Blutdruck oder die Kontraktionsbewegungen des Darms im wesentlichen vom vegetativen Nervensystem gesteuert werden und daher der bewußten Kontrolle entzogen sind. Natürlich wußte man seit langem, daß etwa ein Mensch, der die Kunst des Joga beherrscht, durch das bewußte Spiel seiner Brustmuskulatur seine Herzschlagfrequenz zu beeinflussen vermag. Aber das besagt ungefähr ebensoviel wie die Tatsache, daß man mit einem kräftigen Daumendruck den Blutfluß durch die Pulsader blockieren kann. Man kann auch den eigenen Herzschlag beschleunigen, indem man sich bewußt in einen künstlichen Angstzustand hineinsteigert; man manipuliert in diesem Fall aber nicht unmittelbar den Herzschlag, sondern das vegetative Nervensystem. Ist es möglich, durch bloße Willensanstrengung und ohne Umweg über Muskelspiele oder die Veränderung des vegetativen Erregungszustandes das Herz schneller schlagen zu machen oder den Blutdruck hochzutreiben?

Der amerikanische Psychologe Neal E. Miller und seine Mitarbeiter führten zu Beginn der 60er Jahre Konditionierungsexperimente mit Ratten durch; dabei erhielten die Tiere immer dann eine Belohnung, wenn aus irgendeinem zufälligen Grund ihr Blutdruck stieg oder wenn ihre Herzschlagfrequenz sich erhöhte oder verminderte. Schließlich lernten sie, um der Belohnung willen, die betreffenden vegetativen Veränderungen willentlich herbeizuführen – genauso, wie andere Ratten gelernt hatten, einen Hebel zu drücken.

Zumindest eine mit freiwilligen menschlichen Versuchskaninchen (männlichen Geschlechts) durchgeführte Versuchsreihe bestätigte diese Resultate: Als Belohnung für eine Erhöhung oder Erniedrigung ihres Blutdrucks erhielten die Versuchspersonen kein Futter, sondern einen kurzen Lichtblitz, mit dem Bilder von nackten Mädchen sichtbar gemacht wurden. Die Versuchspersonen erfuhren nicht, was sie tun mußten, um die Belohnung zu bekommen; sie merkten lediglich, daß sie mit zunehmender Zeit die Lichtblitze – und damit die nackten Mädchen – in immer kürzeren Zeitabständen hervorzurufen vermochten, ohne freilich erklären zu können, wodurch ihnen dies gelang.

In der Folge zeigten systematischere Experimente, daß Personen, die man über einen längeren Zeitraum hinweg ununterbrochen auf einen bestimmten Aspekt ihres Körpergeschehens hinweist, dessen sie sich gewöhnlich nicht bewußt sind – beispielsweise auf den Blutdruck, die Herzschlagfrequenz oder die Hauttemperatur –, die betreffende Körperfunktion willentlich zu beeinflussen lernen. Man nennt dieses Phänomen *Biofeedback*.

Man glaubte zunächst, im Biofeedback möglicherweise den Schlüssel zu einem effizienteren und müheloseren Nachvollzug der legendären körperlichen Leistungen östlicher Mystiker oder, wichtiger noch, zur Beeinflussung und Linderung gewisser medizinisch unzugänglicher Stoffwechselstörungen gefunden zu haben. Diese Hoffnungen haben sich, wie es scheint, mittlerweile weitgehend zerschlagen.

Die biologische Uhr

Die vegetativ gesteuerten Körperfunktionen unterliegen einigen »Feinmodulationen«, die lange Zeit unbemerkt blieben. Es sind dies bestimmte subtile biologische Rhythmen. Da alle Lebewesen bestimmten natürlichen Rhythmen ausgesetzt sind – dem regelmäßigen Wechsel von Tag und Nacht, dem noch regelmäßigeren Wechsel von Ebbe und Flut, dem langsamen Wechsel der Jahreszeiten –, überrascht es nicht, daß ihr Organismus Anpassungserscheinungen an diese Rhythmen zeigt. Die meisten Bäume werfen ihr Laub im Herbst ab und knospen im Frühling; die meisten Menschen werden abends müde und morgens, wenn es hell wird, wach.

Keinen annähernd vollständigen Begriff hatte man jedoch bis vor kurzem davon, welch komplexer und vielfältiger Natur diese rhythmischen Reaktionen sind, wie weit sie automatisiert sind und wie hartnäckig sie sich auch dann behaupten, wenn der sie eigentlich steuernde Umweltrhythmus wegfällt.

Die Blätter von Pflanzen steigen und sinken in einem 24-Stunden-Rhythmus, d. h. synchron zum Kommen und Gehen der Sonne. Dies kann man durch die Zeitrafferfotografie sichtbar machen. Jungpflanzen, die im Dunkeln gezogen werden, zeigen keinen solchen Zyklus, aber nichtsdestoweniger ist er in ihnen angelegt: Eine einzige Beleuchtung dieser Pflanzen genügte, um diese schlafende Anlage zu wecken; das rhythmische Auf und Ab der Blätter setzte ein und hörte auch nicht mehr auf, als das Licht wieder ausgeschaltet wurde. In Abwesenheit von Licht schwankte die Dauer einer Zyklusperiode von Pflanze zu Pflanze zwischen 24 und 26 Stunden; unter dem regulierenden Einfluß der Sonne betrug sie stets ziemlich genau 24 Stunden. Man konnte den Pflanzen einen 20-Stunden-Zyklus aufnötigen, wenn man sie mit künstlichem Licht bestrahlte und dabei einen Rhythmus von 10 Stunden Licht und 10 Stunden Dunkelheit einhielt. Sobald das Licht aber ganz abgeschaltet wurde, setzte sich wieder der 24-Stunden-Rhythmus durch.

Dieser Tagesrhythmus, eine Art biologische Uhr, die auch ohne Hilfe äußerer Zeitzeichen richtig geht, durchdringt alle Lebensvorgänge. Der amerikanische Biologe Franz Halberg hat dafür die Bezeichnung »circadischer Rhythmus« vorgeschlagen (nach dem lateinischen Ausdruck *circa dies*, der »rund ein Tag« bedeutet).

Auch der Mensch ist nicht unabhängig von solchen Rhythmen. Schon mehrmals haben Männer und Frauen freiwillig mehrere Monate in einer Höhle zugebracht, ohne irgendein Zeitmeßgerät mitzunehmen und ohne den geringsten Anhaltspunkt dafür zu haben, wann es draußen Tag und wann es Nacht war. Sie verloren bald jedes Zeitgefühl und aßen und schliefen ziemlich unregelmäßig. Zugleich maßen sie aber auch regelmäßig ihre Körpertemperatur, ihren Puls, ihren Blutdruck und ihre Hirnstromwellen und übermittelten diese und andere Messungen an ihre Betreuer draußen, die die Daten im Hinblick auf den Zeitfaktor auswerteten. Es zeigte sich, daß den Höhleninsassen zwar auf der Bewußtseins- und Verhaltensebene jedes Zeitgefühl abhanden kam, nicht aber auf der Ebene der organismischen Abläufe. Diese hielten ihren angestammten 24-Stunden-Zyklus über die gesamte Dauer des Höhlenaufenthalts ziemlich eisern ein.

Dies ist keineswegs ein Phänomen von nur akademischem Interesse. Solange man im Umkreis eines bestimmten Punkts auf der Erdoberfläche bleibt (oder sich nur in genau nördliche oder südliche Richtung bewegt), gibt es keine Probleme mit den Körperrhythmen. Wenn man jedoch in verhältnismäßig kurzer Zeit eine weite Strecke in westliche oder östliche Richtung zurücklegt, wird man sozusagen in eine andere Tageszeit versetzt. Wenn man beispielsweise nach Japan fliegt und dort um die Mittagszeit landet, hat man noch acht Stunden Helligkeit vor sich, während es nach der eigenen biologischen Uhr eigentlich schon Zeit zum Schlafengehen wäre. Im Düsenzeitalter ist es für den Reisenden oft schwierig, seinen Aktivitätsrhythmus an den der ansässigen Leute anzupassen. In einer Zeit, in der er normalerweise schlafen würde, muß er unter Umständen wichtige Arbeitsleistungen erbringen. Da seine inneren Körpervorgänge, beispielsweise die Zyklen der Hormonausscheidung, nicht mitziehen, ist er, statt in Hochform zu sein, müde und unkonzentriert. Man nennt dieses Phänomen den »jet lag«.

Wie gut oder schlecht ein Organismus auf bestimmte Medikamente anspricht oder wie gut er eine Röntgenstrahlendosis verträgt, hängt oft vom momentanen Zeigerstand auf der biologischen Uhr ab. Es wäre ernsthaft zu prüfen, ob man nicht bei medikamentösen Behandlungen die jeweilige Dosis je nach Tageszeit variieren oder die Verabreichung, um möglichst viel Wirkung und möglichst wenig Gegenwirkungen zu erreichen, auf eine bestimmte Tageszeit beschränken sollte.

Wer oder was sorgt für den zuverlässigen Gleichlauf der biologischen Uhr? Der Verdacht ist auf die Zirbeldrüse gefallen *(siehe Kapitel 5)*. Bei manchen Reptilien ist sie besonders stark entwickelt und ähnelt in ihrer Struktur offenbar einem Auge. Beim Tuatara, einem eidechsenartigen Reptil, das die letzte noch nicht ausgestorbene Art einer ganzen Ordnung repräsentiert und nur noch auf einigen kleinen Inseln in der Nähe von Neuseeland lebt, fällt insbesondere in den ersten sechs Monaten nach dem Ausschlüpfen eine hautüberzogene Stelle oben auf der Kopfmitte, das sogenannte *Pinealorgan*, auf, das eindeutig lichtempfindlich ist.

Das Pinealorgan ist sicherlich kein Sehorgan im gleichen Sinn wie das Auge; denkbar ist aber, daß es eine Substanz ausscheidet, deren Menge sich nach dem wahrgenommenen Rhythmus von Helligkeit und Dunkelheit richtet und als Zeitgeber für die biologische Uhr fungiert. (Dies erklärt freilich nicht, weshalb der 24-Stunden-Rhythmus auch bei einem Tageszeitsprung oder bei einem längeren Aufenthalt in der Dunkelheit erhalten bleibt. Vielleicht »lernt« die Zirbeldrüse diesen Rhythmus durch Konditionierung.)

Wie aber kann die Zirbeldrüse ihre Zeitgeber-Funktion bei Säugetieren erfüllen, wo sie nicht mehr unmittelbar unter der Kopfhaut sitzt, sondern tief unten im Zentrum des Schädels? Licht dringt bis dorthin gewiß nicht durch, aber vielleicht etwas anderes, das mit der gleichen Periodizität wie das Tageslicht oszilliert? Manche Forscher vermuten, daß es vielleicht die kosmische Strahlung ist, die der Zirbeldrüse den Takt vorgibt. Diese Strahlung gehorcht dank dem irdischen Magnetfeld und dem Sonnenwind einem eigenen circadischen Rhythmus, so daß sie als Taktgeber im Prinzip in Frage käme.

Unabhängig davon, ob der äußere Taktgeber identifiziert werden kann, stellt sich die Frage, welche biochemischen Regulierungsmechanismen sich hinter dem Begriff »biologische Uhr« verbergen. Gibt es im Organismus eine spezifische chemische Reaktion, die in circadischem Rhythmus variiert und alle anderen rhythmischen Abläufe steuert? Wenn es eine solche Reaktion gibt, die wir als *die* biologische Uhr apostrophieren könnten, so ist sie jedenfalls bislang noch nicht gefunden worden.

Einblicke in die menschliche Psyche

Es ist unwahrscheinlich, daß wir etwas so Komplexes wie das Leben jemals in die Schablonen eines umfassenden Determinismus werden pressen können. Es ist leicht, deterministische Modelle der Replikation von Nukleinsäuren aufzustellen, aber selbst hier kommt es hin und wieder zu unvorhersehbaren, durch Umweltfaktoren bedingten Fehlern, die zu einer Mutation führen und unter Umständen die Evolution voranbringen. Daß der Verlauf der Evolution jemals im einzelnen prognostiziert werden könnte, ist undenkbar.

Aus der Quantenmechanik wissen wir darüber hinaus, daß dem Verhalten bestimmter Objekte notwendigerweise die Merkmale der Unbestimmtheit und der Ungewißheit anhaften, und dies um so mehr, je leichter, d. h. masseärmer diese Objekte sind. Das Verhalten eines Elektrons ist in mancher Hinsicht unvorhersagbar, und es gibt Argumente, die besagen, daß manche Eigenschaften eines Elektrons zwar meßbar sind, aber Aussagen darüber nur für den Moment der Messung Gültigkeit haben. Es kann sogar sein, daß der Zustand des Universums auf eine gewisse, sehr subtile Art in jedem Augenblick durch die von Menschen angestellten Beobachtungen und Messungen neu definiert wird. (Man nennt diesen Denkansatz das *anthropische* [nach dem griechischen Wort für »Mensch«] *Prinzip*.)

Man kann sich ohne weiteres vorstellen, daß es Augenblicke gibt, in denen eine menschliche Reaktion oder Entscheidung von der ungeregelten Bewegung eines Elektrons irgendwo im Körper abhängt. Damit würde der Determinismus unhaltbar, aber das hieße nicht, daß damit die Willensfreiheit des Menschen erwiesen wäre. Es würde nur bedeuten, daß ein Zufallsfaktor in das menschliche Verhalten einfließt, der die Sache vielleicht noch undurchschaubarer macht, als sie es unter den Auspizien der beiden traditionelleren Ansätze war.

Undurchschaubarer vielleicht, aber deshalb nicht unbedingt schwerer zu beeinflussen. Zufällige Faktoren lassen sich managen, wenn nur die Zahl der Zufallereignisse groß genug ist. Die einzelnen Moleküle eines Gases bewegen sich auf zufällige und unberechenbare Weise, aber jede gewöhnliche Gasmenge enthält so viele Moleküle, daß diese Zufallsbewegungen sich zu einem konstanten Durchschnitt addieren und im Hinblick auf die Temperatur, den Druck und das Volumen von Gasen sehr präzise Gesetze formuliert werden können.

So weit sind wir beim menschlichen Verhalten freilich noch längst nicht. Die Methoden, mit denen bisher versucht worden ist, das menschliche Verhalten in den Griff zu bekommen, waren eher intuitiv als systematisch, und ihre Beherrschung war vielleicht ebenso schwierig, wie das Verhalten, das sie erfassen sollten, komplex war.

Die Geschichte dieser Versuche einer naturwissenschaftlichen Erforschung des menschlichen Verhaltens reicht nahezu zwei Jahrhunderte zurück, zu einem österreichischen Arzt namens Franz Anton Mesmer, der mit seinen Experimenten zur europäischen Sensation avancierte. Er ar-

beitete zuerst mit Magneten und dann nur noch mit seinen Händen, wobei er die Wirkungen, die er damit erzielte, auf den, wie er es nannte, »tierischen Magnetismus« zurückführte. Seine Technik wurde bald unter dem Markenzeichen *Mesmerismus* bekannt. Er versuchte, Kranke dadurch zu heilen, daß er sie in Trance versetzte und ihnen dann einschärfte, sie seien gesund. Es mag wohl sein, daß er auf diese Weise den einen oder anderen Heilerfolg erzielte (da es in der Tat Störungen gibt, die sich per Suggestion behandeln lassen). Jedenfalls eroberte er eine Schar glühender Anhänger, zu der auch der Marquis de Lafayette, kurz zuvor triumphal aus Amerika heimgekehrt, gehörte. Mesmer, nicht nur Arzt, sondern auch leidenschaftlicher Astrologe und Allround-Mystiker, mußte sich schließlich jedoch einer Überprüfung durch eine Kommission stellen, der unter anderem Lavoisier und Benjamin Franklin angehörten. Nach einer kritischen, aber fairen Untersuchung wurde er der Scharlatanerie bezichtigt und zog sich schließlich in Schmach und Schande zurück.

Doch er hatte etwas losgetreten. In den 50er Jahren des 19. Jahrhunderts griff ein britischer Arzt namens James Braid die Mesmersche Methode wieder auf. Er benannte sie in *Hypnose* um und setzte sie, nach dem Vorbild Mesmers, therapeutisch ein. Andere Ärzte taten es ihm nach. Unter ihnen war ein Wiener Arzt namens Josef Breuer; er begann 30 Jahre später damit, die Hypnose speziell zur Behandlung psychischer Störungen einzusetzen.

Natürlich war die Hypnose (nach dem griechischen Wort für »Schlaf«) seit der Antike bekannt und von zahlreichen Mystikern praktiziert worden. Doch Breuer und andere deuteten nun erstmals die Früchte ihrer hypnotischen Bemühungen als Anhaltspunkte für die Existenz einer unbewußten Ebene der psychischen Tätigkeit. Bedürfnisse und Motive, deren sich der einzelne nicht bewußt war, hausten in dieser Schicht, sozusagen in der Unterwelt des Bewußtseins. Durch Hypnose konnten sie hervorgelockt werden. Die Vermutung lag nahe, daß diese Bedürfnisse und Motive ursprünglich einmal bewußt gewesen, dann aber aus dem Bewußtsein verdrängt worden waren, weil sie mit Gefühlen der Scham oder Schuld verbunden waren, und daß sie nun aus dem Unbewußten heraus das Verhalten der Person beeinflußten und dabei Verhaltensweisen erzeugten, die dem objektiven Beobachter, vielleicht aber auch dem Betroffenen selbst, als unzweckmäßig, irrational oder gar verwerflich erschienen.

Breuer machte sich daran, mit Hilfe der Hypnose die verborgenen Ursachen der Hysterie und anderer psychischer Störungen aufzuspüren. Ein junger Neurologe namens Sigmund Freud stieß zu ihm. Einige Jahre lang arbeiteten sie zusammen, behandelten und diskutierten ihre Fälle gemeinsam. Ihre Methode bestand darin, die Patienten in eine leichte Hypnose zu versetzen und sie dann zum Sprechen zu bringen. Sie stellten fest, daß, wenn es gelang, den Patienten so weit zu bringen, daß er sich an verdrängte traumatische Erlebnisse erinnerte und die damit verbundenen Gefühlsimpulse abreagierte, dies oft eine »kathartische«, d. h. reinigende Wirkung zeitigte, so daß nach dem Erwachen aus der Hypnose die Krankheitssymptome verschwunden waren oder sich zumindest abgeschwächt hatten.

Freud gelangte zu der Auffassung, daß praktisch alle verdrängten Erinnerungen und Bedürfnisse letztlich sexuellen Ursprungs seien. Er war davon überzeugt, daß auch kleine Kinder schon eine Sexualität haben und daß ihre sexuellen Wünsche, wenn sie von der Gesellschaft (d. h. in der Regel von den Eltern) tabuisiert werden, ins Unbewußte absinken, aber von dort aus in allen möglichen Verkleidungen weiterhin in das bewußte Seelenleben hineinregieren und die Person unter Umständen in schwere Konflikte stürzen, die besonders schwer zu bewältigen sind, weil das bewußte Ich ihre wahren Wurzeln nicht kennt oder nicht wahrhaben will.

Nachdem Breuer, der diese Konzentration auf die sexuellen Gesichtspunkte ablehnte, sich von Freud losgesagt hatte, entwickelte dieser ab 1894 seine Ideen über die Ursachen psychischer Störungen und die Möglichkeiten ihrer therapeutischen Behandlung allein weiter. Er verzichtete darauf, seine Patienten zu hypnotisieren, und forderte sie statt dessen auf, »frei zu assoziieren«, d. h. alles auszusprechen, was ihnen gerade in den Sinn kam, auch und vor allem solche Gedanken, die ihnen als unwichtig, unpassend, nicht in den Zusammenhang gehörend usw. erschienen. Freud versuchte dann, zusammen mit dem Patienten das produzierte Gedankenmaterial zu deuten und so den verdrängten Erlebnissen und Motiven auf die Spur zu kommen. Freud nannte diese therapeutische Methode *Psychoanalyse*.

Die Beharrlichkeit, mit der Freud die sexuellen Motive in den Vordergrund seiner Deutungen stellte, und vor allem seine Theorie des *Ödipuskomplexes*, die besagte, daß kleine Jungen eine Phase durchmachen, in der sie von dem Impuls beseelt sind, den Vater zu töten, um dessen Stelle an der Seite der Mutter einzunehmen (bei Mädchen heißt das analoge Phänomen *Elektra-Komplex*), wirkte auf die einen faszinierend, auf die anderen abstoßend. In den 20er Jahren, nach den Erschütterungen des Ersten Weltkriegs und im Zeichen eines weltweiten Abbröckelns sexueller und moralischer Tabus, gewannen die Auffassungen Freuds zunehmend an Boden, und die Psychoanalyse erlangte eine erstaunliche Popularität.

Die Psychoanalyse ist noch heute, obwohl bald hundert Jahre alt, mehr Kunst als Wissenschaft. Experimente unter streng kontrollierten Bedingungen, wie sie in der Physik oder in den anderen naturwissenschaftlichen Disziplinen die Regel sind, lassen sich auf psychiatrischem Gebiet praktisch nicht durchführen. Theoretische Schlußfolgerungen beruhen in diesem Bereich weitgehend auf intuitiver Einsicht und subjektivem Urteil. Daß die *Psychiatrie* (innerhalb derer die Psychoanalyse nur eine von vielen therapeutischen Methoden ist) vielen Patienten Hilfe gebracht hat und noch bringt, läßt sich nicht abstreiten, doch spektakuläre therapeutische Durchbrüche sind bislang ausgeblieben, und die Zahl der psychischen Erkrankungen konnte nicht nennenswert reduziert werden. Auch eine umfassende und allgemein akzeptierte Theorie der psychischen Erkrankungen, vergleichbar etwa der Keimtheorie der Infektionskrankheiten, konnte bislang nicht formuliert werden. Man kann fast sagen, daß es ebenso viele psychiatrische Theorien wie Psychiater gibt.

Die psychischen Krankheiten werden im allgemeinen in zwei Hauptgruppen unterteilt, die *Neurosen* und die *Psychosen*; jede von ihnen umfaßt eine Palette verschiedener Störungen mit jeweils spezifischer Symptomatik. Die Palette reicht von chronisch depressiven Zuständen über Zwangsvorstellungen bis zu Störungen, die einen vollständigen Rückzug aus der Realität in eine Welt beinhalten, die, zumindest in einigen ihrer Aspekte, nicht der Wirklichkeit entspricht, die die meisten von uns wahrnehmen. Diese Form der Psychose wird, mit einem von dem Schweizer Psychiater Eugen Bleuler geprägten Ausdruck, *Schizophrenie* genannt. Der Begriff deckt allerdings eine so große Zahl unterschiedlicher Störungen ab, daß man nicht mehr von *der* Schizophrenie sprechen kann. Rund 60% der Dauerinsassen unserer psychiatrischen Anstalten werden als schizophren diagnostiziert.

Bis vor kurzem vermochte die Psychiatrie diesen Kranken kaum mehr zu bieten als Radikalkuren wie die Stirnlappen-Lobotomie, Elektroschocks oder die Insulinschock-Therapie (letztere 1933 von dem österreichischen Psychiater Manfred Sakel eingeführt). Weder mit diesen orthodoxen psychiatrischen Methoden noch mit den subtileren Mitteln der Psychoanalyse war gegen schizophrene Störungen viel auszurichten, außer manchmal in den frühen Stadien der Krankheit, in denen sich der Arzt noch mit dem Patienten verständigen konnte. Einige neuere Entdeckungen im Zusammenhang mit den Wirkungen bestimmter Drogen auf die Chemie des Gehirns haben jedoch einen Hoffnungsschimmer aufkommen lassen.

Schon die Menschen der Antike wußten, daß manche Pflanzensäfte Halluzinationen (phantasierte Bilder und Töne usw.) oder Glücksgefühle hervorzurufen vermochten. Die Priesterinnen von Delphi kauten bestimmte Pflanzen, bevor sie ihre rätselvollen Orakelsprüche taten. Bei etlichen im Südwesten der USA beheimateten Indianerstämmen war das Kauen von Peyote *(Mescalin)*, eines Rauschmittels, das farbige optische Halluzinationen hervorruft, ein ritueller Brauch. Das vielleicht traumatischste Beispiel lieferte im Mittelalter eine in einer unzugänglichen Berggegend des Iran heimische islamische Sekte, die sich an *Haschisch* berauschte, einem aus den Blüten des indischen Hanfs gewonnenen Rauschmittel (das heute vorwiegend in Form von *Marihuana* genossen wird). Die bei religiösen Zeremonien eingenommene Droge verlieh den Berauschten das Gefühl, Blicke in das Paradies werfen zu können, in das ihre Seele nach dem Tod eingehen würde. Sie befolgten, um diesen Schlüssel zum Himmelstor zu bekommen, jeden Befehl ihres Führers, des sogenannten Alten Mannes der Berge. Er befahl ihnen unter anderem, feindliche Herrscher und feindselig gesinnte Regierungsbeamte zu ermorden. Auf diese Weise wurde das Wort Haschi-

schin, das ursprünglich nur einen Menschen bezeichnete, der Haschisch nahm, zum Synonym für »Mörder«. (Daher das englische Wort für Meuchelmörder, »assassin«.) Die Sekte terrorisierte das ganze 12. Jahrhundert hindurch die Region, bis 1226 die mongolischen Eroberer in die Berge ausschwärmten und die Haschischin bis auf den letzten Mann ausrotteten.

Das moderne Gegenstück zu den euphorisierenden Pflanzen des Altertums ist, sieht man einmal vom Alkohol ab, jene Gruppe von Drogen, die als *Tranquilizer* (»Ruhigsteller«) zusammengefaßt werden. Ein Tranquilizer war schon um 1000 v. Chr. in Indien bekannt und in Gebrauch: Es war eine Pflanze, die wissenschaftlich *Rauwolfia serpentinum* genannt wird. Aus den getrockneten Wurzeln dieser Pflanze extrahierten amerikanische Chemiker 1952 das Reserpin, den ersten der heute in der Psychiatrie so beliebten Tranquilizer. Seither sind mehrere Substanzen mit ähnlicher Wirkungsweise, aber einfacherer chemischer Struktur synthetisch hergestellt worden.

Tranquilizer sind Beruhigungsmittel, die den Vorzug besitzen, Angstgefühle zu zerstreuen oder zu reduzieren, ohne die sonstige psychische Aktivität der Person nennenswert zu beeinträchtigen. Allerdings haben sie in der Regel eine einschläfernde Wirkung und vielleicht noch andere unerwünschte Nebeneffekte. Die Psychiater empfanden diese Drogen zunächst als sehr wertvolle Hilfsmittel für die Ruhigstellung ihrer Patienten und für die Linderung ihrer Symptome (auch in manchen Schizophrenie-Fällen). Tranquilizer sind in keinem Fall Heilmittel; sie unterdrücken lediglich Symptome, was aber manchmal die Chance für die Anwendung anderer Therapien verbessert. Indem sie die feindseligen und aggressiven Impulse der Patienten entschärfen und ihre Angstgefühle lindern, machen sie gewisse drastischere Disziplinierungsmittel wie Zwangsjacke oder Gummizelle überflüssig und erleichtern es den Psychiatern, mit den Patienten in Kontakt zu kommen. Auf diese mittelbare Weise tragen die Tranquilizer ohne Zweifel zur Erhöhung der Heilungschancen für psychische Störungen bei.

Ihren eigentlichen Boom erlebten die Tranquilizer jedoch außerhalb der psychiatrischen Kliniken: Das allgemeine Publikum stürzte sich auf sie, als vermeintliche Allheilmittel gegen Wehwehchen und Sorgen aller Art.

Drogenkonsum

Wie sich herausstellte, besitzt das Reserpin eine frappante Ähnlichkeit mit einer für die Nerven- und Gehirntätigkeit wichtigen Substanz: Ein Teil seines komplexen Moleküls entspricht weitgehend einer Verbindung namens *Serotonin*. Das Serotonin wurde erstmals 1948 im Blut gefunden und beschäftigt seither die Physiologen. Sie fanden es in der Hypothalamus-Region des menschlichen Gehirns, und auch im Gehirn und in den Nervengeweben anderer Tiere, auch wirbelloser Arten, war es fast allgegenwärtig.

Auch verschiedene andere Substanzen, die auf das Zentralnervensystem wirken, haben sich als dem Serotonin sehr ähnlich erwiesen. Eine davon ist das *Bufotenin*, das in Krötengift enthalten ist. Eine andere ist das bereits erwähnte Mescalin. Am eindrucksvollsten in dieser Hinsicht ist jedoch eine Verbindung namens Lysergsäurediethylamid, besser bekannt als *LSD*. Ein Schweizer Chemiker namens Albert Hofmann kostete 1943 versehentlich im Labor ein wenig von dieser Substanz und geriet daraufhin in einen merkwürdigen Rauschzustand. Die Eindrücke, die ihm seine Sinne vermittelten, entsprachen in keiner Weise dem, was wir normalerweise als die objektive Realität um uns betrachten. Hofmann hatte Halluzinationen, denn das LSD gehört zu den Wirkstoffen, die man heute als *Halluzinogene* bezeichnet.

Diejenigen, die sich an den unter dem Einfluß eines Halluzinogens auftretenden Wahrnehmungen und Empfindungen laben, nennen dieses Erlebnis gern eine Bewußtseinserweiterung und suggerieren damit, daß sie in diesem Zustand Aspekte der Realität wahrnehmen, die uns unter normalen Bedingungen verborgen bleiben. Aber das gilt schließlich auch für Trinker, die sich bis ins Stadium des *delirium tremens* vorarbeiten. Dieser Vergleich mag manchem böswillig erscheinen, aber man sollte sich vergegenwärtigen, daß eine kleine Dosis LSD in manchen Fällen zahlreiche für die Schizophrenie charakteristische Symptome hervorruft.

Was kann all dies bedeuten? – Nun, das Serotonin wird von einem Enzym namens Aminoxidase zerlegt, das in den Gehirnzellen vorkommt. Stellen wir uns vor, daß dieses Enzym durch eine konkurrierende Substanz mit einer dem Serotonin ähnlichen Struktur – durch Lysergsäure beispiels-

weise – gebunden wird. Solange das Enzym mit dieser »Doppelgänger-Substanz« beschäftigt ist, akkumuliert sich Serotonin in den Gehirnzellen zu einer über dem Normalwert liegenden Konzentration. Man kann sich vorstellen, daß dadurch die Stoffwechselvorgänge im Gehirn durcheinandergeraten.

Ist es denkbar, daß schizophrene Störungen aus irgendwelchen neurochemischen Anomalien dieser Art resultieren? Die Tatsache, daß schizophrene Dispositionen erblich sind, scheint in der Tat darauf hinzudeuten, daß eine Stoffwechselstörung (und zwar eine genetisch bedingte) eine Rolle spielt. Wie 1962 entdeckt wurde, enthält der Urin vieler Schizophrenen bei einem bestimmten Therapieverlauf eine Substanz, die im Urin anderer Personen nicht enthalten ist. Diese Substanz wurde schließlich als Dimethoxyphenylethylamin identifiziert, eine Verbindung mit einer Struktur, die irgendwo zwischen der des Adrenalins und der des Mescalins liegt. Es scheint somit, als ob manche Schizophrene infolge einer Stoffwechselstörung körpereigene Halluzinogene produzieren und sich de facto in einem ständigen Drogenrausch befinden.

Nicht alle Menschen reagieren auf eine bestimmte Dosis einer Droge genau gleich. Mit Sicherheit ist es aber gefährlich, mit den chemischen Vorgängen im Gehirn zu spielen. Ein Abgleiten in eine chronische psychische Krankheit ist ein zu hoher Preis für das Erlebnis der »Bewußtseinserweiterung«. Dennoch scheint mir, daß die Reaktion der Gesellschaft auf den Genuß von Drogen – insbesondere was das Marihuana angeht, von dem noch nicht nachgewiesen werden konnte, daß es ähnlich schädliche Langzeitwirkungen zeitigen kann wie andere Halluzinogene – überzogen ist. Viele von denen, die gegen das Überhandnehmen dieser oder jener Droge wettern, sind selbst dem Alkohol oder dem Tabak verfallen, zwei Drogen, die sowohl individuell als auch gesellschaftlich viel Schaden anrichten. Hier ist sehr viel Doppelmoral im Spiel, die der Glaubwürdigkeit der Anti-Drogen-Kampagnen großen Abbruch tut.

Gedächtnis

Die *Neurochemie,* die Wissenschaft von der Chemie der Nerven- und Gehirnfunktionen, eröffnet darüber hinaus eine vielversprechende Perspektive für ein besseres Verständnis der wunderbaren Fähigkeit unseres Gehirns, Gelerntes und Erlebtes zu speichern. Das Gedächtnis hat, so scheint es, zwei Unterabteilungen: eine für kurzfristig und eine für langfristig zu speichernde Daten. Wenn man im Telefonbuch eine Nummer nachschlägt, ist es nicht schwierig, sie sich einzuprägen, bis man sie gewählt hat; danach vergißt man sie automatisch und wird sich normalerweise nie wieder daran erinnern. Dagegen wird eine Telefonnummer, die man häufig wählt, nach einiger Zeit ins Langzeitgedächtnis aufgenommen. Selbst wenn man sie einmal monatelang nicht braucht, kann man sie sich danach wieder in Erinnerung rufen. Andererseits wird aber auch vieles von dem, was eigentlich ins Langzeitgedächtnis gehört oder vielleicht auch wirklich dort abgespeichert wurde, wieder vergessen. Eine Menge Dinge, die wir einmal über einen längeren Zeitraum hin gewußt haben, gehen irgendwann verloren, darunter zuweilen auch sehr wichtige Dinge (wie jeder, der einmal eine Wissensprüfung ablegen mußte, aus leidvoller Erfahrung bestätigen wird). Sind diese Dinge aber wirklich vergessen? Sind sie vollkommen gelöscht, oder sind sie einfach nur so gründlich verstaut, daß schwer an sie heranzukommen ist? Gibt es, mit anderen Worten, im Gedächtnis vielleicht Erinnerungen, an die man nicht mehr herankommt, weil sie von anderen zugestellt oder zugedeckt sind?

Bei einer Gehirnoperation berührte der amerikanische Chirurg Wilder G. Penfield versehentlich eine bestimmte Stelle am Gehirn des Patienten; dieser hörte daraufhin Musik. Diese Erfahrung ließ sich beliebig oft wiederholen: Jedesmal durchlebte der Patient in großer Intensität eine bestimmte Erinnerung, blieb sich aber gleichwohl der Gegenwart bewußt. Offenbar lassen sich durch adäquate Stimulierung Erinnerungserlebnisse auslösen. Die betreffende Gehirnpartie wird als *interpretativer Cortex* bezeichnet. Es kann sein, daß eine zufällige Reizung dieses Teils der Großhirnrinde den sogenannten Déjà-vu-Erlebnissen zugrundeliegt (d. h. den Augenblicken, in denen man ganz plötzlich das Gefühl hat, eine bestimmte Szene oder Situation schon einmal erlebt zu haben) sowie auch anderen Fällen von »außersinnlicher Wahrnehmung«.

Wenn unser Gehirn außer den aktuell verfügbaren

Erinnerungen auch noch eine Vielzahl »verschütteter«, aber sehr detaillierter Erinnerungen enthält, so stellt sich die Frage, wie es möglich ist, so viele Daten auf so kleinem Raum zu speichern? Man schätzt, daß ein menschliches Gehirn im Laufe eines Lebens eine Billiarde (das sind eine Million Milliarden) Informationseinheiten speichern kann. Wenn dem so ist, dann müssen die »Speicherzellen« im Größenbereich von Molekülen liegen. Andernfalls würden sie zu viel Raum einnehmen.

Der Verdacht konzentriert sich zur Zeit auf die Ribonukleinsäure (RNS), die überraschenderweise in den Nervenzellen stärker vertreten ist als in fast allen anderen Zellarten unseres Körpers. Überraschend ist dies deshalb, weil die RNS eine wichtige Rolle bei der Proteinsynthese spielt *(siehe Kapitel 3)* und sich daher gewöhnlich in besonders hoher Konzentration in denjenigen Geweben findet, in denen große Eiweißmengen erzeugt werden müssen, sei es im Dienste des Wachstums oder sei es, weil das betreffende Gewebe große Mengen eiweißreicher Sekrete erzeugt. Für die Nervenzellen trifft keines von beidem zu.

Der schwedische Neurologe Holger Hyden entwickelte in den 50er Jahren Verfahren, die es ermöglichten, einzelne Gehirnzellen zu isolieren und sie dann auf ihren RNS-Gehalt zu untersuchen. Er setzte Ratten Bedingungen aus, die sie zwangen, sich neue Fertigkeiten anzueignen – beispielsweise die Fähigkeit, für längere Zeit auf einem Draht zu balancieren. Wie er feststellte, wiesen die Gehirnzellen der zum Lernen gezwungenen Ratten nach einiger Zeit einen bis zu 12% höheren RNS-Gehalt auf als die Gehirnzellen von Ratten, die man in Ruhe gelassen hatte.

Das RNS-Molekül ist so groß und komplex, daß wir uns, wenn wir voraussetzen, daß jede im Gedächtnis gespeicherte Informationseinheit durch ein RNS-Molekül von spezifischer, individueller Struktur markiert ist, über die eventuellen Grenzen der Speicherkapazität unseres Gehirns keine Gedanken zu machen brauchen. Rein rechnerisch sind so viele RNS-Moleküle möglich, daß selbst eine Zahl wie eine Million Milliarden kaum ins Gewicht fällt.

Vielleicht darf man die RNS in diesem Zusammenhang gar nicht isoliert betrachten? RNS-Moleküle bilden sich nach dem Modell von DNS-Molekülen in den Chromosomen. Trägt vielleicht jeder von uns in den DNS-Molekülen, mit denen er geboren wurde, einen riesigen Vorrat »potentieller« Erinnerungen mit sich – eine Erinnerungsbank sozusagen, auf deren bereits eröffnete DNS-Konten wir RNS-Moleküle, jeweils mit einem Stück Erinnerung behaftet, »einzahlen«?

Oder sind die letztlichen Träger der Erinnerung vielleicht gar nicht die RNS-Moleküle? Die Hauptaufgabe der RNS besteht an sich darin, bestimmte Eiweißmoleküle zu bilden. Sind sie die eigentlichen Träger der Gedächtnisfunktion?

Ein Mittel, mit dem man der Antwort auf diese Frage näherkommen kann, ist eine Droge namens *Puromycin,* die die RNS am Eiweißaufbau hindert. Das amerikanische Forscherteam Louis B. und Josepha B. Flexner richtete Mäuse mittels konditionierter Reaktion darauf ab, ein Labyrinth fehlerlos zu durchlaufen. Sobald die Mäuse das Labyrinth »gelernt« hatten, wurde ihnen Puromycin injiziert – prompt vergaßen sie das Gelernte. Das RNS-Molekül war noch vorhanden, konnte aber kein Proteinmolekül bilden. Wie die Flexners in der Folge an Versuchsratten zeigten, kann auf die beschriebene Weise das Kurzzeitgedächtnis gelöscht werden, nicht aber das Langzeitgedächtnis. Daraus könnte man schließen, daß das Langzeitgedächtnis aus solchen Erinnerungen besteht, deren Informationsgehalt bereits von RNS- auf Proteinmoleküle übertragen worden ist.

Es kann freilich auch sein, daß die Gedächtnisfunktion sich auf der molekularen Ebene allein gar nicht erschöpfend erklären läßt. Es gibt Anzeichen dafür, daß auch neutrale Erregungsmuster eine Rolle spielen. Vieles bleibt noch zu erforschen.

Automaten

Erst vor sehr kurzer Zeit hat man damit begonnen, auf breiter wissenschaftlicher Front zu erforschen, wie lebende Gewebe und Organe ihre Aufgaben erfüllen, und die dabei gewonnenen Erkenntnisse, wo immer möglich und lohnend, bei der Konstruktion von Maschinen und anderen Menschenerzeugnissen zu berücksichtigen. Für diese Forschungsrichtung prägte der amerikanische Ingenieur Jack Steele 1960 den Namen *Bionik,* von »*bio*logische Elektro*nik*« – heute versteht man unter Bionik allerdings die Imitation biologischer Systeme nicht nur in der Elektronik, sondern in der Technik ganz allgemein.

Um ein Beispiel für einen möglichen Forschungsgegenstand der Bionik zu geben: Man weiß, daß ein Delphin bei der Geschwindigkeit, mit der er schwimmt, eine Arbeit von 2,6 Pferdestärken aufwenden müßte, wenn das Wasser, durch das er sich bewegt, die gleichen Turbulenzen aufweisen würde, wie sie auftreten, wenn ein Boot von gleicher Größe durch das Wasser gleitet. Aus irgendwelchen Gründen strömt das Wasser jedoch am Körper des Delphins ohne jede Turbulenz entlang; der Delphin benötigt daher erheblich weniger Kraft, um den Reibungswiderstand des Wassers zu überwinden. Offenbar hat das etwas mit der Beschaffenheit seiner Haut zu tun. Wenn es gelänge, hinter das Geheimnis dieses Effekts zu kommen und dasselbe Prinzip beim Bau von Schiffsaußenwänden anzuwenden, könnte das zu einer Senkung des Treibstoffverbrauchs von Schiffen führen.

Der amerikanische Biophysiker Jerome Lettvin studierte eingehend die Funktionsweise der Netzhaut bei Fröschen, und zwar mit Hilfe winziger Platinelektroden, die er in ihren Sehnerv einsetzte. Wie sich herausstellte, ist es keineswegs so, daß die Netzhaut bloß eine Abfolge heller und dunkler Punkte an das Gehirn überträgt und es diesem überläßt, das Ganze zu deuten. Es ist vielmehr so, daß die Netzhaut fünf verschiedene Arten von Zellen aufweist, deren jede eine spezifische Aufgabe zu erfüllen hat. Eine Zellenart reagiert besonders empfindlich auf Schattenkanten, d. h. auf abrupte Hell-dunkel-Unterschiede im Gesichtsfeld, wie etwa auf einen sich vor dem hellen Himmel dunkel abhebenden Baumstamm. Eine zweite Zellart reagiert auf dunkle, rundliche Objekte (die Insekten, von denen der Frosch sich ernährt). Eine dritte reagiert auf alles, was sich schnell bewegt (wie z. B. die natürlichen Feinde des Frosches). Eine vierte reagiert auf sich verdüsterndes Licht, eine fünfte schließlich auf die wasserblaue Farbe von Teichen. Die Netzhaut liefert dem Gehirn also bereits analysierte und sortierte Signale. Wenn unsere Ingenieure beim Bau von Sensoren die Tricks der Frosch-Netzhaut imitieren würden, könnten sie wahrscheinlich viel empfindlichere und leistungsfähigere Sensoren konstruieren als bisher.

Wenn wir aber beim Bau von Apparaten die Natur nachahmen, dann wäre das Optimum dessen, was man in dieser Hinsicht erreichen könnte, eine technische Nachbildung jener bemerkenswertesten Errungenschaft, die die Natur bisher hervorgebracht hat: des menschlichen Gehirns.

Die menschliche Psyche ist sicherlich keine Maschine in dem Sinn, daß ihre Funktionsweise lediglich die Summe mechanischer (und damit technisch imitierbarer) Vorgänge darstellt – das kann man wohl bei aller wissenschaftlichen Nüchternheit sagen. Andererseits gibt es im Bereich der menschlichen Psyche (die sicherlich das komplexeste Objekt oder Phänomen ist, das wir kennen) durchaus Vorgänge, die den Abläufen im Innern einer Maschine analog sind. Aus dieser Analogie lassen sich wichtige Folgerungen ableiten.

Wenn wir darüber nachdenken, wodurch sich eigentlich die menschliche Psyche von der Psyche anderer Lebewesen unterscheidet (von unbeseelten Lebewesen oder Dingen ganz zu schweigen), ist ein Anhaltspunkt, der uns der Beantwortung der Frage näherbringen könnte, vielleicht der, daß die menschliche Psyche mehr als jedes andere Ding dieser Welt, ob lebend oder leblos, ein selbstregulierendes System darstellt. Der Mensch ist in der Lage, nicht nur sich selbst, sondern auch seine Umwelt zu kontrollieren. Er bewältigt eventuelle Veränderungen, die sich in dieser Umwelt vollziehen, nicht durch passive Anpassung, sondern durch eine aktive, seinen eigenen Bedürfnissen und Normen entsprechende Reaktion. Untersuchen wir einmal, wie nahe eine Maschine dieser Fähigkeit zu kommen vermag.

Eine der simpelsten selbstregulierenden mechanischen Vorrichtungen ist das Steuerventil. Primitive Prototypen eines solchen Geräts konstruierte schon um 50 n. Chr. Hero von Alexandria als Bestandteil einer Vorrichtung zur automatischen Regulierung und Abgabe von Flüssigkeitsmengen. Ein Sicherheitsventil in noch sehr primitiver Ausführung baute 1679 Denis Papin in einen von ihm erfundenen Dampfdrucktopf ein. Damit der Deckel trotz des sich im Topfinnern aufbauenden Drucks geschlossen blieb, beschwerte er ihn mit einem Gewicht, das jedoch leicht genug war, daß

es zusammen mit dem Deckel wegflog, bevor der Druck so groß wurde, daß der Topf hätte explodieren können. Die heute im Haushalt verwendeten Schnellkochtöpfe verfügen über weitaus empfindlicher funktionierende Sicherheitsventile; das Funktionsprinzip ist jedoch dasselbe.

Rückkopplung

Ein solches Sicherheitsventil hat eine »Einmal-Funktion«. Man kann sich jedoch unschwer auch Vorrichtungen vorstellen, die kontinuierlich regulierend in einen Vorgang eingreifen. Eine sehr einfache Vorrichtung dieser Art ließ sich 1745 ein Engländer namens Edmund Lee patentieren. Es handelte sich um eine Vorrichtung, die bewirkte, daß eine Windmühle sich stets genau der Richtung zuwandte, aus der der Wind wehte. Ein kleines Windrad, das so gebaut war, daß es sich stets mit der Nase in den Wind stellte, war über eine Welle mit einem Getriebe verbunden, das das große Windrad der Mühle ebenfalls genau zur Windrichtung drehte. Solange das große Windrad genau in Windrichtung stand, drehte sich das kleine nicht; es setzte sich erst in Bewegung, wenn eine Korrektur erforderlich war.

Der Archetypus der modernen mechanischen Selbstregulierungs-Vorrichtungen war jedoch der »Governor«, den James Watt für seine Dampfmaschine erfand (Abb.). Um den Dampfausstoß seiner Maschine stets konstant zu halten, dachte Watt sich eine Vorrichtung aus, die aus einer senkrechten Stange und zwei drehbar und über Kreuz an ihr aufgehängten, an ihrem unteren Ende mit Kugeln versehenen Stäben bestand. Ein senkrecht zur Drehebene der Stange angebrachtes Schaufelrädchen sorgte dafür, daß der entweichende Dampf die Stange in Drehung versetzte. Bei zunehmendem Dampfdruck drehte sich die Stange schneller, und die Kugeln wurden durch die Zentrifugalkraft nach außen und oben gedrückt. Diese Lageveränderung der Kugeln übertrug sich über das Gestänge auf ein Ventil und schloß dieses teilweise, wodurch die Menge des austretenden Dampfes reduziert wurde. Daraufhin drehte sich die Stange wieder langsamer, die Kugeln sanken, der Schwerkraft folgend, ein wenig nach unten, und das Ventil öffnete sich wieder. Auf diese Weise hielt der »governor« die Drehzahl der Stange und damit den Dampfausstoß der Maschine auf einem konstanten Niveau. Jede Abweichung von diesem Niveau setzte eine Kette von Prozessen in Gang, die am Ende zur Korrektur der Abweichung führte. Dieser Vorgang wird als *Rückkopplung* oder *Feedback* bezeichnet – die Größe der auftretenden Abweichung liefert unmittelbar das Maß für die notwendige Korrektur.

Ein wohl den meisten von uns vertrautes Beispiel eines Rückkopplungs-Mechanismus bietet der *Thermostat,* in seiner einfachsten Form erstmals zu Anfang des 17. Jahrhunderts von dem niederlän-

Beispielen zu nennen: Die Glukosekonzentration im Blut ist von der Bauchspeicheldrüse abhängig, genauer vom Insulinausstoß der Bauchspeicheldrüse. Ebenso wie ein Thermostat auf jede Abweichung der Zimmertemperatur vom eingestellten Wert reagiert und für Erwärmung bzw. Abkühlung sorgt, reagiert die Bauchspeicheldrüse auf jede Abweichung der Blutzuckerkonzentration vom Normwert und sorgt für einen stärkeren oder reduzierten Insulinausstoß. Ebenso wie ein Thermostat auf eine höhere Solltemperatur eingestellt werden kann, können auch im menschlichen

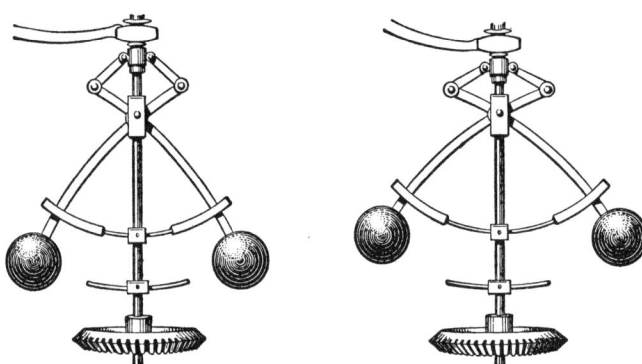

Der Wattsche »Governor«.

dischen Erfinder Cornelis Drebble konzipiert. Eine verbesserte, im Prinzip noch heute verwendete Version erfand 1830 ein schottischer Chemiker namens Andrew Ure. Sein Kernstück war ein sogenanntes Bimetall, bestehend aus zwei aufeinandergelöteten Streifen aus zwei verschiedenen Metallen. Da die beiden Metalle auf Temperaturveränderungen mit einem unterschiedlichen Maß von Ausdehnung bzw. Zusammenziehung reagieren, biegt sich der Bimetallstreifen durch. Nehmen wir an, ein Thermostat wird auf 20 °C eingestellt. Wenn die Zimmertemperatur unter diesen Wert fällt, biegt sich der Bimetallstreifen und berührt eine Kontaktelektrode; dadurch wird ein Stromkreis geschlossen, was zum automatischen Anspringen der Heizanlage führt. Wenn die Temperatur über 20 °C steigt, läßt die Biegung des Bimetalls so weit nach, daß der Kontakt unterbrochen und die Heizung abgeschaltet wird. Mit Hilfe des Thermostats reguliert die Heizung also ihre Brenndauer selbst.

Ganz analog steuert der menschliche Organismus viele seiner Funktionen. Um nur eines von vielen

Organismus Umstände eintreten – beispielsweise ein plötzlicher Adrenalinschub –, die zur Veränderung der Sollwerte für bestimmte Körperfunktionen führen.

Die konstante Einhaltung von Normwerten durch Mechanismen der Selbstregulierung bei lebenden Organismen wird als *Homöostase* bezeichnet, nach einem Vorschlag des amerikanischen Physiologen Walter B. Cannon, der in den ersten Jahrzehnten unseres Jahrhunderts zu den maßgeblichen Erforschern dieses Phänomens gehörte.

Rückkopplung oder Feedback läuft sowohl in lebenden Systemen als auch bei Maschinen nach einem im wesentlichen gleichen Muster ab; ein begrifflicher Unterschied zwischen beiden wird daher gewöhnlich nicht gemacht. Wenn man in Fällen, in denen es um die willentliche Beeinflussung vegetativer Körpervorgänge geht, von »Biofeedback« spricht, dann nur der Verdeutlichung halber.

Sowohl für lebende als auch für technische Rückkopplungs-Systeme gilt, daß die meisten von ihnen mit einer gewissen Zeitverzögerung reagieren. Wenn zum Beispiel eine Heizung durch einen Thermostaten abgeschaltet wird, strahlen die Heizkörper noch einige Zeitlang Wärme aus; umgekehrt dauert es, wenn die Heizung wieder anläuft, eine gewisse Zeit, bis die Heizkörper warm werden. Die Zimmertemperatur bleibt daher nicht exakt auf dem eingestellten Wert von 20 °C, sondern schwankt um diesen Wert. Dieses Phänomen, das als »Pendeln« bezeichnet wird, wurde erstmals 1830 von George Airy unter die Lupe genommen; Airy, königlich englischer Hofastronom, interessierte sich für dieses Phänomen im Zusammenhang mit der Konstruktion von Vorrichtungen, die seine Fernrohre automatisch der Drehbewegung der Erdoberfläche nachführen sollten.

Das Pendeln ist charakteristisch für die meisten Rückkopplungs-Mechanismen in lebenden Systemen, von der Kontrolle des Blutzuckerspiegels bis hin zu bewußten Verhaltensweisen des Menschen. Wenn man sich bückt, um einen Gegenstand aufzuheben, so vollführt die Hand dabei nicht eine einzige durchgehende Bewegung; es handelt sich vielmehr um eine nahtlose Abfolge vieler kleiner, sowohl der Geschwindigkeit wie der Richtung nach ständig nachkorrigierter Bewegungsetappen. Die Abweichungen von der »Ideallinie« werden von den Augen registriert und von den beteiligten Muskeln korrigiert. Diese Korrekturen geschehen so automatisch, daß man sich ihrer nicht bewußt ist. Man braucht aber nur einmal ein kleines Kind, dem die visuelle Rückkopplung noch nicht in Fleisch und Blut übergegangen ist, dabei zu beobachten, wie es einen Gegenstand zu ergreifen versucht: Es greift häufig zuerst einmal zu weit oder zu kurz, weil die Korrekturen, die die Muskeln ausführen, nicht fein genug sind. Personen, die an bestimmten nervösen Störungen leiden, welche die visuelle Rückkopplungsfähigkeit beeinträchtigen, verfallen oft in ein unkontrolliertes Pendeln, wenn sie eine koordinierte Muskelbewegung auszuführen versuchen.

Bei gesunden und geübten Personen geht die Hand dagegen in einer glatten, wohldosierten Bewegung zum Gegenstand und kommt genau rechtzeitig zum Stillstand, weil das Steuerungszentrum die »Ankunftszeit« vorausberechnet. Wenn man mit dem Auto abbiegt, läßt man das Lenkrad schon vor dem endgültigen Einschwenken auf den neuen Kurs zurücklaufen, so daß die Räder in dem Augenblick, in dem die Kurvenfahrt zu Ende ist, wieder gerade stehen. Man antizipiert also ein mögliches Über-das-Ziel-Hinausschießen und beginnt rechtzeitig mit der entsprechenden Korrektur.

Für solche antizipierenden Korrekturen zu sorgen ist offenkundig die Hauptaufgabe des Großhirns. Es ist in der Lage, in jedem Augenblick den voraussichtlichen weiteren Verlauf einer Bewegung hochzurechnen und auf Grundlage dieser Hochrechnungen die Bewegung zu steuern. Das Gehirn ist es, das die großen Muskeln des Rumpfs in beständig wechselnde Spannungszustände versetzt, um den stehenden Körper aufrecht und im Gleichgewicht zu erhalten. Auch wenn man »nur« steht und nichts weiter tut, bedeutet das für die Muskulatur Arbeit – wir alle wissen, wie ermüdend Stehen sein kann.

Dieses Prinzip kann man technisch imitieren. Man kann eine Maschine so konstruieren, daß sie registriert, wenn ein Bauteil, das eine Bewegung vollführt, sich der Sollstellung nähert, und die Bewegung so rechtzeitig abbremst, daß es nicht zu einem nennenswerten Pendeln über den Sollwert hinaus kommt. 1868 wandte der französische Ingenieur Léon Farcot dieses Prinzip bei der Konstruktion des ersten automatischen Steuersystems für ein Schiffsruder an. Immer wenn das (dampfgetriebene) Ruder sich der gewünschten Stellung näherte, begann die Farcotsche Vorrichtung das Dampfventil zuzumachen, so daß genau in dem Moment, in dem das Ruder die vorgesehene Stellung erreichte, der Dampfdruck beim Wert null angelangt war. Sobald das Ruder von dieser Stellung abwich, bewirkte seine Bewegung, daß sich das entsprechende Ventil öffnete und das Ruder wieder in die richtige Stellung zurückgedrückt wurde. Farcot nannte diese Vorrichtung einen Servomechanismus. Mit ihm schlug in einem gewissen Sinn die Geburtsstunde des Zeitalters der Automation (diesen Ausdruck prägte 1951 der amerikanische Ingenieur John Diebold).

Automation in vorindustrieller Zeit

Die Erfindung mechanischer Vorrichtungen, die, auf welche primitive Weise auch immer, menschliche Vermögen wie Voraussicht und Urteilskraft zu imitieren vermochten, genügte, um in der

Phantasie mancher Menschen die Vision eines »Automaten« auftauchen zu lassen, eines technischen Geräts, das in der Lage wäre, mehr oder weniger das ganze Spektrum menschlicher Verhaltensweisen zu imitieren, d. h. praktisch wie ein Mensch zu handeln. In den Mythen und Legenden haben solche Automaten einen Stammplatz.

Damit das, was in der Mythenwelt von Göttern und Magiern bewerkstelligt wurde, dann auch von Menschen aus Fleisch und Blut nachvollzogen werden konnte, bedurfte es gewisser technischer Voraussetzungen, deren erste die Entwicklung von immer genauer gehenden Uhren Mitte dieses Jahrtausends war. Das Räderwerk anspruchsvoller Uhren, die nicht nur die Zeit anzeigten, sondern darüber hinaus auch andere kalendarische Daten, ließ es denkbar erscheinen, daß man mit einer solchen Technik aus ineinandergreifenden Rädchen, Ankern, Zapfen usw. auch Bewegungen würde erzeugen können, die denen lebender Wesen ähnelten.

Im 18. Jahrhundert setzte eine Art Goldenes Zeitalter der Automaten ein. Für den französischen Thronfolger ließ man automatische Spielzeugsoldaten anfertigen; ein indischer Herrscher besaß einen mannsgroßen mechanischen Tiger.

In den Schatten gestellt wurden diese königlichen Spielzeuge jedoch von den Produkten professioneller Schausteller. 1738 präsentierte ein Franzose namens Jacques de Vaucanson eine selbstgebaute mechanische Ente aus Kupfer, die quaken, schwimmen, Wasser trinken, Körner fressen und Schein-Exkremente ausscheiden konnte. Die Leute zahlten Eintrittsgeld , um diese Ente in Aktion zu sehen, und sie ernährte jahrzehntelang ihren Besitzer. Sie ist leider nicht erhalten geblieben.

Einen späteren Automaten kann man in einem Museum im schweizerischen Neuchâtel bewundern. Es ist eine 1774 von Pierre Jacquet-Droz konstruierte Gliederpuppe, die einen Knaben darstellt, der seine Feder in ein Tintenfaß taucht und anschließend einen Brief schreibt.

Automaten dieser Art waren natürlich ganz und gar unflexibel. Sie konnten nur die von ihrem inneren Uhrwerk diktierten Bewegungen ausführen. Aber bald gelang es auch, Automaten zu konstruieren, die von Fall zu Fall wechselnde Bewegungen und damit nützliche Arbeit zu verrichten vermochten, statt nur als Schaustücke zu taugen.

Der erste bedeutsame Schritt in diese Richtung war eine Erfindung, die ein französischer Weber namens Joseph M. Jacquard 1801 machte: der *Jacquard-Webstuhl*.

Bei einem solchen Webstuhl werden die Längsfäden des entstehenden Gewebes, die sogenannten Kettfäden, mit Hilfe von Nadeln, die durch ein Holzbrett mit Löchern geführt werden, einzeln hochgezogen bzw. abgesenkt. Stellen wir uns vor, daß zwischen die Nadeln und das Lochbrett eine Lochkarte geschoben wird. Einige der Nadeln treffen auf ein Loch in der Lochkarte und können sich ungehindert durch das Lochbrett schieben, während die anderen auf der Lochkarte aufprallen und gestoppt werden. Das heißt, daß nur ein Teil der Kettfäden hoch- und niedergezogen wird. Das Muster des entstehenden Gewebes richtet sich aber nach Zahl und Lage der vor jedem Einschuß eines Querfadens bewegten Kettfäden.

Wenn man nun eine Anzahl von Lochkarten mit unterschiedlichen Lochmustern hat und sie in einer bestimmten Reihenfolge in die Maschine einführt, ändert sich bei jedem Kartenwechsel das Webmuster; es lassen sich auf diese Weise also komplexe, unregelmäßige Muster weben. Wenn man die Auswechslung der Lochkarten mechanisiert, läuft der Webvorgang weitgehend automatisch ab. In heutiger Ausdrucksweise würden wir sagen, daß der Webstuhl durch die in bestimmter Reihenfolge arrangierten Lochkarten »programmiert« wird – er führt dann, scheinbar selbsttätig, eine Arbeit aus, die jemand, der die Technik nicht durchschaut, durchaus als kreativ oder schöpferisch betrachten könnte.

Das erstaunlichste und bedeutsamste am Jacquard-Webstuhl war, daß er seinen bemerkenswerten Siegeszug (1812 waren in Frankreich allein bereits elftausend Exemplare in Betrieb, und nach Ende der Napoleonischen Kriege eroberte der neue Webstuhl sehr schnell auch Großbritannien) einem simplen Ja-nein-Mechanismus verdankte. Eine Nadel traf entweder auf ein Loch in der Lochkarte oder auf eine Stelle, an der kein Loch war: dieses zweiwertige oder binäre Muster, das die Kartenfläche bedeckte, war das ganze Geheimnis.

Die wesentlich komplexeren Geräte, die seither mit dem Ziel entwickelt worden sind, menschliches Denken und Handeln auf zunehmend höherem Niveau technisch zu simulieren, schöpfen

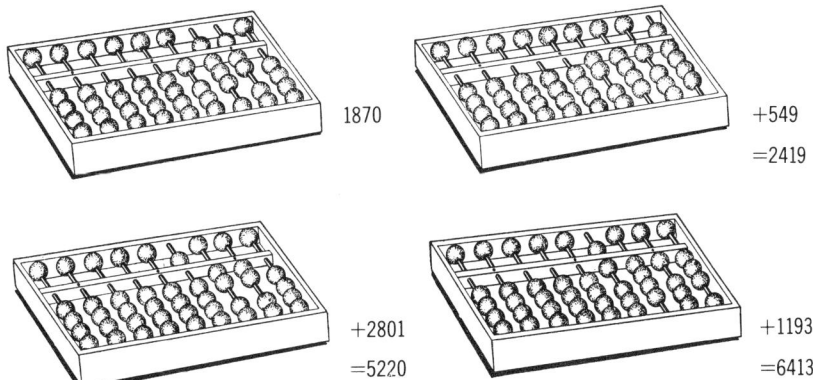

1870

+549
=2419

+2801
=5220

+1193
=6413

Addieren mit Hilfe des Abakus. Jeder Zählstein unterhalb der Quer-
leiste zählt 1; jeder Zählstein über der Querleiste zählt 5. Ein Zähl-
stein zählt dann, wenn er zur Querleiste geschoben wird. Links oben
zeigt der Abakus in der rechten Spalte 0; die zweite Spalte von rechts
zeigt 7 (5 + 2); in der dritten Spalte von rechts stehen 8 (5 + 3) zu
Buche, die vierte Spalte von rechts zeigt 1. Alle anderen Spalten ste-
hen auf 0. Die angezeigte Zahl lautet also 1870. Addiert man dazu
549, so ergibt sich für die rechte Spalte 9 (9 + 0); in der nächsten
Spalte erhalten wir 4 + 7, registrieren also 1 und übertragen 1 in die
nächste Spalte (d. h. wir schieben dort sofort einen Zählstein nach
oben); die dritte Addition lautet nunmehr 9 + 5, was bedeutet, daß
wir 4 registrieren und 1 übertragen; dann erhalten wir in der vierten
Spalte von links 1 + 1 oder 2. Die Addition ergibt, wie der Abakus
zeigt, 2419. Dadurch, daß das Übertragen der 1 ganz einfach durch
Hinaufschieben eines Zählsteins in der links anschließenden Spalte
erfolgt, ermöglicht der Abakus ein sehr schnelles Rechnen; ein geübter
Abakus-Benutzer kann schneller sein als eine Rechenmaschine, wie
sich bei einem 1946 durchgeführten Test zeigte.

ihre oft erstaunlichen Fähigkeiten durchweg aus der Auswertung von Ja-nein-Mustern. Manchem mag die Annahme absurd erscheinen, man könne komplizierte Abläufe, die menschlichen Denkvorgängen ähneln, durch ein simples Ja-nein-Muster steuern; allein der mathematische Beweis dafür, daß dies möglich ist, war bereits im 17. Jahrhundert erbracht worden, nach jahrhunderte- oder gar jahrtausendelangen Versuchen, Rechenvorgänge zu mechanisieren und technische Hilfsmittel für anspruchsvolle Operationen des menschlichen Gehirns zu erfinden.

Rechenmaschinen

Die ersten für Rechenoperationen herangezogenen Hilfsmittel müssen die Finger gewesen sein. Wahrscheinlich hat das Rechnen damit begonnen, daß die Menschen etwas an ihren fünf Fingern abzählten. Die römischen Zahlzeichen lassen sich als symbolische Darstellungen hochgereckter Finger deuten.

Da der Mensch nur zehn Finger hat, mußte der nächstfolgende logische Schritt darin bestehen, sich statt der Finger anderer Gegenstände zu bedienen – kleiner Kieselsteine vielleicht. Davon gab es nicht nur unendlich viel, sondern sie erlaubten

es auch, errechnete Summen zur späteren Nachprüfung oder Weiterverarbeitung aufzubewahren. Es ist bestimmt kein Zufall, daß sich der Ausdruck »kalkulieren« aus dem lateinischen Wort für »Kieselstein« ableitet.

Aus Kieseln oder Perlen, die entweder in Rillen aufgereiht oder auf Drahtstifte aufgezogen wurden, bestand der *Abakus,* die erste wirklich vielseitig verwendbare Rechenmaschine *(Abb.).* Mit diesem Gerät ließen sich ohne weiteres Dezimaleinheiten wie Zehner, Hunderter, Tausender usw. darstellen. Eine Additionsaufgabe wie beispielsweise »576 + 289« ließ sich mit Hilfe des Abakus leicht und schnell lösen. Jedes Instrument, das Additionsaufgaben lösen kann, vermag auch Multiplikationsaufgaben zu lösen, denn die Multiplikation ist nichts anderes als eine wiederholte Addition. Von der Multiplikation ist es wiederum nur ein kleiner Schritt zur Potenzierung, da diese nichts anderes ist als eine wiederholte Multiplikation. (4^5 ist gleichbedeutend mit $4 \times 4 \times 4 \times 4 \times 4$.) Schließlich kann man, indem man den Abakus sozusagen rückwärts betätigt, die zu den genannten Grundrechenarten inversen Operationen durchführen: Subtrahieren, Teilen und Wurzelziehen.

Über Jahrtausende hinweg blieb der Abakus das fortgeschrittenste Rechengerät. Im Abendland kam er nach dem Niedergang des Römischen

Reichs aus dem Gebrauch und wurde erst 1000 n. Chr. auf Anregung von Papst Sylvester II. wieder eingeführt, wahrscheinlich aus dem maurischen Spanien, wo er in Gebrauch geblieben war. Er wurde bei seiner Rückkehr als Neuheit aus dem Osten begrüßt – daß er schon einmal im Abendland heimisch gewesen war, hatte man vergessen.

Verzichtbar wurde der Abakus erst, als eine Zahlenschrift in Gebrauch kam, die das Funktionsprinzip des Abakus imitierte. (Diese Zahlenschreibweise, die uns heute als die »arabische« vertraut ist, entstand um 800 n. Chr. in Indien, wurde von den Arabern übernommen und schließlich um 1200 von dem italienischen Mathematiker Leonardo von Pisa im Abendland bekanntgemacht.)

Die neun Kieseln oder Kugeln, die der Abakus in jeder seiner Säulen enthielt (eigentlich waren es nur sechs, aber die oberste Kugel zählte für fünf), wurden in der neuen Schreibweise durch neun verschiedene Symbole dargestellt; die gleichen Symbole wurden für alle Einheiten verwendet, Einer, Zehner, Hunderter, Tausender usw. Die »Wertigkeit« eines Zahlzeichens war durch seine Position bestimmt, so daß beispielsweise die Zahl 222 so zu lesen war, daß die erste 2 für die Zahl 200, die zweite für 20 und die dritte für 2 stand. Es galt also: $222 = 200 + 20 + 2$.

Daß man mit diesen vom Abakus abgeleiteten Symbolen auch tatsächlich rechnen konnte, war einer höchst bedeutsamen Erkenntnis zu verdanken, die den Abakus-Benutzern der Antike nicht aufgegangen war. Wenn auch jede Säule des Abakus nur neun Zählsteine enthält, so können mit ihr doch zehn verschiedene Zahlen dargestellt werden. Man kann nämlich aus den Zählsteinen jeder Säule nicht nur eine beliebige Zahl zwischen 1 und 9 bilden, sondern man hat auch noch eine zehnte Möglichkeit: nämlich *keinen* Zählstein gegen die Querleiste zu schieben und damit zu zeigen, daß die betreffende Einheit »leer« ist. Diese Tatsache entging allen großen griechischen Mathematikern; erst im 9. Jahrhundert n. Chr. ging einem namenlosen Hindu das Licht dieser Erkenntnis auf; er stellte die zehnte Zahl durch ein spezielles Zeichen dar, das die Araber »sifr« (»leer«) nannten; hiervon leitet sich das Wort »Ziffer« ab, und auch das Wort »Zero« ist, auf Umwegen, aus »sifr« entstanden. (Die im Deutschen gebräuchliche Bezeichnung »null« geht auf das lateinische Wort für »kein« zurück.)

Eine andere wichtige Vereinfachung erwuchs aus der Verwendung von *Exponenten* zur symbolischen Darstellung von Zahlenpotenzen. Die Möglichkeit, für 100 auch 10^2, für 1000 auch 10^3, für 100000 auch 10^5 usw. schreiben zu können, bietet in vielen Rechensituationen große Vorteile. Sie vereinfacht nicht nur die Darstellung großer Zahlen, sondern auch Multiplikations- und Teilungsoperationen mit solchen Zahlen. Will man beispielsweise 10^2 mit 10^3 multiplizieren, so braucht man nur die Exponenten zu addieren – das Ergebnis lautet 10^5. Das Potenzieren bzw. das Wurzelziehen vereinfacht sich zu einer Multiplikations- bzw. Teilungsaufgabe; die Quadratwurzel aus 1000000 errechnet sich auf diese Weise als $10^{6/2} = 10^3$. So weit, so gut, aber nur wenige Zahlen lassen sich in eine derart einfache exponentielle Form bringen. Was tun bei einer Zahl wie 111? Die Antwort auf diese Frage führte zu den Logarithmentafeln.

Der erste, der sich mit diesem Problem auseinandersetzte, war ein schottischer Mathematiker des 17. Jahrhunderts namens John Napier. Wenn man die Zahl 111 als Zehnerpotenz darstellen wollte, mußte der Exponent eine gebrochene Zahl zwischen 2 und 3 sein. Allgemein gesagt, ist der Exponent immer dann eine gebrochene Zahl, wenn die darzustellende Zahl nicht zufällig genau eine Potenz der »Basis« (d. h. der Grundzahl) ist. Napier arbeitete ein Verfahren zur Berechnung nichtganzzahliger Exponenten aus und nannte diese Exponenten *Logarithmen*. Wenig später vereinfachte der englische Mathematiker Henry Briggs das Verfahren und erarbeitete eine Tabelle der Zehnerlogarithmen der natürlichen Zahlen (d. h. ihrer Logarithmen, bezogen auf die Basis zehn). Der Zehnerlogarithmus ist nicht der rechentechnisch bequemste, aber der im Bereich einfacherer Rechenoperationen am häufigsten verwendete.

Alle nichtganzzahligen Exponenten sind irrationale Zahlen, d. h. Zahlen, die sich nicht in Form eines endlichen Bruches schreiben lassen. Man kann sie nur als Zahlen mit unendlich vielen Stellen hinter dem Komma (ohne ein sich wiederholendes Muster darin) ausschreiben. In der Praxis begnügt man sich mit so vielen Stellen hinter dem Komma, wie es für die benötigte Genauigkeit im Einzelfall erforderlich ist.

Nehmen wir an, wir wollen mit Hilfe der Logarithmentafel 111 mit 254 multiplizieren. Der Zehnerlogarithmus von 111 lautet, auf fünf Dezimalstellen genau, 2,04532, der für 254 beträgt 2,40483. Addieren wir nun diese Logarithmen, so erhalten wir $10^{2,04532} \times 10^{2,40483} = 10^{4,45015}$. Das entspricht, laut Logarithmentafel, ungefähr der Zahl 28 194. Offensichtlich haben die fünf Dezimalstellen in diesem Fall eine ausreichende Genauigkeit gewährleistet, denn 111 × 254 ergibt tatsächlich 28 194. In anderen Fällen, in denen größere Genauigkeit angestrebt wird, kann man mit entsprechend mehr Dezimalstellen arbeiten.

Die Einführung von Logarithmentafeln vereinfachte das Rechnen mit großen Zahlen ganz erheblich. Ein englischer Mathematiker namens William Oughtred erfand 1622 ein Gerät, das die Sache noch mehr vereinfachte: den *Rechenschieber*. Er besteht aus zwei gegeneinander verschiebbaren Linealen, auf die eine logarithmische Skala aufgetragen ist, die sich dadurch auszeichnet, daß mit größer werdenden Zahlen die Skalenabstände immer kleiner werden. So ist beispielsweise der erste Skalenabschnitt, der die Zahlen 1 bis 10 umfaßt, genauso lang wie der zweite, der die Zahlen 10 bis 100, der dritte, der die Zahlen 10 bis 1000 umfaßt, der vierte, der von 1000 bis 10 000 geht, usw. Das Ergebnis einer Multiplikations- oder Teilungsaufgabe läßt sich durch einfaches Verschieben der beiden Lineale gegeneinander und durch Ablesen des angezeigten Werts an der entsprechenden Stelle ermitteln. Mit dem Rechenschieber lassen sich Multiplikationen und Divisionen ebenso leicht bewerkstelligen wie Additionen und Subtraktionen mit dem Abakus; in beiden Fällen ist jedoch eine gewisse Übung im Umgang mit dem Gerät Voraussetzung für schnelles und richtiges Rechnen.

Rechenautomaten

Den ersten Schritt auf dem Weg zu einer wirklich automatischen Rechenmaschine tat 1642 der französische Mathematiker Blaise Pascal. Er erfand eine Addiermaschine, deren Vorteil gegenüber dem Abakus darin bestand, daß sie mit der Notwendigkeit aufräumte, die in den einzelnen Dezimalspalten stehenden Werte gesondert zu addieren. Pascals Maschine enthielt eine Reihe von Rädchen, die durch ein Getriebe miteinander verbunden waren. Immer wenn das erste Rad von der Stellung 9 auf die Stellung 0 weitergedreht wurde, nahm es das zweite Rad, das die Zehner anzeigte, um einen Zahlenwert mit, genauso wie es ein heutiger Autokilometerzähler tut, wenn er sich beispielsweise von 49 auf 50 stellt. Wenn das Zehnerrad von 9 auf 0 rückte, nahm es das Hunderterrad um einen Zahlenwert mit usw. Man vermutet, daß Pascal mindestens 50 Maschinen dieses Typs bauen ließ; mindestens fünf davon sind erhalten geblieben.

Pascals Gerät konnte addieren und subtrahieren. Der deutsche Mathematiker Gottfried Wilhelm Leibnitz ging 1674 einen Schritt weiter und ordnete Rädchen und Gestänge so an, daß Multiplikation und Teilung sich ebenso leicht bewerkstelligen ließen wie Addition und Subtraktion. 1850 ließ sich ein amerikanischer Erfinder namens D. D. Parmalee eine wichtige Neuerung patentieren, die die Benutzung der Leibnitzschen Rechenmaschine wesentlich erleichterte: Mußten bis dahin die zu addierenden Zahlen von Hand, durch das Drehen von Rädern, eingestellt werden, so brauchte der Benutzer jetzt nur noch für jede Dezimalstelle der einzugebenden Zahl einen Hebel, der in einem Schlitz nach oben und unten bewegt werden konnte, an die richtige Stelle zu schieben. Nach diesem Prinzip funktionieren die bekannten älteren Registrierkassen.

Leibnitz setzte aber noch einen weiteren Meilenstein. Er dachte sich, vielleicht im Rahmen seiner Bemühungen um die Verbesserung mechanischer Rechenmaschinen, etwas aus, das man als den Inbegriff der Vereinfachung bezeichnen könnte: das *binäre Zahlensystem*.

Die arabische Zahlenschrift und mit ihr unser ganzes Zahlenwesen beruht auf dem *Dezimalsystem,* bei dem zehn verschiedene Zahlzeichen (0, 1, 2, 3, 4, 5, 6, 7, 8, 9), in je verschiedener Gewichtung und Zusammenstellung, zur Darstellung aller erdenklichen Zahlen benutzt werden. In anderen Kulturen finden sich andere Systeme, die auf 5, 20, 12, 60 oder auf einer anderen Zahl verschiedener Zahlensymbole beruhen. Das Dezimalsystem ist jedoch das bei weitem verbreitetste. Das hat sicherlich etwas mit der Tatsache zu tun, daß die Evolution uns zehn Finger an den Händen beschert hat.

Leibnitz erkannte, daß sich auf jede beliebige Zahl ein dem Dezimalsystem analoges System aufbauen ließe und daß das am einfachsten mechanisierbare ein auf nur zwei Zahlzeichen beruhendes, d. h. binäres System wäre.

Für die beiden Zahlzeichen des binären Systems wählt man zweckmäßigerweise die Symbole 0 und 1. Alle Zahlen werden in diesem System als Potenzen von 2 ausgedrückt, die Zahl 1 als 2^0, die Zahl 2 als 2^1, die Zahl 3 als $2^1 + 2^0$, die Zahl 4 als 2^2 usw. Wie im Dezimalsystem richtet sich auch im binären System der Stellenwert einer Zahl nach ihrer Position. Die Zahl 4 beispielsweise lautet, ins binäre System übertragen, 100; gelesen werden muß sie auf folgende Weise: $(1 \times 2^2) + (0 \times 2^1) + (0 \times 2^0)$, also $4 + 0 + 0 = 4$.

Nehmen wir uns als weiteres Beispiel die Zahl 6413 vor. Im Dezimalsystem können wir sie interpretieren als $(6 \times 10^3) + (4 \times 10^2) + (1 \times 10^1) + (3 \times 10^0)$; denken wir daran, daß jede Zahl mit dem Exponenten 0 den Wert 1 annimmt. Wenn wir nun die Zahl 6413 ins binäre System übersetzen wollen, müssen wir sie, anstatt aus Zehnerpoten-

zen, aus Potenzen von 2 zusammensetzen. Die größte Potenz von 2, die noch kleiner ist als 6413, ist $2^{12} = 4096$. Wenn wir dazu 2^{11} oder 2048 addieren, ergibt sich 6144, womit uns bis 6413 noch 269 fehlen. Diesen Rest können wir nun noch in die folgenden Zweierpotenzen zerlegen: $2^8 = 256$, verbleiben 13; $2^3 = 8$, verbleiben 5; $2^2 = 4$, verbleibt 1; und $2^0 = 1$, verbleibt 0. Somit können wir die Zahl 6413 wie folgt binär notieren: $(1 \times 2^{12}) + (1 \times 2^{11}) + (1 \times 2^8) + (1 \times 2^3) + (1 \times 2^2) + (1 \times 2^0)$. Wie im Dezimalsystem, muß auch im Binärsystem jede Potenz durch eine Zahl gekennzeichnet sein. Ebenso wie wir im Dezimalsystem durch Hinschreiben der Zahl 6413 zum Ausdruck bringen, daß 6 Tausender, 4 Hunderter, 1 Zehner und 3 Einer addiert werden sollen, müssen wir im Binärsystem unmißverständlich kennzeichnen, welche Zweierpotenzen zwischen 2^{12} und 2^0 addiert werden sollen.

In Tabellenform gebracht, würde dies wie folgt aussehen:

$$
\begin{array}{rcr}
1 \times 2^{12} & = & 4096 \\
1 \times 2^{11} & = & 2048 \\
0 \times 2^{10} & = & 0 \\
0 \times 2^{9} & = & 0 \\
1 \times 2^{8} & = & 256 \\
0 \times 2^{7} & = & 0 \\
0 \times 2^{6} & = & 0 \\
0 \times 2^{5} & = & 0 \\
0 \times 2^{4} & = & 0 \\
1 \times 2^{3} & = & 8 \\
1 \times 2^{2} & = & 4 \\
0 \times 2^{1} & = & 0 \\
1 \times 2^{0} & = & \underline{1} \\
& & 6413
\end{array}
$$

Aus dieser Tabelle können wir nun die gesuchte binäre Zahl ablesen, indem wir die in der linken Spalte stehenden Multiplikationsfaktoren von links nach rechts aneinanderreihen (genauso wie im Dezimalsystem die Multiplikanten 6, 5, 1 und 3, von links nach rechts aneinandergereiht, die »fertige« Zahl ergeben). Wir erhalten also, als binäres Äquivalent von 6413, die Ziffernfolge 1100100001101.

Das mutet recht beschwerlich an: Man braucht 13 Ziffern, um die Zahl 6413 auszudrücken, während man dafür im Dezimalsystem nur 4 Ziffern benötigt. Aber für eine Rechenmaschine ist dieses Sy-

stem so ungefähr das einfachste von der Welt. Da es nur auf zwei verschiedenen Ziffern beruht, läßt sich jede Rechenoperation innerhalb dieses Systems auf Ja-oder-nein-Entscheidungen zurückführen.

Man kann sich nun vorstellen, daß durch Manipulation einer so einfachen Bedingung wie der Anwesenheit oder Abwesenheit eines Lochs in der Lochkarte eines Jacquard-Webstuhls eine Abfolge solcher Ja-nein-Entscheidungen simuliert werden kann. Wenn jedes »Ja« eine 1 und jedes »Nein« eine 0 repräsentiert, dann stellt eine solche Abfolge eine binäre Zahl dar. Will man eine nach diesem

System arbeitende Rechenmaschine bauen, so muß man einen Mechanismus konstruieren, der so eingerichtet ist, daß er Rechenoperationen nach den folgenden Regeln ausführen kann: $0+0=0$, $0+1=1$, $0 \times 0=0$, $0 \times 1=0$ und $1 \times 1=1$. Eine Maschine, die nach diesen Rechenregeln mit binären Zahlen rechnen könnte, bräuchte technisch nicht wesentlich komplizierter zu sein als ein Jacquard-Webstuhl und könnte gleichwohl alle arithmetischen Rechnungen durchführen.

Sie könnte sogar noch mehr. Auch logische Aussagen, denen man nicht auf den ersten Blick ansieht, daß sie sich auf Rechenexempel reduzieren lassen, können als Rechenoperationen in einem binären System dargestellt werden.

1936 zeigte der englische Mathematiker Alan M. Turing, daß sich jedes Problem mechanisch lösen läßt, sofern man es restlos in eine endliche Reihe von Rechenschritten zerlegen kann, die von einer Rechenmaschine bewältigt werden können.

1938 wies Claude E. Shannon, ein amerikanischer Mathematiker und Ingenieur, in seiner Magisterarbeit darauf hin, daß logische Aussagen, die in Form der sogenannten Booleschen Algebra vorliegen, im Rahmen des binären Systems darstellbar und handhabbar sein müßten. Der englische Mathematiker George Boole hatte 1854 in einem Büchlein mit dem Titel *An Investigation of the Laws of Thought* gezeigt, wie sich logische Aussagen in algebraische Operationen und logische Ableitungsregeln in Rechenregeln umsetzen lassen.

Vergegenwärtigen wir uns dies an einem sehr einfachen Beispiel, nämlich der Aussage »A und B sind wahr«. Wir möchten nun nach rein logischen Maßstäben ermitteln, ob diese Aussage wahr oder falsch ist, wozu wir natürlich nur in der Lage sind, wenn wir den Wahrheitsgehalt sowohl von A als auch von B kennen. Da wir die von Shannon angeregte Übersetzung der Aussagen in die mathematische Sprache des Binärsystems gleich mitvollziehen wollen, müssen wir noch vereinbaren, daß wir für »wahr« die Ziffer 1 und für »falsch« die Ziffer 0 setzen wollen. Nun gibt es folgende Alternativen: Entweder sowohl A als auch B sind falsch, dann ist die Aussage »A und B sind wahr« logischerweise falsch. In den binären Code übersetzt heißt das: Zweimal 0 ergibt 0. Ist A wahr, aber B falsch, oder umgekehrt B wahr und A falsch, so ist die Aussage »A und B sind wahr« wiederum falsch; das heißt, einmal 1 und einmal 0 (oder umgekehrt) ergibt 0. Wahr ist unsere Aussage dann – und nur dann –, wenn sowohl A als auch B wahr sind, wenn also gilt: Zweimal 1 ergibt 1.

Diese drei Alternativen entsprechen nun aber genau den drei im Binärsystem möglichen Multiplikationen: $0 \times 0=0$, $1 \times 0=0$ und $1 \times 1=1$. Das logische Problem, vom (bekannten) Wahrheitsgehalt von A und B her den Wahrheitsgehalt der Aussage »A und B sind wahr« zu bestimmen, läßt sich mithin durch einfache Multiplikationen darstellen und lösen. Eine entsprechend programmierte Maschine müßte daher in der Lage sein, dieses logische Problem ebenso leicht und in der gleichen Weise zu bewältigen wie gewöhnliche Rechenaufgaben.

Dies gilt analog für die Aussage »Entweder A oder B ist wahr«, nur daß sich hier zur Lösung anstelle der Multiplikation die Addition anbietet. Wenn weder A noch B wahr sind, dann ist die Aussage falsch, oder: $0+0=0$. Wenn A wahr, B aber falsch ist, oder umgekehrt B wahr, aber A falsch, dann ist die Aussage wahr, also: $1+0=1$ bzw. $0+1=1$. Wenn sowohl A als auch B wahr sind, ist die Aussage sozusagen doppelt wahr. Es gilt: $1+1=10$. (An der 10 ist in diesem Zusammenhang nur die erste Ziffer, die 1, wichtig; daß sie um eine Stelle nach vorn gerutscht ist, besagt nichts. Die binäre Zahl 10 steht bekanntlich für $(1 \times 2^1)+(0 \times 2^0)$, entspricht also im Dezimalsystem der Zahl 2.)

Die Boolesche Algebra hat große Bedeutung für die Nachrichtentechnik erlangt und ist ein Grundbaustein der Informationstheorie.

Künstliche Intelligenz

Der erste Mensch, der die in den Lochkarten des Jacquard-Webstuhls steckenden Möglichkeiten erkannte, war ein englischer Mathematiker namens Charles Babbage. Er begann 1823 ein Gerät zu bauen, das er »Differenzmaschine« nannte; 1836 verlegte er sich auf die Konstruktion eines

komplizierteren Geräts namens »Analysemaschine« – fertiggestellt wurde keines von beiden.
Seine Gedankengänge waren theoretisch vollkommen vernünftig. Seine Maschinen sollten arithmetische Operationen automatisch durchführen, gesteuert von Lochkarten. Die Ergebnisse ihrer Berechnungen sollten sie entweder ausdrukken oder in Lochkarten einstanzen. Babbage plante ferner, seinen Geräten ein Gedächtnis zu geben, indem er sie in die Lage versetzte, »Ergebniskarten« in einem Speicher abzulegen, aus dem sie jederzeit wieder abgerufen werden konnten.

Diese Vorgänge erforderten eine komplizierte Mechanik, bestehend aus Stangen, Walzen, Hebeln und Zahnrädern, die auf die zehn Ziffern des Dezimalsystems abgestimmt waren. Glockentöne sollten dem Bediener des Geräts das Signal zur Eingabe bestimmter Karten geben, eine besondere, lautere Glocke sollte Alarm schlagen, wenn eine falsche Karte eingegeben wurde.

Leider neigte Babbage, eine cholerische und exzentrische Persönlichkeit, dazu, bei jeder neuen Idee, die er hatte, seine Geräte komplett zu zerlegen und mit dem Bau einer neuen, noch anspruchsvolleren Version zu beginnen. Es war daher nur eine Frage der Zeit, bis ihm das Geld ausging. Ein noch wichtigerer Grund für sein letztendliches Scheitern war, daß die mechanischen Übertragungselemente, auf die er zurückgreifen mußte, den Anforderungen, die er an sie stellte, einfach nicht gewachsen waren. Was zu Babbages Zeit an feinmechanischer Technik zur Verfügung stand, mochte für Rechenmaschinen des Pascalschen oder Leibnitzschen Typs ausreichen, war aber für das, was Babbage vorschwebte, einfach noch zu grob.

Aus diesen Gründen verlief das Unterfangen im Sande und fiel ein Jahrhundert lang der Vergessenheit anheim. Die Arbeiten Babbages wurden erst wiederentdeckt, nachdem es anderen gelungen war, funktionsfähige Rechenmaschinen des von Babbage konzipierten Typs zu konstruieren.

Elektronenrechner

Die erste erfolgreiche Anwendung der Lochkartentechnik auf die Lösung arithmetischer Aufgaben stellte sich als Antwort auf die Probleme amerikanischer Regierungsstatistiker ein. Die Verfassung der USA schreibt vor, daß alle zehn Jahre eine Volkszählung (einschließlich einer Bestandsaufnahme wirtschaftlicher Parameter wie Einkommensentwicklung etc.) durchgeführt wird. Die Menge der dabei zu verarbeitenden Daten wuchs mit jeder Volkszählung erheblich, nicht nur, weil Bevölkerungszahl und Wirtschaftskraft zunahmen, sondern auch, weil sich das Spektrum dessen, was erfaßt wurde, ständig ausdehnte. Die Folge war, daß man immer mehr Zeit brauchte, um die erhobenen Daten auszuwerten. Als die Volkszählung 1880 heranrückte, besagten realistische Berechnungen, daß die fertig ausgewerteten Resultate womöglich erst kurz vor der Volkszählung von 1890 zur Verfügung stehen würden.

Dieses Problem veranlaßte Herman Hollerith, seines Zeichens beamteter Statistiker, dazu, sich ein System auszudenken, mit dessen Hilfe anfallende Datenmengen mechanisch ausgewertet werden konnten. Das System beruhte auf Lochkarten, die von einer Maschine »gelesen« werden konnten; die Karten selbst waren elektrische Nichtleiter; wenn sie zwischen elektrischen Kontakten hindurchgeführt wurden, wirkten sie daher als Isolatoren; lediglich an den Stellen, an denen sie eingestanzte Löcher aufwiesen, konnte Strom fließen. Die in Form eines Lochmusters in jede Karte eingestanzte Information wurde auf diese Weise also in elektrische Ströme übersetzt – ein wichtiger, ja der entscheidende Fortschritt gegenüber den rein mechanisch arbeitenden Maschinen von Babbage. Der elektrische Strom erwies sich als der Aufgabe bestens gewachsen.

Holleriths elektromechanische Rechenmaschinen wurden mit Erfolg bei den US-Volkszählungen von 1890 und 1900 eingesetzt. Die Auswertung der 1890 erhobenen Daten von 65 Millionen US-Bürgern dauerte trotz der Hollerith-Maschinen zweieinhalb Jahre. Bis 1900 hatte er seine Geräte indessen so weit verbessert, daß eine erheblich größere Datenmenge in nicht viel mehr als eineinhalb Jahren bewältigt werden konnte.

Hollerith hatte unterdessen ein Unternehmen gegründet, aus dem sich später der IBM-Konzern entwickeln sollte. In dieser und einer zweiten, von John Powers, einem ehemaligen Mitarbeiter Holleriths, geleiteten Firma wurde im Verlauf der darauffolgenden 30 Jahre ständig an der Weiterentwicklung elektromechanischer Rechnersysteme gearbeitet.

Das war auch eine gebieterische Notwendigkeit. Mit fortschreitender Industrialisierung wurde die Welt zu einem immer stärker verflochtenen und immer schwerer überschaubaren Organismus, in dem gegenwarts- und vor allem zukunftsbezogene Entscheidungen mit Anspruch auf Rationalität nur noch unter Berücksichtigung einer zunehmenden Fülle relevanter Daten und Informationen möglich waren. Die Welt war auf dem Weg, zu einer Informationsgesellschaft zu werden; wenn die Menschen es nicht schleunigst lernten, Informationen rationell und schnell zu erheben, auszuwerten und auf sie zu reagieren, stand zu befürchten, daß das ganze Weltwirtschaftssystem eines Tages unter seinem eigenen Gewicht zusammenkrachen würde.

Es war dieser systemimmanente Zwang zur Verarbeitung zunehmender Informationsmengen, der als motivierender Faktor hinter der Erfindung und Entwicklung von Rechenanlagen mit immer größerer Kapazität, Vielseitigkeit und Leistungsfähigkeit stand.

So entstanden immer schnellere elektromechanische Rechenmaschinen, die auch noch den Zweiten Weltkrieg hindurch nützliche Dienste leisteten; ihrer Geschwindigkeit und Zuverlässigkeit waren jedoch Grenzen gesetzt, solange sie mechanisch bewegliche Teile wie Schaltrelais oder von Elektromagneten angetriebene Zählräder enthielten.

Bereits 1925 hatten der amerikanische Elektroingenieur Vannevar Bush und seine Mitarbeiter eine Maschine gebaut, die in der Lage war, Differentialgleichungen zu lösen. Sie leistete all das, was Babbages Maschine nach den Vorstellungen ihres Erfinders hätte leisten sollen, und wies einige Merkmale eines Computers (wie wir heute sagen würden) auf. Sie funktionierte auf elektromechanischer Grundlage.

Ebenfalls elektromechanisch funktionierte eine Maschine, die 1937 Howard Aiken von der Harvard University im Auftrag von IBM konzipierte. Das Gerät, genannt automatischer sequenzgesteuerter Rechner (in Harvard unter dem Namen Mark I bekannt), wurde 1944 fertiggestellt und war für wissenschaftliche Anwendungszwecke gedacht. Es war in der Lage, mit bis zu 23stelligen Zahlen zu operieren, konnte also beispielsweise zwei 11stellige Zahlen miteinander multiplizieren – und zwar in 3 Sekunden. Indem das Gerät im wesentlichen nichts anderes tat, als Ziffern zu manipulieren, verkörperte es den Maschinentyp der Digitalrechner. (Die von Bush entwickelte Maschine löste ihre Rechenprobleme durch Umsetzung von Zahlen in Längen, also nach dem gleichen Prinzip wie ein Rechenschieber. Da sie, statt mit den Zahlen selbst, mit abgeleiteten oder »analogen« Größen arbeitete, war sie ein *Analogrechner*.)

Allein auch der Aiken-Rechner war noch nicht das Non plus ultra: Relais, die elektrische Stromkreise mechanisch unterbrachen und wieder schlossen, waren zwar um vieles besser als Zahnräder und Stangen, verkörperten aber noch immer eine vergleichsweise schwerfällige und langsame Technik, von ihrer Störanfälligkeit ganz zu schweigen. Elektronische Bauteile, wie beispielsweise Radioröhren, erlaubten eine weit feinere, genauere und auch schnellere Verarbeitung elektrischer Signale. Damit war der nächste Schritt schon vorgezeichnet. Der erste große Elektronenrechner – er enthielt 19000 Röhren – wurde während des Zweiten Weltkriegs von John P. Eckert und John W. Mauchly an der University of Pennsylvania gebaut. Er wurde auf den Namen ENIAC getauft (nach *Electronic Numerical Integrator and Computer*). Der ENIAC ging 1955 außer Betrieb und wurde 1957 abgebaut – nach nur zwölf Jahren war dieses Gerät bereits hoffnungslos veraltet. Aber er erwies sich als Stammvater einer ungeheuer leistungsfähigen Baureihe elektronischer Rechner. Wog der ENIAC noch 30 Tonnen und beanspruchte eine Standfläche von 140 m^2, so war 30 Jahre später die Entwicklung so weit vorangeschritten, daß ein Computer gleicher Leistungsfähigkeit in einem Gehäuse von der Größe eines Kühlschranks Platz fand.

Die Entwicklung nahm fortan einen rasanten Aufschwung, so daß kleine Elektronenrechner schon 1948 in größeren Stückzahlen produziert wurden und daß binnen fünf Jahren 2000 Stück im Einsatz waren. 1961 waren es bereits 10000. 1970 waren schon die 100000 überschritten, aber verglichen mit dem, was noch folgen sollte, war es kaum mehr als ein Anfang.

Der Schlüssel, der die Tür zu dieser gewaltigen Entwicklung geöffnet hatte, war zweifellos die Elektronik gewesen – nicht aber die Elektronenröhre. Sie war groß, störungsanfällig, zerbrechlich und benötigte viel Energie. 1948 wurde der

Ein moderner Großrechner, wie ihn die US-Luftwaffe seit neuestem benutzt. Computer dieser Bauart mit ihrer enormen Speicherkapazität sollen das gesamte System der Ersatzteilbeschaffung, Lagerhaltung usw., zentral für alle Standorte der US-Luftwaffe auf der ganzen Erde, verwalten. Zusätzlich wird die neue, auf der Basis modernster Mikroprozessoren arbeitende Anlage alle möglichen Aufgaben im Zusammenhang mit der zivilen Verwaltung der Stützpunkte (Personaldaten, Lohnbuchhaltung, zivile Infrastruktur usw.) übernehmen. (Foto: Sperry Corporation).

Der Original-Prototyp des Univac, des ersten elektronischen Großrechners. Mit Genehmigung der Firma Remington Rand.

Ein Personalcomputer. Er besteht aus drei Bausteinen: der Rechnereinheit, dem Monitor und der Eingabetastatur. (Foto: Sperry Corporation).

Transistor erfunden. Er ermöglichte es, auf kleinstem Raum präzise steuerbare elektronische Stromkreise zu plazieren. Diese Bauteile waren billiger herzustellen als Röhren, ließen sich mit minimalem Energieaufwand betreiben und hatten praktisch eine unbegrenzte Lebensdauer.

All dies führte dazu, daß die Computer von Generation zu Generation bei erhöhter Leistungsfähigkeit immer kleiner und billiger wurden. Im Anschluß an die Erfindung des Transistors entdeckte man in rascher Folge immer neue Mittel und Wege, um mehr Rechen- und Speicherkapazität auf immer kleinerem Raum unterzubringen. Die 70er Jahre standen im Zeichen des *Mikrochips,* eines winzigen Siliziumplättchens, auf das unter dem Mikroskop eine große Anzahl elektronischer Schaltkreise aufgedampft wurde.

Die Folge war, daß elektronische Rechner nun auch für den Durchschnittsbürger erschwinglich wurden. Möglich, daß in den 80er Jahren der Heimcomputer ähnlich schnell die Haushalte erobern wird wie in den 50er Jahren der Fernsehapparat.

Die Rechner, die nach dem Zweiten Weltkrieg in Gebrauch kamen, waren in den Augen der Öffentlichkeit bereits so etwas wie »Denkmaschinen«, und viele, sowohl Wissenschaftler als auch Laien, begannen über die Möglichkeiten – und Konsequenzen – der Entwicklung einer »künstlichen Intelligenz« nachzudenken.

Wieviel mehr Anlaß hierzu haben wir heute, nachdem der Computer nur vierzig Jahre gebraucht hat, um zu einer unverzichtbaren Stütze unserer Gesellschaft und unserer Lebensweise zu werden. Die heutigen Raumfahrtprogramme wären ohne Computer undenkbar, die Raumfähre wäre ohne Computer eine hoffnungslos unrealistische Utopie geblieben. Unser Kriegführungs-Potential würde ohne Computer weitgehend nutzlos werden (was allerdings einen Krieg nicht verhindern, sondern lediglich die Technik der Kriegführung auf den Stand des Zweiten Weltkriegs zurückwerfen würde). Kein größerer Industriebetrieb und kaum ein Büro oder Amt können heute auf Computer verzichten, ohne in mehr oder weniger ernsthafte Schwierigkeiten zu kommen. Die Regierungen (insbesondere die Polizei- und Finanzbehörden) wären ohne Computer noch ratloser, als sie es ohnehin schon sind.

Es ist nur folgerichtig, daß man laufend neue An-wendungen für Computer erschließt. Zusätzlich zur Lösung von Problemen, zur Anfertigung von Grafiken, zur Speicherung und Verfügbarmachung von Daten usw. lassen sie sich auch auf die Lösung aller möglichen anderen Aufgaben programmieren. So gibt es Computer, die es im Schach mit geübten Spielern aufnehmen können, und andere, mit denen man alle möglichen Geschicklichkeitsspiele austragen kann. Kinder und Jugendliche sind von diesen Computerspielen so begeistert, daß sie dafür jährlich Milliarden ausgeben. Computeringenieure und Programmierer arbeiten daran, Computer bzw. Programme zu entwickeln, die in der Lage sind, Texte von einer Sprache in eine andere zu übersetzen sowie Schriften zu lesen, gesprochene Sprache zu verstehen und selbst mit dem Benutzer zu sprechen.

Roboter

Unwillkürlich stellt man sich die Frage: Gibt es überhaupt etwas, das Computer nicht können oder nicht eines Tages können werden? Wird es nicht beispielsweise eines Tages möglich sein, einen Computer in eine dem menschlichen Körper nachgebildete Figur einzubauen und damit wirkliche Automaten zu erschaffen, die, anders als die Gliederpuppen des 17. Jahrhunderts, einen mehr oder weniger großen Teil des menschlichen Verhaltensrepertoires beherrschen?

Mit solchen Fragen beschäftigten sich einzelne Science-fiction-Autoren schon sehr ernsthaft, bevor noch die ersten modernen Computer entstanden. 1920 schrieb der tschechische Dramatiker Karel Čapek das Stück R. U. R., dessen Hauptfiguren Automaten sind, die von einem Engländer namens Rossum en masse produziert werden. Diese Automaten sollen, so die Absicht ihres Schöpfers, dem Menschen alle unangenehmen Arbeiten abnehmen und so mithelfen, daß die Erde zum Paradies wird. Dies tun sie jedoch nicht, sondern erheben sich gegen die Menschen, löschen die Menschheit aus und begründen selbst eine neue intelligente Lebensform.

Der Name Rossum ist eine Anspielung auf das tschechische Wort »rozum«, das »Vernunft« bedeutet; R. U. R. steht für »Rossums Universal-Roboter«; »robot« ist ein tschechisches Wort, das »Arbeiter« bedeutet, aber einen an erzwungene

Arbeit gemahnenden Beigeschmack besitzt, so daß man es treffend mit »Fronarbeiter« oder »Sklave« übersetzt. Da das Stück große Popularität erlangte, kam der Ausdruck »Roboter« allgemein in Gebrauch und verdrängte die herkömmliche Bezeichnung »Automat«. Heute bezeichnet der Ausdruck »Roboter« praktisch in allen Weltsprachen eine (zumeist mit gewissen menschenähnlichen Merkmalen ausgestattete) Maschine, die selbsttätig Arbeiten ausführt, die herkömmlicherweise von Menschen verrichtet werden.

Viele Science-fiction-Autoren schrieben über Roboter, aber nur die wenigsten hatten ein realistisches Verhältnis zu ihnen; in der Regel wurden Roboter als Schreckgespenster dargestellt, die alle Nachteile und Gefahren des industriellen Fortschritts in sich vereinigten, oder, das andere Extrem, als Helden ohne Fehl und Tadel, die den Menschen einen Spiegel vorhielten und ihnen ihre Unzulänglichkeit zu Bewußtsein brachten.

1939 begann ein damals neunzehnjähriger Autor namens Isaac Asimov,[*] der keinen Bock mehr auf Roboter hatte, die entweder unrealistisch böse oder unrealistisch edel waren, in den Mittelpunkt einiger seiner Science-fiction-Erzählungen Roboter zu stellen, die nicht Karikaturen von Menschen waren, sondern eben Maschinen, und die, wie alle Maschinen, unter mehr oder weniger rationalen Gesichtspunkten der Zweckdienlichkeit und Beherrschbarkeit konzipiert und gebaut werden. Die ganzen 40er Jahre hindurch veröffentlichte er Geschichten dieser Art; 1950 wurden neun davon in einem Sammelband mit dem Titel *I, Robot* (Ich, Roboter) herausgebracht.

Asimov formulierte drei beim Bau von Robotern zu beachtende Grundsätze und nannte sie die »drei Gesetze der Robotik«. Der Ausdruck tauchte erstmals in einer im März 1942 veröffentlichten Erzählung auf; es war die Weltpremiere des Begriffs »Robotik«, der sich inzwischen als Bezeichnung für die Wissenschaft von der Konstruktion, Wartung und Verwendung von Robotern durchgesetzt hat.

Die drei Grundsätze lauten:

1. Ein Roboter darf keinem menschlichen Wesen Schaden zufügen oder durch Untätigkeit zulassen, daß ein menschliches Wesen Schaden erleidet.

2. Ein Roboter muß den Anweisungen, die er von Menschen erhält, gehorchen, es sei denn, diese Anweisungen wären unvereinbar mit dem ersten Grundsatz.

3. Ein Roboter muß sich selbst am »Leben« erhalten, es sei denn, dieses Bestreben würde mit dem ersten oder dem zweiten Grundsatz in Konflikt geraten.

Diese Formulierungen waren natürlich nur ein erster heuristischer Anlauf, als Anregung und Wegweiser gedacht. Die wirkliche Arbeit konnte nur von den direkt mit der Entwicklung von Robotern befaßten Wissenschaftlern und Technikern geleistet werden.

Eine befruchtende Rolle spielten hier die Bedürfnisse der Kriegführung im Zweiten Weltkrieg. Der Einbau elektronischer Steuereinrichtungen verlieh beispielsweise Artilleriewaffen eine Reaktionsfähigkeit und Genauigkeit, die alles ausstach, was irgendein Lebewesen dieser Erde in dieser Beziehung zu bieten hatte. Die Funktechnik machte es ferner möglich, Waffen über weitere Entfernungen als je zuvor einzusetzen. Die deutsche V-1 war im Grunde genommen ein fliegender Servomechanismus, nicht nur der Prototyp der modernen ferngelenkten Rakete, sondern auch die Wegbereiterin für automatische oder ferngelenkte Fahrzeuge aller Art, vom U-Bahn-Zug bis zum Raumschiff. Weil die Militärs das brennendste Interesse an der Entwicklung elektronischer Steuersysteme hatten und zugleich über praktisch unbegrenzte Geldmittel verfügen konnten, verkörpern die Zielsuchsysteme heutiger Geschütze und Raketen wahrscheinlich das Teuerste und Beste, was die moderne Technik in dieser Beziehung bereitzustellen imstande ist. Die Systeme sind in der Lage, ein Hunderte von Kilometern entferntes bewegliches Ziel zu erfassen, in Sekundenschnelle seinen Kurs zu berechnen (unter Berücksichtigung der Geschwindigkeit des Ziels, der herrschenden Winde, der Temperaturen in den verschiedenen Luftschichten und zahlreicher anderer Randbedingungen) und einen Zielschuß anzubringen – alles, ohne daß an irgendeiner Stelle ein Mensch eingreift.

Der engagierteste Theoretiker und Propagandist der Automation war in den 40er und 50er Jahren der Mathematiker Norbert Wiener, der unter anderem an der Entwicklung solcher Zielsuchsysteme mitarbeitete. Er und seine Studiengruppe

---

[*] Die Namensgleichheit mit dem Autor des vorliegenden Buchs ist nicht zufällig.

am Massachusetts Institute of Technology arbeiteten während des Weltkriegs einige der grundlegenden mathematischen Gesetzmäßigkeiten heraus, die bei Steuerungsvorgängen und bei der Verarbeitung von Feedback-Informationen eine Rolle spielen. Wiener nannte diese Forschungsrichtung *Kybernetik,* nach dem griechischen Wort für »Steuermann«, was nur recht und billig erscheint, da der erste jemals praktisch eingesetzte Servomechanismus den Schiffs-Steuerleuten zugute gekommen war. (Man kann die Bezeichnung »Kybernetik« auch als Tribut an den Wattschen »Governor« deuten, denn dieses Wort geht auf den lateinischen Ausdruck für »Steuermann« zurück.) Wieners Buch war das erste wichtige Werk, das ausschließlich der Theorie computergesteuerter Systeme gewidmet war. Die Kybernetik schuf darüber hinaus die theoretischen Grundlagen für die Konstruktion, wenn nicht von Robotern, dann doch zumindest von Systemen, die das Verhalten einfacher Tiere nachzuahmen vermochten.

In den 50er Jahren bastelte beispielsweise der britische Neurologe William G. Walter ein Gerät, das seine Umgebung erkundete und auf sie reagierte. Das schildkrötenartige Geschöpf, das er »Testudo« nannte (nach dem lateinischen Wort für »Schildkröte«), hatte als Auge eine Photozelle, wies ringsum eine berührungsempfindliche Zone auf und wurde durch zwei Elektromotoren angetrieben – einer besorgte die Vorwärts- und Rückwärtsbewegung, der andere ließ Testudo sich im Kreis drehen. Im Dunkeln kroch Testudo herum, wobei sie im Prinzip einen weiten Bogen beschrieb. Wenn sie gegen ein Hindernis stieß, wich sie ein wenig zurück, vollführte eine leichte Drehung und marschierte wieder vorwärts; dies tat sie so lange, bis sie das Hindernis umgangen hatte. Wenn ihr Photozellen-Auge ein Licht erblickte, schaltete sich der Drehmotor ab, und Testudo bewegte sich geradewegs auf das Licht zu. Aber ihr Phototropismus ist nicht blind und ungezügelt wie der einer Motte – wenn sie dem Licht zu nahe kommt, bewirkt die zunehmende Helligkeit, daß sie sich wieder ein Stück zurückzieht. Sie vermeidet also den Fehler, den Motten zwangsläufig immer wieder machen. In dem Augenblick jedoch, in dem ihre Batterien zur Neige gehen, nähert sich die nun sozusagen hungrige Testudo einer in ihrer Sichtweite aufgestellten Lichtquelle so weit, daß sie mit einem neben dem Licht aufgestellten Ladegerät in Berührung kommt. Sobald die Batterien aufgeladen sind, erwacht bei Testudo wieder der »Instinkt«, der ihr rät, dem Licht nicht zu nahe zu kommen, und sie verläßt den Lichtkegel.

In den 50er Jahren las ein amerikanischer College-Student namens Joseph F. Engelberger Asimovs Buch *I, Robot;* es weckte in ihm eine lebenslange Begeisterung für die Beschäftigung mit Robotern.

1956 lernte Engelberger George C. Devol jr. kennen, der zwei Jahre zuvor das erste Patent für einen Industrieroboter erteilt bekommen hatte. Er hatte für das computerisierte Steuer- und Speichersystem dieses Roboters die Bezeichnung »universal automation« geprägt und diesen Ausdruck zu »unimation« verkürzt.

Engelberger und Devol gründeten zusammen die Firma Unimation Inc., und Devol meldete in der Folge 30 bis 40 einschlägige Patente an.

Keines davon war wirklich praxistauglich, und zwar deshalb, weil ohne eine anspruchsvolle Computersteuerung die Roboter nicht genau genug arbeiteten; Computer waren aber um diese Zeit noch zu groß und zu teuer, als daß Roboter für irgendwelche Arbeitsgänge eine kostengünstige Alternative hätten darstellen können. Erst die durch den Mikrochip möglich gewordene Miniaturisierung der Computer ließ die Robotermodelle der Firma Unimation auch wirtschaftlich attraktiv werden. Bald avancierte sie zur wichtigsten und lukrativsten Roboterfirma der Welt.

Damit begann das Zeitalter des Industrieroboters. Industrieroboter haben äußerlich kaum noch etwas mit dem klassischen Roboter gemein: Sie erwecken vor allem nicht den Eindruck, nachgebaute Menschen zu sein. Die meisten von ihnen sind allenfalls nachgebaute Arme, die, von einem Computer gesteuert, gewisse einfache Arbeitsvorgänge mit großer Präzision durchführen können. Ihre spezifisch neue und erst durch die Computerisierung möglich gewordene Qualität besteht in ihrer mit jeder neuen Robotergeneration zunehmenden Flexibilität.

Industrieroboter kommen heute vor allem in den Montagehallen der Autofabriken zum Einsatz. (Besonders weit ist in dieser Beziehung die japanische Autoindustrie.) Zum ersten Mal hat sich damit der Mensch Maschinen geschaffen, die »intelligent« genug sind, um Aufgaben zu übernehmen, die bis dahin die ausschließliche Tätigkeit eines

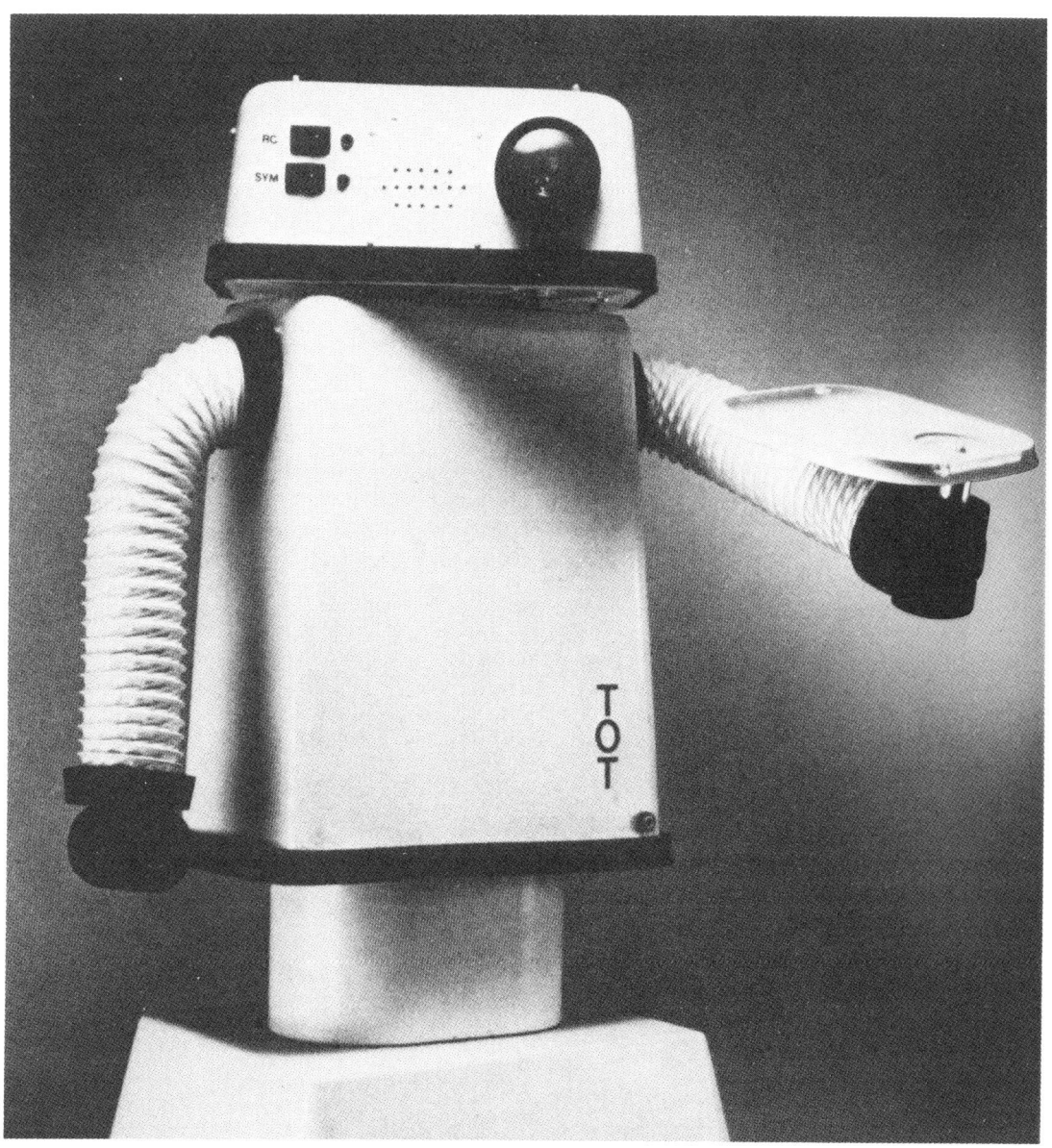

Das ist Tot, ein mobiler, programmierbarer, mehrsprachiger Roboter mit dualer Steuerung und Sensorsystem; Tot leistet Wächterdienste und teilt auf Anforderung die Uhrzeit mit. Gebaut 1982/83 nach Plänen von Jerome Hamlin. Maße ca. 92 × 61 × 30 cm. Foto: ComRo Inc., New York.

Menschen erforderten, Aufgaben, die andererseits so anspruchslos und monoton sind, daß durch sie das Gehirn desjenigen, der sie verrichtet, bei weitem nicht ausgelastet wird und nach einiger Zeit vermutlich sogar Schaden zu nehmen beginnt.

Es steht außer Zweifel, daß es eine gute Sache ist, wenn Maschinen Arbeiten übernehmen, die dem menschlichen Geist nicht angemessen sind, und wenn die Menschen dadurch die Möglichkeit erhalten, sich kreativeren Aufgaben zuzuwenden, die ihren Geist schulen und erweitern.

Es hat sich allerdings schon gezeigt, daß der Einsatz von Industrierobotern kurzfristig unangenehme Folgewirkungen zeitigen kann: menschliche Arbeitskräfte werden vedrängt. Wir stehen wahrscheinlich vor einer schmerzhaften Übergangsperiode, in der die Gesellschaft mit dem Problem konfrontiert sein wird, sich der neuen Arbeitslosen anzunehmen – sie auf andere Tätgkeiten umzuschulen oder, wo das nicht möglich ist, irgendeine nützliche Betätigung für sie zu finden oder, wenn alle Stricke reißen, sie einfach nur zu ernähren.

Die neuen Generationen, die dann im Lauf der Zeit heranwachsen, werden sich vermutlich von Anfang an als Mitglieder einer computerisierten, roboterisierten Gesellschaft verstehen und mit diesen Problemen leichter fertig werden.

Allerdings wird die technische Entwicklung aller Voraussicht nach in einem sich ständig beschleunigenden Tempo weitergehen. Die Entwicklung von Robotern, die flexibler und leistungsfähiger sein und die Fähigkeit besitzen werden, zu »sehen«, zu »sprechen« und zu »hören«, zeichnet sich bereits heute ab. Darüber hinaus sind die Konstrukteure auch schon dabei, »Heimroboter« zu entwickeln – Maschinen von eher menschenähnlicher Gestalt, die im und ums Haus nützliche Dienste leisten und einige der Aufgaben übernehmen können, die traditionell von Dienstboten wahrgenommen werden. (Joseph Engelberger hat einen Prototyp eines solchen Roboters gebaut, von dem er hofft, daß er ihn in Bälde bei sich zu Hause wird einsetzen können. Isaac, wie der dienstbare Geist heißen soll, wird Gästen den Mantel abnehmen, Drinks ausgeben und ähnliche einfache Aufgaben erledigen können.)

Ist es ein Wunder, daß wir uns die Frage stellen, ob nicht Computer und Roboter eines Tages vielleicht den Menschen in *jeder* Hinsicht ersetzen

können? Ob sie den Menschen nicht überflüssig machen können? Ob nicht eine von uns geschaffene künstliche Intelligenz dazu bestimmt ist, uns von unserem Platz als die dominierende Spezies auf diesem Planeten zu verdrängen?

Man könnte darauf fatalistisch antworten: Wenn es unvermeidlich ist, dann ist es eben unvermeidlich. Außerdem hat die Menschheit der Evolution keine Ehre gemacht und ist vielleicht ohnehin dabei, sich selbst zu vernichten (und viele andere Lebensformen dazu). Angesichts dessen sollten wir uns vielleicht nicht so sehr davor fürchten, eines Tages von Computern und Robotern ersetzt zu werden, sondern vielmehr hoffen, daß dies möglichst schnell geschieht.

Wir könnten auch aus der Not eine Tugend machen und es uns als Meisterleistung anrechnen, Geschöpfe hervorgebracht zu haben, die schließlich über uns hinauswachsen. Wie könnte sich der Triumph der Intelligenz besser kundtun als darin, daß wir unser Vermächtnis an eine höhere Intelligenz weiterreichen – die wir selbst geschaffen haben?

Aber bleiben wir auf dem Teppich und überlegen uns einmal nüchtern, ob die Gefahr des Verdrängtwerdens tatsächlich besteht.

Zunächst einmal müssen wir uns fragen, ob die Intelligenz eine eindimensionale Qualität ist oder ob es nicht mehrere oder vielleicht sogar sehr viele qualitativ verschiedene Arten von Intelligenz gibt. Wenn beispielsweise Delphine eine ähnlich hohe Intelligenz besitzen wie Menschen, so scheint es sich dabei um eine ganz andersartige Intelligenz zu handeln, denn es ist uns noch nicht gelungen, uns mit ihnen über die Artgrenzen hinweg zu veständigen. Auch die Computerintelligenz könnte sich von der unseren qualitativ unterscheiden. Es wäre jedenfalls bestimmt keine Überraschung, wenn es sich so verhielte.

Denn schließlich besteht das menschliche Gehirn aus Nukleinsäure und Proteinen, »schwimmt« in Wasser und ist das Produkt einer dreieinhalb Milliarden Jahre währenden biologischen Evolution, hervorgegangen aus zufälligen Mutationseffekten, natürlichen Selektionsprozessen und anderen Umwelteinflüssen; und schließlich wurde es auf dem Weg der Entwicklung vorwärtsgetrieben von den Notwendigkeiten des Überlebenskampfes.

Der Computer dagegen, aus elektronischen Schaltungen auf Halbleiterplättchen erbaut und vom elektrischen Strom durchflossen, ist das Produkt einer von Menschen in Gang gesetzten technischen Entwicklung, hervorgegangen aus dem planenden Geist und der Schöpferkaft menschlichen Geistes. Das Gesetz seines »Überlebens« ist die Notwendigkeit, seinen menschlichen Nutzern gute Dienste zu leisten.

Wenn zwei Intelligenzen hinsichtlich ihrer Struktur, ihrer Geschichte, ihrer Entwicklung und ihres Lebenszwecks so verschieden sind, ist es sicher keine Überraschung, wenn sie auch ihrer Natur nach grundverschieden sind.

Computer waren beispielsweise von Anfang an in der Lage, komplizierte Rechenoperationen mit fast beliebig großen Zahlen durchzuführen, und zwar viel schneller, als irgendein Mensch es tun könnte, und mit einer viel kleineren Fehlerwahrscheinlichkeit. Wenn das Rechnen ein Maßstab für Intelligenz wäre, dann wären Computer von Hause aus intelligenter als Menschen.

Wahrscheinlich jedoch ist, daß das menschliche Gehirn gar nicht in erster Linie für das Rechnen und andere ähnliche Fertigkeiten gemacht ist – daß diese Dinge nicht eigentlich unser Metier sind und daß wir sie daher logischerweise nur sehr unvollkommen beherrschen.

Es kann sein, daß die menschliche Intelligenz sich viel mehr an Qualitäten wie Einsicht, Intuition, Phantasie, Findigkeit, Kreativität bemißt – an der Fähigkeit, ein Problem als Ganzes zu sehen und die richtige Lösung durch intuitives Erfassen der Zusammenhänge zu finden. Wäre dies das Kriterium von Intelligenz, dann wäre der Mensch hochintelligent und der Computer vergleichsweise dumm. Daß es einmal gelingen könnte, Computer mit diesen ihnen heute noch fehlenden Qualitäten auszustatten, ist heute noch nicht absehbar; daß wir einen Computer nicht darauf programmieren können, intuitiv oder kreativ zu sein, hat den einfachen Grund, daß wir gar nicht wissen, wie diese Qualitäten bei uns selbst funktionieren.

Wird sich das eines Tages ändern? Werden wir einmal in der Lage sein, Computern eine menschliche Intelligenz der beschriebenen Art zu vermitteln? Wohl denkbar; aber es könnte sein, daß wir uns entschließen, es lieber nicht zu tun, aus der be-

gründeten Befürchtung heraus, den Computern dann nichts mehr vorauszuhaben und schließlich von ihnen verdrängt zu werden. Außerdem: Was würde es bringen, die menschliche Intelligenz technisch zu reproduzieren – einen Computer zu bauen, der ein wenig Pseudo-Menschlichkeit ausstrahlt –, wo es doch so einfach ist, auf gewöhnlichem biologischen Wege einen echten Menschen mit einer echten neuen Intelligenz zu zeugen? Das wäre etwa ebenso, als würde man Menschenkinder von Geburt an auf die Fähigkeit hin erziehen, so schnell zu rechnen wie ein Computer. Aber was für einen Sinn hätte das, da doch der billigste Taschenrechner diese Dinge für uns erledigen kann?

Wir fahren gewiß am besten, wenn wir weiterhin an der Entwicklung zweier verschiedener Intelligenzen arbeiten, die auf jeweils andere Funktionen spezialisiert sind und ihre spezifischen Aufgaben mit maximaler Effizienz bewältigen. Anstelle einer einzigen Computerintelligenz könnte es vielleicht sogar einmal zahlreiche Typen von Computern mit unterschiedlichen Intelligenzarten geben. Entsprechend könnte es uns gelingen, mit Hilfe der Gentechnik (und mit Hilfe von Computern) Variationstypen des menschlichen Gehirns hervorzubringen, die eine jeweils andere Art menschlicher Intelligenz repräsentieren.

Die Vision unterschiedlicher Arten und Klassen von menschlicher und technischer Intelligenz läßt den Gedanken an die Möglichkeit einer symbiotischen Beziehung zwischen allen diesen Intelligenzen aufkeimen, einer Beziehung, die ihnen allen die Chance gibt, voneinander zu lernen und im Verein die Gesetzmäßigkeiten der Natur und das Rezept für den pfleglichsten und für alle Beteiligten vorteilhaftesten Umgang mit ihr besser als bisher zu ergründen. Im Rahmen einer solchen Zusammenarbeit wird dies sicher leichter gelingen, als wenn jede Intelligenz es auf eigene Faust versucht.

So betrachtet, wird der computerisierte Roboter uns nicht ersetzen oder verdrängen, sondern wird uns als Freund und Verbündeter auf dem Weg in eine glorreiche Zukunft begleiten – falls wir uns nicht selbst vernichten, bevor wir uns auf diesen Weg machen können.

Ausgewählte Literatur

Der folgende Überblick soll es dem Leser erleichtern, einen tieferen Zugang zu einzelnen Themenbereichen dieses Buches zu finden.

Auf den Spuren des Lebens. Bildatlas. Herder, Freiburg 1985

Barry, J. M., Barry, E. M.: *Die Struktur biologisch wichtiger Moleküle.* dtv Bd. 4089, München

Biologie. Herder Lexikon, 7. Aufl. Herder, Freiburg 1984

Bürgle, K.: *Knaurs Buch der modernen Biologie.* Droemer Knaur, München

dtv-Atlas zur Biologie. dtv Bd. 5937, München

Ditfurth, H. von: *Kinder des Weltalls.* Hoffmann & Campe, Hamburg 1978

Flad-Schnorrenberg, B.: *Die Entdeckung des Lebendigen.* Verlag Chemie, Weinheim 1978

Gassen, H.-G.: *Gentechnologie.* UTB, Stuttgart 1984

Golub, E.: *Die Immunantwort.* Springer, Berlin 1982

Hasenkamp, K.-R.: *Biologie.* Bertelsmann, München 1983

Hassenstein, B.: *Instinkt, Lernen, Spielen, Einsicht.* Serie Piper. Bd. 193, München

Immelmann, K.: *Einführung in die Verhaltensforschung,* 3. Aufl. Parey, Hamburg 1983

Kaudewitz, F.: *Genetik.* UTB, Stuttgart 1983

Krommenhoek, W., Sebus, J., Esch, G. J.: *Biologie in Bildern.* Quelle & Meyer, Heidelberg 1979

Kull, U., Knodel, H.: *Genetik und Molekularbiologie.* 2. Aufl. Metzler, Stuttgart 1980

Mayr, E.: *Artbegriff und Evolution.* Parey, Hamburg 1967

Metzner, H. (Hrsg.): *Die Zelle. Struktur und Funktion,* 3. Aufl. Hirzel, Stuttgart 1981

Mohr, H.: *Biologische Erkenntnis.* Teubner, Stuttgart 1981

Monod, J.: *Zufall und Notwendigkeit.* Piper, München 1983

Morris, Ch. W.: *Zeichen, Sprache und Verhalten.* Ullstein, Berlin

Nachtigall, W.: *Erfinderin Natur.* Rasch & Röhring, Hamburg 1984

–: *Phantasie der Schöpfung.* Hoffmann & Campe, Hamburg 1974

Nagl, W.: *Zellkern und Zellzyklen.* Ulmer, Stuttgart 1976

Platt, D.: *Biologie des Alterns.* UTB, Stuttgart 1976

Primrose, S. B.: *Einführung in die Virologie.* Verlag Chemie, Weinheim 1976

Rahmann, H.: *Die Entstehung des Lebendigen,* 2. Aufl. UTB, Stuttgart 1980

Restak, R.: *Geist, Gehirn und Psyche.* Umschau, Frankfurt/M.

Schaltegger, H.: *Theorie der Lebenserscheinungen.* Hirzel, Stuttgart 1984

Schlegel, H. G.: *Allgemeine Mikrobiologie,* 6. Aufl. Thieme, Stuttgart 1985

Stanley, S.: *Der neue Fahrplan der Evolution.* Harnack, München 1983

Steitz, E.: *Die Evolution des Menschen,* 2. Aufl. Verlag Chemie, Weinheim 1979

Tembrock, G.: *Grundriß der Verhaltenswissenschaften,* 3. Aufl. G. Fischer, Stuttgart 1980

Wuketits, F.: *Biologische Erkenntnis: Grundlagen und Probleme.* UTB, Stuttgart 1983

Register

A

Abakus 321 f.
Abbé, E. 146
Abderhalden, E. 52
Abel, F. A. 37
Abelson, Ph. 134
Absorptionsspektrum 57
Abstammung des Menschen 256 ff.
Acetylcholin 302
Acetylen 15
Acromegalie 216
ACTH 71, 215 f.
Addiermaschine 323
Addisonsche Krankheit 214
Adenin 117, 135
Adenosintriphosphat siehe ATP
Adenylzyklase 219
Adrenalin 208, 302
Adrian, E. D. 301
Adsorption 65
Aedes aegypti 160
Affen 233
afferent 287
Agnathen 232
AIDS 178
Aiken, H. 327
Airy, G. B. 145
aktive Region 70
Aktivitätszentrum 70
Aktivkohle 65
Albino 111
Albumine 49
Alder, K. 25
Aldosteron 215
Algen 147
aliphatisch 20

Alizarin 24
Alkaloide 25 ff.
Alkmaion 89
Alkohol 29
Allel 99 f., 116
allergische Reaktion 175
Allesfresser 188
Alpha-Welle 303
Altamira 260
Altern 219 ff.
Altweltaffen 233
Alvarez, W. 250
Aminosäuren 49 ff., 190 f.
Ammoniak 14
Ammoniten 250
Amphibien 232, 250, 254
anaerob 75
Analogrechner 327
Analyse 26
anaphylaktischer Schock 175
Anästhetika 27
Anatomie 89
Androgen 213
Androsteron 213
Angina pectoris 221
Anilinpurpur 24
Anneliden siehe Gliederwürmer
Anopheles 160
anorganisch 12
anthropisches Prinzip 311
Antibiotika 153 f.
Antigene 173 ff.
Antikörper 173 ff., 255
Antisepsis 150
Antitoxin 171
Appert, F. 192
Appestat 213, 295

Bluterkrankheit 102
Blutgerinnsel 221
Blutgruppen 108f., 270f.
Blutkreislauf 91f.
Bonnet, Ch. 235
Boole, G. 325
Boolsche Algebra 325
Boore, St. 57
Bor 204
Borrel, A. 182
Bosch, K. 38
Boten-RNS siehe m-RNS
Bouchardat, G. 34
Boussingault, J. B. 82
Boveri, Th. 181
Bovet, D. 177
Boyd, W. C. 271
Boylston, Z. 169
Brachiopoden siehe Armfüßer
brachyzephalisch 270
Braconnot, H. 32, 50
Breitband-Antibiotika 154
Bremsstrahlung 180
Breuer, J. 311
Breuil, H. 261
Briggs, H. 322
Briggs, R. W. 99
Broca, P. P. 292
Brocasches Sprachzentrum 292
Bronzezeit 260
Broom, R. 266
Brown, R. 94
Bryophyten 228
Buchner, E. 67
Bufotenin 314
Buna 47
Burt, C. L. 110, 291
Bush, V. 327
Butan 14
Butenandt, A. 213
Bypass-Operationen 221

C

Cajal, S. R. 297
Calcitonin 212
Calcium 203, 211
Calciumphosphat 203
Calciumspiegel 211

Calvin, M. 85f.
Calziferin 197
CAMP siehe zyklisches AMP
Canidae 227
Cannon, W. B. 318
Carboanhydrase 203
Carothers, W. H. 45
Carrel, A. 172
Carson, R. L. 156
Caspersson, T. 118
Caventou, J. B. 83
cerebellum siehe Kleinhirn
Chain, E. B. 154
Champollion, J. F. 257
chemische Evolution 133ff.
– Genetik 111f.
– Symbole 13
Chemotherapie 151ff.
Chemotropismus 304
Chinin 23f., 27, 148
Chitin 230
Chloramphenicol 154
Chlorophyll 83ff., 137, 227
Chloroplasten 83f., 147
Chloropren 47
Cholera 151
Cholesterin 79f., 221
Cholinesterase 302
Chorda dorsalis 230ff., 235
Chordaten 232
Christison, R. 27
Chromatin 94
Chromatographie 57
Chromosomen 89ff., 95ff., 121
Chromosomensatz 95f.
Chymotrypsin 70
Citrullin 112
Clynes, M. 303
cocci 147
Codon 124
Coelacanth 226, 248f.
Coelenterata siehe Hohltiere
Coenzym A 76
Cohn, J. 147
Computer 330ff.
Coniin 26
Cook, J. 193
Corey, R. B. 54
Cori, C. F. 73
Cori, G. Th. 73